肠道微生物与消化系统疾病

主编 池肇春 段钟平

上海科学技术出版社

内 容 提 要

近几年,国内外对肠道微生物与消化系统疾病的相关性开展了基础和临床的研究,并取得了长足的进展。《肠道微生物与消化系统疾病》是国内这方面的首部专著,以综述的形式呈现。全书分上、下两篇,共 28 章。上篇为总论,介绍肠道微生物研究现状与进展、细菌学、细菌生理功能、肠道屏障生理功能和屏障功能障碍、肠道细菌生态平衡和生态失调、细菌诊断、肠道微生物与食物消化和营养吸收、肠道微生物与药物代谢、肠道微生物与免疫、肠道微生物与炎症;下篇为肠道微生物与消化系统疾病和肿瘤各论,分别详尽介绍肠道微生物与胃肠、肝胆胰疾病和消化系肿瘤相关性的研究现状和诊治。本书可供消化科、肝病与传染病科、肿瘤科、腹部和肝胆外科、老年病科、影像科等相关科室医师学习参用,也可供从事微生物与临床医学的科研人员参考。

图书在版编目(CIP)数据

肠道微生物与消化系统疾病 / 池肇春,段钟平主编.
-- 上海 : 上海科学技术出版社,2020.6
ISBN 978-7-5478-4874-6

Ⅰ. ①肠… Ⅱ. ①池… ②段… Ⅲ. ①肠道微生物-
关系-消化系统疾病-诊疗 Ⅳ. ①Q939②R57

中国版本图书馆CIP数据核字(2020)第054996号

————————————————————————————————————

肠道微生物与消化系统疾病
主编　池肇春　段钟平

上海世纪出版(集团)有限公司
上海科学技术出版社　出版、发行
(上海钦州南路 71 号　邮政编码 200235　www.sstp.cn)
上海中华商务联合印刷有限公司印刷
开本 889×1194　1/16　印张 24.25　插页 10
字数 600 千字
2020 年 6 月第 1 版　2020 年 6 月第 1 次印刷
ISBN 978 - 7 - 5478 - 4874 - 6/R・2059
定价:198.00 元

————————————————————————————————————

本书如有缺页、错装或坏损等严重质量问题,请向工厂联系调换

编委会

池肇春简介

池肇春,男,85 岁,教授,主任医师。1958 年毕业于青岛医学院(原山东大学医学院)。曾在青岛医学院、滨州医学院从事内科学教学工作多年,培养和造就了一大批医学领域的精英。现为青岛市市立医院消化内科主任医师,青岛大学医学院内科教授,青岛市著名医学专家会诊中心教授。获青岛市科技拔尖人才、青岛市卫生局技术拔尖人才、世界名医称号。从事消化内科的教学、科研和临床工作 60 余年,在消化专业尤其在肝病研究与临床方面卓有成就,在国内外享有一定声誉。共获国家、省、市科研成果奖 12 项,主编医学专著 37 部,担任副主编的医学专著 4 部,参加编著的有 10 余部,共计 3 000 多万字。在国内外核心期刊发表论著、述评、专家论坛 305 篇。虽已年迈,但一直坚持专家门诊和编著工作,决心以有限的生命时光,贡献自己的绵薄之力。

段钟平简介

段钟平,男,医学博士,主任医师,教授,博士生导师。长期从事肝病及传染病的临床、科研及教学工作,是我国著名的肝脏病学及传染病学专家,享受国务院政府特殊津贴。现任首都医科大学传染病学系常务副主任、首都医科大学肝病转化医学研究所所长、中华医学会肝病学分会主任委员、吴阶平医学基金会肝病医学部主任、全国疑难及重症肝病攻关协作组组长、《实用肝脏病杂志》与《胃肠病学和肝病学杂志》共同主编,第一至九届全国疑难及重症肝病大会主席、肝胆相照-肝胆病在线公共服务平台首席科学家。

在国内外核心期刊发表学术论文 535 篇,其中 SCI 论文 123 篇,近 5 年在 *The New England Journal of Medicine*、*Hepatology*、*Clinical Gastroenterol and Hepatology* 等具有影响力的 SCI 杂志上发表英文 93 篇,其中以第一作者或通讯作者发表 52 篇,累积影响因子近 500,被引频次 1 866 次,H 指数 20。近 5 年在国家核心期刊发表中文文章 122 篇,其中以第一作者或通讯作者发表 50 篇。主编《疑难及重症肝病查房实录》《人工肝脏治疗学》、英文版《传染病学》等著作 6 部,副主编专著 7 部。近 10 年承担中国科技部、北京市科委等科研项目 12 项,近年以负责人或主要完成人获得北京市科技进步奖一等奖、中华医学科技奖二等奖、吴阶平医药创新奖、河北省科技进步奖一等奖、国家科技进步奖二等奖各 1 项。

前　言

肠道微生物对人的生命和疾病的发生具有重要作用,近10多年来已在世界范围内成为基础医学和临床医学研究的热点。1.6亿年来人类与定植在胃肠道和身体其他器官内的细菌共生、共同进化。这些细菌数量巨大,在肠道的细菌总数约为全身细胞的10倍即10^{14}以上(人体含有10^{13}真核细胞),重量近乎与肝脏的重量相当,包含$500\sim1\,000$个种属,其宏基因大小约为自身基因的100倍。这些庞大的细菌分布于全身各组织器官中,其中以胃肠道定植最多。近年来,研究发现肠道微生物对人类有许多有益的作用,如营养的消化与吸收、延缓衰老、抗炎和抗肿瘤等。同时也发现与许多疾病的发生发展密切相关,肠道微生物对人体有着非常重要的作用,它被视为人体又一"隐藏的器官",携带着人体"第二基因",因此人体也被形容成一个"超级生物体"。研究发现,遗传、环境、饮食、肠道屏障功能的完整性等因素都会影响肠道微生物的结构,进而引发疾病。

健康人肠道中包括四种主要的细菌门类:① 厚壁菌门(Firmicutes),包括梭菌属,占50%～75%。② 拟杆菌门(Bacteroides),包括拟杆菌属、普氏菌属和卟啉单孢菌属,占10%～50%。③ 放线菌门(Fusobacbacteriu),包括双歧杆菌,占1%～10%。④ 变形菌门(Proteobacteriu),包括大肠埃希菌,常少于1%。其中厚壁菌门和拟杆菌门是人类肠道菌群重要组成部分。

目前,与肠道微生物有关的疾病已被证实涉及人体的多个器官系统,肠道微生物参与了包括消化系统、内分泌系统、循环系统、呼吸系统、神经系统、泌尿生殖系统、神经系统、肿瘤、运动系统等疾病的发生与发展。肠道微生物是人体健康和疾病转换过程中重要的环境因素,它不仅参与了脑-肠轴活动,还可对中枢神经系统相关疾病的发生起到关键作用。同时肠道微生物还参与了肠-肝轴,对肠肝疾病的发生起到关键作用。近几年,国外有关肠道微生物与疾病相关的研究报道,从基础到临床层出不穷。我国对肠道微生物的研究起步较晚,报道较少,也无这一课题的系统组织与机构纳入系统研究之中,目前国内也尚无肠道微生物与消化系统疾病方面的编著。为了提高临床医师对肠道微生物与消化系统疾病的认识和重视,介绍最新相关研究与进展,笔者特提出编著本书,以填补国内空白。

全书分上、下两篇。上篇为总论,介绍肠道微生物研究现状与进展、细菌学、细菌生理功能、肠道屏障生理功能和屏障功能障碍、肠道细菌生态平衡和生态失调、细菌诊断、肠道微生物与食物消化和营养吸收、肠道微生物与药物代谢、肠道微生物与免疫、肠道微生物与炎症、肠道微生物靶向治疗。下篇为肠道微生物与消化系统疾病和肿瘤各论,分别详尽介绍肠道微生物与胃肠、肝胆胰疾病和消化系肿瘤相关性的研究现状和诊治。全书共分 28 章。

由于本书内容涉及面广，与多个专业相关，因此，编著好本书的任务重、压力大，实属不易。我们集全国之贤，基础部分特邀请微生物学专家执笔，临床部分聘邀相关专业的专家执笔。通过专家们的共同努力，广泛收集文献资料，结合各自的经验，在繁忙的医疗、教学和科研中抽出宝贵时间，在短短一年内完成了书稿。初稿完成后得到北京大学第一医院肝病科徐小元教授、西安交通大学附属第二医院消化科罗金燕教授、天津医科大学朱宪彝纪念医院（代谢病医院）常宝成教授的高度评价与鼓励，在这里特表以崇高的致敬。

本书的出版有幸得到上海科学技术出版社的大力协助和热情帮助。值付印出版之际，向上海科学技术出版社的领导、编辑、全体工作人员表示衷心感谢，向本书写作团队的全体新老作者道一声谢谢，你们辛苦了！

《肠道微生物与消化系统疾病》是我主编的第 37 部医学专著。60 多年来，努力学习，辛勤耕耘，得到了广大同仁的帮助和支持，现已组成了一个庞大的老、中、青三代结合的写作团队，遍布大江南北，同时也得到了全国各地 10 多个出版社的大力支持和帮助。尽管我年事已高，但能在有生之年，继续发挥余热，为祖国的医药卫生事业添砖加瓦，是莫大的荣幸。

肠道微生物与健康和疾病的相关性，是近 10 年来国内外研究的热点，尚有许多问题需要我们去研究和探索。鉴于我们掌握资料不全，认识水平仍有不足，加上参编作者较多，各自对问题认识的不同和水平上的差异，因此，书中存在缺点和错误在所难免，敬请广大同仁和读者斧正。

池肇春

2020 年春于青岛

目 录

下 篇　各　论

彩图

上　篇

总　论

第1章 肠道微生物与消化系统疾病
相关研究现状与进展

第1节 概　　述

肠道微生物属于原核细胞微生物,包括细菌、衣原体、立克次体、支原体、螺旋体和放线菌。其中肠道细菌占肠道微生物的 98%～99%,因此肠道微生物主要是指肠道微生物菌群。肠道微生物对人的生命和疾病的发生具有重要作用,近 10 多年来已在世界范围内成为基础医学和临床医学研究的热点。

现今的细菌是 40 亿年前由单核细胞生物演化而来,在此后的 30 亿年间,细菌和古核生物(archaea 古细菌)都是主要的生物。之后,细菌又发生了第二次剧烈演化,有一部分古核生物与其他细菌内共生,成为现今真核生物的祖先。细菌生长速度很快,每小时即有 2～3 代细菌产生。

目前,与肠道微生物有关的疾病已被证实涉及人体的多个器官系统。肠道微生物是人体健康和疾病转换过程中重要的环境因素,它不仅参与了脑-肠轴活动,还可对中枢神经系统(CNS)相关疾病的发病起到关键作用。同时肠道细菌还参与了肠-肝轴,对肠肝疾病的发生起到关键作用。

成人胃肠道黏膜表面积约 300 m^2,是与外界环境发生相互作用的最大区域。在成人肠道中定植着 10^{14} 个细菌。在正常情况下,肠道微生物群总量超过 1 kg,编码约 330 万个特异基因,是人类基因组编码基因数的 150 多倍。尽管人体不同个体间基因组的差异只有 0.1%左右,但不同个体间肠道微生物组的差异可以达到 80%～90%。定植在宿主肠道中的菌群在发挥宿主生理功能上起着非常重要的作用,包括从食物中摄取能量、产生各种重要的代谢产物、促进免疫系统的发育与成熟和抗感染,确保机体免受感染发生。

正常人肠道中包括四种主要的细菌门类:① 厚壁菌门(Firmicutes),包括梭菌属,占 50%～75%。② 拟杆菌门(Bacteroides),包括拟杆菌属、普雷沃菌属和卟啉单孢菌属,占 10%～50%。③ 放线菌门(Fusobacbacteriu),包括双歧杆菌,占 1%～10%。④ 变形菌门(Proteobacteriu),包括大肠埃希菌,常少于 1%。其中厚壁菌门和拟杆菌门是人类肠道微生物群的重要组成部分。根据其作用大小可以分为:① 主要(优势)菌群,指肠道菌群中数量大或种群密集度大的细菌,包括类杆菌属、优杆菌属、双歧杆菌属、瘤胃球菌属和梭菌属,在很大程度上决定着菌群对宿主的生理作用。② 次要菌群,主要为需氧菌或兼性厌氧菌,如大肠埃希菌和链球菌等,大部分属于外籍菌群或过路菌群。乳杆菌在数量上归为次要菌群,在肠道中含量较高且具有较为重要的功能,因此归属于优势菌群。人类肠道内的微生物中,超过 99%都是细菌。

第2节 肠道微生物与系统疾病

当今诸多文献报道肠道微生物与多系统疾病密切相关。

一、神经系统

1. **抑郁症**　动物研究发现,小鼠口服酸杆菌(*Citrobacter rodertium*,罗氏柠檬酸杆菌)和空肠弯曲杆菌后表现出焦虑行为。口服瑞士乳杆菌和长双歧乳杆与对照组相比,焦虑情绪和行为明显减少。乳杆菌、双歧杆菌、香肠乳杆菌能改善抑郁症状。脑源性神经营养因子(brain-derived neurotrophic factor,BDNF)与抑郁症状发生有关,也是胃肠内脏高敏感的生物标志物。无菌小鼠产后口服空肠弯曲杆菌出现焦虑样行为,同时在小鼠海马组织和杏仁核组织中 BDNF 表达增加,使用抗生素后 BDNF下降。

2. **自闭症**　自闭症儿童的粪便标本中存在 10 余种大量的梭状芽孢杆菌属菌种,与正常人相比,自闭症患者粪便中的拟杆菌和厚壁菌增多。此外,双歧杆菌、乳酸菌、萨特菌、普雷沃菌、瘤胃球菌及产碱杆菌、脱磷孤菌属等共生菌均有所增加。

3. **精神分裂症**　精神分裂症患者口咽部子囊菌门、乳酸菌门(乳酸杆菌、双歧杆菌)较正常人群增加。据研究,艰难梭状杆菌代谢产生的苯丙氨酸衍生物与精神分裂症的症状程度有关。

4. **神经性厌食症**　神经性厌食症患者粪便中的拟球梭菌、链球菌及脆弱拟杆菌较同年龄组的正常人明显减少;乳杆菌检出率较正常人明显下降。

5. **多发性硬化症(multiple sclerosis,MS)**　MS 患者肠道菌群中的普拉梭菌和类杆菌较正常人减少,MS 患者与正常人菌群中理研菌科Ⅱ(Ricknellaceae Ⅱ)、毛罗菌科(Loachnospiraceae)、紫单胞菌科(Porphyromonadaceae)、拟杆菌属和颤螺旋菌属(*Oscillibacter*)的丰度差异明显,其中 MS 患者肠道厚壁菌门较正常人明显减少,古生菌明显增加。儿童早期 MS 患者肠道志贺菌、肠杆菌、梭菌属增多,棒状杆菌和优杆菌较正常人减少。肠道微生物群与 MS 的关系主要通过调节机体的自身免疫功能,活化 Th17 和介导其他免疫细胞,诱导形成多发性硬化的炎症级联反应。

6. **帕金森病**　帕金森病患者肠道中普雷沃菌科细菌明显减少,而与姿势不稳定、步伐艰难的严重度呈正相关的肠科杆菌显著增加。研究发现在帕金森病早期阶段,可在肠道神经元中发现路易小体(Lewy body),路易小体是帕金森病的蛋白质标志之一。

7. **癫痫**　癫痫幼儿粪便中厚壁菌门、变形菌门、黏菌属、丹毒念珠菌的比例明显高于正常组,而拟杆菌和双歧杆菌的比例明显低于正常组。

二、内分泌代谢系统

1. **2 型糖尿病(T2D)**　T2D 患者肠道中产生丁酸的细菌减少,硫还原菌增加。丁酸主要起到调节人体肠道微生态平衡的作用,而硫还原菌是一种肠道炎症的条件致病菌。一项研究比较糖尿病前期、T2D 和非糖尿病三组人群的肠道微生物群分布情况,发现糖尿病前期组中肠道假诺卡菌科(Pseudonocardiaceae)水平明显高于其他两组,而 T2D 组中肠道柯林斯菌属和肠杆菌科水平明显高于其他两组。

短链脂肪酸(SCFA)是细菌发酵多糖产生的主要产物,肠道细菌可利用 SCFA 影响宿主葡萄糖和能量代谢。业已证明,丁酸可经由 cAMP 依赖机制,促进结肠 L 细胞分泌高血糖素样肽(GLP1)和胃肠激素肽 YY(PYY),抑制免疫细胞炎症的发展;丙酸可通过 G 蛋白偶联受体 41(G protein-coupled receptor41,GPR41)信号通路调控肠道糖异生,影响机体的糖代谢。

研究发现人或小鼠粪便中含有大量的粪便 miRNA,肠上皮细胞和 HOPX(homeodomain only protein X,同源结构域蛋白 X)阳性细胞是粪便 miRNA 的主要来源,其可参与宿主调控肠道微生物。

miRNA 通过进入特定的肠道细菌如具核梭杆菌和肠杆菌属中,调节细菌基因的转录,影响细菌的生长。

2. 肥胖　研究发现拟杆菌属有促进脂肪累积的作用,这可能与通过抑制禁食诱导脂肪细胞因子(fasting induced adipose factor,FIAF)有关。高表达的 FIAF 具有抑制脂蛋白脂肪酶(lipoprotein lipase,LPL)的活性作用,从而减少脂肪积累,促进脂肪消耗。肥胖症患者肠道内阴沟肠杆菌(*Enterobacter cloacae*)明显升高,通过特殊的营养配餐降低肠道内阴沟杆菌的数量后,肥胖患者体重也明显下降。小鼠的试验也证明,将阴沟杆菌接种到无菌小鼠体内后,可诱导小鼠产生严重的肥胖症,同时产生胰岛素抵抗,提示阴沟肠杆菌诱导的肥胖可能与抑制小鼠肠道内 *FIAF* 基因活性有关。

3. 非酒精性脂肪性肝病　非酒精性脂肪性肝病(NAFLD)是最常见的临床综合征,肠道细菌也是胰岛素抵抗、2 型糖尿病和心血管疾病发生的关键性因子。而 NAFLD 少数患者也可发展成非酒精性脂肪性肝炎(NASH),以致发生肝硬化和肝细胞癌。

肠道细菌改变在 NAFLD 发生和发展中均发挥重要作用。20 多年前即有研究指出,用益生菌改变细菌组成,如用菊粉类果聚糖益生元可减轻肝脂变和新的脂肪生成减少。这些在益生菌饲养的鼠中的研究首次指出可降低血浆三酰甘油和极低密度脂蛋白产生。益生菌降低三酰甘油(triglycerides,TG)的作用是通过抑制所有的脂肪生成酶,即 CoA 羧化酶(acetylcoenzyme A,ACC)、脂肪酸合成酶(fatty acid synthetase,FAS)、苹果酸酶、ATP 柠檬酸裂解酶和葡萄糖-6-磷酸脱氢酶。在乙状结肠和门静脉血中,肠道细菌被益生菌发酵产生短链脂肪酸(short-chain fatty acid,SCFA);而乙酸和丙酸浓度双倍增加,可导致肝脂肪生成减少。

肠道细菌不仅可以通过调节宿主脂肪吸收、存储相关的基因,影响宿主能量平衡,更重要的是其组成失调致使宿主循环系统中内毒素水平增加,诱发慢性、低水平炎症,导致肥胖和胰岛素抵抗发生。肠道细菌导致 NAFLD 发生是通过多种机制来实现的。新近提出肠-肝轴是发生肥胖和 NAFLD 发病的关键机制。肠道细菌引起 NAFLD 是一个多因素复杂作用的结果,包括代谢内毒素血症、低度炎症、能量调节平衡失调、内源性大麻素样系统调节、胆碱代谢调节、胆汁酸平衡的调节、内源性乙醇产生增加、小肠细菌过度生长。肠道细菌通过刺激肝细胞 Toll 样受体(Toll-like receptor,TLR)-9-依存性前纤维化途径导致肝纤维化发生。

肠道细菌主要通过影响宿主能量代谢,增加宿主营养吸收;调节乙醇、胆汁酸和胆碱等代谢产物,增加肝脏毒性损伤;影响肠道屏障功能,促进肝脏炎症反应等参与 NAFLD 的发生和发展。内源性乙醇是气道细菌分解代谢的重要产物之一。生理情况下人体可产生少量内源性乙醇,并可在肝脏被乙醇脱氢酶降解,NASH 患者肠道中产生乙醇的埃希菌属增加,可明显升高血清乙醇水平,另外,NAFLD 患儿中变形杆菌和普雷沃菌属数量,内源性乙醇产量增加。动物实验也证实,呼吸试验中,与体瘦动物相比,肥胖动物呼气中的乙醇深度明显升高。乙醇被吸收后通过门静脉到达肝脏,导致三酰甘油聚集于肝细胞中,并通过产生活性氧触发肝脏炎症反应,使已有脂肪沉积的肝脏受到第 2 次打击。

肠道中广泛存在代谢胆碱的细菌,主要包括变形菌门、放线菌门和厚壁菌门。将可代谢胆碱的细菌植入无菌小鼠肠道中,结果发现胆碱生物利用度下降,引起脂肪的合成和储存增加,三酰甘油输出减少,导致 NAFLD 发生。一项临床研究发现,经过 42 天胆碱缺乏的饮食后,肠道中 γ 变形杆菌纲明显降低,γ 变形杆菌纲含有大量代谢磷脂胆碱的酶,故该菌丰度越高,胆碱消耗量越大。因此,肠道中 γ 变形杆菌丰度升高者对胆碱缺乏更敏感,发生 NAFLD 的风险也更大。

初级胆汁酸与 NAFLD 脂肪变性程度以及 NASH 的纤维化程度相关,其作用机制可能为初级胆汁酸可增加肠黏膜通透性,导致内毒素血症,可加重 NAFLD。在肝细胞内胆汁酸胆固醇为原料,经一系列酶促反应合成,与甘氨酸或牛磺酸结合,分泌至胆汁中并释放入小肠。肠道微生物群影响胆汁酸的转化,并通过肠肝循环影响胆汁酸池的构成和质量来控制宿主的代谢活性。

研究发现,NASH 患者胆汁酸合成量比正常对照组多,初级胆汁酸与次级胆汁酸之比高于正常组,并发现柔嫩梭菌与牛磺酸呈正比,与胆酸及鹅脱氧胆酸呈反比,提示柔嫩梭菌可能有助于将初级胆汁酸转化为次级胆汁酸,从而减轻初级胆汁酸对肝脏的损伤。

细菌及其代谢产物易位增加肠道通透性后,首先通过 TLR 识别易位细菌产物,如脂多糖(lipopolysaccharides,LPS)、胞嘧啶-磷酸-鸟嘌呤 DNA(CpG DNA)等,激活肝巨噬细胞和肝星状细胞上 TNF-α,促进肝细胞炎症反应、脂肪变性和纤维化。

4. 非酒精性脂肪性胰病 Oligvie 在 1933 年首次描述了胰腺脂肪变性,当时他描述肥胖个体的胰腺脂肪含量高于瘦个体(17%对 9%)。异位脂肪沉积在胰腺(脂肪胰腺),也被称为"非酒精性脂肪性胰病"(NAFPD),最近得到了广泛关注。脂肪性胰腺可促进慢性胰腺炎和胰腺癌的发展,并加重急性胰腺炎的严重程度。此外,脂肪性胰腺有助于胰腺癌的传播和致死,以及胰腺手术后形成胰瘘。脂肪性胰腺也被认为在 2 型糖尿病中有作用。在大鼠中,长期暴露于高脂肪饮食可诱导胰腺小叶间和小叶内脂肪积聚、炎症细胞浸润和纤维化,从而损害正常的胰腺结构和胰岛。同样,喂食高脂肪饮食(high-fat diet,HFD)的 C57BL/6 小鼠产生胰岛素抵抗和 NAFLD 及脂肪胰腺的特征。

动物模型研究表明,暴露于母亲肥胖和断奶后肥胖饮食的后代具有更明显的胰腺代谢异常与 NAFPD 纤维化标记物 TGF-β1 和胶原基因的胰腺表达增加,同时常伴有高血压表型增加。

在人类研究中,胰腺脂肪含量与体重指数、胰岛素抵抗、代谢综合征和肝脏脂肪含量的增加密切相关。糖尿病与脂肪性胰腺独立相关,反之亦然。与没有脂肪胰腺的受试者相比,患有脂肪胰腺的受试者患糖尿病的风险更高。

胰腺脂肪变性的功能性后果仍不清楚。虽然胰岛脂肪堆积导致胰岛素分泌减少,但外分泌性胰腺功能不全尚未得到充分研究,只有少数病例报告显示体重减轻和脂肪过多的患者腹部计算机断层扫描发现严重的胰腺脂肪变性。

三、循环系统

1. 动脉粥样硬化 越来越多的证据表明,氧化三甲胺(trimethylamine oxide,TMAO)可能与脂质代谢导致的动脉粥样硬化有关,而 TMAO 的生成与肠道菌的代谢密切相关。肠道微生物群代谢胆碱和卵磷脂时形成三甲胺(trimethylamine,TMA),TMA 吸收入血后经肝脏黄素单加氧酶(flavin monooxygenase,FMO)催化氧化生成代谢物 TMAO,血液中 TMAO 增加后促进巨噬细胞上调,致使胆固醇累积和泡沫细胞形成,促进血管斑块的形成。研究发现,梭菌目下属的厌氧孢杆菌属、梭菌属、考拉杆菌属、颤杆菌属及拟杆菌目下的 Alistipesgn(属理研菌科,Rikenollaceae)和 TMAO 有相关性。另一项研究发现,与正常人相比,心脑血管患者粪便中的肠杆菌科和链球菌属更加丰富,而拟杆菌属和普雷沃菌属相对减少。

2. 脑卒中 脑卒中患者与非脑卒中相比肠道微生物群结构存在明显差异。疾病组有多样化的肠道微生物群。TMAO 测定比非疾病组低。

四、呼吸系统

1. 支气管哮喘 早期的临床研究报道产妇菌群失调可显著增加分娩婴儿患支气管哮喘的概率,

提示菌群在肠道及气道的定植状况与儿童罹患支气管哮喘等变应性疾病的风险密切相关。同时多项研究也发现,早期抗生素暴露导致的肠道微生物群数量和结构的改变可使支气管哮喘等变应性疾病的发生风险增加。临床研究发现,哮喘患者肠道微生物群在分子水平上发生明显改变,多样性显著降低,提出肠道微生物群改变与哮喘病有关。

婴幼儿哮喘的研究发现,婴幼儿粪便中厌氧菌、双歧杆菌、乳酸杆菌的含量明显少于对照组,而大肠埃希菌含量高于正常对照组。哮喘患儿血清中 Th1 细胞比例减少,Th2 细胞增多,Th1/Th2 比例减小。同时对比分析发现肠道双歧杆菌与大肠埃希菌比值与 Th1/Th2 比例呈正相关。以 Th1/Th2 失衡为主的细胞免疫异常是哮喘发作的重要机制之一。具有早期抗感染能力的 Th1 细胞减少,而辅助 B 细胞生成免疫球蛋白的 Th2 细胞比例增加,Th2 细胞分泌的 IL-4 促进 IgE 的生成,分泌的 IL-5 和 IL-8 是嗜酸性细胞和中性粒细胞的趋化因子,可延长嗜酸细胞在气道内的存活时间,这些均是哮喘发生、发展的促进因素。

2. 慢性阻塞性肺疾病(chronic obstructive pulmonary disease,COPD)　一项研究发现,在随访的 6 年内死亡的 COPD 患者血清中 TMAO 的水平较生存者明显升高,预示 TMAO 不仅是动脉粥样硬化及心脑血管疾病的生物标记物,也可能是 COPD 恶化和进展的危险因素。

3. 肺部感染性疾病　导致肺部感染的微生物主要有细菌、病毒、支原体、真菌等。其中肠道微生物群与呼吸道感染的微生物有一定的相关性。其机制主要是通过影响机体的免疫系统所致。有研究用流感病毒给小鼠滴鼻,再通过选择性培养及实时 PCR 定量检测肠道内菌群变化,结果发现肠内分段丝状菌(Segmented filamentous bacteria,SFB)、乳杆菌属/乳球菌的数量减少,肠杆菌属数量增加,而拟杆菌属、拟球梭菌属未见明显变化。目前认为肠道微生物群失调会降低机体呼吸道的免疫防御,使呼吸道病毒更容易入侵机体。机体对流感病毒产生的固有免疫和适应性免疫均有赖于炎症小体的活化,而肠道微生物群对 TLR-7 的影响极有可能是维持基础激活的重要环节。

五、泌尿系统疾病

比较终末期肾脏疾病患者与健康个体的粪菌,发现短状杆菌、肠杆菌科、盐单胞菌科、莫拉菌科、涅斯捷连科菌、多囊菌科、假单胞菌科和发硫菌属的比例显著增加,而乳杆菌科和普雷沃菌属的比例明显下降。另外,接受血液透析的终末期肾脏病患者较健康人群的肠道厌氧菌数目增多,尤其是肠杆菌和肠球菌增加 100 倍以上。慢性肾脏病(chronic kidney disease,CKD)患者由于饮食干预,肠道内纤维素与蛋白质比例失调导致可水解蛋白的拟梭菌及拟杆菌比例增加,同时由于肾功能下降,CKD 患者肠道上皮主动分泌大量尿酸和草酸至肠腔内,取代了原有的肠道微生物群能量来源,能量代谢的改变导致菌群结构变化。CKD 患者的菌群失调可进一步引起黏膜屏障的功能受损,使有益物质如 SCFA 的合成减少,毒素分子水平增加,导致免疫失调和慢性炎症,从而加速 CKD 的进展。

硫酸吲哚酚(indolol sulfate,IS)和对甲酚硫酸盐(P-cresol sulfate,PCS)是尿毒症血毒素的主要物质,分别由肠道微生物群代谢色氨酸和酪氨酸产生,当机体肾功能下降,无法全部排出 IS 和 PCS 时,血中毒素增加,与慢性肾病病死率、心血管并发症以及血管病变有明显的相关性。研究表明,血清 PCS 水平增高可导致肾小球滤过率(glomerular filtration rate,GFR)下降和死亡的独立危险因子。IS 通过激活肾素-血管紧张素-醛固酮系统,诱导肿瘤生长因子-β 及其信号转导蛋白 Smad3 表达,促进肾小管上皮细胞向间充质细胞转化,促进肾间质纤维化及肾小球硬化,从而加速 CKD 的进展。此外,血中 TMAO 导致机体肾小动脉血管硬化,也可加速 CKD 的进展。

肠道微生物群失调诱导的免疫反应也可加速 CKD 的进展。当 CKD 患者的代谢产物不能经肾脏排泄而积累于体内时,通过肠壁血管大量进入肠腔,引起肠道微生物群种属、数量和定植部位的改变,病原菌及毒素穿过肠壁侵入肠系膜淋巴结,进而通过血循环进入肝、脾,激活全身免疫系统,促进其释放大量的细胞因子、炎症因子、氧自由基等细胞有毒物质,再次加重肠黏膜屏障本身的炎性损伤,而氧化应激可促进细菌和内毒素的移位,形成恶性循环,此外,还可活化组织巨噬细胞和其他免疫细胞,产生促炎介质,发生炎症反应和相关的免疫损伤。

六、肠道微生物与消化系统疾病

肠道微生物与消化系统疾病的相关性是当前临床和基础研究最多、最热门的话题,包括炎症、肿瘤、自身免疫、功能障碍、代谢失常等消化系统疾病的发生和肠道微生物有错综复杂的关联,我们将在此书以后的章节中,就肠道微生物在消化系统疾病中的发病机制、病理、诊治、研究现状等一一做出详细介绍。

第 3 节　肠道共生菌的免疫调节功能

肠道微生物引起消化系统疾病的发病机制错综复杂,包括肠道微生物与先天免疫和适应免疫机制、基因、基因多态性、基因受体与机体相互作用机制、肠道微生物与细胞因子相互作用机制、肠-肝轴和肠-脑轴相互作用机制、肠道微生物与机体体细胞相互作用机制、肠道黏膜屏障破坏机制等。上述机制大多是在动物模型中进行,临床研究较少,尽管如此,许多问题也尚未澄清,有待今后进一步深入研究。

一、肠道共生菌与免疫

共生菌调节宿主效应免疫细胞亚群的稳态。肠道上皮细胞(intestinal epithelial cells,IECs)不仅在宿主组织中的细胞和免疫细胞之间建立了物理屏障,而且还促进了它们之间的相互作用。上皮稳态或功能的扰动导致肠道疾病的发展,如炎症性肠病(IBD)和结-直肠癌。IECs 接收来自共生的信号并产生效应免疫分子。IECs 也会影响免疫细胞的功能。

(一)肠道微生物群与免疫系统发育

在肠道中,黏膜免疫细胞在肠相关淋巴样组织中进行抗原特异性适应性免疫应答,或在黏膜固有层(lamina propria,LP)中作为先天和适应性效应细胞的网络积聚。共生细菌控制组织 GALT 和 LP 免疫网络的细胞和组织。组织 GALT 由包含淋巴滤泡的各种大小的解剖结构组成,包括肠系膜淋巴结、派尔集合淋巴结(Peyer's patches,PPs)、孤立淋巴滤泡(isolated lymphatic follicles,ILFs)和隐匿性病灶。当胚胎不存在时,这些淋巴器官的组织在胚胎生活中启动。事实上,无菌(GF)小鼠具有发育不全的 PPs 和缺乏 ILFs 的共生细菌定植,诱导幼稚的 ILFs(immature ILFS,iILFs)产生,可能是来自密码子,并且它们直到成熟的 ILFs(mature ILFs,mILFs),其包含完全组织的 B 细胞滤泡。有趣的是,这两个步骤的 ILF 发展似乎是由不同类型的共生菌控制。由此,革兰阴性菌通过含有 NOD1(核苷酸结寡聚化结构蛋白 1)受体的核苷酸结合寡聚域诱导 ILF 的发育,因此,在 NOD1 缺陷小鼠中不存在 ILFs。同时,缺乏适配器蛋白髓样分化因子-88(myeloid differentiation factor 88)或正 Toll 样受体(positive Toll-like receptor,TRIF)的 ILFs 由体液免疫中的 ILFs 产生,而不是在结肠中被阻断,提示这一步骤需要不同的细菌信号来完成。

　　黏膜免疫系统是高度专门化的,其功能很大程度上独立于免疫系统,并且在肠道细菌定植后经历重大变化。

　　免疫系统的成熟需要共生微生物,共生微生物"学会"区分共生细菌(几乎变成了准自身和耐受的抗原)和病原细菌。来自小肠上皮细胞和淋巴细胞膜的 TLR 参与这种差异识别,负责肠黏膜免疫系统的正常发展。TLRs 抑制炎症反应的发生,并促进对正常微生物组分的免疫耐受性。TLR 的作用是识别不同的一般微生物相关分子模式(MAMP)(包含各种细菌抗原,例如肽聚糖成分-壁酸、荚膜多糖和脂多糖、鞭毛蛋白和未甲基化的细菌 DNA CpG 基序),并触发天然肠道免疫。刺激后,启动复杂的信号级联,导致活化 B 细胞的核因子 κB(NF - κB)-轻链增强子的释放,活化 B 细胞激活编码趋化因子、细胞因子、急性期蛋白质和体液免疫应答的其他效应物的多种基因。TLR 活性在生命的最初几周内下降,潜在地允许形成稳定的肠道细菌群落。此外,属于正常肠道微生物群的抗原激活 TLR 是抑制炎症反应的信号,因此是维持肠内稳态所必需的。作为补充,NOD 样受体(nucleotide-binding leucine-rich repeat,NLR,核苷酸结合富含亮氨酸重复序列)识别各种微生物特异性分子并触发炎症小体的组装,炎症小体可作为损伤相关模式的传感器,且与 NLPRP6 缺乏与免疫应答改变(例如,IL - 18 水平降低)、生物障碍和肠道增生有关。

　　胃肠道微生物群已被证明可以调节中性粒细胞的迁移和功能,并影响 T 细胞群分化为不同类型的辅助细胞(Th),分别为:Th1、Th2 和 Th17 或调节性 T 细胞(Tregs)。Th17 细胞是 CD4$^+$T 淋巴细胞(辅助 T 细胞,可以分化为 Th 细胞和 Treg 细胞。)的亚群,可分泌多种细胞因子(IL - 22、IL - 17A 和 IL - 17F),对免疫稳态和炎症反应有显著影响。与分化后具有稳定分泌谱的 Th1 和 Th2 细胞不同,Th17 细胞保留着不同的细胞因子表达谱和功能。研究表明,从共生细菌脆性芽孢杆菌中提取纯化的荚膜多糖可以抑制 IL - 17 的产生,保护结肠黏膜免受细菌抗原引起的炎症反应,刺激 CD4$^+$T 淋巴细胞产生 IL - 10。另外,结肠环境也刺激来自幼稚 CD4$^+$T 淋巴细胞的外周衍生调节性 T 细胞的新生分化和扩增。Treg 是免疫耐受的关键介质,限制不适当的高炎症反应,其功能障碍导致自身免疫障碍发生。

(二) 黏膜免疫球蛋白(IgA)产生

　　IgA 的产生和分泌进入肠腔是肠免疫的特征。IgA 由肠相关淋巴组织(gut-associated lymphatic tissue,GALT)和 LP B 细胞产生,并通过 IECs 作为分泌型 IgA(SIgA)转运到肠腔中。大多数 SIgA 在管腔中被识别和调理细菌,从而阻止其进入 LP。IgA 是由肠道-T 细胞依赖和 T 细胞独立的两种机制诱导。GALT 在这两种情况下都很重要。T 细胞依赖性 IgA 诱导发生在 PPs 的生发中心。GALT 的成熟,如上所述,需要共生细菌,IgA 的产生也可以依赖于微生物的存在。一种替代的 T 细胞独立的 IgA 诱导途径依赖于由 IECs 产生的 B 细胞激活的细胞因子来响应共生信号。但即使在 LP 中存在 B 细胞,GF 小鼠的 IgA 产量也受损。至目前为止不同的共生细菌诱导 IgA 的能力尚未被系统研究。然而,有报道并非所有的共生细菌都能诱导 IgA 的产生。在单克隆 GF 小鼠的结肠 GntoBoiT 实验中发现,分节丝状杆菌(*Sectional filamentous bacilli*,SFB)诱导 IgA,但梭状芽孢杆菌的混合物不诱导 IgA 产生。IgA 诱导也可以依赖于解剖位置。例如,在单核化的 GF 小鼠中,拟杆菌类杆菌在结肠 mILF 中诱导 IgA,而在回肠中不诱导 IgA。根据革兰阴性细菌,如酸化拟杆菌(*Bacteroides acidifaciens*)诱导的 NOD1 依赖性 mILF,而不是革兰阳性的约翰逊乳酸杆菌(*Lactobacillus johnsonii*)诱导在 GALT 的生发中心生成 IgA。同时,黏膜相关细菌,如 SFB,可改变 IEC 功能以诱导生成 IgA。此外,黏膜相关细菌,如 SFB,可改变 IECs 功能以诱导 IgA 产生。对共栖反应的调理 SIgA 的分泌可以被认为是病原体保护黏膜的一种机制(图 1 - 1,见彩图)。

(三) 先天免疫细胞

先天免疫细胞在功能上与微生物及其产物之间有非常密切的联系,因此,共生细菌预期会影响先天免疫细胞的发育或功能。在某些情况下,肠道先天免疫亚群的研究一直难以调和,可能是由于隔离这些细胞的困难所致,隔离程序的差异也由于缺乏可靠的体内遗传消融模型来研究它们的功能。然而,似乎树突状细胞(DC)、巨噬细胞(macrophage,MP)、自然杀伤(natural killer,NK)细胞或先天性淋巴样细胞(innate lymphoid cells,ILCs)的发育一般不需要共生细菌。一些研究已经报道了GF小鼠中DC或ILC数的差异,一般而言,所有主要的先天免疫亚群都存在于GF小鼠中。这似乎是共生信号的控制,是先天免疫细胞的效应器功能。DCs和MPs可诱导抗炎细胞因子的产生,例如IL-6、IL-23、TGF-β、IL-10,可被不同类型的共生体诱导。IL-22产生的ILCs介导了许多肠道稳态功能,似乎也受到来自共生信号的控制,尽管这种控制的方向还是一个有争议的问题。微生物菌群的直接或间接效应在各种情况下都是一个重要的问题。直接效应是由固有免疫细胞直接检测共生产物的结果,例如DPs多功能处理系统在PPs或DCs采样管腔内容中的检测。相反,共生间接介导NK细胞功能。尽管NK细胞数目在GF小鼠中是正常的,但它们在抗病毒活性上功能不足。NK细胞启动需要干扰素,并且表明NK细胞启动缺陷是缺乏共生的DCs产生Ⅰ型干扰素的间接效应。同样地,共生诱导的IL-25上皮表达间接控制ILCs产生IL-22。

(四) T细胞与T细胞稳态

肠黏膜中多个效应T细胞亚群之间的平衡称为T细胞稳态。这种平衡的维持和不同效应T细胞亚群直接维持了健康的免疫状态和肠道疾病的进展。一些已知的共同免疫调节效应的例子发生在T细胞稳态的水平上,并且共生体的存在影响肠道中几乎所有的T细胞亚群的发育或功能。

(五) 上皮内淋巴细胞

上皮内淋巴细胞(intraepithelial lymphocyte,IELs)是位于肠上皮层的肠T细胞的独特子集,因此与LP淋巴细胞物理分离。与LP T细胞相比,IEL富含T细胞受体(T cell receptor,TCR)γδ细胞以及CD8$^+$细胞,它们也含有独特的CD8$^+$α$^+$细胞群。目前对IEL的发展和功能还没有完全了解,但是在空间上它们很好地接收来自共栖和IECs的信号。IELs促进上皮屏障功能,有助于清除感染或受损的IECs的细胞毒活性,并从IECs诱导产生抗菌肽。因此,存在一个恒定的上皮内淋巴细胞-肠道上皮细胞之间的相互作用。事实上,TCRαβ$^+$IEL对传统的主要组织相容性复合体(MHC)肽配体没有反应,但对IECs大量表达的配体,如CD8$^-$α$^+$IELs的胸腺白血病抗原配体有反应。除了影响IEC功能外,IELs还具有调节功能和抑制作用。动物模型中见有炎症反应。TCRγδIEL已被证明产生AMP(antimicrobial peptides,抗菌肽)。共生细菌的存在影响IELs的发育和功能。在GF小鼠中,TCRαβ$^+$IELs几乎不存在,TCRγδIELs对细胞功能有损害。TCRγδIEL的产生也依赖于共生细菌的存在。IEL稳态的共生调控似乎依赖于共生类型。共生细菌的组成可以通过控制各种IEL子集的丰度和功能来控制IEL。这种分子和细胞机制仍有待阐明,但可能涉及通过IECs的传递信号。

(六) 固有层CD4T细胞稳态

在LP中,CD4 TCRαβT细胞是主要的T细胞类型。稳定状态下,在无特定的病原体小鼠菌落中,LP中最丰富的两种效应CD4 T细胞类型是产生IL-17的Th17细胞和Treg。这两个亚群都是异质的,但一般来说,Th17细胞促进炎性保护性免疫反应,Tregs抑制过度或不需要的免疫激活,因此具有一般的抗炎功能。这两个功能拮抗子集之间的平衡建立了LP中的免疫状态。它也代表了控制共生体微生物群组成的一个实例。

在特定的无病原体小鼠中,Th17 细胞在稳定状态下是丰富的,但在 GF 小鼠中几乎不存在。此外,GF 小鼠也缺乏某些系统性 Th17 细胞应答,例如在猴子的实验性自身免疫性脑脊髓炎动物模型(experimental autoimmune encephalomyelitis, EAE 模型)中产生脑源性 Th17 细胞的脑浸润。因此共生细菌需要黏膜 Th17 细胞诱导,而 Th17 细胞的存在依赖于微生物组成。在无菌小鼠研究中,80 个不同的共生菌株中,SFB 是唯一能诱导淋巴滤泡细胞中高水平 Th17 细胞的共生体。通过 SFB 诱导 Th17 细胞也不需要额外的共生菌。因此 SFB 是共生物种,其存在是诱导黏膜 Th17 细胞的作用。SFB 诱导 Th17 细胞的分子和细胞机制目前尚不清楚。然而,与大多数其他共栖相比,SFB 直接与 IECsR 的相互作用,且 SFB 具有多种上皮效应。

Treg 存在于所有的外周组织中,它们提供免疫抑制和下调过度的炎症反应。它们在整个胃肠道中富集。Treg 在结肠中尤其富集,占 40%~50% 的 CD4 T 细胞。Treg 在肠相关淋巴组织中的诱导不依赖于共生信号,因为 Treg 在 GF 小鼠的体液免疫中存在相似甚至富集存在,并且具有不受干扰的功能。相比之下,GF 小鼠在结肠中含有 3~4 倍的 Foxp3$^+$(叉状头转录因子,是 Treg 细胞系的主要调节因子)Treg,并且来自非 GF 小鼠的粪便微生物的定植可恢复 Treg 的数值。因此,结肠 Treg 受共生驱动信号的调控。在 Th17 细胞的情况下,并非所有共生细菌都能诱导结肠 Tregs。结果表明,用梭菌属Ⅳ和Ⅻa 相混合的原生动物共生菌的定植足以完全恢复 GF 结肠中的 Treg 水平。在特定的无病原体小鼠中,这些梭状芽孢杆菌优先在它们所在的结肠定居。黏液层又靠近 IECs。在人类中发现,梭菌群的成员和 IL-10 的诱导与大肠菌群的保护作用有关。腔中细菌也可能影响 Treg 的功能,例如,脆弱芽孢杆菌诱导 IL-10 产生,并增加 Foxp3$^+$Treg 的抑制和抗炎功能。

不同的共生菌诱导或修饰 CD4 T 细胞亚群功能的能力具有重要的功能性后果。这表明这些免疫调节共刺激物的相对丰度可以决定 LP CD4 T 细胞的组成。此外,LP CD4 T 细胞室的组成指示适应性免疫应答的性质和强度。事实上,SFB 定植与小鼠、大鼠和兔肠道感染的保护有关,且 Treg 诱导梭菌的定植增加了对结肠炎和全身 IgE 应答的抵抗力。

(七) 不变的自然杀伤 T 细胞

不变的 NKT(invariant natural killer T cell, iNKT)细胞是先天的 T 细胞,它表达恒定的 TCRs 并响应非经典 MHC-Ⅰ分子所呈现的糖脂,在对微生物感染和肿瘤的第一线反应中,iNKT 细胞具有不同的功能,但是,与 Th17 细胞相似,也可以控制结肠炎、类风湿关节炎和哮喘的自身免疫性炎症。iNKT 细胞的发育和功能受共生微生物的调控。在 GF 小鼠中,在结肠和肺黏膜中观察到 iNKT 细胞升高,噁唑酮诱导的结肠炎和过敏性哮喘导致易感性和发病率增加。在新生期用常规微生物菌群对 GF 小鼠进行定植,通过降低黏膜 iNKT 细胞水平发现对自身免疫有预防作用,但是成年 GF 小鼠的定植对 iNKT 细胞和疾病易感性没有影响。此外,共生菌在 iNKT 的积累作用取决于上皮驱动信号。微生物组分降低黏膜 iNKT 细胞水平的作用在研究中没有被检测。然而,不同的共生细菌对系统性 iNKT 细胞的水平和功能的影响已被报道。与黏膜 iNKT 细胞相比,全身性的 iNKT 细胞功能似乎需要鞘氨醇单胞菌,它携带由 CD1 产生的抗原鞘糖脂产物。今后需要进一步研究共生细菌对 iNKT 细胞发育和维持的详细分子机制和时空调控上的作用。

二、肠上皮细胞调节宿主的免疫功能

除了接收来自共生细菌的信号,并在腔中分泌黏液和抗菌物质,IECs 还调节宿主免疫细胞的功能。这些功能是由免疫受体的表达与细胞因子和趋化因子分泌的 IECs 基底侧介导的。通过这种方式,IECs 招募并激活黏膜中的免疫细胞。

(一) 肠上皮细胞在肠道相关淋巴样组织发育和功能上的作用

GALT 的组织结构,如 PPs、ILFs 和密码子与上皮层密切相关。事实上,PPs 和 ILFs 被滤泡相关上皮(follicular associated epithelium, FAE)的修饰上皮覆盖。FAE 在 PPs 和 ILFs 的结构组织和功能中起着重要的作用,作为产生肠道抗原特异性免疫应答的位点,特别是 T 细胞依赖性 IgA 的产生。PPs 和 ILFs 是管腔内容物采样的场所。因此,FAE 被设计用于促进和控制这一过程。FAE 中的 IECs 显示 TLR 的修饰表达。FAE 的主要特征之一是存在 M 细胞。M 细胞是专门的抗原取样 IECs,其具有增加内吞作用水平,并且可以以这种方式从腔获取颗粒抗原。与吞噬细胞相反,M 细胞缺乏溶酶体,单向运输,几乎完整地把腔抗原移到位于 FAE 下方的抗原呈递细胞,即所谓的上皮下穹窿区。在小鼠中,这些抗原呈递细胞大多是 DCs,它们在生发中心反应的背景下占据抗原与原代 T 细胞和 B 细胞,以启动 Ag 特异性免疫应答。这需要由 FAE 表达的趋化因子所控制的结构组织参与,其中包括 CCL20(趋化因子,即巨噬细胞炎性蛋白 20 抗体)和趋化因子受体 9(CCR9),以及在人类中需要 CCL20 和细胞毒性淋巴细胞 23(CL23)参与。虽然确切的细节还没有完全解决,但已发现某些 FAE 趋化因子的组合后募集 DCs 进入上皮下圆顶区。CCL20 - CCR6 的相互作用对于 B 细胞向 ILF 和 PP 的募集也很重要。同时,通过 IEC1 上的 NOD1 识别共生信号已被证明能诱导隐孢子虫 ILFs 的成熟。因此为了 GALT 的发育,IEC 驱动的信号是必需的。

(二) IEC 对 IEL 功能的影响

IELs 在上皮层内空间分布,因此,与 IECs 紧密地相互作用。事实上,来自 IECs 的信号控制 IEL 的募集、成熟和功能。由 IEC 组成的趋化因子 CCL25 招募 CCR9$^+$ IELs。将 IELs 定位于上皮的主要黏附分子是异二聚体整合素 αEβ7(αE 链也称为 CD103)。IELs 上的 αEβ7 与 IECs 基底侧表达的 E-cadherin 相互作用。IL - 15 在 IEL 维持中具有重要作用,IL - 15 缺陷小鼠的 TCRαβ 和 TCRγδIL 的数量均显著减少,IECs 表达 IL - 15 和 IL - 15Rα,且 IECs 通过 IL - 15 与 IL - 15Rα 的相互作用参与 IL 的维持。IL - 7 的上皮表达后,IL - 7 缺乏的哺乳动物中 TCRγδ$^+$ IELs 数量得到恢复,细菌暴露后诱导 IL - 7 和 IL - 15。此外,IECs 分泌 IL - 15 使 MyD88 依赖性 MyD88 - KO 小鼠 IELs 的数量减少,可以在转基因表达 IL - 15 后得到恢复。这表明共生信号部分地通过 IECs 诱导 IL - 15 和(或)IL - 7 的产生来调节 IEL。最后,如前文所述,IEL 功能需要由非经典的 MHCI 样配体激活,如胸腺白血病抗原,其由 IECs(图 1 - 2A,见彩图)表达。

三、肠道微生物与肠黏膜屏障功能

(一) 肠上皮屏障系统

肠道黏膜屏障包括以下几种:① 肠道黏膜的机械屏障,主要由肠上皮细胞及细胞间紧密连接组成,可阻止细菌及内毒素等物质透过肠黏膜进入血液。② 化学屏障,主要由肠上皮细胞及杯状细胞分泌的黏蛋白和肠道正常寄生菌产生的抑菌物质构成。③ 免疫屏障,由肠道相关淋巴组织(包括肠道淋巴细胞、潘氏细胞、肠系膜淋巴结等)和肠道内浆细胞分泌型免疫球蛋白(SIgA)构成,可刺激肠道黏液分泌,加速粘连层黏液流动,从而防止细菌黏附。④ 生物屏障,即肠道内共生的微生物,是维持肠道微生物平衡的重要组成(图 1 - 1,见彩图)。

IEC 的几个子集构成肠上皮单层,包括肠吸收肠细胞、肠内分泌细胞、杯状细胞和潘氏细胞,所有这些区别于上皮干细胞驻留在绒毛隐窝区。IEC 之间的紧密连接形成连续的物理屏障,分隔肠腔和 LP。同时,紧密连接将 IEC 分隔成根尖和基底外侧部分,并帮助建立和维持 IEC 的极性,这对于 IEC 功能至关重要。杯状细胞产生大量的糖基化黏蛋白,形成黏液样的黏液层,覆盖上皮的管腔表面。在小鼠结肠中,黏液由两层组成,即外扩散层和与上皮紧密相连的内层。绝大多数的共生体被困在外层,内层几乎没有细菌。这在小鼠的研究中得到证实,黏菌层在微生物区系中的关键作用是缺乏主要结构黏液蛋白 MUC2(mucus protein 2,黏蛋白 2)缺陷小鼠缺乏黏液层,允许共生细菌与 IECs 直接接触,从而导致自发性结肠炎和结直肠癌发生。除此物理分离外,黏液层提供了分泌的抗菌分子聚集到 FFT 的环境。它有助于细菌隔离。这些分子包括 IEC 衍生的物质,如酸性黏多糖(acid mucopolysaccharide,AMPS)和非 IEC 衍生的物质,如 SIgA,这是通过 IEC 传递的。此外,潘氏细胞衍生的杀菌分子,如防御素、溶菌酶、组织蛋白酶、分泌磷脂酶 A2 和 C 型凝集素在管腔中分泌,并有助于细菌螯合,以及保护腺窝中的干细胞。

(二) 共生菌调节上皮屏障

尽管 IECs 利用一定机制限制活菌直接进入上皮表面,但它们能够检测细菌产物。与传统的先天免疫细胞相似,IECs 表达模式识别受体(PRRS)可检测常见的微生物配体。PRRs,包括 Toll 样受体、NLRs。此外,几乎所有促进上皮屏障功能的机制都受到微生物群的影响。共生细菌可以上调紧密连接分子并控制肠道通透性和通过 TLR 受体的微生物信号来维持上皮屏障。在 TLR2 和 MyD88 缺陷的小鼠中,ZO-1 的表达、紧密连接的形成和上皮的周转被破坏,结果导致上皮损伤的易感性增加。

分泌黏液和 AMPS 也是由共生细菌诱导的。在 GF 小鼠中,黏液层显著减少,但在暴露于细菌产物(如 LPS 或肽聚糖)时可恢复。再生基因Ⅲγ(regenerating gene Ⅲγ,Reg Ⅲγ)是 C 型凝集素家族的成员,靶向革兰阳性细菌的细胞壁肽聚糖。在稳定状态下通过共生菌诱导 IECs 产生 RegⅢγ,TLR/MyD88 依赖性的微生物信号直接诱导潘氏细胞即使限制性地表达 MyD88 也足以恢复微生物诱导的 Reg Ⅲγ 表达,并继续直至上皮屏障功能缺陷的恢复。在 MyD88 缺陷微血管中的上皮屏障功能中,血管生成素-4 是一种具有杀微生物活性的潘氏细胞分泌的核糖核酸酶样蛋白,在 GF 小鼠微血管中表达显著减少。同样,Reg Ⅲβ、CRP 管蛋白和抵抗素样分子β的表达受到 MyD88 的调节,提示在 TLR 依赖的方式中,多个抗微生物分子的表达是在共生体刺激下发生的。相反,一些溶菌酶、分泌型磷脂酶 A2、人类抗菌肽 LL-37、α-防御素和某些 β-防御素的表达似乎不受微生物学的影响,与 SIgA 的控制相结合。这些研究表明,共生体主要调节肠上皮屏障系 1 因子。共生细菌的组成如何影响屏障功能尚不完全清楚。黏液限制了细菌直接进入 LP,同时通过为微生物的生长和共生生物产物的扩散提供特定的环境来促进宿主-共生相互作用。因此,共生体诱导这些机制的能力可以代表进化适应共生体的建立,共生细菌控制上皮细胞内信号转导与稳态。

(三) 共生细菌控制上皮细胞间信号转导与稳态

即使螯合机制阻止与 IECs 最直接的相互作用,共生信号也能不断到达上皮细胞,并参与维持免疫耐受和稳态。事实上,在 MyD88 基因敲除(MyD88-gene knockout,MyD88-KO)小鼠中,TLR 的稳态丧失导致结肠稳态的缺陷并增加了决策支持系统(ddecision support system,DSS)模型中的死亡率。通过与 TLRs 和 NLRS、共栖体或它们的产物相互作用,可以激活 IECs 中的 NF-κB 信号。NF-κB 激活是维持上皮稳态的关键。事实上,IEC 特异性的途径激活 NF-κB 主要修饰物(NEMO)或两个上游 NF-κB 激活 κB 激酶 1(IKK1)和 IKK2(虽然不是单独的),导致严重的慢性肠道炎症,伴随 IEC 凋亡增加、屏障功能丧失和细菌易位。在没有 MyD88 的情况下可见结肠炎改善,这表明它需要共生信号参与。同样,转化生长因子-β活化激酶 1(transforming growth factor-β-activated kinased,TAK1)的上皮细胞特异性缺失,IKK 复合物上游的 TLR 信号分子诱导凋亡细胞数量增加引起严重的肠道炎症,证实 TCR 在 IEC 维持的过程中起着 NF-κB 信号转导的作用。

同时,IEC 中过量的 NF-κB 激活可能导致结肠炎,而共生菌可以通过抑制 NF-κB 信号并发挥抗炎作用来控制这种炎症。例如,共生信号抑制新生小鼠中的通路活化剂白介素-1 受体相关激酶(interleukin-1 receptor-associated kinase,IRAK1)以防止早期上皮损伤或可能抑制通路抑制剂 IκBa 在与 IECs 接触后的降解。诱导过氧化物酶体增殖物激活受体 γ(PPARγ)的刺激作用,它与细胞核激活的 NF-κB 结合并转移到细胞质中。缺乏单个免疫球蛋白 IL-1R 相关受体(TLR/IL-1R 信号转导的负性调节因子)的小鼠显示上皮内稳态丧失,NF-κB 过度激活,并增加对 DSS-结肠炎和结肠炎相关癌症的易感性。

微生物产物也通过诱导炎症细胞形成的 NLR 受体检测,炎性小体是一组大蛋白复合物,包括模式识别受体(PRR)微生物传感器,如 NLRs 或黑色素瘤缺乏因子 2(absent in melanoma 2,AIM2);包含半胱氨酸天冬氨酸蛋白酶(Caspase)募集域(Caspase-recruitment domain,ASC)的凋亡斑点蛋白和炎性半胱氨酸天冬氨酸蛋白酶,其中最重要的是 Caspase-1。炎性小体激活,通过激活的 Caspase-1 和其他半胱氨酸天冬氨酸蛋白酶,调节活性形式的重要促炎性细胞因子,如 IL-1β 和 IL-18,以及其他炎症过程的产生。最近的一项研究报道,在 IECs 中,NLRP6 炎性小体调节共生微生物和上皮稳态的组成。结果表明,NLRP6 缺陷小鼠获得结肠源性菌群并可增加结肠炎症的易感性,NLRP3 炎性小体也参与了共生菌的调节和促进上皮再生,揭示了不同炎症细胞在 IECs 中的表达和功能的细节。综合上述研究,上皮模式识别受体(PRRs)通过 NF-κB 信号或炎性小体激活,在共生细菌控制下维持上皮稳态。

(四) 共生菌来源的代谢产物调节上皮功能

共生体是肠腔的永久居民。因此,在这些生物体的生命周期期间产生的因素可直接作用于邻近的上皮或改变腔环境,以产生影响上皮功能的代谢物。共生细菌的主要功能之一是加工饮食或环境物质。这产生的维生素或代谢物,虽然不是细菌本身产生的,但仍然依赖于共生活性。例如,共生菌需要将复杂的膳食多糖分解成短链脂肪酸(SCFAs)。SCFAs 主要是乙酸、丁酸和丙酸,它们是能量来源,但它们也影响上皮和免疫宿主细胞功能。有两种已知的 SCFAs 作用的机制,是直接抑制组蛋白去乙酰化酶和 G 蛋白偶联受体的连接,GPR43 和 GPR41(短链脂肪酸受体)。SCFAs 对于肠和上皮稳态是重要的。事实上,IBD 患者的 SCFAs 水平下降和丁酸缺乏,是由于下调表达单羧酸转运蛋白-1(monocarboxylate transporter1,MCT1)与 IBD 发病有关。丁酸酯可降低炎性细胞因子如肿瘤坏死因子(TNF)、IL-6 和 IL-1β 的表达。克罗恩病患者的 LP 细胞,通过抑制 NF-κB 激活可改善三硝基苯磺酸诱导的结肠炎。一般而言,微生物群在结肠中产生的 SCFAs 可使结直肠癌和 IBD 的发病率降低、丁酸缺乏、MCT1 表达下调伴有 IBD 发生增加。丁酸在克罗恩病患者炎性细胞因子如 TNF、IL-6 和 IL-1β 的表达降低,通过抑制 NF-κB 在 IEC 中的激活可改善三硝基苯磺酸诱导的结肠炎发生。缺乏短链脂肪酸受体(G protein-coupled receptor 43,GPR43)的小鼠伴有自身免疫性炎症的几个模式,包括结肠炎的易感性增加。SCFAs 已被证明可影响上皮屏障功能。在 IECs,丁酸和丙酸产生的共生微生物可上调细胞保护性热休克蛋白,而乙酸和丁酸酯在体外和体内可刺激黏蛋白的分泌。在结肠癌时,短链脂肪酸受体 109A(GPR109A),一个低亲和力受体丁酸酯在 IECs 和 LP 细胞上表达下调,并与丁酸酯的肿瘤抑制作用有关。

共生体在处理复杂多糖和产生 SCFAs 的能力上是不同的。来自拟杆菌类群的共生物产生乙酸和丙酸,而丁酸主要由厚壁菌提供。SCFAs 也可以是益生菌保护的主要机制。事实上已证明由保护性双歧杆菌产生的乙酸酯可防止致病性大肠埃希菌诱导的 IECs 细胞凋亡。仅有的保护性双歧杆菌含有 ATP 结合盒转运蛋白,其能够产生乙酸乙酯,其作用于 IECs 以增加屏障功能,防止志贺毒素从肠腔到血液引起的致死性易位(图 1-1,见彩图)。

研究显示主要受益于共生来源的 SCFAs 对上皮完整性和上皮细胞功能的调节,然而,在大多数情况下,IEC 活化的分子机制还没有被详细研究。

第 4 节　孕烷 X 受体在调节细菌易位中的作用

孕烷 X 受体(pregnane X-receptor,PXR)是一种配体激活的转录因子和核受体,在肠-肝轴广泛表达。PXR 与引起细菌易位(bacterial translocation,BT)的各种机制的调节密切相关,但在慢性肝病中,PXR 作为肠-肝轴机械连接分子的重要性及其在调节细菌与宿主相互作用中的影响尚未被探讨确定。PXR 作为胆汁酸失调和细菌衍生代谢产物的传感器,并且作为响应,形成有益于宿主的免疫作用。此外,PXR 的激活可以抑制内毒素介导的炎症反应,维持肠上皮的完整性,在 CLD 中具有治疗作用。

孕烷 X 受体(PXR)是一种被广泛应用的孤儿核受体(NR),属一个广泛的核受体超家族的一部分。具体而言,PXR 由 NR1/2 基因编码;并被归类为I组(核受体亚家族 1)的第二成员,该亚家族还包括 VDR(vitamin D receptor antibody,NR1/1)和组成甾烷受体(constitutive androstane receptor,CAR,NR1/3)。与大多数 1 类 NR 一致,PXR 作为转录因子存在于细胞质中,并且仅在配体结合后被激活。配体激活后,这些 NR 与维甲酸 X 受体(RXR)形成复合物,并与它们调控的基因的 DNA 反应元件结合。PXR 最初被认为是一种外源性受体,只对外源有毒物质和处方药敏感和反应。在过去的 20 年中,PXR 因其在检测胆红素、胆汁酸、膳食脂类和类固醇激素等一系列内源化合物中的附加作用而被广泛认可,因此也被称为类固醇和外源受体(SXR)。PXR 在胃、胎盘、肾、肺、子宫、卵巢等多种组织中均有表达,但主要在小肠、结肠和肝脏表达。它在肠上皮和肝细胞中表达的增加也突出了它在肠道和肝脏中抵抗外源性和内源性暴露的适应性防御中的重要作用。最近的研究表明,肝星状细胞(HSC)表达 PXR 及其激活导致 HSC 分化和增殖减弱。利用小鼠敲除模型的研究还强调了 PXR 在单核细胞/巨噬细胞中的表达及其在抗炎中的作用。PXR 在其他免疫细胞中包括 T 细胞和树突状细胞也有表达。

与其他核受体相同,PXR 包含一个保守的 DNA 结合域(DNA binding domain,DBD)和一个灵活的配体结合域(ligand binding domain,LBD)。配体激活后,PXR 仅作为与 9 -顺式维甲酸受体(RXR 或 NR2B)(重组维甲 X 受体,recombinant retinoic acid X receptor,RXR,又称为 NR2B)和其他共激活剂[如类固醇受体辅激活因子- 1(steroid receptor coactivator - 1,SRC - 1)]形成的异二聚复合物与它的响应元件结合。PXR 的结构特点是其体积大且具有灵活的配体结合袋,使其在其他 NR 中脱颖而出。这使得 PXR 能够结合并被广泛的疏水配体激活。事实上它的球形配体结合口袋的体积大于 1 150 埃,使得它的配体腔成为迄今为止最大的特征之一,并且与 NR PPAR - γ 的配体袋相当。同样重要的是要强调 PXR LBD 的非选择性性质使其能够在较宽的分子量范围(250~850 kDa)内感知和响应化学物质。来自草药来源的生物活性成分,如金丝桃素、紫杉醇和古瓜,也被添加到自然存在的天然 PXR 配体的列表中。

一、PXR 的功能

PXR 的主要和最公认的功能是激活编码药物代谢和药物转运酶的基因。它充当传感器监测外来化合物或内生物水平的任何变化,PXR 激活的基因负责代谢和清除外源化学物质,从而形成抵抗毒性挑战的主要防线。在人类体内,药物代谢细胞色素 P450(CYP)酶中,CYP3A 是肝脏和肠道中表达最丰富的亚型体。此外,转基因啮齿动物敲除模型(KO)毫无疑问已经建立了 PXR 是 CYP3A 基因的主要调控因子,CYP3A 基因编码的蛋白质负责半数以上已知处方药的代谢氧化。经典的 PXR 激活剂,如孕烯醇酮 16α -碳腈(pregnenolone 16α - carbonitrile,PCN)和利福平也已用于验证这一点。PXR 还控制第 2 相结合酶的表达,如硫酸基转移酶 1A(sulfate transferase 1A,SulT1a)和葡萄糖醋酸转移酶 1A(uridine-diphosphate glucuronosyl transferase - 1A,UGT - 1A),它们主要负责类固醇激素、胆汁酸和胆红素的硫酸结合或葡萄糖醛酸化。结合后,PXR 控制的第 3 阶段药物转运蛋白,如 P -糖蛋白(P-glycoprotein)和多药耐药相关蛋白- 2(multidrug resistance-associated protein 2,MRP - 2),然后参与外排转运和毒性代谢物的清除。

PXR 的功能超出了药物和内生元的代谢,这使得它在过去 10 年中成为一个相当大的研究领域。一般来说,NR 作为药物发现的主要靶点,对 PXR 的额外作用的识别为新的已知疾病病理学研究提供了新的视角。除了在炎症性肠病中研究最多的作用外,PXR 失调还与 CLDs 各种癌症和代谢紊乱,如肥胖等有关。PXR 在肝细胞摄取内源或外源性物质中起着关键作用。并有助于肝细胞的代谢和消除。抗纤维生成活性也已被证实,其中 PXR 的激活通过其配体 16α -氢基孕烯醇酮(pregnenolone - 16α - carbonitrile,PCN)阻止肝星状细胞转化为肌成纤维细胞。当使用另一已建立的 PXR 配体利福平时,也进行了类似的观察,其中 PXR 与抑制促纤维生成因子如转化生长因子- β(TGF - β)和 α 平滑肌肌动蛋白相关。研究还发现,不同肿瘤组织中 PXR 的表达显著高于非肿瘤组织,细胞增殖与 PXR 阳性细胞之间呈正相关。

PXR 还被认为在能量代谢中也发挥作用,并且与 2 型糖尿病、肥胖和高血糖症等疾病的发病有关。已经观察到 PXR 的激活对肝糖异生产生抑制作用。然而据报道,它也通过增加脂肪生成和脂肪酸摄取引起肝脂肪变性。PXR 阴性小鼠在受到半抗原攻击时皮肤炎症增加,此与 γ 干扰素(INF - γ)增加和抗炎细胞因子 IL - 10 减少有关。

二、肠道微生物群与病理易位

(一) 肠道微生物与肠肝相互作用

由于肠道微生物群和宿主之间发生巨大的相互作用,肠道中细菌的存在变得非常重要。在人体内,几乎有 100 万亿细菌与肠上皮细胞持续相互作用,肠上皮细胞表面积几乎为 400 m^2,是人类中最大者。在这样的相互作用水平上,人类宿主的一些重要生理功能,包括消化、能量代谢、维持肠道完整性和先天免疫稳态,在很大程度上取决于宿主-微生物相互作用的平衡。这些生理事件依赖于大量的微生物代谢产物,然而对这些代谢产物尚未完全了解。

在生理状态下,共生细菌的影响超出了肠道。在此背景下,Bjókholm 等报道在无菌小鼠和传统饲养的野生小鼠之间,肝脏中有 100 多个基因差异表达。然而,这项研究提出的最引人注目的证据是,这些在 GF 小鼠中表达不同的基因大多数实际上与外源代谢有关。现已强调异源生物传感器 PXR 和 CAR 作为微生物与宿主之间机械联系的重要意义。因此,肠道微生物或其传感器的任何变化都将反映在肝脏功能上,已经观察到溃疡性结肠炎患者发展为原发性硬化性胆管炎的易感性增加。有趣的是,肝功能的任何异常也反映为肠道细菌质量和数量的变化。肝内胆汁淤积症患者显示小肠细菌过度生长。在 NAFLD 患者中进行了类似的观察,其中脂肪引起的胆汁酸异常与细菌性厌氧有关。此外,在 NAFLD 和慢性酒精喂养模型中的研究已经观察到肠道炎症的表现,这间接损害了肠道的完整性。

(二) 细菌易位

BT 是指活的本地细菌和细菌产物,如内毒素,从肠腔通过肠黏膜进入肠系膜淋巴结和其他器官。它是健康个体中常见的生理事件,受到各种免疫和物理屏障的严密调节。然而,BT 被认为是对宿主有益的事件,特别是在启动宿主免疫系统方面。黏液和紧密结合的肠上皮衬层构成物理屏障,而胃酸、抗菌肽（AMP）、IgA 抗体和先天免疫细胞形成化学/免疫屏障。在生理上，树突状细胞不断通过对细菌进行取样，并帮助取样来激发 B 细胞分泌 IgA。DC 还帮助转运微生物到肠系膜淋巴结（mesenteric lymph nodes，MLN），MLN 是肠道和身体其他部分之间的中心枢纽。MLN 也是通过局部免疫应答杀死微生物的地方。然而，当生理屏障受损，或者由于其他外部异常，如酗酒和高果糖饮食，肠道内细菌的质量或数量发生改变时，细菌或其产物的易位是持续性和病理性的。这种现象导致慢性诱导全身和肝脏炎症的发生。

　　肝硬化患者的细菌感染和预后不良与死亡率增加相关。BT 还可加重肝硬化的肝脏和全身血流动力学异常。病理性 BT 是慢性肝病（chronic liver disease，CLD）发病的重要机制。新的研究也表明 CLD 患者肠道通透性增加，黏膜炎症以及菌血症和内毒素血症检测的明确证据。事实上，自发性细菌性腹膜炎（SBP）被认为是 BT 最明显的临床表现，其占肝硬化患者总死亡率的 $25\% \sim 40\%$。病理性 BT 与 CLD 发生的一系列其他并发症有关，包括急性-慢性肝衰竭、肝肾综合征和肝性脑病（HE）。CLD 中肠通透性和 BT 升高的确切机制尚不清楚，只有导致这种现象的可能途径被预测（图 1-3）。

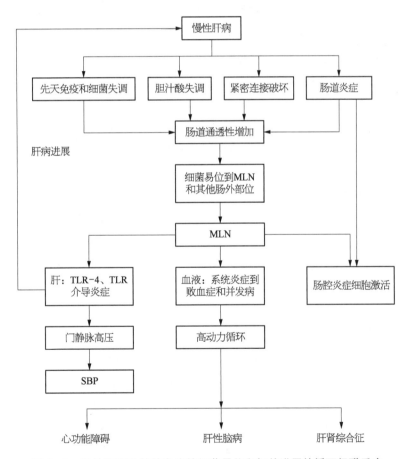

图 1-3　慢性肝病及其并发症的细菌易位和相关进展的循环级联反应

该图描述了慢性肝病引发肠道通透性和 BT 的各种机制。肠道通透性增加导致细菌穿过肠上皮转移到 MLN 和肠外部位，如肝脏和血液，导致每个系统中的离散并发症发生。在肠腔中，BT 引起免疫细胞的明显激活，并加重肠道中的促炎细胞因子。细菌在病理水平上向 MLN 移位是导致高动力循环的全身炎症的主要危险因素，并且以并发症如心脏功能障碍、肝肾综合征和肝性脑病的形式反映在各个器官上。细菌向肝脏的转移导致 TLR-4 和 TLR-9 介导的炎症，这进一步加剧了慢性肝病的进展和肠道通透性。BT 也引起门静脉高压，这是 SBP 发展的基础。
BT：细菌易位；MLN：肠系膜淋巴结；SBP：自发性细菌性腹膜炎。

(三) BT 在慢性肝病(CLD)中的可能机制

1. **营养不良** 这种现象包括宿主和微生物之间的共生作用引起的任何作用或质量上的改变。细菌过度生长通常是 BT 现象的第一步。有益菌和次有益菌(有时是致病菌)的比例牢固地保持,称为共生。在 CLD 中,这种平衡被打破,导致病原菌和有害代谢物增加,从而损害上皮。有益细菌如乳酸杆菌数量减少,肠杆菌科等潜在致病细菌增加。

2. **免疫功能紊乱** 黏膜免疫系统通过不同的分泌机制,如黏液分泌和抗微生物肽(AMP)防止肠道的共生菌曝光到全身循环。在肝硬化的动物模型中已观察到潘氏细胞 AMP 的表达减少。

3. **肠道炎症** 已经观察到患者的 CLD 黏膜和黏膜下炎症。抗炎细胞因子增加肠道通透性。

4. **紧密连接的破坏** 单层上皮细胞隔离 100 万亿细菌,在 CLD 时,肠上皮细胞的这种紧密连接分离,导致肠漏引起 BT 发生。

三、PXR 及其在抗炎症中的作用

炎症是机体应对和克服损伤或感染挑战的一种反应机制。然而,当失控或失调时,炎症往往是各种疾病条件下的病理驱动力。炎症在 BT 的病理生理学中是最显著的参与者,并且形成了导致肠通透性增加的环境。过去 10 年的研究已经牢固地确立了 PXR 作为炎症反调节剂的作用。临床研究显示,在 IBD 患者的炎症组织中观察到 PXR 明显下调。在此背景下,NR1Ⅰ2 基因的多态性已证实与 IBD 的易感性有关。PXR 已经被描述为与免疫应答信号级联的各种成分相互作用,产生免疫调节作用。

NF-κB 是一种转录因子,在调节与先天免疫和适应性免疫有关的过多基因方面发挥着核心作用。众所周知,药物代谢在炎症环境中受到损害,反之亦然。这种现象在突出 PXR 和 NF-κB 之间存在的反调节方面起着重要作用。PXR 通过与作为异二聚体的反应元件结合来控制药物代谢。PXR 与 RXR-α 形成异二聚体,研究表明 NF-κB 的 p-65 亚基与 PXR 异二聚体复合物的 RXR 单元结合抑制了这种相互作用。然而,更令人感兴趣的是观察到 PXR 可以相互抑制 NF-κB,从而使 PXR 成为对抗 NK-κB 及其相关炎症基因试剂盒的极好靶点。与表达 PXR 的野生型小鼠相比,Zhou 等发现,与 PXR 在缺失小鼠的 PXR 表达显示出 NF-κB 活性和炎性细胞因子谱显著增加。这表明在生理状态下,PXR 的表达抑制了 NF-κB 引起的炎症反应。此外,当用 PXR 激动剂孕烯醇酮 16α 碳腈(pregnenolone 16 α-carbonitrile,PCN)治疗野生型小鼠时,大部分 NF-κB 靶基因被下调,这个作用在 PXR 阴性小鼠中消失。提示 PCN 对 NF-κB 的拮抗作用呈 PXR 依赖性。在 DSS 诱导的结肠炎小鼠中,有 PCN 治疗和没有 PCN 治疗的小鼠中观察到类似的结果。最终,PXR 负责防御化学物质,NF-κB 负责启动免疫防御,相互反调节以维持生理状态。

Wallace 等的研究采用 SJL/J 小鼠模型,其特征是单核细胞向肝门浸润增加,显示 PXR 在浸润的单核细胞中表达。此外,在 SJL/J-PXR$^{+/+}$ 小鼠中,PCN,下调的 TNF-α 和 IL-1α 激活 PXR,它们是由 NF-κB 控制的细胞因子。Cheng 等用 DSS 诱导的结肠炎的人源化 PXR(hPXR)小鼠进行的研究表明,利福昔明确实以 PXR 依赖的方式起作用,并减弱了 NF-κB 介导的细胞因子。同时 TNF-α 还与上皮紧密连接(TJ)蛋白的直接下调有关。在这种情况下,进一步研究靶向 PXR 的激活,以拮抗 NF-κB 诱导的 TNF-α,特别是通过控制单核细胞浸润,以减轻肠上皮损伤。

尽管许多研究已经证实 PXR 和 NF-κB 之间的相互抑制作用,但是 PXR 抑制 NF-κB 的确切机制尚不清楚。Ye 等研究表明,天然 PXR 配体银杏内酯-A(GA)激活 PXR,通过增强 B 细胞抑制剂 α(Iκ-Bα)中 κ 轻链多肽基因增强子核因子的表达,间接抑制 NF-κB。当 siRNA 用于 PXR 沉默时,GA 不增加 Iκ-Bα 的表达,表明诱导以 PXR 依赖的方式发生(图 1-4A、B,见彩图)。

各种植物黄烷醇如白杨素和异鼠李素也显示出通过 PXR 依赖的方式抑制 NF-κB 活性。在 DSS 诱导的小鼠结肠炎模型中使用这些黄烷醇的研究表明,PXR 介导的 NF-κB 靶基因下调,包括 iNOS、ICAM-1MCP-1、COX-2、TNF-α、IL-2 和 IL-6。研究显示 PXR 的激活阻止了 Iκ-Bα 的降解,从而强调了 PXR 可能主要通过操纵 Iκ-Bα 来对抗 NF-κB 的可能性(图 1-4C,见彩图)。

(一) PXR-NF-κB 轴的小泛素样修饰蛋白依赖性调控

小泛素样修饰蛋白(small ubiquitin-like modifier, sumoylation)是一个翻译后修饰过程,在这个过程中,一个小的泛素样修饰蛋白(SUMO)将被添加到 PXR 蛋白的配体结合域中。在 PXR 的配体结合结构域中发现了 SUMO-1 结合位点。结果表明,在脱甲酰化后,PXR 的转录活性增加,以 PXR 靶基因的转录增加为特征(图 1-4A,见彩图)。此外,观察到 sumoylate PXR 与 NR 共阻遏物(核受体辅助遏物 1, nuclear receptor co-repressor 1,NCOR1)之间的相互作用增加。因此,推测修饰后 PXR 蛋白可能通过阻止共同抑制物(N-COR)/组蛋白去乙酰化酶 3(histone deacetylase 3,HDAC3)复合物的清除而帮助保持其完整,从而能够间接抑制 NF-κB。反之亦然,内毒素刺激,如 LPS,将信号清除这些抑制复合物从促炎基因的启动子区域,从而使 NF-κB 转录炎症反应基因。PPAR-γ 在 SUMO 化后通过抑制泛素共轭(ubiquitin-conjugating,Ubc)-5 蛋白的募集而反式抑制 NF-κB,并开始清除共同抑制物。这一机制为靶向 PXR SUMOylat.ion 位点提供了诱人的机会,尤其是在发生内毒素刺激 NF-κB 炎症反应的细菌败血症的情况下。

此外,Hu 等揭示了 PXR sumoylation 作为对炎症刺激如 TNF-α 的反馈反应而发生。他们在翻译后修饰(sumoylated)PXR 蛋白中特异鉴定了 SUMO-3 链。体外试验发现,sumoylated 形式的 PXR 在减轻炎症方面起着巨大的作用,但在调节 CYP3A 表达方面几乎没有效果。因此,SUMO 基化可以将 PXR 的功能活性从上调外源靶基因的配体激活转录的诱导物转移到产生免疫抑制效应的配体激活转录抑制物中(图 1-4B,图 1-5,见彩图)。

(二) PXR 和 TNF-α

肠上皮细胞与天然免疫系统之间的失调通常由内毒素如 LPS 引起,并且是肠屏障破坏的已建立的病理机制之一。已经观察到,TNF-α 在黏膜炎症的发生中起着 NF-κB 的中心介导作用。Goldman 等报道了一种有效对抗 BT 的抗 TNF 方法。Mencarelli 等进行的研究表明,暴露于 TNF-α 的 IEC 显示出 PXR mRNA 水平显著降低。然而,当用利福昔明治疗时,TNF-α 被完全拮抗,这通过 PXR 激活显示出显著的抗炎作用。此外,当用 LPS 诱导 IBD 患者结肠活检细胞并随后用利福昔明治疗时,观察到 LPS 诱导的 NF-κB 靶基因如 TNF-α、重组人巨噬细胞炎症蛋白-3α(recombinant human macrophage inflammatory protein 3α,MIP-3α)和 IL-8 被消除。这些证据清楚地表明,有效诱导 PXR、抑制 LPS 诱导的 TNF-α 和 NF-κB 的作用,可作为治疗 BT 的理想结果。

(三) PXR 和 MDR-1

多药耐药基因(multidrug resistance,MDR)-1 属于 ABC 转运蛋白家族,编码跨膜蛋白 P-糖蛋白(glycoprotein, P-gp)。MDR-1 是 PXR 调控的主要基因之一,广泛表达于肠上皮细胞和肝脏。P-gp 作为 ATP 依赖的药物流出系统,通过将有毒的化学物质(从药物或微生物来源)从黏膜推回肠腔,维持肠内稳态。在溃疡性结肠炎和慢性病患者中均观察到导致 P-gp 表达降低的表型的 MDR-1a 基因多态性。MDR-1a⁻ᐟ⁻ 敲除小鼠模型证实,在没有这种流出泵蛋白的情况下,这些动物发展成类似于人类 IBD 的自发性结肠炎。通过口服抗生素治疗,这种效果得到改善,表明减少细菌负担是控制炎症的有效措施。减少肠道内毒素的积累是改善炎症的可能机制,因此强调了肠道内异源清除系统的重要性。Langman 等的研究显示 UC 患者 PXR 和 MDR‑1a 的 mRNA 水平均降低,并认为 PXR 表达的减弱可能是 MDR‑1a 下调的可能原因。

Toklu 等最近进行的一项研究假设抗生素、利福平和螺内酯刺激 PXR 可能通过诱导 MDR‑1a 基因和 P-gp 表达引起免疫抑制作用。然而,Blokzijl 等认为这些观察是矛盾的,他们指出,尽管同一组织中 MDR‑1a 的表达较低,但在炎症和无炎症的人的结肠之间,PXR 蛋白水平没有变化。因此,在这种情况下,MDR‑1A 可能与 PXR 蛋白浓度无关。Ros 等报道了脂多糖处理大鼠肝脏中 MDR‑1a 的表达也没有改变。Kalitsky-Szirtes 等提供了肠内 MDR‑1a 水平降低的矛盾证据。使用 PXR 裸小鼠的进一步研究可能证实 PXR 诱导的 P-gp 表达是否是控制 BT 的有效机制,最有可能的方法是利用内毒素,否则可能刺激黏膜免疫。

(四) PXR 和 LPS

LPS 是革兰阴性杆菌细胞壁的主要成分,被认为是一种内毒素,它能有效地刺激宿主的先天免疫应答。LPS 是由其特异性受体 TLR‑4 识别的,是最早引起肠屏障破坏和 BT 的炎症因子之一。LPS 的促炎作用主要通过激活转录因子如 NF‑κB 介导,NF‑κB 存在于炎症级联反应的上游。在人类体内,已经确定了生理性 BT 状态,其中 5%～10% 的细菌在轻微接触 LPS 的情况下在肠道内易位,对肠道微生物及其毒素保持严格调节的耐受性。然而,当细菌的数量(负荷)或质量(生物障碍)发生变化时,固有免疫系统被明显激活。这通常是通过增加 LPS 暴露,LPS 刺激免疫细胞,如单核细胞、中性粒细胞和淋巴细胞。反之,这些细胞产生包括 IL‑1β、IL‑6 和 TNF‑α 的急性应答细胞因子,从而产生炎症特征。

LPS 诱导的炎症模型强调了 PXR 活性在调节免疫应答的不同阶段中的重要性。CYP3A 基因在感染过程中表达减少,并在 LPS 诱导的动物模型中得到复制。在这些模型中,PXR 的 mRNA 水平也被下调。Moriya 等的研究已经表明,经 LPS 处理 CYP 的基因表达和活性显著降低,甚至在用 PXR 激活剂 PCN(α-氰基孕烯醇酮)预刺激的小鼠中也是如此。LPS 通过诱导细胞因子引起这种效应,细胞因子以 NF‑κB 依赖的方式抑制 PXR。Gu 等也进行了类似的观察,其中使用 NF‑κB 抑制剂 SRIκBα(NF‑κB 抑制剂 Neferine,皿基莲心碱)逆转 LPS 诱导的 PXR 下调,证明"NF‑κB 刺激 PXR 抑制"是发挥 LPS 作用的中心。在大多数细胞中,NF‑κB 与其抑制蛋白 SRIκBα 结合,阻止其向细胞核转移,以无活性的形式存在于胞质中,当细胞受到各种刺激后,NF‑κB 与 SRIκBα 解离,从而进入细胞核,与相应的靶序列结合,调节基因的表达。IκBα 则与 P5/RelA 异源二聚体结合成三聚体,从而使 NF‑κB 以失活状态存在于细胞质中。当 IEC 与细菌产物如 LPS 持续接触时,免疫细胞参与对 IEC 与微生物产物之间任何失调的反应。应当指出,PXR 在这两种细胞类型中都表达,因此在调节 IEC 面临的毒素挑战以及响应免疫细胞带来的挑战方面起着重要作用。最近在 WT 小鼠肝细胞(PCH)原代培养中发现,PCN 预处理 24 小时通过降低细胞因子如 IL‑1β、TNF‑α 和 IL‑6 来减轻 LPS 诱导的急性反应。然而,当来自 PXR-裸小鼠的 PCH 用 LPS 治疗时,可增强促炎细胞因子反应。当用 PXR 激活剂预处理从人源化 PXR 小鼠分离的 PCH 时,它导致 IL‑1Ra 的产生,IL‑1Ra 是 IL‑1β 的天然抑制剂。因此,PXR 的表达在抑制内毒素刺激的免疫应答以维持内环境稳定,以及通过诱导抗炎应答来解决炎症状态方面是重要的一步。Xu 等的研究揭示了 LPS 抑制 PXR 及其相关基因表达的有效途径。在他们的实验中,LPS 剂量依赖性地抑制小鼠 PXR mRNA 水平,并且在抗氧化剂治疗后获得显著改善。此外,分别使用特异性抑制剂别嘌呤醇和二苯撑碘抑制黄嘌呤氧化酶和 NADPH 氧化酶产生 ROS,导致 LPS 诱导的 PXR 下调减弱。在此背景下,还观察到抗氧化剂褪黑素产生类似的作用。Chen 等揭示了用自由基捕捉剂 α-苯基-N-叔丁基硝酮处理后可防止 LPS 的下调 PXR 作用。

（五）PXR 与 TLR-4

TLR-4 是识别 LPS 的跨膜受体,LPS 是病原体相关的分子模式。LPS 只有在与 LBP(LPS 结合蛋白)结合后才能与 TLR-4 复合物结合。该识别还涉及其他复合受体,如 CD-14(脂多糖受体)和髓样分化蛋白-2(myeloid differentiation-2,MD-2)和适配蛋白 MyD88。MD-2 使 TLR-4 能够对多种内毒素 LPS 部分结构、革兰阴性细菌和革兰阳性脂磷壁酸做出反应,但不对革兰阳性细菌、肽聚糖和脂肽做出反应。TLR-4 在肠道的生理表达及调控中具有重要意义。因此,TLR-4 的表达根据肠腔 LPS 水平受到严格调控,因为它在任何给定时间都与免疫应答的强度直接相关。病理状态,如小肠细菌过度生长,可能挑战这种稳态,导致 TLR-4 信号转导的公开激活和触发 NF-κB,从而导致屏障功能障碍和 BT 发生。研究表明,TLR4 和 PXR 之间的相互作用可以决定肠内稳态。例如,当使用 TLR4 的特异激动剂 3-脱氧-D-甘露聚糖-八氯酸(3-deoxy-D-mannan-octachloroic acid,KDO2)激活 TLR-4 时,WT 和 PXR 裸小鼠均观察到黏膜 TNF-α 的诱导增加,随后肠通透性增加。同样,当使用 PCN 激活 PXR 时,记录到黏膜 TNF-α 诱导明显减少。PCN 激活在 PXR 裸小鼠中没有任何作用,因此表明 TLR-4 的抑制是 PXR 依赖性的。这项研究清楚地表明,PXR 和 TLR-4 在它们各自激活时相互反调节。

Esposito 等的研究观察到当艰难梭菌毒素 A(*clostridium difficile toxin A*,TcdA)诱导 Caco2 IEC(一种人克隆的结肠腺瘤细胞,结构与功能类似于分化的小肠上皮细胞)复制溃疡和炎症模型时,也有类似的调节模式。他们发现,这种毒素刺激了 Caco2 细胞中 TLR-4 的表达。然而,利福昔明剂量依赖性地降低 TLR-4、MyD88 和 NF-κB 的表达,完全逆转了这一现象。研究还揭示了另外一条途径,即通过降低 PXR 激活后的 TLR-4 水平,NF-κB 活性可能是相互作用的局部抑制。此外,PXR 和 TLR-4 小鼠模型进一步阐明了 PXR 作为微生物和 TLR-4 之间的媒介的能力。Venkatesh 等观察到 PXR 裸小鼠出现肠漏,并显示包括 TLR-4 在内的 TLR 的诱导增加 1.8 倍。然而,在 TLR-4$^{-/-}$ 和 PXR$^{-/-}$ 双敲除小鼠模型中,先前观察到的肠道病理缺陷消失。这强调了 TLR-4 表达的影响,在没有 PXR 的情况下,TLR-4 表达特别高,导致肠炎发生。此外,从 PXR 裸小鼠中分离的肠细胞显示与 TLR-4 抑制剂相似的结果。因此,PXR 和 TLR-4 在维持体内平衡方面似乎存在互惠关系。他们还发现吲哚-3-丙酸(indole-3-propionic acid,IPA)是 PXR 的内源性微生物衍生配体,激活 PXR 并减少肠细胞 TNF-α。这是传感系统的一个清楚的例子:PXR,以及共生细菌协同抑制显性炎症。总之,这些研究表明 PXR 调节 TLR-4 的表达,并且 PXR 的激活可以通过对抗 TLR-4 介导的肠道炎症在 BT 中产生治疗作用。

四、肠完整性与 PXR:紧密连接

（一）PXR 与肠完整性的维持

单层上皮细胞作为物理屏障,阻止肠道内不同内容物进入体循环和其他组织。该屏障的完整性由包括 TJ 和 AJ 的结合复合蛋白控制,并且参与密封两个相邻细胞之间的间隙。这些连接复合物的表达受到严格控制,并且本质上是动态的,从而只允许选定的分子穿过上皮屏障。在疾病状态下,这些连接复合物的表达高度受损,导致肠漏,这是 BT 及其并发症的主要驱动因素。

PXR 被肠上皮细胞广泛地表达,并已显示对控制肠道完整性的信号分子有直接影响。因此,研究显示,在 PXR 无效的小鼠中,存在类似肠漏病理学现象。事实上,Venkatesh 等观察到 PXR 敲除小鼠的结合复合物,如小带闭塞蛋白-1(zonula occlusens 1)和上皮性钙粘连蛋白(epithelial cadherin,E-cad)的 mRNA 水平降低。然而,他们还发现 Claudin-2(一种紧密连接蛋白)的表达增加,这与促进微生物的细胞旁转运有关,并且在高表达状态下与肠内的高通透性相关。使用 PXR-TLR-4 双敲除小鼠揭示了 PXR 维持连接复合物表达的可能机制之一。当敲除 PXR 和 TLR-4 时,TJ 的表达水平几乎与 PXR$^{+/+}$ 小鼠的水平相关。因此,PXR 可通过对抗 TLR-4 来保存连接复合物,从而抑制由 TLR-4 刺激的下游炎性细胞因子,如 TNF-α。这表明 PXR 敲除状态与促进细胞旁转运 Claudin-2、TNF-α 的基因上调和维持屏障功能(ZO-1)的基因下调有关,从而在维持肠道完整性方面发挥重要作用。

(二) PXR 与 MLCK 的负调控

一些针对 PXR 激活的研究将连接复合物的保存归因于 PXR 与各种细胞间信号传导介质相互作用的能力。肌球蛋白轻链激酶(human myosin light chain kinas,MLCK)通过磷酸化肌球蛋白 Ⅱ 调节肌球蛋白轻链(MLC)的能力与调节细胞旁通透性相关,MLC 是连接复合物排列的基础。因此,通过 MLC 的磷酸化,MLCK 能够刺激肌动蛋白收缩和调节 TJ 蛋白定位。在诸如感染或炎症的病理状态下,TNF-α 诱导 MLCK 的表达及其活性,从而影响肠通透性。He 等观察到 TNF-α 诱导的 MLCK 表达通过刺激作用于 MLCK 上游的 NF-κB 而增加。因此,逆转 TNF-α 介导的 NF-κB 表达的 PXR 可能与此途径相互作用,从而保护 TJ 蛋白。Garg 等的研究报告了通过上调 MLCK 表达,TNF-α 暴露诱导 ZO-1 的再定位增加。然而,利福昔明通过抑制 NF-κB 的作用抑制了 Caco2 IEC 细胞中 MLCK 的上调。同样的结果在体内 DSS 小鼠模型中复制,PCN 处理减弱了 MLCK 的表达,并防止了 ZO-1 错位。因此,通过抑制 TNF-α 诱导的 NF-κB 活化,PXR 能够通过间接调节 MLCK 来维持肠道的完整性。

(三) 通过 JNK-1/2 干扰 PXR 保留肠道完整性

已报道 PXR 激活对 C-jun N-末端激酶(C-jun N terminal kinase,JNK)-1/2 通路的影响。JNK 是应激刺激激活的激酶,包括 TNF-α 等多种细胞因子,与细胞凋亡和炎症有关。JNK-1/2 在炎症性疾病中的确切作用尚不清楚。虽然很少有研究报道 JNK-1/2 缺失增加葡聚糖硫酸钠(dextran sodium sulfate,DSS)模型的炎症严重程度,但其他研究表明 JNK-1/2 抑制具有保护作用。在这方面,Mitsuyama 等报道了 CD 患者 IEC 中 JNK-1/2 表达的增加。Garg 等报道了 TNF-α/INF-γ 刺激 Caco-2 细胞导致 JNK-1/2 激活增加,这种效应与 ZO-1 错位有关。然而,JNK 抑制剂 SP600 125 完全抑制了这种现象。最重要的是,使用利福昔明激活 PXR 通过诱导生长阻滞和 DNA 损伤诱基因 45β(growth arrest DNA damage-inducible gene 45β,GADD45β)的转录来减弱 JNK-1/2 活性,GADD45β 是一种已知通过阻止 JNK-1/2 磷酸化而阻断 JNK-1/2 活性的蛋白质。因此,PXR 激活通过阻止 JNK-1/2 的激活/磷酸化而保护肠道 TJ 蛋白的完整性。

五、PXR 与胆汁酸

胆汁酸在胆固醇的分解代谢中起着非常重要的生理作用,并且由于其抑菌特性而可调节细菌的过度生长。胆汁酸也是核受体(NR)如 FXR 和 VDR 的配体。生理情况下,当胆汁酸激活 NR 时,这些 NR 调节抗微生物肽和先天免疫基因的表达,从而抑制肠道微生物的生长。然而,研究表明,当胆汁酸积累含量增高时,它们可能具有潜在毒性,因此强调了活性胆汁酸解毒系统的存在对保护其毒性的重要性。石胆酸(lithocholic acid,LCA)是一种次级胆汁酸,在高于基础水平的浓度下被认为是有毒的,并且是肠道细菌生物转化过程的副产品。Ishit 等的研究表明,在进行胃切除术的患者中,PXR

及其依赖基因的上调作为对 LCA 增加的适应性反应而发生。他们报道,由于胃酸减少,胃切除术使肠道 pH 向碱性状态转移,这导致产生 LCA 的细菌增多,从而导致 LCA 的积累增加。因此强调 PXR 是 LCA 最重要的生理和自适应传感器,特别是考虑到 FXR 是另一个重要的胆汁酸传感器但对 LCA 无反应。

细菌失调是引起 BT 的一种已建立的机制,它已显示出影响胆汁酸池的组成。非酒精性脂肪性肝病等疾病状态与胆汁酸增加和细菌肠道微生物群落的改变有关。这种状态可能改变疏水性和亲水性次级胆汁酸在总胆汁酸池中的平衡。重要的是已经观察到肠道微生物的紊乱、胆汁代谢物的紊乱和肠屏障稳态的破坏之间存在线性关系。如 Stentman 等的研究所示,疏水性胆汁酸如 LCA 和脱氧胆酸(DCA)的增加与肠屏障的破坏有关,其中高脂相关浓度的疏水性而非亲水性胆汁酸产生屏障破坏。Hughes 等做了一个有趣的研究,在生理水平上,发现 LCA 可增加 Caco2 肠上皮细胞的细胞旁通透性,这通过减少跨上皮阻力和增加甘露醇流量来表示。然而,在相同的生理水平,LCA 又可增加闭塞蛋白的表达。由于 PXR 是 LCA 的主要生理传感器,因此观察 LCA 诱导的闭塞蛋白表达是否以 PXR 依赖的方式发生将不得而知。此外,由于本研究仅关注 LCA 在基础水平的急性 12 小时效应,因此将来需要关注慢性治疗时间和更高剂量时的作用,以阐明 LCA 毒性对 TJ 蛋白表达的影响。Vu 等也发现了类似的观察结果,即 TJ 蛋白通透性随 LCA 静脉剂量的增加而升高。

第 5 节　肠道菌群失调诊治的现状

一、病因

综合众多文献报道,有多种原因可引起肠道微生物群失调。

1. 饮食因素　饮食可使粪便菌群发生明显改变,无纤维食物促进细菌易位。食物纤维能维持肠道黏膜细胞的正常代谢和细胞动力学。此外,食物纤维还能减少细菌易位,但不能使屏障功能恢复至正常。大鼠实验结果表明,食物纤维能维持肠道微生物群正常生态平衡,且细菌代谢纤维的终产物对肠上皮有营养作用。Hosoda 等报道加入纤维的低渣对保存肠的结构和功能有良好的效果,这种纤维的保护机制是否直接刺激肠黏膜或诱导释放营养性胃肠激素尚不明了。

2. 菌群组成的改变　菌群组成可因个体不同而存在一定的差异,但对同一个人来说,在相当长时期内菌群保持稳定。每个菌种的生态学地位由宿主的生理状态、细菌间的相互作用和环境因素所确定。当机体内外环境改变,如饮食、药物、炎症、免疫、年龄、代谢等均可导致菌群组成的改变,引起肠道微生物群失调发生。

据报道,梭杆菌能够增强 CRC 发生。Kostic 等报道在 Apc$^{Min/+}$ 小鼠中,梭杆菌属(F. nucleatum)的特异性菌株增加了肿瘤的丰度,并选择性地扩增了髓样免疫细胞如 CD11b$^+$ 髓细胞和髓源性抑制细胞(myeloid-derivedsuppressorcells,MDSCs)。他们还观察到在小鼠实验和人类结肠样品中,核转录因子丰度和促炎性标志物如 COX-2、IL-8、IL-6、IL-1B 和 TNF-α 的表达之间的强烈相关性,提示梭杆菌通过募集免疫细胞而产生促炎微环境,有利于炎症的发生。Rubinstein 等发现黏着蛋白 FadA 是核仁中的毒力因子,通过与 E-钙黏蛋白(E-cadherin)结合激活 β-连环蛋白信号介导肿瘤细胞的生长。此外,通过 T 细胞免疫受体与 Ig 和 ITIM 结构域(TIGIT),可以通过 F.2 核蛋白、FAP2 蛋白抑制免疫细胞的抗肿瘤活性,进而促进 CRC 发育。

溶血性链球菌(SGG)属于 D 型链球菌。一项涵盖 40 年(1970—2010)的文献调查显示,65% 被

诊断为侵袭性 *SGG* 感染的患者伴有结直肠肿瘤。*SGG* 主要与早期腺瘤相关,因此可能成为 CRC 筛查的早期标志物。*SGG* 被描述为食草动物瘤胃和鸟类消化道的正常居民。在人体肠道中的检出率(2.5%~15%)较低。最近的分子分析表明 *SGG* 可能是人畜共患病。目前公认的基于多位点序列分型(MLST)数据的分类定义了七个亚种:溶血性链球菌(*S. gallolyticus subsp*,*SGG*)亚种、马其顿链球菌(*S. macedonicus*,*Sgm*)、溶血性链球菌(*Sgp*)亚种、婴儿链球菌(*Streptococcus infantarius subsp. infantarius*,*Sii*)亚种、黄体链球菌(*Streptococcus lutetiensis*)、乳酸链球菌(*Streptococcus alactolyticus*)和马链球菌(*Streptococcus equinus*)。一些临床研究已经证实了 *SGG* 的侵袭性感染与人类结肠肿瘤之间的强关联[135]。结直肠癌(CRC)是近年发展起来的一种遗传病,涉及一系列被称为腺瘤-癌序列的遗传改变(即体细胞突变和表观遗传修饰)。新出现的研究已经将 CRC 的发展与肠道微生物群的变化紧密联系在一起。

SGG 是一种机会性病原体,这种细菌首先从粪便中分离出来,与革兰阴性细菌中的对应物一样,革兰阳性菌毛通常与宿主组织的细菌附着和定植有关。Pil3 菌毛参与 *SGG* 和结肠黏液的结合,从而促进小鼠远端结肠的定殖。PiL1 和 PiL3 菌毛在 *SGG* UCN34 群体中表达不均匀。

最终得出结论,*SGG* 既是乘客,又是促进癌症的细菌。但是,为了成为驱动细菌,*SGG* 首先需要定植结肠。因此,*SGG* 不是 CRC 的主要原因,而是促进 CRC 发展的辅助因素。为了早期发现 CRC,推荐结肠镜检查来评估 *SGG* 感染患者隐匿性肿瘤的发生。

粪肠球菌(*E. faecali*)是一种厚壁菌属,在某些特定的情况下,*E. faecalis* 可导致致病性。在胃肠道定植的肠球菌中,在人类粪便中发现的最常见的培养菌株是粪肠球菌[*E. faecalis*,10^5~10^7 菌落形成单位(CFU)/g],其次是屎肠球菌(*E. faecium*,10^4~10^5 CFU/g)。

粪肠球菌是人类胃肠道的第一个定植者,在生命的早期阶段对肠道的免疫发育有重要影响。在新生婴儿中,它通过抑制病原体介导的炎症反应,在发育过程中起到调节结肠稳态的保护作用;在人 IEC 中,诱导 IL-10 的表达和抑制细胞因子的分泌,特别是 IL-8。

当人通过水平基因转移(HGT)(指在不同生物个体间或单个细胞内部细胞器之间,遗传物质的交流)获得来自其他细菌的抗生素抗性或假定的毒性基因时,行为差异可能发生。HGT 有利于细菌结构发生快速变化,产生抗性和致病岛(其基因组的动态成分),可影响它们的毒力。粪肠球菌的有害作用已被认为主要与其产生 ROS 和胞外超氧阴离子的能力有关,后者可能导致基因组不稳定性,破坏结肠 DNA,并因此引起宿主突变、炎症和癌发生。此外,粪肠球菌已被证明产生金属蛋白酶,可以直接危及肠上皮屏障和诱导炎症,但只有当主要环境发生改变时,其才会出现致病性。

3. 药物代谢因素　肠道微生物群在许多药物的代谢中起重要作用。任何抗生素都可导致结肠菌群的改变,其取决于药物的抗菌谱及其在肠腔内的浓度。氯林可霉素和氨苄青霉素可造成大肠内生态学真空状态,使艰难梭菌增殖。应用 PPI 可导致药物性低胃酸,引起胃内细胞增殖。

4. 年龄因素　随着年龄的增长,肠道微生物群的平衡可发生改变。如双尾菌减少,有可能减弱对免疫功能的刺激,而产气荚膜杆菌增加,导致毒素增加引起免疫抑制。老年人如能维持年轻人时期的肠道微生物群平衡,也许可提高免疫力。

5. 胃肠道免疫功能障碍　胃肠道正常免疫功能来自黏膜固有层的浆细胞,浆细胞产生大量免疫球蛋白,即分泌型 IgA,它是胃肠道防止细菌侵入的主要物质。一旦胃肠道黏膜合成单体或双体 IgA,或合成分泌片功能发生障碍,致使胃肠道分泌液中缺乏分泌型 IgA,则可引起小肠内需氧菌与厌氧菌过度繁殖,从而造成菌群失调。

二、对肠道微生物群检测诊断的评价

传统的粪便培养技术在评估肠道微生物群方面受到限制,主要是因为厌氧微生物难以培养,并且一些微生物种群可能无法通过常规方法检测。研究肠道微生物群多样性的常用方法是测序16S核糖体核糖核酸(rRNA)基因。16S rRNA基因存在于所有原核细胞中,具有高度可变的区域散布着高度保守的区域,其序列是原核生物的主要群组所特有的。这些序列可用于重建肠道微生物群的系统发育。

设计引物以补充可变区域两侧的普遍保守区域,并确定细菌种类及其在微生物群中的比例。通过聚合酶链反应(PCR)扩增可变区,并将PCR产物纯化为测序。测序结果与已建立的注释数据集进行比较。

用于重构人肠道微生物组分技术的进一步进展包括微阵列技术、指纹技术,例如末端限制性片段长度多态性的测定和下一代测序(NGS)。脱氧核糖核酸的微阵列杂交提供了一个高通量平台,它由几千个探针组成,可以同时检测核酸序列。

人类肠道芯片有4 441个探针,包括2 442个针对已知微生物的探针,以及1 919个针对未知微生物的探针。具有重叠相似性的探针对数量较少的微生物物种变得更加敏感,具有探索性设计的探针正与具有微生物特异性的探针耦合,以尽力识别具有非特异序列的微生物。

目前,肠道生态系统主要通过16S rRNA测序进行研究。该技术可用于鉴定构成肠道微生物群落的微生物种类、确定微生物群落的进化与变迁(系统发育)以及定量微生物多样性。

三、治疗策略

肠道微生物群可通过饮食调整、益生菌制剂使用、补充维生素A和维甲酸、抗生素使用、肠道再定植、降低肠道通透性的药物来控制和调节肠道屏障,阻断TLR信号和产生促炎细胞因子的分子干预等进行治疗,也可通过刺激抗炎反应的分子干预(如多糖A),以及调节短链脂肪酸信号通路来影响基因表达、肠屏障完整性和炎症反应(参见第8章治疗部分)。

第6节 结 语

肠道共生微生物利用多种途径形成黏膜免疫,从而有助于导致遗传易感个体的系统自身免疫发生。由于肠道微生物随时在变化中,情况变得非常复杂,因此观察到的现象是疾病的原因还是结果目前仍不完全了解。从目前研究证据来看,肠道微生物引起肠屏障功能障碍、细菌易位、内毒素血症、免疫异常、代谢失常、进一步导致疾病的发生已得到共识。今后应探索特定微生物的免疫和代谢功能,并寻求粪便微生物的辅助治疗。粪便移植(FMT)或益生菌治疗可补充目前的免疫抑制方案,对于将来临床改善自身免疫病及炎症性疾病有很大的前景。

阻断TLR信号传导或调节信号传导的分子干预可能会减少促炎细胞因子的产生,限制不利的基因表达,并增强肠屏障的完整性、减少疾病的发生。

(池肇春)

参 考 文 献

[1] Manns MP, Czaja AJ, Gorham JD, et al. Diagnosis and management of autoimmune hepatitis[J]. Hepatology, 2010, 51:

2193－2213.

［2］ Czaja AJ. Transitioning from idiopathic to explainable autoimmune hepatitis［J］. Dig Dis Sci，2015，60：2881－2900.

［3］ Lin R，Zhou L，Zhang J，et al. Abnormal intestinal permeability and microbiota in patients with autoimmune hepatitis［J］. Int J Clin Exp Pathol，2015，8：5153－5160.

［4］ Czaja AJ. Factoring the intestinal microbiome into the pathogenesis of autoimmune hepatitis［J］. World J Gastroenterol，2016，22：9257－9278.

［5］ Li B，Selmi C，Tang R，et al. The microbiome and autoimmunity：a paradigm from the gut-liver axis［J］. Cell Mol Immunol，2018；15：595－609.

［6］ Tripathi A，Debelius J，Brenner D A，et al. The gut-liver axis and the intersection with the microbiome［J］. Nature Reviews Gastroenterology & Hepatology，2018，15：397－411.

［7］ Wiest R，Garcia-Tsao G. Bacterial translocation（BT）in cirrhosis［J］. Hepatology，2005，41：8422－8433.

［8］ Seki E，Schnabl B. Role of innate immunity and the microbiota in liver fibrosis：crosstalk between the liver and gut［J］. J Physiol，2012，590：447－458.

［9］ Son G，Kremer M，Hines IN. Contribution of gut bacteria to liver pathobiology［J］. Gastroenterol Res Pract，2010，2010. pii. 453563.

［10］ Takeuchi O，Akira S. Pattern recognition receptors and inflammation［J］. Cell，2010，140：805－820.

［11］ Mejía-León ME，Barca AM. Diet，microbiota and immune system in type 1 diabetes development and evolution［J］. Nutrients，2015，7：9171－9184.

［12］ Wu GD，Chen J，Hoffmann C，et al. Linking long-term dietary patterns with gut microbial enterotypes［J］. Science，2011，334：105－108.

［13］ Vieira SM，Pagovich OE，Kriegel MA. Diet，microbiota and autoimmune diseases［J］. Lupus，2014，23：518－526.

［14］ Konturek PC，Haziri D，Brzozowski T，et al. Emerging role of fecal microbiota therapy in the treatment of gastrointestinal and extra-gastrointestinal diseases［J］. J Physiol Pharmacol，2015，66：483－491.

［15］ López P，González-Rodríguez I，Sánchez B，et al. Interaction of Bifidobacterium bifidum LMG13195 with HT29 cells influences regulatory-T-cell-associated chemokine receptor expression［J］. Appl Environ Microbiol，2012，78：2850－2857.

［16］ Li YY，Pearson JA，Chao C，et al. Nucleotide-binding oligomerization domain-containing protein 2（Nod2）modulates T1DM susceptibility by gut microbiota［J］. J Autoimmun，2017，82：85－95.

［17］ Fung TC，Bessman NJ，Hepworth MR，et al. Lymphoid-tissue-resident commensal bacteria promote members of the IL－10 cytokine family to establish mutualism［J］. Immunity，2016，44：634－646.

［18］ Chu H，Khosravi A，Kusumawardhani IP，et al. Gene-microbiota interactions contribute to the pathogenesis of inflammatory bowel disease［J］. Science，2016，352：1116－1120.

［19］ Wiest R，Albillos A，Trauner M，et al. Corrigendum to "Targeting the gut-liver axis in liver disease"［J］. J Hepatol，2018，68：1336.

［20］ Manfredo Vieira S，Hiltensperger M，Kumar V，et al. Translocation of a gut pathobiont drives autoimmunity in mice and humans［J］. Science，2018，359：1156－1161.

［21］ Goto Y，Ivanov II. Intestinal epithelial cells as mediators of the commensal-host immune crosstalk［J］. Immunol Cell Biol，2013，91：204－214.

［22］ Li Y，Tang R，Leung PSC，et al. Bile acids and intestinal microbiota in autoimmune cholestatic liver diseases［J］. Autoimmun Rev，2017，16：885－896.

［23］ Ignacio A，Morales CI，Câmara NO，et al. Innate Sensing of the Gut Microbiota：Modulation of Inflammatory and Autoimmune Diseases［J］. Front Immunol，2016，7：54.

［24］ 赵凡，李春保.肠道菌 Akkermansia muciniphila 的特性及其与机体健康的关系［J］.微生物学通报，2017，44：1458－1463.

［25］ Zhang J，Yi M，Zha L，et al. Sodium butyrate induces endoplasmic reticulum stress and autophagy in colorectal cells：implications for apoptosis［J］. PLoS One，2016，11：e0147218.

［26］ Bomhof MR，Parnell JA，Ramay HR，et al. Histological improvement of non-alcoholic steatohepatitis with a prebiotic：a pilot clinical trial［J］. Eur J Nutr，2018，58：1－11.

［27］ Mohandas S，Vairappan B. Role of pregnane X-receptor in regulating bacterial translocation in chronic liver diseases［J］. World J Hepatol，2017，9：1210－1226.

［28］ Li T，Yu RT，Atkins AR，et al. Targeting the pregnane X receptor in liver injury［J］. Expert Opin Ther Targets，2012，16：1075－1083.

［29］ Qiao E，Ji M，Wu J，et al. Expression of the PXR gene in various types of cancer and drug resistance［J］. Oncol Lett，2013，5：1093－1100.

［30］ Schmuth M，Moosbrugger-Martinz V，Blunder S，et al. Role of PPAR，LXR，and PXR in epidermal homeostasis and inflammation［J］. Biochim Biophys Acta，2014，1841：463－473.

［31］ Hasan AU，Rahman A，Kobori H. Interactions between Host PPARs and Gut Microbiota in Health and Disease［J］. Int J Mol Sci，2019，20. pii：E387.

［32］ Mouzaki M，Wang AY，Bandsma R，et al. Bile Acids and Dysbiosis in Non-Alcoholic Fatty Liver Disease［J］. PLoS One，2016，11：e0151829.

［33］ Lee SH. Intestinal permeability regulation by tight junction：implication on inflammatory bowel diseases［J］. Intest Res，2015，13：11－18.

［34］ Ye N，Wang H，Hong J，et al. PXR mediated protection against liver inflammation by ginkgolide a in tetrachloromethane treated mice[J]. Biomol Ther (Seoul)，2016，24：40-48.

[35]　Priyanka B，Kotiya D，Rana M，et al. Transcription regulation of nuclear receptor PXR：Role of SUMO-1 modification and NDSM in receptor function[J]. Mol Cell Endocrinol，2016；420：194-207.

[36]　Garg A，Zhao A，Erickson SL，ET AL. Pregnane X receptor activation attenuates inflammation-associated intestinal epithelial barrier dysfunction by inhibiting cytokine-induced myosin light-chain kinase expression and c-jun n-terminal kinase 1/2 activation[J]. J Pharmacol Exp Ther，2016，359：91-101.

[37]　Banerjee S，Sindberg G，Wang F，et al. Opioid-induced gut microbial disruption and bile dysregulation leads to gut barrier compromise and sustained systemic inflammation[J]. Mucosal Immunol，2016，9：1418-1428.

[38]　Ranhotra HS，Flannigan KL，Brave M，et al. Xenobiotic receptor-mediated regulation of intestinal barrier function and innate immunity[J]. Nucl Receptor Res，2016，3：101199.

[39]　Zhou T，You WT，et al. Ginkgolide B protects human umbilical vein endothelial cells against xenobiotic injuries via PXR activation[J]. Acta Pharmacol Sin，2016，37：177-186.

[40]　Brandl K，Schnabl B. Intestinal microbiota and nonalcoholic steatohepatitis[J]. Curr Opin Gastroenterol，2017，33：128-133.

[41]　Li B，Selmi C，Tang R，et al. The microbiome and autoimmunity：a paradigm from the gut-liver axis[J]. Cell Mol Immunol，2018，15：595-609.

[42]　Manfredo Vieira S，Hilttensperger M，Kumar V，et al. Translocation of a gut pathobiont drives autoimmunity in mice and humans[J]. Science，2018，359：1156-1161.

[43]　Chiang JYL，Ferrell JM. Bile acid metabolism in liver pathobiology[J]. Gene Expr，2018，18：71-87.

[44]　Woodhouse CA，Patel VC，Singanayagam A，et al. Review article：the gut microbiome as a therapeutic target in the pathogenesis and treatment of chronic liver disease[J]. Aliment Pharmacol Ther，2018，47：192-202.

[45]　Sheng L，JenaPK，Hu Y，et al. Hepatic inflammation caused by dysregulated bile acid synthesis is reversible by butyrate supplementation[J]. J Pathol，2017，243：431-441.

[46]　Su L，Wu Z，Chi Y. Mesenteric lymph node $CD4_+$ T lymphocytes migrate to liver and contribute to non-alcoholic fatty liver disease[J]. Cell Immunol，2019，337：33-41.

[47]　Graziani C，Talocco C，De Sire R，et al. Intestinal permeability in physiological and pathological conditions：major determinants and assessment modalities[J]. Eur Rev Med Pharmacol Sci，2019，23：795-810.

[48]　Ding Y，Yanagi K，Cheng C，et al. Interactions between gut microbiota and non-alcoholic liver disease：The role of microbiota-derived metabolites[J]. Pharmacol Res，2019，141：521-529.

[49]　Hasan AU，Rahman A，Kobori H. Interactions between Host PPARs and Gut Microbiota in Health and Disease[J]. Int J Mol Sc，2019，20，pii：E387.

第2章 肠道微生物

第1节 微生物与人体的相互作用

人类体表和体腔寄居着大量微生物,统称为人体微生物群落(microbiota)。由于目前对微生物群落研究重点是细菌,所以也称之为正常菌群(normal flora)。对微生物群落与宿主的关系及相互作用的研究正进入一个高速发展期。虽然目前还不能确定微生物群落的变化就是许多疾病的致病原因,但是,一旦明确了健康状态下的微生物群落特点及其与宿主的相互作用关系,则将为探明微生物群落如何促进或导致各种疾病奠定基础。微生物群落与人体存在着"共进化、共发育、共代谢、互调控"的相互作用,呈现一个互为因果的关系。

一、微生物与人体发育及进化的相互关系

在人体发育过程中,体内定植的众多微生物不断与宿主细胞相互作用,从而影响着机体免疫系统、内分泌系统以及神经系统的发育,进一步促进人类的进化,而人体不断发育进化的同时,也改变了微生物种群的定植、分布和特性,因此微生物定植人体是一个共发育、共进化的过程。

(一) 微生物与人体发育

1. 微生物对免疫系统发育的影响　有关人体微生物群与免疫系统相关性的研究最为广泛和深入。微生物群落除了直接构建生物屏障帮助宿主抵御疾病外,也间接地通过促进机体免疫系统的发育完善来发挥作用。肠道微生物和宿主免疫系统之间的相互作用在出生时即已开始。微生物群落的形成与免疫系统的发育成熟相互促进,相辅相成。有研究表明,采用不同的分娩方式生产,新生儿由于出生过程中接触微生物的不同,可能在免疫抵抗力、抗过敏性以及抗感染能力方面都存在着差异。

(1) 对肠黏膜黏液层的影响:肠道微生物在肠道黏膜表面形成菌群,肠道微生物与黏液、黏膜上皮、免疫组织一起构成了肠道黏膜屏障。它们相互作用、相互制约,共同维护肠道微生态平衡。肠道黏膜屏障具有防止致病性抗原侵入、维护肠道健康的功能。而肠道微生物群是肠道黏膜屏障的重要构成部分,在正常情况下,肠道微生物群与肠道黏膜黏液层和上皮细胞层通过黏附及识别受体机制与其宿主进行分子对话,然后作用于固有层免疫细胞,激活肠道的黏膜免疫。

(2) 对肠相关淋巴组织发育的影响:肠相关淋巴组织(gut-associated lymphatic tissue, GALT)由派尔集合淋巴结、肠系膜淋巴结、孤立淋巴滤泡、上皮间淋巴细胞和分散在黏膜固有层与肠上皮中的大量淋巴细胞及细胞因子组成。GALT 在婴儿期形态和功能的发育上呈年龄依赖性,生后一年稳定的肠道微生态环境伴随 GALT 的发育而建立。肠道微生物群定植作用对于 GALT 的发育成熟是一种重要的抗原刺激。相关研究发现,无菌小鼠体内派尔集合淋巴结、肠系膜淋巴结和脾白髓发育不良,生发中心少,具有更小的派尔集合淋巴结和肠系膜淋巴结,淋巴细胞数量少。而当给予无菌小鼠移植健康小鼠或人的肠道微生物群时,3 周内淋巴系统的发育即可恢复正常。

(3) 对肠黏膜 SIgA 分泌细胞发育的影响:人体黏膜中存在着数量庞大的活化的 B 细胞,其中

80%～90%是 Ig 生成细胞。经过肠道微生物群或其他抗原的刺激,IgA 合成的细胞通过黏膜的淋巴管进入血液循环,再经过增殖分化,生成能够分泌 IgA 的浆细胞。肠道微生物群对促进 SIgA 的产生具有重要作用。与普通小鼠相比,无菌小鼠肠黏膜组织中分泌 SIgA 细胞数量显著减少,且在血清中测不出。研究表明,分泌 SIgA 的 B 细胞的分化依赖于肠道菌的鞭毛抗原通过固有层树突状细胞的TLR‑5 刺激。在新生儿体内,能分泌 SIgA 的 B 细胞很少,出生 5 天时在外周血几乎检测不到,而随着微生物群落的逐渐建立,菌群丰度和数量都有增加,外周血中分泌 IgA 的细胞数量也逐渐增加,待婴儿 2 岁左右时,外周血中的 IgA 浆细胞数量已达到正常。

（4）对适应性免疫系统的调节:肠道微生物可控制宿主的适应性免疫系统。现已发现微生物可影响 T 细胞群的分化,也就是说 T 细胞群的分化不仅取决于机体的自我/非我辨别机制,也由共生菌群来诱导。此外,微生物群也可通过调节宿主先天免疫系统来保证自身能在肠道内适应性定植。肠道微生物群为了获得在肠道内的优势地位,也可以通过调节免疫优势抗原决定簇来降低针对自身的特异性 IgA 表达水平,躲过宿主的免疫杀伤。

2. 微生物对神经内分泌系统的影响　较多研究已证明,肠道微生物群与肠-脑轴(gut-brain axis,GBA)的发育之间均存在某种联系。这种相互作用关系被称为微生物-肠-脑轴(microbiota-gut-brain axis,MGBA),是近年来的研究热点领域。在胃肠道的肠腔及黏膜存在复杂的肠道微生物群,它们和GBA 不仅分别对胃肠道的发育及功能具有调节作用,还可通过神经-内分泌-免疫网络相互作用并发挥协同调节作用。

（1）对中枢神经系统的影响:肠壁内的神经丛可感受肠组织及内容物的变化,再将这些信号通过迷走神经和舌咽神经传递至大脑皮质,进而影响中枢神经系统递质的合成释放。作为重要肠内容物的肠道微生物群不仅调控肠道活动及对食物的选择,还参与调控脑发育、应激、焦虑等中枢神经系统活动。在无菌动物研究中发现,正常肠道微生物群对神经系统正常发育尤为必要,缺少肠道微生物群,神经系统功能难以发育成熟。有研究者通过 MRI 扫描大脑结构并比较肠道内细菌的类型,发现肠道主导细菌类型不同的人在大脑区域间的连接也是不同的,推测肠道细菌可能在生理生长的同时帮助塑造大脑的结构。

（2）对肠神经系统的影响:肠神经系统的发育及成熟同样受到肠道微生物群的影响。肠神经系统形成于胎儿时期,但此时尚未发育,出生后随着肠道微生物群落的建立和丰富,肠神经系统才逐渐发育成熟。在无菌小鼠、无特定病原体(specific pathogen free,SPF)小鼠和特定菌群定植小鼠中的研究显示,与后两者相比,无菌小鼠空肠及回肠肌间神经丛的网络密度明显减小,神经元的数量明显减少,而氮能神经元的比例却显著升高。此外,有研究结果显示肠道微生物群可增加大鼠肠道神经元的兴奋性,其给大鼠灌胃罗伊乳杆菌 9 天后,大鼠结肠肌间神经丛视前区-下丘脑(preoptic-anterior hypothalamus,AH)神经元被激活所需的阈值明显降低,同时 AH 神经元动作电位数量增多、兴奋性增强。

（3）对下丘脑-垂体-肾上腺皮质(hypothalamic-pituitary-adrenal cortex,HPA)轴的影响:肠道微生物群可影响 HPA 轴的功能。研究发现肠道微生物群可影响内分泌细胞激素如促肾上腺皮质激素释放因子、脑肠肽等的分泌。有研究显示,无菌小鼠血浆皮质酮的基线水平提高。另外一项研究发现,无菌小鼠下丘脑中促肾上腺皮质释放因子的转录产物浓度明显升高。还有研究者发现乳酸杆菌可降低母婴分离应激引起的新生大鼠血浆皮质酮的水平。以上实验结果说明,肠道细菌可影响内分泌细胞激素皮质酮的水平,调节 HPA 轴的反应强度。不同种类的细菌对 HPA 轴的影响是不同的,而且对 HPA 轴的影响可能还存在时间依赖性。给无菌成年小鼠灌胃 SPF 小鼠的粪便悬液后,其后代小鼠应激时 HPA 轴反应过强的情况消失,但只有在后代小鼠出生前早期给予干预才有效果,但其作用比较缓慢,推测其原因可能是外来细菌需要一定的时间定植于肠黏膜,然后才能发挥作用。

(4) 对内分泌系统发育的影响:肠道微生物群可调节肠黏膜及黏膜下层中的内分泌细胞分泌的激素,如促肾上腺皮质激素、促肾上腺皮质激素释放因子、皮质酮、胃动素、促胰泌素等。研究较多的神经递质主要是儿茶酚胺类激素,其中去甲肾上腺素(norepinephrine, NE)对多数细菌的促生长效果好,因而在研究肠道微生物群与内分泌关系中被广泛关注。人和动物的肠道组织内含有超过 5 亿个神经元,接近脊髓内神经元的总和,检测显示体内超过 50% 的 NE 是由肠道神经元分泌的,由于分泌的激素直接作用于肠道内细菌,因而在维持肠道内菌群平衡、控制肠道内环境等方面具有重要作用。肠道内散布有大量内分泌细胞,可调节促肾上腺皮质激素、皮质酮、促肾上腺皮质激素释放因子的水平,作用于 HPA 轴,经内分泌途径影响脑的功能和宿主行为,以及肠道微生物群结构等。

(二) 微生物与人类进化

微生物在人类进化史上具有非常重要的地位。微生物是地球上生存最古老的生命体之一,从远古时期起人类就和微生物在地球上共处,人类在适应了微生物的同时,自身也不断进化。根据分子生物学、基因组学和现代微生物学知识,人们发现基因重组方式可能是人类进化的一种主要方式,而微生物则能通过基因重组有效介导自身基因和各种生物基因流向人类;从原核生物到真核生物中广泛存在的转座作用也可能是微生物介导的基因重组的另一种重要方式。高等生物是由低等生物进化而来的,而微生物是进化上最早最低级的生命体。据此认为微生物可能在人类进化和物种进化中起到了极其重要的作用。

微生物定植在人们体内,通过与宿主之间的相互作用,经历漫长的进化过程,演变成今天的数量、构成、生理功能以及遗传特性。对于人体微生物群来说,宿主体内的内环境就是影响定植微生物进化的最直接因素。微生物从与人体接触开始,受到机体定植微环境、生理因素、食物、疾病、药物应用等诸多影响,其决定了微生物种群的定植部位与数量。饮食是最直接影响微生物群结构的日常因素,目前较多研究已证实不同的食物谱对微生物组成具有明确的影响。除了饮食之外,很多内外因素也会改变菌群结构,如抗生素的应用、机体免疫力高低以及遗传背景等。受到抗生素的压力选择,微生物经过突变和筛选,敏感菌株遭淘汰清除,耐药菌得以大量繁殖,或成为优势菌群,这一过程中,耐药基因、毒力相关基因、黏附相关因子在细菌菌株之间相互传递。

随着社会发展和经济水平的增长、人类族群的迁徙和交往、生活饮食的交叉和融合,人类生活方式在不断发生改变,各个族群体内的微生物群也为更适应现代生活方式的代谢模式在发生着变化。反过来,人体内的微生物群落的变化也极大地促进了人类的进化。

二、微生物与人体代谢的相互关系

人体的代谢是由宿主自主调节的各种代谢途径以及微生物调节的代谢过程共同组成,这种宿主与微生物之间的共代谢过程最终决定着宿主的代谢水平。肠道微生物群是人体内最复杂和种群数量最高的共生微生物生态系统,这个庞大群落的演变不断影响着宿主的代谢表型,极大地影响着宿主的生理功能和对疾病的易感性。

(一) 宿主和肠道微生物的共代谢与信号分子

人体和肠道微生物通过分解食物或其他外源物产生大量的小分子代谢物,这是维护宿主和这些共生微生物关系的物质基础,在宿主细胞和微生物之间的信息传递中起着至关重要的作用。由于不同胃肠道部位具有不同的微生物群落组成,因此,在各个部位不同微生物间、微生物与宿主细胞间存在复杂的化学信号对话,有宿主为微生物提供的直接底物,有群体感应分子,有接触依赖的通讯以及潜在的气体信号等,涉及大量低分子量代谢物、多肽、蛋白质。这些代谢分子也可以通过肠肝循环路线,或通过部分受损的肠道进入血液屏障。有益细菌可以产生抗炎因子、止痛化合物、抗氧化剂和维生素等保护分子。相反,有害的细菌可能会产生毒素、变异 DNA,影响神经系统和免疫系统。详见表 2-1。

表 2-1 肠道主要代谢物和相关细菌及生物学功能

代 谢 物	相 关 细 菌	生物学功能
短链脂肪酸:乙酸、丙酸、丁酸、异丁酸、2-甲基丙酸酯、戊酸、异戊酸、己酸	厚壁菌门Ⅳ及ⅩⅣa型梭菌,包括真细菌属、罗氏菌、粪球菌属及粪杆菌(Faecalibacterium)	降低结肠 pH,抑制病原体生长;刺激水和钠的吸收;参与胆固醇的合成;给结肠上皮细胞提供能量,涉及肥胖、胰岛素抵抗和 2 型糖尿病及大肠癌
胆汁酸:胆酸钠、脱氧胆酸钠、鼠胆酸盐、牛磺胆酸钠、甘胆酸盐、鹅脱氧甘胆酸盐、石胆酸、乌索脱氧胆酸盐等	乳酸杆菌、双歧杆菌、肠杆菌属、拟杆菌、梭状芽孢杆菌	吸收膳食脂肪和脂溶性维生素,促进脂质吸收,维持肠道屏障和信号系统内分泌功能,调节三酰甘油、胆固醇、葡萄糖与能量平衡
胆碱代谢物:甲胺、二甲胺、三甲胺、三甲胺-N-氧化物、二甲基甘氨酸、甜菜碱	普氏粪杆菌(Faecalibacterium prausnitzii)、双歧杆菌	调节脂质代谢和葡萄糖体内平衡,涉及非酒精性脂肪肝病、饮食引起的肥胖、糖尿病和心血管疾病
酚醛树脂、苯甲酰基和苯基衍生物:苯甲酸、马尿酸、羟基马尿酸、羟基苯甲酸、羟基苯基、羟基肉桂、甲基苯酚、酪氨酸、苯丙氨酸、4-甲酚、4-甲酚硫酸酯、4-甲基苯基、葡糖苷酸、4-羟基苯基、苯乙酰甘氨酸、苯乙尿酸、苯乙酰谷氨酰胺、苯乙酸盐、苯丙酸盐等	艰难梭菌、双歧杆菌、乳杆菌、Subdoligranulum、普氏类杆菌(Faecalibacterium prausnitzii)	外源性物质的解毒;肠道微生物组成和活动指征;利用多酚类物质。尿液中的马尿酸可能是高血压和肥胖的一个生物标志物。尿 4-羟基苯基、4-甲酚、苯乙酸升高则与大肠癌相关
吲哚衍生物:N-乙酰、IAG、吲哚、硫酸吲哚酚、吲哚-3-丙酸盐、褪黑激素、5-羟色胺、羟基吲哚	梭状芽孢杆菌、大肠埃希菌	防止胃肠道应激性病变;调节促炎性因子的表达,增加抗炎因子表达,增强上皮细胞的屏障功能。涉及胃肠道病变、脑肠轴和少数的神经系统疾病
维生素:维生素 K、维生素 B_{12}、生物素、叶酸、硫胺素、核黄素、吡哆醇	双歧杆菌	补充内生性维生素,增强免疫功能,发挥表观遗传调控细胞增殖的效果
多胺:腐胺、尸胺、亚精胺、精胺	空肠弯曲菌、解糖梭菌	发挥遗传毒性效应,抗炎症和肿瘤。潜在的肿瘤标志物
其他:D-乳酸、甲酸、甲醇、乙醇、琥珀酸盐、赖氨酸、葡萄糖、尿素、肌酸、肌酐、内源性大麻素、脂多糖等	拟杆菌属、假丁酸弧菌属、瘤胃球菌属、奇异菌属、粪杆菌、双歧杆菌、厚壁菌、乳杆菌	直接或间接地合成或利用化合物,或调节包括内源性大麻素系统在内的途径

(二)宿主和肠道微生物之间代谢性相互作用特点

人体微生物群落中许多菌属均参与了代谢产物的分泌,肠道微生物群与宿主之间处于一种总体协调的代谢关系之中。但是,由于人类在厌氧菌培养等方面还存在技术困难,我们尚不完全清楚微生物与其特定代谢产物之间的对应关系。比如,在人类、狗、反刍及啮齿动物尿液中广泛存在的马尿酸盐,我们虽然知道它与菌群密切相关,尿中的浓度受到饮食、压力、疾病以及菌群组成和活力的影响,但尚不完全清楚其合成途径。

通过一些方法可以构建起微生物与其代谢产物之间的生物学或统计学关联。随着微生物组技术的发展,对于肠道微生物组的合成产物到底对机体有怎样的影响越来越引起研究者的关注。最近的一项研究表明,对肠道核心微生物组进行分析,从生物信息学角度找到了生物合成基因簇,并对该基因簇的小分子产物的结构和活性进行了分析。研究微生物群落与宿主之间关系的另一种策略是通过体外的模式培养系统或个体的纯培养实验来进行。但是,靠这种方法也只能获得我们想要的部分信息,这些体外培养模式并不能真正地反映胃肠道内菌群的作用方式。采用高分辨率的质谱技术,再结合宏基因组数据和多参数数学模型,构建体液代谢谱来检测微生物代谢物也许是未来重点的发展方向。

第 2 节　肠道微生物的组成

人体胃肠道内定居着一个复杂而庞大的微生物群落,随着生理功能变化而改变。这些微生物适应了胃肠道生存环境,构成了一个由微生物、宿主、环境三者之间呈生态平衡的统一体,称为胃肠道微生态系统。肠道微生物包括细菌、古细菌、真菌、病毒。细菌是人体内被研究最多的微生物。每个人肠道的细菌种类和数量因人而异,并随着解剖部位和生理周期的不同而发生改变。

一、不同部位肠道细菌的分布和组成

(一) 肠道微生物群落一般特点

胃肠道微生物主要寄居在结肠和远端小肠,胃、十二指肠、空肠及回肠也寄居着一定数量的细菌。胃肠道正常菌群一般是指结肠菌群。人的胃肠道细菌主要由厌氧菌、兼性厌氧菌和需氧菌组成,其中专性厌氧菌占99%以上。

正常肠道细菌按其定居时间可分为三大类: 原籍菌、共生菌和外籍菌。按照其与人体的关系也可分为三大类: ① 正常菌群,也称为共生菌(symbiotic bacteria),一般为专性厌氧菌,是肠道的优势菌群,如双歧杆菌、拟杆菌、优杆菌和消化球菌等,是膜菌群的主要构成者,具有营养、免疫调节等诸多生理作用。② 条件致病菌(opportunistic pathogen),以兼性厌氧菌为主,是肠道的非优势菌群,如肠球菌、肠杆菌,在肠道微生态平衡时是无害的,在特定条件下,如服用抗生素、免疫抑制剂或慢性消耗性疾病引发的菌群失调情况下,可具有侵袭性,对人体有害。③ 病原菌(pathogenic bacteria),大多为过路菌,长期定植的机会少,这些菌数量少,很少致病,但如果定植数量超出正常水平,则可引起人体发病,如变形杆菌、假单胞菌和韦氏梭菌等。

正常肠道微生物群有其自身的调节机制: ① 在胃酸和肠道分泌物如非结合性胆酸、溶菌酶等的作用下,细菌生长被抑制和杀灭。② 肠道蠕动使得大量细菌向下端排移,小肠内细菌浓度保持在低水平。③ 微生物之间的相互作用,包括需氧菌、兼性厌氧菌可利用氧进行繁殖,大量消耗氧气,从而有利于专性厌氧菌的生长。④ 许多细菌产生细菌素可抑制异种细菌生长,故一些同种菌种可保持在菌群中的稳定状态。因此通过肠道的菌群自我调节,外来的致病菌在健康状态下不易生长。

(二) 胃内菌群组成

胃的解剖部位和酸性环境决定了其内各个部分有独特的生态条件。胃内分泌区可见大量酵母菌,非分泌区则有乳杆菌定植。由于胃液中含有大量胃酸,具有杀菌作用,所以大部分外籍菌都被杀死,但也存活着一定的细菌。胃内容物中可分离出乳杆菌、酵母菌、链球菌、双歧杆菌、大肠埃希菌等,其中乳杆菌和酵母菌可大量被分离出来。由此推断,乳杆菌和酵母菌很可能是胃内的原籍菌。

　　由于胃部严苛的强酸性环境,胃内曾一度被认为是严格无菌的,消化性疾病被认为只与酸有关。直到 1983 年,Marshall 等在多例患者的胃窦黏膜中发现了一种新的细菌——幽门螺杆菌(*Helicobacter pylori*),并证明其与溃疡和胃炎等消化性疾病密切相关。

(三) 小肠菌群组成

　　1. 小肠的结构特点　小肠盘曲于腹腔内,是食物消化吸收的主要场所,分为十二指肠、空肠和回肠三部分。通过形成绒毛,小肠表面积达到 300 m²,这一特征使得食物在小肠中能得到更好的消化和吸收。胃中的食糜通过幽门括约肌进入小肠之后,会立即与肠液、黏液和胆汁混合,经化学性消化及小肠运动的机械性消化后,基本上完成了消化过程。相对大肠来说,食物在小肠中的滞留时间较短,加之小肠中含有胆盐以及潘氏细胞分泌的抗菌肽,使得微生物在其中的生存比较困难。但是,微生物在小肠末端的生存条件相对较好,一是结肠内容物的移动较为缓慢,二是结肠内环境呈中性或弱碱性,有利于细菌大量繁殖。

　　2. 小肠菌群特征　在十二指肠和空肠的基底层及黏膜上定植着少量的几种微生物,包括耐酸的链球菌和乳酸杆菌。回肠末端肠基底层中的细菌主要是链球菌、肠球菌和大肠菌群,而在黏膜中存在严格厌氧菌。相对于大肠来说,小肠内细菌的多样性程度更低,且细菌种类的波动更大。尽管每例患者的菌群结构是不相同的,但是它们存在一个共同的"核心菌群",包括梭菌属、肠球菌、草酸杆菌、链球菌和韦荣球菌属。

　　空肠中的微生物约 10^2/mL,但是在回肠中能达到 10^8/mL。粪便中 10%～30% 为细菌,其中厌氧菌的数量超过需氧菌的 100～1 000 倍,主要包括厌氧的革兰阳性菌(如消化球菌、消化链球菌、肠球菌)及不同种的肠杆菌科细菌等。

(四) 大肠菌群组成

　　1. 大肠的结构特点　大肠包括盲肠、阑尾、结肠(上升段、横向段、下降段和乙状结肠)和直肠,长约 1.5 m,直径为 6.5 cm,表面积达 1 200 cm²。正常状态下,结肠的表面同样被黏液完全覆盖。盲肠的黏液层约 30 μm 厚,但到直肠能增加到至少 90 μm。结肠与小肠的黏膜形态也显著不同,不存在皱襞和绒毛。结肠具有隐窝,含有分泌型的上皮细胞——包括大量的分泌黏液的杯状细胞和释放防御素的潘氏细胞,但是不能分泌消化酶。

　　2. 大肠内菌群特征　人体内,结肠中所含的微生物是最多的。据估计,每克结肠内容物中的微生物可达 10^{12} 个,总的微生物重达 1.5 kg,并且占大肠体积的 30%。结肠中所含的微生物约占人体全部微生物的 70%。存在于粪便和肠道黏膜的菌群是有差异的。但是由于难以获得健康人结肠镜检的样品,而粪便则容易得到,所以目前大多数关于肠道微生物群的数据都来源于粪便标本。

二、不同年龄期肠道微生物群的组成

　　人体肠道微生物群的建立和演替是个非常复杂的过程。现有研究表明,新生儿在出生前即有细菌定植,出生后,随着接触外部环境和食物,数量和种类繁多的细菌有序定植在肠道,经历婴儿期菌群初步建立,到 2～3 岁后菌群结构更加多样化,然后逐渐趋于稳定,演变成成人菌群结构。

(一) 婴儿期肠道微生物群特征

　　婴儿时期是肠道微生物群建立和发展的重要时期,许多因素如分娩方式、喂养方式、孕龄、外界环境和应用抗生素等影响生命早期肠道微生物群的构成。此时期菌群的初期定植可抵抗病原体的定植繁殖、促进免疫系统的发育成熟和宿主的新陈代谢,对婴儿的生长发育至关重要。此时期又分为新生期、哺乳期、添加辅食期和断奶期四个阶段。

1. 新生儿期 新生儿出生后开始接触母亲或医务人员及周围环境,加之呼吸、吸奶等因素,之后数小时,肠道内即有细菌的定植。肠道的有氧环境导致最初定植的是需氧菌和兼性厌氧菌,随着肠道内的氧气被逐渐消耗,氧化还原电位降低,需氧菌被抑制,厌氧菌开始大量定植和繁殖,开始占据优势,对于一个健康人来说这种优势可维持终身。新生儿出生后,24 小时内肠道中大肠埃希菌占优势,双歧杆菌于生后第 2 天出现,增长迅速,于第 4~5 天时占优势,1 周后其数量可达细菌总数的 98%。与此同时大肠埃希菌数量下降,类杆菌等随着双歧杆菌的出现有所增加,但其数量在健康母乳儿中一直低于双歧杆菌数量。

新生儿肠道微生物的组成受到分娩方式的较大影响。自然分娩的新生儿由于接触了母体阴道和会阴区的大量细菌,这些细菌遍布新生儿体表,并进入小儿的消化道,因此,自然分娩儿胃肠道微生物群结构能反映出母亲产道的微生物群状况。有研究者对新生儿出生几小时之内肠道微生物群进行检测,发现自然分娩的婴儿肠道中多为厌氧菌,以乳杆菌属和普雷沃菌属为主,而剖宫产的婴儿肠道以获取的母亲皮肤和医院环境中的微生物为主,如葡萄球菌、棒状杆菌和痤疮丙酸杆菌。相对自然分娩的婴儿来说会获得更多的条件致病菌,包括嗜血杆菌、生癌肠杆菌、殊异韦荣球菌和葡萄球菌。

2. 哺乳期 大部分婴儿生后均采用母乳喂养,乳汁中微生物的多样性对新生儿肠道微生物群的建立及健康具有较大影响。众多研究证实婴儿肠道内的某些菌株与母乳中的某些菌株同源性极高。研究者采用分子生物学技术对 18 位母亲(不同 BMI、体重和分娩方式)的乳汁中微生物群落在 3 个时间点的动态变化进行分析,发现整个泌乳期母乳的微生物群落一直在发生变化,魏斯菌、明串珠菌、葡萄球菌、链球菌和乳球菌在人初乳中占绝对优势,产后 1 个月和 6 个月乳样中韦荣球菌、纤毛菌属和普雷沃菌显著增加;肥胖母亲乳汁与正常体重母亲乳汁细菌菌群结构不同,呈多样性锐减;接受剖宫产母亲乳汁与正常阴道分娩母亲乳汁的婴儿细菌菌群构成也大不一样,表明母体的生理特征及母乳的微生物多样性会直接影响婴儿肠道微生物群的建立。此外,喂养方式也是影响婴儿肠道微生物群建立的重要因素,直接影响肠道微生物区系的稳定性。

对哺乳期小儿肠道微生物群结构的研究表明,出生后 1 周左右小儿肠道内含有大量的肠杆菌、肠球菌、类杆菌和葡萄球菌,随着时间迁移,其数量逐渐减少,代之以双歧杆菌数量的升高,乳杆菌数量随时间的推移也逐渐增多。1 个月后双歧杆菌成为优势菌,这种优势持续 4 个月。

3. 添加辅食期 母乳喂养和人工喂养的婴儿添加辅食时肠道微生物群变化有所不同,前者添加辅食后菌群结构发生了变化,肠杆菌和双歧杆菌持续存在,肠球菌和类杆菌数目增加,而后者这一变化很小,这是因为他们肠道内已存在大量的需氧菌和类杆菌。

婴儿断奶后进入最初的固态食物摄入期。4 个月后是否添加辅食对于婴幼儿肠道微生物群及定植抗力无显著影响,但数据显示添加辅食后肠道微生物群数量增加,尤其是乳酸菌、肠杆菌和产气荚膜梭菌的增加比例相对较大。这与辅食添加时期的肠道微生物群演变特点相一致。对于 4~6 个月大的婴儿来说,辅食添加对生长发育的需求和肠道正常菌群的演替非常重要。各种营养素与肠道微生物群的单因素相关分析结果表明,从辅食中摄入的维生素 E 对肠道中双歧杆菌有促进作用,烟酸、维生素 E、镍、钠、铁、铜、辅食脂肪对乳酸菌有促进作用。而辅食中维生素 A 与肠道双歧杆菌、乳酸菌、肠杆菌、产气荚膜梭菌都呈现显著负相关。

4. 断奶期 婴儿断奶后开始接受一些固体食物。随着食物种类的增加,肠道菌群的种类和丰度进入了一个快速变化的“过渡阶段”,肠道微生物群结构逐渐接近成人。研究者对断奶后的爱沙尼亚和瑞典婴儿菌群进行对比研究,发现两国断奶婴儿粪便均含有大量的肠球菌、双歧杆菌、类杆菌,肠杆菌数量很少,爱沙尼亚儿童乳杆菌数量高于瑞典儿童。对 10~18 个月断奶的小儿粪便菌群的研究发现其构成不同于成人,主要含有大量的双歧杆菌、肠杆菌和肠球菌,部分小儿粪便中分离到乳杆菌。总之,婴儿后期逐渐断奶后,其肠道双歧杆菌数量有所下降,而肠道 pH 随之有所升高,类杆菌、消化球菌、真杆菌、梭菌、乳杆菌、链球菌等数量有所增加。至此,肠道微生物群结构趋于稳定,这种状态维持整个儿童期和青壮年期。

(二) 成人与老年人肠道微生物群特征

与婴幼儿相比,成人肠道中细菌多样性增加,微生态结构更为稳定。其中拟杆菌门、厚壁菌门细菌总和超过 90%。变形菌门、放线菌门、疣微菌门、黏胶球形菌属也广泛存在。

随着年龄增加,机体衰老,肠道的运动功能下降,食物通过肠道的时间增加,营养物质代谢动力学改变,再加上老年人对食物的咀嚼能力变弱,老年人群的饮食结构也有所变化,肠道微生物群结构也发生改变,明显有别于健康状态下的年轻人。其主要表现在拟杆菌属、普雷沃菌属、双歧杆菌和乳酸菌等有益菌种丰度逐渐降低。非健康老人的肠道微生物群中拟杆菌、普雷沃菌属、双歧杆菌、脱硫弧菌、一些梭状芽孢杆菌和柔嫩梭菌数目相对于健康老人下降明显。

第 3 节　肠道微生物的生理

正常情况下肠道微生物群与人体处于共生关系,在协助人体维持微生态平衡、抗感染、促进免疫系统发育成熟并维持免疫反应稳定性、参与人体生物转化以及补充能量和营养物质方面发挥着不可缺少的生理功能,与人体的健康和疾病密切相关。

一、生物拮抗及抗感染作用

肠道菌群中绝大多数正常共生菌为专性厌氧菌,其数量在肠道微生物群中占比超过 99%。这些专性厌氧菌一方面能够限制内源性少数的潜在致病菌的过度生长,维持肠道正常菌群之间的平衡;另一方面能够对抗外源性致病菌的入侵和定植,这就是肠道微生物群的生物拮抗(antagonism)作用。生物拮抗是维持肠道微生态平衡的重要机制,也是肠道微生物群保护宿主免于感染重要的生理功能之一。肠道微生物群生物拮抗及抗感染的机制主要包括空间占位与营养竞争、产生抑菌物质、诱导免疫协同等方面的作用。

1. 空间占位与营养竞争　大量的肠道正常菌群与肠黏膜紧密结合,占据黏膜上皮细胞表面的空间,形成致密的微生物膜,构成微生物物理屏障,形成与有害菌之间的时空竞争、定居部位竞争以及营养竞争,限制这部分潜在致病菌群的定植和繁殖,同时也可抑制外来细菌对肠道的黏附、定植和致病。此外,正常菌群与肠黏膜上皮细胞紧密结合,可促进上皮细胞分泌黏液,使其在黏膜和微生物之间形成保护层,防止细菌移位。肠道正常菌群大多数是专性厌氧菌,在肠腔厌氧条件下,其生长速度超过兼性厌氧或需氧菌,在营养物质有限情况下,专性厌氧菌优势生长,即可以通过争夺营养,抑制潜在的兼性厌氧或需氧致病菌的生长与繁殖。

2. 产生有机酸和抑菌物质　肠道正常菌群中许多有益菌,特别是双歧杆菌和乳杆菌,属于产乳酸菌,能够发酵糖类和纤维素,产生乙酸、丙酸、乳酸等有机酸,降低肠道的 pH,抑制外籍菌的生长与繁殖。体外研究表明双歧杆菌产生的短链脂肪酸如乙酸、丙酸对假单胞菌属、金黄色葡萄球菌等细菌均有抗菌活性。而且这些有机酸还可通过直接或间接的途径促进胃肠道的蠕动,降低外籍菌在黏膜表面黏附和定植。此外,肠道正常菌群还能产生细菌素、防御素、过氧化氢、抗菌肽等多种抑菌物质,对肠道内的某些潜在致病菌起抑制或杀灭作用。

3. 诱导免疫协同生物拮抗　正常菌群能够刺激肠道内分泌型 IgA(SIgA)的分泌和促进抗炎细胞因子的产生,调节机体的免疫应答水平,从而有利于清除外源性致病菌和毒素。

二、促进免疫系统发育成熟和调节免疫水平

肠道微生物群除了对宿主有多种有益的生理和营养作用外,还具有促进免疫系统形成和成熟、调节免疫细胞、增强免疫力、维持免疫反应稳定性等重要作用。其作用可以归纳为:① 促进出生后肠道黏膜免疫系统和全身免疫系统的发育成熟。② 刺激肠道分泌 SIgA。③ 参与口服免疫耐受的形成,包括对无害食物和肠道微生物群的耐受。④ 影响细胞因子合成和释放,调节肠道免疫炎症反应类型和水平,降低系统全身性免疫应答反应(表 2-2)。

表 2-2　肠道微生物群对免疫系统的作用和机制

作　用	机　制
促进免疫系统发育成熟	促进潘氏细胞分泌强有力的抗微生物多肽;促进派尔集合淋巴结、肠系膜淋巴结及其生发中心的发育;提高固有层 $CD4^+$ T 细胞和分泌 SIgA 的 B 细胞数量
调节免疫反应的类型和水平	增加树突状细胞表面共刺激分子及 MHC II 的表达;调节 TLRs 和 NOD/CARD 的表达,抑制炎症反应;促进分泌 $IFN-\gamma$ 的 Th1 免疫应答,调节 Th1/Th2 平衡;诱导产生 Treg 细胞;增加 Treg 细胞因子如 IL-10 和 $TGF-\beta$;调节 Th17/Treg 平衡
维持和增强肠道黏膜免疫屏障功能	促进肠上皮细胞的分化和增殖;增加紧密连接蛋白的表达;增加肠道 SIgA 分泌

(一) 促进免疫系统发育成熟

人体免疫系统在出生以后接受外部的刺激,继续处于发育和完善过程中。肠道内丰富的肠道微生物群是最重要的微生物刺激来源,是驱动出生后免疫系统发育成熟的基本因素。肠道微生物群和免疫系统共发育、共进化,对免疫系统的成熟和功能塑造是必需的。此部分内容详见本章第 1 节。

(二) 调节免疫反应的类型和水平

人体大多数的免疫细胞分布在肠道相关淋巴组织中,包括派尔集合淋巴结、淋巴滤泡,散在于肠黏膜及黏膜下层的免疫细胞等,因此肠道内大量的菌群与宿主免疫有密切关系。肠道微生物群对免疫系统的作用是多方面的,既可对固有免疫反应,又可对适应性免疫反应;既可对黏膜免疫系统,又可对全身免疫系统发挥作用。

1. 微生物相关分子模式(microbe associated molecular patterns,MAMPs)和模式识别受体(pattern recognition receptor,PRRs)　MAMPs 或称病原体相关分子模式(PAMPs)是病原微生物表面某些共有的高度保守的分子结构。PRRs 是一类主要表达于天然免疫细胞表面非克隆性分布、可识别一种或多种 MAMPs 的识别分子 PRRs,包括 TLRs 等。PRRs 作为感受器,根据识别的分子不同,产生不同的效应,包括保护性反应、炎症反应或触发凋亡。肠道大部分微生物具有相同的 MAMPs 分子,这些分子在人类长期的进化过程中,被宿主先天性免疫系统识别为无害,被 PRRs 识别以后不引起强烈的免疫反应,而仅产生基础信号,使宿主对肠道微生物群处于耐受状态或维持低水平的“生理性炎症”。一方面维持机体免疫系统处于适度的“激活或警觉”状态,另一方面调节或抑制机体过度的炎症反应。显然肠道微生物群在维持肠道黏膜免疫系统的稳定性方面发挥着重要的作用。

2. Th 细胞和 Treg 细胞间的平衡　Th 细胞(包括 Th1、Th2、Th17)和 Treg 细胞在机体的免疫应答调节中发挥着重要的作用。这些细胞之间存在微妙的调节和相互平衡,在体内共同维持免疫稳定,

如果某一方过强,则会导致某种免疫相关疾病的发生。这些细胞的相互制约和平衡依赖于多种因素,其中肠道微生物发挥着相当重要的作用。对脆弱类杆菌和分节丝状菌(SFB)的研究已证实肠道微生物群对黏膜免疫发挥广泛的调节作用。

3. 自然杀伤 T(NKT)细胞　NKT 细胞具有 NK 和 T 细胞的标志,其参与对细菌和寄生虫的反应,在控制病毒性感染中也发挥作用。NKT 细胞受到刺激后,可以分泌大量的 Th1 和 Th2 相关细胞因子及其他细胞因子和趋化因子,是联系固有免疫和获得性免疫的桥梁之一,在抗感染、抗肿瘤以及抑制自身免疫病的发生中发挥着重要免疫调节作用。研究证实菌群的定植控制黏膜和全身 iNKT 的发育,另外 iNKT 又可以反馈性地调节定植菌群的组成。

4. 肠上皮细胞(IEC)　菌群与 IEC 之间的相互作用在维持免疫稳态方面也发挥着重要的作用。肠上皮细胞是肠道微生物群与宿主相互作用的最前线,IEC 能通过抗原提呈和分泌细胞因子等,参与和调节肠道黏膜免疫反应。肠道微生物群可以通过多种方式影响 IEC,如调节 IEC 间的紧密联接和促进产生黏液蛋白而增强肠道屏障功能;促进 IEC 分泌自防御素、促进浆细胞产生 SIgA 和直接阻断病原体“劫持”的信号途径而抑制或杀灭病原体;调节 IEC 分泌细胞因子,从而影响 T 细胞分化。肠道微生物群与 IEC 之间的相互作用涉及多种信号途径,并且涉及极其复杂的反应网络。

5. 口服免疫耐受　口服免疫耐受是口服某种抗原后机体产生的免疫低反应状态,而对其他抗原仍保持正常免疫应答。它是黏膜免疫系统稳定的一种非常重要的功能,其产生和维持与多种机制有关。动物实验证实肠道微生物群在诱导黏膜免疫耐受的形成中发挥了重要的作用。

(三) 维持和增强肠道黏膜免疫屏障功能

肠道微生物群在维持和增强肠道黏膜屏障中发挥着重要的作用。与普通小鼠比较,无菌小鼠的隐窝细胞数量明显减少,并且细胞生长率下降,定植菌群以后,隐窝细胞分化增快,肠绒毛处肠上皮细胞/杯状细胞的比值增加;肠道微生物群中的双歧杆菌、乳酸杆菌等及其代谢产物(主要是短链脂肪酸)可以通过对肠上皮细胞的营养促进肠上皮细胞的增殖;肠道微生物群还能够增加紧密连接蛋白的表达从而保持肠道上皮细胞及其紧密连接的完整性;此外肠道微生物群还能够促进肠道黏蛋白的分泌,增强肠道黏膜屏障。肠道黏膜屏障在防御外源性和内源性感染、维持肠道免疫稳定和平衡方面发挥着重要的作用。

三、参与代谢与营养作用

肠道微生物群以结肠中菌群密度和种类最高,其发挥的代谢和营养作用也主要发生在结肠。肠道微生物群能够利用来自上消化道不被人体消化和吸收的食物残渣、各种消化道分泌物及死亡脱落的上皮细胞、死亡细菌的残骸等,进行代谢和生物合成,一方面使这些物质进一步被分解排出体外,另一方面合成一些人体必需的营养物质,维持人体的健康。采用基因组学和代谢组学技术研究发现,人类肠道远端菌群几乎携带人体所有物质代谢的基因。实际上肠道微生物群的代谢与宿主的代谢存在互补的情况,即交互式代谢和共同代谢。

(一) 膳食成分的代谢

膳食成分是肠道微生物群代谢的最主要的底物,肠道微生物群结构也因此受到膳食成分的影响。膳食组成-肠道微生物群-宿主之间的相互作用关系,在机体代谢、免疫等相关疾病的发生发展中具有重要的作用。

1. 蛋白质代谢　肠道细菌产生的蛋白酶能将食物蛋白质分解成多肽,在肽酶作用下分解成氨基酸,并被细菌全部利用。不同细菌蛋白酶或肽酶产生能力不一。几乎所有细菌都有肽酶,而具有蛋白酶的细菌则较少。消化道菌群分泌的酶可补充机体内源酶的不足,特别是在幼龄动物更为明显。蛋白质及其降解产物可被肠道细菌利用,如某些氨基酸可作为在厌氧条件下生长的梭状芽孢杆菌的能源物质。肠道细菌可分解存在于消化道的无论来自食物或来自宿主本身组织的所有氮化物,而且还可合成大量可被宿主再利用的含氮产物。研究表明,微生物能降解氨基酸形成氨,这种氨可进入再循环被宿主合成氨基酸再利用。在蛋白质不足的情况下,肠道菌的活动在氮转化上对宿主更为有益。

2. 氨基酸代谢　肠道微生物群通过脱羧和脱氨作用分解氨基酸。脱羧作用是细菌对氨基酸代谢的最初反应。脱羧酶广泛分布于肠道细菌中,许多细菌都有对氨基酸的脱羧作用,例如大肠埃希菌、变形杆菌、乳杆菌、双歧杆菌、类杆菌和梭菌等。在细菌脱氨酶作用下,氨基酸由于细菌的类型、氨基酸的种类以及环境的不同,按不同方式发生脱氨作用。氧化脱氨只有在有氧条件下才能脱氨生成氨与 α-酮酸,专性厌氧菌如梭菌没有氧化脱氨作用,但可在厌氧条件下进行还原脱氨。氨是食物和内源性蛋白质的细菌代谢终产物,通过肠肝循环参与人体代谢活动。

3. 碳水化合物代谢　碳水化合物是人体重要的能量来源,人体内的酶对碳水化合物中大部分复杂的糖类和植物多糖都不能降解。结肠菌群能够将这些人体不能消化的糖类,包括纤维素、木聚糖、抗性淀粉和菊粉等发酵,产生短链脂肪酸(乙酸、丙酸和丁酸等),为机体提供能量。淀粉是自然界中最丰富的均一性多糖之一,摄入的淀粉主要在小肠中由膜淀粉酶水解,但是约有 20%的食物淀粉对此种酶不敏感,称为抵抗性淀粉,这些不能被膜淀粉酶水解的淀粉在回、结肠中被细菌分泌的淀粉酶酵解,酵解产物给菌群和人体提供所需的能量和碳源。

4. 能量代谢　人类从膳食中获取的能量有 10%可归因于肠道微生物群的这种作用。除降解碳水化合物参与能量代谢,肠道微生物群也发酵水解到达结肠的食物残渣中的氨基酸或内源性蛋白质,为人体提供能量。同时,不同类型的膳食可通过调控肠道微生物群构成间接影响宿主能量获取和能量调控。纤维性食物在盲肠、结肠中充分发酵,促进了某些利用纤维作为能量来源的菌群的生长、繁殖,使结肠总菌量增加。

(二) 胆盐和胆红素代谢

1. 胆盐代谢　胆盐为各种胆汁酸的盐类,由肝细胞分泌,经胆道进入肠腔。肠道微生物群通过参加胆盐的代谢,对肠道的脂质与固醇类的代谢起着重要的作用。肠道中细菌多数能产生胆汁酸代谢酶,以类杆菌属、双歧杆菌属和梭状芽孢菌属的酶活性最强。分泌到肠道内的胆汁酸是结合型的,在微生物酶的作用下,结合型胆汁酸才能分解。正常人胆汁酸的细菌代谢只出现于回肠下段和盲肠中,当肠内容物运送到横结肠时,胆汁酸已被细菌代谢完毕。

2. 胆红素代谢　肠道微生物群对胆红素的调节作用主要是在胆红素代谢的肠肝循环阶段,回肠末端和结肠是最主要的部位。结合型胆红素在肠道细菌的作用下,经 β-葡萄糖醛酸苷酶(β-GD)水解胆红素-葡萄糖醛酸脂键,脱去葡萄糖醛酸基产生未结合胆红素,经肠道吸收,进入肠肝循环,这一过程主要见于婴幼儿;或在肠道微生物群及 H^+ 作用下裂解为尿胆原,再转化为尿胆素,随粪便排出体外,主要见于成人。已知肠道中的 β-GD 主要来源于肠黏膜上皮细胞,其次为肠道细菌,有极少量来自胆汁,因此胆红素进入肠道后,其进入肠肝循环还是排出体外,一定程度上决定于肠道微生物群。早有研究证实,梭状芽孢杆菌、消化球菌、葡萄球菌等可产生 β-GD,而双歧杆菌、乳酸杆菌等在体内外均不产生 β-GD。

(三) 生成维生素

肠道微生物群能合成多种人体生长发育必需的维生素,包括 B 族维生素、维生素 K、烟酸、泛酸等。现已证实,肠内脆弱类杆菌和大肠埃希菌能合成维生素 K,乳酸杆菌和双歧杆菌能合成多种维生素,如尼克酸、叶酸、烟酸、维生素 B。机体维生素 K 有两种不同的来源:食物摄入的维生素 K_1 和肠道微生物群合成的维生素 K_2,维生素 K_2 约占 50%。大剂量广谱抗生素的使用,使肠道正常菌群遭到破坏,可以引起维生素 K 依赖性因子缺乏,继而导致继发性出血。

(四) 生成短链脂肪酸

短链脂肪酸(SCFAs)主要包括甲酸、乙酸、丙酸、丁酸、乳酸和延胡索酸等,又称挥发性脂肪酸,主要由肠道厌氧菌在盲肠、结肠部位将食物中未被消化的碳水化合物和少量蛋白质发酵而产生。肠道中 SCFAs 的浓度取决于菌群的组成、肠道转运时间、宿主菌群对 SCFAs 代谢的运转和食物中纤维的含量。参与酵解的厌氧菌有双歧杆菌属、乳杆菌属、拟杆菌属和梭杆菌属。肠道产生的 SCFAs 有 90% 被肠黏膜吸收利用,被吸收的 SCFAs 可为结肠黏膜提供主要的能量来源,其中丁酸是肠上皮细胞特别重要的能量来源,在细胞分化和生长中起着特别重要的作用,乙酸、丙酸主要为肝细胞糖原异生和肌肉细胞提供能量;SCFAs 还维护上皮细胞的完整性和杯状细胞的分泌功能,维持教膜屏障功能,调节免疫应答和炎症反应;SCFAs 作为信号分子,在免疫系统的发育和调节、维持肠道稳态中具有重要作用。

(五) 生成神经递质

神经递质(neurotransmitter)是在化学突触传递中担当信使的特定化学物质。近年来的研究发现肠道微生物群可以通过生成神经递质,包括 5-HT、γ-氨基丁酸、多巴胺、褪黑激素、乙酰胆碱和色氨酸等,参与调控脑发育、应激反应、焦虑、抑郁、认知功能等中枢神经系统活动。

(六) 药物代谢

肠道微生物群对药物的代谢是人体内重要的药物代谢途径之一,它与肝脏代谢相辅相成,可以作为肝脏代谢的补充和抵抗。肠道微生物群对药物的代谢能力甚至在许多方面已超过肝脏。目前已经报道有 30 余种临床使用的药物代谢受到肠道微生物群的影响,一方面可促进药物活化、增强药理活性,另一方面也可能增强药物的毒性。因此个体的肠道微生物群的不同可能导致药物在个体之间效果和毒副反应的差异,这不仅能够促进个体化医疗,而且将有可能改进给药的方案设计。

四、其他生理功能

肠道微生物群具有为宿主排毒的作用,如双歧杆菌能使肠道过多的革兰阴性杆菌下降到正常水平,减少内毒素的吸收。肠道微生物群也具有一定的抗肿瘤作用,能降解、清除体内的致癌因子,激活体内的抗肿瘤细胞因子等。此外,研究还发现肠道微生物群具有延缓衰老作用。肠道无病菌动物是传统肠道有菌动物寿命的 1.5 倍。有关胆固醇代谢的研究表明,无病菌兔胆固醇代谢显著低于一般兔,故认为肠道微生物群和宿主老化、寿命密切相关。机体从消化食物中摄入的含氮化合物(如蛋白质和氨基酸)被肠道微生物群代谢,被转化为对人体有害的化合物(如胺、氨、硫化氢、苯酚和激素等),同时也产生微生物毒素。这些有害物质中的一部分被吸收进入系统循环或在内脏积累,导致对宿主的毒害作用,这被认为很可能和老化过程相关。

第 4 节　肠道微生态平衡

肠道中定居着数以亿计的菌群,它们与宿主形成一种共生共赢的微生态系统(microecosystem)。微生态系统指在一定结构的空间内,正常微生物群与其宿主组织和细胞及其代谢产物之间形成的能独立进行物质、能量及信息(包括基因)相互交流的统一的生物系统。微生态系统可以分为口腔微生态系统、胃肠道微生态系统、呼吸道微生态系统、泌尿道微生态系统、生殖道微生态系统和皮肤微生态系统。在生物进化过程中,通过适应与选择,微生物与宿主之间,微生物与微生物之间,微生物、宿主与环境之间,始终处于在动态平衡之中,形成相互依赖、相互制约的动力学关系。正常微生物群与其宿主的平衡是微生态学的核心问题,两者处于平衡,维持着机体的健康,即生理状态;两者失衡,即为病理状态,引起亚健康,甚至导致疾病的发生。

一、微生态平衡的概念

生态平衡是指在一定时间内生态系统中的生物和环境之间、生物各个种群之间,通过能量流动、物质循环和信息传递,使它们相互之间达到高度适应、协调和统一的状态,也就是说,当生态系统处于平衡状态时,系统内各组成成分之间保持一定的比例关系,能量、物质的输入与输出在较长时间内趋于相等,结构和功能处于相对稳定状态,在受到外来干扰时,能通过自我调节恢复到初始的稳定状态。

1988 年我国微生态学家康白教授提出,微生态平衡(eubiosis)是指在长期历史进化过程中形成的正常微生物群与宿主在不同发育阶段的动态生理组合。这种组合是指在共同的宏观环境条件影响下,正常微生物群各级生态组织结构与其宿主(人类、动物与植物)体内、体表的相应的生态空间结构正常的相互作用的生理性统一体。这个统一体内部结构与存在状态即称之为微生态平衡。

二、微生态平衡的特点

宿主体内微生物之间、宿主与微生物之间、宿主与宏观环境之间不断地相互影响,总是相互作用、相互适应。作为生态系统的潜能,微生态系统内部存在着反馈和控制机制,能够不断地对微生物群、宿主和环境发生的变化进行自动调节,以达到并维持平衡状态。但是这种调节机制是有一定限度的,当微生物群、宿主和环境的改变引起的作用,超出调节能力时,就会出现微生态失衡。

微生态平衡与不同的年龄阶段和不同的生理功能状态相适应。在宿主不同的生态空间,如口腔、消化道、呼吸道、泌尿生殖道和皮肤存在着各自独立的微生态平衡,这种局部的平衡不是孤立的,而是受到总体生态平衡和宏观环境的影响。

三、对微生态平衡的评估

微生态平衡涉及宿主体内的微生物群之间、宿主与微生物之间、宿主及其微生物与环境的适应性,因此评估微生态平衡包括了宿主、宿主体内微生物以及环境。几个方面相互联系和相互作用,对微生态系统的稳定缺一不可。

(一)菌群方面

正常人的体表和体腔中寄居着不同种类和数量的微生物,它们以特定的种类和数量存在于特定的部位,因此对微生态平衡菌群的评估应该包括定位、定性和定量三个方面。

1. 定位 对正常微生物的检查,首先要确定哪些位置是无菌的,哪些位置是有正常菌群的。正常情况下,人体的皮肤和黏膜以及与外界相通的腔道都有细菌和其他微生物的存在,机体内部组织及血液循环系统是无菌的。如果在正常有菌部位检测到微生物,有可能是正常定植、异常定植或病因菌,而在正常无菌部位分离到微生物,则一定是异常。

2. 定性 对微生物群落中各种群需进行分离和鉴定,即确定微生物群落的种类。定性检查应包括微生物群落中微生物的所有种类。一些原本只存在于某些动物或外部环境的微生物如果在人体检出,则为异常,如动物疫源性病原(鼠疫杆菌、立克次体等)。

3. 定量 对肠道内微生物总菌数和菌群比例的定量检查是微生态学的重要研究内容。如果仅从定性的角度来看,人体表面和黏膜部位有许多微生物,并没有多大的意义,但如果通过定量检查,发现原本少量存在的细菌转变成为大量的优势菌种,就可确定其有意义。优势菌群指菌群中数量大或种群密集度大的细菌,常是决定一个微生物群生态平衡和对宿主发挥生理功能的核心因素,如在肠道内的厌氧菌占绝对优势,一般属于原籍菌群。次要菌群是数量比较少、作用比较弱的菌群,在肠道主要为需氧菌或兼性厌氧菌,流动性大,有潜在致病性,大部分属于外籍菌群或过路菌群。

(二) 宿主方面

评估微生态平衡必须考虑宿主的不同生长发育阶段和生理功能特点。胎儿在子宫内是没有微生物定植的,出生以后随着与外界的接触,在皮肤及与外界相通的各个腔道很快就会有微生物定植,到2～3岁时正常微生物群达到稳定状态,维持至青年及中年,当进入老年期时,微生物群也同时"老化",直到生命结束,因此在评定微生态平衡时必须考虑年龄因素。此外,宿主处于特定的生理功能期都会伴有微生态平衡的变化。如婴儿的哺乳、添加辅食、断奶、换食等对肠道正常菌群的影响;妇女的月经期、怀孕期和哺乳期对泌尿生殖道正常菌群的影响等。

(三) 环境方面

当评定微生态平衡时也需要考虑环境方面的影响,主要包括食物、水、气候、空气、外来微生物等。

四、微生态平衡的维持

正常情况下,微生物、宿主与环境之间始终处于动态平衡。要维持微生态平衡状态取决于三个因素的综合作用。环境因素维护宏观生态的稳定,包括食物、水、空气、气候等;宿主因素维护宿主的正常生理功能,保持良好的生活方式,包括饮食、睡眠等,积极预防和治疗疾病可尽量减少对宿主屏障功能的破坏;微生物因素尽量不使用或少使用影响正常微生物群的药物,特别是抗菌药物,尽量减少影响正常微生物群的操作和治疗,如侵入性操作、放射治疗和抗肿瘤化疗等。

第5节　肠道微生物研究方法与方向

肠道微生物群研究是进行复杂微生态系统分析的基础,如何对肠道微生物群丰度与数量变化进行全面、实时分析也一直是微生态学研究的关键问题。随着现代科学技术的进步,关于肠道微生物群的检测和研究方法也在飞速发展,从传统的微生物学检查技术、分子生物学方法、免疫组化、芯片技术,到16S rRNA测序、宏基因组测序,再到相关组学的研究,都极大地促进了对肠道微生物的研究。就目前的研究来看,对于肠道微生物群的研究主要集中在多样性研究、功能研究和肠道微生物生态制剂研究这几方面,而肠道微生态功能以及人工改造肠道微生物群又是近年的研究热点。肠道微生态研究方法的迅速发展,让我们可以从多样性、功能、代谢等多方面深度分析肠道微生物群对宿主健康的影响,这为多种疾病的研究提供了必要的手段。

一、传统医学微生态学的研究方法

医学微生态学的研究方法主要有显微镜检查、培养、生化代谢以及细菌计数等。其中,显微镜检查在内的直接检查法因其快速、简便和低成本,是直接获取标本中微生物信息的有效手段,目前在微生态学研究中仍然为首选方法。

(一) 显微镜检查法

利用普通显微镜计数法、荧光染色直接计数法、电镜观察法和免疫电子显微镜等对标本中的微生物进行检测,可直接观察细菌形态、分布等。微生态学检测方法中一个重要原则是定性、定量和定位检查。标本质量对观察结果有很大影响,一般根据研究和检测的生境不同,对不同生境采取不同的取样方法。就生境的定位来说,宜根据研究和检测的生境不同,先对生境进行层次化定位。人体六大微生态系统,根据分析的要求不同,应分不同层次对不同生境取样,原则是不污染非定位菌群并反映所研究对象生境的自然状态。

(二)分离培养方法

对细菌的分离培养是采用各种选择性培养基培养细菌,将各种细菌分离并根据染色、形态、生化反应及血清学反应等生物学特性进行鉴定,同时可通过倍比稀释和菌落计数来测定活菌数量。此方法比较成熟,目前依然是肠道微生物群研究的重要方法。与其他方法相比,该方法对某一生境中获得的细菌菌株进行培养有助于全面、完整地研究细菌的功能和不同生长条件下的生理活性,也有助于理解肠道微生态系统中各种细菌对营养成分的利用情况和各种细菌之间的相互作用。

但是,对细菌的分离培养仍然存在明显的缺陷,那就是现有的方法只能对部分菌群进行分析,尚无法对自然界中有90%～99%的微生物进行培养,肠道中可培养微生物所占比例也相当小。只对部分菌群进行分析显然存在明显的局限性,不能反映整个微生态系与疾病发生发展的关系。而且,该方法耗时、费力,无法满足对于种类、数量巨大的肠道微生物群的研究需要。

自21世纪初以来,人们对微生物多样性的估计已经发生了巨大变化,逐渐认识到未培养菌所占比例还相当巨大,而这些"丢失"的物种非常重要,因为它们可能在人体微生物群落的功能方面发挥重要的作用。因此,仍然需要充分利用现代生物学技术、计算机建模技术等对分离培养技术进行改进。如改善原位培养富集方法;筛选更有针对性的选择药物或发明更好的分离技术;模拟人体肠道微环境,为目的微生物提供"原生的"生长环境,发展"仿生培养系统"。如果这些问题解决特别是后者得到突破,细菌培养研究技术将会得到新的发展。

二、核酸检测方法

以往对菌群的研究通常是基于传统方法,近年来,随着现代分子生物学研究的飞速发展,基因检测技术在微生态研究方面得到了广泛的应用。对于用分离培养方法不能检测的微生物,核酸检测更显优势,常用的有基于DNA指纹图谱的分析方法、基于DNA测序的检测方法、基于分子杂交技术的分析方法以及近年来得到高速发展的宏基因组学方法。现代核酸技术为生物学的研究带来新的革命,它使人们对于生命现象的研究更为深入,成为揭示生物科学规律的有力手段。分子生态技术的应用克服了培养技术的限制,可更精确地揭示菌群种类和遗传的多样性。

(一)基于DNA指纹图谱的分析方法

DNA指纹图谱技术是制备微生物群落中各菌种的DNA分子标记物,将其在凝胶上进行电泳分离,根据核酸分子大小、序列等特征的不同,使代表不同菌种的分子标记迁移到不同位置,最终得到的电泳图谱可显示微生物群落的组成结构。DNA指纹图谱的最大优点是方便、快速、直观,常用于检测肠道微生物群的动态变化或比较不同个体之间的结构差异。最常用的DNA指纹图谱技术有随机扩增多态性DNA技术(random amplified polymorphic DNA,RAPD)、扩增片段长度多态性技术(amplified restriction fragment-polymorphism,AFLP)、限制性片段长度多态性技术(restriction fragment length polymorphism,RFLP)和末端限制性片段长度多态技术(terminal restriction fragment length polymorphism,T-RFLP)、单链构象多态性技术(single-strand conformation polymorphism,SS-CP)、变形梯度凝胶电泳(denaturing gradient gel electrophoresis,DGGE)、核糖体基因间区分析(ribosoma intergenic spacer analysis，RISA)等。

近年来，16S rDNA 的分子生物学技术大大促进了微生态研究的发展，特别是变性梯度凝胶电泳技术(DGGE)，该技术利用含有变性剂(尿素和去离子甲酰胺)梯度的聚丙烯酰胺凝胶把相同长度但序列不同的 DNA 片段分离开来，并且能有效分析复杂微生物群落及其多样性且无须培养微生物。DGGE 技术避免了分离纯化培养所造成的分析上的误差，通过指纹图谱直接再现群落结构，由于其分辨率高、检测片段长、操作简便快速、重复性好、可靠性高等优点，目前已经成为微生物群落遗传多样性和动态性分析的强有力工具。

应用 DNA 指纹图谱技术的方法来分析肠道微生物群极大地提高了目标菌鉴定的灵敏性和特异性，但是分析的前提必须是已知基因的微生物。所以，肠道微生物群的研究和分析由于手段的限制，尚未能真实全面地反映肠道微生物群的生存状态。目前在全球范围内对肠道微生物群丰度与数量准确变化的方法仍有待突破。

(二) 基于 DNA 序列测定的研究方法

不同于指纹图谱技术，DNA 测序技术是通过直接获取核酸序列信息对菌群中各菌种的进化地位做出判断。目前，几乎所有已知细菌的 16S rDNA 碱基序列已被测定并存入基因库。在肠道微生物群的研究中，混合基因组的扩增产物经纯化后可直接进行测序或通过 TA 载体建立 16S rDNA 基因文库再进行全序列分析。所得序列可通过 GenBank、EMBL、DDBJ、RDP 等数据库进行序列比较来确定其种、属，并根据序列的同源性，计算不同菌种之间的遗传距离，然后采用聚类分析等方法，将细菌进行分类，并将结果用系统发育树(phylogenetic tree)表示。但序列测定相对费用较高，且全序列分析法不能进行准确的定量，只能定性得出菌群组成的多样性。故在实际工作中常常与前述的 DNA 指纹图谱技术相结合，在用 DNA 指纹技术初筛后对某些特定条带进行基因克隆、测序，再对所得到的序列进行分析。

(三) 基于分子杂交技术的分析方法

基于分子杂交技术的分子标记法，如荧光原位杂交、基因芯片技术等，可对微生物在特定环境中的存在与否、分布模式及丰度等情况进行研究，具有较高的灵敏性和特异性。

1. 荧光原位杂交(fluorescent in situ hybridization，FISH)　该方法根据不同种属细菌的 16S rRNA 中的特异性片段设计探针，以荧光作为信号，杂交后在荧光显微镜下对相应的细菌计数。优点是在保持组织结构和细胞原貌的情况下能特异性显示检测细菌与组织细胞的结构关系，因此在研究肠道细菌之间、肠道细菌与肠道组织的结构功能关系方面具有不可替代的优势。特别是该方法常用于以 16S rRNA 为目标的非培养细菌计数，能够对微生物进行检测、对微生物群落进行分析及对特定菌群进行空间定位和原位生理学研究，同时具有操作简单、方便快捷、结果可靠的优点。

2. 基因芯片技术　基因芯片又称 DNA 芯片或 DNA 微阵列。其原理是将大量特定核酸序列的探针分子密集、有序地固定于经过相应处理的硅片、玻片或硝酸纤维素膜等载体上，然后加入标记的待测核酸样品，进行多元杂交，通过杂交信号的强弱及分布，来分析目的分子的有无、数量及序列，从而获得受检样品的遗传信息。基因芯片能够同时平行分析数万个基因，进行高通量筛选与检测分析。利用肠道细菌 16S rDNA 基因作为检测的靶基因，设计针对不同菌属的寡核苷酸探针以制备基因芯片，可以通过杂交反应来检测肠道微生物群。

(四) 宏基因组学

宏基因组学(metagenomics)也称元基因组学，是指不依赖于培养，对特定环境中的微生物群落基因组进行研究的一种新方法，是微生物学发展历程中继显微镜技术后又一大开创性的技术突破。由于传统研究方法的局限性和多数细菌的不可培养，人们对肠道微生态系统中具体的微生物种类、数量、其蕴含的遗传信息、潜在的代谢功能、与人体某些疾病的关联性等都没有相对明确的概念。但宏基因组学的发展，让人类看到了对肠道微生物群研究的曙光，特别是随着第二代、第三代测序技术的发展和海量数据的丰富，宏基因组学的研究呈现出革命性的变革。国内外相继启动了一系列大的研究计划，包括美国 NIH 2007 年宣布正式启动的人类微生物组计划、欧盟 2010 年启动的"人类肠道宏基因组计划"等。

宏基因组学对人体肠道微生物群的研究主要包含两方面的内容：一是高通量测序 DNA 样品中 16S rRNA 基因，分析菌群的组成和结构；二是直接对样品中所有基因组 DNA 进行测序，以研究菌群的种类和功能。这两种方式各有侧重且互为补充，已在肠道、口腔、皮肤等人体各部位的微生态研究中广泛开展，其在揭示不同健康水平或疾病发生的不同状态下菌群结构、功能基因的差异等方面显示出巨大潜力。

三、质谱技术

基因组学研究虽然在菌群研究方面为人类提供了丰富的数据和有力的证据，但蛋白质才是生命活动的执行者，细菌种类繁多，不同的蛋白质种类决定细菌千变万化的功能和特征。越来越多的研究者意识到有必要从蛋白质水平来研究才能真实反映微生物群落与人体的关系。基于对菌体蛋白质分析的质谱技术具有在复杂体系中同时区分不同蛋白质组分的特点，为肠道菌种类的快速、准确、高通量的鉴别提供了可靠方法，基质辅助激光解析电离时间飞行质谱（MALDI‐TOF）是 21 世纪出现的一种新型飞行质谱技术，是研究菌体表达蛋白的有力工具。采用质谱技术可以区分不同状态下肠道微生物群的蛋白质图谱，但该方法受到样本处理方法以及分析方法的影响，目前还不成熟。

四、肠道微生物群研究的方向

加强人体微生物组研究中的方法学研究是未来的主要方向之一，包括研发对关键微生物以及全部肠道微生物进行原位或仿生培养的技术体系；建立标准化的研究方法和确定参照体系；对关键功能菌的基因和功能开展研究；建立标准的模式动物模型，尤其是无菌动物和定植人源性肠道微生物群的动物模型；加强人体微生态大数据的数据分析工具及处理方法研究。

宏基因组学方法是人们研究人体微生物群落的重要工具。由于目前宏基因组学研究很大程度上依赖于测序技术，测序手段的不断进步也将为宏基因组学研究带来新的机遇。而大量产生的海量数据也给生物信息学和计算生物学带来更高的要求，因为宏基因组学后续研究面临的问题更多在于后续数据的挖掘、算法的更新及计算能力等。可以想象，随着测序技术的进步，未来元基因组学的数据量将呈指数级增长，如果没有强大的生物信息学平台支撑，元基因组学的研究将会严重滞后。相信在不久的未来，随着测序手段的不断改进、计算及分析能力的不断提升以及宏基因组学与转录组学、蛋白组学及代谢组学的综合应用，人体微生态学的研究将迎来新的篇章。

（郭　刚　邹全明）

参 考 文 献

［1］ 李兰娟.感染微生态学［M］.2 版.北京：人民卫生出版社，2012：15‐92.
［2］ 郑跃杰.婴幼儿肠道微生物群和益生菌新进展［M］.北京：人民卫生出版社，2018：9‐32.
［3］ 李兰娟.医学微生态学［M］.北京：人民卫生出版社，2014：42‐91.

［4］　郭晓奎.人体微生物组［M］.北京：人民卫生出版社,2017：67-80.

［5］　Rooks MG，Garrett WS. Gut micrbiota，metabolites and host immunity［J］. Nat Rev Immunol，2016，16：341-352.

［6］　刘昌孝.肠道微生物群与健康、疾病和药物作用的影响［J］.中国抗生素杂志,2018,43：1-14.

［7］　Wang BH，Yao MF，Lv LX，et al. The human microbiota in health and disease［J］. Engineering，2017，3：71-82，78-90.

［8］　Cani PD. Gut cell metabolism shapes the microbiome［J］. Science，2017，357：548-549.

［9］　Subramanian S，Blanton LV，Gordon JI，et al. Cultivating healthy growth and nutrition through the gut microbiota［J］. Cell，2015，161：36-48.

［10］　Zhao LP，Zhang F，Ding XY，et al. Gut bacteria selectively promoted by dietary fibers alleviate type 2 diabetes［J］. Science，2018，359：1151-1156.

［11］　Carabotti M，Scirocco A，Maselli MA，et al. The gut-brain axis：interactions between enteric microbiota，central and enteric nervous systems［J］. Ann Gastroenterol，2015，28：203-209.

［12］　郑跃杰.肠道菌群功能研究进展［J］.中国儿童保健杂志,2017,25：541-543.

［13］　蒋建文,李兰娟.人体微生态与疾病的研究现状和展望［J］.传染病信息,2016,29：257-263.

第3章　肠道微生物与食物消化和营养吸收

肠道微生物在一定程度上被视为人体最庞大的内分泌"器官"，具有相应的调节功能，通过改变内部微生物的构成、种类与比例达到维护人体健康的目的。肠道微生物与摄入食物营养有密切联系，不仅有助于降解食物营养素，还能够合成多种营养素供人体利用，同时其本身的状态也会受到摄入食物的影响。

第1节　肠道微生物对摄入食物的代谢

肠道微生物的一个主要功能就是对摄入的食物成分进行加工。微生物不是宿主肠内的独立群体，而是与宿主形成了一个微生态系统，参与宿主的代谢过程。肠道微生物能够促进人体内各种营养物质消化酶的合成分泌，也能为宿主提供这些消化酶。食物经过微生物群的生物转化为人体提供营养，并与免疫系统相互作用，对人体与环境因素之间的反应产生影响。

一、碳水化合物

肠道微生物中的拟杆菌和梭菌分解食物残渣中的碳水化合物，然后与肠道上皮细胞分泌的糖蛋白一同产生乙酸、丙酸、丁酸等短链脂肪酸（SCFAs），降低肠道 pH，促进钙、铁和维生素 D 的吸收。SCFAs 还具有维持肠道稳态、提供结肠上皮细胞所需能量、抑制肿瘤、增强肠道屏障功能、抗炎症反应、抗氧化、提高黏膜免疫力等作用。此外，肠道微生物可以分解膳食中的磷脂酰胆碱和肉碱产生三甲胺（trimethylamine，TMA），后者通过门静脉循环进入肝脏，在肝脏黄素依赖的单加氧酶同工酶作用下转化为氧化三甲胺（TMAO）。TMAO 可导致血栓形成与动脉粥样硬化，也可作为其他疾病如肥胖、糖尿病和癌症的生物学标志。

宿主与肠道微生物共享食物营养素，食物可通过肠道直接吸收，也可以被微生物代谢而影响宿主健康。如上所述，SCFAs 可以发挥多种重要功能。丁酸作为结肠上皮细胞的重要能量来源，影响上皮细胞的增殖分化，并可通过抑制组氨酸去乙酰化酶调节上皮细胞的基因表达；乙酸和丙酸可通过血液吸收到达不同器官，作为脂肪生成和糖脂新生的底物，并能通过与 G 蛋白偶联受体 GPR41 和 GPR43 结合来调节不同基因的表达；SCFAs 通过受体作用的靶器官取决于细胞类型，如 SCFAs 可以通过作用于肠内分泌 L 细胞来调节激素胰高血糖素类肽 1 的分泌。另外，SCFAs 通过 GPR43 信号通路来抑制中性粒细胞的炎症反应。SCFAs 也能通过调控结肠调节性 T 细胞在黏膜免疫耐受中发挥作用。

从基因组学角度亦可对微生物与食物消化之间的关系进行研究。英国阿伯里斯特威斯大学研究人员对 14 头牛的瘤胃球菌基因组进行测序，计算每个基因的功能异构体多样性。结果发现了 153 个优势细菌 *Prevotella* 和 *Clostridium* 之间的功能差异基因。*Prevotella* 和 *Clostridium* 拥有更多样的降解半纤维素的功能异构体，这解释了瘤胃微球菌间的相互作用关系。此外，新西兰 AgResearch 草地研究中心研究人员对产生高、低甲烷的绵羊瘤胃细菌元基因组进行比较分析,发现了一类在低甲烷绵羊中的优势细菌 *Sharpea*。在基因和转录水平中的研究发现,低甲烷绵羊组中瘤胃球菌代谢通路,如糖的转运和利用,乳酸、丙酸和丁酸的产生,均被显著激活。乳酸的产生和利用主要由 *Sharpeaazabuensis* 和 *Megasphaea spp.* 发挥作用。单糖经乳酸生成丁酸会比直接代谢生成乙酸和丁酸少产生 24% 甲烷。这些研究表明,微生物间关键代谢过程具有显著差异,表明多样性的功能异构体在执行特异性生态功能方面具有重要作用。

二、维生素

除了主要营养素之外,维生素作为人体所需的重要营养素之一,也受到肠道微生物的代谢调节。水溶性维生素参与了能量代谢和重要酶学功能,其缺乏将会导致一些特异的或非特异的疾病。正常膳食获取的这类维生素在小肠被吸收,大肠微生物群也可合成这些维生素。肠道微生物群落能够合成维生素 K 及大部分水溶性 B 族维生素,如生物素、钴胺素、叶酸、烟酸、吡哆醇、核黄素以及硫胺素,它们可以被大肠黏膜吸收并参与能量代谢。体外研究显示嗜热链球菌和瑞士乳杆菌的大豆发酵液中维生素 B_1 含量较多,而叶酸可以由大肠的双歧杆菌和长双歧杆菌合成;肠沙门菌、无害李斯特菌、弗氏丙酸杆菌和罗伊乳杆菌可以合成钴胺素。罗伊乳杆菌基因组中有 30 个编码从头合成钴胺素的基因。植物不能合成钴胺素,只有细菌和古细菌能以类咕啉为原料从头合成。此外,微生物代谢产生的脂溶性维生素 K 参与了免疫调节反应,特别是 T 细胞反应,这对维持肠道屏障功能也很重要。维生素 K 有维生素 K_1(叶绿基甲萘醌)和 K_2(甲基萘醌类)两种形式。维生素 K_1 常见于绿叶蔬菜,而维生素 K_2 主要存在于肉类、奶制品和发酵食物产品中。多数肠道需氧革兰阳性细菌和厌氧菌利用甲基醌作为胞质膜电子携带体。维生素 K 的同类物含有不同数量的类异戊二烯结构单元。例如,拟杆菌属细菌和丙酸菌可合成甲基萘醌 - 10(MK - 10)和 MK - 11,肠杆菌和乳酸杆菌合成 MK - 8 和 MK - 9,韦荣菌属细菌合成 MK - 7,迟缓真杆菌合成 MK - 6。尽管这些维生素 K 在大肠合成,但是其吸收需要小肠的胆盐和胰酶。由于肝脏中维生素 K_2 含量较高,这些维生素是否可以经过大肠吸收仍有待研究。

三、微量元素

机体对微量元素的吸收也受到肠道微生物的代谢影响,包括 Zn^{2+}、Cr^{2+}、Se^{2+} 等。这些元素在神经传导、血氧交换、酶促反应、维持细胞渗透压中起重要作用。同时,许多元素要通过肠道微生物所提供的酸性环境和产生的酶转化为可吸收状态。Fe^{2+} 和 Ca^{2+} 就是通过肠道微生物群的转化被机体利用的。食物中的铁是 Fe^{3+} 形式,被人体摄入后由乳杆菌还原为 Fe^{2+}。食物中的钙元素一般处于结合状态,人体摄入后由乳杆菌转变成游离态才能被机体吸收。此外,肠道微生物还能将食物中的微量元素富集提供给机体以满足机体需要。研究表明,Zn^{2+} 和 Se^{2+} 需要肠道微生物群中的乳杆菌和双歧杆菌属的细菌富集提供给机体。这两种元素在正常情况下的食物中含量很低,不能满足机体的正常需要。当肠道微生物群失衡时,往往伴随常量与微量元素的缺乏;而失衡状态恢复时,各种微量元素的吸收便会增加。

第 2 节　食物摄入对肠道微生物代谢的影响

肠道微生物的多样性是机体健康和代谢水平的标志,而食物摄入多样性与肠道微生物的多样性密切相关,食物结构相近的个体其肠道微生物的结构也相近。食物营养是影响宿主肠道微生物的结构和功能最为重要也最为直接的因素。食物的摄入一般可分为三大类,即蛋白质、脂质和碳水化合物,它们对肠道微生物代谢的影响各有不同。

一、蛋白质

蛋白质是肠道微生物生长的主要氮源。目前,蛋白质对肠道微生物群结构的影响主要集中在蛋白质水平和来源。有研究将意大利儿童的肠道微生物群与非洲农村儿童的微生物群进行比较,动物蛋白摄入量高的意大利儿童肠道微生物群中拟杆菌被显著富集。另有研究表明具有高蛋白质/低碳水化合物饮食的受试者的肠道微生物群中,罗氏菌属和直肠真杆菌有所减少。因此,高蛋白饮食对肠道微生物群结构的变化具有重要作用。有研究显示含有中等和高含量蛋白质的饮食也可能使个体体重减轻。采用西方饮食(WD,高脂高糖)饲养大鼠 12 周后,大鼠体重和脂肪量增加,腹腔注射缩胆囊素未改变其进食和膳食模式;换成高蛋白饮食饲养 6 周,大鼠脂肪量降低,体重增加量显著性减少,血糖趋于正常水平。注射缩胆囊素后进食减少,盲肠中 *Akkermansia muciniphila* 菌属含量增加;WD 增加大鼠下丘脑和背部髓质中细胞因子表达,转换高蛋白饲喂未能改变其表达。可见高蛋白饮食可减少大鼠体脂肪、恢复血糖内稳态和缩胆囊素敏感性,但不能改变大脑的炎症。随着 16SrRNA 测序的进展,针对不同膳食蛋白质来源对肠道微生物群影响的研究会更加全面。例如乳清和豌豆蛋白提取物能提高肠共生双歧杆菌和乳酸杆菌含量,而乳清蛋白提取物又能降低致病性脆弱拟杆菌和产气荚膜梭菌的数量。豌豆蛋白增加了肠道中 SCFAs 水平,促进有益菌增殖的同时也增加抗炎效果,对于维持黏膜屏障也有重要意义。

许多蛋白质代谢产物有 SCFAs 等有益代谢物,其中丙酸盐能更大程度地被结肠细胞代谢。肝脏利用乙酸盐和丙酸盐发生氧化,分别用于脂肪生成和糖异生途径,丁酸对维持结肠直肠组织完整性具有重要作用,并且可以防止结肠疾病,但也有一些对宿主健康有害的代谢物,包括胺酚、硫醇和吲哚已被证明是细胞毒素和致癌物质。一般来说,发酵产物(如硫化物)的水平与人类膳食蛋白质消耗量呈正相关。对大鼠的实验研究表明,较高的膳食蛋白质摄入量与结肠黏膜中较大的 DNA 损伤有关,高蛋白质摄入也会增加胰岛素样生长因子-1 水平,这与癌症、糖尿病和死亡率的风险增加有关。

二、脂质

脂肪对肠道微生物的影响主要表现在高脂饮食产生的效应,高脂饮食是典型的欧洲国家的营养方式,主要以英国、瑞典、法国等国家为代表。目前的研究已经表明高脂饮食能够导致肥胖和糖尿病等疾病,成为世界公认的健康威胁。高脂饮食能够调节肠道微生物群落,减少有益菌的丰度,促进致病共生菌的生长,加剧炎症和肠道屏障功能紊乱,促进代谢疾病的形成。高脂喂养的小鼠的瘤胃球菌属、帕拉普菌以及 *Akkermansia muciniphila* 菌属的丰度较低,而梭菌属和萨特菌属以及瘤胃球菌属的数量显著增加。在以大鼠为模型的实验中发现,喂食 8 周高脂饮食后,大鼠肠道微生物群中的厚壁菌被显著富集,而拟杆菌数量明显减少,并且厚壁菌与拟杆菌比例明显高于对照组。相较于正常饮食和低脂饮食,高脂饮食会导致肠乳杆菌的丰度明显下降,并与脂肪含量变化呈负相关,增加厚壁菌群的丰度,富集颤杆菌属的数量,增加肠道通透性并减少肠道上皮细胞紧密连接蛋白的表达。高脂饮食也会产生破坏性炎症因子如脂多糖(lipopolysaccharide,LPS),它是通过肠道微生物与先天免疫相互作用机制引发低度炎症和胰岛素抵抗的关键因素,通过 TLR 信号传导促进代谢炎症。血液中大量的 LPS 与 TLR-4 和 CD14 结合,TLR-4 作为脂多糖的配体能够刺激巨噬细胞等免疫细胞分泌炎性因子,引发低度炎症,也会破坏胰岛素的信号通路,导致血脂异常、糖尿病、胰岛素抵抗等一系列代谢疾病。有荟萃分析显示,高脂饮食可引起小鼠/大鼠肠道微生物群结构的改变,粪便及盲肠内容物中双歧杆菌属含量减少;且无论小鼠还是大鼠,高脂饮食后乳酸杆菌含量均减少,血浆总胆固醇和三酰甘油水平升高。高脂饮食还可引起小鼠/大鼠肠杆菌(常规共生菌)的含量增加,体脂量明显增加,并伴有肥胖、高脂血症等代谢紊乱的发生。

脂类物质大部分在小肠消化吸收。与食物中蛋白质和其他含量相比,脂肪含量是调整肠道微生物群的主要驱动因素。Ravussin 等分析了饮食组成对小鼠肠道微生物群的影响,发现再将高脂饮食转换为相同的低热量饮食后,小鼠体脂含量的不同会对小鼠肠道微生物群产生很大的影响。另外,富含高饱和脂肪酸的饮食能改变肠道微生物组成,并促进原本较低丰度的亚硫酸盐还原菌及沃氏嗜胆菌的增殖,导致肠道厚壁菌门比例增加。膳食中的脂肪对肠道微生物群的影响可能是由胆汁酸间接介导的,在脂肪的吸收过程中,脂肪能够促进胆汁分泌,肠道微生物酶有助于胆汁酸代谢,产生未结合的和结合的胆汁酸,具有很强的抗菌作用,能够抑制艰难梭菌的生长和繁殖。

三、糖类和其他碳水化合物

糖类可能是改善肠道微生物群的最佳膳食成分,它是肠道微生物的主要碳源和能量来源。肠道微生物能够水解多种营养素,尤其是复杂的可消化的碳水化合物(多糖)。高糖饮食会使肠道微生物群结构发生变化,导致代谢紊乱从而影响健康。Prasant Kumar Jena 等对大鼠喂养 60 天的高糖饮食,其肠道内大肠埃希菌和梭菌比例升高,乳酸杆菌含量降低,并通过变性梯度凝胶电泳法研究了粪便微生物群和血清中促炎症细胞因子的组成,发现各种组织中 TLR - 2、TLR - 4 和 NF - κB 等基因的表达量上升,血液及组织中炎症反应增强,显著影响其代谢状况。

除了主要营养物质外,不易消化的碳水化合物(膳食纤维)也可能是被忽视的关键营养素。膳食纤维是可食用的碳水化合物聚合物,主要包括非淀粉多糖、抗性淀粉和抗性低聚糖。越来越多的研究表明,膳食纤维对人体肠道微生物群组成、多样性、丰富度具有重要影响,同时能够促进机体的代谢平衡。Haenen 等研究发现,饲料中添加 34% 的抗性淀粉能够显著增加母猪结肠布氏瘤胃球菌的相对丰度,降低潜在致病性大肠埃希菌和假单胞菌属的相对比例,增加结肠中 SCFA 的浓度。而 34% 的抗性淀粉能增加公猪肠道丁酸菌、柔嫩梭菌与巨型球菌的相对丰度,降低钩端螺旋体属的丰度,增加颈动脉血液中 SCFA 的浓度。这表明抗性淀粉通过改变肠道微生物品系,引起微生物代谢产物发生相应变化,而代谢产物的变化进一步诱导肠上皮组织的代谢和免疫应答的改变。另一项对 2 099 名健康成人受试者的试验分析显示,与低膳食纤维组对比,膳食纤维组的粪便中双歧杆菌属、乳酸菌属丰度和丁酸浓度增加;其中,果聚糖和低聚半乳糖能显著增加双歧杆菌属和乳酸菌属的丰度,但不影响其多样性;而单个纤维类型对微生物的生长和整个肠道微生物群的影响需要进一步的研究。

纤维西方饮食也会降低结肠黏液屏障,导致有害微生物群入侵、病原体易感染性和炎症。在碳水化合物(包括纤维)摄入量减少到 30 g/d 后,24 小时内,肠道微生物群变化明显,因为碳水化合物的损失极大地降低了纤维降解细菌的丰度,而乳球菌、鹅肝菌和链球菌的丰度增加,导致 SCFAs 水平降低,对肠道健康产生不利影响。Sonnenburg 等研究了人类微生物菌群对小鼠缺乏纤维摄入的影响,结果表明,低纤维饮食导致小鼠肠道内的微生物多样性显著降低,而将小鼠转化到正常的纤维饮食时,这种微生物的多样性却无法恢复。由此可见,膳食纤维对肠道微生物群多样性的影响至关重要。

(李海波　邹全明)

参考文献

[1] 毕玉晶,杨瑞馥.人体肠道微生物群、营养与健康[J].科学通报,2019,64:260-271.

[2] 向毅,巫贵成.肠道微生态的基本概念[J].现代医药卫生,2019,35:5-7.

[3] Samuel B S, Shaito A, Motoike T, et al. Effects of the gut microbiota on host adiposity are modulated by the short-chain fatty-acid binding G protein-coupled receptor, Gpr41[J]. Proc Natl Acad Sci USA, 2008, 105:16767-16772.

[4] Biesalski H K. Nutrition meets the microbiome: Micronutrients and the microbiota[J]. Ann N Y Acad Sci, 2016, 1372:53-64.

[5] 赵圣国,郑楠,王加启.2016年动物胃肠道微生物组研究十大亮点成果[J].微生物学杂志,2018,38:121-124.

[6] Rubino F, Carberry C, Waters M, et al. Divergent functional isoforms drive niche specialisation for nutrient acquisition and use in rumen microbiome[J]. The ISME Journal, 2017, 11:932-944.

[7] Kamke J, Kittelmann S, Soni P, et al. Rumen metagenome and metatranscriptome analyses of low methane yield sheep reveals aSharpea-enriched microbiome characterised by lactic acid formation and utilisation[J]. Microbiome, 2016, 4:56.

[8] 马红,钟宏婧.高脂饮食与小鼠/大鼠肠道微生态结构改变相关性的Meta分析[J].循证医学,2019,19:92-101.

[9] Ravussin Y, Koren O, Spor A, et al. Responses of gut microbiota to diet composition and weight loss in lean and obese mice[J]. Obesity, 2012, 20:738-747.

[10] Kumar P, Prajapati B, Mishra PK, et al. Influence of gut microbiota on inflammation and pathogenesis of sugar rich diet induced diabetes[J]. Immunome Research, 2016, 12:109-119.

[11] 金磊,王立志,王之盛,等.肠道微生物与碳水化合物及代谢产物关系研究进展[J].饲料工业,2018,39:55-59.

[12] Zhang Y, Ma C, Zhao J, et al. Lactobacillus casei Zhang and vitamin K_2 prevent intestinal tumorigenesis in mice via adiponectin elevated different signaling pathways[J]. Oncotarget, 2017, 8:24719-24727.

[13] Sonnenburg, ED, Smits SA, Tikhonov M, et al. Diet-induced extinctions in the gut microbiota compound over generations[J]. Nature, 2016, 529:212-215.

第4章　肠道微生物与药物代谢

西医学认为,药物在消化道内被肠道微生物第一次代谢后形成的各种代谢产物经肠壁吸收进入血液循环,再由门静脉进入肝脏。有些成分会在肝脏进行第二次转化,然后再被转运至靶标组织或机体各部位产生药理作用,最后经肾脏随尿液排出或经胆道随胆汁排至肠道和体外,或再次被吸收后进入肠肝循环。可见,肠道微生物对药物的代谢是人体内除肝脏之外最重要的药物代谢途径,它与肝脏代谢相辅相成,可以作为肝脏代谢的补充。不同类型的细菌能够产生不同的酶,并催化不同类型的药物代谢反应。而且肠道微生物群所进行的一些代谢反应是一般组织所没有的。基于以上特点,肠道微生物在药物的吸收过程中扮演了重要角色。

第1节　肠道微生物与药物代谢酶

经过口服递送的药物分子通常经历化学修饰,并且所得代谢物可具有与其母体药物不同的功能和毒理学特性。药物会在小肠和大肠中遇到机体的共生微生物。这些微生物共同编码的基因比人类基因组多150倍,包含具有药物代谢潜力的丰富酶库。肠道微生物对药物的化合物修饰作用可导致它们的活化(如柳氮磺吡啶)、失活(如地高辛)或毒性(如索利夫定/溴夫定)。

肠道微生物-宿主的共代谢可影响人体对外源性药物的化学修饰能力。宿主的代谢系统有Ⅰ相和Ⅱ相代谢两种。Ⅰ相代谢包括氧化、还原、水解等反应类型,主要由肝脏、肠道等组织中的细胞色素P450(cytochrome P450,CYP450)酶介导,代谢的主要目的是通过增加外源性物质的极性而促使其经肾脏排泄。Ⅱ相代谢为结合反应,如葡萄糖醛酸化和磺化等。外源性物质通过宿主代谢酶的催化与内源性亲水性物质结合,从而增加在尿中的排泄量。Ⅱ相代谢的代谢酶有尿苷-5′-二磷酸葡萄糖醛酸转移酶(uridine-5′-diphosphoglucuronyl transferase,UGT)、磺基转移酶、N-乙酰基转移酶和谷胱甘肽S-转移酶等。超过70%的药物在肝脏中代谢,约25%的药物以原型经肾脏排泄。约50%被代谢的药物是由CYP450酶催化的。

除了参与组织器官代谢之外,肠道微生物自身也能分泌数种修饰酶对摄入药物进行代谢,主要包括偶氮还原酶、β-葡萄糖醛酸苷酶与强心苷还原酶和其他类型。

一、偶氮还原酶

偶氮还原酶广泛存在于人肠道微生物群落中的多个菌群,特别是梭状芽孢杆菌和真杆菌属中,可参与多种药物的代谢过程,代谢速率取决于药物的化学结构。人体肠道微生物群落可产生至少3种类型的偶氮还原酶。含有偶氮键的前药经口服给药后,需经肠道微生物群落生物活化,即通过偶氮还原酶还原偶氮键后才可转化为具有生物活性的化合物,进而产生治疗作用。如临床上用于治疗轻、中度溃疡性结肠炎的5-氨基水杨酸(5-aminosalicylicacid,5-ASA)类药物,包括美沙拉嗪、柳氮磺吡啶、巴柳氮和奥沙拉嗪。柳氮磺吡啶和巴柳氮分别由5-ASA通过偶氮键连接磺胺吡啶和4-氨基苯甲酰基-β-丙氨酸组成,奥沙拉嗪则由偶氮键连接两个 5-ASA 分子组成。这 3 种药物经肠道微生物群产生的偶氮还原酶作用,均可在肠腔中释放出 5-ASA,从而产生抗炎活性。肠道微生物群代谢柳氮磺吡啶的速率约是代谢巴柳氮和奥沙拉嗪的 2.5 和 4.4 倍,表明偶氮还原酶的代谢速率取决于药物的化学结构。Wilson 等发现,大鼠腹腔注射百浪多息依然会通过肠肝循环进入胃肠道经历肠道细菌的转化代谢。但在大鼠口服百浪多息时使用抗生素则能够抑制其向磺胺药物的转化,因此,抗生素对肠道微生物的干扰会影响百浪多息的药代动力学及生物利用度。

二、β-葡萄糖醛酸苷酶

β-葡萄糖醛酸苷酶是由人肠道微生物群落产生的一种通用酶家族,可影响多种药物、膳食成分和内源性代谢物的生物活性和毒性。最近的研究表明,β-葡萄糖醛酸苷酶对癌症和炎症治疗药物的毒性有重要影响。肝脏表达的 UGT 可将葡萄糖醛酸与多种底物结合起来,包括药物和激素、胆汁酸等内源性化合物。这种生物转化可增加药物的亲水性,从而使其能够通过肾脏排泄,经尿排泄,或通过胆汁分泌到肠道,随后经粪排泄。其中,通过胆汁排泄就有 β-葡萄糖醛酸苷酶代谢的参与。以结直肠癌化疗药物伊立替康为例,伊立替康被人体摄入后经体内的羧酸酯酶转化成活性形式 SN-38,后者在分泌入肠之前先经肝脏 UGT1A1 代谢生成 SN-38G。失活的 SN-38G 通过胆汁分泌进入肠道,再被肠道微生物群落合成的 β-葡萄糖醛酸苷酶重新转化为 SN-38。SN-38 对肠上皮细胞有毒性,会导致患者发生严重腹泻。而通过给予抗生素抑制肠道微生物群落对 SN-38G 的代谢,可降低伊立替康的肠道毒副作用。此外,研究也发现了一种有效的 β-葡萄糖醛酸苷酶抑制剂,后者可通过减少 SN-38G 的代谢来有效降低伊立替康诱导的腹泻发生率和保护肠道组织。

对于苷类化合物而言,肠道微生物的代谢作用扮演了重要角色,这在中药当中尤为重要。肠道微生物所分泌的糖苷酶能与其他酶类起到协同转化的作用。以碳苷键相连的糖苷,因其化学性质稳定,无法被一般的葡萄糖苷酶破坏,一般需要苷自身诱导出相应的酶促使其水解才能形成苷元。这些酶不仅能破坏中药细胞壁,使有效成分得以溶出,提高中药利用率,还可通过"生物活化"使无活性的物质变得有活性,同时可使有毒物质无毒化。反之,某些活性成分能够作用于肠道微生物,起到调节肠道微生态的作用。

三、强心苷还原酶

强心苷还原酶的作用可以地高辛为例进行阐述。地高辛是治疗充血性心力衰竭和心房颤动的一种强心苷类药物,其治疗指数很窄,生物利用度的微小变化便可能导致毒性反应。地高辛的生物活性也受肠道微生物代谢的影响。肠道微生物可还原地高辛的内酯环,将其代谢为无活性的二氢地高辛。20 世纪 80 年代有研究观察到,厌氧的迟缓埃格特菌可以灭活地高辛。研究发现,迟缓埃格特菌含有细胞色素编码操纵子,也被称为"强心苷还原酶(cardiac glycoside reductase,CGR)"操纵子,可被地高辛转录激活,这是导致地高辛失活的主要原因。虽然迟缓埃格特菌的定植是地高辛失活的基本条件,但因菌株的差异,只有 CGR 操纵子阳性的迟缓埃格特菌菌株才具有灭活地高辛的能力。对于携带 CGR 操纵子阳性迟缓埃格特菌的患者,接受抗生素治疗期间可能会暂时阻断无活性代谢物二氢地高辛的生成,从而使血液中地高辛的暴露量增加,而在无抗生素干预时,则存在地高辛疗效不佳的问题。了解肠道微生物对地高辛代谢的影响有助于在临床上更好地发挥地高辛的治疗作用。

四、其他类型

除了上述几种代谢酶类之外,肠道微生物还会产生硝基还原类、亚砜还原类和 N-氧化物还原类酶,影响相应药物的吸收。口服含硝基药物会通过亚硝基及羟基氨基中间体经硝基还原酶还原成氨基产物。硝西泮作为催眠、镇静和抗惊厥的苯二氮䓬类药物之一,在大鼠和小鼠胃肠道细菌酶的催化作用下通过硝基还原为 7-氨基硝西泮,随后在肝脏中修饰为不具备药理活性的致畸代谢产物 7-乙酰氨基硝西泮。亚砜还原酶在治疗血栓栓塞性疾病的促尿酸排泄药物硫氧唑酮代谢过程中发挥作用,对健康志愿者和口服单次剂量硫氧唑酮的回肠造口术患者进行分析发现,肠道微生物可能是人体中唯一的磺胺嘧啶还原位点,家兔体内及体外实验亦证实肠道微生物参与硫氧唑酮的形成。N-氧化物还原酶可切断雷尼替丁和尼扎替丁中的 N-氧化物键,导致药物浓度降低。这种代谢修饰在一定程度上阻碍了结肠中雷尼替丁的吸收。后续研究发现在结肠细菌存在时,尼扎替丁 N-氧化物键会被裂解代谢为羟基亚氨基尼扎替丁,而西咪替丁和法莫替丁这两种药物中未出现类似细菌代谢。

五、微生物代谢酶途径的利用

基于这些酶促代谢途径,特异性地抑制肠道微生物体内酶的活性为提高药物疗效、减小不良反应提供了一项新策略。Wallace 团队通过高通量筛选挑选出作用于细菌而对同源哺乳动物酶没有影响的葡糖酸酸糖苷酶抑制剂,特异性靶向细菌 β-葡糖醛酸糖苷酶特有的结构,不会对细菌和哺乳动物细胞造成损害。给小鼠饲喂这种抑制剂后可以保护肠道组织的腺体结构,明显减轻伊立替康导致的腹泻。有研究显示,猪鼻支原体 mycoplasma hyorhinis 可以编码胸苷磷酸化酶,有效限制 5-氟-2′-脱氧尿苷和 5-三氟胸苷等嘧啶核苷类似物的细胞抑制作用。但是,对于卡培他滨代谢物 5-氟-5′-脱氧尿苷则表现出相反的作用,猪鼻支原体感染存在时能促进其疗效。对于吉西他滨来说,支原体嘧啶核苷磷酸化酶和胞苷脱氨酶则会抑制其疗效。由于同种菌株产生的同种酶靶向作用于不同位点时可能发挥出完全相反的效应,这也是基于微生物调控的个体化治疗决策所面临的挑战之一。

对于少数药物,微生物生物转化已被分配给特定的细菌菌株和基因产物。通过测量代表性人肠道细菌代谢结构多样化药物的能力以及通过鉴定药物代谢微生物基因产物,研究者可以系统地测定微生物-药物相互作用。美国康涅狄格州耶鲁大学医学院的 Andrew Goodman 及两名同事鉴定了 16 种 B. thetaiotaomicron(多形拟杆菌)的基因产物,将 18 种不同的药物代谢为 41 种不同的代谢物,各自通过靶向克隆和在大肠埃希菌中表达进行验证。由此产生的细菌基因产物,代谢药物和产生的药物代谢物网络揭示了这些酶的特异性和交叉活性。如 BT0569 显示出对许多结构多样化药物的混杂水解酶活性,BT2068 仅针对两种和 BT2367 靶向功能获得库代谢的 18 种药物中的一种。尽管功能获得方法可以鉴定多余的酶,但是在 B. thetaiotaomicron 基因组中没有发现 BT2068 或 BT2367 活性。B. thetaiotaomicron 中的框内基因缺失和互补研究证实,BT2068 和 BT2367 表达分别是代谢乙酸炔诺酮和过氧化氢所需的和速率限制的。野生型和 BT2068 补充菌株积累乙酸炔诺酮代谢物,其比母体药物重 2.016Da,表明其减少。BT2068 还代谢结构相关的化合物左炔诺孕酮和孕酮。值得注意的是,B. thetaiotaomicron 将哌氰嗪转化为具有与乙酰基和丙酰基哌氰嗪一致质量的代谢物。将纯化的 BT2367 与过氧化物酶和结构相关的底物一起孵育以及反应产物 LC-MS/MS 分析证明该酶使用乙酰-CoA 和丙酰-CoA 作为 O-酰化物哌氰嗪的辅因子。该研究显示,尽管细菌的物种身份并不总是能可靠地预测某物种或群落、改变或代谢药物的能力;但是直接改变药物的微生物酶通常可以更好地解释这些活性。可见,通过系统识别微生物组编码的药物代谢基因产物,构建基因-药物代谢物网络,人们能够探索微生物组(药物)代谢的机制。这些发现或许有助于开发出新型疗法,利用个体微生物群,以一种有益的方式改变药物代谢。

第2节　肠道微生物影响药物代谢机制

药物口服后必然经历胃肠道,接触定植在宿主胃肠道的微生物,被微生物直接代谢。如人参中的主要活性成分人参皂苷已被证实会被肠道中的拟杆菌属、双歧杆菌属和梭杆菌属等细菌代谢。除了灭活药物以外,药物也有机会被代谢成有活性的物质。如水杨酸偶氮磺胺吡啶在预防和治疗溃疡性结肠炎时,口服给药后在肠道微生物群作用下还原成磺胺吡啶和5-氨基水杨酸,还原产物5-氨基水杨酸是有效的抗炎成分。

一、对药物代谢酶基因表达的影响

肠道微生物能够影响宿主肝脏和肠道组织中药物代谢酶的基因表达。有研究者基于肠道微生物组成的特征基因测序项目构建了超过 200 个用于构建基因组规模代谢的模型(genome-scale metabolic models,GEMs)。GEMs 是预测体内外单一微生物和微生物群落生长表型的模型,它可以将关于一种或多种肠道微生物代谢的信息汇聚整合并预测代谢系统如何在不同的肠道环境中行使功能,有助于加强对机体代谢能力的理解。基于基因角度,研究者将必需基因编码的酶称为必需酶,由非必需基因编码的酶称为非必需酶。考虑到酶的重要功能,假设肠道微生物细菌酶内富含细菌必需基因,并且一些化学反应被必需酶优先催化。为了验证这种假设,人们利用集注释、可视化和集成发现于一体的数据库分析出代谢通路中确实富含必需基因,确定在必需基因及非必需基因中酶的类型分布,发现必需基因在连接酶、核苷酸转移酶及磷酸转移酶中所占比例更高,约为 33.07%;而非必需基因仅占 16.15%,但在氧化还原酶中其所占比例较高。必需酶往往与更多的基因本体论领域相关联。这些结果为肠道细菌在基因水平上支持细胞生命活动所需的功能提供一定的理论基础。

肠道微生物群落对宿主基因表达的影响可是局部的(如肠道组织),也可是全身性的(如药物代谢的最重要器官肝脏)。在无菌小鼠和无特定病原体小鼠间,肝脏中存在表达差异的基因数超过 100 个,其中表达差异最大的是编码 CYP450 酶的一组基因。戊巴比妥经静脉注射给药,由肝脏中的 CYP450 酶代谢。而与无特定病原体小鼠相比,无菌小鼠体内的 CYP450 酶表达增加,可更有效地代谢戊巴比妥。RNA 测序研究也证实,在无菌和定植小鼠间,芳烃受体靶基因 Cyp1a2、过氧化物酶体增殖物激活受体-α 靶基因 Cyp4a14、组成型雄甾烷受体靶基因 Cyp2b10 和孕烷 X 受体靶基因 Cyp3a11 的 mRNA 表达均存在差异。

二、对宿主转运体表达的调节

肠道微生物可以通过多种方式调节宿主转运体的表达,从而导致转运药物的能力发生变化。研究者在无菌小鼠中发现了多种转运体的表达发生了变化,同时动物经抗生素处理后也发现了多种转运体的表达变化。1/3 服用常用降脂药辛伐他汀的患者难以获得理想的降血脂效果。科学家发现辛伐他汀的降脂效果与基础的次级胆汁酸呈现正相关,包括石胆酸、牛磺石胆酸和葡糖石胆酸。其中的明确机制尚不完全清楚,很可能是因为初级胆汁酸会与辛伐他汀竞争肠道转运体,从而抑制了辛伐他汀的吸收,降低了血药浓度。微生物除了可以调节宿主代谢酶或转运体的表达来改变药物的药动学行为,同样可以通过调节宿主代谢来影响药理作用。有研究报道了阿卡波糖与肠道微生物群之间的紧密联系,阿卡波糖治疗可以改善糖尿病患者的肠道微生态和胆汁酸代谢,从而达到减重、降脂和改善胰岛素抵抗等降糖以外的药理作用。相应地,糖尿病患者的基础肠道微生物类型可以预测阿卡波糖的治疗效果,患者可分为富含拟杆菌的 B 肠型和富含普氏菌的 P 肠型,B 肠型的患者对阿卡波糖治疗更为敏感,空腹血糖和胰岛素抵抗的改善程度更加明显。该研究提示肠型可能是决定药物疗效的重要因素,对阿卡波糖的个体化治疗具有重要意义。

三、对药物代谢的影响受昼夜节律的调节

部分肠道微生物在影响药物代谢的过程中也会受到昼夜节律的调节。对乙酰氨基酚过量服用导致的急性肝损伤是药物性肝损伤中最主要的代表。长期以来人们发现对乙酰氨基酚诱导的肝脏急性损伤具有昼夜节律的特征,即同样剂量晚上服用的肝毒性明显强于早上服用。研究发现给小鼠预处理抗生素去除肠道微生物后,晚上再服用对乙酰氨基酚其肝损伤水平降低,与早上服用对乙酰氨基酚后的损伤程度相似,表明肠道微生物群的存在是对乙酰氨基酚昼夜肝毒性差异的关键因素。研究者还进一步运用 16S 多样性分析及非靶向代谢组学分析发现小鼠早晚肠道微生物群存在组成及功能上的差异。其中肠道微生物群在晚上能产生更多的 1 - 苯基 - 1,2 - 丙二酮(1 - phenyl - 1,2 - propanedione,PPD)。PPD 虽然不能独立地引起肝损伤,但可以协同增强对乙酰氨基酚的肝毒性。围绕 PPD 还进一步发现其可以直接消耗肝内谷胱甘肽,从而破坏肝内的抗氧化能力。通过使酵母降解肠道内的 PPD,对乙酰氨基酚的肝损伤得以减轻。

四、对部分药物毒性的影响

肠道微生物在药物代谢过程中也可以进行其他方面的代谢作用,包括可能增强部分药物的毒性。肠道微生物通过催化药物水解、还原等分解性反应,能产生脂溶性增强、易于吸收、毒性增强的代谢产物,导致药物的毒性反应。例如,苦杏仁苷给动物经口饲养时有很强的毒性,但非经口饲养或给予抗生素再经口饲养以及给予无菌大鼠则无毒性反应。离体细菌孵育实验证明,肠道微生物群产生的 β-糖苷酶将苦杏仁苷水解成氢氰酸,小鼠口服中毒剂量苦杏仁苷后血中能测出氰化物。苏铁素在肠道微生物群的作用下会产生致癌性。此外,一些硝基化合物被肠道微生物群的硝基还原酶还原后生成相应的胺类化合物,可导致药物毒性。Lee 等利用接受抗生素治疗的大鼠研究了肠道微生物群落对对乙酰氨基酚代谢的影响,结果发现与未接受抗生素治疗的大鼠相比,接受抗生素治疗大鼠血液中的对乙酰氨基酚-谷胱甘肽结合物水平显著更高。这说明肠道微生物群落可影响对乙酰氨基酚的代谢。高水平的对甲苯酚可与对乙酰氨基酚竞争性地结合胞质磺基转移酶,从而影响对乙酰氨基酚的硫酸结合反应,影响对乙酰氨基酚的代谢,最终造成个体的药物肝毒性差异。

五、对抗肿瘤药物代谢的影响

肠道微生物群的药物代谢作用在肿瘤治疗中也具有重要影响。美国国立癌症研究中心的 Goldszmid 和 Trinchieri 教授的研究结果显示,他们在动物层面发现了铂类药物的抗肿瘤效果依赖肠道微生物的调节作用。法国 Zitvoge 教授报道了在动物水平中观察到环磷酰胺可以驱动肠道微生物群中的革兰阳性菌进入次级淋巴系统,刺激辅助 T 细胞对肿瘤发挥作用,从而达到杀灭肿瘤的治疗效果。如果使用抗生素抑制模型动物,其体内的革兰阳性菌会使得环磷酰胺的抗肿瘤效果下降。Wargo 教授分析了 112 例接受抗 PD - 1 治疗的转移性黑色素瘤患者的口腔和肠道微生物群,在治疗有响应和无响应两组患者中并未发现口腔菌群多样性有差异,但是在肠道微生物群中发现,梭菌目/

瘤胃菌科/粪杆菌属富集在治疗有响应组,拟杆菌目则富集在无响应组。单变量 COX 比例风险分析显示 α 多样性、粪杆菌属和拟杆菌目的丰度可以预测免疫治疗的效果。通过对小鼠粪便菌群进行 16sRNA 测序发现双歧杆菌与抑瘤效果相关,小鼠口服双歧杆菌获得的抑瘤效果与应用 PD - L1 抗体类似,二者同时应用几乎可以达到抑制肿瘤生长的效果。转录组测序分析显示肠道中共生的双歧杆菌通过调控肿瘤微环境中树突状细胞的活化,从而增强肿瘤特异性 CD8$^+$ T 细胞功能。Routy 等在 249 例接受了抗 PD - 1 免疫治疗的肺癌、肾癌等多种上皮性肿瘤的患者(其中有 69 例患者在免疫治疗开始之前或刚开始时,接受了抗生素治疗)中开展肠道细菌影响免疫疗法抵抗上皮性肿瘤的效果的研究。研究发现接受抗生素治疗的患者对这种免疫治疗药物产生原发耐药性,很快就出现癌症复发,而且具有更短的存活期,表明抗生素治疗极大地影响免疫治疗的效果,抗生素抑制这种免疫治疗药物给晚期癌症患者带来的临床益处。

此外有研究发现一种有益细菌 *Akkermansia muciniphila* 的相对丰度与癌症患者对这种免疫疗法出现的临床反应相关联。随后将来自对这种免疫疗法产生响应的癌症患者和未产生响应的癌症患者的粪便微生物组移植到无菌的或者接受抗生素治疗的小鼠体内,发现那些接受来自这种免疫疗法有应答的患者的粪便微生物组移植的小鼠对这种免疫疗法做出的反应得到改善。而对未应答患者的粪便微生物组移植的小鼠,口服有益细菌补充剂后也能够通过将 CCR9$^+$ CXCR3$^+$ CD4$^+$ T 细胞集中到肿瘤中,以一种依赖于 IL - 12 的方式恢复对这种免疫疗法做出的反应。Barragan 与 Cervantes 等在肠道中携带一种特定细菌的小鼠体内发现一类促进耐受性的免疫细胞,而这种细菌需要色氨酸来触发才能出现免疫细胞。研究者在液体中培养罗伊乳杆菌,随后将少量的这种不含细菌的液体转移到从小鼠体内分离出的未成熟的 CD4$^+$ T 细胞。这些未成熟的免疫细胞通过下调转录因子变成促进耐受性的免疫细胞,即 CD4$^+$ CD8αα$^+$ 双阳性上皮内 T 细胞具有调节功能。从中纯化出活性组分证实其是色氨酸代谢的一种副产物(3 - 吲哚乙酸)。这些研究表明,肠道微生物可以对免疫系统,包括全身性的固有免疫、特异性免疫产生影响。随着肿瘤免疫治疗的发展,研究者也开始着眼于被认为可以调节宿主免疫功能的肠道微生物群,期待可以通过操纵宿主的肠道微生物群来增加抗肿瘤治疗的疗效。

(李海波　邹全明)

参 考 文 献

[1] Obach RS. Pharmacologically active drug metabolites: impact on drug discovery and pharmacotherapy[J]. Pharmacol Rev, 2013, 65: 578 - 640.

[2] Zimmermann M, Zimmermann-Kogadeeva M, Wegmann R. et al. Separating host and microbiome contributions to drug pharmacokinetics and toxicity[J]. Science, 2019, 363: eaat 9931.

[3] Wilson ID, Nicholson JK. Gut Microbiome Interactions with Drug Metabolism, Efficacy and Toxicity[J]. Translational Research, 2016, 179: 204.

[4] 金莎莎,王琪珍,卜凤娇,等.肠道微生态对药物代谢的影响[J].上海医药,2018,39: 22 - 24+28.

[5] Sousa T, Yadav V, Zann V, et al. On the colonic bacterial metabolism of azo-bonded prodrugs of 5 - aminosalicylic acid[J]. J Pharm Sci, 2014, 103: 3171 - 3175.

[6] Wallace BD, Wang H, Lane KT, et al. Alleviating cancer drug toxicity by inhibiting a bacterial enzyme[J]. Science, 2010, 330: 831 - 835.

[7] Haiser HJ, Gootenberg DB, Chatman K, et al. Predicting and manipulating cardiac drug inactivation by the human gut bacterium Eggerthella lenta[J]. Science, 2013, 341: 295 - 298.

[8] 刘沛,马乐,王琼,等.三黄颗粒中黄芩素代替黄芩苷的药理比较[J].中成药,2015,37: 265 - 269.

[9] 张文秀,杨彪,胡玉梅.离体大鼠肠道微生物群对类叶升麻苷代谢的研究[J].中国中药杂志,2016,41: 1541 - 1546.

[10] 谢果珍,惠华英,彭买姣,等.肠道微生物对苷类化合物的脱糖转化及意义[J].世界华人消化杂志,2018,26: 221 - 227.

[11] Gu Y, Wang X, Li J, et al. Analyses of gut microbiota and plasma bile acids enable stratification of patients for antidiabetic treatment[J]. Nat Commun, 2017, 8: 1785.

［12］　Lee SH，An JH，Lee HJ，et al. Evaluation of pharmacokinetic differences of acetaminophen in pseudo germ-free rats［J］. Biopharm Drug Dispos，2012，33：292-303.

［13］　缪丽燕,丁肖梁.肠道菌群与精准药物治疗［J］.医学研究生学报,2019,32：474-478.

［14］　Li H，He J，Jia W. The influence of gut microbiota on drug metabolism and toxicity［J］. Expert Opin Drug Metab Toxicol，2016，12：31-40.

［15］　Selwyn FP，Cui JY，Klaassen CD. RNA-Seq quantification of hepatic drug processing genes in germ-free mice［J］. Drug Metab Dispos，2015，43：1572-1580.

［16］　Iida N，Dzutsev A，Stewart CA，et al. Commensal bacteria control cancer response to therapy by modulating the tumor microenvironment［J］. Science，2013；342：967-970.

［17］　Routy B，Le Chatelier E，Derosa L，et al. Gut microbiome influences efficacy of PD-1-based immunotherapy against epithelial tumors［J］. Science，2017，359：91-97.

［18］　管秀雯,马飞,徐兵河.肠道微生物对抗肿瘤药物治疗的影响［J］.临床药物治疗杂志,2018,16：11-16.

［19］　Gopalakrishnan V，Spencer CN，Nezi L，et al. Gut microbiome modulates response to anti-PD-1 immunotherapy in melanoma patients［J］. Science，2018，359：97-103.

［20］　Cervantes-Barragan L，Chai JN，Tianero MD，et al. Lactobacillus reuteri induces gut intraepithelial CD4$^+$CD8αα$^+$ T cells［J］. Science，2017，357：806-810.

［21］　刘昌孝.肠道微生物群与健康、疾病和药物作用的影响［J］.中国抗生素杂志,2018,43：1-14.

［22］　龚神海,陈鹏,Gong S.肠道微生物对对乙酰氨基酚昼夜节律性肝损伤的调节［J］.临床肝胆病杂志,2018,34：1762.

［23］　田海红,赵文军,侯志勇.肠道微生物在基因水平调节药物代谢的研究进展［J］.解放军药学学报,2018,34：71-74.

［24］　Karp PD，Billington R，Caspi R，et al. The BioCyc collection of microbial genomes and metabolic pathways［J］. Brief Bioinform，2019；20：1085-1093.

第5章　肠道微生物与免疫

第1节　概　　述

人和动物的消化道包含一个复杂的微生物群落,称为肠道微生物群,它与宿主黏膜上皮细胞和免疫细胞获得了相互作用的关系。这些微生物有助于消化、代谢、上皮内稳态和肠道相关淋巴组织的发育等生理活动,而且能代谢胆汁酸和外源性物质,并合成维生素 B 和维生素 K,而它们的抗原和它们的代谢产物可以刺激细胞因子的产生。人体肠道微生物与其他身体区域相比,细菌数量最多。胃肠道中存在多达 10^{14} 细菌和几种古细菌、真核生物和病毒。

一、影响肠道微生物组成的因素

肠道微生物的组成随宿主年龄的变化而变化,其于胎盘、羊水、脐带血和胎粪开始在胎儿体内的定植。胎盘微生物群可影响胎儿的生长和存活,并影响出生后的各种病理变化。早产可能对免疫介导的疾病(支气管哮喘、过敏性皮炎)的发展有长期的影响。人在出生时有一个垂直的微体传播,新生儿暴露于阴道微生物中,其中最常见的是乳酸菌和普雷沃菌属,而剖腹产的婴儿暴露于皮肤微生物葡萄球菌、棒状杆菌和丙酸杆菌。随后,母乳或配方奶的摄入影响新生儿的定植过程。在婴儿出生的最初几年(2～3 年),固体食物的引入有助于增加未成熟微生物群的复杂性。

微粒体成熟过程与宿主器官的发育并行进行,包括肠道,随着年龄的增长,为微生物群提供更多的机会,以扩大数量和多样性。出生后,肠道内大约有 100 种细菌菌落;在断乳和人类生长过程中,它们的数量和多样性在成年时增加到大约 10^{14} 的细菌;且它们的组成也在不断地进化。

一些内部和外部因素可以影响微生物群的增长,包括年龄、种族、饮食、母体以及对外来物质和抗生素的环境暴露。外部因素和一些个体因素(应激、饮食、旅行、药物)能够直接和迅速地影响微生物的变化。微生物群的组成受多种环境因素的影响,包括社区卫生水平和疫苗接种方案,以及宿主相关的变量,包括产科分娩方法、年龄、遗传易感性、饮食习惯、个人卫生和抗生素的应用等。肠道微生物群的变化从儿童晚期到成年期趋于缓慢,显著变化主要发生在高龄。随着年龄的增长,微生物群在短时间内变得不那么多样化和更加多变,研究显示,类细菌、梭菌和大肠埃希菌的种类在≥65 岁的个体中占菌群的比例更大。

因此微生物定义阐明微生物群落,而微生物组定义阐明它们的遗传信息。研究已证实,肠道细菌成分的改变能够影响不同的疾病,包括代谢紊乱(肥胖和 2 型糖尿病)、炎症(炎症性肠病)、自身免疫病、过敏症、肠易激综合征和癌症。癌症是许多西方国家主要的死亡原因之一,其发病与许多因素有关,包括人口老龄化、生活方式选择,如富含红色和加工肉类的饮食或酒精消费或吸烟、接触致癌或癌症可疑药物。近年来,人们对其遗传学和分子/细胞生物学机制的研究取得了长足的进步。

微生物在体内的数量超过人体细胞,而黏膜部位的微生物区系是由环境因素形成的,并且不那么直观地对宿主免疫应答起作用,这在无菌研究中的实验数据也证明了这一点。截至目前关于微生物与自身免疫联系的分子机制的数据有限,人们正在研究微生物疗法来预防或阻止自身免疫病。作为推测的机制,特别令人感兴趣的是,肠道上皮细胞对微生物刺激的反应性凋亡使得自身抗原能够呈现,导致自身反应性 Th17 细胞和其他 T 辅助细胞的分化。肠道的共生细菌及其代谢产物构成可与黏膜免疫细胞相互作用,并可影响全身免疫应答的一个外源性抗原库。

随着早期诊断和医师认识的提高,自身免疫和炎症性疾病的发病率在世界范围内不断增加。更重要的是,环境因素的变化,如现代生活方式、饮食习惯、抗生素使用和卫生等,被认为具有关键作用。人体肠黏膜部位是受周围环境影响最大的部位,并且数以百万计的微生物居住者已经成为一种独特的器官中,不断形成宿主免疫系统。近来,被称作"生物障碍"的微生物组成和功能紊乱与自身免疫疾病密切相关,特别是自身免疫性肝病(AILD)。无菌动物模型和定菌动物模型也阐明了微生物的特异性变化是如何影响宿主的自身免疫。微生物和自身免疫性疾病之间联系的确切机制仍不清楚。从感染性细菌如何破坏免疫耐受(例如,由链球菌引发的风湿热),如分子模拟、表位扩散和旁观者效应等方面进行类比研究是比较合理的。其机制首先对微生物感染做出反应,能够呈现自身抗原,导致自身反应性 Th17 细胞和其他辅助性 T 细胞的分化。然后通过共生微生物在肠道中被激活,随后引起自身免疫攻击。此外,最近一项涉及三个婴儿队列的研究表明,来自自身免疫病流行率较高地区的儿童主要由产生免疫原性 LPS 的细菌种控制,并且不同微生物来源的 LPS 表现出不同的结构和免疫原功能,这些可能影响早期免疫教育,并解释个体间可变的自身免疫病的易感性。可以推测,共生微生物与宿主自身免疫之间的相关性是相当复杂和多因素的。显然,利用肠道微生物来控制和预防自身免疫病,或者利用这些信息诊断,仍然需要更全面地描述与疾病相关的微生物,并更深入地了解其因果关系。

证据表明在自身免疫病的开始和进展过程中可能涉及黏膜部位的免疫失调。一种假设是在肠道炎症的情况下,肠道屏障的损伤导致细菌易位,从而刺激远处器官的免疫反应。或者,免疫细胞异常失调,如观察到的 Th1 活化。的确,Th17 细胞在肠道固有层最为丰富,它们分泌促炎细胞因子白介素-17A、白介素-17F 和白介素-22,这些促炎细胞因子可有增强肠道屏障的完整性和抵抗病原体的能力。介于微生物和免疫系统之间复杂的相互作用对慢性自身免疫病的定义、治疗或逆转其发病机制至关重要。

二、肠道微生物与免疫应答

如前所述,人类肠道含有 10 万亿～11 万亿细菌,包括 500～1 500 种不同的细菌。放线菌、厚壁杆菌、蛋白杆菌和拟杆菌是占优势的四个门类,并且已经定义了微生物物种的系统发育核心,该核心由存在于大多数个体中的 66 个操作分类单元(OTU)组成。管腔微生物群具有更大的多样性,它们比黏膜微生物群更紧密聚集。管腔菌群中固着菌和放线菌较多,黏膜菌群中蛋白杆菌较多。

肠道微生物群因不同种族而异,这种多样性可能反映遗传因素、人口问题(年龄、性别、社会经济地位)、生活方式特征(酗酒、吸烟、肥胖)和长期饮食不合理。在同一个国家的少数民族之间(农村与城市化)和国家之间(非洲与欧洲、跨欧洲和跨亚洲),肠道微生物群存在差异。长期饮食的性质可能是受社会经济地位影响的关键因素。

在肠道微生物的多样性中,有共同的功能和系统发育元素。这些共同元素对于个体的健康可能是必不可少的,因为肠道微生物可以产生短链脂肪酸,合成维生素,并帮助消化、新陈代谢和免疫防御。

肠道微生物群对于肠道免疫应答的发展也是必不可少的,而肠道免疫应答又维持微生物群的耐受性。与野生型小鼠相比，无菌小鼠肠道固有层 $CD4^+T$ 淋巴细胞较少，发育不良的派尔集合淋巴结较少，免疫球蛋白 A 产生较少，脾脏和淋巴结中 T 和 B 淋巴细胞缺乏组织区。通过引入脆杆菌，纠正了这些免疫缺陷。定植还可以诱导 IL-10 分泌的调节性 T 细胞（Tregs）的产生，可能是由于细菌分泌多糖 A 和直接激活 $Foxp3^+$ Tregs 上的 TLR-2 所致。梭菌属的引入引起类似的变化。

新出现的证据表明，肠道微生物可通过激活 TLR 和促进肝脏内炎症小体的形成影响全身免疫应答。由抗生素、遗传因素或疾病（生物障碍）引起的肠道微生物组成的改变可通过克服或规避对共生细菌的正常耐受性反应来维持或增强先天和适应性免疫应答。细菌成分可充当抗原，刺激全身免疫应答或肠内原代免疫细胞，随后进入外周淋巴组织。微生物和宿主衍生的抗原之间的分子模拟以及抗原致敏的淋巴细胞混乱的靶向可能随后启动或加强遗传易感个体的自身免疫反应（图 5-1，见彩图）。

三、肠道微生物群与免疫系统发育

黏膜免疫系统是高度专门化的，其功能很大程度上独立于免疫系统，并且在肠道细菌定植后经历重大变化。

免疫系统的成熟需要共生微生物，共生微生物"学会"区分共生细菌（几乎变成了准自身和耐受的抗原）和病原细菌。来自小肠上皮细胞和淋巴细胞膜的 TLR 参与这种差异识别，负责肠黏膜免疫系统的正常发育。TLRs 抑制炎症反应的发生，并促进对正常微生物组分的免疫耐受性。TLR 的作用是识别不同的一般微生物相关分子模式（MAMP）[包含各种细菌抗原，例如，肽聚糖成分——壁酸、荚膜多糖和脂多糖、鞭毛蛋白和未甲基化的细菌 DNA CpG 基序]，并触发天然肠道免疫。刺激后，启动复杂的信号级联，导致活化 B 细胞的 NF-κB 的释放，该活化 B 细胞激活编码趋化因子、细胞因子、急性期蛋白质和体液免疫应答的其他效应物的多种基因。TLR 活性在生命的最初几周内下降，潜在地允许形成稳定的肠道细菌群落。此外，属于正常肠道微生物群的抗原激活 TLR 是抑制炎症反应的信号，因此是维持肠内稳态所必需的。作为补充，NOD 样受体（NLR）识别各种微生物特异性分子并触发炎症小体的组装，炎症小体可作为损伤相关模式的传感器。NLPRP6 缺乏与免疫应答的改变（例如，IL-18 水平降低）、生物障碍和肠道增生有关。

肠道微生物群已被证明可以调节中性粒细胞的迁移和功能，并影响 T 细胞群分化为不同类型的辅助细胞（Th），分别为：Th1、Th2 和 Th17 或 Tregs。Th17 细胞是 $CD4^+T$ 淋巴细胞的亚群，分泌多种细胞因子（IL-22、IL-17A 和 IL-17F），对免疫稳态和炎症反应有显著影响。与分化后具有稳定分泌谱的 Th1 和 Th2 细胞不同，Th17 细胞保留着不同的细胞因子表达谱和功能。研究表明，从共生细菌脆性芽孢杆菌中提取纯化的荚膜多糖可以抑制 IL-17 的产生，保护结肠黏膜免受细菌抗原引起的炎症反应，刺激 $CD4^+T$ 淋巴细胞产生 IL-10。另外，结肠环境也刺激来自幼稚 $CD4^+T$ 淋巴细胞的外周衍生调节性 T 细胞的新生分化和扩增。Tregs 是免疫耐受的关键介质，限制不适当的高炎症反应，其功能障碍导致自身免疫障碍。

SIgA 在局部免疫应答中起着关键作用，被认为是抵抗病原体和毒素的第一道防线。特异性不同黏膜抗原的 SIgA 是由底层抗原呈递细胞[树突状细胞（DCs）]转化、T 细胞活化，以及最终在肠系膜淋巴结和肠相关淋巴组织中 B 淋巴细胞重组而产生的。共生抗原通过调节其免疫优势表位诱导产生低量的 SIgA，因此具有在肠道中定植的优势。一组细胞因子，包括 TGF-β、IL-4、IL-10、IL-5 和 IL-6 刺激 IgA 的产生。其中一些细胞因子，特别是 IL-10 和 TGF-β 在维持黏膜耐受性方面是至关重要的，因此证明了 SIgA 的产生、免疫和肠内稳态之间的联系的建立。

在患有生物障碍的个体中，免疫应答可以上调，以促进更优状态的发展。这可以通过 SIgA 的特异性作用,或先天免疫效应物(如防御素)或局部环境变化(即腹泻)的特异性作用获得。在腹泻的情况下,宿主消除不希望的微生物群落,以便为利用更有益的微生物种群进行再克隆准备生态位,作为愈合的最后手段。

宿主-共生微生物通过通讯触发来自上皮的抗菌反应,包括释放几种抗菌凝集素,如 RegⅢc、α-防御素和血管生成素。这些抗菌效应物减少潜在致病微生物的数量,并提供对后续异常免疫应答的保护。例如,类杆菌肽能触发抗菌肽的产生,从而靶向其他肠道微生物。小鼠微生物群(没有分节的丝状细菌)表达人肠 α-防御素(DEFA5),这些丝状细菌负责诱导产生 IL-17 的 Th17 细胞,这些细胞与炎症性肠病(IBD)和大肠癌相关。

此外,在先天免疫系统成熟期间,微生物的异常发育导致免疫耐受缺陷,这随后促进加剧的自身免疫和炎症性疾病(例如,过敏原诱导的气道高反应性)。微生物产品可诱导慢性刺激免疫反应,导致慢性、不可解决的炎症和组织损伤,特别是在黏膜损伤之后。

第 2 节　肠道微生物与先天免疫

先天免疫细胞在黏膜部位分布在宿主-微生物界面上,构成第一道检测微生物成分或产物并将信号传导到宿主,引起反应的线路。在一些先天免疫缺陷小鼠模型中,包括缺乏 MyD88、TLR-5 和含核苷酸结合寡聚域蛋白 2(NOD2)。TLR 和 NLR 都是模式识别受体(pattern recognition receptor,PRR),宿主通过这些 PRR 感受微生物群的保守成分。这些先天免疫受体的缺乏削弱了对病原体的防御,使组织易于自发炎症。例如,TLR-5 缺乏的小鼠出现代谢综合征的特征,其发生与微生物群改变相关。NOD2 的缺乏,细菌肽聚糖的细胞内 PRR 在小鼠中引起结肠炎和结肠炎相关的癌症发生,其发生可能是由于拟杆菌属限制功能受损所致。

最近的研究揭示了炎症细胞通路和 IL-18 在协调宿主-微生物相互作用上起到中心作用。炎性小体是由 NLR 蛋白、凋亡相关斑点样蛋白(apoptosis associated specklike protein,ASC)和 Caspase 1 组成的多蛋白复合物。一旦组装,炎性小体被激活,通过自动裂解 Caspase-1,然后处理 IL-1β 和 IL-18。Leavy 等揭示了微生物相关代谢物牛磺酸、组胺和精胺能诱导 NLRP6 炎性小体激活、IL-18 产生和随后的抗菌肽(AMP)生成,这是肠屏障完整性和共生定植的关键。这种微生物的炎性小体最近已被证实,发现原生动物的肠道定植也激活上皮炎性小体释放 IL-18,这促进了树突状细胞驱动的 Th1 和 Th17 免疫细胞。对于吞噬作用,中性粒细胞胞外诱捕器(网状物)的形成是一种网状的 DNA 结构,具有许多抗微生物蛋白质和蛋白水解酶,这是中性粒细胞捕获和根除细菌的另一个过程。新出现的证据表明,网状细胞与非感染性疾病相关,包括自身免疫病类风湿性关节炎(RA)和系统性红斑狼疮(SLE)。特别是 Von 等报道了肠道微生物的分化能力,研究发现益生乳酸杆菌可减弱中性粒细胞形成网状细胞的能力,而肠病性大肠埃希菌则显示出动员中性粒细胞氧化暴发和激活网状细胞的能力增加,这表明了生物障碍与中性粒细胞功能之间的内在联系。除了 PRR 对细菌的一般识别外,微生物群可通过代谢产物发出信号并影响肠道或远端器官中的宿主进行转录。实际上,SCFAs 是由共生微生物降解素产生的主要发酵产物。膳食纤维可以通过调节组蛋白来调节细胞功能。

因此,微生物与宿主之间的相互作用远远超出经典免疫细胞。先天淋巴细胞(innate lymphoid cells,ILC)2 是 ILC 家族中新近发现的一种在黏膜部位富集的天然免疫细胞。抗原暴露 1 变异后,ILC2 被上皮细胞来源的细胞因子、脂质递质和肿瘤坏死因子家族成员肿瘤坏死因子样配体 1A(tumor necrosis factor-like ligand1 aberrance,TL1A)激活,促进肠道结构细胞和免疫细胞反应,

ILC2是先天免疫应答的关键分子。ILC3亚群以RORγt(类固醇类核受体家族成员,是视黄酸相关孤儿受体之一,是一种转录因子)表达为特征,它是Th17细胞(产生IL-17的辅助T细胞)发育所必需的,并与共生微生物密切相关。共生细菌对肠道淋巴组织的定植有利于宿主-微生物的互利共生,主要通过诱导树突状细胞(DC)来源的IL-10和ILC来源的IL-22,而ILC的耗竭导致这些共生细菌的封闭不良并促进全身炎症发生。ILC3产生IL-22,在肠道内对环境稳态起着重要作用,因为它在AMP释放、黏液产生、肠上皮再生以及对病原体的定植抗性方面具有多效作用。此外,IL-3表达的淋巴毒素(LT)-α和LT-β也起作用。肠道微生物的动态变化被认为影响ILC的表观遗传调节和基因表达。CD103$^+$髓系细胞感应的鞭毛蛋白通过IL-23促进ILC产生IL-22。在微生物识别后,由肠巨噬细胞产生的IL-1β驱动粒细胞-巨噬细胞集落刺激因子并由ILC3分泌,然后作用于DC以调节肠道T细胞的耐受性。显示单核细胞来源的CX3CR1$^+$(趋化因子受体1)细胞生物学功能介导白细胞化及黏附,它在提供IL-23和IL-1β方面的作用更有效,从而支持ILC3产生IL-22。有趣的是,最近有人提出,表达Ⅱ类MHC的ILC3可以诱导共生微生物反应性CD4$^+$T细胞凋亡。类似于髓质胸腺上皮细胞,ILC3在肠道内向CD4$^+$T细胞呈递共生抗原,以维持宿主对共生生物的耐受性。其他非经典淋巴细胞,包括γδT细胞、NKT细胞和黏膜相关不变性(mucosal-associated invariant T,MAIT)细胞,也特别关注宿主-微生物之间相互作用,因为它们在肠道和肝脏中含量丰富。以往的研究表明,γδT细胞是一种既能杀伤癌细胞、肿瘤干细胞,又能识别癌抗原的免疫细胞,可被特异性微生物定植直接激活,并且作为IL-17的先天来源。最近,已鉴定出主要产生IL-17A的独特的肝内γδT细胞亚群,并且在肝脏呈现γδ稳态。肠道微生物以脂质抗原/CD1d(人类多种抗原提呈细胞表面表达的糖蛋白家族成员,参与提呈脂类抗原给T细胞)依赖的方式维持T细胞。对于CD1d依赖的iNKT细胞,与共生微生物的早期接触被认为是耐受建立的关键。无菌小鼠的iNKT细胞趋向于积聚在结肠固有层中,可加重实验性IBD和哮喘,而来源于脆弱类杆菌鞘脂的识别则可减少这些破坏性NKT细胞的增殖,从而改善炎症性疾病。

第3节 肠道微生物与适应免疫

微生物与适应性免疫IgA之间的相互作用是肠道内最丰富的分泌性Ig同工型,可以以T细胞独立和T细胞依赖的方式产生。肠道IgA应答需要共生的微生物刺激,例如分节丝状杆菌(segmented filamentous bacterium,SFB)和嗜碱杆菌。然而,低IgA小鼠的肠道微生物群已显示可降解分泌性IgA和IgA本身的分泌组分,这可能是其对大肠炎易感的原因。通过包被和包埋微生物进行黏膜防御,并且通过下调鞭毛相关基因的表达来固定微生物。研究指出,IBD可能优先由高IgA包被的同系物引发,如通过免疫反应性病理生物分类和测序的新技术(IgA-seq)。在克罗恩病和伴随的脊椎关节炎患者中发现包被IgA的大肠埃希菌呈特异性富集,其定植可诱导Th17黏膜的免疫。IgA使无创微生物易位,促进抗原提呈抗原特异性IgA后续生产,经历了体细胞突变和亲和力成熟,进一步结合并选择特定的微生物。因此,IgA的功能是塑造和维持微生物群落。其他免疫细胞,如T细胞和滤泡辅助性T细胞(follicular helper T cells,TFH),通过IgA选择派尔集合淋巴结也影响肠道微生物多样性。

无菌(GF)和抗生素处理的小鼠在适应性免疫方面有部分缺陷,其特点是肠Th17和Treg细胞稀少,并且向Th2倾斜。Ivanov等已经表明,SFB在小鼠中的单克隆化足以诱导肠道的Th17细胞。已证明IL-17信号转导会影响抗核抗体的产生和成年人的系统性自身免疫。对SFB的后续研究表明,

Th17 细胞对 *SFB* 的应答至少是部分抗原特异性的。据报道,传统的树突状细胞对 *SFB* 抗原的 MHC-Ⅱ依赖性呈递驱动黏膜 Th17 细胞分化。此外,*SFB* 直接黏附于回肠上皮可诱导血清淀粉样 A 蛋白 1 和 2(serum amyloid A protein1and 2,SAA1/2)。同时,*SFB* 激活先天性淋巴样细胞 3(innate lymphoid cells 3,ILC3)产生 IL-22,从而进一步促进上皮 SAA(serum amyloid a protein,血清淀粉样蛋白 A)的产生。据推测,CX3CR1$^+$(fractalkine,FNK,趋化因子,由 373 个氨基酸绘成的大分子蛋白,含有多个结构域)髓系细胞可能对 SAA 产生反应,分泌细胞因子促进 Th17 细胞的极化以及 ILC3 产生 IL-22。尽管如此,*SFB* 尚未在人肠道中被鉴定,而青少年双歧杆菌,一种人源性共生菌。这类细菌通过非 *SFB* 机制在小鼠肠内作为 Th17 细胞同等有效的诱导剂。相反,高盐耗尽鼠乳杆菌也可能导致 Th17 调节失调和自身免疫病,补充维生素 B 可以挽救这些失调。在试验性人类研究中也观察到了由于高盐摄入导致的乳酸杆菌的减少和 Th17 细胞的增加,这导致了饮食与肠道免疫轴之间的联系。

黏膜表面的免疫需要一种微妙的平衡,以抵抗致病性感染,并维持对共生体的耐受性。肠道内稳态由 Treg(调节性 T 细胞)维持,Treg 细胞防止对饮食抗原和共生微生物的异常免疫应答,从而阻止免疫病理学的发生。肠道 Treg 细胞由共生微生物群中的某些成员诱导和维持,通过观察脆弱类杆菌多糖前列腺特异性抗原(prostate specific antigen,PSA)可恢复 GF 小鼠的免疫缺陷。PSA 是具有介导能力的共生因子。CD4$^+$T 淋巴细胞转化成产生 IL-10 的 Tregs 并改善小鼠的黏膜炎症。这种免疫调节作用需要两个 IBD 相关基因,抗胸腺细胞球蛋白 16L1(antithymocyte globulin16L1,ATG16L1)和 NOD2,以激活非典型自噬途径,这可能是导致个体 Treg 反应缺陷的原因。此外,PSA 的抗炎作用已扩展到肠外自身免疫小鼠模型,如多发性硬化症。Atarashi 等的研究证明,所选梭菌群在诱导 Treg 细胞中具有此种能力。小鼠肠的试验支持致耐受性细胞类型主要由局部微生物群落所赋予的这一观点。从力学角度上来说,这种对 Tregs 的微生物诱导可能是由于 SCFA 介导所致,特别是丁酸酯,通过组蛋白去乙酰化酶(histone deacetylase,HDAC)抑制和随后的组蛋白 H3 乙酰化 *FOXP*3 基因来介导。*FOXP*3(叉状头转录因子家族中的一个成员)是 Treg 细胞的特异性基因,其在 Treg 细胞、发育和功能中起决定性作用。研究表明 *FOXP*3 主要表达在天然的 CD4$^+$、CD25$^+$T 淋巴细胞,Treg 是其发育和功能的关键分子,该 CD4$^+$、Tregs 能够抑制 TCR 介导的 T 细胞增殖和产生细胞因子,在维持外周耐受、防止自身免疫病中发挥重要作用。SCFA 通过激活 G 蛋白偶联受体如 GPR 刺激 Treg 细胞增殖。

最近的研究进一步增加了共生体诱导的 Tregs 和 Th17 细胞的复杂性。两组确定了 Treg 的一组亚型,它们通常缺乏神经纤毛蛋白-1(1neuropilin-1,NRP,细胞表面Ⅰ跨膜糖蛋白),并且令人惊讶地表达维甲酸相关受体 γt(RORγt),一种被认为拮抗 FOXP3 和促进 Th17 细胞分化的转录因子。RORγt 是类固醇类核受体家族成员,主要表达在免疫系统中,在免疫器官发育、淋巴细胞分化和自身免疫病发生等过程中具有非常重要的功能。FOXP3$^+$RORγt$^+$Treg 亚型表达高水平的 IL-10 和 CTLA,以及在实验性结肠炎显示增加抑制能力。细胞毒 T 淋巴细胞相关抗原 4(cytotoxic T lymphocyte-associated antigen-4,CTLA-4)又名 CD152,是一种白细胞分化抗原,是 T 细胞上的一种跨膜受体,与 CD28 共同享有 B7 分子配体,而 CTLA-4 与 B7 分子结合后诱导 T 细胞无反应性,参与免疫反应的负调节。基因重组的 CTLA-4 Ig 可在体内外有效、特异地抑制细胞和体液免疫反应,对移植排斥反应及各种自身免疫病有显著的治疗作用,毒副作用极低,是目前被认为较有希望的新的免疫抑制药物。由 GATA3 驱动的另一群肠 Treg 是由上皮源性 IL-33 诱导的。微生物和其他组织源性因子如何调节 GATA3 表达和 RORγt 表达 Treg 之间的平衡仍然未知,但后者细胞作用不局限于局部。还可能通过各种环境因素影响肠道中的 Treg 平衡,导致自身免疫性损伤和慢性炎症的持续性。

有人提出,微生物群也可能在淋巴细胞减少相关自身免疫中发挥重要作用,这可以解释个体内自身免疫和免疫缺陷的矛盾并发。在淋巴细胞减少期间,外周 T 细胞经历一种称为"稳态增殖"的过程以维持免疫系统,同时引起自身反应性克隆异常扩展的可能性。首先,微生物通过 MyD88 刺激先天细胞产生 IL-6,为 T 细胞的自发增殖提供信号。随着微生物群的存在,这些 T 细胞以抗原特异性的方式增殖并引起结肠炎症。然而,在 *MyD88* 和几个 *TLR* 缺陷小鼠模型中观察到了异常的正常甚至增加的 T 细胞稳态增殖。最近,Eri 等已经表明,转移到无胸腺小鼠中的常规 T 细胞将增殖和分化成独特的 T 细胞。程序性死亡分子-1(programmed death-1,PD-1)$^+$CXCR5(CXC chemokine receptor type 5)/DIM T 细胞亚群,作为辅助性滤泡(follicular helper,TFH)T 淋巴细胞促进 B 细胞产生自身抗体。抗生素耗尽共生微生物可抑制分化,改善系统性自身免疫。总的来说,该微生物在淋巴细胞减少症诱导的自身免疫中扮演着不可或缺的角色,其详细的机制至今并不明确。

TLR 也能影响适应性免疫应答。*TLR* 可上调 MHC Ⅱ类分子并增强 CD4$^+$辅助性 T 淋巴细胞的抗原呈递。*TLR* 还可以增加抗原呈递细胞中共刺激分子 CD80、CD86 和 CD40 的表达,从而有利于 T 淋巴细胞活化和分化。库普弗细胞表达除 *TLR*-5 外的所有 TLR,它们是肝内对 TLR 配体应答的原代细胞。通过库普弗,*TLR* 也能影响适应性免疫应答。树突状细胞和巨噬细胞表达的 TLR 细胞产生促炎性细胞因子、趋化因子和活性氧,可促进肝脏炎症与先天性和适应性免疫应答。肝细胞、胆管上皮细胞(biliary epithelial cells,BEC)、肝星状细胞(HSC)和窦状上皮细胞也表达 *TLR*,但只有 HSC 通过 *TLR*-9 表达 TLR1。细胞因子谱塑造构成免疫介导的应答的 T 淋巴细胞亚群,并且受微环境内配体激活的特定 *TLR* 的影响。*TLR*-4 和 *TLR*-9 的激活促进 IL-12 的释放,并有利于促炎症的 1 型细胞因子途径。*TLR*-4 还诱导 IL-23 的分泌,促进促炎性 Th 17 淋巴细胞的扩增和存活。相反,*TLR*-2 的激活有利于产生 IL-10 和 IL-13,从而促进抗炎 2 型细胞因子应答。来自革兰阴性菌的 LPS 是激活 *TLR*-4 的主要配体,细菌和病毒基因组中未甲基化的 CpG 序列激活 *TLR*-9。HCV、CMV 和 HSV 的病毒蛋白是激活 *TLR*-2 的关键配体。*TLR*-2、*TLR*-5、*TLR*-7 和 *TLR*-8 由 CD4$^+$T 淋巴细胞表达,激活这些 *TLR* 的配体(病毒蛋白、鞭毛蛋白和单链核糖核酸)可直接激活记忆淋巴细胞并刺激其增殖。天然存在的 Treg 表达 *TLR*-2、*TLR*-5 和 *TLR*-8,它们也可以被病毒和细菌组分直接激活。*TLR* 还可以通过识别诱导 IL-6 分泌的微生物产物来阻断 Treg 的抑制作用。病原体特异性适应性免疫应答是有利的,可以加强防御机制。微生物元件可以通过 TLR 调节固有免疫和适应性免疫应答,并通过调节细胞因子谱或直接通过影响免疫细胞增殖间接影响免疫的稳态。*TLR*-4 是 HSC 增加细胞外基质的一个重要信号通路。趋化因子和黏附分子的产生是由活化的 *TLR*-4 介导的 HSC,炎症和免疫细胞对肝脏的化学吸引刺激了纤维化过程。*TLR*-4 信号通路还通过下调 TGF-β 受体内源性抑制剂的产生而促进 TGF-β 的激活。此外,*TLR*-4 信号可下调抑制胶原转录的 microRNA 分子。*TLR*-4 基因的多态性可能影响 *TLR*-4 对 LPS 的应答。LPS 诱导的 NF-κB 激活的信号通路可能被破坏,促炎性细胞因子 TNF-α 和 β 干扰素的产生可能降低。在这种情况下,遗传变异可能影响 TLR-4 对微生物配体的应答和进展性肝纤维化的倾向。涉及 *TLR*-4、*MyD88* 和 NF-κB 的信号通路参与了多发性肝脏疾病的进展。肠源性内毒素在肝纤维化动物模型和肝硬化患者的全身和门静脉循环中的浓度增加。其他 *TLR* 可响应不同的微生物配体并影响淋巴细胞亚群。

第 4 节　肠道微生物与肝脏自身免疫

由于 70% 的血液供应来自门静脉,肝脏在生理上暴露于肠道来源的微生物成分和代谢物,肠道微生物障碍不仅与肝脏疾病有关,而且与炎症有关,纤维性或胆汁淤积状态提示这种肠-肝轴也与自身免疫性肝病有关,并且由原发性硬化性胆管炎(PSC)和原发性胆管炎(PBC)作为代表。

肠道微生物在肝脏自身免疫中的参与模式,研究发现肠-肝轴,包括细菌易位、肠道启动淋巴细胞向肝脏迁移、胆汁酸和核受体信号转导参与了 PBC 和 PSC 的发病机制。

一、肝脏的细菌易位与免疫激活

如上所述,肠道黏膜免疫系统,特别是肠系膜淋巴结(MLN),将共生微生物区隔开。除了系膜淋巴结外,肝脏还充当第二道防线,以消除肠道屏障的细菌。值得注意的是,这种功能在慢性肝病中常受到损害,但是库普弗细胞在肝病过程中如何不能清除肠道微生物的机制仍然不明。在这方面,肝脏不仅是接受者,而且是库普弗细胞、肝窦内皮细胞(hepatic sinus endothelial cells,HSEC)和 BEC 的肠源性药物的过滤器,所有这些细胞都表达 PRRs,并且它们能够感测微生物相关分子模式(microbe-associated molecular patterns,MAMP),例如细菌 LPS、肽聚糖、鞭毛蛋白和细菌 DNA,以及其他配体。这些 MAMP 引发的过度免疫应答可导致肝损伤和纤维化。最近的研究描述了控制微生物易位的肠血管屏障(gut vascular barrier,GVB),其在不明原因的腹腔疾病患者中受损。出现血清转氨酶升高。由于这些变化,引起细菌易位后可能导致肠外炎症发生,其中肝细胞和胆管细胞是最脆弱的易损细胞类型。

尽管微生物群与免疫疾病有多种联系,但它们在自身免疫中的作用却鲜为人知。研究发现,肠道致病菌——鸡肠球菌转移到肝脏和其他系统组织,易导致自身免疫的遗传背景下触发自身免疫应答。在该模型中,抗生素治疗可预防死亡,抑制组织中鸡大肠埃希菌的生长,并消除致病性自身抗体和 T 细胞。肝细胞-鸡胆汁共培养诱导自身免疫促进因子。单克隆和自身免疫倾向小鼠的病原体易位诱导自身抗体并导致死亡,这个现象可以通过针对病原体肌内注射疫苗来预防。从自身免疫患者的肝活检中回收了鸡大肠埃希菌特异性 DNA,并且与人肝细胞共培养复制了鼠的模型,因此,在易感的人中明显出现类似的过程。这些发现表明,肠道病原菌可以在遗传易感宿主中易位和促进自身免疫发生。

模式识别受体(PRR)能够检测微生物相关分子模式(MAMP),例如细菌 L、肽聚糖、鞭毛蛋白和细菌 DNA,以及其他配体。这些 MAMP 引发的过度免疫应答被认为可导致肝损伤和纤维化发生。最近的研究描述了控制微生物移位的肠血管屏障(GVB),研究发现其在不明原因的腹腔疾病患者中受损。出现血清转氨酶升高。由于这些变化,细菌易位可能导致肠外炎症,其中肝细胞和胆管细胞是最脆弱的细胞类型,容易受到炎症的攻击。

"漏肠"假说已经在 NAFLD 以及 PBC 和 PSC 中得到了验证。例如,由于门脉循环中的 TLR - 4 和 TLR - 9 激动剂,缺乏 NLRP6 和 NLRP3 炎症小体加重了肝脏脂肪变性。敲除小鼠趋化因子 CX3CR1 可增加门脉血清中的内毒素水平,并促进脂肪性肝炎发生。PBC 时由于胆管受损,在正常的小鼠通过慢性细菌的暴露导致自身抗原产生和随后的类似于 PBC 的胆管炎发生。此外,PSC 中检测到的核周抗中性粒细胞胞质抗体(p - ANCA)可能以 β-微管蛋白 5 同种型(TBB - 5)为自身抗原。基因以及细菌蛋白,提出假说成丝温度敏感蛋白(filamenting temperature sensitive,FtsZ)引起对肠道微生物的免疫交叉反应。在人类中,损害肠道微生物免疫应答的遗传多态性可能部分导致肝脏疾病。事实上,GWASs 已经建立了几个 PSC 与 IBD 遗传易感位点,包括半胱氨酸天氨冬氨酸蛋白酶寡集域 蛋白(caspase recruitment domain containing protein 9,CARD - 9)、岩藻糖基转移酶 2 (fucosyltransferase 2,FUT - 2)和巨噬细胞刺激蛋白 1(macrophage-stimulating protein - 1,MST - 1) 等,这些基因所编码的蛋白质密切参与先天免疫和适应性免疫,如肠上皮细胞 FUT - 2 的岩藻糖基化 所示,它还保持着宿主-微生物群落的共生。PSC 患者在胆汁和结肠微生物不同的模式进行 FUT - 2 变异,更重要的是,与胆道感染和优势发病率增加相关,CARD9 是 NOD2 与 TLR 信号通路的一个重 要的下游介质,与 IL - 22 的产生和肠道完整性相关。

二、黏膜淋巴细胞向肝脏的迁移

与"肠漏"假说平行的是,已经提出了"肠淋巴细胞归巢"假说来解释与 PSC 和 PBC 相关的肠-肝 轴。黏膜淋巴细胞表达整合素 $\alpha4\beta7$ 和趋化因子受体 CCR9,分别与内皮细胞黏附分子人黏膜粘连细 胞黏附分子(mucosal vascular addressin cell adhesion molecule,MAdCAM - 1)和趋化因子 CCL 结 合。$\alpha4\beta7$ 是一类跨膜受体,可以调节从细胞外基质到细胞内的信号转导,被发现与炎症和癌症相关。 然而,在炎症性肝病,包括 PSC,肝窦内皮细胞中检测到 MAdCAM - 1 和 CCL 的异常表达,导致肠道 启动的 T 细胞被异常募集到肝脏,并可能在识别时触发自身免疫反应发生。实际上,在卵白蛋白诱导 的结肠炎小鼠模型中,由卵白蛋白引发的 GALT 中的 T 细胞在识别胆管细胞上的相同抗原,即卵白 蛋白时,迁移到肝脏并引起胆管炎。它明确了微生物群在 IBD 发病机制中的作用,认为黏膜 T 细胞 被共生微生物群异常激活,进一步迁移到肝脏并与肝脏中存在的抗原发生交叉反应。根据这一假设, 最近对 T 细胞抗原受体(Tcell receptor,TCR)-β链的测序研究表明,PSC - IBD 患者的肠浸润和肝 浸润的 T 细胞是紧密相关的。由于在慢性肝病,特别是 PBC 和 PSC 中经常观察到的血清 IgA 水平 升高,这一发现进一步突出了肠-肝轴在这些疾病中的潜在参与作用。

然而,肝内皮细胞表达肠特异性分子的机制仍不清楚,尽管有人推测肝血管黏附蛋白(VAP)- 1 在 PSC 中的上调是肝脏 MAdCAM - 1 异常表达的原因。来源于肠道细菌和饮食的半胱胺和其他胺 类可以通过门静脉进入肝脏,并作为 VAP - 1 的底物,VAP - 1 是一种有效的氨基氧化酶,导致产生 分解代谢物,在肝窦内上皮细胞导致产生分解代谢物,在肝窦内皮细胞(hepatic sinusoid endothelial cells,HSECs)上诱导 MAdCAM - 1 表达。

三、肠道微生物、胆汁酸和核受体信号转导

微生物体除了与免疫系统直接相互作用外,与胆汁酸(BA)之间的关系也是肠-肝相互作用的代 表。胆汁酸主要由肝细胞产生,然后由肠腔内的细菌代谢成次级胆汁酸。早期的研究已经报道,GF 小鼠的 BA 组成不同于常规饲养的(CON - R)对应物。Sayin 等通过显示 CONV - R 小鼠表现出牛 磺-β-鼷鼠胆酸(tauro-beta-muricholic acid,TβMCA)比例降低以及 BA 池的显著缩小,提供了对该 领域的见解。更重要的是,MCA 是强有力的法尼索 X 受体(FXR)拮抗剂,肠道微生物可通过减轻回 肠 FXR 抑制来调节肝脏中 BA 的合成。具体地说,肠内的 FXR 激活诱导成纤维细胞生长因子- 15 (fibroblast growth factor15,FGF15)表达,然后到达肝脏并阻断 7 - α-羟化酶(CYP7A1),这是 BA 合成中的限速酶。通过抗生素或抗氧化剂的微生物重组引起 Tβ- MCA 增加,抑制肠 FXR 信号。相 反,BA 通过直接激活或间接激活固有免疫系统,进而通过 FXR 和 G 蛋白偶联胆汁酸受体(G-protein-bile acid receptor,TGR)- 5 进一步影响宿主生理作用。在鼠的实验中发现宿主胆汁酸的动 态可导致肠道微生物群的变化。应用 FXR 激动剂奥贝胆酸(obeticholic acid)可部分地阻止肝硬化

大鼠肠屏障功能障碍和减轻其肠道炎症,通过使用 GF 和 FXR$^{-/-}$ 小鼠,可减少细菌易位。最近的一项研究表明,由微生物引起的饮食诱导的肥胖和肝脏脂肪变性是取决于其对 BA 谱和 FXR 信号的调节。此外,这种改变的 FXR 信号还可以进一步使肠道微生物群趋向于更肥胖的构型,由此可见肠道微生物群、胆汁酸和核受体信号传导通路的作用是影响宿主代谢和肝脏疾病发生的发病机制。

第 5 节　肠道微生物与肠黏膜屏障

肠道微环境与全身免疫应答之间肠黏膜屏障作用的产生意味着肠道和系统域之间的一道自然屏障(表 5-1)。有充分的证据证明这种假设是正当的,但实际的机制是不确定的。在 1 型糖尿病患者和小鼠的胰岛和淋巴结中可以发现表达肠受体的反应性 T 淋巴细胞,并且来源于肠黏膜的淋巴细胞参与实验性自身免疫性肝病的自身反应。此外还检测了肝硬化患者血浆和非酒精性脂肪肝动物门脉循环中的微生物成分。

表 5-1　肠道屏障微生物机制

微生物作用	特　征	机　制
易位	肠道衍生物迁移 紧密连接减弱 小肠通透性增加 细胞旁迁移结果 LPS 和 CpG 递送到肝脏 活化的免疫细胞易位 微生物抗原的易位激活外周免疫细胞 TLR 和 NLR 激活	肠源性 SCFA 对紧密连接的影响 丁酸盐增强肠屏障 诱导黏蛋白合成 减少细菌易位增加外周调节性 T 细胞 抑制 NF-κB 和炎症 乳酸强化肠屏障 丁酸发酵产生低丁酸和乳酸致屏障功能降低
黏膜通透性增加	肠上皮细胞通过蛋白质的结合复合体结合在一起 封闭蛋白主要组成(成分) 封闭带偶联细胞骨架 扣带蛋白接触细胞 肌动蛋白和肌球蛋白锚定细胞 中间丝结合细胞 信号通路密封结 蛋白激酶 C 调节闭塞蛋白	TLR 影响分子介质 信号通路破坏 解离紧密结合蛋白 细胞旁迁移途径形成 大肠埃希菌和艰难梭菌关键效应物
主动运输	细菌抗原主动转运穿过肠屏障	具有主动转运能力的派尔集合淋巴结中的 M 细胞

CpG:未甲基化的胞嘧啶磷硫鸟嘌呤寡核苷酸;LPS:脂多糖;NF-κB:核因子 κB;NLR:非肥胖糖尿病样受体;SCFA:短链脂肪酸;TLR:Toll 样受体

肠源性细菌和细菌产物从肠腔到肝脏、肠系膜淋巴结和其他肠外部位的迁移可能通过易位发生。易位意味着肠道通透性增加,可能是因为肠黏膜内的紧密连接被削弱或肠屏障被细菌过度生长所压倒。易位的细菌产物,包括 LPS 和未甲基化的 CpG,然后可以通过门静脉输送到肝脏并激活 TLRS 和 NLRS。NASH 病、糖尿病和代谢综合征的发病率与"肠漏"有关。

细菌产生短链脂肪酸(乙酸、丁酸和丙酸),这些脂肪酸可以影响肠黏膜内的紧密连接。丁酸诱导肠黏膜中黏蛋白的合成,加强紧密连接,并减少细菌穿过应激上皮的传输。丁酸还可通过促进外周 Tregs 的胸腺外分化和抑制 NF-κB 和促炎细胞因子的转录而具有抗炎作用。其他短链脂肪酸(丙酸)和细菌副产物(琥珀酸和乙酸)不诱导黏蛋白的产生,并可能增加肠通透性。

丁酸钠部分通过调节 β-连环蛋白依赖的 Wnt 信号通路在细胞内起作用。这一途径影响细胞增殖和分化的基因转录。在结肠癌细胞系中,β-连环蛋白转录复合物在细胞内的水平影响其对丁酸的生理反应。高水平的转录复合物导致细胞凋亡,低水平导致暴露于丁酸酯后细胞生长的可逆限制。丁酸调节细胞增殖和凋亡的能力可能反过来影响细胞活力和功能,这些作用可能有助于维持胃肠黏膜屏障的完整性。

丁酸还可以通过促进细胞的凋亡或通过自噬来保存、调节细胞对内质网应激的反应。丁酸可促进过氧化物酶体增殖物激活受体 γ 的表达和诱导大肠细胞凋亡的 Caspases(尤其是 Caspase 3)的激活。它也是一种短链脂肪酸,包括丙酸酯,可以诱导受损细胞的自噬,并通过产生能量和阻滞凋亡的内在途径(线粒体)来保存它们的存活。肠源性短链脂肪酸,如丁酸和丙酸,可能是肠黏膜细胞增殖和功能的重要调节因子,它们可能有助于预防全身性自身免疫反应和进展性大肠癌的发生。

乳酸是碳水化合物发酵的细菌副产物,也降低肠道通透性。乳酸菌主要通过肠道微生物群发酵成丁酸酯。乙酰辅酶 A 途径是乳酸产生丁酸的主要途径,肠道微生物区系在乳酸的消耗上具有相当大的变异性。此外,利用乳酸盐的细菌根据其他底物的可用性显示出丁酸的可变产量。1 型糖尿病患者肠道微生物中产生丁酸和乳酸的细菌比例低于病例对照者,并且有利于增加肠道通透性的细菌异常可能导致 1 型糖尿病的发展。

肠上皮细胞由结构蛋白结合在一起,结构蛋白被组织成由紧密连接、黏附连接和桥粒组成的三部分连接复合物。闭塞蛋白是唯一已知的在细胞旁空间具有结构域的跨膜蛋白,是紧密连接的主要成分。小带闭塞蛋白 1 和 2 与扣带蛋白是在细胞与细胞接触部位紧密连接处发现的非跨膜蛋白。它们可能被封闭,它们可能将细胞耦合到细胞骨架。肌动蛋白和肌球蛋白丝通过钙依赖性黏附分子(E-cadherins)在黏附连接处将细胞锚定在一起,中间丝锚定到桥粒上,并帮助细胞结合。多种细胞信号通路影响连接点的组装和封闭,并且它们是蛋白激酶 C 调节的闭塞蛋白和小带闭塞蛋白 1 特异性的细胞类型。

大肠埃希菌和艰难梭菌通过打开细胞旁通路,可解离结合蛋白,增加肠通透性。肠上皮细胞上的 TLR 可以调节肠屏障的完整性,可能通过影响可改变结合蛋白的结构或功能的分子介质的表达。TLR-2 的激活增加了蛋白激酶 C 亚型的磷酸化,这种作用与增强小带闭塞蛋白的表达和紧密连接的密封有关。相反,TLR-4 的激活降低磷酸化闭塞蛋白的表达并增加细胞间通透性。来自不同微生物物种的细菌配体可能通过 TLR 信号影响肠道通透性,而微生物产物通过肠屏障的转移可能有助于全身的自身反应发生。

微生物体影响全身免疫应答的另一个机制是通过细菌抗原在派尔集合淋巴结内的 M 细胞穿过黏膜屏障的活性转运。虽然免疫细胞可以在肠内被激活,并通过易位迁移到肝脏或外周淋巴组织,但它们也可以通过易位或主动运输的细菌成分在体内循环中被激活,这些细菌成分由抗原呈递细胞呈递并识别,并用循环的 CD4$^+$ 辅助 T 淋巴细胞作为外源抗原。

第 6 节　微生物来源的全身免疫应答的机制

一、TLRs 的激活

TLRs(Toll 样受体)是肠内识别微生物相关分子模式、病原体相关分子模式和损伤相关分子模式的关键受体(表 5-2)。它们有助于产生对病原体和细胞窘迫信号的固有免疫应答,并且它们可以形成辅助 T 淋巴细胞的亚群,这些辅助 T 淋巴细胞识别微生物成分并具有与宿主抗原交叉反应的潜力。

在人类中已经描述了 10 种 TLR,并且每种 TLR 优先对在没有感染的情况下可能是病毒和细菌蛋白或内源性配体的特定配体做出反应。除了 TLR－3 之外,所有受刺激的 TLR 都激活依赖于 MyD88 的信号传导途径。通过 MyD88 通路的信号转导又激活 NF－κB,并促进促炎细胞因子(TNF－α、IL－1β 和 IL－6)的转录。

表 5－2　肠微生物驱动全身免疫应答机制

关键作用	特　　征	机　　制
TLRs 的激活	1. 肠受体对 MAMP 和 DAMP 应答的易感性 2. 依赖 MyD88 信号转导 ① 激活 NF－B ② 有利于 T 淋巴细胞激活 ③ 调节 Tregs 的作用在肝细胞 HSC、库普弗细胞、窦状上皮细胞、BEC 中存在	炎症前细胞因子增加 上调 II 类 MHC 增加共刺激分子 促进病原体特异性反应 LPS 激活 TLR,细菌激活 TLR－9 序列,HSCsTLR4 促进肝纤维化
炎症刺激	蛋白复合物释放炎症前 IL－1β 和 IL－18 NLR 检测微生物产物 库普弗细胞、肝细胞和窦状上皮细胞中上调 由高度不同的配体激活	在肝细胞 LPS 上调 激活前 caspase 促进肝纤维化 固有和适应性免疫涉及 NAFLD
生态失衡的出现	与不同细菌共生 生态失衡改变疾病特异性 较少的细菌多样性共生 抗生素是最常见的原因 不确定病因或后果	激活 TLR、NLR 遗传因素影响细菌组成 性别相关细菌组成上的差异 可能影响性别相关的自身免疫 AIH 和实验 NASH 中存在
分子模拟	微生物和自身同源物 交叉反应抗体 效应物的混杂活性	pANCA 与细菌抗原反应 AMA 与大肠埃希菌交叉反应 靶向表位扩展的渐变同源物

　　AMA,抗线粒体抗体;BEC,胆道上皮细胞;DAMPS,损伤相关分子模式;HSC,肝星状细胞;IL,白细胞介素;LPS,脂多糖;MAMPs,微生物相关分子模式;MHC,主要组织相容性复合物;MyD88,髓样分化因子 88;NAFLD,非酒精性脂肪性肝病;NASH,非酒精性脂肪性肝炎;NF－κB,核因子 κB;NLR,非肥胖性糖尿病样病变受体;肺 ANCA,非典型核周抗中性粒细胞胞质抗体;TLR,Toll 样受体;Tregs,调节性 T 细胞

　　TLR 也能影响适应性免疫应答。树突状细胞和巨噬细胞表达的 TLRs 可上调 MHC II 类分子并增强 CD4$^+$ 辅助性 T 淋巴细胞的抗原呈递。TLR 还可以增加抗原呈递细胞中共刺激分子 CD80、CD86 和 CD40 的表达,从而有利于 T 淋巴细胞活化和分化。库普弗细胞表达除 TLR－5 外的所有 TLR,它们是肝内对 TLR 配体应答的原代细胞。通过库普弗细胞产生促炎性细胞因子、趋化因子和活性氧可促进肝脏炎症与先天性和适应性免疫应答。肝细胞、胆道上皮细胞(bile duct epithelial cell, BEC)、肝星状细胞(HSC)和窦状上皮细胞也表达 TLRs,但只有 HSCs 通过 TLR－9 表达 TLR－1。

　　细胞因子谱形成构成免疫介导的应答的 T 淋巴细胞亚群,并且它受到微环境中配体激活的特定 TLR 的影响。TLR－4 和 TLR－9 的激活促进 IL－12 的释放,并有利于促炎症的 1 型细胞因子途径。TLR－4 还诱导 IL－23 的分泌,促进促炎性 Th17 淋巴细胞的扩增和存活。相反,TLR－2 的激活有利于 IL－10 和 IL－13 的产生,从而促进抗炎 2 型细胞因子应答。

　　革兰阴性细菌的 LPS 是激活 TLR－4 的主要配体,细菌和病毒基因组中未甲基化的 CpG 序列激

活 TLR-9。HCV、CMV 和 HSV 的病毒蛋白是激活 TLR2 的关键配体。TLR-2、TLR-5、TLR-7 和 TLR-8 由 CD4$^+$T 淋巴细胞表达,激活这些 TLR 的配体(病毒蛋白、鞭毛蛋白和单链核糖核酸)可以直接激活记忆淋巴细胞并刺激其增殖。天然存在的 Tregs 表达 TLR-2、TLR-5 和 TLR-8,它们也可以被病毒和细菌成分直接激活。TLRs 还可以通过识别诱导 IL-6 分泌的微生物产物来阻断 Tregs 的抑制作用。病原体特异性适应性免疫应答是有利的,可以加强防御机制。因此,微生物元素可通过 TLR 调节固有免疫应答和适应性免疫应答,并通过调节细胞因子谱或直接通过影响免疫细胞增殖间接影响免疫稳态。

TLR-4 是肝星状细胞(HSCs)增加细胞外基质的一个重要信号通路。HSCs 中活化的 TLR-4 介导趋化因子和黏附分子的产生,炎症细胞和免疫细胞对肝脏的化学吸引刺激纤维化过程。TLR-4 信号通路还通过下调 TGF-β 受体的内源性抑制剂的产生来促进转化生长因子β(TGF-β)的激活。此外,TLR-4 信号可下调抑制胶原转录的 microRNA 分子。TLR-4 基因的多态性可能影响 TLR-4 对 LPS 的应答。因此,LPS 诱导的激活 NF-κB 的信号通路可能被破坏,并且减少促炎细胞因子 TNF-α 和 β 干扰素的产生。以这种方式,遗传变异可能影响 TLR-4 对微生物配体的反应和进行性肝纤维化的倾向。

TLR-4 信号通路涉及 MyD88 和 NF-κB 在肝病进展中的作用。肠源性内毒素的浓度在肝纤维化动物模型以及在肝硬化患者的循环系统和门静脉中增加。TLR 信号通路尚未在自身免疫性肝炎中得到评价。

二、炎性小体刺激

炎性小体是蛋白质复合物,在多种细胞的胞质内形成,包括巨噬细胞、肝细胞和 HSC,以响应与细胞应激、损伤或感染有关的刺激。通过释放促炎细胞因子 IL-1β 和 IL-18,它们驱动对组织损伤的炎症反应,并影响细胞死亡、炎症活性和纤维化。TLR 和炎性小体具有不同的激活途径,但是它们之间的合作对于促进肠道微生物群与全身免疫应答之间的交流至关重要。增加炎性小体表达的因素,如饱和脂肪酸和细菌内毒素,可增加 TLR-4 的活化,促进肝纤维化。

炎性小体由非肥胖性糖尿病(NOD)样受体(NLR)家族中的传感器蛋白、适配分子(凋亡相关斑点样 CARD 结构域包含蛋白)和 Caspase 1 细胞 DNA 传感器黑钯素瘤缺乏因子-2(absentin melanorna2,AIM-2)组成。炎症小体可以感知微生物产物和代谢应激,激活 Caspase1,触发炎症细胞因子的释放,并形成固有的和适应性免疫应答。LPS 刺激后肝细胞 NLRP3 表达上调,库普弗细胞和上皮细胞也表达高水平的 NLRP1 和 NLRP3。

激活 NLRP3 配体的结构多样性大于激活 TLR 的结构基序,并且炎症小体可能对比 TLR 更宽的激活信号范围做出响应。TLR 和 NLR 共同为信号传导途径提供受体,这些信号传导途径可响应包括微生物成分在内的各种内源性和外源性危险信号,它们各自可产生促炎症反应,维持和增强对肝脏的固有和适应性免疫反应。TLRS 也可能对炎症小体有反调节作用。LPS 对 TLRS 的慢性刺激诱导 IL-10 的产生并降低 NLRP3 的激活。此外,激活 TLR-2 或 TLR-4 可增加肝细胞的自噬、NLRP3 的降解和抑制 IL-1β 的产生。炎性小体在自身免疫性肝炎中没有特征,并且它们与 TLR 的相互作用在该病中没有定义。

三、免疫原性肠道微生物群的出现

全身炎症和免疫介导的疾病与肠道微生物群有关,这些微生物群将它们与正常或其他疾病特异性群体区分开来。研究发现类风湿关节炎患者肠道微生物群与纤维肌痛患者相比有差异。微生物群落多样性的降低与 1 型糖尿病、特应性疾病(包括哮喘)的发生和克罗恩病的发生相关。与正常人相比,多发性硬化症患者的梭菌和类杆菌数量减少,并且证实 1 型糖尿病患者有更多的类杆菌菌落。肠道微生物群的组成变化,特别是某些细菌类群的相对频率,与炎症性肠病的表型和基因型有关。

这些发现表明,肠道微生物区系(菌群失调)组成的改变可能破坏肠道和全身的免疫耐受,并有助于免疫介导的疾病发生。共生细菌的耗尽可允许致病或免疫原性生物体的肠道群体增殖并产生激活 TLR 和 NLR 的配体。

抗生素是促进生物障碍的主要药物,它们的使用已经牵涉到产生与过敏性疾病、哮喘、1 型糖尿病和腹腔疾病的发生相关的生物障碍。双胞胎研究还表明,遗传因素可以形成肠道微生物群,并且具有遗传倾向的免疫介导的疾病已经表现出有生物障碍。重要的是,DRB1 等位基因通常与包括自身免疫性肝炎在内的全身性自身免疫病相关,并且是生物障碍而不是遗传因素在实验的发生中起作用。

肠道微生物群的组成也可能影响自身免疫病的性别偏见。NOD 小鼠生命早期共生微生物的定植提高了血清睾酮水平,并保护雄性小鼠免于患 1 型糖尿病。此外,从成熟的雄性 NOD 小鼠到未成熟的雌性 NOD 小鼠的肠道微生物群的转移改变了雌性 NOD 小鼠的肠道微生物群,并保护它们免于发展成糖尿病。阻断雄激素受体可减弱雌性小鼠的微生物特异性变化,并支持肠道共生细菌可通过改变性激素水平或受体敏感性影响遗传易感动物自身免疫病倾向这一观点。

性别也可能影响肠道微生物群的组成,进而影响发展自身免疫病的倾向。雄性和雌性 NOD 小鼠肠道微生物群不同,男性阉割后这种差异消失。此外,与雄性 NOD 小鼠相比,雌性 NOD 小鼠发生 1 型糖尿病的高频率在无菌动物中丢失。这些发现表明,肠道微生物可以影响性激素水平,也可能受其影响。

女性自身免疫病倾向的增加可能与雌激素效应有关,雌激素效应通过影响淋巴细胞分化的促炎和抗炎细胞因子途径直接调节自身免应性反应,并通过改变肠道微生物群可间接地促进致敏微生物抗原易位。血雌激素和孕酮水平失衡影响了妊娠期间和妊娠后立即的免疫应答,用 17 - β 雌二醇治疗外周血单个核细胞增加了它们对免疫原的反应和 TLR8 的表达。在怀孕、月经期和更年期期间,性激素水平与肠道微生物之间的关系仍然不确定,尚需要进一步澄清。

多种因素可促进生物障碍,与自身免疫病的病因或环境之间关系尚未建立。然而,生物障碍与不同的系统免疫介导的疾病关联,它在自身免疫性肝炎中的识别、其可能的遗传关联,以及其性别差异表明生物障碍可能构成重要的抗原或激素库。这可以促进多种全身免疫病的发生,包括自身免疫性肝炎的自身反应。

四、细菌、分子模式与先天免疫系统

微生物菌群在炎症、通透性肠内转运并随后激活免疫系统和胆道的炎症是 PSC 小肠细菌过度生长和将细菌抗原引入门静脉的假想机制。在动物模型中,循环导致胆管黏膜炎症发生。然而,在人类中的研究表明门静脉细菌菌血症在溃疡性结肠炎(UC)中并不常见。PSC 患者的血液样本具有不典型的核周抗中性粒细胞胞质抗体(p - ANCA)的染色模式,这与核周抗中性粒细胞胞质抗体(p - ANCA)不同。非典型 p - ANCA 似乎与人 β-微管蛋白 5 亚型及由肠道微生物群表达的细菌蛋白 FtsZ 呈交叉反应,表明自身免疫性肝病患者可能对肠道微生物有异常的免疫反应。

虽然一些抗生素已显示可降低血清碱性磷酸酶水平,但抗生素对 PSC 进展的长期影响尚不清楚。

正常情况下,胆道上皮细胞暴露于常见的肠道病原体相关分子模式,如脂多糖和脂磷壁酸。然而,通过 TLR-4 依赖机制,暴露于脂多糖可能破坏结肠和胆道上皮细胞的紧密连接。这种屏障的改变可使胆管细胞暴露于多种物质,如胆汁酸,这些物质可促进损伤和炎症。在动物模型中,破坏胆管细胞紧密连接是 PSC 发展的重要步骤。例如,77 只胆管细胞紧密连接改变的小鼠将胆汁酸泄漏到门静脉道,通过 CD8⁺ 和 CD4⁺ T 淋巴细胞,上调 TNF-α、转化生长因子-β1 和 IL-1β 的作用导致炎症反应发生。这种炎性浸润可导致肌成纤维细胞活化和发生纤维化。

尽管暴露于这种常见的病原体相关分子模式,没有自身免疫性肝病患者的固有免疫系统似乎不引起内毒素上调。PSC 患者胆道上皮细胞表达 TLR、核苷酸结合寡聚域、MyD88/IRAK 复合物、TNF-α、INF-γ 和 IL-8 水平高于非 PSC 患者。反复接触内毒素后,PSC 患者的胆道上皮细胞继续分泌高水平的 IL-8,表明对反复接触内毒素缺乏耐受性。

五、黏附分子和淋巴细胞募集

通过病原体相关分子模式激活巨噬细胞、自然杀伤细胞和树突状细胞。黏附分子与淋巴细胞向肝脏募集之间的相互作用是自身免疫病发病机制中的一个重要环节。炎症介质上调多种黏附分子,包括细胞间黏附分子、血管细胞黏附分子-1(VCAM-1)和黏膜血管黏附素细胞黏附分子-1 (mucosal vascular addressin cell adhesion molecule-1,MAdCAM-1)。自身免疫性肝病患者也观察到了趋化因子如 CCL 25、CCL 28、CXCL12 和 CXCL 16 的表达改变。CCL 25 和 28 的上调导致 α4β7 整合素的活化,增加淋巴细胞与 MADCAM-1 的结合。CCL 28 还可激活 α4β1 整合素并增加其与 VCAM-1 的黏附,VCAM-1 主要表达于肝脏的门静脉和窦内皮细胞。一旦淋巴细胞进入门脉,CXCL12 和 CXCL16 可能促进淋巴细胞与胆管上皮的结合。

结肠切除术后 PSC 仍可发展,肝移植后 IBD 仍可发展,这提示淋巴细胞异常归巢。肠道和肝脏之间的细胞可能参与自身免疫性肝病的发病机制。在这个假说中,活化的肠淋巴细胞经历肠肝循环,并持续作为记忆细胞引起肝脏炎症。肠道和肝脏共有的趋化因子和黏附分子可促进免疫细胞在两个部位的结合。血管黏附蛋白(vascular adhesion protein,VAP)-1 存在于肝脏内皮细胞和黏膜血管中。在 IBD 患者中,慢性炎症似乎上调了肠小静脉中 VAP-1 的表达。VAP-1 的激活增加肝血管中 MAdCAM-1 的表达,最终促进效应淋巴细胞向肝脏的募集。在其他慢性肝病中已经描述了肝脏 MADCAM-1 的改变。

长时间存活的记忆细胞在肠道中被启动并循环到肝脏,可能导致结肠切除术后 PSC 的发生。有趣的是,在 PSC 中浸润肝脏的 α4β7⁺ CCR9⁺ CD8⁺ T 细胞通过需要维甲酸的过程被肠中的树突状细胞而不是肝脏中的抗原呈递细胞激活。细胞在自身免疫病发病中的作用需要进一步的研究来阐明这些发现并研究特异性黏附分子在发病中的作用。

(池肇春)

参考文献

[1] Li B, Selmi C. The microbiome and autoimmunity: a paradigm from the gut-axis[J]. Cell Mol Immunol, 2018, 15: 595-609.
[2] Pillai S. Rethinking mechanisms of autoimmune pathogenesis[J]. J Autoimmun, 2013, 45: 97-103.
[3] Generali E, Ceribelli A, Stazi MA, et al. Lessons learned from twins in autoimmune and chronic inflammatory diseases[J]. J Autoimmun, 2017, 83: 51-61.
[4] Zhou S, Xu R, He F, et al. Diversity of gut microbiota metabolic pathways in 10 pairs of chinese infant twins[J]. PLoS One, 2016, 11: e0161627.

[5] Ruff WE, Kriegel MA. Autoimmune host-microbiota interactions at barrier sites and beyond[J]. Trends Mol Med, 2015, 21: 233 - 244.

[6] Floreani A, Leung PS, Gershwin ME. Environmental basis of autoimmunity[J]. Clin Rev Allergy Immunol, 2016, 50: 287 - 300.

[7] Nielsen PR, Kragstrup TW, Deleuran BW, et al. Infections as risk factor for autoimmune diseases—a nationwide study[J]. J Autoimmun, 2016, 74: 176 - 181.

[8] Campisi L, Barbet G, Ding Y, et al. Apoptosis in response to microbial infection induces autoreactive TH17 cells[J]. Nat Immunol, 2016, 17: 1084 - 1092.

[9] Horai R, Zarate-Blades CR, Dillenburg-Pilla P, et al. Microbiota-dependent activation of an autoreactive T cell receptor provokes autoimmunity in an immunologically privileged site[J]. Immunity, 2015, 43: 343 - 353.

[10] Vatanen T, Kostic AD, d'Hennezel E, et al. Variation in microbiome LPS immunogenicity contributes to autoimmunity in humans [J]. Cell, 2016, 165: 842 - 853.

[11] Isailovic N, Daigo K, Mantovani A, Selmi C. Interleukin-17 and innate immunity in infections and chronic inflammation[J]. J Autoimmun, 2015, 60: 1 - 11.

[12] Skopelja-Gardner S, Jones JD, Rigby WFC. "NETtling" the host: breaking of tolerance in chronic inflammation and chronic infection [J]. J Autoimmun, 2017, 88: 1 - 10.

[13] Li YY, Pearson JA, Chao C, et al. Nucleotide-binding oligomerization domain-containing protein 2 (Nod2) modulates T1DM susceptibility by gut microbiota[J]. J Autoimmun, 2017, 82: 85 - 95.

[14] Schiering C, Wincent E, Metidji A, et al. Feedback control of AHR signalling regulates intestinal immunity[J]. Nature, 2017, 542: 242 - 245.

[15] Gury-BenAri M, Thaiss CA, Serafini N, et al. The spectrum and regulatory landscape of intestinal innate lymphoid cells are shaped by the microbiome[J]. Cell, 2016, 166: 1231 - 1246.

[16] Van Praet JT, Donovan E, Vanassche I, et al. Commensal microbiota influence systemic autoimmune responses[J]. Embo J, 2015, 34: 466 - 474.

[17] Chen B, Sun L, Zhang X. Integration of microbiome and epigenome to decipher the pathogenesis of autoimmune diseases[J]. J Autoimmun, 2017, 83: 31 - 42.

[18] de Aquino SG, Abdollahi-Roodsaz S, Koenders MI, et al. Periodontal pathogens directly promote autoimmune experimental arthritis by inducing a TLR2 and IL - 1 - driven Th17 response[J]. J Immunol, 2014, 192: 4103 - 4111.

[19] Cekanaviciute E, Yoo BB, Runia TF, et al. Gut bacteria from multiple sclerosis patients modulate human T cells and exacerbate symptoms in mouse models[J]. Proc Natl Acad Sci USA, 2017, 114: 10713 - 10718.

[20] Schneider KM, Bieghs V, Heymann F, et al. CX3CR1 is a gatekeeper for intestinal barrier integrity in mice: Limiting steatohepatitis by maintaining intestinal homeostasis[J]. Hepatology, 2015, 62: 1405 - 1416.

[21] Wiest R, Albillos A, Trauner M, et al.. Targeting the gut-liver axis in liver disease[J]. J Hepatol, 2017, 67: 1084 - 1103.

[22] Henao-Mejia J, Elinav E, Thaiss CA, et al. Role of the intestinal microbiome in liver disease[J]. J Autoimmun, 2013, 46: 66 - 73.

[23] Seidel D, Eickmeier I, Kuhl AA, et al. CD8 T cells primed in the gut-associated lymphoid tissue induce immune-mediated cholangitis in mice[J]. Hepatology, 2014, 59: 601 - 611.

[24] Li Y, Tang R, Leung PSC, et al. Bile acids and intestinal microbiota in autoimmune cholestatic liver diseases[J]. Autoimmun Rev, 2017, 16: 885 - 896.

[25] Wahlstrom A, Sayin SI, Marschall HU, et al. Intestinal crosstalk between bile acids and microbiota and its impact on host metabolism [J]. Cell Metab, 2016, 24: 41 - 50.

[26] Schrumpf E, Kummen M, Valestrand L, et al. The gut microbiota contributes to a mouse model of spontaneous bile duct inflammation [J]. J Hepatol, 2017, 66: 382 - 389.

[27] Yadav SK, Boppana S, Ito N, et al. Gut dysbiosis breaks immunological tolerance toward the central nervous system during young adulthood[J]. Proc Natl Acad Sci USA, 2017, 114: E9318 - E9327.

[28] Blander JM, Longman RS, Iliev ID, et al. Regulation of inflammation by microbiota interactions with the host[J]. Nat Immunol, 2017, 18: 851 - 860.

[29] Power SE, O'Toole PW, Stanton C, et al. Intestinal microbiota, diet and health[J]. Br J Nutr, 2014, 111: 387 - 402.

[30] Yatsunenko T, Rey FE, Manary MJ, et al. Human gut microbiome viewed across age and geography[J]. Nature, 2012, 486: 222 - 227.

[31] Belkaid Y, Hand TW. Role of the microbiota in immunity and inflammation[J]. Cell, 2014, 157: 121 - 141.

[32] Atarashi K, Tanoue T, Oshima K, et al. Treg induction by a rationally selected mixture of Clostridia strains from the human microbiota[J]. Nature, 2013, 500: 232 - 236.

[33] Kuhn KA, Pedraza I, Demoruelle MK. Mucosal immune responses to microbiota in the development of autoimmune disease[J]. Rheum Dis Clin North Am, 2014, 40: 711 - 725.

[34] Takeuchi O, Akira S. Pattern recognition receptors and inflammation[J]. Cell, 2010, 140: 805 - 820.

[35] Chuang SY, Yang CH, Chou CC, et al. TLR-induced PAI-2 expression suppresses IL - 1β processing via increasing autophagy and NLRP3 degradation[J]. Proc Natl Acad Sci USA, 2013, 110: 16079 - 16084.

[36] Chuang SY, Yang CH, Chou CC, et al. TLR-induced PAI-2 expression suppresses IL - 1β processing via increasing autophagy and NLRP3 degradation[J]. Proc Natl Acad Sci USA, 2013, 110: 16079 - 16084.

[37] Tan J, McKenzie C, Potamitis M, et al. The role of short-chain fatty acids in health and disease[J]. Adv Immunol, 2014, 121: 91 - 119.

[38] Arpaia N, Campbell C, Fan X, et al. Metabolites produced by commensal bacteria promote peripheral regulatory T-cell generation [J]. Nature, 2013, 504: 451 - 455.

[39] Hoffmanová I, Sánchez D, Tucková L, et al. Coliac disease and liver disorders: from putative pathogenesis to clinical implication[J]. Nutrients, 2018, 10: E892.

[40] Thompson EA, Mitchell JS, Beura LK, et al. Interstitial Migration of CD8αβ T Cells in the Small Intestine Is Dynamic and Is Dictated by Environmental Cues[J]. Cell Rep, 2019, 26: 2859 - 2867. e4.

[41] Borbet TC, Blaser MJ. Host genotype and early life microbiota alterations have additive effects on disease susceptibility[J]. Mucosal Immunol, 2019, 12: 586 - 588.

[42] Ratajczak W, Ryl A, Mizerski A, et al. Immunomodulatory potential of gut microbiome-derived short chain fatty acids (SCFAs)[J]. Acta Biochim Pol, 2019, 66: 1 - 12.

[43] Su L, Wu Z, Chi Y et al. Mesenteric lymph node CD4+ T lymphocytes migrate to liver and contribute to non-alcoholic fatty liver disease[J]. Cell Immunol. 2019, 337: 33 - 41.

[44] Ratajczak W, Ryl A, Mizerski A, et al. Immunomodulatory potential of gut microbiome-derived short-chain fatty acids (SCFAs)[J]. Acta Biochim Pol, 2019, 66: 1 - 12.

第6章　肠道细菌内毒素血症

败血症是一种危及生命的由宿主对感染的反应失调引起的全身性炎症综合征。败血症仍然是重症监护病房死亡率的主要原因。据估计,美国每年有 90 万～300 万败血症患者,至发生脓毒血症休克时的死亡率＞40%。尽管我们对败血症病理生理学的研究已经有了重大进展,但败血症的治疗仅限于抗生素、积极的液体复苏、血管加压剂给药和支持治疗,并且没有针对脓毒症的靶向治疗药物被批准用于患者。

败血症的器官衰竭评估主要集中在呼吸系统、心血管系统、肝胆系统、泌尿系统、神经系统和血液系统。不幸的是,肠道衰竭的症状是非特异性的,因此在病情评估时往往被忽略。但是,胃肠道早已被视为在脓毒症的病理生理发展过程中发挥不可缺少的作用,并且早期研究就提出肠源性败血症的概念,即过度感染引起肠道环境改变促使炎症发生,导致肠道高渗,这导致肠腔内菌群易位至循环中,反过来,导致了败血症并使炎症反应持续。尽管这一构想具有重要的学术吸引力,但事实证明,败血症的病理机制要复杂得多。虽然在专门的临床情况(例如中性粒细胞减少患者)中有明显的细菌移位证据,但肠漏障碍患者并未常规检测到菌血症。这并不意味着肠道在危重疾病的病理生理学中没有作用,而是表明我们需要对肠道微环境有更全面的了解,才能了解脓毒症中肠道微环境可能受到干扰的多种方式。

人体肠道是直接暴露于环境的最大体表,含有大量的微生物。已有研究表明,在人体 400 m² 的肠上皮表面定植着约 100 万亿的微生物,这相当于人体细胞数量的 10～100 倍。而最近的数据显示,共生细菌与人类细胞的比例被修正为接近 1∶1。大量细菌寄居在人类身上,这意味着每个人携带的细菌数量大约是人类基因的 100 倍。肠道内微生物群落的多样性和密度受抗生素、疾病、饮食和其他环境因素的影响。通过过去 10 年基因组测序技术的进步,我们现在知道肠道微生物群成员的改变与几种自身免疫性、炎症性和过敏性疾病的免疫病理以及对感染性疾病易感性的改变有关。在健康和疾病的背景下,宿主和微生物群之间共生关系的形成、维护以及破坏将成为我们研究肠道菌群相关性疾病的重点。

肠道内单细胞层上皮细胞、局部免疫系统和微生物群共同构成肠道微环境。在健康状态下,肠道微环境的组成部分协同作用以维持共生的、互利的关系。保护这种微环境不仅对宿主,而且对细菌本身都是至关重要的,这种共生和互利的关系是通过平衡肠道完整性、抗炎和炎症反应以及细菌的多种组成来实现的,然而,当这种平衡在败血症以至脓毒症中被破坏时,它会导致宿主和定植细菌之间的共生关系瓦解,导致毒性病原体出现扩增,以及出现强烈、不适当的炎症反应和抗炎反应。总的来说,这使得疾病得以传播,重要的是,这种导致器官功能障碍恶化的通路可以在很大程度上独立于刺激因素而发生。因此,肠道不仅可以在介导腹腔内脓毒症播散中发挥作用,还可以在腹腔外脓毒症播散中发挥同样重要的作用。

在本章,我们将详细讨论健康和脓毒症中肠道微环境的特征,而肠道微生物群作为肠道微环境的重要组成将是我们讨论的重点。

第1节 肠道微环境

一、肠上皮细胞

小肠腔表面由单细胞上皮细胞排列而成。肠腔虽然宽度较窄,但是由于存在皱襞和肠绒毛等特殊结构,致使小肠的上皮面积相当于半个羽毛球场大。上皮细胞在人的健康中起着至关重要的作用: ① 是食物在体内被吸收的主要位置;② 为宿主提供物理和化学防御,对抗肠腔内入侵微生物;③ 在宿主和肠腔之间提供半透性屏障;④ 分泌激素。

多能性肠干细胞位于隐窝底部附近,然后分裂成子细胞。大多数细胞向上迁移到绒毛,在此它们分化成吸收性肠上皮细胞(占肠上皮细胞表面积的85%),产生黏液的杯状细胞和产生激素的肠内分泌细胞。当细胞到达绒毛尖端时,它们全部脱落到管腔中或以细胞凋亡而死亡。从细胞分裂到迁移/分化到死亡的整个过程不到一周。少数上皮细胞也从干细胞区域向下迁移,在那里它们分化成产生防御素的潘氏细胞。

二、微生物群

(一)肠道微生物组的组成

肠腔微生物群含有大约10^{14}个细菌。有四个门的微生物群在成人胃肠道中占主导地位。其中,80%的肠道细菌为厚壁菌门和拟杆菌。厚壁菌门是革兰阳性细菌,由许多熟悉的属(如梭菌科、链球菌科、葡萄球菌科、肠球菌科和乳酸杆菌科)组成,并且许多都属于兼性厌氧菌。而另一方面,拟杆菌在很大程度上组成的革兰阴杆菌,是专性的厌氧菌。人类微生物群的成员在进化上与其他哺乳动物相似。比较研究表明,人类肠道微生物群与小鼠的肠道微生物群令人惊讶地相似,但相似性停留在属水平(对于厚壁菌门)和种水平(对于拟杆菌)。人肠道微生物群并不是一成不变的,例如人类出生后立即发生的变化。肠道的第一批居民是兼性厌氧菌,包括大肠埃希菌和厚壁菌门。这些细菌可以利用新生儿中丰富的氧气,但是这种优势在氧化还原电位降低的第二周就消失了。此时,两种门的厌氧菌都会接管(例如梭菌、拟杆菌和双歧杆菌)。断奶进一步有利于专性厌氧菌,导致微生物群的构成稳定化。

环境因素也可以影响个体微生物群的构成。在具有高脂肪,高碳水化合物西方饮食的宿主中,微生物群富含厚壁菌,并且含有拟杆菌。可能是因为厚壁菌更有效地从上述饮食中提取能量。在一种完全不同的饮食,诸如丰富的植物多糖,情况正好相反。如果饮食主要以低脂肪、高纤维饮食为主,则肠道放线菌和拟杆菌含量明显高于高脂饮食人群。

(二)肠道微生物群和定植拮抗

从20世纪50年代开始,科学家通过研究发现,在正常的肠道中,共生微生物形成一个稳定的群体,这个群体可以抵抗非本地细菌的入侵和病态的扩张,这种现象被称为"定植拮抗"(colonization resistance)。未成熟的细菌群落(例如婴儿)或被抗生素或饮食破坏的群体可能失去这种保护能力。定植拮抗实际上包括几个相关方面:对初始感染的抗性,提高宿主对已确定的感染的耐受性以及对感染的清除。这些都源于正常肠道组成成分和病原体之间的持续竞争。肠道细菌用于竞争的机制可分为两大类:直接机制和间接机制(图6-1,见彩图)。

1. 定植拮抗的直接机制 直接机制主要为微生物群通过杀死病原体或者和病原体竞争生存资源,以此来发挥定植拮抗作用。细菌必须在肠道中竞争有限的营养源,以及物理空间。与此同时,它们形成了一系列直接杀死竞争对手的武器。这两种机制都倾向于在种群关系更密切的两种细菌之间展开：相似的细菌倾向于利用相似的营养物或生态位，并且已经进化出有针对性的杀灭机制，以此和它们的同类展开竞争。

2. 杀灭　有证据表明，共生微生物群落对病原体的杀灭或抑制生长作用可能在其发挥定植拮抗过程中起主导作用。在整个自然界中都发现了杀菌分子；其中很大一部分是由细菌产生的小多肽，称为细菌素。这些通常对某些特定的细菌有效，但是也有部分细菌素具有更为广泛抑制细菌的作用。人已经从人类和动物肠道细菌、发酵食品中的乳酸菌以及常见的益生菌如双歧杆菌中分离出许多细菌素，因此认为它们可能参与肠道竞争是合理的。实际上，有研究团队发现，和不产生细菌素的大肠埃希菌菌株（*E. coli*）相比，通过移植可以产生细菌素的菌株可以有效提高自身定植拮抗能力的长期持久性。然而，在该实验中，这些小鼠用链霉素预处理，破坏了正常的群落结构。另外一项研究也发现，与大肠埃希菌一样，产生细菌素的粪肠球菌（*E. faecalis*）能更好地定植小鼠，但是在该研究中实验小鼠并不进行抗生素预处理。这些细菌素阳性粪肠球菌菌株还可以抑制不同的粪肠球菌（一种机会性病原体，比如耐万古霉素肠球菌）的定植。作为人类益生菌，乳杆菌菌株可以保护小鼠免于李斯特菌感染，这种保护作用和乳杆菌分泌的细菌素密切相关。人类益生菌大肠埃希菌 *Nissle1917* 菌株同样可以利用细菌素同鼠伤寒沙门菌竞争，并保护小鼠免于这一病原体感染。还有证据表明，细菌素可能导致肠内细菌出现持续的种内竞争。目前尚不清楚细菌素对相关肠道病原体的定植拮抗有多大作用。

其他抗菌因子在肠道中也很活跃。噬菌体（感染细菌的病毒）可以通过裂解受感染的细胞对种群产生深远的影响，并且还可以通过转移遗传信息来影响细菌的适应性。随着测序技术的进步，大量研究发现人体肠道存在着丰富的并且大多为不典型的噬菌体；他们以病毒颗粒和前噬菌体（即整合到细菌基因组的噬菌体 DNA）的形式存在。在炎症期间前噬菌体可以被激活，并且炎症性肠病患者的病毒群和健康人群的可能有不同。在小鼠实验中，能够生成噬菌体的粪肠球菌和其他并不能生成噬菌体的菌株具有竞争优势。据推测，它产生的病毒可以感染并杀死竞争菌株。然而，其他证据表明，人体肠道中的大多数噬菌体属于温和型，不会裂解其宿主，因此在肠道生态系统中，噬菌体“捕食”细菌的作用可能不会像其他环境那样发挥重要作用。与细菌素一样，噬菌体通常具有非常窄的目标宿主范围。尽管由于这个原因它们已被用于治疗，但它们在定植拮抗中的作用程度尚不确定。

Ⅵ型分泌系统（type Ⅵ secretion system，T6SS）是一个庞大的由多种不同蛋白质组分组装而成的大分子装置，它与细菌杀伤性行为紧密关联并参与到革兰阴性菌的种群竞争。它是在一些革兰阴性细菌中发现的蛋白质转位复合物，其与一些噬菌体蛋白质具有机械相似性。它被细菌用于将效应蛋白转移到其他细菌或真核细胞中。最近，在拟杆菌的成员中发现了一个新的 T6SS 蛋白家族，这些拟杆菌和厚壁菌一起在哺乳动物的肠道占主导地位。许多研究表明，T6SS 及其相关效应分子和免疫蛋白主要被用于寄生在小鼠肠道中的拟杆菌种群内的竞争中。重要的是，T6SS 介导的竞争是接触依赖性的，可以与涉及的效应蛋白和免疫蛋白形成多种组合，并且可以具有比其他杀伤机制更广的靶标范围。

3. 抑制性代谢物　由细菌产生的代谢产物也可以对其他细菌具有抑制作用。短链脂肪酸（例如乙酸、丙酸和丁酸）被确定为早期抑制鼠伤寒沙门菌在小鼠肠道中增殖的关键因素，并且也对致病性大肠埃希菌和艰难梭菌（*C. difficile*）也有抑制作用。它们由厌氧性共生细菌如拟杆菌（*Bacteroides*）和梭菌（*Clostridia*）产生，这两种细菌在成年哺乳动物胃肠道中数目丰富。梭状芽孢杆菌能够通过未知的机制，其可以生产抑制性化合物，进而保护小鼠免受鼠伤寒沙门菌和鼠柠檬酸杆菌的侵害。重要的是,SCFA 需要酸性 pH 来抑制其活性,这种情况也是由正常细菌维持的。短链脂肪酸也可以影响病原体毒力,例如丙酸和丁酸,能够抑制鼠伤寒沙门菌的致病因子,然而乙酸盐和甲酸盐产生相反的效果。SCFA 还可以作用于宿主,导致其降低氧浓度进而创造不利于病原体生长的环境。

胆汁酸是分泌到小肠中的亲水脂性胆固醇衍生分子。它们的主要功能是乳化脂肪和脂溶性维生素进而促进其吸收,但它们也具有抗菌特性。胆汁酸通常与牛磺酸或甘氨酸共轭形成结合型胆汁酸而分泌到肠道中,这增加了它们的溶解度。各种肠道细菌产生胆盐水解酶,去除共轭分子。这样可以降低胆汁酸的溶解度并因此降低毒性,或获得牛磺酸或甘氨酸。解偶联的初级胆汁酸可通过 7α-脱羟基作用进一步转化为次级胆汁酸。一组更受限制的细菌,主要是梭菌,具有这种转化能力。Buffie 等在抗生素治疗的小鼠和人类中,通过对照那些具有抗艰难梭菌感染作用的相关细菌物种,确定了闪烁梭菌(*Clostridium scindens*)是预测拮抗艰难梭菌感染的良好预测指标。闪烁梭菌属能够通过 7α-脱羟基作用产生二级胆汁酸,其可以抑制艰难梭菌生长。闪烁梭菌能够保护小鼠免于艰难梭菌,以及恢复二级胆汁酸水平。Theriot 等通过对比分析对艰难梭菌抗性小鼠和易感小鼠的代谢组学特征,发现二级胆汁酸脱氧胆酸与对艰难梭菌的抗性之间的相关性。有趣的是,初级鹅去氧胆酸胆汁酸还可以通过其受体 FXR 激活小肠中的先天防御而具有间接保护功能。

4. 营养和空间的竞争　Freter 在 1983 年提出了"营养生态位"假说,指出"大多数肠道原生细菌的种群是由一种或几种营养底物控制的,这些营养底物可以被某些特定菌株最有效地利用"。随后的实验也发现,营养底物的限制的确是一些细菌是否能够成功定植肠道的重要决定因素。例如,大肠埃希菌具有利用某些糖的能力,这改变了它在肠道中与其他相同菌株之间的竞争平衡。Lee 等采用基因筛查的方法,从细菌基因库中鉴定出与利用宿主多糖相关的基因位点,这些基因位点参与调控拟杆菌属种内竞争过程。Maldonado-Gomez 等检查了人类受试者的宏基因组(肠道中所有细菌基因的序列),以了解为什么双歧杆菌的益生菌菌株有时可以永久地建立自身定植,而不是像大多数益生菌那样短暂地定殖。他们发现,能够有效利用生态位中的资源(包括对碳水化合物)可能是一个重要因素。

肠道微生物所需要的碳水化合物主要来源于摄入的食物和宿主细胞以及分泌的黏液。肠道共生体,特别是拟杆菌,具有许多基因,能够消化宿主和其他细菌无法获得的复杂多糖。Ng 等发现,由肠道共生菌(如拟杆菌)分解宿主肠道中的聚糖而释放的唾液酸和岩藻糖是侵入性病原体鼠伤寒沙门菌和艰难梭菌的重要糖源。至关重要的是,当利用这些糖源的细菌链霉素被杀灭时,这些糖只能被病原体利用,由此促进病原体增殖。类似地,在抗生素处理后,由拟杆菌产生的代谢物琥珀酸盐更容易被病原体获取,这促进了艰难梭菌的定植。肠道共生菌为了清除鼠柠檬酸杆菌,会与宿主免疫系统协作,而在这一过程中,对糖原的竞争也起到重要的作用。一旦宿主体内 IgG 可以靶向识别表达毒力因子的鼠柠檬酸杆菌,并将它们从肠上皮细胞表面清除,这些致病菌只能在肠腔中与共生菌进行生存竞争。在肠腔中,鼠柠檬酸杆菌主要与原生的大肠埃希菌而不是拟杆菌竞争,因为大肠埃希菌可能更喜欢其他食物来源(如复合多糖),而这种食物主要在肠腔中分布。然而,当饮食改变为多糖含量低但单糖含量高时,则是拟杆菌与鼠柠檬酸杆菌相互竞争,并导致鼠柠檬酸杆菌数量减少。这一研究表明饮食对肠道营养素、微生物种群结构、活性和功能具有深远的影响。宿主聚糖作为肠道微生物的其他主要糖源,也受共生菌的影响而发生改变。这将在下面关于间接抗性机制的部分中讨论。

铁是细菌的另外一种重要营养素,并和宿主紧密地多价螯合,特别是在炎症期间。对铁竞争可能是尼氏大肠埃希菌降低鼠伤寒沙门菌在肠道中定植的一个重要机制。

虽然营养生态位概念已在多个案例中得到验证,但解开肠道生态系统中极其复杂的代谢相互作用仍然是一项艰巨的挑战。

5. 物理生态位　除了基于功能营养的生态位外,细菌还必须争夺物理空间。一些物种更喜欢以肠腔内的食物为生,也有以黏液外层为生,或者有更少部分喜欢生活在上皮细胞表面。与上皮紧密的物理接触是一些病原体的生活方式(例如鼠柠檬酸杆菌、一些致病大肠杆菌、鼠伤寒沙门菌),因此通过竞争物理结合部位(通常是些聚糖结构),可能可以防止病原菌感染。有趣的是,微生物也可间接改变宿主黏附位点的存在(见下文)。

6. 定植拮抗的间接机制　除了直接竞争之外,微生物可以通过作用于宿主而间接地相互竞争。这通常涉及刺激先天或适应性免疫系统,但其他非免疫防御也可以参与。微生物刺激宿主免疫系统将在下文详细探讨。在这里,我们将关注微生物诱发的非免疫防御因素,这些因素可能影响细菌的定植拮抗。

三、黏液层

黏液通过隔离细菌、消化酶和其他有毒介质,对上皮细胞起到屏障防御作用。黏液的疏水性是由上皮杯状细胞释放的带负电荷的糖蛋白引起的,这极大地限制了带正电荷的水溶性有毒分子穿过表面的能力。黏液层最初被认为是一个静态结构,但实际上是动态的,并受到多种因素的影响。例如,研究发现和普通小鼠相比,无菌小鼠肠道黏液形成延迟,并且在定植微生物群后,黏液成分也会随之发生改变,这说明肠道黏液的形成是动态变化的,同时还需要肠道微生物的参与。

不同部位肠道的黏液层性质也不同。小肠内的黏液由单个半渗透层组成,允许一些抗菌肽通过。盲肠和结肠黏液层根据其结构和组成特点可以分成内外两层。蛋白质组学揭示,这两层都由相似的蛋白质组成,黏蛋白 Muc2 形成大凝胶作为其主要结构组分。内层密集,牢固地附着在上皮上,没有细菌。相反,外层由于蛋白酶水解切割 Muc2 黏蛋白,导致其体积扩大,因此可以移动,并且被细菌定殖。大肠黏液主要成分是糖蛋白 Muc2,但它也包含可以固定或杀死细菌的其他蛋白,比如凝集素样蛋白 Zg 和分泌型凝集素 RegⅢγ。基因敲除 Muc2 可以导致肠上皮细胞直接和细菌接触,导致在 Muc2$^{-/-}$ 小鼠结肠隐窝远处可以观察到炎症和癌症发展。而且,和正常小鼠相比,Muc2$^{-/-}$ 小鼠在感染鼠柠檬酸杆菌时,表现出更高的病原体负荷和更多的肠损伤。同样地,在没有 Muc2 的情况下,盲肠中鼠伤寒沙门杆菌的生长范围和向肝脏的转移趋势更大。这些发现表明,Muc2 黏蛋白可以形成黏液屏障,将细菌与结肠上皮细胞分开,并表明这种黏液中的缺陷会导致病原体更易于侵入肠黏膜。

Muc2 是高度糖基化的。肠黏液和上皮的糖基化非常复杂,并且可以因微生物定植而改变。这很有趣,因为宿主聚糖可以作为微生物(包括病原体)的营养源或黏附受体。α(1,2)岩藻糖基化是其中一种糖基化修饰。小鼠上皮或者黏液在肠道共生菌的刺激下可以发生 α(1,2)岩藻糖基化,并且作为共生菌的糖源。在感染期间,炎症通过激活 MyD88 和 IL-22 信号通路增强小肠 α(1,2)岩藻糖基化修饰。这为肠道提供丰富的岩藻糖,有助于平定病原体,同时为肠道共生菌提供营养,进而抑制病原体和肠道正常菌群毒力因子的表达,促进病情康复。岩藻糖基化还可以减少由鼠柠檬酸杆菌引起的病理改变,并防止机会性病原体(粪肠球菌)从肠道中侵入并引起疾病。微生物也可能影响宿主肠道中游离糖的修饰。Faber 等发现用链霉素处理小鼠可以导致小鼠盲肠内两种氧化糖,即半乳糖酸和葡萄糖酸水平升高。这些氧化糖由半乳糖和葡萄糖酸在诱导型一氧化氮合酶(iNOS)催化下形成的。而在链霉素处理后,宿主的 iNOS 表达增加。链霉素可以直接触发 iNOS 表达,或者它可以杀死那些可以抑制 iNOS 和(或)消耗氧化糖的共生菌。在上述的任一情况下,抗生素治疗后可以导致这些氧化糖水平升高,从而导致利用这些糖分的鼠伤寒沙门杆菌的生长。

四、肠道免疫系统

虽然宿主-微生物相互作用在健康中起着至关重要的作用,但这种关系很容易变成敌对。因此,宿主需要对其内部微生物世界进行持续监测,以确保致病菌无法驱动炎症反应,而当宿主遇到它识别的外来抗原时,炎症反应可能是预期的。宿主对微生物入侵的部分防御来自上皮细胞,以物理屏障的形式存在,如上皮细胞与杯状细胞分泌的黏液之间的紧密连接蛋白。此外,肠道宿主防御的一个重要组成部分来自局部肠道免疫系统,它具有监视和效应双重作用。肠道是人体最大的免疫器官之一,人体80%以上的淋巴细胞分布在肠道内。在胃肠道相关淋巴组织中有几个免疫细胞区。其包括上皮内淋巴细胞、固有层淋巴细胞、派尔集合淋巴结、肠系膜淋巴结。派尔集合淋巴结和肠系膜淋巴结都是有组织的淋巴聚集物。然而,只有后者通过引流通道与全身淋巴系统相连。派尔集合淋巴结与上皮细胞协同作用,通过介导抗原递呈细胞/T细胞的相互作用,以及通过激活的T细胞释放细胞因子,参与诱导针对肠腔抗原的局部免疫应答。

五、微生物组与免疫系统稳态

肠道微生物群的影响不仅限于肠道;微生物群在维持系统环境中的免疫稳态中起重要作用。肠道共生体或其衍生产物,包括短链脂肪酸(SCFA)和微生物相关分子模式(MAMP),能够调节远处器官(例如肺)的免疫系统。微生物群全身免疫调节的机制是它们可以释放肽聚糖,这些肽聚糖可以系统地引发先天免疫系统并增强骨髓来源的中性粒细胞对肺炎链球菌和金黄色葡萄球菌的杀伤。此外,完整的肠道微生物群是T细胞在对流感病毒产生适应性免疫应答中所必需的。最后,单核吞噬细胞可以被微生物群衍生的产物激活,并通过干扰素信号通路引发NK细胞的免疫应答,这一免疫应答在对抗其他病毒感染中具有至关重要的作用。健康肠道微生物群可以为宿主提供针对病原体的系统性宿主防御机制(图6-2,见彩图)。这些对微生物群的新见解可能与脓毒症具有深远的临床相关性,因为针对这些患者的治疗包括使用众所周知的肠道微生物群调节剂,其中最重要的是抗生素,其对肠道微生物群具有广泛而且长期的影响。

第2节 肠道微生物群与败血症和脓毒血症

一、败血症和脓毒症相关的微生物群失衡

危重疾病可以严重干扰肠道微生物群。这些菌群紊乱背后的因果机制尚不完全清楚,但可能是由于疾病本身的破坏性影响以及临床护理期间的干预造成的。在这些干预措施中,抗生素的使用可能具有最具破坏性的影响。一项全球范围内包含1 265个ICU的前瞻性研究发现,每天大约有75%的ICU患者接受抗生素治疗。患有败血症的患者通常用两种或更多种抗生素治疗。此外,在危重患者中,诸如缺氧性损伤和炎症、肠道动力障碍、上皮完整性受损、管腔内pH变化,血管加压剂治疗、质子泵抑制剂、阿片类药物以及肠外或肠内喂养等因素均被视为可以导致微生物群破坏的潜在要素。

所有内源性和医源性肠道环境变化都会导致微生物构成成分的剧烈变化。然而,令人惊讶的是,很少有研究通过使用测序技术来深入研究重症患者胃肠道中微生物群构成的变化情况。在三项对ICU患者进行的小型研究中发现,与健康对照相比,ICU患者肠道微生物群组成出现显著变化。这些研究表明,在败血症过程中,肠道通常被单个细菌属侵占,包括几种致病和抗生素耐受菌群,如梭菌属

和肠球菌属。此外,肠道还失去了重要的细菌属,它们可以产生 SCFA,是健康个体微生物群的重要组成部分,包括粪产杆菌属、普氏菌属、布鲁菌属和瘤胃球菌属。与健康人群相比,这些代谢产物在危重病患者中出现显著降低,这可能对脓毒症的肠道完整性和全身免疫力产生不利影响。例如,研究表明具有抗炎特性的柔嫩梭菌群的消失可能进一步加剧肠道炎症状态。

二、与菌群失调相关的不良后果

在危重疾病期间,生态现状被破坏的微生物群,有时被称为病原体,可能会导致免疫抑制状态,随后导致败血症患者在住院晚期出现不良结果。事实上,尽管这些发现是相关性研究,同时缺乏深度测序的结果,但是脓毒症诱导的胃肠道微生物群的变化确实可以导致患者的发病率和死亡率增加。此外,在一项队列研究中,对 ICU 脓毒症患者的近 500 份粪便样本进行分析,结果显示微生物群引起的粪便 pH 变化可以显著增加菌血症的发生率和随后的死亡率。最后,使用深度测序的研究显示,肠道厚壁菌门与拟杆菌的比例变化以及微生物群多样性的减少与危重患者的存活率相关。然而,由于微生物群的组成可能受脓毒症以外的许多因素影响,因此脓毒症诱发生态失调的可变性和时间性质仍存在许多不确定性。例如,以败血症收住入院的患者,在诊断为败血症之前是否已经存在肠道微生物群紊乱? 而且饮食、既往住院治疗或抗生素治疗对肠道环境的长期影响也不明确。由于这些知识的局限性,我们需要开展更大的前瞻性研究才能够进一步探究脓毒症期间肠道微生物群的特点,并最终揭示肠道菌群生态失调对脓毒症相关性临床转归的作用。

三、肠道作为败血症和脓毒血症的发动机：旧理论的新概念

鉴于健康肠道微生物群对定植拮抗和全身免疫的保护作用,以及脓毒血症诱发生态失调的可能影响,我们不难推断出微生物群完整性的破坏可能增加患者对败血症的易感性。事实上,肠道是脓毒血症和多器官衰竭的发动机这一观点已经存在了几十年。Carrico 及其同事根据他们前期的临床研究结果,提出了以下假说：在危重疾病期间,肠道上皮变得高通透,导致肠道微生物渗漏进入体循环,进而可能导致炎症和器官衰竭。然而,这些研究发现在人类研究中很难被复制,这意味着细菌易位到血液中可能不是败血症中多器官功能障碍的唯一原因。肠源性淋巴液可能是肠道参与免疫调节的另一种介质。在小鼠中,肠系膜淋巴管结扎可减轻内毒素血症中的肺损伤和中性粒细胞活化。此外,将从危重病小鼠收集的肠系膜淋巴液通过静脉注射到健康小鼠后会诱发肺损伤。这种效果如何发挥作用尚不清楚,因为淋巴已被证实常是无菌的,所以很有可能存在着目前尚未发现的微生物衍生因子在这一过程中起作用。此外,脓毒血症诱发肠道上皮细胞凋亡,这将增加脓毒症的死亡率,而肠道微生物可能参与该过程。在 Fox 及其同事的一项研究中,当感染铜绿假单胞菌肺炎后,无菌小鼠死亡率显著高于常规小鼠。这种死亡率的差异与肠道上皮细胞凋亡的改变以及局部的炎症反应有关,而且淋巴细胞依赖性肠道上皮细胞凋亡的增加也是由肠道细菌介导的。这些发现证明了稳态的维持受到肠道上皮、免疫细胞以及微生物群之间内在复杂的交互作用的调节。因此,这些环路的构成成分的紊乱可能导致脓毒症和器官功能障碍的重要发病机制。

四、肠道微生物群和脓毒血症的发病机制

一些临床模型表明,用抗生素破坏微生物群反而增加了血液感染和危重疾病的风险。一项超过 10 000 名参与者的临床研究也证实了这种潜在的联系,该研究结果显示在生态失调和脓毒症进展两者之间存在强烈且一致的纵向剂量-反应关系。近期因感染,尤其是因艰难梭菌感染而住院接受治疗

的患者,随后继发严重败血症而接受二次住院治疗的发生率明显增高;而我们知道艰难梭菌感染和肠道菌群紊乱密切相关(图 6-3,见彩图)。但是,该项研究并没有进行微生物分析,而且导致肠道内稳态紊乱进而促进病情进展至脓毒血症的特定机制也尚不清楚。

许多研究旨在进一步研究这些潜在的机制。Zeng 及其同事研究表明,在健康小鼠中,一小部分革兰阴性菌能够从肠道转运至体循环中,然后产生抗原,这些抗原可以驱动保护性 IgG 的全身性产生。细菌诱导产生的 IgG 直接结合细菌,促进吞噬细胞识别并杀灭细菌,从而对大肠埃希菌和沙门菌的全身感染提供保护作用。除了这些发现之外,细菌 LPS 对于刺激 B1 细胞和维持循环系统中 IgM 的基础水平是必需的,而这在多种细菌的脓毒血症中均起到重要保护作用。另外,Deshmukh 及其同事研究也发现,在新生期接受抗生素干预的小鼠和无菌小鼠循环系统内的中性粒细胞水平降低,这使新生幼鼠易患迟发性脓毒症。因此作者猜想,小鼠胃肠道最初定植着革兰阴性菌,而这些细菌表面的 LPS 又通过 TLR-4 受体被宿主肠细胞识别。随后的信号级联导致中性粒细胞从骨髓募集到血流中。随后,这些募集的中性粒细胞有效地清除了血源性病原体,如大肠埃希菌。其他研究支持肠道微生物群在肺炎脓毒症期间作为宿主防御的保护因素的理论。例如与对照组相比,清除肠道菌群的小鼠在感染肺炎链球菌后,细菌传播风险、炎症程度、器官衰竭发生概率和死亡率均显著增加。更具体地说,在没有健康的肠道微生物群的情况下,肠道菌群清除小鼠体内的肺泡巨噬细胞显示出代谢信号通路的上调以及细胞反应改变,导致吞噬肺炎链球菌的能力降低,因此导致不太明显的免疫调节反应。

五、肠道菌群和脏器衰竭

在败血症发病过程中,这些涉及肠道和微生物的直接和间接机制同样也是导致特定器官功能障碍的重要病理生理学机制。在这方面最好的研究实例是急性肾功能衰竭,这种疾病通常发生在脓毒症中并导致死亡风险增加。除了肾脏灌注减少的直接有害影响外,脓毒症期间全身细胞因子-趋化因子的过度释放是急性肾功能衰竭的一个重要因素。2009 年 Jang 及其同事研究发现与对照小鼠相比,无菌小鼠在缺血再灌注损伤后,肾脏的结构损伤和功能衰退更严重,这表明肠道微生物群可能参与了这一过程。随后,Andrade-Olivera 及其同事研究发现,三种微生物群衍生的 SCFA(醋酸盐、丙酸盐和丁酸盐)可以通过表观遗传调节炎症反应过程,来减轻缺血再关注性肾脏损害所引起的肾功能障碍。脓毒症还可导致分解代谢、恶病质以及骨骼肌和脂肪组织的快速消耗。此外,O21:H +大肠埃希菌在小鼠肠道定植可防止由肠道感染或肠道物理损伤后出现的肌肉组织损耗。以肠道微生物群为靶向来研究脓毒血症相关性器官功能障碍的其他后遗症,如急性呼吸窘迫综合征,脓毒症引起的脑病或弥散性血管内凝血,目前还很少,但可为理解多器官衰竭的病理生理机制提供新的见解。脓毒症中肠道微生物群破坏的原因和潜在后果如图 6-4 所示(见彩图)。

六、脓毒血症中的微生物靶向治疗

由于肠道微生物群的破坏可能与败血症的易感性和预后不良有关,因此应该越来越多地研究危重疾病期间针对微生物靶向的干预措施。事实上,其中一些措施已经在许多 ICU 中实施。选择性消化道去污(selective decontamination of the digestive tract,SDD)——即通过口服肠道不吸收的抗生素,选择性清除消化道中可能致病的需氧革兰阴性菌及酵母菌,旨在防止潜在细菌病原体的二次定植和过度生长,同时保留厌氧微生物群,从而防止过量危重患者的传染病。一项包含 60 多项临床研究的 meta 分析结果表明 SDD 可以预防重症患者的院内感染并降低总体死亡率。然而,SDD 的广泛实施受到限制,因为害怕肠道中出现选择性耐抗生素细菌,从而产生持久的耐抗生素性储库。为了解决这些问题,一项跨国集群随机试验对在 ICU 中需要机械通气的 8 000 名重症患者实施 SDD,旨在测试 SDD 是否真正具有临床效果,可降低死亡率,而不会产生额外的抗生素耐药性。预计结果于 2019 年底提供(NCT02389036)。

　　益生菌已被广泛研究,最近被用作预防接受选择性胃肠手术的患者脓毒症的一种手段。最近的一项 meta 分析比较了益生菌与安慰剂在预防呼吸机相关性肺炎中的有效性,而呼吸机相关性肺炎是机械性通气患者第二常见的继发感染。尽管研究结果因为研究间和研究内的显著异质性而变得模糊,但作者得出以下结论:益生菌略微降低了呼吸机相关性肺炎的发生率,但没有降低 ICU 死亡率或住院时间。meta 分析表明,在不同的患者群体中,接受肠道益生菌补充的早产儿罹患严重坏死性小肠结肠炎和晚发性脓毒症的相对风险显著降低。尽管其有良好的结果,但由于担忧益生菌补充剂可能引起感染并发症甚至意外死亡,以及缺乏药物的最佳疗效和给药方案等临床数据,极大限制了这些药物的常规临床应用。面对这些在安全性和临床变异性方面的挑战,我们可以通过研发下一代益生菌加以克服。在肠道内,闪烁梭菌(Clostridium scindens)参与初级胆汁盐转化为次级胆汁盐过程,而研究发现闪烁梭菌可以有效拮抗艰难梭菌性结肠炎的形成。一种突变的肠道共生菌——多形拟杆菌,已被证明可以减少肠道中游离唾液酸的水平,从而抑制艰难梭菌的增殖扩增。以上这些细菌和其他菌联合使用,可以通过增殖胃肠道定植拮抗作用,以此预防耐抗生素病原体的感染。理论上,在住院治疗期间或在接受抗生素治疗后,补充益生菌可以减少 ICU 的继发感染。被运用临床治疗目的的微生物群不仅仅局限于益生菌这个范围,目前已经有许多非益生菌的肠道菌群也被运用于临床治疗研究当中。粪便微生物群移植(FMT)已被成功运用于治疗 ICU 中严重艰难梭菌感染。已有学者在一篇临床病例报道详细介绍了 FMT 在治疗耐药性败血症和腹泻患者中的成功应用;在这些发现的基础上,他们推断 FMT 可以通过接种外源肠道微生物群以抵消化道生态失调,诱导肠道微生物屏障的恢复,并帮助治疗败血症。随着脓毒血症中的微生物靶向治疗的临床研究逐步开展,越来越多微生物靶向治疗的相关发现为其他微生物群相关治疗途径铺平道路,同时微生物自动信息库(microbiome auto banking)这一新的理念也随之孕育而生,并且获得越来越多的关注。微生物自动信息库的概念包括对住院或者在门诊患者,在接受抗生素治疗之前对粪便样本进行采集和存储,这些样本被冻存以备后用。在患者完成抗菌治疗后甚至在脓毒症治疗期间,再通过 FMT 将冻存样本中含有的患者原来肠道菌群移植到患者体内。最后,对于容易罹患菌群紊乱而继发脓毒血症的患者,还可以通过给予特定的微生物群衍生成分和产物如 SCFAs,以此增强这些高风险人群的免疫启动过程。然而,在确定这些疗法的真正临床相关性之前,需要进行广泛的临床试验。

七、未来展望和总结

　　在过去的 10 年中,关于肠道微生物群在严重细菌感染和危重病中作用的临床和基础研究数量迅速增长,这些研究对预防和治疗败血症具有潜在的深远影响。然而,对健康和疾病中微生物群的组成和时间变化的理解是不充分的,并且支持肠道微生物群在败血症中的作用的临床前工作的主体仍然是碎片化的。另外一个挑战是,人群中微生物群研究的样本量计算具有挑战性,因为这些研究应该能够解决一些研究核心,比如分析类型、分类群检测以及针对感兴趣的菌群的进化枝、基因表达或信号通路的丰度差异分析。在健康人的内毒素血症期间,使用广谱抗生素导致肠道微生物群的破坏,但不会影响系统性先天免疫反应,这和动物实验略有差异,这一现象再次突显将在小鼠实验中的发现转化运用到人确实存在一定困难。把深度测序、疗效可重现性、患者安全性作为核心的大型人体研究和随机临床试验,同时与特定的功能性动物模型相结合,将在推动微生物群领域的发展中起到至关重要的作用。

由于大多数工作都集中在肠道微生物群上,因此对胃肠道不同部位以及身体其他部位微生物群的免疫调节作用了解甚少。在以往研究中,肺泡被视为无菌,越来越多的研究发现在肺炎和急性呼吸窘迫综合征期间,肺微生物群发生显著改变,而这和疾病转归密切相关。此外,目前对人体内参与调节微生物群生长繁殖的其他生物体的研究还不明确。宏基因组学研究表明,人体内共生病毒和病毒基因组的数量和多样性远远高于我们预期,并且可能在菌群稳态中具有不可低估的作用。同样,关于古细菌、噬菌体、蠕虫、原生动物和真菌的在肠道微生物群中的作用及其与传染病和败血症的关系知之甚少。未来研究肠道微生物群在脓毒症中作用的关键问题仍有待解决。

随着大量研究深入开展,越来越多的研究发现正填补着微生物群在败血症中的作用的知识空白,而且研究的重心将逐渐向新的治疗方法倾斜。较早的简单添加益生菌或 FMT 治疗方法将被选择性特定菌群以及菌群衍生物比如 SCFA 补充治疗所替代,这些个体化治疗有可能降低患者生态失调风险以及败血症易感性。由于已知许多 3 期试验未能用于治疗脓毒症,该领域已转向寻找某些临床和转录组生物标志物,这些标志物可能有助于改善结果或者增强特定治疗敏感性。鉴于微生物群中存在能够预测治疗结果或对治疗的敏感性的标志信号,并考虑到微生物组研究领域的迅速发展,旨在发现特定微生物群衍生信号的即时测序检验将在不远的将来问世。

均衡的微生物群对于维持肠道和全身免疫稳态至关重要,并且破坏肠道微生物群的完整性可能增加对败血症的易感性。研究人员开始了解败血症患者的生态失调程度,但需要进一步了解这些变化短期和长期对健康的影响。研究已经显示调节微生物群可以降低危重疾病的死亡率,但对这些疗法可能存在一些未知的风险。关于如何利用微生物群来加强败血症的预防和治疗还需要进一步深入研究。这些发现将有助于改善败血症的新型微生物靶向治疗铺平道路。肠道微生物在败血症中的作用无疑将继续推动研究人员的兴趣,不应将其排除在未来的败血症评估之外。

(王景杰　林　强)

参 考 文 献

[1] Haak BW, Wiersinga WJ. The role of the gut microbiota in sepsis[J]. Lancet Gastroenterol Hepatol, 2017, 2: 135 - 143.

[2] Singer M, Deutschman CS, Seymour CW, et al. The third international consensus definitions for sepsis and septic shock (Sepsis - 3) [J]. JAMA, 2016, 315: 801 - 810.

[3] Pickard J M, Zeng MY, Caruso R, et al. Gut microbiota: Role in pathogen colonization, immune responses, and inflammatory disease[J]. Immunol Rev, 2017, 279: 70 - 89.

[4] Cabrera-Perez J, Badovinac VP, Griffith TS. Enteric immunity, the gut microbiome, and sepsis: rethinking the germ theory of disease[J]. Exp BiolMed, 2017, 242: 127 - 139.

[5] Fay KT, Ford ML, Coopersmith CM. The intestinal microenvironment in sepsis[J]. Biochim Biophys Acta Mol Basis Dis, 2017, 1863 (10 Pt B): 2574 - 2583.

[6] Shankar-Hari M, Phillips GS, Levy ML, et al. Developing a new definition and assessing new clinical criteria for septic shock: for the third international consensus definitions for sepsis and septic shock (Sepsis - 3)[J]. JAMA, 2016, 315: 775 - 787.

[7] Sertaridou E, Papaioannou V, Kolios G, et al. Gut failure in critical care: old school versus new school[J]. Ann Gastroenterol, 2015, 28: 309 - 322.

[8] Klingensmith NJ, Coopersmith CM. The Gut as the Motor of Multiple Organ Dysfunction in Critical Illness[J]. Crit Care Clin, 2016, 32: 203 - 212.

[9] Ojima M, Motooka D, Shimizu K, et al. Metagenomic analysis reveals dynamic changes of whole gut microbiota in the acute phase of intensive care unit patients[J]. Dig Dis Sci, 2016, 61: 1628 - 1634.

[10] Falony G, Joossens M, Vieira-Silva S, et al. Population-level analysis of gut microbiome variation[J]. Science, 2016, 352: 560 - 564.

[11] Krezalek MA, DeFazio J, Zaborina O, et al. The shift of an intestinal "microbiome" to a "pathobiome" governs the course and outcome of sepsis following surgical injury[J]. Shock, 2016, 45: 475 - 482.

[12] Prescott HC, Dickson RP, Rogers MA, et al. Hospitalization type and subsequent severe sepsis[J]. Am J Respir Crit Care Med, 2015; 192: 581 - 588.

[13] Zeng MY, Cisalpino D, Varadarajan S, et al. Gut microbiota-induced immunoglobulin G controls systemic infection by symbiotic bacteria and pathogens[J]. Immunity, 2016, 44: 647 - 658.

[14] Schuijt TJ, Lankelma JM, Scicluna BP, et al. The gut microbiota plays a protective role in the host defence against pneumococcal pneumonia[J]. Gut, 2016, 65: 575 - 583.

[15] Alobaidi R, Basu RK, Goldstein SL, et al. Sepsis-associated acute kidney injury[J]. Semin Nephrol, 2015, 35: 2 - 11.

[16] Andrade-Oliveira V, Amano MT, Correa-Costa M. Gut bacteria products prevent AKI induced by ischemia-reperfusion[J]. J Am Soc Nephrol, 2015, 26: 1877 - 1888.

[17] Schieber AM, Lee YM, Chang MW, et al. Disease tolerance mediated by microbiome E. coli involves inflammasome and IGF - 1 signaling[J]. Science, 2015, 350: 558 - 563.

[18] Rao SC, Athalye-Jape GK, Deshpande GC, et al. Probiotic supplementation and late-onset sepsis in preterm infants: a meta-analysis [J]. Pediatrics, 2016, 137: 1 - 16.

[19] Davenport EE, Burnham KL, Radhakrishnan J, et al. Genomic landscape of the individual host response and outcomes in sepsis: a prospective cohort study[J]. Lancet Respir Med, 2016, 4: 259 - 571.

第7章 肠道微生物与炎症

脊椎动物的口腔和胃肠道被大量微生物定植,包括细菌、真菌、古细菌和原生生物,通常称为微生物群。微生物在出生后立即定植哺乳动物宿主。许多常驻细菌适应肠道环境,并与其他细菌以及宿主生态位进行复杂的相互作用,以获取营养。微生物群的组成很大程度上取决于个体细菌的营养需求,并且在肠道的不同位置具有高度可变性。在新生小鼠中,微生物群的种类远远少于成年个体,但随着饮食从母乳转变为富含纤维的食物,肠道内的梭菌和拟杆菌数量逐渐增多,并成为肠道主要菌群。小肠富含单糖和二糖以及氨基酸,这些营养元素有利于支持变形菌和乳酸杆菌的生长。相反,大肠含有的绝大多数糖类来源于饮食或者宿主衍生的复合碳水化合物,这些糖类很难被宿主消化和吸收。拟杆菌和梭菌含有可以分解这些复合碳水化合物(包括纤维和黏蛋白)的酶,并以它们为能量来源。因此,变形菌和乳酸杆菌成为大肠内的优势种群。

经过 1.6 亿年的共同进化,宿主和微生物之间产生了共生关系,其中微生物群有助于许多宿主生理过程,而宿主反过来为微生物提供营养和适宜的生存环境。除了促进宿主代谢外,微生物群还参与宿主肠上皮屏障、免疫稳态、最佳免疫应答和防止病原体定植。尽管绝大多数肠道共生菌群是和宿主互惠共生的或仅仅只是存在共生关系的(它们不能为宿主提供明显的益处),但是一些本地细菌在某些情况下也可以促进疾病的发生发展,因此通常被称为病原体。本章中,我们将概述目前对微生物群调节宿主免疫反应的作用及其与肠道炎症的关系。

第1节 肠道微生物群和免疫反应

一、肠道菌群对髓系细胞的调节

肠道菌群在肠道免疫系统的塑造过程中起到重要作用。髓系细胞如嗜中性粒细胞和巨噬细胞通常是感染的第一免疫应答者。虽然髓系细胞生成发生在骨髓中,但是多项研究已经表明肠道微生物群对骨髓造血过程以及肠巨噬细胞功能具有广泛影响(图 7-1,见彩图)。

(一)中性粒细胞

用广谱抗生素干预后的小鼠骨髓中干细胞和祖细胞的数量减少。Khosravi 等报道,由于缺乏肠道微生物群可引起无菌小鼠的先天免疫缺陷,导致对病原体的早期免疫反应受损,而将复合菌群重新定植到无菌小鼠肠道中则可以修复其髓系细胞生成的缺陷,并增强它对李斯特菌全身性感染的抵抗能力。研究还发现微生物组成分子比如脂多糖可以通过激活 Toll 信号通路来维持骨髓中中性粒细胞稳定产生,并促进中性粒细胞对抗细菌感染的免疫反应。此外,由肠道微生物群可以诱导的肠道 ILC3 细胞产生 IL-17,IL-17 可以促进骨髓中 G-CSF 介导的粒细胞生成,这对于对抗新生小鼠中的大肠埃希菌败血症是至关重要的。另外,微生物群介导的中性粒细胞激活可以明显增加循环系统中活化的/老化的中性粒细胞数目,这些活化或老化的中性粒细胞可以分泌促炎症因子和颗粒蛋白酶,进而损害组织并加重病情。在镰状细胞病以及内毒素诱发型败血症小鼠模型中,清除肠道菌群可以显著减少循环中的老化中性粒细胞数目,并且减轻器官损伤。还有研究报道全身性大肠埃希菌感染时,微生物组成成分可以作为配体,以此激活 NOD1 和 TLR4 信号通路,进而将骨髓祖细胞动员到脾脏,这些动员的祖细胞在脾脏中成熟为中性粒细胞,以对抗感染。肠道微生物群衍生的配体可能在骨髓祖细胞向各种器官的稳态动员中起类似作用,其中,它们产生成熟的骨髓细胞以维持组织免疫稳态。总之,来自肠道微生物群的微生物分子似乎对嗜中性粒细胞具有深远和持续的作用,从骨髓中髓系祖细胞分化产生粒细胞到成熟中性粒细胞对感染的反应以及被动员的中性粒细胞的最终老化等各个环节,均起到重要调节作用。

(二) 肠道嗜酸性粒细胞

在稳态条件下,嗜酸性粒细胞独立于肠道菌群而成为胃肠道白细胞的主要群体。虽然嗜酸性粒细胞最常被视为促炎细胞,参与各种过敏性疾病的发生发展,但最近的研究揭示了不同组织中嗜酸性粒细胞的功能具有多样性。例如,肠道中的嗜酸性粒细胞不同于血液以及肺部的,肠道中的嗜酸性粒细胞寿命较长。Sugawara 等最近报道,小肠嗜酸性粒细胞组成性地分泌高水平的 IL-1 受体拮抗剂 (IL-1Ra),即 IL-1β 的天然抑制剂。肠道上皮细胞可以以不依赖肠道菌群的方式分泌 GM-CSF,进而促进嗜酸性粒细胞表达 IL-1Ra。通过抑制小肠中 IL-1β 的水平,嗜酸性粒细胞抑制 Th17 细胞,从而在维持肠内稳态中发挥关键作用。然而,尚未广泛研究肠道嗜酸性粒细胞在稳定状态或食物过敏的情况下所起的作用。

(三) 肠道巨噬细胞

在身体的每个组织中都存在常驻巨噬细胞,它们通过作为抵抗病原体的第一道防线并通过启动伤口修复来促进组织损伤后的恢复。最近的一项研究表明,在新生儿肠道中存在着来源于卵黄囊和胚胎肝脏的巨噬细胞,但是在新生儿断奶后,Ly6C^{hi} 单核细胞源的巨噬细胞逐渐渗透进入肠道组织,造成这些胚胎起源的巨噬细胞比例下降。另一项研究也表明,虽然无菌小鼠在出生时肠道中具有正常的巨噬细胞隔室,但是在出生后 3 周龄招募至肠道组织的 Ly6C^{hi} 单核细胞源的巨噬细胞却明显减少。肠巨噬细胞 Toll 样受体可以识别细菌源性配体,如脂多糖呈现低反应,这在防止肠道组织出现过度激活的炎症反应中起到重要作用。此外,还有研究也表明肠道常驻巨噬细胞缺乏功能性 NLRP3 炎性小体(inflammasome),这可以最大限度地抑制免疫稳态下 IL-1 的过度释放和过度炎症反应的形成。另外,肠道巨噬细胞组成性地表达 NLRC4 和 pro-IL-1-β,以此可以确保当感染病原体比如沙门菌时,肠道内 IL-β 的急剧释放并且引发炎症反应。另外还有研究表明,需要在肠道菌群的参与下,pro-IL-1-β 以 MyD88 依赖性方式进行组成性表达。新近研究表明,为应对肠道损伤,肠道共生性肠杆菌,特别是奇异变形杆菌,可以通过激活 NLRP3 炎性小体信号通路,诱导新招募的 Ly6C^{hi} 单核细胞释放 IL-1β,从而促进肠道炎症反应。总之,以上研究表明肠道微生物群在循环单核细胞向肠道组织募集以及诱发肠道组织损害和感染下的肠巨噬细胞的免疫应答过程中发挥着复杂而且重要的作用。

(四) 肠道菌群对 T 细胞反应的调节

在无菌动物中观察到多种肠道免疫缺陷,包括肠道相关淋巴组织(GALT),肠道相关 Th17 细胞和 Tregs 的发育受损,产生 IgA 的 B 细胞和上皮内 CD8$^+$T 淋巴细胞的数量减少(图 7-1,见彩图)。

二、肠道菌群对 T 细胞的调节

(一) Th17 细胞

与普通小鼠相比,无菌小鼠体内的 Th1 和 Th17 细胞数量出现显著减少。Th17 细胞是 CD4$^+$效应 T 细胞的一种亚型,其在宿主防御细胞外病原体以及自身免疫病的发展中起重要作用。研究表明,分节丝状菌(*segmented filamentous bacteria*，*SFB*)在小肠内定植参与诱导 Th17 细胞的发育。而特定共生菌群组合(altered Schaedler flora，ASF)在肠道中定植，在较小程度上也参与诱导 Th17 细胞的发育。最近的两项研究阐明分节丝状菌黏附于小肠黏膜上皮细胞后可以引起的级联事件，进而促进肠道中 RORγt$^+$CD4$^+$T 淋巴细胞中 IL-17 的表达。*SFB* 黏附肠上皮细胞，可以诱导肠上皮细胞(IECs)中血清淀粉样蛋白 A(serum amyloid A protein，SAA)的表达和释放，SAA 进一步增强 CX3CR1$^+$吞噬细胞中 IL-1β 和 IL-23 的产生，这 2 种细胞因子协同促进 ILC3 细胞生产 IL-22。IL-22，反过来，增强吞噬细胞内 SAA 介导的 IL-1β 的产生，这最终上调 RORgt$^+$CD4$^+$T 淋巴细胞的 IL-17 产生。目前尚不清楚是否存在其他不同于 *SFB* 黏附介导的信号通路参与 IEC 释放 SAA，以及这种通过黏附 IEC 诱导 IL-17 表达的机制是否是 SFB 所独有或所有共生细菌均具有的。有趣的是，肠道共生细菌引发 Th17 细胞免疫应答的能力可能在抗肿瘤免疫的背景下被利用。先前的一项研究表明，环磷酰胺(一种已知用于刺激抗肿瘤免疫反应的常用癌症药物)的治疗改变了小肠中肠道微生物群的组成，并诱导选择性革兰阳性细菌易位至次级淋巴器官。这些易位细菌刺激"抗肿瘤" Th17 细胞的产生，这些细胞对环磷酰胺的治疗效果很重要。因此，可以利用共生细菌和诱导 Th17 细胞之间的联系来解决涉及 Th17 细胞异常免疫应答的疾病。

(二) 调节性 T 细胞

调节性 T 细胞(Treg)在没有肠道微生物群的情况下，可诱导型 Foxp3[(控制 Treg 细胞发育和功能的关键转录因子之一)Helio-Tregs(吖啶-调节 T 细胞)，(诱导调节 T 细胞，induced regulatory T Cells，iTregs)]的数量在结肠固有层中特异性降低，但在小肠或肠系膜淋巴结中不受影响。研究发现 46 株梭菌属的混合物(所述梭菌属属于Ⅳ簇和ⅩⅣa簇，也分别称为柔嫩梭菌和拟球梭菌)可以诱导小鼠 Treg 的活性；相似的，有研究也分别发现由 3 种梭菌属(属于 ⅩⅣ 簇)组成的特定共生菌群组合(altered Schaedler flora，ASF)，以及 17 种人的梭菌菌株的混合物均具有 Treg 诱导活性。此外，在脆弱拟杆菌肠道定植后，其细菌成分多糖 A 可以通过激活 TLR-2 信号通路来诱导调节性 T 细胞活性以及 IL-10 的表达。此外，细菌代谢物的短链脂肪酸也参与调节结肠 Treg 的发育和功能，而在无菌小鼠肠道中，短链脂肪酸水平明显下降。短链脂肪酸，特别是丁酸盐，可直接提高调节性 T 细胞内的 Foxp3 基因座的乙酰化。研究还发现，将 17 种人梭菌菌株定植到无菌小鼠胃肠道中可以提升肠腔内短链脂肪酸包括乙酸盐、丙酸盐、异丁酸盐和丁酸盐的水平，而短链脂肪酸被升高可以促进结肠上皮细胞中 TGFβ 的产生，这间接促进结肠 Tregs 的发育。由 SCFA 激活的受体，即几种 G 蛋白偶联受体(GPR)如 GPR43，在 IEC 和大多数造血细胞上表达。而缺乏 GPR43 的小鼠体内 Tregs 数量明显降低。值得注意的是，SCFAs 对 Tregs 诱导的影响似乎不限于结肠，因为研究表明，丁酸盐可以通过抑制组蛋白脱乙酰化酶(HDAC)活性，来调节 LPS 应答基因(例如 *Il2*、*Il6* 和 *RelB*)的表达，进而促进 Tregs 的分化。这似乎是一种调节胸腺外 Tregs 产生的常见机制。因此，SCFAs 对 Tregs 诱导作用是全身性的，不仅仅是在结肠中具有这一现象，但是无菌小鼠 Treg 只是结肠部位特异性缺陷。一个比较合理的解释是大多数组织中可能存在其他的非 SCFA 依赖的机制来促进 Treg 的发育，但在结肠中可能缺乏这些机制。

(三) 先天淋巴细胞

先天淋巴细胞(innate lymphoid cell，ILC)为先天免疫细胞群，在其分化成熟过程中不依赖于体细胞重组或者 MHCⅡ呈递的同源抗原的相互作用，以此缺乏重排的抗原特异性受体，但是却具有和 CD4$^+$T 细胞类似的细胞因子谱。ILC 存在于哺乳动物身体的屏障表面，例如皮肤、气道和胃肠道。基于它们的细胞因子谱，ILC 家族主要分为三类：Tbet$^+$ILC1(IFNγ 产生者)、GATA3$^+$ILC2(IL-4、

IL-13 和 IL-9 产生者)、RORγt⁺ILC3(IL-22 和 IL-17 产生者)。越来越多的证据表明 ILC3 在肠道免疫中发挥着重要作用。例如,ILC3 产生的 IL-22 可以促进肠道上皮细胞产生和分泌 RegⅢg;RegⅢg 作为一种分泌型抗菌肽,对抵抗柠檬酸杆菌肠道感染至关重要。关于肠道共生细菌是否参与 ILC3 的发育,目前许多研究之间存在分歧。有几项研究显示无菌小鼠和抗生素处理后小鼠的 RORγt⁺ILC3 正常发育,也有其他研究显示无菌小鼠和抗生素处理后小鼠的 RORγt⁺ILC3 和 IL-22 的缺乏。这种差异可能归因于饮食来源的微生物刺激,这些研究中的无菌小鼠可能已经暴露于其中。尽管如此,目前认为肠道共生细菌可以通过 ILC3 上的模式识别受体(PRR)信号通路直接影响 ILC3 功能,或者也可以通过调节肠道髓系细胞和上皮细胞来间接影响。人 RORγt⁺ILC 表达功能性 TLR-2,而 TLR-2 激活后可以诱导 IL-2 分泌,IL-2 进而以自分泌方式增强 IL-22 产生。RORγt⁺ILC 细胞上表达芳香烃受体(aryl hydrocarbon receptor,AhR)。而肠道菌群可以分解色氨酸形成的代谢产物为 AhR 的配体。这些配体激活 AhR 后,在调节 ILC 发育、IL-22 产生、肠相关的淋巴组织(gut-associated lymphoid tissue,GALT)成熟和对柠檬酸杆菌的肠道免疫反应中发挥重要作用。此外,肠吞噬细胞产生的 IL-1β 和 IL-23 可以促进 RORγt⁺ILC 分泌 IL-22。而肠道共生细菌在稳态条件下促进肠道巨噬细胞中 IL-1β 的表达,这可能有助于 RORγt⁺ILC 的形成。

此外最近许多研究均表明 RORγt⁺ILCs 在调节肠道微生物群中发挥着重要作用。RORγt⁺ILCk 可以分泌淋巴毒素的(LTα1β2),以此促进孤立淋巴滤泡(ILFs)的形成,而我们知道 ILFs 对 T 细胞非依赖性肠 IgA 的产生具有重要作用。哺乳动物的肠道被数以万亿计的有益共生细菌占据,这些细菌在解剖学上被限制在特定的生态位上。而 RORγt⁺ILCs 也是 IL-22 的主要生产者,IL-22 促进上皮细胞产生黏蛋白和抗微生物蛋白(RegⅢb、RegⅢg、S100A8 和 S100A9),这是不同部位胃肠道上的细菌物形成物理空间分隔的必要条件。已经有研究显示肠道感染艰难梭菌后,可以促进 ILC3 合成分泌 IL-22。而 IL-22 可以全身作用于表达 IL-22R 的肝细胞,诱导肝细胞产生补体 C3,进而促进从肠道易位进入体内的病原菌的清除,以此起到保护作用。此外,最近的研究表明,在肠道念珠菌感染期间,由于肠上皮屏障损伤而全身易位的细菌可以刺激 ILC3 产生的 IL-22,IL-22 可以系统性地诱导血红素清除剂——血红素结合蛋白的产生,进而限制病原体利用血红素,最终抑制这些病原体的生长。此外,Hepworth 等报道 MHCⅡ⁺ILC3 细胞直接杀死对肠道共生细菌具有反应性的 CD4⁺T 细胞,其方式与胸腺中自身反应性 T 细胞的消除方式有关。值得注意的是,结肠 ILC3 上的 MHCⅡ 在儿科 IBD 患者中减少,这提示结肠 MHCⅡ⁺ILC3 功能受损可能导致 IBD 中具有自身反应性的 CD4⁺T 细胞清除减少,进而导致肠道因自身免疫反应而损害加剧。总的来说,这些研究支持肠道 ILC3 在宿主肠道和全身范围防御病原体中发挥重要作用,以及抑制自身反应性 CD4⁺T 细胞对肠道共生细菌的过度反应,从而维持肠道中的组织稳态。

三、肠道菌群对 B 细胞免疫应答的调节

至少 80% 的活化浆母细胞和浆细胞分布于胃肠道中,其中大多数产生 IgA。其在人和小鼠中,原代 B 细胞发育仅在骨髓中发生,这一过程涉及 Rag 依赖性 V(D)J 重组,由此产生免疫前多样化。然而,最近的证据表明,在 B 细胞选择和免疫前免疫球蛋白多样化的早期,肠道微生物群起到关键作用。Alt 及其同事通过使用 Rag2-GFP 报告小鼠模型发现,处于活跃的 V(D)J 重组状态下的 Rag2⁺ CD19⁺B220^low 细胞在出生后第一周几乎检测不到,在断奶时出现并迅速扩大(18~24 天),并在 5~6 周龄时减少。值得注意的是,肠道微生物群在断奶后迅速扩大,这表明在新生儿免疫系统完全发育之前,母体免疫球蛋白在哺乳阶段依然在限制肠道菌群扩增中发挥作用。相似的,将常规小鼠的肠道菌

群完整地移植到无菌小鼠肠道可以提升小鼠全身和肠道黏膜固有层前 B 细胞的数目。在断奶后胃肠道黏膜固有层 B 细胞短期内迅速发育成熟,这可能与肠腔内菌群抗原刺激并塑造固有层前 B 细胞抗原受体库(B cell repertoire)有关。Alt 及其同事的研究也揭示了骨髓和肠黏膜固有层部位的 Rag2$^+$ B 细胞的 VH 谱系类似,但是两者的 V 谱表明显不同,这一结果表明骨髓和肠道固有层部位的 B 细胞受体(BCR)编辑存在差异。骨髓中 BCR 编辑是一种负性选择的过程,以此消除自身反应性 B 细胞,但是目前尚不清楚在肠道中是否也是通过 BCR 编辑来形成免疫耐受机制。

(一) IgA

IgA 是最丰富的抗体亚型,其在稳态条件下可以容易地被分泌到肠腔中。聚合 IgA 结合在肠上皮的基底外侧表面上的多聚免疫球蛋白受体(polymeric immunoglobulin receptor,pIgR),pIgR 将 IgA 转运至顶端表面。在 pIgR 的分泌片被蛋白酶裂解后,IgA 在肠腔中释放。无菌小鼠肠道上的黏膜 IgA 分泌细胞显著减少,而且在共生细菌定植之前的新生儿肠道中也检测不到,这表明肠道共生细菌可能提供关键刺激信号以诱导黏膜 IgA 的产生。先前的一项研究表明,在无菌雌性小鼠怀孕期间,短暂接种突变体大肠埃希菌菌株(HA107),这一菌株可以在无菌小鼠肠道中进行可逆的瞬时性定植,并足以在后代中诱导强烈的特异性 IgA 应答。在无菌小鼠胃肠道中定植的分节丝状杆菌可以作为诱发 IgA 应答的有效刺激作用。值得注意的是,已有研究显示分节丝状杆菌定植可以促进 Th17 细胞扩增并归巢于小肠,这表明分节丝状杆菌定植参与诱导 Th17 细胞应答。在这些小鼠的派尔集合淋巴结中,Th17 细胞获得一种类似于滤泡辅助 T 细胞(TFH)的表型,以诱导生发中心内负责分泌 IgA 的 B 细胞发育成熟。另一项研究也发现缺乏 Th17 细胞的小鼠在接种霍乱毒素后,其抗原特异性 IgA 免疫应答受损,这再次表明 Th17 细胞在 T 细胞依赖性抗原特异性 IgA 抗体产生过程中发挥着不可或缺的作用。然而,目前尚不清楚 IgA 免疫应答是否仅由肠道共生细菌中某些特定成员诱导。

IgA 在宿主-微生物共生和宿主防御中的作用已被广泛研究,但由于 IgA 缺乏症是最常见的原发性免疫缺陷,且大多数受影响的个体无症状,IgA 功能研究在一定程度上仍未明确。IgA 缺乏可能通过其他免疫机制得到补偿,例如 SIgM 的输出增加,这也是由 pIgR 促进的。在小鼠中,大多数肠道 IgA 针对肠道共生细菌,并且 SIgA 覆盖肠腔表面可防止入侵细菌穿过肠道上皮细胞。对 pIgR 缺陷的小鼠的研究表明,SIgA 和 SIgM 向肠腔的输出受损,血清 IgG 升高,更重要的是,共生细菌的黏膜渗透增加,并导致针对这些易位细菌的全身性抗体升高。Macpherson 和他的同事研究报道 IgA 可以限制肠道共生细菌向肠系膜淋巴结渗透,从而限制了共生细菌的全身传播和维护宿主-微生物共生关系。最近的一项研究也表明,将高 IgA 覆盖的菌群移植到无菌小鼠肠道中,可以导致小鼠对葡聚糖硫酸钠(DSS)诱导的结肠炎的易感性增强,这表明在肠道免疫稳态平衡下,肠道内 IgA 主要特异性包裹那些更能诱发炎症、更易导致结肠的细菌,从而将这些有害细菌限制在肠腔中。这些研究共同突出了 IgA 在肠腔中分隔肠道细菌的重要作用,尤其针对那些具有较高独立的细菌,这有助于维持肠道宿主-共生菌的共生关系。

(二) IgE

IgE 抗体在过敏、哮喘和寄生虫免疫中发挥着重要作用,对人类婴儿和动物模型的研究支持黏膜微生物群在哮喘和特应性疾病发展中发挥作用。IgE 的产生似乎也受到肠道微生物群的明显影响,尽管其机制似乎与肠道微生物群调节的 IgA 反应相反。Cahenzli 等报道断奶后无菌小鼠体内立即产生高水平的 IgE,这是由于在没有微生物暴露的情况下,活跃的 CD4$^+$ T 淋巴细胞依赖的 B 细胞亚型在黏膜部位(尤其是派尔集合淋巴结)转换为 IgE。

从出生到 4 周开始,往无菌小鼠体内定植不同的微生物群,但没有特定的共生细菌,但此后成年小鼠体内的 IgE 水平没有恢复正常,这表明肠黏膜暴露于多种微生物,在触发 IgA 亚型转换的同时,也将 IgE 下调至基线水平。肠道微生物群对降低 IgE 反应的作用与年龄密切相关,但其潜在机制在很大程度上仍不清楚。这些研究强调婴儿期是肠道微生物群参与塑造宿主免疫系统并提供长期益处的重要机会窗口。

(三) IgG

IgG 是由肠道共生细菌在 GALTs 中局部诱导的,而与 IgA 不同,高亲和力、抗原特异性 IgG 抗体的诱导被认为发生在肠道外器官,如脾脏。然而,肠道内有多种生理机制确保肠道中共生细菌的分隔,包括 SIgA、肠道吞噬细胞、黏膜层、上皮细胞,以及淋巴结作为最后防火墙,逃逸的肠道细菌将在这被吞噬细胞杀死。多年来,由于肠道内的共生细菌被完全分隔开来,人们普遍认为免疫系统对肠道内的共生细菌是系统性免疫忽视。这一观点得到了一项研究的支持,该研究表明幼稚小鼠血清检测不到抗阴沟肠杆菌 IgG,这是一种革兰阳性肠道共生细菌。然而,患有克罗恩病或结肠炎的患者经常报告较高滴度的抗粪便共生细菌的血清 IgG,这被认为反映了先前感染或由于上皮屏障"渗漏"导致的肠道细菌的系统性易位。

此外,最近研究报道,树突状细胞膜上表达的用于识别肠道共生菌群的 NOD2 感受器可以促进霍乱毒素的佐剂活性。霍乱毒素(CT)是由霍乱弧菌分泌的一种肠毒素,已被用作诱导黏膜免疫反应的有效佐剂。

最近几项研究的证据表明,人体和小鼠的全身免疫系统在稳态条件下对肠道共生细菌并不是免疫忽视。有研究报道,在未经处理的小鼠和健康人类血清中,检测到高水平的 IgG 抗体,这些抗体可以选择性识别来自革兰阴性但不是革兰阳性共生细菌的蛋白质。而且在幼稚小鼠的脾脏中可以检测到细菌 DNA,这表明一些肠道共生细菌可能已经进入肠外器官以引发全身免疫应答,包括产生抗原特异性 IgG。以上研究提示在稳定状态下可能有少部分革兰阴性肠杆菌(这些菌群是肠道优势菌,并可以在发炎的肠道中大量繁殖)通过独有的机制成功穿透肠上皮屏障,逃避肠系膜淋巴结中吞噬细胞的杀伤,以及诱导全身反应。还有研究表明,$CD4^+$ T 细胞和 TLR - 4 参与诱导 B 细胞稳态产生针对肠道共生细菌的抗原特异性 IgG 抗体。

此外,研究还报道胞壁质脂蛋白(MLP),一种在革兰阴性肠杆上大量表达的分泌型外膜蛋白,是幼稚小鼠和健康人中血清 IgG 识别的主要细菌抗原。由共生革兰阴性杆菌引起的菌血症,最常见的是大肠埃希菌,占所有血液感染的 25%～50%。因此,应进一步研究在稳态下诱导血清抗 MLP IgG 的产生和其他仍然未知的针对肠道微生物群衍生的抗原的 IgG 的潜力,以治疗革兰阴性脓毒症。

研究发现幼鼠、人类婴儿和幼儿体内针对共生细菌特异性 IgG 的浓度较低,这很有可能会增加新生儿对感染的易感性。母体 IgG 抗体可以通过胎盘或母乳转运给婴儿,分别在发育中的胎儿或婴儿中提供关键的被动免疫。Koch 等最近的一项研究表明,新生小鼠的母体 IgG 和 IgA 抗体会抑制出生后黏膜滤泡 T 辅助细胞反应和随后的生发中心 B 细胞反应。这些研究强调了稳态产生针对保守细菌抗原的 IgG 抗体具有重要意义,这些抗体可能在以后的生命中赋予对病原体的重要保护。鉴于此,幼儿过量使用抗生素可能会延迟或损害对共生和致病细菌的 IgG 反应和免疫记忆,并对未来生活产生深远影响。因此,早期在肠道中建立平衡微生物群落,以及母体抗体对新生儿健康的益处意义重大。

第 2 节　炎症对肠道微生物群落结构的影响

一、在炎性肠道中选择性扩增的共生细菌

人类大肠微生物群的构成具有很大的个体差异。然而,不同人的肠道菌群之间依然具有一些共

同的保守特征,这些特征主要表现在肠道中某些菌群的平衡性,比如肠道中以厚壁菌属和拟杆菌属占主体部分,而变形菌属、放线菌属、梭菌属、疣微菌属丰度相对较低。肠道炎症可导致肠道菌群的组成改变,被称为生态失调(dysbiosis)。菌群生态失调与微生物的转录、蛋白质组或代谢功能的变化相关联。越来越多的证据表明,肠道微生物群落的紊乱可能会导致其他低丰度细菌和有害细菌的繁殖,这可能进一步加剧肠道炎症。事实上,远端肠道的生态失调常以严格厌氧菌的减少和兼性厌氧菌的相对增多为特征。特别是,肠杆菌科细菌的扩张在涉及肠道炎症的各种疾病背景下的肠道菌群失调中普遍存在。在肠杆菌科,一大类单兰阴性兼性厌氧菌,属于丙型变形菌纲,并且对于变形菌门而言,由于它们对从上皮屏障扩散的氧的相对高的耐受性,通常定位在紧邻肠上皮细胞的位置。虽然氧气水平升高会增加肠杆菌科的相对丰度,但结肠中可用氧的数量有限导致其数量较低。实际上,肠杆菌科是远端肠道中微生物群落的一小部分,约占 0.1%。有趣的是,在各种肠道炎症的疾病背景下,如IBD、乳糜泻以及结肠癌,肠杆菌科在所有共生菌中生长最快。炎症诱导的环境和营养变化可赋予肠杆菌科的生长优势。由病原体感染、化学诱发结肠炎或宿主免疫缺陷导致的肠道炎症,似乎为肠杆菌科提供一个良好的生长环境以此促进其扩张。

已有临床研究报道肠杆菌科,包括黏附性侵袭性大肠埃希菌(Adhesive invasive Escherichia coli, AIEC),在克罗恩病(Crohn's disease, CD)和溃疡性结肠炎(ulcerative colitis, UC)患者中肠道中出现有扩增趋势。同时,在化学诱导或基因诱导的 IBD 小鼠模型中,肠杆菌科在肠腔内的相对丰度均显著增加。尽管存在这些关联,但没有一种病原体(包括 AIEC)被证实可引起 IBD。另外,大肠埃希菌的扩大似乎是一种结果而不是 IBD 的原因,很可能是由于肠杆菌科在发炎的肠道环境中繁殖扩增能力提高。

有趣的是,从溃疡性结肠炎动物模型松鼠中分离出的两种肠杆菌科细菌,如肺炎克雷伯菌和奇异变形杆菌,在内源性肠道微生物群的存在情况下依然可以引发野生型小鼠结肠炎。这些结果表明,炎症驱动的肠杆菌科扩增可能有助于触发疾病本身的发病机制。

许多研究表明使用抗生素可以导致肠道生态紊乱,进而造成肠腔内大肠埃希菌以及鼠柠檬酸杆菌(这两类菌都是肠菌科家族成员)异常扩增,最终加剧肠黏膜炎症程度。

同样,有证据表明,以前使用抗生素可能与腹泻型肠易激综合征的形成有关。而研究还进一步揭示这类患者肠道内的肠杆菌科细菌、巴斯德菌以及假单胞菌(三者均为变形菌门的家族成员)的丰度均增加。

坏死性小肠结肠炎是一种致命疾病,是早产儿死亡的主要原因;而一些报告证实,患有该病的婴儿粪便中肠杆菌科的相对丰度持续增加。

由肠道病原体或寄生虫感染引起的肠道炎症与肠道生态系统的破坏有关,这导致肠杆菌科在远端肠道菌群中不受控制的扩张。已有研究表明,属于肠杆菌科的致病菌,鼠柠檬酸杆菌和鼠伤寒沙门杆菌利用毒力因子促进肠道炎症,这反过来为肠道腔内的致病菌提供了生长优势。

最后,肠杆菌科的扩增会对宿主防御细菌病原体或其他有害因素产生负面影响。例如,克林霉素诱导的肠杆菌科扩张导致小鼠对艰难梭菌诱发的结肠炎的持续易感性。抗生素或葡聚糖硫酸钠(DSS)处理后可导致小鼠肠道大肠杆菌扩增并向肠外播散甚至引起菌血症、败血症,并最终导致小鼠死亡。

在这方面,最近的一项研究已经确定粪便中大肠埃希菌和拟杆菌属的丰度增加是人类弯曲杆菌感染易感性的重要决定因素。

一项针对微生物群调控谷蛋白诱导的免疫病理学的研究表明,抗生素治疗导致变形杆菌扩增,进一步增强了传统无特定病原体(SPF)小鼠中谷蛋白诱导的免疫病理学。此外,将从患有乳糜泻的患者中分离出的大肠埃希菌移植到 SPF 小鼠肠道,增加了谷蛋白诱导的病理损害的严重程度。最后,从这些患者中分离出的大肠埃希菌和志贺菌已被证明可以增加肠道通透性,这可能与这些病原体导致肠道紧密连接蛋白的表达减少有关。总体而言,越来越多的证据表明,炎症引起的肠杆菌科大量繁殖与各种肠道疾病密切相关,并可能进一步加剧肠道炎症。

二、维持微生物存活和使炎症持续存在的细菌蛋白质的选择表达

对细菌转录组的分析为炎症对微生物功能和存活能力的影响提供了新的见解。

黏附性侵袭性大肠埃希菌(*adherent-invasive Escherichia coli*,AIEC)能够通过常见的 1 型菌毛黏附素致病性大肠埃希菌 I 型菌毛顶端蛋白(*FimH*)黏附回肠细胞,并识别克罗恩病患者回肠上皮细胞上异常表达的癌胚抗原相关细胞黏附分子 6(*carcinoembryonic antigen related adhesion molecules*,CEACAM6)。在这种情况下,对 *FimH* DNA 序列分析结果表明,AIEC I 型菌毛的 *FimH* 黏附素,通过与宿主细胞表面的 D-甘露糖受体结合介导病原菌的黏附。赋予 AIEC 对表达的 CEACAM 的肠上皮细胞具有更高的黏附力,进而在遗传易感宿主中持续存在并诱导肠道炎症。

在另外一项研究中,从 IBD 患儿和非 IBD 儿童分离出黏膜相关大肠埃希菌菌株并分析了这些菌株的 *FimH* 基因的突变模式,结果发现 IBD 患儿和非 IBD 儿童的黏膜相关大肠埃希菌菌株具有不同 *FimH* 突变模式。来自 UC 患者的大肠埃希菌菌株显示突变数量增加,而 CD 患者的分离株表现出增强的突变率,但出现了不同的 *FimH* 突变。这些结果表明,在特定的选择压力下,*FimH* 蛋白经历选择性氨基酸序列突变以维持细菌存活,并暗示大肠埃希菌采用的独特行为,在不同的炎症条件下(如 CD 和 UC)存活。

因此,炎性环境可以导致特定微生物蛋白的选择表达,这促进细菌存活并进一步使炎症永久化。

三、炎性肠道中细菌大量繁殖的机制

人们已经提出了几种肠杆菌科在肠道炎症中扩增的机制,包括营养变化、黏蛋白利用、抗菌剂的产生、厌氧/有氧呼吸和金属利用(图 7-2,见彩图)。

定植在远端肠道的微生物群落争夺有限的饮食来源的碳水化合物或宿主黏液来源的聚糖。因此,饮食在塑造肠道微生物群的组成中起着至关重要的作用,饮食变化可导致物种水平的肠道微生物群落结构的紊乱,但专性厌氧梭菌和拟杆菌仍然在健康肠道中保持其对兼性厌氧肠杆菌科的优势。

正常情况下,梭状芽孢杆菌和拟杆菌都利用糖苷水解酶分解复杂的碳水化合物、结合蛋白以增加其表面碳水化合物的浓度,最终形成一个活跃的转运系统,在梭状芽孢杆菌胞质膜和外膜上转运碳水化合物。另外,肠杆菌科缺乏降解复合碳水化合物的能力,因为它们缺乏糖苷水解酶。肠杆菌科只能通过外膜扩散途径被动转运寡糖。因此,肠杆菌科并不具备与专性厌氧菌竞争高能量营养物质的能力,这种竞争性生长劣势可以解释梭菌和拟杆菌在健康远端肠道中的生长优势。

在炎症期间,肠上皮损伤导致死亡上皮细胞脱落增加,这可以导致肠腔中来源于上皮细胞膜且能被细菌利用的磷脂,如磷脂酰胆碱和磷脂酰乙醇胺含量增多。特别是乙醇胺可以作为变形杆菌门的几种细菌以及沙门菌和假单胞菌等致病菌的碳和(或)氮的唯一来源。使用乙醇胺的能力为这些细菌提供了一个有用的碳和(或)氮来源,有助于其维持肠道的成功定植,这可能是导致疾病形成的重要发病机制。

肠杆菌科在炎性肠道中扩张的另一种机制包括对黏蛋白的利用。覆盖肠上皮的黏液层由两层组成;外层是可移动的,被细菌定植并且通常限制共生菌的定植,而内层牢固地附着在上皮上并且基本上没有细菌。分泌型胶状黏蛋白 MUC2 是人类和小鼠结肠黏液中的主要黏蛋白。值得注意的是,

*MUC*2 基因缺陷小鼠上皮细胞表面的细菌黏附增强、肠道通透性增加,易发生自发性或 DSS 诱导性结肠炎和结直肠癌。

最近的一项研究强调了在 DSS 诱发性肠炎中,黏蛋白衍生的唾液酸可以在肠道炎症期间促进肠杆菌科细菌扩增。唾液酸是黏蛋白中的主要碳水化合物之一,这些细菌不能从头合成这些糖,可被细菌比如大肠埃希菌吸收,然后用于合成细菌荚膜和脂寡糖。

此外,鼠伤寒沙门菌和艰难梭菌在肠道扩增过程中,可以分解代谢黏膜聚糖以此获取并利用释放出的糖分,如岩藻糖和唾液酸。总体而言,这些结果表明,唾液酸分解代谢可赋予炎性肠道中肠杆菌科的生长优势。

肠杆菌科还可以通过产生抗菌分子来抑制其他细菌的增殖,促进其在肠道中的繁殖。例如,大肠杆菌素是某些大肠埃希菌菌株产生的细菌素,它对进化谱系中的近亲菌株具有致死的毒力。值得注意的是,在肠道炎症期间,鼠伤寒沙门杆菌通过分泌大肠杆菌素 IB(Col1B)获得了对敏感的大肠埃希菌的竞争优势。Col1B 的表达受低铁利用率和 SOS 反应(是细菌应激反应)的正向调节,在发炎的肠道中,这两种情况通常分别由嗜中性粒细胞募集和氧化应激诱导的 DNA 损伤引发。因此,肠道的炎症环境似乎通过增强大肠杆菌素的作用为肠杆菌科创造了一个有利的条件,因为大肠杆菌素作为一个有利因子,为肠杆菌科提供了竞争的生长优势。

导致肠杆菌科在炎性远端肠道中扩增的另一个机制是宿主在炎性反应期间改变了肠道正常共生菌群长期以来赖以生存的厌氧环境。在炎症期间,由于血流量和血红蛋白升高,肠腔氧气水平增加。另外,在肠道炎症期间产生的新的呼吸电子受体可以通过无氧呼吸来支持细菌生长,包括硝酸盐呼吸。已有研究显示硝酸盐作为宿主炎症反应的副产物产生。由于硝酸还原酶基因存在于大多数的肠杆菌科细菌,例如大肠埃希菌和鼠伤寒沙门菌,因此宿主肠腔内富含硝酸盐可以为肠杆菌科提供适应性优势。而梭状芽孢杆菌和拟杆菌虽然属于专性厌氧菌,但是基本上不存在硝酸还原酶基因,因此处于竞争劣势。此外,由于宿主炎性反应产生的活性氧(reactive oxygen species,ROS)可与内源性硫化合物(即硫代硫酸盐)反应,产生新的呼吸电子受体,称为连四硫酸盐。在炎症环境下,这种新产生的电子受体为鼠伤寒沙门杆菌提供了一种选择性生长优势。这些结果表明,病原体可利用宿主反应来促进其菌落的扩增。

肠杆菌科呼吸的灵活性使它们能够响应肠内不同的氧气供应。例如,在没有氧气的情况下,大肠埃希菌可以使用硝酸盐、亚硝酸盐、氧化三甲胺(trimetlylamine oxide,TMAO)、二甲基亚砜(dimethyl sulfoxide,DMSO)和富马酸盐作为电子受体,而在氧气存在下大肠埃希菌表达末端氧化酶来使用氧作为电子受体。炎症期间血液流动和血红蛋白升高导致的高水平氧气可以为肠杆菌科等兼性厌氧菌提供生长优势,而不是梭菌和拟杆菌等专性厌氧菌。例如,链霉素干预可以导致小鼠肠道内产丁酸的梭菌数目减少,进而导致降低的丁酸水平,上皮氧合作用增加,最终有氧增殖的鼠伤寒沙门菌数目增多。此外鼠柠檬酸杆菌使用Ⅲ型分泌系统(Ⅲ type secretion system,T3SS)来促进小鼠结肠隐窝增生,这反过来增加了表面上皮的氧合作用,并促进了结肠内鼠柠檬酸杆菌的有氧增殖。

在肠道炎症中引起肠杆菌科扩增的另外一种机制是金属利用。铁是宿主和致病细菌的重要营养素,它主要在宿主细胞内储存,由此与病原体隔离使其不易获取。然而,为了绕过这种铁扣留,许多病原体已经进化出高亲和力的铁摄取机制,以此和宿主的限制作用相竞争。这些摄取系统包括释放铁螯合铁载体、血红素采集系统和转铁蛋白/乳铁蛋白受体。例如,大肠埃希菌能够产生肠杆菌素,一种儿茶酚类铁载体,可以作为中性粒细胞杀菌过氧化物酶的有效抑制剂,并为炎性肠道中的大肠埃希菌赋予了明显的生存优势。基于这些研究结果,我们不难推测,大肠埃希菌释放的铁载体既可以促进自身摄取铁,还可以保护自己免受宿主的氧化应激杀伤。

从患有 CD 的患者、患有肉芽肿性结肠炎的狗以及患有回肠炎的小鼠肠道中分离不同的 *AIEC* 菌株,并对这些菌株进行谱系基因组分析,结果显示:与非致病性大肠杆菌相比,*AIEC* 菌株过表达编码铁获得的基因,例如 chu 操纵子。此外,*AIEC* 的生长需要铁,而血红素铁的存在与它们在巨噬细胞中持续存在的能力相关。还有研究从 CD 患者的回肠分离出 *AIEC* NRG857c(O83：H1)菌株,并发现这种菌株含有铁载体菌素,这增强了其在巨噬细胞的细胞内存活能力以及在小鼠肠道的定植能力。

总体而言,这些研究突显出铁获取对肠杆菌科细菌在炎症肠道中扩增具有重要促进作用。肠杆菌科还进化出在炎性环境下获取其他金属(如锌和锰)的细胞机制,这也进一步提升其竞争优势。肠道内的炎症通常促使更具毒力的肠杆菌科菌株出现,这些菌株已经进化出多种策略以逃避宿主免疫反应,在生存竞争中胜过共生细菌并在炎性肠道中茁壮成长。

（王景杰　林　强）

参 考 文 献

[1] Pickard JM, Zeng MY, Caruso R, et al. Gut microbiota：role in pathogen colonization, immune responses, and inflammatory disease [J]. Immunol Rev, 2017, 279：70 - 89.

[2] Shaw KA, Bertha M, Hofmekler T, et al. Dysbiosis, inflammation, and response to treatment：a longitudinal study of pediatric subjects with newly diagnosed inflammatory bowel disease[J]. Genome Med, 2016, 8：75.

[3] Chu H, Khosravi A, Kusumawardhani IP, et al. Gene-microbiota interactions contribute to the pathogenesis of inflammatory bowel disease[J]. Science, 2016, 352：1116 - 1120.

[4] Berry D, Kuzyk O, Rauch I, et al. Intestinal microbiota signatures associated with inflammation history in mice experiencing recurring colitis[J]. Front Microbiol, 2015, 6：1408.

[5] Schaubeck M, Clavel T, Calasan J, et al. Dysbiotic gut microbiota causes transmissible Crohn's disease-like ileitis independent of failure in antimicrobial defence[J]. Gut, 2016, 65：225 - 237.

[6] Diaz-Ochoa VE, Lam D, Lee CS, et al. Salmonella mitigates oxidative stress and thrives in the inflamed gut by evading calprotectin-mediated manganese sequestration[J]. Cell Host Microbe, 2016, 19：814 - 825.

[7] Lopez CA, Miller BM, Rivera-Chavez F, et al. Virulence factors enhance Citrobacter rodentium expansion through aerobic respiration[J]. Science, 2016, 353：1249 - 1253.

[8] Galipeau HJ, McCarville JL, Huebener S, et al. Intestinal microbiota modulates gluten-induced immunopathology in humanized mice [J]. Am J Pathol, 2015, 185：2969 - 2982.

[9] Pammi M, Cope J, Tarr PI, et al. Intestinal dysbiosis in preterm infants preceding necrotizing enterocolitis：a systematic review and meta-analysis[J]. Microbiome, 2017, 5：31.

[10] Koch MA, Reiner GL, Lugo KA, et al. Maternal IgG and IgA Antibodies Dampen Mucosal T Helper Cell Responses in Early Life [J]. Cell, 2016, 165：827 - 841.

[11] Zeng MY, Inohara N, Nunez G. Mechanisms of inflammation-driven bacterial dysbiosis in the gut[J]. Mucosal Immunol, 2017, 10：18 - 26.

[12] Kim D, Kim YG, Seo SU, et al. Nod2 - mediated recognition of the microbiota is critical for mucosal adjuvant activity of cholera toxin[J]. Nat Med, 2016, 22：524 - 530.

[13] Hepworth MR, Fung TC, Masur SH, et al. Immune tolerance. Group 3 innate lymphoid cells mediate intestinal selection of commensal bacteria-specific CD4(+) T cells[J]. Science, 2015, 348：1031 - 1035.

[14] Sakamoto K, Kim YG, Hara H, et al. IL - 22 Controls iron-dependent nutritional immunity against systemic bacterial infections[J]. Sci Immunol, 2017, 2. pii：eaai8371.

[15] Abt MC, Lewis BB, Caballero S, et al. Innate Immune Defenses Mediated by Two ILC Subsets Are Critical for Protection against Acute Clostridium difficile Infection[J]. Cell Host Microbe, 2015, 18：27 - 37.

[16] Atarashi K, Tanoue T, Ando M, et al. Th17 Cell Induction by Adhesion of Microbes to Intestinal Epithelial Cells[J]. Cell, 2015, 163：367 - 380.

[17] Sano T, Huang W, Hall JA, et al. An IL - 23R/IL - 22 circuit regulates epithelial serum amyloid a to promote local effector Th17 responses[J]. Cell, 2015, 163：381 - 393.

[18] Seo SU, Kamada N, Munoz-Planillo R, et al. Distinct commensals induce interleukin-1beta via nlrp3 inflammasome in inflammatory monocytes to promote intestinal inflammation in response to injury[J]. Immunity, 2015, 42：744 - 755.

[19] Yang BG, Seoh JY, Jang MH. Regulatory eosinophils in inflammation and metabolic disorders[J]. Immune Netw, 2017, 17：41 - 47.

[20] Sugawara R, Lee EJ, Jang MS, et al. Small intestinal eosinophils regulate Th17 cells by producing IL - 1 receptor antagonist[J]. J Exp Med, 2016, 213：555 - 567.

第8章 肠道微生物失调(生态失衡)

肠道的微生态系统是机体最庞大和最重要的微生态系统,其对宿主的健康与营养起着重要作用,是激活和维持肠道生理功能的关键因素。与其他器官一样,肠道微生物群的正常功能也依赖于稳定的菌群组成。而当机体受到年龄、环境、饮食、用药、接受放化疗等因素影响时,肠道微生物群之间的比例会产生巨大变化或新的细菌群的不断扩增,使肠道共生性菌群减少或(和)致病性菌群增加,导致肠道微生物群的失衡,进而诱发或加重疾病,这通常被称为肠道菌群失调(intestinal dysbacteriosis, ID)。具体来说,肠道细菌失调症主要是指由于肠道微生物群组成改变、细菌代谢活性变化或菌群在局部分布变化而引起的失衡状态,表现为肠道微生物群在种类、数量、比例、定位转移(移位)和生物学特性上的变化。

越来越多疾病被证实与肠道细菌失调相关,包括抗生素相关腹泻、便秘、炎症性肠病、功能性胃肠病、肝脏疾病、代谢疾病、过敏性疾病、自身免疫病,肾脏疾病、肿瘤、心血管疾病、中枢神经系统疾病、精神心理疾病等。肠道细菌失调对许多疾病的发生、发展和转归有重要影响。

第1节 微生物失调的概念与分类

一、微生态失调的概念

正常条件下,微生态系统中的微生物与微生物、微生物与宿主、微生物与环境间的结构合理,功能协调,处于稳定的平衡状态。即便受到一些干扰影响平衡,该系统也可以通过自我调节再度重建。但是,当受到大的干扰和破坏时,平衡会被打破,从而出现微生态的失衡。

肠道微生态失调(dysbiosis)是指在外环境影响下,正常的微生物种群之间和微生物群与宿主之间的微生态平衡遭到破坏或发生组成紊乱,由生理性结构转变为病理性状态。简单说就是体内菌与菌的失衡,或是菌与宿主的失衡,或是菌和宿主的统一体与外环境的失衡。

(一)微生态失调的分类

微生态失调可以依据菌群改变性质分为菌群比例失调和菌群易位,依据临床表现分为亚临床型和临床型。

1. 菌群失调(dysbacteriosis) 肠道微生物群失调是最常见的一种微生态失调形式,是指在肠道内正常菌群发生了数量或者菌种的异常变化,特别是常居菌群的数量和密度下降,而过路菌群和环境菌的数量和密度升高。严重的菌群失调可使宿主发生一系列临床症状。

(1)肠道菌群比例失调:肠道需氧菌与厌氧菌比例失调,需氧菌比例增多,而厌氧菌比例减少;耐药菌与敏感菌比例失调,耐药菌增多,发生院内感染;原籍菌与外籍菌比例失调,外籍菌增多,严重失调可发生二重感染。

(2)肠道菌群寄生部位失调:即肠道微生物群易位,又称定位转移(bacterial translocation, BT)。其指正常菌群离开原来特定的生存空间,移位到其他部位,从而导致生态失衡。可分为横向移位和纵向移位。① 横向易位：是指菌群由原来的生存部位向周围转移,如细菌从下消化道向上消化道转移、从下消化道向胆道转移、从下消化道向呼吸道转移、从下泌尿道转移到肾盂以及从阴道转移到子宫等。② 纵向易位：是指菌群由黏膜或皮肤表面向纵深转移,如肠道内细菌突破肠道黏膜屏障进入肠系膜淋巴结或门静脉系统,进一步到达远离肠道的其他器官。肠道细菌纵向移位可以引起各种内源性感染,甚至引起肠源性内毒素血症、脓毒症、多器官功能障碍综合征、重型膜腺炎等。

肠道需氧菌与厌氧菌比例失调,需氧菌比例增多,而厌氧菌比例减少;耐药菌与敏感菌比例失调,耐药菌增多,发生院内感染;原籍菌与外籍菌比例失调,外籍菌增多,严重失调可发生二重感染。

(3) 肠道菌群数量失调：按其严重程度通常可以分为三度。① 一度细菌失调：也称潜伏型微生态失衡,菌群失调较轻,只能从细菌定量检查上发现菌群组成有变化,临床上常无不适或仅有轻微排便异常,为可逆性改变,祛除病因,不经治疗也可自行恢复。② 二度细菌失调：又称为局限微生态失衡,一般不能自然恢复,即使消除诱因,仍保持原来的菌群失调状态。需要积极治疗,协助患者恢复菌群平衡状态。在临床上可有多种慢性疾病的表现,如慢性肠炎、慢性痢疾、溃疡性结肠炎等。③ 三度细菌失调：也称为菌群交替症或二重感染(superinfection),为严重的菌群失调,肠道的原籍菌大部分被抑制,而少数菌过度繁殖,占绝对优势,例如伪膜性肠炎。临床表现为病情急且重,必须及时积极治疗,挽救患者的生命。多发生在长期大量使用抗生素、免疫抑制剂、细胞毒性药物、激素、射线照射后,或患者本身患有糖尿病、恶性肿瘤、肝硬化等疾病。

2. **血流感染**　也属于菌群易位后的一种感染形式。正常血流系统处于封闭无菌状态,如果体表体腔的菌群发生纵向移位,进入血液,则引起血流感染,包括菌血症、败血症和脓毒血症。如果侵入血流的细菌随着血液循环,在远离的部位引起感染形成病灶,则称为易位病灶,如脑、肝、肾、腹腔、盆腔等处的脓肿。

3. **免疫功能受损**　免疫功能完整的宿主具有完整的皮肤黏膜屏障功能、固有和适应性免疫功能,具有不断纠正菌群失衡的能力,维持着机体的微生态平衡。即使出现一定程度的菌群失调或菌群易位,机体仍然能够通过免疫反应进行调整和控制,保持健康。一旦机体免疫功能受损,即使正常菌群本身没有改变或者轻微的菌群变化,也可能会造成微生态失衡,甚至引起疾病。

(二) 引发肠道微生态失调的因素

1. **抗菌药物**　抗菌药物是目前发生肠道微生物群失调最主要的因素。虽然抗菌药物对控制感染性疾病发挥着重要的作用,但随着抗菌药物的广泛使用,其造成的微生态失衡日益突出。抗菌药物对微生态的影响包括：① 在消灭致病菌的同时,也杀灭了大量的正常菌群,造成菌群失调。② 在消灭敏感性细菌的同时,耐药性细菌大量增殖和传播。③ 通过改变正常菌群,影响宿主的免疫功能,增加许多疾病的风险。抗菌药物对肠道微生物群的影响取决于抗生素的种类和抗菌谱、给药方式及患者情况等。使用的抗生素种类越多,抗菌谱越广,使用时间越长,患者年龄越小,越容易出现肠道微生物群失调。

2. **宿主因素**　屏障功能受损、免疫功能异常和疾病是引起机体微生态失衡的重要因素,其中免疫功能受损尤其重要。

(1) 皮肤、黏膜屏障受损造成菌群移位：开放性外伤和烧伤可以造成皮肤屏障的破坏;任何手术均可不同程度地破坏人体生理结构,从而有损正常菌群的微生态环境。如胃肠道手术可以改变胃肠道生态环境而造成肠道微生物群紊乱或失调。

(2) 原发性或获得性免疫缺陷疾病：由于免疫活性细胞和免疫活性分子的缺陷引起免疫反应缺如或低下,导致机体易发生一系列机会性感染和微生态失调。

(3) 免疫功能受抑制：某些患者接受免疫抑制治疗,包括使用免疫抑制药物、肾上腺糖皮质激素或者接受同位素等放射治疗的人群,其免疫功能下降,可引起微生态失衡。

(4)感染性疾病:许多外源性感染性疾病可以造成感染部位的菌群失调。如各种急性腹泻病包括轮状病毒、细菌或真菌感染引发的肠炎,由于引起腹泻的微生物及其毒素损害肠黏膜,大量繁殖,导致肠道微生物群失调。同样呼吸道病毒感染也可引起局部黏膜病变,造成细菌易位入侵,发生继发性细菌感染。

3. 环境因素　饮食习惯及食物成分、食物中农药和防腐剂残留、水源、土壤等污染均可直接或间接影响人体肠道微生物群结构。环境中空气污染也可以影响呼吸道菌群。此外,人类现代生活方式的改变,如全球一体化的交融发展、剖宫产增加、配方奶喂养增加、环境的过度卫生、食用加工食品的增加、生活节奏的加快和精神紧张等,因此而造成的肥胖、糖尿病、自身免疫病、过敏、肿瘤等慢性消耗性疾病均可以影响人体的微生态平衡。

第2节　诱　发　因　素

引起肠道微生物群失调的病因尚未完全明确,但与下述多种因素有关:① 原发于肠道的疾病,如肠道的急慢性感染、炎症性肠病、小肠细菌过度生长综合征等。② 全身性疾病,如感染性疾病、恶性肿瘤、代谢综合征、结缔组织病、肝肾功能受损等慢性消耗性疾病。③ 其他,如抗生素应用不合理、化学治疗、放射治疗后、各种创伤、多脏器功能衰竭(MOF)、胃肠道改道手术后、营养不良、免疫功能低下等。这些因素均可导致肠道正常菌群在质和量上的改变,从而引起肠道细菌失调。

研究显示,许多外源性和内源性因素均可影响肠道微生物群的组成,并产生或短暂或持久的影响,这些影响可以是无害,直至扩大到有害。有学者认为,由于肠道微生态具有内在的恢复力,能够适应可用营养物质的改变以及环境条件不断变化,因此,通常单一因素并不足以诱发失调,而多种因素的共同作用可以将微生物群的改变推向一个临界点,最终暴发出具有病理意义的巨大转变。

总结来说,影响肠道微生物组成的诱发因素主要包括年龄、饮食、各种药物、肠道黏膜屏障、免疫系统和微生物群本身等因素。同时,氧化应激、细菌素分泌等应激因素的作用会进一步扩大菌群的变化,进而导致肠道微生物群多样性下降和特定细菌的过度生长。

一、年龄

婴儿肠道内细菌的数量以及多样性都很低,通过早期发育,在2岁时才会形成一个相对稳定的、具有遗传多样性的、类似成人的肠道微生态。从婴儿期到成人期再到老年的不同生命阶段,肠道微生物群的生物多样性和功能也是不断发展变化的。研究表明,肠道微生物群的组成会随着年龄的增长而发生显著的变化,老年人群肠道微生态稳定性和多样性下降,致病菌比例上升,益生菌比例下降,导致肠道代谢吸收功能减弱、黏膜修复屏障功能受损、免疫系统功能下降,全身性感染的风险增高。而且老年人(>65岁)个体间的差异往往比年轻人更大。老年人肠道微生物群的这种变化与较差的健康和营养状况有关,增加了他们对疾病和感染的易感性。

二、饮食因素

肠道中的菌群影响食物的吸收,并对食物的营养价值造成影响,同时饮食也是影响肠道微生物群的主要因素之一。如食物成分的改变,食物的短缺或过量都会影响肠道微生物群。长期肠外营养的患者由于胃肠道内营养物质的缺乏,会引起变形菌门数量的增加,进而导致肠道黏膜的炎症反应,最终引起上皮屏障的破坏。营养过剩则会导致肥胖,而肥胖与肠道微生物群失调以及炎症、代谢紊乱有关。肥胖患者肠道微生物群的特征改变是微生物多样性减少、厚壁菌门过度表达。拟杆菌门与厚壁菌门的比例越低,则 LPS 释放到血液循环中越多,而高 LPS 水平会导致肥胖患者出现慢性低度炎症状态。高脂/高糖饮食可增加黏附侵袭性大肠杆菌的水平,其浸润到肠道上皮细胞会减少黏液厚度,进而引起肠道壁通透性增加,从而进一步加重代谢内毒素血症。

然而,平时我们的饮食通常都是蛋白质、脂肪和碳水化合物的组合,因此,很难确定每种宏量营养素对体内微生物群的单独影响。但是研究富含其中一种或两种成分的饮食对肠道微生物群以及疾病的影响,可以为临床管理提供有价值的信息和指导。

从长期来看,动物蛋白、氨基酸和脂肪的高摄取增加了拟杆菌的相对数量,而低蛋白和高碳水化合物的摄入增加了普氏菌属的水平。但短期内大量摄入高蛋白并不一定会产生同样的效果。高蛋白摄入引起的微生物变化较为温和,而发酵产物的变化更为明显。高蛋白饮食虽然增加了支链脂肪酸的产生,但也会产生潜在的有毒物质,如硫化物、氨和 N -亚硝基化合物。随着饮食中蛋白质和氨基酸的过量摄入,一氧化氮(NO)的合成也会增加,这种抗菌物质对肠道微生物群有很强的影响。在肥胖患者中,NO 水平的增加可能有助于肥胖相关微生物群的形成。

高脂肪摄入会引起肠道微生物群组成的显著变化,甚至脂肪酸饱和程度也会显著影响微生物群。给小鼠喂食不饱和脂肪会增加放线菌、乳酸菌和 *Akkermansia muciniphila* 菌,而这些细菌可产生一种防止体重增加和白色脂肪组织炎症的物质。相反,与喂食不饱和脂肪相比,喂食饱和脂肪的小鼠则会产生更高的 LPS,并激活 TLR - 4 和 TLR - 2 激活炎症通路。此外,高脂肪饮食还通过增加胆汁酸间接影响肠道微生物群,肠道内未被吸收的胆汁酸可通过创造低 pH、强抗菌活性的环境,对微生物生长产生强烈的影响。

此外,纤维由于其不可消化、可以到达结肠部位,并为肠道细菌提供发酵底物,从而直接影响微生物群的组成。

三、抗生素影响

口服是临床最常用、最便利的药物摄取方法,但这也大大增加了肠道微生物群对口服药物的暴露,从而促进肠道细菌的失调。患者服用抗生素、非甾体类抗炎药、质子泵抑制剂、细胞毒性药、激素、免疫抑制剂及抗肿瘤等药物均会对肠道微生物群造成不利影响,形成菌群失调。

抗生素通过其抗菌活性,具有引起肠道细菌失调的巨大潜力。即使是短暂应用,大多数的口服抗生素也会对肠道微生物群产生明显影响,甚至一些抗生素会引起肠道微生物群的长期改变。研究发现,阿莫西林等抗生素对肠道微生物群没有显著的长期影响,但儿童应用大环内酯类抗生素可导致厚壁菌门和放线菌的长期减少,而拟杆菌门和变形杆菌则随之增加。同样,成人使用环丙沙星不仅会暂时降低肠道微生物多样性,同时还会导致革兰阳性需氧菌数量长期增加。长期反复使用抗生素会破坏肠道微生物群的稳定,并促进耐药菌的生长,比如,艰难梭菌相关腹泻的发生。然而,应用抗生素对肠道微生物群的影响并不都是负面的。一些抗生素药物还可通过抑制致病菌来促进有益菌的扩张,从而发挥一种共生作用。例如,利福昔明具有典型的益生作用,可增加炎症性肠病患者肠道微生物多样性、改善肠易激综合征(IBS)症状。

传统的非类固醇类消炎药,如阿司匹林、布洛芬和萘普生,在连续服用几个月后,会影响肠道微生物群的组成,主要表现为拟杆菌和肠杆菌的丰度增加。由于非甾体类消炎药会导致胃肠道溃疡,所以临床上常常联合使用质子泵抑制剂,来减轻这些药物对胃和小肠黏膜的副作用。然而研究发现,质子泵抑制剂本身可以改变肠道微生物群,从而增加难辨梭菌相关腹泻和肝硬化患者肝性脑病的风险。除了与肠道微生物群的相互作用外,一些药物还影响肠道黏膜及其屏障功能。

四、肠道黏膜

胃肠道内布满杯状细胞分泌的黏液,可以保护上皮细胞,避免与肠道微生物群直接接触。胃肠道黏液层除了建立肠道黏膜的物理屏障外,还是某些肠道细菌的营养来源。许多细菌,如拟杆菌、*Akkermansia muciniphila* 等,可以合成糖类水解酶,进而可以从肠道黏蛋白的糖链中提取糖类,并为自身新陈代谢提供能量。这种糖类发酵作用对维持肠道中特定菌群具有决定性作用。在人肠道的细菌门中,拟杆菌门具有最强的糖类发酵能力。厚壁菌门中,如肠道瘤胃球菌、活泼瘤胃球菌和生黄瘤胃球菌也可以表达超过 100 种糖类降解酶,具有消化黏蛋白聚糖能力。相比之下,变形杆菌科的成员,如肠杆菌,降解肠道黏液蛋白的能力则非常有限。放线菌中有几种双歧杆菌则可以专门发酵复杂的岩藻糖化寡糖。肠道中常见菌属 *Akkermansia muciniphila* 则是另一种专门利用肠道黏蛋白作为碳源的微生物。

人体结肠黏液的分泌量很大程度受凝胶形成黏蛋白 MUC2 表达的调控,而许多因素,如细菌产生的 LPS 和磷脂壁酸、TNF-α、IL-4 和 IL-13,以及胃肠激素血管活性肽等均可影响 MUC2 的转录合成。此外,肠道黏蛋白具有岩藻糖基化结构,黏蛋白糖基化会明显影响那些以黏蛋白聚糖为碳源的细菌的可利用糖类的供应,从而改变肠道微生物群的组成。黏蛋白糖基化会受炎症反应中产生的激素和细胞因子的影响。例如,细菌 LPS 和细胞因子 IL-23 可以诱导小肠岩藻糖基转移酶 FUT2 的表达,进而增加肠道黏蛋白的岩藻糖基化。

五、免疫系统及炎症反应

人体内的免疫系统通过维持非炎症的体内平衡,使人体与共生菌群建立共生关系。这种免疫耐受状态依赖于多种机制,如肠道黏液屏障使上皮细胞与细菌接触的最小化、抗菌蛋白和免疫球蛋白 A 的分泌等。尽管没有炎症反应,人体免疫系统仍然不断地感知肠道细菌。免疫系统的各个组成部分都会对肠道微生物群造成显著影响。例如,免疫球蛋白 A 的缺失会导致厌氧菌迅速扩增,尤其是厚壁菌门中的黏液附着分节丝状菌。

先天免疫系统的成分,如 TLR、NOD 蛋白和炎性小体也影响肠道的细菌组成。TLR-5 是一种模式识别受体,它识别上皮表面的鞭毛蛋白,在维持微生物群平衡方面发挥着重要作用。TLR-5 缺乏可引起肠杆菌科,尤其是大肠埃希菌的大量繁殖,导致自发性结肠炎。NOD2 受体在单核细胞和潘氏细胞中表达,通过限制细菌数量和病原菌的定植来调控肠道共菌群落,特别是在回肠末端作用更为明显。NOD2 受体缺陷会导致潘氏细胞 α-防御素的低表达,而 α-防御素的缺失明显增大厚壁菌门/拟杆菌门的比例。

虽然肠道微生物群失调是多种炎症性疾病的一个特征,但肠道微生物群失调反过来也会触发肠道内免疫稳态的失衡,从而导致炎症。细菌在肠道上皮细胞上的易位增加了免疫稳态失调的发生。在健康状态下,少数易位的共生细菌会通过 Th1 和 Th17 细胞被清除,这些细胞是由拟杆菌多糖及黏液黏附分节丝状菌多糖特别诱导产生的。而大量的异位细菌不断激活 TLR,诱导促炎细胞因子过度表达,破坏肠道上皮细胞,导致慢性肠道炎症。

炎症过程中发生的氧化应激可以明显降低肠道微生物群多样性,促进特定细菌类群的生长,进而增加肠道微生物群失调的程度。白细胞浸润是肠道炎症的一个标志,同时伴有活性氧和氮的产生,由此产生的氧化应激反应具有明显的抗菌作用,特别是对于容易氧中毒的严格厌氧细菌。炎症开始时,微生物数量急剧下降,甚至有研究显示,接近 80% 的微生物群会出现衰竭。活性氧除了杀死厌氧菌,还通过硝酸盐和四硫酸盐呼吸作用促进细菌群的选择性生长。肠道中四硫酸盐的升高促进了沙门菌、柠檬酸杆菌等肠道杆菌科细菌的生长;一氧化氮合成增多以及硝酸盐呼吸作用则有利于大肠杆菌在炎症过程中的生长。

六、菌群自身作用——细菌素

结肠细菌对营养物质的竞争普遍存在,细菌之间战胜或消灭竞争对手的策略因此得到发展,其中一种策略是细菌素的分泌。细菌素是一种以竞争相同资源菌群为目标的有毒蛋白质或多肽。大多数细菌素是通过在细胞膜上形成小孔或裂解核酸来杀死竞争细菌的。产生细菌素的菌株自身则会表达免疫蛋白,以保护自己受到自身细菌素的毒性作用。细菌素主要包括大肠埃希菌产生的大肠菌素,假单胞菌的脓杆菌素,巴氏鼠疫杆菌、鼠疫耶尔森菌产生的鼠疫杆菌素等。氧化应激和基因毒性应激等应激条件会诱导细菌素的表达,可见细菌素在炎症相关氧化应激过程中会明显增加菌群失调的程度。在营养缺乏的条件下,肠杆菌科中微球蛋白的表达增加。例如,在炎症期间,当可利用的铁受限时,大肠埃希菌 *Nissle* 1917 会分泌微球蛋白以阻止其他大肠埃希菌菌株的生长。在肠道炎症期间补充铁,会降低微球蛋白的产生,导致竞争性大肠埃希菌的增殖,进而限制了大肠埃希菌 *Nissle* 1917 的生长。值得注意的是,大肠埃希菌 *Nissle* 1917 是欧洲克罗恩病和结肠炎组织推荐的唯一一种益生菌,可作为美沙拉嗪的替代品。肠球菌等革兰阳性菌在肠道内存在生存位置的竞争,粪肠球菌可以产生一种通过质粒偶联传递的细菌素,干扰其他肠球菌的增殖。

第 3 节 临 床 表 现

肠道微生物失调的主要临床表现,除了原发病的各种症状外,可在原发病的基础上出现腹泻、腹胀、腹痛、腹部不适、肠鸣或便秘,少数伴发热、恶心、呕吐,并产生水、电解质紊乱、低蛋白血症,重症患者可出现休克症状。

腹泻为肠道微生物群失调的主要症状,大多发生在抗生素使用过程中,少数见于停用后。临床症状可轻可重,轻型患者属于一度至轻二度肠道微生物群失调,可以仅仅表现为大便稀,每天 2～3 次,持续时间短,没有因腹泻而发生中毒症状。中型患者肠道微生物群失调在Ⅱ度和Ⅱ度以上,临床腹泻次数较多,可以合并肠道机会菌感染。重型患者指在严重肠道微生物群紊乱基础上往往继发有特殊条件致病菌感染(如难辨梭状芽孢杆菌、白念珠菌等),临床症状重,腹泻多为水样泻或带黏液,次数大于 10 次/天。且持续时间较长。

第 4 节 诊 断

对肠道微生态失衡的诊断根据主要包括:

(1) 病史中具有能引起肠道微生物群失调的原发性疾病及易损因素。

(2) 有肠道微生物群失调的临床表现,如腹泻、腹胀、腹痛、腹部不适等症状。

(3) 有肠道微生物群失调的实验室依据:① 粪便镜检球/杆菌比紊乱(成人参考值为 1∶3),但正常参考值各家报道不一,有人建议采用康白标准(3∶7)。② 粪便培养中计算双歧杆菌/肠杆菌(B/E)

值<1。③ 粪便菌群涂片或培养中,非正常细菌明显增多,甚至占绝对优势。④ 粪便细菌指纹图谱等新技术检测,明确肠道微生态改变。

上述①与②项可作为临床诊断依据,为诊断肠道微生物群失调所必须条件,如在实验室检查中出现任何一项阳性即可基本诊断本病,如实验室检查出现阳性机会越多,则诊断越可靠。

目前临床上菌群分析仍是肠道微生物群失调的主要检查方法,定性分析以直接涂片法为主,定量检查以细菌培养为主(需氧菌与厌氧菌培养)。

直接涂片是目前广泛采用的分析方法,由于所需设备简单、操作简便、耗时短,适宜临床应用。该方法是通过显微镜观察革兰染色粪便涂片的菌群像,估计细菌总数、球菌与杆菌比例,革兰阳性菌与革兰阴性菌的比例,结合各种细菌的形态特点、有无特殊形态细菌增多等,当非正常细菌明显增多(如酵母菌、葡萄球菌和艰难梭菌),甚至占绝对优势时可能会引起严重的伪膜性肠炎和真菌性肠炎,应引起高度重视。然而一度、二度肠道细菌失调用此种检测方法则难以分析。因此,除定性检查外,尚需进一步行定量检查,以判断数值是否正常。

培养法是将新鲜粪便直接接种于多种不同的培养基上,对生长出来的菌落进行菌种鉴定,通过控制接种粪便重量的方法可以对肠道微生物群进行定量培养。将每种细菌的数量与参考值进行比较,或计算 B/E 值,即可评估肠道微生物群的状况。B/E 值>1 表示肠道微生物群组成正常,B/E 值<1 表示肠道微生物群失调,B/E 值越低,提示菌群失调越严重。

有条件的单位可选择下列检查,更有助于肠道微生物群失调的诊断:① 以小亚基 RNA/DNA 为基础的分子生物学技术对肠道微生物群失调诊断有较高的价值。② 粪便中应用指纹技术检测肠道微生物群,如肠杆菌基因重复一致序列 PCR(ERIC - PCR)指纹图动态监测。③ 通过对人体的尿液、血液等生物体液和活检组织的代谢组学特征分析,经模式识别处理,可以得到具有正常菌群和菌群失调的早期诊断和病程监控效力的生物标识物。

然而值得说明的是,目前判定肠道细菌失调的阈值并不十分明确,很大程度上取决于所受影响的细菌种群。拟杆菌门和厚壁菌门是肠道微生物群最主要的菌门,有些情况下,这些菌门即使出现较大范围的变化,也可能仍然没有出现明显的病理结果和临床症状。而一些边缘菌群,细菌数量的轻度增加可能就会导致严重的病变,并表现出明显的临床症状。例如,肠杆菌科通常只占肠道微生物群很小的一部分,然而当肠道出现炎症反应时,肠道内氧气增多,在有氧环境下,肠杆菌科会迅速地扩增,其产生的 LPS 会进一步加剧肠道的炎症反应。

第5节 防 治

一、积极治疗原发病

能够引起肠道微生物群失调的基础病很多,纠正可能的诱发因素,如治疗各种肠道感染性疾病、代谢综合征、结缔组织病,改善肝肾功能受损的慢性疾病,慎重使用引起肠道细菌失调的药物(制酸剂、免疫抑制剂、抗生素等),以保护肠道正常菌群。处理好放化疗、各种创伤、围手术期的治疗工作。不治愈原发病,既难以防止肠道微生物群失调的发生,发生后也不易被纠正。只有积极治疗基础病,从根源解除,并辅以治疗肠道微生物群失调,才可以保证身体的彻底康复,保证菌群失调不再复发。

二、调整机体的免疫功能和营养不良状态

健康机体的原生菌能防止外来菌的入侵,但在饥饿、营养不良、免疫功能低下等情况下,为肠道微

生物群失调的发生创造了条件。因而营养支持、提高机体免疫力对本病的治疗有积极的意义。对不能进食患者,肠道内营养、鼻饲对保持肠道微生态平衡十分重要,尽可能减少肠外营养,使用肠内营养对维持肠道微生态平衡起重要作用。

三、合理应用微生态制剂

微生态调节剂(microecologiaomodulator)主要包括益生菌(probiotics)、益生元(prebiotics)和合生元(synbiotics)三部分。目前各国益生菌制品的种类非常多。益生菌所采用的菌种主要来源于宿主正常菌群中的生理性优势细菌、非常驻的共生菌和生理性真菌三大类。生理性优势细菌多为产乳酸性细菌,大致包括 7 个菌属的上百个菌种;非常驻的共生菌在宿主体内的占位密度低,是具有一定免疫原性的兼性厌氧菌或需氧菌,它们可以是原籍菌群、外籍菌群或环境菌群,如芽孢菌属、梭菌属等;生理性真菌包括益生酵母。在我国通过国家卫生健康委员会批准应用于人体的益生菌主要有以下种类:① 乳杆菌属,德氏乳杆菌、短乳杆菌、纤维素乳杆菌、嗜酸乳杆菌、保加利亚乳杆菌、干酪乳杆菌、发酵乳杆菌、植物乳杆菌、罗特乳杆菌、约氏乳杆菌、格式乳杆菌、类干酪乳杆菌、鼠李糖乳杆菌等。② 双歧杆菌属,青春型双歧杆菌、两歧双歧杆菌、婴儿双歧杆菌、动物双歧杆菌、长双歧杆菌、短双歧杆菌、嗜热双歧杆菌、乳双歧杆菌等。③ 肠球菌属,粪肠球菌和屎肠球菌。④ 链球菌属,嗜热链球菌、乳酸链球菌等。⑤ 芽孢杆菌属,枯草芽孢杆菌、蜡样芽孢杆菌属、地衣芽孢杆菌、凝结芽孢杆菌等。⑥ 梭菌属主要为丁酸梭菌,此菌也称酪酸梭菌。⑦ 酵母菌属主要是布拉酵母菌。

微生态调节剂具有改善消化功能、减轻感染性和炎性疾病的潜在作用,收到越来越多的关注和研究。近年来,微生态调节剂在调节肠道微生态,改善各种疾病等方面取得了可喜的进展,尤其是在抗生素相关性腹泻(AAD)与艰难梭菌感染(*Clostridium difficile* infection,CDI)、炎症性肠病、肠易激综合征、坏死性小肠结肠炎、儿童腹泻、便秘以及肝病等疾病的治疗中具有良好疗效。

微生态制剂使用的原则:可以单独应用活菌制剂(推荐数种活菌联合应用)或益生元制剂,也可联合应用活菌制剂和益生元制剂。原则上不同时使用抗生素,特别是口服制剂,重症患者不能停用抗生素时,可加大微生态制剂的剂量和服药次数,也可加服益生元制剂。对轻度菌群失调的患者在尽可能去除诱因的基础上,视病情决定是否使用微生态制剂;中度患者需积极合理使用微生态制剂,加强综合治疗,改善全身情况;重度菌群失调应在中度菌群失调治疗的基础上,使用针对二重感染的病原菌或条件致病菌的抗生素,纠正水、电解质紊乱和低蛋白血症,加大微生态制剂用量,使之迅速恢复正常肠道微生物群。

益生菌通常是十分安全的,但并非完全没有风险。早产儿、免疫缺陷患者、危重患者(如急性胰腺炎)和中心静脉置管的患者等发生不良反应的风险可能会增加。在这些患者中,益生菌可能会导致益生菌相关严重感染。

(一) 抗生素相关腹泻和艰难梭菌感染

在使用抗生素的患者中,抗生素相关腹泻(antibiotic-associated diarrhea,AAD)的发病率为5%~39%。然而,不同抗生素引起 AAD 的发病率不同(克拉维酸 10%~25%,头孢克肟为 15%~20%,氨苄西林为 5%~10%,其他头孢类、氟喹诺酮类、阿奇霉素、四环素、红霉素、克拉霉素为 2%~5%)。常见的 AAD 病原体是艰难梭菌,但也经常观察到白念珠菌、产气梭菌、金黄色葡萄球菌和氧化克雷伯菌。大多数细菌通过产生毒素引起腹泻,而白念珠菌可引起侵袭性念珠菌病。然而,这五种病原体加在一起并不能解释超过 30%~40% 的 AAD 病例,这意味着还涉及其他因素。

AAD 和艰难梭菌感染(*Clostridium difficile* infection,CDI)存在高发病率、高死亡率、高医疗成

本等特点。按 AAD 的病情程度、临床表现可分为：单纯腹泻、结肠炎或伪膜性结肠炎。伪膜性结肠炎病情严重，如不及时诊治，可导致并发症，病死率高达 15%～24%，而伪膜性结肠炎几乎 100% 由艰难梭菌所致。荟萃分析和临床试验均表明，益生菌能有效减少 AAD 的发病率，推荐使用益生菌治疗 AAD。最近的一项荟萃分析包括 82 项随机对照试验，包含 11 811 例病例，结果显示益生菌治疗与 AAD 发病率降低之间存在显著的统计学关联。在抗生素治疗期间通过使用益生菌可以减少 AAD 的发生率和持续时间，研究显示，各种益生菌产品可以将 AAD 的发生风险降低 40% 以上，而使用某些益生菌可降低艰难梭菌相关腹泻的发生风险高达 60%。这一发现表明，许多益生菌均具有可以改善 AAD 的"核心特性"。

美国耶鲁与哈佛益生菌工作组在 2015 年发布了益生菌应用的最新共识推荐：预防抗生素相关性腹泻的益生菌有乳杆菌 GG 株、干酪乳杆菌 DN114 G01、保加利亚乳杆菌、布拉酵母菌散、嗜热链球菌复方制剂；推荐等级为 A 级。益生菌预防艰难梭菌相关性腹泻共识推荐的益生菌有布拉酵母菌散，乳杆菌 GG 株，推荐等级为 B/C 级。

(二) 坏死性小肠结肠炎

坏死性小肠结肠炎(necrotizing enterocolitis，NEC)是一种早产儿肠道炎症性坏死，其症状包括喂养不耐受、腹胀以及血性腹泻等，NEC 常常并发胃肠道穿孔。它是全世界新生儿重症监护病房死亡率的主要原因(估计为 20%～50%)。NEC 受多种因素影响，包括妊娠早产、宿主遗传学、肠内喂养、黏膜损伤、细菌易位和炎症反应。虽然 NEC 发病时肠道细菌的参与并不完全清楚，但在 NEC 诊断之前，通常会出现病理性肠道微生物群的失调。

多种荟萃分析评估了益生菌在 NEC 中的作用，大多数荟萃分析得出的结论是，益生菌治疗可降低早产儿 NEC 的风险和死亡率。许多不同的益生菌似乎都是有效的，然而，双歧杆菌益生菌比乳酸菌更有效，益生菌合剂(多个菌种和菌株)比单一菌株更有效。双歧杆菌的高效性可能与其可以利用人乳寡糖和(或)可以补充乳糖酶的作用有关，这可能有助于解决喂养不耐受。尽管有这些积极的影响，预防使用益生菌作为标准护理早产儿目前还没有达成临床共识。应用何种益生菌治疗 NEC，耶鲁共识推荐嗜酸乳杆菌 *NCDO1748*，两歧双歧杆菌 *NCDO1453*，推荐等级为 B 级。我国共识意见对 NEC 的预防和治疗推荐使用双歧杆菌制剂。

(三) 炎症性肠病

IBD 是消化系统常见病，主要包括溃疡性结肠炎和克罗恩病，但由于病因和发病机制尚未完全阐明，治疗缺乏特异性，导致病程迁延，反复发作，并发症多，也是消化系统疾病中的难治病种。越来越多的证据表明，肠道微生物群的改变可能在炎症性肠病(inflammatory bowel disease，IBD)中发挥重要作用，尤其是在克罗恩病中。柔嫩梭菌是一种具有抗炎作用的共生菌，研究发现，克罗恩病患者肠道中的柔嫩梭菌较健康人明显减少，而且还发现有大量的侵袭性大肠埃希菌附着。IBD 患者的肠道微生物群可以引起过度活跃的免疫反应，从而导致疾病的发生以及并发症的出现。

益生菌具有调节微生物群、调节免疫效应以及修复上皮屏障缺陷的潜力，因此，使用益生菌治疗可能是 IBD 患者可行的治疗选择。包括 1 763 名试验者的 23 项随机对照研究结果显示，与对照组相比，益生菌合剂 VSL♯3(4 株乳酸杆菌，3 株双歧杆菌，1 株链球菌，每袋含 9×10^{11} 个冻干菌)在提高活动期 UC 患者的缓解率以及维持治疗方面均具有良好疗效，维持治疗与 5 - ASA(5 - aminosalicylic acid，5 -氨基水杨酸)疗效相当。大肠埃希菌 *Nissle 1917* 对缓解克罗恩病临床症状有益，其疗效与美沙拉嗪的疗效相当。此外，溃疡性结肠炎患者在回肠储袋肛管吻合术术后可能出现储袋炎，从而影响患者的手术效果及生活质量。而益生菌在储袋炎预防和维持缓解方面疗效确切，证据充分，在共识中为 A 级推荐等级。国外共识推荐使用益生菌合剂,大肠埃希菌 Nissle 1917 诱导和维持溃疡性结肠炎缓解,以及预防和维持储袋炎缓解。在国内共识意见中推荐:炎症性肠病患者可以在美沙拉嗪基础上联用双歧杆菌三联活菌(420 mg,3 次/天,疗程 4～8 周)或枯草杆菌二联活菌(500 mg,3 次/天,疗程≥4 周)。

(四) 肠易激综合征

肠易激综合征(irritable bowel syndrome,IBS)是临床常见的功能性胃肠病,其主要临床特征为反复发作的腹痛,伴有排便习惯改变以及大便性状异常。根据大便性状,IBS 可以分为腹泻型(IBS-D)、便秘型(IBS-C)、混合型(IBS-M)和未定型(IBS-U)四种类型。肠道微生物群失调与 IBS 存在密切的相关性。研究发现,与健康人相比,IBS 患者肠道微生物群数量普遍减少、多样性及丰富性降低、时间不稳定性增加。具体来说,IBS 患者肠道内包括肠杆菌科、疣微菌科或瘤胃球菌属等在内的促炎性细菌种类相对丰富,而乳酸菌、双歧杆菌等相应减少,但这些菌群变化是疾病的原因还是后果还有待确定。

根据《2011 年 WGO 益生菌和益生元全球指南》,益生菌治疗 IBS 可以缓解腹胀、胃肠胀气,一些菌株还可以缓解疼痛,并可获得整体缓解。然而关于益生菌对 IBS 的有效性,荟萃分析的结论各不相同。一项纳入了 15 项高质量临床试验(N=1 793)的荟萃分析结果显示,益生菌治疗 IBS 是有效的,但目前哪些益生菌最有益仍不清楚。此外,在荟萃分析中包含的一些相互矛盾的结果,甚至一些试验结果显示,益生菌对治疗组腹痛和腹胀症状并没有明显降低,益生菌实际上是无效的。这可能与不同研究采用的益生菌种类、剂量、剂型、使用方法以及疗效评价标准各不相同有关。

益生菌为临床治疗 IBS 提供了新思路,根据患者的病情,选取针对性的益生菌制剂就显得尤为重要。尽量选取乳杆菌、双歧杆菌等人体原籍菌较为安全有效,并且根据病情适当调整剂量,才能达到治疗和缓解 IBS 的目的。国外指南和共识推荐含有双歧杆菌、乳杆菌、大肠埃希菌和凝结芽孢杆菌的益生菌或短链低聚果糖、低聚半乳糖等益生元用于减轻肠易激综合征导致的胃肠胀气,改善腹痛并缓解整体症状,改善生活质量。总之,益生菌可作为 IBS 治疗的辅助手段,但作为主要治疗药物加以推荐还需要更充实的临床依据。国内共识意见推荐:肠易激综合征患者中可应用双歧杆菌三联活菌(420 mg,3 次/天,疗程 4～8 周)、双歧杆菌四联活菌(1.5 g,3 次/天,疗程 4～8 周)作为辅助用药。也可尝试使用枯草杆菌二联活菌、地衣芽孢杆菌活菌、凝结芽孢杆菌活菌片、酪酸梭菌肠球菌三联活菌片、酪酸梭菌活菌等益生菌制剂。

(五) 便秘

便秘是在儿童和成人中非常常见的消化系统疾病。传统治疗慢性便秘主要是生活方式调整、使用泻药、润滑性药物、促分泌药等,但传统的治疗方法对许多患者来说,并不能取得满意的效果。研究显示,便秘与肠道微生物群失调密切相关,临床上微生态制剂也常用来治疗便秘。研究发现,便秘患儿中双歧杆菌数量减少,而非致病性大肠埃希菌、拟杆菌以及肠道微生物群总数明显增加。摄入干酪乳杆菌代田株、乳酸菌 DN-173010 和大肠埃希菌 Nissle 1917 可增加成年人便秘患者的排便频率,以及改善其粪便性状。

国外指南和共识推荐双歧杆菌、乳杆菌、嗜热链球菌的某些菌株及乳果糖、低聚果糖等益生元用于治疗慢性便秘。中国《老年人慢性便秘的评估与处理专家共识》推荐双歧杆菌三联活菌制剂、乳果糖等作为老年人慢性便秘常用的治疗方法。双歧杆菌三联活菌制剂与常规泻药联用可提高功能性便秘的疗效、降低复发率。乳果糖作为一种益生元可单用或联用治疗慢性便秘,特别适用于合并有慢性心功能不全和肾功能不全的患者。同样,双歧杆菌乳杆菌四联活菌片也是治疗便秘的常用辅助药物。

（六）肝硬化与肝性脑病

肝硬化是我国常见的消化系统疾病,肝硬化又有诸多并发症,如内毒素血症、自发性细菌性腹膜炎、上消化道大出血、肝性脑病、肝肾综合征、肝癌等,这些并发症可独立于病因出现并加重。有研究提示,肠道细菌失调参与肝硬化的发生。由于肠-肝轴的存在,肝硬化患者存在不同程度的肠道细菌失调,表现为大肠埃希菌等病原菌增加和小肠细菌过度生长。肠道细菌失调可进一步导致肠道通透性改变,内毒素和细菌进入门静脉循环,激活免疫系统,最终导致肝脏损伤加重以及全身炎症。肠道细菌失调不仅可加重肝硬化患者症状,还可诱发内毒素血症、自发性腹膜炎、肝性脑病等并发症。肠道细菌失调在肝病重型化方面起加速器作用。

肝性脑病又称肝性昏迷,是严重肝病引起的、以代谢紊乱为基础的中枢神经系统功能失调的综合征,其主要临床表现是意识障碍、行为失常和昏迷。2013 年《中国肝性脑病诊治共识意见》中明确肯定了益生菌对于治疗轻微型肝性脑病是有效的。耶鲁共识也推荐使用益生菌合剂治疗肝性脑病,且推荐等级为 A 级。此外,还有指南推荐乳果糖及含有嗜热链球菌、保加利亚乳杆菌、嗜酸乳杆菌、双歧杆菌和干酪乳杆菌的酸奶预防和治疗肝性脑病。国内共识也推荐使用地衣芽孢杆菌、枯草杆菌二联活菌肠溶胶囊、复方嗜乳酸杆菌、双歧杆菌三联活菌胶囊、酪酸梭菌二联活菌散剂、乳果糖等药物可辅助治疗肝性脑病。

四、粪菌移植

粪菌移植(fecal microbiota transplantation,FMT)是指将健康者粪便中的功能菌群移植至患者胃肠道中,重建肠道微生态平衡,以治疗特定肠道及肠道外疾病。目前 FMT 明确适应证是艰难梭杆菌感染(clostriaium difficile infection,CDI)。FMT 治疗 CDI 在 2013 年被写入美国医学指南,2016 年欧洲粪菌移植共识也推荐 FMT 是轻度及重度复发性 CDI 以及难治性 CDI 可选的治疗方法,然而目前没有充足的证据推荐 FMT 治疗初发 CDI。有关治疗复发性 CDI 的研究表明,FMT 比万古霉素有更好的疗效,不论是新鲜还是冰冻粪便,实施 FMT 的有效率均高于 80%。在所有关于 FMT 的临床研究中,短期随访均显示,FMT 有极高的安全性,而长期随访目前仍缺乏相关数据。

在粪便材料的选择上,研究显示,冰冻粪便和新鲜粪便对复发性 CDI 的治疗效果相当。CDI 患者在接受 FMT 前需要甲硝唑、万古霉素或非达霉素预灌注至少 3 天,移植前停用抗生素 12~48 小时。在紧急情况下,如果冰冻粪便样品立即可得,可不必经过抗生素灌洗的过渡性治疗过程。但是对于除 CDI 之外的其他适应证,不推荐使用抗生素预灌注。粪菌移植的途径包括:鼻胃管、胃镜、鼻肠管、结肠镜、灌肠等。目前尚无明确的文献报道证实何种方式最佳,Gough 等认为移植方式的选择应取决于病变部位以及所患疾病的特点,如代谢综合征倾向于经十二指肠输注等。但在临床实施中,可能结肠镜或灌肠患者更易接受。单次粪菌移植治疗难辨梭状芽孢杆菌感染失败的危险因素包括:年龄超过 65 岁、病情严重或合并严重并发症、接受粪菌移植时的住院状态及既往难辨梭状芽孢杆菌感染相关的住院次数。免疫抑制状态不是粪菌移植治疗 CDI 的禁忌证。

除抗菌药物治疗无效或复发的难辨梭状芽孢杆菌感染可行粪菌移植外,因检验条件限制无法明确病原菌的难治性抗菌药物相关性腹泻、伪膜性肠炎也可考虑粪菌移植。除此之外,国外另有报道,FMT 可治疗炎症性肠病、肠易激综合征、慢性疲劳综合征、肥胖症、2 型糖尿病等胃肠道和非胃肠道相关疾病。

目前,除 CDI 以外,FMT 并无明确的适应证,FMT 治疗相关疾病的机制,针对不同疾病 FMT 供者的选择、粪菌液制备、移植途径及移植流程等方面未形成统一的标准。虽目前无 FMT 显著不良事件发生的报道,但理论上 FMT 也存在着传播有害菌的潜在风险,且其后果可能在数十年内都不会太明显,因此,FMT 的安全性仍需要大量随机对照的高质量临床试验证据,并根据临床以及个体差异制订适用的治疗方案。由于 FMT 筛选、移植流程复杂,用粪人工组合菌群移植(synthetic microbiota transplantation,SMT)可能成为 FMT 或肠道微生物群干预的发展的新方向。

五、中医中药

中医药学有着数千年的历史,它是我国古代人民与疾病斗争的经验总结,具有独特完整的理论体系和丰富的临床治疗经验。中医"正气内存,邪不可干"的"祛邪扶正"治则与微生态学者提出"矫正生态失调,保持生态平衡,间接排除病原体"的微生态调整概念有相通之处。临床上中医药通过"辨证论治",可以有效改善腹泻、腹痛、腹部不适、便秘等菌群失调的相关临床症状。现有研究证明,中药多成分体系中,除含有活性成分外,还含有蛋白质、多糖、脂类、微量元素、维生素等营养成分,对肠道微生态系统的平衡具有很好的保护作用,一些中药如黄芪、党参、枸杞、刺五加、五味子等可以促进双歧杆菌的生长,充当益生元的作用。很多健脾益气、扶正固本、清热解毒作用的中药复方一定程度上能调整肠道微生物群紊乱失衡。Xu 等的研究显示葛根芩连汤可以通过改变肠道微生物群的结构、增加有益菌的数量,尤其是柔嫩梭菌群的相对丰度来治疗 2 型糖尿病,提示中药可以肠道微生物群为靶点治疗疾病。然而,中药对肠道微生物群的作用是多方面的,甚至在浓度不同时对同一细菌的增殖作用也截然不同,或促进或抑制或无明显影响。

目前中医药与微生态关系的研究还处于起步阶段。相信随着今后在利用宏基因组学、高通量测序及生物信息学分析方法下,深层次研究中药对肠道微生态结构及功能的影响,通过多靶点、多途径明确单味中药及其有效成分对某一疾病优势肠道细菌及其基因表达的影响,阐明中药调节肠道微生态的物质基础,为揭示其作用本质提供依据。

(李培彩　唐艳萍)

参 考 文 献

[1] Backhed F, Ley RE, Sonnenburg JL, et al. Host-bacterial mutualism in the human intestine[J]. Science, 2005, 307: 1915 - 1920.
[2] 潘俊希,谢鹏.神经精神疾病微生物组研究现状和展望[J].生命科学,2017,29: 669 - 681.
[3] 江学良.益生菌临床应用的共识与实践[J].中华消化病与影像杂志(电子版),2016,6: 145 - 149.
[4] Sonnenburg JL, Backhed F. Diet-microbiota interactions as moderators of human metabolism[J]. Nature, 2016, 535: 56 - 64.
[5] Honda K, Littman DR. The microbiota in adaptive immune homeostasis and disease[J]. Nature, 2016, 535: 75 - 84.
[6] Mayer EA, Tillisch K, Gupta A. Gut/brain axis and the microbiota[J]. J Clin Invest, 2015, 125: 926 - 938.
[7] Zitvogel L, Galluzzi L, Viaud S, et al. Cancer and the gut microbiota: an unexpected link[J]. Sci Transl Med, 2015, 7: 271ps1.
[8] 中华预防医学会微生态学分会.中国消化道微生态调节剂临床应用专家共识(2016 版)[J].中国实用内科杂志,2016,36: 858 - 869.
[9] Lin L, Zhang JQ. Role of intestinal microbiota and metabolites on gut homeostasis and human diseases[J]. BMC Immunol, 2017, 18: 2.
[10] Gorkiewicz G, Moschen A. Gut microbiome: a new player in gastrointestinal disease[J]. Virchows Archiv, 2018, 472: 159 - 172.
[11] Weiss GA, Hennet T. Mechanisms and consequences of intestinal dysbiosis[J]. Cellular and Molecular Life Sciences, 2017, 16: 2959 - 2977.
[12] Hajela N, Ramakrishna BS, Nair GB, et al. Gut microbiome, gut function, and probiotics: Implications for health[J]. Indian Journal of Gastroenterology, 2015, 34: 93 - 107.
[13] 归崎峰,杨云梅,张发明.肠道微生态制剂老年人临床应用中国专家共识(2019)[J].中华危重症医学杂志,2019,12: 73 - 79.
[14] Demehri FR, Barrett M, Teitelbaum DH. Changes to the intestinal microbiome with parenteral nutrition: review of a murine model and potential clinical implications[J]. Nutr Clin Pract, 2015, 30: 798 - 806.
[15] Shankar V, Gouda M, Moncivaiz J, et al. Differences in gut metabolites and microbial composition and functions between Egyptian and US children are consistent with their diets[J]. mSystems, 2017, 2, pii: e00169 - 16.

［16］ Caesar R，Tremaroli V，Kovatcheva-Datchary P，et al. Crosstalk between gut microbiota and dietary lipids aggravates WAT inflammation through TLR signaling[J]. Cell Metab，2015，22：658－668.

［17］ Bell DS. Changes seen in gut bacteria content and distribution with obesity：causation or association？［J］. Postgrad Med，2015，127：863－868.

［18］ Korpela K，Salonen A，Virta LJ，et al. Intestinal microbiome is related to lifetime antibiotic use in Finnish pre-school children[J]. Nat Commun，2016，7：10410.

［19］ Furuya-Kanamori L. Comorbidities，exposure to medications，and the risk of community-acquired Clostridium difficile infection：a systematic review and meta-analysis[J]. Infect Control Hosp Epidemiol，2015，36：132－141.

［20］ Rogers MA，Aronoff DM. The influence of non-steroidal anti-inflammatory drugs on the gut microbiome[J]. Clin Microbiol Infect，2016，22：178. e1－178. e9.

［21］ Freedberg DE，Toussaint NC，Chen SP，et al. Proton pump inhibitors alter specific taxa in the human gastrointestinal microbiome：a crossover trial[J]. Gastroenterology，2015，149：883－885. e9.

［22］ Sassone-Corsi M，Nuccio SP，Liu H，et al. Microcins mediate competition among Enterobacteriaceae in the inflamed gut[J]. Nature，2016，540：280－283.

［23］ Scaldaferri F，Gerardi V，Mangiola F，et al. Role and mechanisms of action of Escherichia coli Nissle 1917 in the maintenance of remission in ulcerative colitis patients：an update[J]. World J Gastroenterol，2016，22：5505－5511.

［24］ Kommineni S，Bretl DJ，Lam V，et al. Bacteriocin production augments niche competition by enterococci in the mammalian gastrointestinal tract[J]. Nature，2015，526：719－722.

［25］ 万健，吴开春.《亚太地区成人益生菌使用共识意见》解读[J].医学新知杂志，2018，28：379－381.

［26］ Kleerebezem M，Binda S，Bron PA，et al. Understanding mode of action can drive the translational pipeline towards more reliable health benefits for probiotics[J]. Curr Opin Biotechnol，2019，56：55－60.

［27］ Larcombe S，Hutton ML，Lyras D. Involvement of bacteria other than Clostridium difficile in antibiotic-associated diarrhoea[J]. Trends Microbiol，2016，24：463－476.

［28］ Dadar M，Tiwari R，Karthik K，et al. Candida albicans-biology，molecular characterization，pathogenicity，and advances in diagnosis and control-an update[J]. Microb Pathog，2018，117：128－138.

［29］ Lau CS，Chamberlain RS. Probiotics are effective at preventing Clostridium difficile-associated diarrhea：a systematic review and meta-analysis[J]. Int J Gen Med，2016，9：27－37.

［30］ Elgin TG，Kern SL，McElroy SJ. Development of the neonatal intestinal microbiome and its association with necrotizing enterocolitis [J]. Clin Ther，2016，38：706－715.

［31］ Underwood MA. Impact of probiotics on necrotizing enterocolitis[J]. Semin Perinatol，2017，41：41－51.

［32］ Underwood MA，Davis JCC，Kalanetra KM，et al. Digestion of human milk oligosaccharides by *Bifidobacterium* breve in the premature infant[J]. J Pediatr Gastroenterol Nutr，2017，65：449－455.

［33］ Bonder MJ，Kurilshikov A，Tigchelaar EF，et al. The effect of host genetics on the gut microbiome[J]. Nat Genet，2016，48：1407－1412.

［34］ 郑跃杰，黄志华，刘作义，等.微生态制剂儿科应用专家共识[J].中国实用儿科杂志，2011，26：20－23.

［35］ Ringel Y. The gut microbiome in irritable bowel syndrome and other functional bowel disorders[J]. Gastroenterol Clin N Am，2017，46：91－101.

［36］ Rodiño-Janeiro BK，Vicario M，Alonso-Cotoner C，et al. A review of microbiota and irritable bowel syndrome：future in therapies [J]. Adv Ther，2018，35：289－310.

［37］ Hungin APS，Mitchell CR，Whorwell P，et al. Systematic review：probiotics in the management of lower gastrointestinal symptoms-an updated evidence-based international consensus[J]. Aliment Pharmacol Ther，2018，47：1054－1070.

［38］ 中华医学会老年医学分会.老年人慢性便秘的评估与处理专家共识[J].中华老年医学杂志，2017，36：371－381.

［39］ Acharya C，Bajaj JS. Altered microbiome in patients with cirrhosis and complications[J]. Clin Gastroenterol Hepatol，2019，17：307－321.

［40］ Cammarota G，Ianiro G，Tilg H，et al. European consensus conference on faecal microbiota transplantation in clinical practice[J]. Gut，2017，66：569－580.

［41］ 李超，谈路轩，张馨梅，等.2016年欧洲粪菌移植共识介绍[J].胃肠病学和肝病学杂志，2017，26：961－965.

［42］ Fischer M，Kao D，Mehta SR，et al. Predictors of early failure after fecal microbiota transplantation for the therapy of clostridium difficile infection：a multicenter study[J]. Am J Gastroenterol，2016，111：1024－1031.

［43］ 吴国琳，余国友，范小芬，等.单味中药及其有效成分对肠道微生态的调节作用研究概况[J].中国医药现代远程教育，2015，13：134－136.

［44］ Xu J，Lian F，Zhao L，et al. Structural modulation of gut microbiota during alleviation of type 2 diabetes with a Chinese herbal formula[J]. The ISME，2015，9：552－562.

第9章　中医学对肠道微生物与消化系统
疾病的研究与应用

第1节　中医对肠道微生态的认识

中医理论强调"天人相应,道法自然",多采用自然界的天然药材,用其性味归经调和人体的不平衡,以达到治疗疾病的目的。中医药主要通过胃肠道摄入,其对肠道微生态的调节研究日益受到关注,而肠道微生态学的一些基本理论观点和古老的中医药理念有相通之处,中医药的临床应用和基础研究都已证实中医药有助于调节肠道微生物群,维持肠道微生态的平衡。早在东晋时期古代医家就已开始利用肠道微生物救治病患。在葛洪所著《肘后备急方》就有饮粪汁治疗温病的记载:"伤寒及时气温病……已六七日,热急,心下烦闷,狂言见鬼,欲起走……绞粪汁,饮数合至一二升,谓之黄龙汤,陈久者佳。"叶天士等医家更将粪便的加工品——"金汁"广泛应用于温病的治疗,比1958年国外采用的粪便移植治疗伪膜性肠炎早1 600年左右。直至目前,粪便移植疗法仍是治疗艰难梭菌感染最有效的方法,并且越来越多的疾病正在尝试应用粪便移植治疗。

我国著名的微生物学者魏曦曾在《微生态学刍议》一文中这样写道:"中医的四诊八纲是从整体出发,探讨人体平衡和失调的转化机制。并通过中药使失调恢复平衡。因此,令人相信,微生态学很可能成为打开中医奥秘大门的一把金钥匙。"

中医药学博大精深,具有独特的理论体系,随着当代中医药工作者的深入研究,结合肠道微生态学科的发展,关于中医学理论与肠道微生态学相关性的探讨日益增多,为研究中医药与肠道微生态的相互关系提供了更充分的理论依据,中医中药与微生态的本质联系将逐步被揭示出来。如中医的整体观、阴阳学说、天人相应、正邪交争、阴阳失调及脏腑学说等诸多方面均涵盖着与肠道微生态学相关的内容。

一、中医整体观与肠道微生态平衡

中医整体研究思维是在哲学整体观指导下形成的。中医学研究人体正常生命活动和疾病变化时,注重从整体认识,其不仅是指人体是一个有机的统一整体,而且人和自然环境也是不可分割的整体。

首先,从"天人相应"看自然界变化对人体的影响。《黄帝内经》中记载人类应当顺应四时阴阳变化调养精神情志和生活起居,否则将出现"夏为变""秋为痎疟""冬为飧泄""春为痿厥"等疾病。这一认识充分体现了"天人相应"的整体观思想。在研究肠道微生态时,同样应该注意到外界环境对肠道微生态的影响。已经有观察性研究证实西方化饮食、环境污染对胃肠道微生物群的构成和功能造成了影响。肠道微生物群对环境改变产生的不同免疫应答形成了进展中的肠道免疫,因而其结构的变化能够影响到肠道免疫。肠道微生物、宿主以及环境之间的这种内在联系还可以造成低级别炎症反应,从而促进过敏性疾病的发展。

其次,从人整体对肠道微生态的影响。整体观不仅体现在人与自然或者社会的密切联系上,人体本身也是一个有机的统一整体。构成人体的脏腑、组织、器官都是这个有机整体的一部分。这些局部出现的变化都与整体功能有关。微生态学的研究进展符合中医药学的整体观念,微生态系统就是正常微生物群与宿主和环境相互依赖、相互作用的统一有机整体,具有不同层次、不同环节的立体交叉网络结构,是物质、能量、基因流动的动态平衡,即所谓"微生态平衡",是正常微生物群与其宿主在不同发育阶段动态的生理性组合。这种生理性组合构成的平衡若因某种或多种因素的影响被打破,由生理性组合转变为病理性组合,即所谓微生态失调,从而导致疾病的发生发展。肠道作为人体最大的消化器官、免疫系统,其生理功能或病理变化与整体的生命活动密切相关。目前肠-肝轴、脑-肠轴等的研究,已经将肠道微生物作为肠道与其他脏器相关联重要的桥梁。2015 年河北省消化年会上有学者报道,急性胰腺炎时胰腺坏死感染的病菌多来自十二指肠,且呈明显正相关,并以此作为重症胰腺炎重症化的机制之一。肠道微生物群与宿主和环境之间存在相互依赖、相互作用的统一关系,因此,对于肠道微生态的认识和研究应当联系外界环境以及宿主自身结构,从整体上把握其生理病理作用。

二、中医学阴阳平衡理论与微生态平衡理论

阴阳学说是用来阐述宇宙间万事万物的发生、发展和变化的一种古代哲学思想。在微生态这个小宇宙中,同样存在阴阳的相互作用。古人将阴阳作为生态分析的基本方法,并且以阴平阳秘来形容物质与功能之间相互对立制约、相互依存和相互转化的动态平衡,从而保证了生命活动的正常运行。《素问·阴阳应象大论》曰:"阴在内,阳之守也;阳在外,阴之使也。"中医认为,正常情况下,人体健康时阴阳处于动态平衡状态,保证了生命活动的正常进行,即"阴平阳秘,精神乃至"的健康常态。若阴阳平衡失调,就会引起各种疾病,即"阴胜则阳病,阳胜则阴病""阳胜则热,阴胜则寒"的病理状态。同时在治疗方面提出:"谨查阴阳所在而调之,以平为期"的原则。因此,调整阴阳为治疗疾病的原则,使阴阳平衡。

微生态学认为微生态的平衡或失调直接关系到机体的健康或疾病的发生。从物质构成来讲,正常生理状态下,微生物除了不断进行自生增殖,还存在水解酶类作用下发生自溶现象,这样就形成了阴阳消长的动态平衡。这种平衡一旦被打破,则出现菌群失调,产生疾病。从物质与能量的平衡来讲,复杂的生命活动无非是物质与功能之间的对立统一。在微生态中,阴可理解为有形的物质或结构基础,阳则为其具备的生理功能或发挥的能量,阴阳互根互用则保障了微生态的平衡。肠道微生物的生长可利用机体代谢产生的物质,同样微生物的代谢产物也可被机体吸收利用;肠道微生物屏障结构稳定可确保肠道功能正常,肠黏膜机械屏障完整有效防止微生物易位,使其发挥正常的免疫防御功能。

三、正邪理论与肠道微生态

中医学认为人体"正气"具有对外界环境的适应能力、抗御能力及康复能力,而将一切致病因素称为"邪气"。正如《黄帝内经》所载"正气存内,邪不可干""邪之所凑,其气必虚",指出了正邪学说在中医理论中的重要性,发病的根本内因在于正气不足以抗邪,发病的条件是邪气侵袭。在疾病过程中,机体的抗病能力与致病邪气之间相互斗争所发生的盛衰消长变化是发病的基本病机,疾病的发生发展与正邪交争的结果相关,正胜于邪则不发病,邪胜于正则发病,因此提出"扶正祛邪"的治疗原则。

中医学正邪交争的病机学理论在微生态系统中得到体现。人体内的微生物群保持正常的种类、数量、分布等秩序,就是"正气",一般认为有益菌代表正气,有害菌代表邪气。若微生物种群在微生态

系统中比例失调，分布异常，人与微生物之间不相应，就是"邪气"，邪气盛则会发病。

　　微生态学认为，正常情况下，健康机体微生态处于平衡状态，各类菌群处于动态平衡。只有因某些因素破坏了正常菌群与机体的微生态平衡，才会造成微生态失调，机体的免疫功能和定植抗力下降，从而导致疾病。越来越多的研究证实，包括感染性疾病在内的许多疾病，例如炎症性肠病、糖尿病、帕金森病、肝硬化、高血压、甲状腺疾病均与肠道微生态的失调有关，因此，治疗相关疾病不是单纯杀菌和抑菌，而应注重微生态的平衡协调，使其恢复正常状态，使正常菌群与肠黏膜紧密结合，通过营养竞争、占位效应，以及肠道细菌产生的各种代谢产物和细菌素等抑制条件致病菌的过度生长以及外来致病菌的入侵（生物拮抗效应），使致病菌无法定植，从而祛除致病菌，这与中医"扶正祛邪"理论不谋而合。研究也证实，服用某些中药时有良好解热抗菌的效果，但是在体外培养时其杀菌、抑菌的作用并不显著，其可能作用机制在于此类中药具有扶植益生菌生长、提高机体抗定植力、促进免疫功能的作用，从而达到制衡致病菌，最终使其排出体外的效果。比如黄芪、党参、白术等补益类的中药，均具有扶植益生菌生长、调节肠道微生态的作用。多项研究证实，此类中药虽不具备直接的杀菌、抑菌作用，但其中的多糖、皂苷、黄酮等物质对于肠道微生物群具有多靶点多途径的调节功能，有利于肠道微生态系统保持平衡。因此，肠道微生物群的平衡和功能正常，可能是中医调理阴阳、扶正祛邪理论的生物学基础。

四、体质学说与肠道微生态

　　正常个体间存在差异，不同个体的形质、功能、心理上存在着各自的特殊性。这些特殊性影响人对自然、社会环境的适应能力和对疾病的抵抗能力，以及发病过程中对某些致病因素的易感性和病理过程中疾病发展的倾向性。黄氏等从"禀赋遗传论""体质可分论""体病相关论"以及指导临床的"体质可调论"等方面解释了肠道微生态的个体差异、疾病相关性等多种问题。所谓"禀赋于先天，充养于后天"，肠道微生态的构成遵循着这一规律。人类出生以后的 2～3 年内肠道逐渐被一些微生物占据。被誉为"人体第二基因组"的肠道微生物群基因组总和，影响着人体的生理和代谢，基因个体差异使得个体在菌群失调后表现出腹泻、便秘或者炎症性肠病等不同的疾病倾向。此外，这些微生物会随着寿命的生长发生波动甚至改变，这些变化除了受到先天遗传基因的影响，还与自身解剖结构、饮食及营养状况、病理性改变以及药物因素等后天因素相关。研究发现，肥胖与肠道微生物群构成和其新陈代谢功能密切相关，肠道微生物在普拉德-威利综合征和单纯性肥胖患者中有着类似的结构和功能失调特征，过量饮食或高脂饮食成为影响肠道微生态的一个主要因素。《灵枢·逆顺肥瘦》篇曾把体质分为肥人、瘦人、肥瘦适中 3 种类型。结合现代研究可见：肥人与肥瘦适中人相比，肠道微生物群中拟杆菌门的数量较少，厚壁菌门较多。由此可见，在肠道微生态研究中引入中医体质学说有着重要意义。

五、脏象学说与肠道微生态

　　藏象是指藏于体内的内脏及其表现于外的生理病理征象及与自然界相通应的事物和现象。类比于藏象学说这种"思外揣内"的认知方式，有学者建议将定植在人体肠道内的、对营养物质代谢和促进肠道免疫系统成熟起重要作用的肠道微生物群落看作是人体的一个"器官"。中医的脾脏与西医学脾脏难以完全对应，但却可以与微生态系统部分对应起来。这样就可以依据机体在免疫或者代谢方面的特异性表现来反映这一特殊"器官"的特性。从藏象学说来研究肠道微生物可以很好地解释肠道免疫及肠道与其他脏腑之间的相互关系。

　　现代研究认为肠道微生态与脾胃关系密切。胃是受纳腐熟水谷之腑，脾与胃以膜相连，为消化、吸收并输布其精微的主要脏器。《素问·经脉别论篇》详细论述了谷食和水饮入胃后其精气输布运行过程，形成以中医脾胃为中心，关联肝、心、肺和肾其他四脏的消化代谢系统。中医学将肠道微生物参与代谢的功能归入了中医脾胃理论。彭子益的《圆运动的古中医学》认为"中气之所在，乃生命之所出也"，并且联系土壤学说举证"任何毒物，埋于土中，其毒自消。造化之中和，在土壤之际也"。换言之，土壤中存在大量微生物，好比人类肠道，可以在分解物质的同时形成新的有益的代谢产物，重新进入循环利用。中医认为大肠是对食物残渣中的水液进行吸收，形成粪便并有度排出的脏器，有传化糟粕和主津的生理功能。在病证方面主要表现出腹痛、腹泻或便秘等。因而保证大肠正常生理功能和避免病变，主要在于调畅气机保证其传导机能；充足水津保证其润燥功能。肠道微生物除了有助于增强免疫起到抗炎止痛作用外，还可产气菌，促进机体排气，保证肠腑通畅；其代谢产生有机酸可降低肠腔的 pH，调节神经-内分泌-免疫-肝再生调控网络，增强肠道的蠕动能力，促进肠道消化和吸收；肠道微生物群间的平衡机制可有效抑制腐败菌的滋生，改善肠道环境，起润肠通便作用。肠道功能的正常依赖于胃气的通降、肺气的肃降、脾气的运化、肾气的蒸化和固摄，其中关键在于中土脾胃。脾胃为气机升降的枢纽，协同发挥对饮食的受纳、腐熟和运化的生理功能。《灵枢·平人绝谷》指出"胃满则肠虚，肠满则胃虚，更虚更满，故气得上下，五脏安定，血脉和利"，可见脾胃气机正常是全身脏腑正常的前提。临床可见脾虚型腹泻患者存在一定程度的肠道微生物群失调，肠道微生物群失调又能加重脾虚症状，两者互为因果。由此，中医在治疗与肠道微生态失衡相关的疾病时多从脾胃论治，脾土健运，可改善肠道微生物的生存环境，利于菌群生长，同时菌群的正常繁衍、生长又可以促进脾胃及肠道行使正常的生理功能。再者，还可以将"肝胃（脾）不和"通过肠道微生物为媒介加以解释。参考"肠渗漏"假说：胃肠道生态系统是人体最大的微生态系统，含有人体最大的贮菌库及内毒素池。正常情况下肝脏可以清除来自肠道的各种毒素和肠源性细菌、真菌，但是在炎症发生时，肠壁通透性增加，细菌及内毒素可随炎症因子通过门静脉进入肝脏，使肝功能受损；同样肝脏疾病也会导致肠道微生态发生显著变化。

中医认为情志因素在疾病的发生发展中起重要作用，以五脏为基础，着重强调心主神明及肝主疏泄的功能，以及综合考虑情志致病多伤肝的情况，在治疗疾病时常调畅情志。在临床观察发现患有胃肠系统疾病的患者，除了存在肠道微生物群的紊乱，还常伴随着抑郁、焦虑或者失眠等症状，且消极的精神情绪也会加重消化系统的症状。在临床诊疗时多从肝脾角度考虑，情志致病多伤肝，肝木横克脾土，故而治疗时在健脾的同时酌情予疏肝解郁，常用柴胡疏肝散、四君子汤等来调节"神经-内分泌-免疫"网络。从医学微生态角度来讲，肠道微生物群正在塑造人类大脑，它们可影响一氧化氮（NO）、一氧化碳（CO）、硫化氢（H_2S）等信号分子的合成，以及多巴胺、5-羟色胺等神经递质的浓度，从而调控肠神经和中枢神经系统，由此提出的"脑-肠-菌轴"及"菌心说"恰与上述中医观点相对应。此外，中医认为"肺合大肠，大肠者，传导之官""肺与大肠相表里"，以及西医学对肠黏膜淋巴细胞迁徙途径的描述类似手太阴经和阳明经脉走行，都为肠道微生物通过影响淋巴细胞的"归巢"途径参与包括肺在内的外周器官免疫应答提供了理论依据。事实证明肠道微生物结构的改变和免疫平衡的失调参与了支气管哮喘等多种肺系疾病的发展，从而提出"肺-肠-菌"轴，以肠道微生物群为桥梁探讨肺肠免疫应答的内在联系。

第2节 中医药通过影响肠道微生物治疗
消化道疾病的临床应用

中药煎剂口服是中医药治疗的主要方式之一，临床很多中药的有效成分只有经过肠内菌群的代谢,产生药效成分,才能达到治疗效果。中医药发挥调节肠菌群失调作用由来已久,大量的文献显示,中药复方、单味中药均在治疗肠道微生物群失调中发挥了重要的作用。

一、中医药通过影响肠道微生物治疗结直肠癌

中药防治结直肠癌主要通过调节肠道微生物群结构,从而调节宿主免疫功能,以及氧化应激与抗氧化防御调节等途径实现。实验研究证实,中药对肠道微生态系统的平衡具有很好的保护作用,对菌群失调具有改善作用;中药可以提高宿主抗癌免疫反应以及通过调节肿瘤微环境下骨髓来源的细胞功能发挥抗肿瘤疗效;促进有氧培养菌的耐酸能力并抑制了厌氧培养菌的耐酸能力,从而增强了整体肠道微生物群的抗氧化性。另外,中药亦能改善微生物的代谢、减轻代谢性炎症,以及抑制产生大肠埃希菌的体外和体内基因毒性,中草药的药效成分经肠道微生物转化后发挥抗炎、镇痛和抗肿瘤等药理作用。

最新研究表明,慢性牙周炎重要致病菌——核梭杆菌(nucleic acid bacteria)通常在口腔中富集,而少见于肠道。但其可化身为"移居菌"随唾液经消化道移位定植于肠道,活化结肠上皮细胞 TLR‐4,诱导 NF‐κB 活化,显著增加 microRNA21 表达,继而引发下游的级联反应,导致细胞增殖畸形。不难发现,Fn 移位定植诱发细胞基因表达、增殖、microRNA21 表达显著增加等过程与结肠癌转化的相关生物行为相似。且 Fn 对结肠癌细胞具有促增生和促侵袭作用。高水平的 Fn DNA 与结肠癌晚期和不良预后相关。

研究表明补中益气汤可通过影响 CD4$^+$、CD25$^+$ 调节性 T 细胞的免疫抑制功能来调节机体免疫系统,方中要药柴胡、升麻等可调复乳酸杆菌、双歧杆菌、肠球菌等水平。又如"补气升陷"的代表方七味白术散,被称为"治泄作渴之神方",研究发现其可通过促进双歧杆菌、乳酸菌、酵母菌等肠道有益菌的生长,提高肠道酶活性,发挥其止泻、改善肠道微生态的作用。再如"健脾益气"之四君子汤,通过影响菌群构成比对结直肠癌术后口腔黏膜细胞凋亡率和肠道通透性具有显著的影响,还可提高机体胃肠道免疫功能,维持微生态的动态平衡。

杨得振研究了莪黄汤保留灌肠对结直肠癌术后患者肠道微生物群及肠黏膜通透性的影响,发现结直肠癌术后患者大肠埃希菌数量较术前有明显上升,乳酸杆菌、粪肠球菌、双歧杆菌数量有明显下降,而将莪黄汤保留灌肠应用于结直肠癌术后,能够纠正并调节肠道微生物群紊乱,逐渐提升大肠埃希菌与双歧杆菌的比例,降低肠黏膜通透性,修复并保护其屏障功能,减少切口感染、腹腔感染及肠道感染等并发症的发生。

二、中医药通过影响肠道微生物治疗结溃疡性结肠炎

杨旭东等研究表明参苓白术散对脾虚小鼠有调整肠道微生物群及促进损伤肠组织恢复的作用。孙娟等采用传统中医学病因与西医学病因相结合的方法治疗溃疡性结肠炎(UC)大鼠模型,将 40 只大鼠随机平均分为正常对照组、脾虚湿困证 UC 模型组、参苓白术散组、阳性对照药组,造模成功后分别于喂养 15 天后提取大鼠结肠内容物细菌总 DNA,应用肠杆菌基因间重复共有序列基因扩增技术(ERIC‐PCR)进行菌群分析;结果显示:参苓白术散组 ERIC‐PCR 指纹图谱与正常组最为接近;说明参苓白术散可调整脾虚湿困证 UC 结肠菌群的失衡,促使肠道益生菌种类增加,恢复菌群平衡状态,从而促进损伤肠组织的恢复。由此可见参苓白术散可以通过调节肠道微生物群而起到治疗 UC 的作用。姚惠等发现经益气愈溃汤(黄芪 15 g,白术 10 g,炒薏苡仁 30 g 等)联合美沙拉秦治疗 UC 后,乳酸杆菌和双歧杆菌数量均高于单用美沙拉秦组,说明益气愈溃汤可通过改善肠道微生物群紊乱

状态,提高 UC 患者的临床疗效。李哮天等通过加味柴芍六君颗粒和柳氮磺胺吡啶肠溶片治疗溃疡性结肠炎的疗效比较,发现 2 组患者肠道微生物群变化明显,均为乳酸菌和双歧杆菌的含量增加,肠球菌、大肠埃希菌含量减少。陈氏等采用中药联合西药与单纯西药口服的方法,治疗 74 例 UC 患者,治疗组口服黄芩汤联合柳氮磺吡啶(SASP),对照组仅口服 SASP,2 组均以 1 个月为治疗疗程,疗程结束后发现:治疗组的总有效率为 83.78%高于对照组的 60.53%,并且 2 组与治疗前相比,肠道内双歧杆菌、乳酸杆菌数量显著上升,大肠埃希菌数量显著下降,但治疗组较对照组而言,双歧杆菌、乳酸杆菌升高的幅度更为显著,大肠埃希菌降低的幅度更为显著($P<0.05$),说明黄芩汤的有效成分能稳定肠道微环境,并发挥抗炎的作用,较 SASP 有一定优势。

王云龙运用自拟扶正平溃汤治疗 UC 患者,发现经治疗后 UC 患者乳酸杆菌、双歧杆菌含量有所升高,IL-4、IL-10 含量均升高,而 IL-6、TNF-α 含量则降低,提示扶正平溃汤既能对肠道微生物群失衡进行有效改善,又能减轻肠道炎症。

三、中医药通过影响肠道微生物治疗肠易激综合征

通过影响肠道微生物治疗肠易激综合征是中医药治疗的优势之一,江月斐研究表明,加味苓桂术甘汤(茯苓 15 g,桂枝 12 g,白术 15 g,炙甘草 5 g,法半夏 12 g,大枣 20 g,党参 15 g,黄芪 30 g,炒薏苡仁 30 g),在治疗腹泻型肠易激综合征(IBS-D)脾虚证时,通过促进双歧杆菌、乳杆菌、拟杆菌、消化球菌等厌氧菌的生长,抑制酵母菌等需氧菌的生长,从而起到调节肠道微生物群的作用。胡小英等研究发现调肠缓激方(柴胡 6 g,枳壳 6 g,白芍药 10 g,党参 10 g,白术 10 g,茯苓 10 g,白蔻仁 3 g,厚朴 6 g,黄连 3 g,甘草 6 g)治疗儿童 IBS 发现其肠道双歧杆菌数量增加、大肠埃希菌数量减少,认为其治疗作用与其能增加肠道有益菌数量,减少条件致病菌数量,提高益生菌肠道定植抗力,调节肠道微生态的作用有关。江月斐等还运用清热化湿法治疗脾胃湿热证 IBS-D 患者后发现清热化湿复方(黄芩 12 g,火炭母 30 g,白豆蔻 10 g,厚朴 12 g,滑石 30 g,法半夏 12 g,猪苓 15 g)能调整 IBS-D 患者的肠道微生态,使治疗后肠道大肠埃希菌、肠球菌明显下降;双歧杆菌、乳杆菌、消化球菌明显上升;肠道微生物群密集度和多样性与治疗前比较无明显改变。针对单味中药方面。庄彦华等研究认为,中药"神曲"对肠易激综合征患者肠道微生物群有调整作用,可以增加 IBS 患者肠道有益菌群数量,减少需氧菌数量,并能够改善临床症状,达到较理想的疗效。

杨绍旺等采用双歧杆菌四联活菌素片联合加味白术芍药散治疗肠易激综合征,治疗 4 周后,治疗组的有效率明显高于双歧杆菌四联活菌素片对照组;说明加味白术芍药散联合双歧杆菌四联活菌素片治疗肠易激综合征有较好的疗效。涂云采用痛泻要方(炒白术、陈皮、白芍药、防风)加减治疗肠易激综合征,对照组口服地衣芽孢杆菌活菌、匹维溴铵治疗。结果发现无论近期还是远期疗效,治疗组有效率和抗复发率均高于对照组,说明痛泻要方是治疗腹泻型肠易激综合征的有效手段,而且在控制复发率方面效果优于对照组。

四、中医药通过影响肠道微生物治疗肝脏疾病

肝脏与肠道之间的相互关联、相互影响,日益受到基础和临床研究的高度重视,"肝-肠轴"概念也由此而生。肠道和肝脏,在胚胎阶段均起源于前肠;在解剖学上,两器官通过门静脉相互关联,供养肝脏的血液大多来自门静脉,而门静脉的血液则主要来自肠道血液回流,很多经肠道吸收的毒素和肠道微生物群产物需要依赖肝脏的代谢;在免疫防御方面,肠道来源的淋巴细胞和细胞因子可以通过门静脉进入肝脏,而肝脏又可以通过胆汁分泌和肠肝循环影响肠道功能,对肠道来源的免疫细胞和细胞因

子具有一定的调节功能,中医药通过调节肠道微生物群治疗肝脏疾病的研究越来越受到重视。

（一）中医药通过影响肠道微生物治疗肝功能损伤

杨大国在常规西药综合治疗下,对重度肝病患者使用赤芍承气汤,发现其可以明显改善肠道微生物群失调,增加肠道有益菌的数量与比例,减少肠道革兰阴性杆菌等有害菌群的数量,降低血清 TNF‐α 水平,改善肝脏生化指标,降低重度肝病患者病死率。谭峥嵘观察祛毒护肠汤灌肠辅助西药治疗 HBV 相关慢加急性肝衰竭肠源性内毒素血症疗效,发现祛毒护肠汤可显著控制病情进展,降低死亡风险,减轻肝脏功能损伤,降低炎性细胞因子释放,并有助于改善肠道黏膜屏障功能。其作用机制可能与调节肠道微生物群失调有关。杨润华运用茵陈蒿汤治疗脓毒症相关肝损伤,发现茵陈蒿汤能著改善脓毒症相关肝损伤患者的肝功能,提高肠内营养耐受性,降低腹内压和防止肠道微生物群移位,且能降低患者的病死率和 ICU 住院时间。苏亚娟等研究证明锁阳作为微生态调节剂能调整肠道微生物群,扶植以双歧杆菌、乳杆菌为主的专性厌氧菌,具有控制兼性厌氧菌如大肠埃希菌肠道易位的功能。通过其抑制肠道有害菌的繁殖,使肠道氨及内毒素的产生减少,从而促进血液中氨转移到肠腔而排出体外,能有效治疗高血氨所诱发的肝性脑病。

（二）中医药通过影响肠道微生物治疗非酒精性脂肪肝

林立研究皂术茵陈方调节肠道菌群治疗非酒精性脂肪性肝炎（NASH）的临床疗效及其作用机制,结果发现 NASH 患者经皂术茵陈方治疗后肝功能得到明显改善,体内血清内毒素水平下降,肠道微生物群中的双歧杆菌、乳酸杆菌、拟杆菌数量较治疗前显著升高,肠球菌、大肠埃希菌显著降低,表明其作用机制与调节肠道微生物群紊乱、恢复肠道微生态平衡、减轻肠源性内毒素血症相关。

（三）中医药通过影响肠道微生物治疗肝硬化

姜春燕等运用中药复方通腑颗粒（厚朴、大黄、木香、陈皮、黄芪、当归等）口服治疗肝硬化失代偿期肠道微生物群失调患者发现,能够有改善肠黏膜屏障功能、降低血浆内毒素水平的作用,该方以清热解毒、疏肝理气、补气养血为主要功效。贾德兴等利用芪黄口服液（熟大黄、黄芪、木香等）治疗肝硬化肠道微生物群紊乱患者发现,该方能改善肠道微生物群比例,显著降低血浆内毒素水平等。范才波等通过观察柴芪承气汤（柴胡、黄芪、当归、党参、白术、丹参、大黄、枳实、厚朴等）对肝硬化患者肠屏障功能障碍的影响中发现,其能改善肠黏膜血供、降低肠黏膜通透性、改善肠屏障功能等,该方具有健运脾气的功效。许维丹等通过观察扶脾调肝汤（柴胡、当归、枳实、白芍药、白术、砂仁、黄芪、山药、茯苓、神曲等）配合针灸天枢穴对肝硬化患者肠道微生态的干预作用研究中,得出治疗组腹胀、腹泻、腹部不适症状明显改善,血浆内毒素水平下降,乳酸杆菌、双歧杆菌数量明显升高,该方具有健脾助运、调肝理血功效。复方金三莪（郁金、三棱、莪术等）有明显的抗肝硬化疗效,同时阻止了肠通透性的增加,减少了肠源性内毒素血症的发生,该方具有破血化瘀、软坚散结、行气通络的功效。香连平胃散（陈皮、厚朴、苍术、木香、黄连、甘草等）可降低所观察肝硬化小肠细菌过度生长患者的小肠细菌,防止二重感染加重肝脏负担,该方具有燥湿健脾、和胃行气、清热解毒的功效。

刘礼剑基于"肠‐肝轴"肠道微生物群调节观察了当归芍药散加味治疗肝硬化的临床疗效,发现当归芍药散加味可提高患者肠道中的双歧杆菌水平,降低大肠埃希菌水平,推测当归芍药散加味治疗肝硬化的主要作用机制可能与改善肠道微生物群失调、修复肠道黏膜屏障以及减轻内毒素血症等有关。

（四）中医药通过影响肠道微生物治疗肝癌

有学者将体内微生态平衡及微生态治疗列入再生医学范畴,肝癌患者在出现肠道微生态失衡的同时,肠道微生态又可以反过来加重肝损伤和干扰肝再生。肝癌的肝再生微环境是影响肝癌发生发展、复发转移的重要因素之一,通过改善肝再生微环境是防治肝癌的新策略,采用体现"补肾生髓成肝"治疗法则的中医药具有通过调控肝再生发挥防治肝癌发生发展、复发转移的作用及其机制。李瀚旻研究团队的一项随机对照临床试验结果表明,基于"补肾生髓成肝"肝癌第三级预防方案在显著提高患者3个月及6个月生存率的同时使患者能够带瘤生存,具有降低NLR和血清总胆红素、升高血清白蛋白和血小板的作用,患者治疗后临床症状明显改善、生存质量显著提高,提示基于"补肾生髓成肝"肝癌第三级预防方案提高治疗晚期肝癌的疗效机制之一可能是通过调控肝损伤/肝再生失衡而改善肝癌的肝再生微环境。基于"补肾生髓成肝"肝癌第三级预防方案提高晚期肝癌患者生存率可能疗效机制之一通过增加患者肠道微生物群的有益菌从而调节肠道微生态,进而改善肝再生微环境以抑制肝癌的发生发展。

第3节 中医药通过影响肠道微生物治疗消化道疾病的实验研究

近些年,学术界广泛开展中医药通过影响肠道微生物治疗消化道疾病的实验研究,从中药复方到中药有效成分提取物及单体均有新的发现,在肯定疗效的基础上初步揭示了相关的疗效机制。

一、中药单体及提取物的研究

甘草提取物甘草多糖(GCP)已被证明可抑制体外和体内肿瘤的生长,Zhang等从肠道微生物群的角度研究了GCP的抗肿瘤机制,运用结肠癌细胞(CT-26)用于建立荷瘤小鼠模型,并将GCP喂服小鼠14天后发现小鼠肿瘤的重量显著减少,组织切片的HE染色反映了GCP可有效抑制肿瘤转移。16SrRNA粪便样品的高通量测序显示模型组和GCP组之间的组成显著改变肠道微生物群。而如果消耗掉小鼠肠道内微生物,则GCP不能抑制肿瘤生长。结果表明,甘草多糖通过影响肠道微生物群组成而发挥抗肿瘤作用。Qi等研究发现水溶性人参中性多糖(WGPN)可以缓解小鼠腹泻症状、减轻回肠炎症和水肿、增加肠绒毛长度。与NR小鼠相比,WGPN可以增加乳杆菌的相对丰度,并显著降低拟杆菌属、链球菌属、苍白杆菌属和假单胞菌属的相对丰度。研究表明WGPN可以通过恢复回肠结构和改善AAD小鼠肠道微生物群的多样性和组成来改善肠道微生态。

菊粉是一种在植物中发现的天然益生元,可以恢复酒精性肝病(ALD)中的肠道生态失调。Yang等研究了膳食菊粉治疗ALD的确切机制,发现膳食菊粉通过抑制LPS-TLR4-Mψ轴和调节小鼠肠道微生物群来改善ALD,从而可能为菊粉干预预防和治疗ALD奠定理论基础。

菊花多糖也被发现可以改善UC大鼠的微生物多样性和群落丰富度,能使机会致病菌的数量减少(埃希菌、肠球菌和普氏菌),而保护性细菌如丁酸杆菌和梭菌(产丁酸盐细菌)、乳酸杆菌和双歧杆菌(益生菌)及毛螺菌科和理研菌科的水平均有不同程度的升高,同时还能改变抗炎细胞因子与促炎细胞因子的水平,恢复肠道免疫系统以改善溃疡性结肠炎。

姜黄素作为姜黄的天然提取物,具有广泛的药理作用,He等发现姜黄素的许多药理作用和机制与肠黏膜屏障的保护作用有关。它可以通过多种途径保护肠黏膜屏障,包括抗炎、抗氧化应激、抗菌、抗凋亡、调节肠道微生态和肠道免疫反应等。

如前所述,IBD患者肠道微生物群多样性和数量与健康人均发生了明显的变化,皂苷是天然的表面活性糖苷,其是许多中草药如人参、三七和绞股蓝的主要成分。皂苷可以调节肠道微生物群多样性、减少有害菌群增加益生菌,三七皂苷和绞股蓝皂苷具有改变拟杆菌门/厚壁菌门壁纸的作用。绞股蓝皂苷、三七皂苷、人参皂苷能有效增加肠道中的乳酸菌和双歧杆菌。有报道称绞股蓝皂苷能改善克罗恩病患者的菌群失调,并介导保护作用。绞股蓝皂苷能促进产丁酸盐的细菌生长,而如前所述,丁酸盐表现出从抗炎特性到增强肠道屏障功能的广泛保护作用。

Lu 等使用高脂肪饮食(HFD)诱导雄性大鼠发生 NAFLD,并用砂仁挥发油或乙酸龙脑酯灌胃治疗,发现砂仁挥发油可有效抑制内源性脂质合成,降低总胆固醇(TC)、甘油三酯(TG)、游离脂肪酸(FFA)的积累,调节 LDL-C 的表达,并减少肝组织中的脂质积累。其主要机制可能是砂仁挥发油通过促进 ZO-1 和 occludin 蛋白表达,有效调节肠道微生物群,改善慢性低度炎症,抑制 TLR4/NF-κB 信号通路。

二、复方制剂的研究

慢性腹泻常伴有肠道微生物群的失调,有研究显示七味白术散对于抗生素性腹泻有良好的治疗作用。它可以恢复肠道微生物群失衡,能增加乳酸杆菌的丰富度,抑制金黄色葡萄球菌、产气杆菌、沙门菌的生长,使得肠道的蠕动和分泌能力增强,同时也促进养分的消化吸收,加速肠道对营养素的吸收,同时有利于对药物有效成分的利用。代谢调控的关键是对相关酶的促抑作用,代谢产物的种类和数量变化被视为生物系统对基因或环境变化的最终响应,七味白术散中的中药成分通过水解和还原反应被转化或被人体肠道微生物群的代谢后,才能降低或消除其毒副作用,最终提高药效,谭等实验证明七味白术散通过促进肠道益生菌增殖、抑制有害菌生长来调控肠道微生物的平衡,改变其代谢活性,还可以增长小肠绒毛长度,降低隐窝深度,对抗生素菌群失调腹泻具有的治疗作用与促进上皮细胞生成和增加肠绒毛高度有关。

Ying 等研究发现无极丸可通过调节肠道微生物群和稳定肠黏膜屏障来缓解 IBS。实验研究发现无极丸可增加 Akkermansia 菌属的丰度,而该菌属是一种黏液层中存在的黏液降解厌氧革兰阴性菌,其与 IBS 之间存在潜在的负相关。此外还可调节肠道紧密连接蛋白(包括 Occludin 和 ZO-1)以恢复黏液屏障,治疗 IBS。

Zhen 等用芍药软肝合剂治疗原发性肝癌(PLC)患者,发现芍药软肝合剂可有效抑制原发性肝癌的进展并降低肠道内拟杆菌的丰度。由于血清白细胞介素 IL-10 水平可能是不可切除肝癌的独立预后因素,作者进一步的动物实验研究检测了 IL-10 水平并分析了它们与特定细菌丰度的关联,发现 IL-10 水平与拟杆菌的丰度呈正相关,因此推测拟杆菌可能是芍药软肝合剂抑制原发性肝癌的目标肠道微生物群。

三、针灸针刺研究

韩晓霞在其研究中将 39 只 SD 大鼠分为空白组、模型组和电针组,电针组选取足三里、上巨虚、天枢进行治疗,在治疗前后对其粪便内肠道微生物群相似性、多样性、丰度,优势条带中的主成分和菌种以及回盲部和远端结肠组织病理形态学的变化进行检测,最终认为:① 电针能提高大鼠肠道细菌的丰度及多样性,证明电针对肠道细菌多样性有良性保护作用。② 电针可增加肠道益生菌的含量,减少致病菌的含量,表明电针可以提高肠道益生菌的定植能力,降低致病菌(或疾病相关菌)的定植能力,进而发挥保护溃疡性结肠炎肠道微生态的作用。③ 除此之外,电针对诱导的模型大鼠一般情况和肠道远端及回盲部黏膜组织病理改变也有明显的改善作用。侯天舒在其研究中发现,除了上述结论之外,电针对 UC 模型大鼠肠道微生物群的多样性和有益菌群的表达均具有良性调整作用,其中乳酸杆菌、毛螺科菌可能是电针治疗溃疡性结肠炎影响的关键细菌。电针还对模型大鼠尿液中的关键代谢物存在良性调节作用,其中 3-D-羟基丁酸钠、马尿酸和醋酸盐为电针影响溃疡性结肠炎的关键代谢物,提示电针治疗 UC 的机制很可能是通过肠道微生态而发挥保护作用。而且电针对肠黏膜具有保护作用,并且可以促进细胞对能量物质的利用,这可能是针刺影响肠道微生态的主要机制。还有研究发现采用隔药灸的方法对 UC 大鼠进行治疗后,其肠道微生物群向有益方向转化,而且其结肠组织中 IL－10、TNF－α 也较治疗前下降,其差异均有统计学意义,表明艾灸可以调整 UC 肠道微生态并改善结肠免疫反应。目前已有研究证明针灸治疗 UC 疗效确切,而且避免了药物有可能带来的不良作用,针灸联合中药治疗弥补了因患者个体差异所致的疗效不理想的情况,是缓解期患者及青少年溃疡性结肠炎患者治疗的不错选择。

(李瀚旻　喻　灿)

参 考 文 献

[1] 黄坤,吴丽丽,杨云生.肠道微生态与人类疾病关系的研究进展[J].传染病信息,2017,30：133－137.

[2] 李小萍,王巧民,褚源,等.腹泻型肠易激综合征患者肠道目标菌群的分析[J].安徽医科大学学报,2014,5：653－657.

[3] 唐源淋,陈烨.肠道微生物群失衡与肝硬化分级及预后的关系[J].现代消化及介入诊疗,2019,24：11－15.

[4] 魏新朋,韩际奥,高晓,等.肝硬化患者病情与小肠细菌过度生长变化关系探讨[J].实用肝脏病杂志,2016,19：310－313.

[5] 马英杰,高晓,魏新朋,等.乙型肝炎肝硬化患者小肠细菌过度生长与外周血树突状细胞异常的相关性[J].世界华人消化杂志,2016,24：443－448.

[6] 吴国琳,余国友,范小芬.单味中药及其有效成份对肠道微生态的调节作用研究概况[J].中国中医药远程教育,2015,13：134－136.

[7] 吴国琳,余国友,卢雯雯.中药复方对肠道微生态的调节作用研究现状[J].中国中药杂志,2015,40：3534－3537.

[8] 李寒冰,吴宿慧,张颜语,等.中药与肠道菌相互作用研究进展[J].中成药,2016,38：147－151.

[9] 刘茜明,杨光勇,何光志,等.ERIC-PCR 技术分析葛根芩连汤对抗生素相关性腹泻模型肠道微生物群结构的影响[J].黑龙江畜牧兽医,2016,11：23－27.

[10] 张芳,路东升,蔡哲,等.扶脾温肾汤对 8 例牙周炎患者成骨的评价[J].中华中医药杂志,2013,28：268－271.

[11] 邵铁娟,李海昌,谢志军,等.基于脾主运化理论探讨脾虚湿困与肠道微生物群紊乱的关系[J].中华中医药杂志,2014,29：3762－3765.

[12] 金赟,武建毅,冯煜.四君子汤对化疗的结直肠癌术后肝转移患者口腔黏膜细胞凋亡率及肠道屏障功能的影响[J].上海中医药大学学报,2013,27：35－38.

[13] 杨得振,侯俊明,贾勇,等.莪黄汤保留灌肠对结直肠癌术后肠道微生物群及肠黏膜通透性的影响[J].中医药导,2018,24：46－49.

[14] 杨旭东,张杰,王崴.参苓白术散对脾虚小鼠肠保护作用及其机制的研究[J].牡丹江医学院学报,2009,30：9－11.

[15] 孙娟,王键,胡建鹏,等.参苓白术散对脾虚湿困证溃疡性结肠炎大鼠结肠菌群的影响[J].云南中医学院学报,2013,36：1－4.

[16] 姚惠,郑培奋,季希诗,等.益气愈溃汤对溃疡性结肠炎 IL33、IL－10 及肠道微生物群紊乱的纠正作用[J].中华中医药学刊,2013,31：1449－1451.

[17] 李哮天,李桂贤,郑超伟,等.加味柴芍六君颗粒调节溃疡性结肠炎肠道微生态的作用及机制[J].辽宁中医杂志,2016,12：2569－2571.

[18] 陈勇华,曹群奋,洪琼怪,等.黄芩汤辅助柳氮磺吡啶对溃疡性结肠炎患者血清 TNF-α 及白介素族水平影响研究[J].中华中医药学刊,2017,35：502－503.

[19] 王云龙,赵晓峰,郭海.扶正平溃汤对溃疡性结肠炎患者肠道微生物群与致炎细胞因子的影响[J].陕西中医,2017,38：1016－1017＋1036.

[20] 江月斐,劳绍贤,邝枣园.加味苓桂术甘汤对腹泻型肠易激综合征肠道微生物群的影响[J].福建中医学院学报,2006,16：7－9.

[21] 胡小英,丘小汕,陈晓刚.调肠缓激方对儿童肠易激综合征肠道微生态的影响[J].广州中医药大学学报,2008,25：63－67.

[22] 江月斐,劳绍贤,等.清热化湿复方对腹泻型肠易激综合征脾胃湿热证肠道微生态影响的初步研究[J].福建中医学院学报,2008,18：1－3.

[23] 庄彦华,杨春辉,杨旭东,等.中药"神曲"对肠易激综合征患者肠道微生物群的调节和临床疗效的研究[J].中国微生态学杂志,2005,17：41－43.

[24] 杨绍旺,黄传英,徐彦玲,等.双歧杆菌四联活菌素片联合白术芍药散加味治疗肠易激综合征 62 例[J].中国中西医结合消化杂志,2010,18：334－335.

[25] 涂云.痛泻要方加减治疗腹泻型肠易激综合征随机平行对照研究[J].实用中医内科杂志,2013,2：41－42.

[26] 杨大国,吴其恺,张振宇,等.赤芍承气汤对重度肝病患者肠道微生物群的影响[J].中国中西医结合消化杂志,2005,13：360－363.

[27] 谭峥嵘,徐勇军,张清,等.祛毒护肠汤灌肠辅助西药治疗 HBV 相关慢加急性肝衰竭肠源性内毒素血症疗效观察[J].中国中医急症,2018,27：2217－2219.

[28] 杨润华,陈娇,高戎,等.茵陈蒿汤治疗脓毒症相关肝损伤的研究[J].现代中西医结合杂志,2016,25：2399－2401.

[29] 林立,梁惠卿,庄鸿莉,等.皂术茵陈方治疗非酒精性脂肪性肝炎的临床观察及其对肠道微生物群的影响[J].中国中西医结合杂志,2018,38：673－676.

[30] 姜春燕,王宝恩,陈丹,等.中药复方通腑颗粒对失代偿期肝硬化患者肠黏膜屏障的保护作用[J].中国中西医结合杂志,2008,28：784－787.

[31] 范才波,罗云,谢志翔,等.柴芪承气汤对肝硬化肠屏障功能障碍的影响[J].重庆医学,2012,41：2355－2357.

[32] 许维丹,叶伟东.扶脾调肝汤配合针灸天枢穴对肝硬化患者肠道微生态干预作用的研究[J].山东中医杂志,2009,28:302-304.

[33] 刘礼剑,杨成宁,沈飞霞,等.基于"肠-肝轴"肠道微生物群调节观察当归芍药散加味治疗肝硬化的临床疗效[J].世界中医药,2017,12:1789-1792.

[34] 李瀚旻.中医药调控肝再生基础与临床[M].华中科技大学出版社,2016:1-644.

[35] 刘又嘉,肖新云,邓艳玲,等.七味白术散与酵母菌联用对菌群失调腹泻模型小鼠肠道乳酸杆菌多样性的影响[J].航天医学与医学工程,2016,29:175-180.

[36] 蒋婕,郭抗萧,龙玲,等.超微七味白术散体外抑菌作用研究[J].中国中医药信息杂志,2013,20:28-30.

[37] Famularo G, De Simone C, Pandey V, et al. Probiotic lactobacilli: an innovative tool to correct the malabsorption syndrome of vegetarians[J]. Med Hypotheses, 2005, 65:1132-1135.

[38] 郭抗萧,肖新云,刘又嘉,等.七味白术散对菌群失调腹泻小鼠肠道乳酸杆菌多样性的影响[J].应用与环境生物学报,2015,21:1071-1075.

[39] 王春晖,张华玲,张祺玲,等.超微七味白术散对肠道厌氧微生物代谢多样性的调控作用[J].生态报2015,35:4843-4851.

[40] 刘起胜,徐筱红,刘怀,等.七味白术散对菌群失调腹泻小鼠肠绒毛和隐窝的影响[J].中国中医药现代远程教育,2014,12:154-155.

[41] 侯天舒,韩晓霞,杨阳,等.电针对溃疡性结肠炎大鼠肠道微生态的保护作用[J].针刺研究,2014,39:27-34.

[42] 蒋海燕.中医针灸治疗慢性溃疡性结肠炎疗效观察[J].中医临床研究,2015,7:109-110.

[43] 陈琛,江振友,宋克玉,等.中草药对小鼠肠道微生物群影响的实验研究[J].中国微生态学杂志,2011,23:15-17.

[44] Byoung-Ju K, SO-Yeon L, Hyo-Bin K, et al. Environmental Changes, Microbiota, and Allergic Diseases[J]. Allergy Asthma Immunol Res, 2014, 6:389-400.

[45] 黄腾杰,李英帅,骆斌.基于肠道微生态对中医体质理论的微观阐释[J].北京中医药大学学报,2015,38:299-302.

[46] Zhang C, Yin A, Li H, et al. Dietary Modulation of Gut Microbiota Contributes to Alleviation of Both Genetic and Simple Obesity in Children[J]. Ebio Medicine, 2015, 2:968-984.

[47] Barczynska R, Bandur S, Slizewska K, et al. Intestinal Microbiota, Obesity and Prebiotics[J]. Pol J Microbiol, 2015, 64:93-100.

[48] 刘玉兰.整合肝肠病学——肝肠对话[M].北京:人民卫生出版社,2014:81-104.

[49] Mayer E, Savidge T, Shuman R. Brain-gut microbiome interactions and functional bowel disorders[J]. Gastroenterology, 2014, 146:1500-1512.

[50] 黄腾杰,李英帅,骆斌.基于肠道微生态对中医体质理论的微观阐释[J].北京中医药大学学报,2015,38:299-302.

下　篇

各　论

第 10 章　肠道微生物与炎症性肠病

炎症性肠病(inflammatory bowel disease，IBD)是一种慢性、特发性炎症性疾病,包括溃疡性结肠炎(ulcerative colitis，UC)和克罗恩病(Crohn disease，CD)。UC 主要累及结直肠,以反复发作的黏液脓血便、腹痛、腹泻等为主要临床表现。而 CD 从食管到直肠的任何地方均可受累,具有穿透性,表现为瘘管、肠狭窄、脓肿等。IBD 的发病率逐年增高,已经成为一种世界性流行病,在各年龄段均有发病,主要呈双峰分布,第一发病高峰为 20~39 岁,第二高峰为 60 岁左右。在性别上,UC 以男性患者居多,CD 的男女比例无明显差异。近年来,在大部分地区,UC 的发病率高于 CD;但在某些特殊地区,如加拿大,CD 的发病率与 UC 持平,甚至稍高。在不同地区、种族人群中的发病率亦有显著差异。在北美和北欧地区,IBD 的发病率一直较高;发展中国家 IBD 的发病率是逐年增加的,可能与发展中国家经济高速发展、工业化进程加速有关,提示环境因素的改变与发病显著相关,如饮食习惯的改变、抗生素的广泛应用等。

第 1 节　炎症性肠病的肠道菌群变化

肠道菌群在 IBD 不同病程发展阶段是不同的,其构成十分不稳定,是动态变化的。

一、UC 患者的肠道菌群变化

UC 患者与健康人之间、UC 活动期与缓解期之间的肠道菌群种类和数量均存在差异。与健康人比较,UC 患者粪便微生物菌群多样性降低,主要表现为厌氧菌(拟杆菌和梭菌)数量明显减少,肠球菌数量显著升高;活动期 UC 患者粪便中乳酸杆菌、双歧杆菌、拟杆菌、真杆菌、消化球菌数量显著少于缓解期患者和健康人,而大肠埃希菌、肠球菌和小梭菌数量显著多于缓解期患者和健康人;缓解期 UC 患者拟杆菌数量显著少于健康人,活动期比缓解期更低。

总的来说,UC 患者肠道菌群紊乱主要表现为共生菌数量减少、致病菌数量增多,即肠道中肠杆菌、肠球菌、酵母菌及小梭菌数量增加,梭菌、双歧杆菌、乳杆菌和真杆菌数量减少。但是究竟是肠道菌群失调诱发 UC,还是 UC 引起肠道菌群失调,或者两者同时存在、互为因果,仍需更多研究和临床试验来证实。

二、CD 患者的肠道菌群变化

相比 UC 患者,CD 患者的肠道菌群构成与正常人的差异更明显,主要表现为厚壁菌门(如球形梭菌属、梭状芽孢杆菌属、普拉梭菌属等)数量减少,拟杆菌门及变形菌门(如肠杆菌属、巴斯德菌属、韦荣球菌属和梭杆菌属等)数量增加。目前国内外针对 UC 患者肠道菌群菌属的变化结果并不完全一致。如复发的 CD 患者,肠球菌属、拟杆菌属、肠杆菌属及消化球菌属的数量明显增加,而乳杆菌属、双歧杆菌属、梭菌属、真杆菌属的数量显著下降。但有另外一项研究显示消化球菌和拟杆菌显著下降。这可能是因样本采集方法、检测手段及人种地域差异等因素所造成的。还有研究发现活动期 CD 患者肠杆菌和酵母菌增加,双歧杆菌和乳杆菌下降,而缓解期双歧杆菌高于活动期,但仍明显低于正常人;有研究证实可以用梭状芽孢杆菌/大肠埃希菌的比值评价 CD 患者菌群失调的水平,从而来判断 CD 患者的疾病活动程度。CD 患者肠道菌群的组成不仅在疾病不同时期存在差异,在不同的病变部位也存在明显差异。与结肠型 CD 患者相比,回肠型的柔嫩梭菌属及罗斯菌属的菌群数量明显减少甚至消失,肠杆菌属和瘤胃球菌属的菌群数量显著增加。

总之,CD 患者肠道菌群失调主要表现为:优势菌群(如双歧杆菌属、乳酸杆菌属、柔嫩梭菌属、球形梭菌属等)数量减少与条件致病菌(如肠球菌、肠杆菌等)的过度增加,且活动期患者较缓解期患者肠道菌群失调现象更为明显。而且,结肠型与回肠型的 CD 患者之间肠道菌群结构也有明显差异。

第 2 节　肠道菌群失调导致炎症性肠病的机制

IBD 病因和发病机制尚不明确,有待进一步深入的研究。虽然 IBD 的病因尚不甚明确,但目前认为肠道基因易感性、环境、肠道屏障,以及肠黏膜免疫异常等因素共同促使 IBD 的发生。

一、微生物群参与炎症性肠病的发病机制

长期微生物是否是 IBD 发生发展的基础一直备受质疑,但是目前尚无找到导致 IBD 的特定病原体。几项实验和临床研究表明,肠道微生物群是驱动 IBD 炎症的重要因素。临床研究表明,粪便流分流可防止回肠 CD 复发,而回肠末端暴露于肠内容物易引发 CD 患者术后复发,以上研究首次在人类中证明肠道微生物群参与 IBD 发病机制。此外,用抗生素,如甲硝唑、环丙沙星或利福昔明治疗,与 IBD 患者临床改善有关,尽管目前针对是否使用抗生素作为 IBD 患者诱导缓解的主要治疗或者辅助治疗手段仍是争议。

IBD 动物模型实验表明肠道微生物群在这些疾病的发生、发展过程中发挥重要作用。例如,携带 T 细胞抗原受体(T cell antigen receptor,TCR)基因无效突变的无特定病原体(specific pathogen free,SPF)小鼠发生结肠炎,但无菌动物并无疾病。此外,将限定的共生群落定植到无菌 TCR 缺陷小鼠中未观察到肠道炎症。这些观察结果强烈表明,肠道炎症可能是由常规存在于肠道菌群中的某一特定菌株或一组菌群引发的,这些细菌尚未被鉴定。

此外,HLA-B27 转基因大鼠、IL-10 和 IL-2 缺陷小鼠在常规条件下均可以自发产生慢性结肠炎,但无菌条件阻止了肠道病理的发展。

此外,通过对 UC 疾病模型 TRUC 小鼠使用广谱抗生素,TRUC 小鼠肠道上自发性 UC 样的结肠炎可以被治愈,这一研究也再次验证肠道菌群确实很有可能参与 IBD 的发生发展。还有研究团队将 CD 疾病模型小鼠,即 TNF^{deltaARE} 小鼠分别饲养于常规、SPF 和无菌环境下,发现常规环境下的 TNF^{deltaARE} 小鼠出现 CD 样透壁性肠炎,而无菌环境下小鼠并无此病理改变;而且给予抗生素干预后,常规环境下的 TNF^{deltaARE} 小鼠肠道病理改变明显减轻。这一实验结果再次验证微生物群在驱动肠道炎症中的作用。总之,这些观察结果表明,腔内微生物为宿主免疫反应提供刺激,最终导致遗传易感宿主的黏膜损伤。

肠上皮细胞和免疫细胞不断与外来物质接触,包括饮食和微生物。黏膜免疫系统通常能够通过对病原体产生炎症反应来保护宿主,但它也进化出对非病原菌和饮食来源因素的耐受机制。

在 IBD 中,炎症可能由异常的宿主-微生物相互作用引起,导致肠内稳态的异常。一项研究发现,

处于 IBD 活跃期的患者肠黏膜以及血浆内含有的针对肠道内非致病性粪便细菌 IgG 抗体水平明显升高,这意味着在 IBD 复发时,肠道对正常共生菌群的免疫耐受受损。

此外,从 CD 患者的炎症黏膜中分离的 T 细胞对来自肠道共生菌的抗原刺激具有高反应性。类似地,从 IBD 患者的炎症区域分离的肠细胞在暴露于自体和异源肠道微生物群的抗原后均可以被激活,而从正常个体分离的黏膜细胞仅对源自异源肠道微生物群落的抗原产生反应,这表明 IBD 患者对自体肠道菌群的免疫耐受性丧失。

特异性微生物可以诱导高反应性 T 细胞。例如,鞭毛蛋白是共生细菌蛋白,已知是 CD 中的显性抗原。鞭毛蛋白能够通过 TLR-5 触发先天免疫反应,如果将对鞭毛蛋白特异性的 CD4⁺T 细胞过继转移到 SCID 小鼠种,可以诱导的严重结肠炎中。

T 辅助细胞(Th17)产生 IL-17,它是不同的器官(包括肠)中有效的炎症介质。用单一共生菌(例如分节丝状细菌)定植小鼠小肠,可以诱导肠固有层中 Th17 细胞的出现,而持续的抗生素干预则可以抑制 Th17 细胞的分化。尽管分段丝状细菌有助于塑造肠道免疫系统,并且已经在人类肠道中发现它们的存在,但它们在 IBD 中的作用仍不清楚,需要进一步研究。相似的,分段丝状细菌通常紧密地黏附在肠上皮而不侵入上皮细胞,其他黏液共生菌,如艾克曼菌属(*Akkermansia*)和 *Mucispirillum* 菌属,在 DSS 诱导的复发性结肠炎的小鼠肠中积聚。因此,可以想象,由于它们接近肠上皮,黏液栖息共生菌可以引发异常宿主免疫应答,导致慢性炎症并最终导致 IBD 中的黏膜损伤。

通过鉴定几种 IBD 易感基因,进一步揭示了肠道微生物在 IBD 发病机制中的关键作用,其中许多基因介导宿主对肠道微生物的反应。第一个被鉴定与 CD 发生、发展密切相关的基因,是核苷酸结合寡聚结构域蛋白 2(*NOD*2),*NOD*2 基因编码肽聚糖衍生的胞壁酰二肽(MDP)的胞内受体。*NOD*2 变异对 CD 发病机制的作用机制尚不清楚,但已有若干假设被提出,包括抗原呈递细胞中的 MDP 感知受损,潘氏细胞中的抗微生物反应缺陷,或上皮内自噬改变。然而,CD 相关炎症是否由肠隐窝内的抗菌活性缺陷和病原菌和(或)病原体的过度积累引发仍然存在争议,需要进一步研究。

其他的 IBD 易感基因,如自噬相关蛋白 *ATG16L1* 和免疫相关的 GTPase 家族 M(*immune-related gene guanosine triphosphate*,*IRGM*,免疫相关基因三磷酸鸟苷),参与自体吞噬过程。由于功能自噬是限制 CD 相关的 *AIEC* 菌株胞内复制所必需的,因此这些基因的多态性可能影响自噬途径和促进侵入性病原体细胞内增殖,最终导致 IBD 慢性炎症形成。

有趣的是,最近一项研究提出了一种新的 IBD 病因——环境病因学,揭示了 CD 相关基因 *NOD*2 和 *ATG16L1* 的多态性与对微生物群源性保护信号的感应陷有关。

总之,IBD 易感基因的鉴定揭示了基因与肠道微生物群之间的重要关系,并揭示了宿主免疫功能可以影响肠道菌群聚集。

二、炎症性肠病的生态失调

独立培养的技术的进步极大促进对 IBD 患者肠道微生物群表征的研究。对 IBD 患者黏膜相关细菌和肠腔细菌的分析揭示了存在肠道菌群失调,其特征在于整体微生物多样性降低。多项研究表明,和健康个体相比,IBD 患者肠道菌群多样性降低,而这和患者肠道优势菌群时间不稳定有关。研究已经表明细菌多样性的丧失可能对宿主健康产生不利影响。已经明确的是,肠道微生物群的不同成员对宿主免疫系统发挥多样且必要的调节作用,这表明需要更多样的共生菌聚集才可以对宿主产生最大益处。鉴于此,IBD 患者肠道厚壁菌和拟杆菌减少,可能导致这些患者的肠道炎症。值得注意的是,脆弱拟杆菌已经证明,可以通过其荚膜多糖 A(polysaccharide A,PSA)调节免疫活性,以此保护小鼠免于实验性 IBD 的发展。在回肠 CD 患者肠道中可以检测到特异性厚壁细胞改变,包括柔嫩梭菌群的消失。柔嫩梭菌群是一种能够分泌抗炎代谢物的共生菌。有趣的是,回肠黏膜中较低比例的柔嫩梭菌群还与回肠 CD 术后复发风险增加有关。此外,在 IBD 患者肠道中可以检测到微生物产生的短链脂肪酸(SCFA)的水平降低。细菌可通过生产 SCFA 来促进调节性 T 细胞的分化和扩增,以此预防实验性结肠炎的形成,这一结果进一步验证了柔嫩梭菌群减少对 IBD 患者造成不利后果。

益生菌及其产生的免疫调节分子的丧失也可以为病原体的扩增提供机会。例如,已有研究报道在 IBD 患者肠道黏膜相关的浸润性肠杆菌科细菌数目明显增加,或者出现在黏膜内的大肠杆菌数目也增加。

但是,仍有一些问题仍未得到解答。例如,目前尚不清楚在 IBD 患者中观察到的肠道生态失调是否是肠道炎症的原因或后果。剩下的另一个关键问题是这些疾病是否是由病菌的扩大和(或)由益共菌的丧失引起的,或者仅仅是继发于针对肠道共生菌的异常宿主免疫应答。

最近两项针对儿童初治性 IBD 患者的队列研究,为分析患者在疾病早期和治疗干预前的肠道微生物群提供了机会,研究结果表明肠道菌群失调与疾病状态密切相关。

因此,我们可以推测肠道炎症可能是由特定的共生细菌或通常以低丰度存在于肠道中的共生菌引发的,这些共生菌可能在有利条件下(例如抗菌基因的突变)扩增。结果,过度应答的宿主免疫反应可能最终导致慢性炎症,这导致肠道稳态破坏,最终引起更极端的生态失调。因此,揭示微生物对 IBD 发生、发展中的作用将有助于我们对这些疾病的诊断和治疗。

肠道微生物群在促进宿主免疫系统成熟以及宿主代谢方面,具有不可或缺的作用。过去几十年,许多研究揭示了肠道微生物群在人类健康中的支持作用。越来越多的证据表明肠道生态失调参与慢性肠道炎症疾病的发生、发展,其中最明显的是炎症性肠病。消除肠道炎症、利用益生菌或调控营养变化(如益生元和金属)可能是限制肠杆菌科细菌或者其他致病菌在肠道内扩增的潜在方法。

三、肠道菌群与基因易感性

IBD 是多基因参与的自身免疫病,其易感基因位点已经成为 IBD 研究的热门领域之一。IBD 相关易感基因的表达参与了宿主肠道对微生物的免疫应答调节过程,而且在维持宿主肠道黏膜上皮细胞、微生物及免疫系统稳态的过程中发挥着重要作用。目前发现了 201 个与 IBD 易感相关的基因位点,其中 137 个位点同时与 UC 和 CD 相关,41 个位点仅与 CD 相关,30 个位点仅与 UC 相关。近年来,越来越多的研究表明基因易感性可能在 IBD 的发病过程中扮演着重要角色。而对 IBD 相关基因及其单核苷酸多态性(single nucleotide polymorphism, SNP)的研究在 IBD 的发病机制中同样具有重要意义。

研究最多的基因是 NOD2(Nucleotide-binding oligomerization domain-containing protein 2),它是一种重要的胞内识别受体,通过接受感知肠道细菌的变化,结合细菌细胞壁的酰二肽,募集受体相互作用蛋白 2(receptor interacting protein 2, RIP2),激活 NF-κB,从而引起固有免疫细胞的促炎症反应,与此同时它还会影响肠道菌群的结构,在发生 NOD2 基因突变的细胞中,存在 NOD2 蛋白质的缺失及功能丧失,从而使 CD 患者的肠道免疫功能受损,从而影响其抵抗细菌、清除感染的能力。与 NOD2 类似,很多基因都是通过免疫反应与肠道菌群相互作用,产生影响。Frank 等研究发现携带与 CD 发病密切相关的主要易感基因——NOD2 和 ATG16L1(Autophagy related 16 like protein 1,自噬相关 16 样蛋白 1)突变基因的患者,与不携带该两种基因的患者相比,肠道内优势菌群柔嫩梭菌属及埃希杆菌属比例明显降低,且显示发生肠道炎症反应的风险显著升高。

Hugues Aschard 等发表的一项研究展示：利用数据建模分析了易感基因与特征菌群在 IBD 患病风险中的关联，证实了共生菌群在 IBD 发病机制中确实存在作用，以及其介导易感基因诱发 IBD 的过程。实验中采集了 633 例炎症性肠病病例，发现 NOD2、半胱氨酸天冬氨酸蛋白酶募集域蛋白 9（Caspase recruitment domain protein 9，CARD9）基因突变与拟杆菌纲、拟杆菌科、拟杆菌属、罗氏菌属、柔嫩梭菌，以及厚壁菌门的关联；IBD 易感性基因分布的模式与细菌 - IBD 相关性一致。

许多 IBD 易感基因参与了对肠道微生物的反应变化，表明基因改变可能是针对肠道微生物发挥作用的。IBD 相关基因 CARD9 通过改变微生物代谢产物的产生和增加肠道炎症的风险而影响肠道微生物的组成和功能。在 NOD 2 或 CARD 9 缺乏的小鼠中会影响肠道微生物的组成，而且 NOD $2^{-/-}$ 和 CARD $9^{-/-}$ 小鼠的肠道微生物本身具有促炎作用，当转移到无菌野生型小鼠身上时，肠道微生物群加重了结肠炎的严重程度。在 IBD 患者中，NOD 2 危险等位基因与肠杆菌科粪便丰度之间存在显著的相关性。CD 患者回肠黏膜中 ATG16L1 易感等位基因的纯合子与镰刀菌科的数量增加有关。所以研究干预肠道微生物的组成和功能可能是缓解有基因易感性 IBD 炎症的重要手段。

其他与 IBD 有关的易感基因包括：免疫相关基因，如 TLRs 家族基因、淋巴细胞抗原 75（lymphocyte antigen 75，LY75）基因及 IL － 23 受体（IL － 23R）基因等；自噬相关基因，如 ATG16L1 基因、IGRM 基因、NOD2 基因等；代谢相关基因，如人胞外核苷三磷酸二磷酸水解酶- 1（ectonucleoside triphosphate diphosphohydrolase － 1，ENTPD1）基因、细胞外基质蛋白 1（extracellular matrix protein 1，ECM1）基因及线粒体相关基因。它们在不同方面与肠道菌群之间相互影响，通过引起肠道内异常免疫应答，进而影响 IBD 的发生、发展。

因此，对 IBD 易感基因的研究是目前 IBD 领域的主要研究方向。而在不同地域、不同种族中对于 IBD 相关基因多态性的研究更是对研究技术及研究工具的使用提出了更高层次的要求，未来的研究中希望能通过基因的筛查早期识别带有易感基因的个体，采取一系列预防措施延缓疾病发生并减轻其严重程度，从而对 IBD 的预防和治疗产生积极影响。

四、肠道菌群与环境因素

肠道微生物的紊乱、肠道黏膜免疫调节的失衡、基因的易感性等共同参与了 IBD 的发生，而外界的环境则会影响肠道菌群的改变，造成菌群失调，进而造成肠道黏膜免疫反应，促发肠道黏膜的炎症损伤。菌群的个体差异性很大，没有完全一致的肠道菌群。个体稳态菌群的形成和基因、饮食、年龄以及生活习惯相关。而在 IBD 患者中，影响其微生态的环境因素主要包括饮食、吸烟、抗生素的使用及感染等。

胎儿在出生前肠道处于无菌环境，分娩后即有多种细菌定植于肠道，分娩方式、环境卫生、药物应用等多种因素均可影响肠道菌群的初始化定植。当婴儿开始进食固体食物后，肠道菌群会发生显著改变，断奶后则转变为更加稳定的与成人类似的微生物群落。不同饮食结构形成不同肠道微生物群落，长期以动物蛋白和脂肪为主要膳食的人群，肠道内以拟杆菌属为主要菌株；以糖和碳水化合物为主，低动物蛋白、低脂肪膳食的人群，肠道内以普氏菌属为主要菌株。含高脂、多不饱和脂肪酸、ω- 6 脂肪酸和肉类的饮食可引起肠道菌群紊乱，表现为厚壁菌增多、拟杆菌减少、肠黏膜屏障受损、克罗恩病和溃疡性结肠炎的发生风险增加。饮食对微生物代谢的影响与 IBD 的发生息息相关，饮食习惯的差异是 IBD 的重要患病原因之一，食物中的各种成分可作为肠道免疫系统的常见抗原，可通过改变肠道微生物代谢，进而影响 IBD 的发生、发展进程。

吸烟与 IBD 的关系亦是人们多年来关注的话题。在人体及动物体口腔、胃肠道和泌尿器官等生存着不同的微生物群落,肠道正常菌群有生物拮抗、营养、延缓衰老和免疫抑癌等多种功效。在正常情况下体内的各种菌群互相制约、互相协调,微生物数量与种类相对稳定,共同维持机体的内环境稳态。而当机体受到刺激后,正常菌群生长部位发生改变或各种菌群间的制约关系被打破,菌群内的微生物在数量和代谢产物上将发生改变。吸食烟草会破坏这种平衡,从而导致机体菌群微生态失调,影响肠道微生物的菌落结构并进一步影响肠道微生物的代谢及肠道的生理功能,引起 IBD 发病。

正常情况下人体内的菌群能够保持相对平衡。但当人体生理变化或因药物作用而使某些正常菌群受到打击或被消灭时,就会破坏正常菌群的均势,使之转化为异常组合,称为"菌群失调"。临床的抗生素使用在杀灭和(或)抑制细菌生长的同时给予细菌抗生素筛选压力,而致耐药基因在各个微生物生态环境包括人体肠道菌群系统中广泛传播,导致菌群失调。与此同时,抗生素的使用除了破坏正常菌群肠道定植抵抗力及影响菌群类别外,对整个肠道的微生物代谢环境及该微生态系统与宿主之间的相互作用也有影响。2014 年的一篇系统综述分析了 11 篇观察性研究(包括 7 208 例 IBD 患者),显示暴露于抗生素(除青霉素外)的人群,增长了新诊断 CD 而不是 UC 的 OR 值(儿童的风险最高),认为抗生素能够引起肠道微生态失衡,下调免疫反应。

尽管经历了多年的研究,IBD 真正的发生发展病因仍未完全明了,可能是多种因素相互作用的结果。流行病学的研究为未来这方面的研究提供了重要的患病率等相关信息,而且对 IBD 在年龄、地域差异、时间等方面的差异亦提供了良好的参考依据,这也就提示环境因素可显著影响 IBD 的发生,而我们需要进一步明确这些因素如何在更深的机制上影响 IBD 的发展,以及进一步发现新的危险因素,从而进行阻断与干预。

五、肠道菌群与肠屏障作用

人体肠道具有屏障功能,主要由物理屏障肠上皮、化学屏障黏液层以及抗菌肽等物质组成,可初步阻挡病原微生物的定植与入侵。肠道菌群可通过诱导肠上皮细胞分泌 IL-18、抗菌肽、黏蛋白和上调紧密连接蛋白的表达增强肠黏膜的屏障作用。肠上皮细胞能够自我修复和更新,膜表面结合的糖蛋白和糖脂是人体和肠道微生物之间相互作用的重要枢纽,由其形成的物理屏障能够将肠内容物与潜在的免疫物分隔,阻止微生物进入固有层。与 IBD 相关的致病菌,如致病性大肠杆菌、空肠弯曲杆菌等可影响肠黏膜通透性,可能是通过黏附作用侵入上皮细胞诱导肠上皮细胞凋亡,以致上皮细胞不能有效地封闭凋亡细胞留下的空间,导致肠黏膜通透性增高,肠腔内的抗原、内毒素等促炎症物质进入肠黏膜固有层,诱发免疫反应。黏膜通透性增高还可以导致肠内常驻菌发生细菌易位至肠黏膜上皮,产生肠道炎症,尤其对于有透壁性损伤的 CD 患者可导致病情的加重。

肠黏膜杯状细胞、上皮细胞分泌的黏蛋白(mucin,MUC)构成肠黏膜黏液层。健康人体中,黏液层可以较好地隔离细菌与肠上皮,而在 IBD 的动物模型中黏液层受损,其与 IL-10 缺陷小鼠的黏液层损害相似,可以推断 IBD 可能与细菌渗入黏液层并与肠上皮有关。黏蛋白是一种糖蛋白,肠腔内微生物因素、短链脂肪酸等可影响上皮细胞表达 MUC。例如,肠道菌群的发酵产物短链脂肪酸(short chain fatty acid,SCFA),如丙酸盐能通过直接作用使杯状细胞 MUC2 表达增加,也可能通过中间产物前列腺素诱导 MUC2 的分泌;乳酸杆菌通过黏附肠上皮细胞,诱导上皮细胞表达 MUC2、MUC3,并阻止致病性大肠杆菌对肠上皮细胞的黏附及损伤;丁酸盐也能诱导杯状细胞表达 MUC。肠道共生菌群本身也具有屏障功能,其通过争夺营养物质和生存空间、分泌抑制性代谢物,或者直接杀灭作用抑制病原菌的定植,抑制 IBD 的发生、发展。

总的来说,IBD 的相关实验说明肠道炎症的发生与肠黏膜屏障存在缺陷有关。肠道屏障功能受损,导致其通透性增高,使肠道细菌和细菌产物移位,细菌产物如 LPS、肽聚糖-磷脂酰丝氨酸 (peptidoglycan-phosphatidylserine,PG－PS)、N－甲酰甲硫氨酰-亮氨酰-苯丙氨酸(N-formylmethionyl-leucyl-phenyl-alanine,N－FMLP)等进入肠肝循环后,进一步损坏肠黏膜屏障。

六、肠道菌群与免疫反应

在动物模型研究中,我们发现肠道菌群失调可导致免疫功能紊乱,肠道黏膜屏障受损,引起慢性炎症,导致 IBD 等相关疾病的发生。

IBD 中肠道菌群失调,微生物及其代谢产物侵入肠黏膜组织内导致黏膜层内的免疫细胞激活,免疫细胞过度反应,使得局部炎症加重。肠道固有免疫系统是宿主肠道黏膜对微生物反应的第一道防线,对于维持肠道稳态具有重要作用。IgA 是其主要效应因子。肠黏膜上皮细胞通过与免疫球蛋白受体结合分泌 IgA,IgA 继而与肠道微生物、各种食物成分或肠腔内抗原结合,抑制这些因子与宿主的相互作用,避免肠黏膜免疫反应,除提供肠黏膜物理屏障,IgA 还可通过肠道微生物调控基因表达,肠道微生物又可影响分泌 IgA 的细胞,如 B 细胞、浆细胞的聚集以及肠腔内 IgA 的水平,引起机体免疫反应。

肠道先天免疫细胞还可通过细胞膜或胞内的模式识别受体(pattern recognition receptor,PRR)识别病原微生物和有害抗原的病原相关分子模式(pathogen-associated molecular pattern,PAMP),如脂多糖、肽聚糖、鞭毛蛋白等。PRR 介导肠道免疫反应,包括微生物结合和吞噬作用、诱导抗菌作用、内源性抗菌肽的生产和细胞因子以及趋化因子。PRR 包括 TLRs、NLRs 和 C 型凝集素受体(C-type lectin receptor,CLR),对人类宿主识别内源性及外源性微生物至关重要。肠道免疫系统通过 TLR 和 NLR 介导识别和杀灭细菌,同时保持对肠道共生菌的耐受性,从而维持肠道稳态。当肠道菌群失调,在伤害性菌群的作用下,这种稳态被打破,导致一些免疫反应,加重 IBD 患者的病情进展。

肠道菌群也能提供天然屏障,通过抑制 NF－κB 减少促炎因子,避免 Tregs 诱发的病理性免疫。IBD 发生时,遗传因素和环境因素等导致肠道微生态失衡,慢性炎症和 Th1、Th17 细胞的过度激活,增加紧密连接蛋白的通透性,同时 Tregs 减少,胰岛再生衍生因子(regenerating islet-derived,REG)γ 和 IL－10 减少,造成肠道免疫失衡。有研究证实,肠蠕虫如类细旋线虫不经 Tregs 分化,而且从类细旋线虫感染的小鼠中分离得到的 Foxp3$^+$(叉状头转录因子家族中的一个成员)/IL－10－和 Foxp3$^+$/IL－10$^+$ T 细胞亚群可以阻止 UC 小鼠模型结肠炎的发生,没有被感染小鼠中分离的 Treg 细胞则无此保护功能,说明类细旋线虫感染可激活 Foxp3$^+$ T 细胞,加强对炎症性肠病的保护。而且研究发现,脆弱拟杆菌的多聚糖 A(polysaccharide A)在动物模型中不仅是预防,甚至是治愈结肠炎,主要是通过促进肠道 CD4$^+$ T 淋巴细胞向 Foxp3$^+$ 的 Treg 细胞分化及其 IL－10 的生成。可见脆弱拟杆菌也可在与宿主共生中促进了 Tregs 分化从而诱导免疫耐受,缓解 IBD 的肠道炎症反应。

研究发现在 IBD 大鼠中观察到 Th17 细胞积聚,并分泌 IL－17 等相关炎症因子,而 Tregs 相对减少。IL－17 是一种参与 IBD 的炎性细胞因子,Th17 细胞及其他产生 IL－17 的细胞均可参与炎性肠病的病理机制。临床上使用的益生菌在 IBD 中可能是通过多种保护性抗炎机制发挥作用的,包括免疫调节及模式识别受体如 TLR 家族介导的对 Th17 细胞活性、IL－17 的产生进行抑制。所以在肠道菌群与宿主的相互作用下,保持 Th17 细胞的稳定状态在宿主抵抗病原的过程中起重要作用。

菌群的代谢产物短链脂肪酸(short chain fatty acids,SCFA)不仅体现在微生物本身诱导的免疫反应,也在 IBD 的肠道黏膜炎症发生中发挥着重要调节作用。SCFA 是肠道微生物发酵分解含高纤维食物所产生的碳水化合物,主要包括乙酸(C2)、丙酸(C3)和丁酸(C4),能够产生 SCFA 的细菌主要包括真细菌（*Eubacterium*）、罗斯菌（*Roseburia*）、粪杆菌属（*Faecalibacterium*）和粪球菌（*Coprococcus*）。由共生细菌产生的 SCFAs 发挥抗炎作用活性并作为结肠上皮的主要能量来源。SCFAs 通过激活上皮细胞、中性粒细胞、巨噬细胞等表达的 SCFAs 敏感的 G 蛋白偶联受体（G-protein-coupled receptors，GPCR）介导机体免疫反应。SCFAs 也可通过促进肠道 IgA 的产生，维持肠道稳态。肠道微生物还可通过其降解纤维素产生的 SCFAs 调节 T 细胞的分化与功能，不仅有效促进 Treg 的分化，也能促进 T 细胞产生更多的 IL-10 来发挥抑制炎症的效应。

所以肠道菌群的失衡通过各种途径启动了肠道免疫及非免疫系统，最终导致免疫反应和炎症过程，是 IBD 发生和进展的重要原因之一。

第 3 节　调节肠道菌群在炎症性肠病治疗中的作用

一、益生菌

1989 年益生菌的现代概念被首次提出，即"益生菌是通过改善肠道菌群平衡而对宿主有益的活性微生物添加剂"。目前认为的益生菌主要是指通过摄取足够的量，对宿主的身体健康能发挥有益作用的活的微生物。研究最多的益生菌：双歧杆菌、乳酸杆菌、粪肠球菌、某些非致病性芽孢杆菌、兼性厌氧地衣芽孢杆菌。益生菌可以纠正肠道菌群紊乱，重建微生态平衡；强化肠屏障功能，提高定植抗力；动员上皮层和黏膜固有层淋巴细胞参与，促进单核细胞和 Treg 细胞分泌 IL-10，从而抑制黏膜炎症；促进杯状细胞的黏液分泌；提高紧密连接蛋白表达，降低通透性；分泌抗菌成分，抑制致病菌，益生菌的这些作用最终可以减轻肠道炎症。2017 年《ECCO 溃疡性结肠炎诊断与管理共识》中指出，根据 RCT 研究表明 *E. coli Nissle* 1917 在维持缓解中与 5-ASA 效果相当，但尚无证据表明其他益生菌在维持缓解上是有效的。2016 年《ECCO 克罗恩病的诊断与管理共识》中指出，尚无证据证明益生菌对于 CD 维持缓解治疗有效。同样，中国的 IBD 诊疗共识中，活动期治疗中未提及益生菌，维持治疗中指出肠道益生菌和中药治疗维持缓解的作用尚待进一步研究；对于 CD 中度活动期治疗中提出其他免疫抑制剂、益生菌尚待进一步研究；维持治疗中未提及益生菌。

二、抗生素

抗生素可以通过减少肠道菌群和肠壁黏膜菌群的浓度、调节菌群比例改善、减少组织侵袭和微脓肿、减少细菌移位等从而减轻肠道黏膜炎症。有研究表明，在 HLA-B27 转基因小鼠模型中，广谱抗生素具有诱导缓解作用，且抗生素和益生菌可发挥协同作用。在 IL-10$^{-/-}$ 肠道炎症小鼠模型中，广谱和窄谱抗生素均可减轻肠道炎症，但疗效不同，提示肠道致病菌分布具有选择性。

三、粪菌移植

粪菌移植（fecal bacteria transplantation，FMT）是将健康人粪便中的功能菌群移植到患者胃肠道内，重建新的肠道菌群，实现肠道疾病的治疗。FMT 已被用于治疗复发性艰难梭菌感染，且临床试验证明有效率大于 90%。目前共有 71 项关于 FMT 用于 IBD 的临床研究，其中有 4 项为前瞻性随机对照试验，且是关于溃疡性结肠炎的，临床缓解率在 24%～32%。一项纳入 53 项研究的 meta 分析表明，FMT 治疗 UC 的临床缓解率为 36%。FMT 治疗 CD 的临床缓解率为 50.5%，但研究大多为病例对照及队列研究，缺乏 RCT 研究。IBD 的发病涉及肠道菌群、基因、免疫、环境等多种因素，且宿主与肠道菌群的联系十分复杂，每个临床试验 FMT 的标准，包括供体选择、既往治疗、移植方式不同，这也是导致目前 FMT 治疗 IBD 有效率低的原因。

四、肠内营养

有研究发现对 UC 大鼠采用富含谷氨酰胺等的肠内营养制剂治疗后,大鼠肠道炎性反应减轻。肠内营养在 CD 患者中也有类似疗效,应用肠内营养制剂后可以恢复肠道的功能,保持肠道屏障作用,缓解肠道炎性反应。肠内营养还可以改变肠道微生物的比例,使肠道致病菌明显减少。肠内营养制剂联合药物治疗在 IBD 的治疗过程中取得了较好的效果,两者起着相辅相成的作用,肠内营养不仅可提供营养物质以改善患者的营养状况,而且能改善 IBD 患者在药物治疗过程中对不良反应的耐受。

（戴　菲　史海涛）

参 考 文 献

[1] Molodecky NA, Soon IS, Rabi DM, et al. Increasing incidence and prevalence of the inflammatory bowel diseases with time, based on systematic review[J]. Gastroenterology, 2012, 14: 46 - 54.

[2] Pfideaux L, Kamm MA, DeCruz PP, et al. Inflammatory bowel disease in Asia: a systematic review[J]. J Gastroenterol Hepatol, 2012, 27: 1266 - 1280.

[3] Komanduri S, Gillevet PM, Sikaroodi M, et al. Dysbiosis in pouchitis: evidence of unique microfloral patterns in pouch inflammation [J]. Clin Gastroenterol Hepatol, 2007, 5: 352 - 360.

[4] 梁淑文, 王晓英, 屈昌民, 等. 溃疡性结肠炎患者肠道菌群变化的临床研究[J]. 医学研究杂志, 2015, 44: 60 - 62.

[5] De Cruz P, Kang S, Wagner J, et al. Association between specific mucosa-associated microbiota in Crohn's disease at the time of resection and subsequent disease recurrence: a pilot study[J]. J Gastroenterol Hepatol, 2015, 30: 268 - 278.

[6] 翟华珍, 周有连. 炎症性肠病患者肠道菌群变化及其与炎性指标的关系[J]. 实用临床医药杂志, 2014, 18: 43 - 46.

[7] Morgan XC, Tickle TL, Sokol H, et al. Dysfunction of the intestinal microbiome in inflammatory bowel disease and treatment[J]. Genome Biol, 2012, 13: R79.

[8] Chassaing B, Darfeuille-Michaud A. The commensal microbiota and enteropathogens in the pathogenesis of inflammatory bowel diseases[J]. Gastroenterology, 2011, 140: 1720 - 1728.

[9] Willing BP, Dicksved J, Halfvarson J, et al. A pyrosequencing study in twins shows that gastrointestinal microbial profiles vary with inflammatory bowel disease phenotypes[J]. Gastroenterology, 2010, 139: 1844 - 1854.

[10] Jostins L, Ripke S, Weersma RK, et al. Host-microbe interactions have shaped the genetic architecture of inflammatory bowel disease [J]. Nature, 2012, 491: 119 - 124.

[11] Zhang Q, Fan HW, Zhang JZ, et al. NLRP3 rs35829419 polymorphism is associated with increased susceptibility to multiple diseases in humans[J]. Genet Mol Res, 2015, 14: 13968 - 13980.

[12] Frank DN, Robertson CE, Hamm CM, et al. Disease phenotype and genotype are associated with shifts in intestinal-associated microbiota in inflammatory bowel diseases[J]. Inflamm Bowel Dis, 2011, 17: 179 - 184.

[13] Aschard H, Laville V, Tchetgen ET, et al. Genetic effects on the commensal microbiota in inflammatory bowel disease patients[J]. PLoS Genet, 2019, 15: e1008018.

[14] Couturier-Maillard A, Secher T, Rehman A, et al. NOD2 - mediated dysbiosis predisposes mice to transmissible colitis and colorectal cancer[J]. J Clin Invest, 2013, 123: 700 - 711.

[15] Rehman A, Sina C, Gavrilova O, et al. Nod2 is essential for temporal development of intestinal microbial communities[J]. Gut, 2011, 60: 1354 - 1362.

[16] Sadaghian Sadabad M, Regeling A, de Goffau MC, et al. The ATG16L1 - T300A allele impairs clearance of pathosymbionts in the inflamed ileal mucosa of Crohn's disease patients[J]. Gut, 2015, 64: 1546 - 1552.

[17] 周文鹏, 白爱平. 炎症性肠病常见基因多态性[J]. 胃肠病学, 2018, 23: 177 - 180.

[18] Harmsen HJ, De Goffau MC. The human gut microbiota[J]. AdvExp Med Biol, 2016, 902: 95 - 108.

[19] Makino H, Kushiro A, Ishikawa E, et al. Mother-to-infanttransmission of intestinal bifidobacterial strains has an impact on the early development of vaginally delivered infant's microbiota[J]. PLoS One, 2013, 8: e78331.

[20] Koenig JE, Spor A, Scalfone N, et al. Succession of microbial consortia in the developing infant gut microbiome[J]. Proc Natl Acad Sci USA, 2011, 108(S1): 4578 - 4585.

[21] 李康, 聂玉强. 肠道微生态与饮食[J]. 胃肠病学, 2016, 21: 436 - 438.

[22] Simpson HL, Campbell B. Review article: dietary fibremicrobiota interactions[J]. Aliment Pharmacol Ther, 2015, 42: 158 - 179.

[23] 徐志毅. 肠道正常菌群与人体的关系[J]. 微生物学通报, 2005, 32: 117 - 120.

[24] 李子艳, 刘丽丽, 毛艳艳, 等. 抗生素与肠道菌群关系研究进展[J]. 科技导报, 2017, 35: 26 - 31.

[25] Ungaro R, Bernstein CN, Gearry R, et al. Antibiotics associated with increased risk of new onset-Crohn disease but not ulcerative colitis: a meta analysis[J]. Am J Gastroenterol, 2014, 109: 1728 - 1738.

[26] Arrieta MC，Bistritz L，Meddings JB. Alterations in intestinal permeability[J]. Gut，2006，55：1512-1520.

[27] 陈威.肠道菌群失衡在炎症性肠病发生和发展中的作用[J].中华消化杂志，2009，39：64-67.

[28] 白爱平.炎症性肠病肠黏膜屏障损伤机制[J].世界华人消化杂志，2008，16：3187-3191.

[29] Chiodini RJ. Transitional and temporal changes in the mucosal and submucosal intestinal microbiota in advanced Crohn's disease of the terminal ileum[J]. J Med Microbiol，2018，67：549-559.

[30] Johansson MEV，Gustafsson JK，Holmén-Larsson J，et al. Bacteria penetrate the normally impenetrable inner colon mucus layer in both murine colitis models and patients with ulcerative colitis[J]. Gut，2014，63：281-291.

[31] Honda K，Littman DR. The microbiota in adaptive immune homeostasis and disease[J]. Nature，2016，535：75-84.

[32] Wang ZK，Yang YS，Chen Y，et al. Microbiota pathogenesis and IBD therapeutics[J]. World J Gastroenterol，2014，20：14805-14820.

[33] Kostic AD，Xavier RJ，Gevers D. The microbiome in inflammatory bowel disease：current status and the future ahead[J]. Gastroenterology，2014，146：1489-1499.

[34] Hang L，Blum AM，Setiawan T，et al. Heligmosomoides polygyrus bakeri infection activates colonic Foxp3+ T cells enhancing their capacity to prevent colitis[J]. J Immunol，2013，191：1927-1934.

[35] Round JL，Flavell RA. Inducible FoXp3+ regulatory T-cell development by a commensal bacterium of the intestinal microbiota[J]. PNAS，2010，107：12204-12209.

[36] Tanabe S. The effect of probiotics and gut microbiota on Th17 cells[J]. Int Rev Immunol，2013，32：511-524.

[37] Sun M，Wu W，Liu Z，et al. Microbiota metabolite short chain fatty acids，GPCR，and inflammatory bowel diseases[J]. J Gastroenterol，2017，52：1-8.

[38] Harbord M，Eliakim R，Bettenworth D，et al. Third European Evidence-based Consensus on Diagnosis and Management of Ulcerative Colitis. Part 2：Current Management[J]. J Crohns Colitis，2017，11：769-784.

[39] 中华医学会消化病学分会炎症性肠病学组.炎症性肠病诊断与治疗的共识意见(2018年,北京)[J].中华消化杂志，2018，38：292-311.

[40] Mullish BH，Quraishi MN，Segal JP，et al. The use of faecal microbiota transplant as treatment for recurrent or refractory Clostridium difficile infection and other potential indications：joint British Society of Gastroenterology（BSG）and Healthcare Infection Society（HIS）guidelines[J]. Gut，2018，67：1920-1941.

[41] Paramsothy S，Paramsothy R，Rubin DT，et al. Faecal microbiota transplantation for inflammatory bowel disease：a systematic review and meta-analysis[J]. J Crohns Colitis，2017，11：1180-1199.

[42] Joo E，Yamane S，Hamasaki A，et al. Enteral supplement enriched with glutamine，fiber，and oligosaccharide attenuates experimental colitis in mice[J]. Nutrition，2013，29：549-555.

第 11 章　肠道微生物与肠易激综合征

第 1 节　概　　述

肠易激综合征(irritable bowel syndrome，IBS)是以反复发作的腹痛，与排便相关或伴随排便习惯改变为特征的功能性肠道疾病，是临床最常见的功能性胃肠病之一。其典型的排便习惯异常可表现为便秘、腹泻，或便秘与腹泻交替，同时可有腹胀或腹部膨胀的症状。

由于各国地域差异、文化不同及方法学的异质性，不同地区、不同国家的患病率存在一定差异。各国的平均患病率从 1.1% 到 35.5% 不等。我国 IBS 的患病率存在地区差异性，为 0.82%～5.67%，女性患病率高于男性，大约为 1：2,30～59 岁患病率较高。肠道感染史、抑郁、食物过敏、饮酒均增加 IBS 的患病风险。

IBS 目前的诊断主要根据罗马 IV 的诊断标准，即反复发作的腹痛，近 3 月内平均发作至少每周 1 日,伴有以下 2 项或 2 项以上：① 与排便相关。② 伴有排便频率的改变。③ 伴有粪便性状(外观)改变；诊断前症状出现至少 6 个月，近 3 个月符合以上诊断标准。IBS 根据排便习惯改变的主要表现，可分为 4 个亚型：IBS 便秘型(IBS‑C)、IBS 腹泻型(IBS‑D)、IBS 混合型(IBS‑M)、IBS 未定型(IBS‑U)。

肠易激综合征的病理生理机制复杂，目前研究显示其主要涉及下丘脑‑垂体‑肾上腺轴异常、脑肠互动异常、胃肠动力改变、内脏高敏感性、肠道通透性增加、免疫激活和肠道微生态改变等。

越来越多的流行病学和临床资料表明肠道微生物与 IBS 关系密切：① 早期基于动物模型的研究已经证实肠道微生物缺失可导致胃肌轻瘫、小肠转运时间延迟、结肠扩张等胃肠道功能紊乱。② IBS 患者肠道微生物组成、数量与健康人群存在差异。③ IBS 患者肠道微生物代谢产物含量异常，影响肠道功能。④ 部分 IBS 患者与早期罹患急性胃肠炎有关，即感染后 IBS(PI‑IBS)。⑤ IBS 可能伴随小肠细菌过度生长(SIBO)，且两者间症状相似。⑥ 益生菌制剂可调节 IBS 患者肠道菌群，缓解 IBS 相关症状。⑦ 抗菌药物临床试验性治疗 IBS 可能有效。不仅如此，肠道微生物的代谢产物如 H_2、CH_4 等气体产物，醋酸、丙酸、丁酸等有机酸产物可以影响肠道感觉运动功能。还有研究表明肠道微生物可影响肠道黏膜屏障功能和改变肠道通透性。此外，还有一些研究表明肠道微生物群可通过菌群的肠‑脑轴参与焦虑与抑郁的发生，而焦虑与抑郁是肠易激综合征患者临床常见的表现。

第 2 节　肠道菌群失调与肠易激综合征

IBS 的病因尚未明确，但研究表明无菌大鼠有胃肠运动功能紊乱，而将正常菌群植入其肠道内后，胃肠运动功能也会随之恢复，而给予无菌大鼠的肠道内补充益生菌也将明显改善其胃肠运动功能。临床试验也发现 IBS 患者乳酸杆菌、双歧杆菌等细菌组成和活性较正常对照发生了明显的变化。这些发现都表明 IBS 与肠道菌群失调密切相关。

一、IBS 患者的肠道菌群情况

(一) 小肠细菌过度生长

小肠细菌过度生长（small intestinal bacteria overgrowth，SIBO）是指小肠内（主要是空肠及回肠）菌群数量增加及种类发生改变。正常人的近端小肠相对无菌，有许多种内源性防御机制能够防止小肠细菌过度生长，如胃酸造成的低 pH，胃肠道的蠕动，完好的回盲瓣，肠道分泌的免疫球蛋白及胰液、胆汁的抑菌作用等。如果这些机制受到破坏，患者小肠的细菌就会发生过度生长，进而出现腹胀、腹泻、体重减轻及营养不良等症状。如果近端小肠内细菌数量超过 105/mL，即可称为 SIBO。大量研究表明，SIBO 与 IBS 关系密切。研究发现，在 IBS 患者组中葡萄糖呼气试验（glucose breath test，GBT）阳性率为 31%，而健康对照组中 GBT 的阳性率仅为 4%。使用乳果糖呼气试验检测 IBS 患者的结果显示 IBS 患者组的 SIBO 阳性率为 84%，而健康对照组的阳性率仅为 20%。有报道称白细胞介素-1 受体拮抗剂（IL-1RA）基因多态性与 IBS 患者的 SIBO 有关，IL-1α 和 IL-1β 水平增高者可伴有 SIBO，IL-1β 水平增高者主要表现为腹胀和粪便松散（Bristol 6 型）。有研究者比较了不同类型 IBS 的 SIBO 发生率，发现 IBS-C SIBO 发生率高于 IBS-D，不同类型 IBS 患者的奶、肉、水果、蔬菜、糖果和咖啡摄入量与 SIBO 无相关性。研究发现，对 IBS 患者行 GBT 检测后，SIBO 阳性率为 46%，其中 IBS-C 患者检出甲烷的比例高于 IBS-D 患者，而 IBS-D 患者检出氢的比例高于 IBS-C 患者。上述结果提示产甲烷细菌可能更易导致 IBS-C，而产氢细菌则更易导致 IBS-D。35% 的 IBS 患者肠道内存在产甲烷菌，这些患者一般有便秘症状。研究发现，慢传输型便秘患者的甲烷短杆菌检出率显著高于正常传输型便秘患者和对照者；在非 IBS 慢性便秘患者中，产甲烷菌可改变结肠传输，但与粪便性状无关。甲烷短杆菌与 IBS 症状的关系有待深入研究。

(二) 结肠菌群失调

IBS 患者与健康人的结肠菌群在细菌数量、种类及比例方面均有显著差异。早年间，研究者通过传统的细菌培养法发现 IBS 患者粪便中双歧杆菌的数量明显减少，而肠杆菌数量明显增加，双歧杆菌/肠杆菌（B/E）<1。对 IBS 患者和健康人粪便中菌群的变化用 PCR 方法进行分析后发现，双歧杆菌属数量显著减少，韦荣球菌、铜绿假单胞菌和多形拟杆菌数量显著增加，而且铜绿假单胞菌相对于其他细菌数量较多。此外，采用 PCR-DGGE 技术并通过产生条带数量的多少来估计 IBS 和健康人之间拟杆菌属是否有差异，结果表明 IBS 条带数明显少于健康人，说明 IBS 肠道中所含拟杆菌属较健康人明显减少；且 Shannon 指数也明显低于健康人，说明 IBS 肠道菌群的多样性较健康人显著降低。

随着科技的进步和研究的深入，国内外研究者发现不同 IBS 亚型的患者肠道菌群变化也有不同的表现特点。通过实时定量 PCR 方法发现腹泻型 IBS 患者粪便中乳酸杆菌的数量明显降低，而便秘型 IBS 患者粪便中韦荣球菌的数量明显增高。通过粪便细菌培养，发现腹泻型 IBS 患者双歧杆菌及乳酸杆菌数量明显减少；便秘型 IBS 患者拟杆菌数量明显增加；混合型 IBS 患者肠杆菌数量明显增加，乳酸杆菌数量明显减少。研究发现，便秘型 IBS 患者肠道内乳酸杆菌及双歧杆菌数量的减少程度不及腹泻型，因此便秘型 IBS 患者肠道内上述两种正常定植菌的数量较腹泻型为多。通过观察发现腹泻型 IBS 患者肠道中放线菌门与拟杆菌门丰度降低，变形菌门和厚壁菌门丰度增加；另有多项研究显示腹泻型 IBS 患者肠球菌、大肠埃希菌及多形拟杆菌的数量增加，双歧杆菌属和乳酸杆菌属减少。便秘型 IBS 患者中拟杆菌、肠杆菌、韦荣球菌及铜绿假单胞菌增高，双歧杆菌、乳酸杆菌类杆菌降低；混合型 IBS 患者中大肠埃希菌、拟杆菌增加，双歧杆菌、乳酸杆菌减少，不定型 IBS 患者肠杆菌增加，乳杆菌减少。整体来说,IBS 患者肠道内第一类的双歧杆菌和乳酸杆菌数量明显减少。

(三)肠道菌群代谢活性改变

肠道菌群代谢产物主要包括甲酸、乙酸、丙酸及丁酸等 SCFA(短链脂肪酸)以及氢气和甲烷等。SCFA 是一些膳食纤维和抗性淀粉等不易消化的化合物在结肠中经厌氧菌(如乳酸菌、双歧杆菌等)发酵产生,其中乙酸、丙酸、丁酸的含量最高,是肠道中主要的 SCFA。SCFA 的种类和数量受到肠道菌群和宿主生理状态等多种因素的影响,因此可以通过检测患者 SCFA 的种类和数量来推测相应肠道菌群的丰度和多样性,继而判断患者与健康人肠道菌群的不同。采用气相色谱分析方法对 IBS 患者和健康人粪便样品中的 SCFA(包括乙酸、丙酸、丁酸、异丁酸、戊酸和异戊酸)含量进行测定,结果提示 IBS 粪便中丁酸的含量显著降低,而丙酸含量无显著变化,且丁酸和丙酸在 IBS 以及各亚组间的显著性差异最具诊断性质,可以作为诊断 IBS 有效的生物标记。经过对 IBS 和健康人粪便中 SCFA(包含乙酸、丙酸、丁酸和乳酸)含量分析,发现 SCFA 的总量在 IBS 与健康人之间没有显著差异,但是在 IBS 各亚型之间显现出差异性,IBS‐C 粪便中 SCFA(包含乙酸、丙酸、丁酸和乳酸)的含量明显低于 IBS‐D、IBS‐M 和健康人。

二、肠道微生物参与 IBS 的发病机制

(一)小肠细菌过度生长诱发 IBS

SIBO 可能通过以下几种机制产生 IBS 症状。

1. 产气过多 正常饮食中含有大量碳水化合物和含硫蛋白质,经过消化吸收后肠道中也存在一定量的淀粉、乳糖、多肽、氨基酸等底物,它们在肠道细菌的作用下可发酵产生氢、二氧化碳、甲烷、硫化氢等气体,而 SIBO 可导致上述气体生成过多并在肠道中蓄积,进而产生胃肠胀气、管腔扩张过度及腹胀,如产气量过大,也可引起腹部胀痛。

2. 降低肠道动力 动物实验表明乳杆菌和双歧杆菌可显著缩短大鼠小肠移行运动复合波(MMC)的周期,促进小肠动力;而微球菌和大肠埃希菌则会明显延长 MMC 周期,降低小肠动力。SIBO 降低肠道动力的机制可能是通过代谢终产物实现的,小肠细菌发酵产物中的甲烷可降低肠道蠕动性,硫化氢可抑制肠道平滑肌的收缩。SIBO 导致甲烷及硫化氢等代谢产物生成过量,从而导致肠道动力降低。

3. 增加肠道敏感 SIBO 增加内脏敏感性的机制可能是通过影响神经递质、激素、免疫分子的平衡来实现的。一方面,小肠细菌可通过多种复杂途径影响色氨酸和 5‐羟色胺的代谢,5‐羟色胺可通过肠神经系统传递肠道痛觉信号,从而影响内脏的敏感性。另一方面,小肠细菌发酵产生的代谢产物、特殊气体及异常受体通道均可提高内脏的敏感性。研究表明肠道内短链脂肪酸含量的变化、细菌内毒素脂多糖、硫化氢气体等均可提高 IBS 患者的内脏敏感性,引起腹部不适及腹痛等 IBS 症状。动物研究也发现肠道菌群的代谢产物可直接刺激肠黏膜感受器,并激活肠黏膜免疫细胞,进而提高肠道敏感性。

4. 脂肪吸收障碍 肠道细菌可将肠道中的结合胆汁酸脱去牛磺酸或甘氨酸,转变为游离性胆汁酸,SIBO 可使肠腔内的结合胆汁酸大量分解为游离胆汁酸,游离胆汁酸可刺激肠道分泌过多水分,进而引起 IBS 患者腹泻症状。

(二)肠道菌群失调导致肠黏膜屏障障碍

当肠道菌群失调时,致病菌可通过竞争性结合肠黏膜上皮、产生内毒素等机制,引起肠壁充血水肿、肠绒毛受损脱落、肠黏膜通透性增加等后果,从而破坏肠黏膜的机械屏障与生物屏障。菌群失调

还可通过改变肠道动力来破坏化学屏障。研究发现,肠道菌群失调可导致条件致病菌和致病菌过度增殖,产生大量内毒素和外毒素,侵袭并破坏肠黏膜,致病型大肠埃希菌的上升可抑制肠上皮细胞紧密连接蛋白 ZO－2 的表达,造成肠黏膜屏障受损。另外一项研究发现,肠道感染诱发 IBS 模型小鼠的肠道 Cajal 间质细胞增生,导致肠道传输时间明显缩短,这会大大减少胃酸、胆盐等消化液的肠道驻留时间,削弱其杀伤致病菌的作用,从而破坏肠道化学屏障。肠道菌群失调还可引起肠黏膜炎症反应,破坏肠黏膜固有层分泌 SIgA 的作用,从而破坏肠道免疫屏障。

(三) 肠道菌群失调诱发肠黏膜免疫异常

肠道菌群失调时,致病性细菌、真菌、病毒等作为抗原物质能够引起宿主免疫防御反应,激活肠道黏膜免疫过程。肠道免疫活性细胞主要有肥大细胞(mast cell,MC)和嗜铬细胞,这些细胞活化后可释放多种炎症因子与神经递质,肠道感觉神经元与这些释放物相互作用,引起内脏感觉-运动异常,导致 IBS 发病。肠嗜铬细胞能够释放 5-羟色胺,后者作用于肠黏膜外神经、黏膜下神经及平滑肌间神经,导致肠道蠕动加快、肠上皮分泌增加、平滑肌收缩、肠道敏感性增加等一系列生物学效应,并将各种不适症状上传至皮质中枢,引起腹痛、腹部不适、排便习惯改变等一系列典型 IBS 临床症状。肠道免疫细胞一般消退较慢,即使菌群失调已经纠正,肉眼已观察不到黏膜炎症的表现,病理仍可观察到黏膜及黏膜下 T 细胞、淋巴细胞增多现象。

(四) 肠道菌群失调导致脑肠轴异常

肠道运动功能受肠神经系统(enteric nervous system,ENS)、椎前神经节和中枢神经系统(central nervous system,CNS)共同调控,它们之间相互影响、相互作用,这一调控系统称为脑-肠轴。其中 ENS 由胃肠道的感觉神经元、中间神经元和效应神经元组成,效应神经元包括控制肠道运动的肠肌间神经丛和调节肠道分泌、血流的黏膜下神经丛。ENS 可以自行调节肠道血流量、肠道上皮物质转运以及胃肠免疫反应和炎症过程,对肠平滑肌运动的调节作用尤为突出。致病菌通过上述途径破坏肠道的水、电解质平衡并提高肠道敏感性,引起腹泻、腹部不适等 IBS 症状。ENS 还可和中枢神经系统相互作用,在对方受到刺激时自身呈现高反应性。

肠道菌群的改变受大脑功能的影响,菌群改变反过来也可以影响大脑的功能和宿主的行为。有证据表明 IBS 患者常伴有心理障碍,如焦虑或抑郁,有心理压力的人更容易患上感染后 IBS(post-infections IBS,PI－IBS)。肠道菌群、肠-脑轴之间的联系是一个假设存在的双向调节,是一个自我平衡的网络。肠道菌群失调后,肠道免疫细胞或炎症细胞激活黏膜免疫,上皮屏障功能受到破坏,刺激肠神经元释放神经递质,释放促炎因子,从而提高神经元的兴奋性并影响神经元的传导,并通过多种生物活性物质作用于 IBS 患者的 ENS,导致内脏敏感性升高和蠕动功能障碍。此外,肠道菌群可能不仅释放代谢产物,也可诱导宿主产生免疫介质,从而直接或间接地影响肠道神经系统。然而,还有许多关于肠道菌群在 IBS 中的作用仍然知之甚少。致病菌通过上述途径影响肠道的水、电解质平衡及肠道敏感性,导致腹泻、腹部不适等 IBS 症状。ENS 还可以和 CNS 相互作用,在对方受到刺激时自身呈现高反应性。肠道感染产生的细胞因子以及细菌内毒素影响下丘脑促肾上腺皮质激素释放因子(corticotropin-releasing factor,CRF)神经元,活化下丘脑-垂体-肾上腺轴,通过儿茶酚胺激素影响胃肠道的运动和分泌。IBS 人群乳酸杆菌和韦荣球菌等产 SCFA 的细菌含量增多,肠道内醋酸、丙酸及总体有机酸含量显著升高。SCFA 能够刺激肠道和交感神经系统并增加肠道转运,还可通过增加酪氨酸羟化酶基因的表达而影响多巴胺和去甲肾上腺素的合成。肠道微生物群通过 SCFA 作用于肠嗜铬细胞,并且主要在远端肠道中增加 5－HT 的产生。而 5－HT 既可以通过 ENS 影响肠道的运动和分泌,传递肠道疼痛症状,又可以作为 CNS 中重要的信号分子,在控制情绪方面起到重要的作用。

粪菌移植(fecal microbiota transplantation，FMT)的发展进一步揭示了 IBS 肠道微生物菌群组成的变化与神经系统功能紊乱之间的因果联系。将 IBS 患者的粪样移植至无菌小鼠肠道内,引起小鼠肠道蠕动加快、黏膜屏障功能失调,同时还导致小鼠焦虑行为的产生。此外,有研究表明小鼠出生早期使用低剂量青霉素引起了肠道微生物菌群持续性的改变,额叶皮质免疫应答激活,血脑屏障完整性受损,小鼠成年后焦虑样、侵略性等行为增加。

越来越多的研究证实了微生物-肠-脑轴的存在,微生物-肠-脑轴的相关研究在近 10 年取得了巨大进展,然而,肠道微生物与宿主神经系统间互相作用的机制还需要进一步的研究和探索。

第 3 节　治　疗

IBS 的微生物治疗途径主要包括益生菌、益生元、合生元、抗生素和粪菌移植等。

一、治疗机制

(一)调节肠道微生态平衡

益生菌通过生物竞争关系对致病菌生存所需的营养物质、生存空间进行抢夺,以抑制致病菌繁殖,达到稳定肠道内生态平衡的目的。除此之外,益生菌代谢产物抑制致病菌繁殖生存,通过减少肠道黏蛋白产生从而减少致病菌黏附,从而排出体外。

(二)调控肠道物质代谢

肠道菌群可以调节肠道内物质代谢,通过酵解肠道内糖类及纤维产生短链脂肪酸,乙酸进入循环系统最终被排出体外,丙酸可被肝脏吸收代谢,而丁酸可以作为肠道上皮细胞的营养物质并且通过 NF-$\kappa\beta$ 途径参与其增殖、分化和凋亡。乳酸杆菌及双歧杆菌可以提高肠道内短链脂肪酸浓度,从而缓解 IBS 症状。

(三)调节胃肠动力

肠道菌群失调时,致病性细菌、真菌、病毒等作为抗原物质能够引起宿主免疫防御反应,激活肠道黏膜免疫过程。免疫细胞活化后,可释放多种炎症因子与神经递质,肠道感觉神经元与这些释放物相互作用,引起内脏感觉-运动异常,导致肠道蠕动加快、肠上皮分泌增加、平滑肌收缩、肠道敏感性增加等一系列生物学效应。

(四)改善内脏敏感性

益生菌通过调节代谢产物影响胃肠道伤害感受器及外周神经传入系统,从而调节中枢神经系统的疼痛域。肠嗜铬细胞能够释放 5-HT,后者作用于肠黏膜外神经、黏膜下神经及平滑肌间神经,导致肠道蠕动加快、肠上皮分泌增加、平滑肌收缩、肠道敏感性增加等一系列生物学效应,上传至皮质中枢,引起腹痛、腹部不适、排便习惯改变等一系列典型 IBS 临床症状。

(五)改善肠道上皮屏障功能及免疫功能

IBS 患者肠道上皮屏障功能受损,通透性增加并且存在低度炎症。益生菌可以降低 TNF-α 和 IFN-γ,减轻肠道炎症。肠道免疫细胞一般消退较慢,即使菌群失调已经纠正,肉眼已观察不到黏膜炎症的表现,病理仍可观察到黏膜及黏膜下 T 细胞、淋巴细胞增多现象。

(六)调节肠-脑轴功能和心理状态

肠道微生态失调可能导致肠-脑轴的改变,而益生菌可以缓解 IBS 焦虑抑郁相关的行为。促肾上腺皮质激素释放激素(corticotropinreleasingfactor，CRF)和 5-HT 是脑-肠轴相互作用中两种非常重要的生物活性物质。肠道感染诱导产生的细胞因子及细菌内毒素均能作用于下丘脑 CRF 神经元，活化下丘脑-垂体-肾上腺轴，通过儿茶酚胺类激素影响胃肠道的运动和分泌。而 5 - HT 既可通过 ENS 影响肠道的运动和分泌及传递肠道疼痛信号，又可作为 CNS 中重要的信号分子，在控制情绪方面发挥重要作用。IBS 患者常伴随焦虑、抑郁等精神情绪异常，可能与 5 - HT 同时在 ENS 和 CNS 中发挥作用有关。

二、治疗手段

(一) 益生菌

益生菌治疗 IBS 具有有效性和安全性，在改善总体症状方面明显优于安慰剂。双歧杆菌、乳酸杆菌、链球菌及益生菌合剂在改善腹痛、腹胀方面有积极作用，几乎无副作用。研究表明益生菌治疗持续 8～10 周可明显减轻腹痛及其他 IBS 症状。

(二) 益生元与低发酵、低聚糖、二糖、单糖和多元醇饮食

几种益生元属于不易消化的碳水化合物，如果糖、乳糖、低聚糖（即低聚果糖 FOS 和低聚半乳糖 GOS）、多元醇（如山梨糖醇），合称为 FODMAPs（fermentable-oligosaccharides - disaccharides-monosaccharides-polyols，低发酵、低聚糖、二糖、单糖和多元醇饮食）。此外，长链多不饱和脂肪酸也被认为是益生元。乳果糖和小麦纤维素在 IBS - C 中具有较好的疗效，但可能会使肠道产气增多，增加疼痛频率及其他症状。高 FODMAPs 饮食会增加 IBS 患者的腹痛、腹胀和肠胀气，因此限制 FODMAPs 摄入，即低 FODMAPs 饮食对 IBS 患者很有必要。常见的高 FODMAP 食物有：① 蔬菜，芦笋、洋葱、韭菜、大蒜、豆类、豌豆、大白菜、芹菜、甜玉米。② 水果，苹果、芒果、西瓜、油桃、李子、梨、开心果。③ 乳制品，牛奶、酸奶、奶油、冰激凌。④ 谷物、小麦、小麦面食、豆类。

(三) 合生元

益生菌的安全性是它们在肠道内短寿命并且需要不断增殖以保持相对恒定水平。在肠道内维持益生菌水平相对恒定的一个策略就是益生菌菌株和益生元的混合使用，即所谓的合生元疗法。将益生菌及相应的益生元制作为合剂以提高两者的作用效率。现有研究表明在治疗 IBS 方面，合生元较单用益生菌或益生元有优势，但由于所发表的研究质量欠佳，因此尚没有使用合生元治疗 IBS 的建议。

(四) 抗生素

肠道微生物群组成改变是 IBS 发病机制之一，因此抗生素治疗改变菌群构成可以作为治疗手段之一。第一个研究治疗 IBS 的抗生素是新霉素，它可以使全球范围内 IBS 患者症状改善 50%，但也诱导了快速的细菌耐药性。其他广谱抗生素如四环素、阿莫西林克拉维酸盐、甲硝唑、诺氟沙星等均可以抑制肠道细菌过度增殖，但极易耐药，并且由于可以吸收入血，因此全身副作用较多，不推荐 IBS 患者使用。利福昔明不被肠道吸收，仅在肠道内起作用，副作用小，但仅明显缓解不到 50% 的 IBS 患者症状，并且缺少 IBS - C 的研究。在利福昔明治疗 IBS - D 患者的 3 期研究中，重复治疗是有效且较少发生耐药的。口服利福昔明 550 mg，每日 3 次，2 周疗程可明显改善 IBS - D 患者的生活质量。

(五) 粪菌移植

粪菌移植（FMT）是针对一些疾病提出的一种策略，包括复发性艰难梭菌感染（CDI）、慢性便秘、IBD、复发性代谢综合征、多发性硬化症、孤独症和慢性疲劳综合征。在治疗艰难梭菌感染的研究中发现，和口服胶囊治疗相比，通过结肠镜或灌肠治疗的成功率更高，可达 90% 左右。在一项关于粪菌移植治疗 IBS 的研究中有 70% 的患者实现了症状的改善或消失。对于 IBS 患者来说，FMT 是安全

的,并且相对有效。研究显示富含双歧杆菌的粪便供体可能提高粪菌移植的成功率。但最近一项共纳入六个会议摘要、一个病例报告及其他的研究在最后的分析中显示,58%的病例症状有所改善,但目前关于粪菌移植治疗肠易激综合征的数据仍然不足,且研究质量也不高,仍需要大量随机双盲研究证实粪菌移植治疗 IBS 的有效性。粪菌移植工作组最近公布了 FMT 供体选择标准和筛选试验的指南。

（戴　菲　秦　斌）

参 考 文 献

[1] Sperber AD, Dumitrascu D, Fukudo S, et al. The global prevalence of IBS in adults remains elusive due to the heterogeneity of studies: a Rome Foundation working team literature review[J]. Gut, 2017, 66: 1075 - 1082.

[2] 张璐,段丽萍,刘懿萱,等.中国人群肠易激综合征患病率和相关危险因素的 Meta 分析[J].中华内科杂志,2014,53: 969 - 975.

[3] Konturek PC, Haziri D, Brzozowski T, et al. Emerging role of fecal microbiota therapy in the treatment of gastrointestinal and extra-gastrointestinal diseases[J]. J Physiol Pharmacol, 2015, 66: 483 - 491.

[4] Guarino MPL, Cicala M, Putignani L, et al. Gastrointestinal neuromuscular apparatus: An underestimated target of gut microbiota [J]. World J Gastroenterol, 2016, 22: 9871 - 9879.

[5] Lucas C, Barnich N, Htt N. Microbiota, inflammation and colorectal cancer[J]. Int J Mol Sci, 2017, 18: 1310.

[6] Dinan TG, Cryan JF. Gut Feelings on Parkinson's and Depression[J]. Cerebrum, 2017, pii: cer - 04 - 17.

[7] Wahlström A, Sayin S, Marschall HU, et al. Intestinal crosstalk between bile acids and microbiota and its impact on host metabolism [J]. Cell Metab, 2016, 24: 41 - 50.

[8] Zhu W, Gregory J, Org E, et al. Gut microbial metabolite TMAO enhances platelet hyperreactivity and thrombosis risk[J]. Cell, 2016, 165: 111 - 124.

[9] Liu X, Liu H, Yuan C, et al. Preoperative serum TMAO level is a new prognostic marker for colorectal cancer[J]. Biomark Med, 2017, 11: 443 - 447.

[10] Nowiński A, Ufnal M. Trimethylamine N-oxide: A harmful, protective or diagnostic marker in lifestyle diseases? [J]. Nutrition, 2018, 46: 7 - 12.

[11] Romani L, Zelante T, Palmieri M, et al. The cross-talk between opportunistic fungi and the mammalian host via microbiota's metabolism[J]. Semin Immunopathol, 2015, 37: 163 - 171.

[12] Cohen LJ, Esterhazy D, Kim S, et al. Commensal bacteria make GPCR ligands that mimic human signalling molecules[J]. Nature, 2017, 549: 48 - 53.

[13] Bauer PV, Hamr SC, Duca FA. Regulation of energy balance by a gut-brain axis and involvement of the gut microbiota[J]. Cell Mole Life Sci, 2016, 73: 737 - 755.

[14] Vaiserman AM, Koliada AK, Marotta F. Gut microbiota: A player in aging and a target for anti-aging intervention[J]. Ageing Res Rev, 2017, 35: 36 - 45.

[15] Parkes GC, Rayment NB, Hudspith BN, et al. Distinct microbial populations exist in the mucosa-associated microbiota of sub-groups of irritable bowel syndrome[J]. Neurogastroenterol Motil, 2012, 24: 31 - 39.

[16] Russo R, Cristiano C, Avagliano C, et al. Gut-brain axis: Role of lipids in the regulation of inflammation, pain and CNS diseases[J]. Curr Med Chem, 2018, 25: 3930 - 3952.

[17] Yang B, Zhou X, Lan C. Changes of cytokine levels in a mouse model of post-infectious irritable bowel syndrome[J]. BMC Gastroenterol, 2015, 15: 1 - 7.

[18] 师艾丽,安俊平.用复方嗜酸乳杆菌片和谷氨酰胺颗粒治疗腹泻型肠易激综合征的效果评析[J].当代医药论丛,2016,14: 44 - 46.

[19] Desbonnet L, Clarke G, Traplin A, et al. Gut microbiota depletion from early adolescence in mice: Implications for brain and behaviour[J]. Brain Behaviour, and Brain Behav Immun, 2015, 48: 165 - 173.

[20] Fröhlich EE, Farzi A, Mayerhofer R, et al. Cognitive impairment by antibiotic-induced gut dysbiosis: analysis of gut microbiota-brain communication[J]. Brain Behav Immun, 2016, 56: 140 - 155.

[21] O'Hagan C, Li JV, Marchesi JR, et al. Long-term multi-species Lactobacillus and Bifidobacterium dietary supplement enhances memory and changes regional brain metabolites in middle-aged rats[J]. Neurobiol Learn Mem, 2017, 144: 36 - 47.

[22] Rothhammer V, Mascanfroni ID, Bunse L, et al. Type I interferons and microbial metabolites of tryptophan modulate astrocyte activity and central nervous system inflammation via the aryl hydrocarbon receptor[J]. Nat Med, 2016, 22: 586 - 597.

[23] Carabotti M, Scirocco A, Maselli MA, et al. The gut-brain axis: interactions between enteric microbiota, cen-tral and enteric nervous systems[J]. Ann Gastroenterol, 2015, 28: 203 - 209.

[24] Zheng P, Zeng B, Zhou C, et al. Gut microbiome remodeling induces depressive-like behaviors through a pathway mediated by the host's metabolism[J]. Mol Psychiatry, 2016, 21: 786 - 796.

[25] Shukla R, Ghoshal U, Dhole TN, et al. Fecal microbiota in patients with irritable bowel syndrome compared with healthy controls using realtime polymerase chain reaction: an evidence of dysbiosis[J]. Dig Dis Sci, 2015, 60: 2953 - 2962.

[26] Farup P G，Rudi K，Hestad K. Faecal short-chain fatty acids-a diagnostic biomarker for irritable bowel syndrome？［J］. BMC Gastroenterol，2016，16：51.

[27] Johnsen PH，Hilpüsch F，Cavanagh JP，et al. Faecal microbiota transplantation versus placebo for moderate-to-severe irritable bowel syndrome：a double-blind，randomised，placebo-controlled，parallel-group，single-centre trial［J］. Lancet Gastroenterol Hepatol，2018，3：17 - 24.

[28] Distrutti E，Monaldi L，Ricci P，et al. Gut microbiota role in irritable bowel syndrome：new therapeutic strategies［J］. World J Gastroenterol，2016，22：2219 - 2241.

[29] Halkjær SI，Boolsen AW，Günther S，et al. Can fecal microbiota transplantation cure irritable bowel syndrome？［J］. World J Gastroenterol，2017，23：4112 - 4120.

[30] Mizuno S，Masaoka T，Naganuma M，et al. Bifidobacterium-rich fecal donor may be a positive predictor for successful fecal microbiota transplantation in patients with irritable bowel syndrome［J］. Digestion，2017，96：29 - 38.

[31] Cash BD，Pimentel M，Rao SSC，et al. Repeat treatment with rifaximin improves irritable bowel syndrome-related quality of life：a secondary analysis of a randomized，double-blind，placebo-controlled trial［J］. Therap Adv Gastroenterol，2017，10：689 - 699.

第12章 肠道微生物与功能性消化不良

第1节 概 述

功能性胃肠病(functional gastrointestinal disorder,FGID)是一组功能性胃肠道疾病,是生理、精神心理和社会因素相互作用而产生的消化系统疾病。患者常具有胃肠道外症状,如呼吸困难、心慌、慢性头痛、肌痛等,其发生率为 42%~61%。

2016 年 5 月,罗马委员会颁布了罗马 IV 诊断标准,将 FGID 定义为以胃肠道症状为表现的肠-脑互动异常。罗马 IV 中功能性胃肠疾病同罗马 III 诊断标准一样,分为 4 类:① 功能性消化不良,由餐后不适综合征和上腹疼痛综合征组成。② 嗳气症,由胃上部过度嗳气和胃过度嗳气组成。③ 恶心呕吐症,包括慢性恶心呕吐综合征、周期性呕吐综合征以及新命名的大麻素呕吐综合征。④ 成人反刍综合征。

功能性消化不良(functional dyspepsia,FD)是临床上最常见的一种功能性胃肠病,依据症状与进餐的关系可分为餐后不适综合征和上腹痛综合征。餐后不适综合征的主要症状有早饱或餐后饱胀不适,上腹痛综合征的主要症状有上腹痛或上腹烧灼感,而且没有可以解释上述症状的器质性疾病。其症状可持续或反复发作,病程超过 1 个月或在过去的 12 个月中累计超过 12 周。罗马 IV 诊断标准仍然沿用罗马 III 诊断标准对功能性消化不良分为 4 种核心症状,即餐后饱胀不适、早饱感、上腹部疼痛、上腹部灼烧感,这些症状和恶心(无呕吐)等均可在饭后加重。罗马 IV 诊断标准对功能性消化不良症状的描述更加强调了心理因素,如"令人烦恼的(bothersome)"。餐后不适综合征的症状可由进餐诱发,而上腹痛综合征通常由进食诱发或缓解,也可能在禁食时发生,同时这两个综合征可以重叠,罗马 IV 标准中功能性消化不良不仅包括餐后不适综合征和上腹痛综合征,也有餐后不适综合征和上腹痛综合征重叠综合征。功能性消化不良只做了一些微小的变动,主要是为了提高特异性。幽门螺杆菌(Helicobacter pylori,H. pylori.)感染被认为是可能导致消化不良的原因,这提示胃镜检查和 H. pylori.根除疗法是可受益的治疗方法。另外,阿考替胺(acotiamide)、坦度螺酮、丁螺环酮(buspirone)等都是在罗马 IV 中新列出来的治疗功能性消化不良的药物。

功能性消化不良在全球范围内均有发生,且以女性、年轻人、社会地位低下者、幽门螺杆菌感染者较多见。有流行病学资料显示,明确诊断的 FD 患者占世界人口总数的 12%~15%,但未经诊治的消化不良患者占人口总数的 10%~40%。到目前为止,功能性消化不良的病因及发病机制尚不十分明确,治疗效果亦欠佳,造成患者反复就诊,严重影响患者的生活质量及耗费大量的医疗资源。FD 的发病与患者的年龄、性别、种族、经济状况、文化背景等有很大关系。FD 没有特定的发病年龄,从青少年期到老年期均有一定的发病率,女性较男性更易患 FD。目前关于 FD 发病与种族、经济状况及文化背景的关系研究较少,从现有证据来看,两者关系还没有明确的定论,但美国的一项调查显示,黑种人较白种人的 FD 患病率较高,来自瑞典的调查发现 FD 总体发病率与教育程度无关。此外,精神心理、幽门螺杆菌感染、药物、食物等被认为是 FD 的危险因素。

第2节　肠道微生物参与功能性消化不良的发病机制

人体肠道是一个极其庞大而复杂的微生态系统,其生物数量大约是正常人体细胞数量的 10 倍,编码基因数目超过人体自身基因数目的 100 倍,其遗传信息的总称叫做"微生物组",是控制人类健康的"第二基因组"。其中生存着约 500 多种的细菌,主要由厌氧菌、兼性厌氧菌和需氧菌组成,而厌氧菌数量最多,占到了 99% 以上。十二指肠、空肠细菌种类及数量极少,主要为革兰阳性需氧菌,越到回肠末端,细菌数逐渐增加,主要为厌氧菌。肠道菌群根据在肠腔内定植部位的不同可进一步分为三个生物层:① 膜菌群,它是由深层的紧贴黏膜表面并与黏膜上皮细胞粘连形成细菌生物膜的菌群,主要由双歧杆菌和乳酸杆菌组成,这两类菌均是肠共生菌,是肠道菌中最具有生理意义的两种细菌,对机体有益无害;② 中层为粪杆菌、消化链球菌、韦荣球菌和优杆菌等厌氧菌;③ 表层的细菌可游动称为腔菌群,主要是大肠埃希菌、肠球菌等需氧和兼性需氧菌。正常菌群是机体不可或缺的一部分,有重要的生理作用:作为主要的生物屏障防御病原体的侵犯,肠道屏障组成包括肠道黏膜上皮细胞、细胞间紧密连接(主要由紧密连接蛋白组成)、胃肠道分泌的溶菌酶等化学物质以及肠道微生态系统,而肠道微生态系统在肠道屏障功能中起到关键性作用。正常人体肠道黏膜屏障是肠道完善的功能隔离带,可将肠腔与机体内环境分隔开来,具有防止致病性抗原入侵和肠道细菌易位的功能。此外,其还参与蛋白质、糖、脂肪的消化吸收,合成维生素等,对宿主有营养作用,对亚硝胺等致癌物质有降解的功能而起抗癌作用。在健康状态下,机体与正常菌群之间保持着生态平衡,一旦这种平衡在各种内外因素作用下被打破,就会影响正常的免疫,出现代谢紊乱,导致肠道疾病的出现。

功能性消化不良发病机制尚不十分明确,可能与胃酸分泌异常、胃肠动力异常、消化道内脏高敏感、胃十二指肠感染、肠道微生态异常、遗传因素、社会心理和神经因素、环境因素等多方面调控异常有关,此外,一些激素、气体相关递质、肽类化合物也参与了其发病过程。

一、胃酸分泌异常

少数 FD 患者空腹时伴随轻微的上腹部疼痛或不适,在进食后有缓解,或在接受抑酸治疗后有改善,功能性消化不良的发生发展与胃酸的过量分泌有关。

二、胃肠动力障碍

健康人群进食后进入消化期,为了容纳更多食物,胃近端发生容受性舒张,而为了消化食物,胃远端则会发生明显的收缩及蠕动;但 FD 患者的幽门、胃部及十二指肠等运动协调性均不理想且存在明显动力异常,常出现胃排空延迟、近端胃容受性障碍、胃节律紊乱、胃窦动力减弱等情况,这些均是胃肠运动障碍的主要表现,同时也是诱发功能性消化不良的重要原因。

三、消化道内脏高敏感性

这是一种对生理性刺激产生不适的表现,主要指平滑肌及胃肠黏膜对外界刺激所产生的相关反应,如酸的感觉值降低、机械性扩张敏感性增加、容量值降低等。FD 患者的胃扩张敏感性增加与进食后嗳气、上腹部疼痛、体重降低明显相关,在受到胃扩张刺激后出现的不适感较健康人群严重。此外,功能性消化不良患者对胆汁、胃酸及营养物质也较敏感。

四、胃十二指肠感染

感染后功能性消化不良可能与肠道炎症细胞反应（包括嗜酸性粒细胞、巨噬细胞增多）、炎症因子增加、胃容受性受损等多方面异常有关。幽门螺杆菌感染通过影响胃酸分泌和消化道激素水平，从而引起 FD 的发病。目前已经明确的与 FD 发病相关的病原体包括弯曲杆菌属、沙门菌属、大肠埃希菌 O157、诺如病毒、蓝贾第（Giardia lamblid）鞭毛虫等，而链球菌、厌氧普雷沃菌、韦荣球菌属和放线菌等可能与 FD 的发生呈负相关。

感染可引起 FD，其中幽门螺杆菌感染备受关注，根除幽门螺杆菌的主要目的在于预防胃癌和胃溃疡复发等，而不是改善 FD 患者的症状。感染后 FD 会导致细菌性肠胃炎，以及直接的病理生理改变，如嗜酸性粒细胞升高、炎症细胞因子水平增高。

五、肠道微生态失调

目前，肠道微生物在脑-肠轴中的作用及其对功能性胃肠病发病的影响已成为研究热点。

脑-肠轴的理论最早是由神经学家迈克格尔松提出的，随着人们对于肠道微生态的深入研究，发现脑-肠轴是大脑和肠道的互动，和免疫系统、迷走神经及神经内分泌系统密切相关，提出脑-肠-微生态轴的概念。它包括中枢神经系统、自主神经系统、肠神经系统（由胃肠壁内的神经元、神经递质、蛋白质以及支持细胞组成）、肠道菌群等，可调节肠上皮屏障通透性、肠黏膜免疫、肠道动力和敏感性、肠道神经传递等，参与神经、体液、免疫调节，从而调节人体生理病理过程。中枢神经系统、自主神经系和肠神经系统支配胃肠道感觉和运动。脑-肠-微生态轴是一个双向通路，外界传入信息经大脑整合后将调控信息传递到胃肠道平滑肌或胃肠道神经丛，这个过程经过神经-内分泌和自主神经系统的传导。脑-肠-微生态轴正常稳定时，能正常调节情绪稳定、胃肠道功能及机体稳态等，当脑-肠轴发生异常时会影响胃肠道的正常功能，从而导致功能性胃肠病的发生。脑功能成像技术发现 FD 患者的关键脑区部分脑葡萄糖代谢水平较高，且伴有焦虑或抑郁的 FD 患者在这些脑区表现出更高的糖代谢水平，和静息状态相比，在胃肠道受到一定刺激后大脑部分功能区的活动发生改变，说明脑-肠轴是一个功能性调节通道，在解剖中找不到相应的组织结构。

肠-脑-微生态轴涉及内分泌、免疫、神经等多种调节机制，肠道菌群对机体神经系统的发育和发展起重要的调节作用，并可能参与了社会行为模式、精神心理变化、应激反应、学习与记忆等多种神经功能。人体的胃肠道构成了一个微生态系统，数以万亿计的微生物，包括细菌、病毒、原生动物、古细菌、酵母菌和寄生虫共同居住。目前已描述 50 多个细菌门，其中最重要的是厚壁菌和拟杆菌，其次是放线菌和变形杆菌。有研究发现，中枢神经系统递质和受体的改变会导致肠道菌群发生异常，菌群的改变进而导致机体行为模式的改变。

正常的肠道微生态作用维持肠道运动和分泌的平衡、参与物质转化、提供屏障作用、调节免疫、维持肠道的稳态及生理功能，肠道菌群失调影响肠道功能。异常情况下，肠道微生态群会发生数量和种类改变，肠黏膜屏障发生改变，激活黏膜免疫反应，产生活性物质，如细胞因子、5-羟色胺、去甲肾上腺素、短链脂肪酸等，进而调节迷走神经和肠神经系统，甚至产生全身系统性炎症反应，使血脑屏障的通透性降低，调控大脑功能和高级神经活动，神经发生退行性变，下游信号通路发生变化，肠道微生物群落的平衡状况被打破，称为菌群失调。健康机体的肠道与肠道菌群处于稳态，这使得肠黏膜上皮细胞保持状态，从而使肠道内环境处于稳定状态。肠道菌群在正常肠道运动功能和动力调节中具有重要作用。肠道菌群影响肠道动力可能是通过细菌代谢产物、肠道神经内分泌因子、肠道免疫应答等直接或间接作用而实现的。当便秘患者服用益生菌治疗后,肠道扩张水平显著下降,肠道传输速度上升,临床症状明显缓解。肠道菌群还可改变机体内脏敏感性,从而引发 FD 患者的腹部症状,当肠道大肠杆菌数量显著增长时,会引起内脏敏感性增高。

肠道菌群数量和组成紊乱也可导致 FD。口腔菌群在十二指肠的定植可能导致 FD 发病,而胆汁和小肠细菌向胃内反流可能导致胃液菌群组成改变。小肠细菌过度生长可增加肠道产气,进而引发腹部饱胀感、腹痛、腹泻等消化不良症状。肠黏膜某些菌群数量与 FD 患者的生活质量呈负相关,与症状严重程度呈正相关,如以普氏菌为肠道优势菌群的患者痛感减轻。共生菌群有助于胃肠动态平衡的适当维持,肠道菌群失调在 FD 的病理生理学中的作用研究并不是很多。功能性消化不良症状可能来源于碳水化合物的异常发酵,由于大肠菌群增殖增加,造成肠管膨胀,肠通透性增加和免疫应答延续。肠道菌群的定植与肠道免疫屏障密切相关。肠道菌群可以调节肠黏膜相关淋巴组织、肠道集合淋巴结、肠系膜淋巴结等免疫相关结构的发育和成熟。肠道细菌可诱导炎症反应,调节免疫应答,从而影响相关疾病的发展。最近研究发现 IL-1β 可能是作为中枢神经递质的主要指标介入调控胃肠运动和内脏敏感性,这可能与 FD 发病相关。肠道稳定的微生态会维持肠道稳定的生理功能,肠道菌群参与某些中枢神经系统活动,如焦虑和抑郁。FD 患者肠道菌群组成及数量有差异,和正常人群相比,拟杆菌属数量明显升高。正常人群及不伴有焦虑抑郁情绪的 FD 患者,与伴有焦虑抑郁情绪的 FD 患者相比较,肠道菌群组成及数量有差异,柔嫩梭菌属数量下降。肠道菌群可引起肠道功能失调,包括肠道免疫、动力、感觉等多方面异常,肠道菌群在 FD 发病中起重要作用。

在胃肠道免疫功能异常的情况下,包括十二指肠嗜酸性粒细胞增多症、十二指肠肥大细胞异常聚集、黏膜炎症反应、黏膜屏障异常等,均可能诱发 FD 症状的产生。肠道黏膜屏障改变和免疫异常激活可通过募集嗜酸性粒细胞、损伤黏膜下神经丛等途径,导致 FD 的发病。高达 30% 的 FD 胃部症状与移行性复合运动Ⅲ期(即强烈收缩期)运动逆行的发生有关,且焦虑等症状可使胃容受性降低,引发腹部症状,这可能是通过降低内脏迷走神经反射而引起的。此外,胃肠道对机械扩张、胃酸和其他肠腔内刺激的高敏感会导致 FD 的发病。FD 患者胃扩张时杏仁体处于持续激活状态,使感觉唤醒中枢过度刺激,从而引发内脏高敏感和较高水平的疼痛感受力。由此可见,肠道菌群调节免疫应答、肠道动力、内脏敏感性的作用可能是其影响 FD 发生的病理基础之一。

六、与 FD 发病机制有关的其他机制

(一) 胃肠激素

其包括胃动素、胃泌素、生长抑素、血管活性肠肽、P 物质、降钙素基因相关肽、血浆胆囊收缩素(cholecystokinin,CCK)、瘦素、褪黑素等。胃动素能刺激胃底及胃窦的特殊受体从而引起平滑肌收缩,促进胃排空,FD 患者胃动素水平降低,引起胃排空障碍、收缩力减弱、消化间期移行性运动复合波Ⅲ期收缩缺乏、胃电生理节律功能紊乱、胃窦-幽门-十二指肠运动失调,因此增加胃动素对 FD 的治疗有指导意义。胃泌素能够刺激胃壁细胞分泌胃酸,刺激主细胞分泌胃蛋白酶原,胃窦扩张、迷走神经刺激、半消化状态的蛋白质、低浓度血钙等均可刺激分泌。它可以增强胃窦肌肉动力,促进胃收缩,增加胃黏膜的血流,营养胃肠道黏膜。生长抑素在胃中可以通过 G 蛋白介导直接作用于分泌胃酸的壁细胞,从而减少胃酸分泌;也可通过抑制 5-HT、胃饥饿素(ghrelin)、组胺水平从而间接减少胃酸分泌。血管活性肠肽可抑制由胃泌素刺激产生的胃酸,扩张外周血管,松弛胃肠平滑肌,抑制小肠蠕动,抑制胆囊收缩,减缓胃排空等。胃饥饿素具有增强食欲及胃肠道运动、调节胃酸及多种腺体的分泌、保护胃肠黏膜等多种生理功能。P 物质是最早发现的一种神经肽,它与疼痛关系密切,既可传递痛觉

信息,又具致痛作用;可以增强肠道平滑肌收缩、肠蠕动和促进胃排空。另外,P 物质作为疼痛递质,与胃肠内脏感觉过敏产生及其信号传递有着密切联系。降钙素基因相关肽可抑制胃酸分泌、促进肠道蠕动、调节各种胃肠激素分泌功能、拮抗炎性物质产生,减少自由基损伤,参与内脏敏感性的变化。血浆中降钙素基因相关肽水平降低时,刺激中枢或外周神经系统对内脏的感觉异常,导致胃肠运动减弱,产生消化不良症状。CCK 是由十二指肠内分泌细胞分泌的一种饥饿抑制剂,无论在中枢神经系统中作为神经递质,还是在肠道中作为肽类激素都具有重要作用;可参与消化作用,产生饱腹感、焦虑等多种生理过程。CCK 通过促进胃排空和胃酸分泌调节小肠消化功能,刺激胰腺腺泡细胞分泌促胰酶素,加速脂肪、蛋白质、碳水化合物的消化。CCK 调节饱腹感的功能是通过广泛分布于中枢神经系统的 CCK 受体实现的。瘦素由脂肪细胞、下丘脑、胃黏膜主细胞分泌,是一种通过抑制饥饿感来调节饮食,减少能量消耗,控制能量平衡的激素。另外,胃动素和瘦素协同形成饥饿-进食-饱感-饥饿循环,从而控制摄食量;瘦素与胆囊收缩素之间的正反馈循环也可起控制食量的作用。褪黑素在松果体及胃肠道嗜铬细胞内均可产生,通过视交叉上核感受昼夜节律及光照周期调节合成,且多在夜间分泌。与 FD 的病因密切相关,可抑制或兴奋肠神经系统、抗感染、抗焦虑及抗抑郁,其延迟胃排空的功效,一定程度上与 5 - HT 拮抗剂的作用相似。男性 FD 患者血浆褪黑激素水平较女性显著升高,且夜间褪黑素分泌增加可能与男性患者发病相关。

(二) 气体相关性递质

硫化氢是继一氧化氮(NO)、一氧化碳(CO)之后的第三种生物气体递质,在 FD 患者中,硫化氢的产生受限,意味着硫化氢生成失调会导致能损坏胃底的顺应性,从而导致 FD 的发生。这一发现为 FD 的病因学及治疗提供了新的方向。诱导型 NO 是一种非 Ca^{2+} 依赖性 NO 合酶,能在短期内迅速产生大量 NO,调节 FD。另外,胃肠道肥大细胞、嗜酸性粒细胞黏膜浸润也会导致轻微炎症。

(三) 其他化合物及肽类物质

辣椒素通过作用于辣椒素受体-1,广泛位于胃肠道神经元细胞膜及神经末梢,是一种非选择性阳离子通道,对钙离子的渗透性高,发挥促胃动力、调节内脏高敏感性、抑制胃酸分泌的作用。神经肽 S 受体-1 参与炎症、焦虑、伤害性刺激、胃肠运动、感觉功能及餐后饱胀等调节,诱导与胃肠功能相关因子的表达,从而参与或影响胃肠道反应,发挥干扰或促进作用。

第 3 节　功能性消化不良的临床表现和诊断标准

一、临床表现

FD 的主要症状包括上腹部疼痛或灼痛、餐后饱胀、早饱等,其他症状包括餐后恶心、呕吐、反酸及烧心等。进食过多或不能完成正常食量进餐和反复上腹部疼痛是消化不良患者就医的常见症状。这些都可以用罗马标准对功能性消化不良的定义来诠释。

二、诊断标准

最新颁布的罗马Ⅳ在 FD 的发病机制中强调了精神心理因素、感染性因素和十二指肠炎症因素;指出 FD 的诊断为病程超过 6 个月,最近 3 个月内发作较前频繁,包括餐后饱胀感、早饱、上腹部痛、上腹部烧灼感这四个核心的症状,对患者平素生活有很大影响。

FD 是一个排除性诊断,需要行血、尿、便常规等检验及腹部超声等检查排除相关器质性疾病。通常初诊患者需要行胃镜检查,此检查可排除食管炎、消化性溃疡病和食管癌及胃癌等。推荐幽门螺杆菌感染检测,而不常规推荐胃功能评估,不推荐钡餐、腹部 CT 及 MR 等检查;所有 40 岁以上有消化不良症状患者和胃癌高发地区患者都应接受胃镜检查排除癌症。另外,当出现报警症状,如体重减轻、呕吐、吞咽困难、出血或癌症家族史,均应行胃镜检查。但是胃镜检查仅是排除器质性疾病的手段之一,不能为 FD 患者提供相关治疗。

第 4 节　功能性消化不良的治疗

针对不同类型的患者,需采取不同且具有针对性的治疗手段,应根据患者可能存在的病理机制对治疗方案进行调整,选择个性化的方案,以期快速缓解患者症状,提高其生活质量。治疗方式包括饮食治疗、心理治疗、药物治疗、根除幽门螺杆菌、肠道微生态治疗。药物主要包括胃动力药物、助消化药物、胃动力与助消化药物联合、中药、中药与胃动力或助消化药联合等。

一、饮食治疗

罗马Ⅳ标准指出,改变饮食有助于减轻 FD 患者的症状,建议少食多餐、减少脂肪摄入量、禁烟、禁酒、减少咖啡摄入量,有指征的应用非甾体抗炎药(NSAIDs)等。高脂饮食会减缓胃排空,导致消化不良,进食量过多、快速和不规则饮食也与消化不良症状有关,超过平衡热量的高碳水化合物饮食会导致恶心、腹痛等。

二、心理干预治疗

调节生活方式,减轻焦虑抑郁,倾听并开导患者,使患者保持轻松愉悦的心态,对于疾病的治疗有很大帮助。另外,解决其他心理问题也是非常有必要的,主张在有症状的情况下考虑正式的心理干预。

三、药物治疗

FD 根据分型分为两种药物治疗方案。① 上腹痛综合征:抑制胃酸分泌有助于减轻患者症状,推荐使用 H_2 受体阻滞剂和质子泵抑制剂(PPI);PPI 被广泛使用和推荐,但是只有少数人对 PPI 有反应,长期使用会产生副作用。PPI 抑制剂治疗功能性消化不良的机制可能为抑制胃酸后导致肠神经末梢水平异常,进而改变胃肠道运动功能。肠神经系统有两种机械感受器,分别为牵张敏感感受器和化学敏感感受器,进食刺激胃肠道产生知觉和感觉,但当化学敏感性感受器发生障碍时,即可能发生 FD 症状。② 餐后不适综合征:促动力药物对此类患者有较好的疗效,通常作为一线治疗方案,相关药物包括莫沙必利、伊托必利和阿考替胺(acotiamide),阿考替胺由日本研发,是世界上首个获批的治疗 FD 的药物,具有胃底舒张和促动力双重作用。胃底舒张药物,坦度螺酮和丁螺环酮激活 5 - HT、抑制胆碱能,阿考替胺具有胃底舒张和促动力双重作用。

功能性消化不良涉及如抑郁及焦虑等精神症状时,临床中会应用抗焦虑药物或抗抑郁药物。如果一线治疗和合并疗法效果均不显著,被认为是治疗抵抗,患者应接受二线治疗,如抗焦虑、抑郁的药物或中草药治疗,因为药物疗法与心理治疗相结合治疗效果会更好。一线治疗包括 PPI 或促动力药物,治疗难治性功能消化不良的患者会加用抗抑郁药如坦索罗辛(被用作临床实践中的二线药物)。

(一)增加胃动力药物

胃动力药能增强 FD 患者食管蠕动,促进十二指肠及胃的收缩力与张力恢复,增加幽门的收缩协调性,同时药物还能增加食管下括约肌张力及促进食管蠕动,从而达到缓解临床症状的目的。

多潘立酮属于外周多巴胺受体阻滞剂,可直接作用于胃肠壁,选择性阻断多巴胺受体而提高食管张力,增强胃动力,加速胃排空,故在一定程度上可用于 FD 的治疗。此外,多潘立酮用于 FD 的治疗还可增加食管下括约肌张力,减少胃食管反流,促进胃蠕动,协调胃十二指肠正常运动,使胃排空情况达到理想状态;同时抑制恶心呕吐症状,避免胆汁反流发生,不影响胃液分泌。

枸橼酸莫沙必利属于选择性 5-羟色胺受体激动剂,可直接作用于胆碱能神经节,促进乙酰胆碱释放,增强消化道上平滑肌运动,从而达到理想的促胃动力的效果,且不会引起因结肠运动增强及多巴胺 D_2 受体阻滞导致的不良反应。

(二) 助消化药物

其有利于减少肠腔内尚未消化的食物比例,缓解腹部不适、腹胀等一系列临床症状。该类药物以复方阿嗪米特、双酶消化散较常见,两者均属于各类消化酶复方制剂。

复方阿嗪米特综合了各种消化酶,解决了患者自身导致消化不良的基础原因,能够快速缓解临床症状。属于促胆汁分泌药物,能够增加胰酶与胆汁的分泌量,提高促消化功能,同时能抑制肝内胆固醇的合成。药物中胰酶含有蛋白酶、淀粉酶及脂肪酶,能够积极改善蛋白质、脂肪、碳水化合物的吸收,有利于消化功能的恢复。此外,复方阿嗪米特在使用后还可促进肠腔内残留物的消化,抑制肠腔内细菌分解有毒产物,减少有毒气体的产生。其中所含的纤维素酶还具有解聚、切断与溶解细胞壁的效果,可改善肠道菌群紊乱导致的酶失调等情况。而二甲硅油有促胃内液体表面张力降低的作用,患儿用药后胃内气体排出,则腹胀症状改善,从而缓解腹胀、胃痛。

双酶消化散是一种主要由胃蛋白酶与乳酶合制而成的复方制剂,药中所含乳酶生属于活肠球菌的干燥制剂,在肠内分解糖类生成乳酸,促进肠内酸度增高,从而抑制腐败菌生长繁殖,减少并阻碍肠内发酵,减少产气,有着理想的止泻、促消化的作用。而胃蛋白酶则属于一种蛋白水解酶,能在胃酸参与下使凝固的蛋白质分为蛋白胨、蛋白胨和少量多肽,是机体碳水化合物代谢必需品,具有理想的促消化功能。

(三) 胃动力药物联合助消化药物

胃动力药物与助消化药物联合应用既能增强胃蠕动、加速胃排空、促进胃与十二指肠的协调、促消化吸收,又能在胃中直接与食物残渣相接触,加速食物残渣的代谢分解、加快消化吸收、增强疗效。主要的联合用药方案包括多潘立酮联合乳酶生、多潘立酮联合多酶片、多潘立酮联合复方阿嗪米特、枸橼酸莫沙必利联合复方阿嗪米特等。

(四) 中药治疗

许多中药可以消除胃肠淤积,协调胃肠平衡,提高胃肠血管、神经、平滑肌兴奋性,改善肠壁血管通透性,恢复肠蠕动,消除肠腔淤积,减少毒素吸收,缓解腹胀、腹痛等临床症状。药物选择上,既要求增强胃肠动力收缩节律,又要求增加消化酶分泌量,加速动物蛋白与脂肪的消化,以达到缓解临床症状的目的。中药以健胃醒脾、解表化湿、止泻升清、散寒止呕、下气和中、宽中除满为主,如四磨汤口服液。

(五) 胃动力药与中药制剂联合

中西药联合治疗 FD 能够加强胃排空,增加胃肠蠕动,抑制胃肠道病原体繁殖,促消化、消除饱腹感、增加食欲效果理想。目前主要的胃肠动力药物联合中药制剂方案包括莫沙必利联合蒲元和胃胶囊、莫沙必利联合健胃消食口服液等。

四、根除幽门螺杆菌

我国是幽门螺杆菌高感染率国家,根除幽门螺杆菌对 FD 患者是十分有益的。对于幽门螺杆菌阳性的 FD 患者,包括新发消化不良、年轻且没有报警症状,根据当地幽门螺杆菌感染及胃癌的流行情况、保健治疗政策和患者的个人意愿等,选择检测并根除幽门螺杆菌或经验性的酸抑制剂治疗。但是,短程三联抗幽门螺杆菌治疗可导致肠道菌群失调和肠道耐药菌株的产生。

五、肠道微生态治疗

随着社会的日益发展,人们生活、学习、工作中的压力与日俱增,功能性消化不良目前发病率居高不下,门诊就诊比率也较前增多。FD 尚无特异性指标,随着微生态-肠-脑轴越来越被接受,肠道菌群逐渐被探究,临床亦更加注重益生菌调节肠道菌群的治疗。寄居在消化道内的肠道菌群可通过肠道菌群-肠-脑轴这一通路实现与大脑之间的双向交流和相互作用。情绪变化可以通过激活肠道免疫系统引起肠道菌群的结构改变;肠道菌群可以通过作用于迷走神经、免疫系统、内分泌系统等多种途径影响大脑的结构和行为变化。因此,肠道菌群-肠-脑轴是肠道菌群与大脑之间双向交流、互相作用的新通路,调整肠道菌群结构有望成为治疗心身疾病的新靶点。此外,粪菌移植作为 FD 的一种治疗手段指日可待,相信以后广泛应用这种联合治疗,FD 患者的症状会逐渐被改善,生活质量会大幅度提高。

(宋明全　曲巧燕)

参 考 文 献

[1] Stanghellini V, Chan FKL, Hasler WL, et al. Gastroduodenal disorders[J]. Gastroenterology, 2016, 150: 1380-1392.
[2] 陈晟仔,严晶,孙志广.功能性食管胃十二指肠病罗马Ⅳ诊断标准的更新与应用[J].中医学报,2019,34: 115-119.
[3] 谷静,刘纯伦.胃肠道免疫与功能性消化不良相关性的研究进展[J].现代医药卫生,2017,33: 1804-1806.
[4] 吴柏瑶,张法灿,梁列新.功能性消化不良的流行病学[J].胃肠病学和肝病学杂志,2013,22: 85-90.
[5] 王英,胡玲.儿童功能性消化不良的流行病学及药物治疗研究进展[J].医学综述,2018,24: 109-113.
[6] 罗和生,任海霞,张法灿,等.IBS 患者内脏高敏感性相关因素及其机制研究进展[J].胃肠病学和肝病学杂志,2016,25: 1202-1206.
[7] Rosen JM, Cocjin JT, Schurman JV, et al. Visceral hypersensitivity and electromechanical dysfunction as therapeutic targets in pediatric functional dyspepsia[J]. World J Gastrointest Pharmacol Ther, 2014, 5: 122-138.
[8] Zhong L, Shanahan E R, Raj A, et al. Dyspepsia and the microbiome: time to focus on the small intestine[J]. Gut, 2017, 66: 1168-1169.
[9] Enck P, Azpiroz F, Boeckxstaens G, et al. Functional dyspepsia[J]. Nat Rev Dis Primers, 2017, 3: 17081.
[10] 邓琦蕾,申元英.肠道微生物群在脑-肠-微生物轴中作用机制的研究进展[J].实用医学杂志,2017,33: 162-165.
[11] 刘丹丹,刘银辉,唐立,等.肠道菌群与神经精神疾病[J].中国微生态学杂志,2017,29: 850-854.
[12] Nan J, Liu J, Mu J, et al. Brain-based correlations between psychological factors and functional dyspepsia[J]. J Neurogastroenterol Motil, 2015, 21: 103-110.
[13] Lynch SV, Pedersen O. The Human Intestinal Microbiome in Health and Disease[J]. N Engl J Med, 2016, 375: 2369-2379.
[14] Quigley EMM. Microbiota-brain-gut axis and neurodegenerative diseases[J]. Curr Neurol Neurosci Rep, 2017, 17: 94.
[15] 王丹,张红星,周利.功能性消化不良外周机制研究进展[J].湖北中医药大学学报,2018,20: 115-118.
[16] 徐派的,辛玉,张红星,等.电针对功能性消化不良肝郁脾虚型大鼠中枢及外周降钙素基因相关肽及受体活性修饰蛋白的影响[J].世界华人消化杂志,2015,23: 3433-3439.
[17] Lenka A, Arumugham SS, Christopher R, et al. Genetic substrates of psychosis in patients with Parkinson's disease: a critical review [J]. J Neurol Sci, 2016, 364: 33-41.
[18] Orive M, Barrio I, Orive VM, et al. A randomized controlled trial of a 10 week group psychotherapeutic treatment added to standard medical treatment in patients with functional dyspepsi[J]. J Psychosom Res, 2015, 78: 563-568.
[19] Singh H, Bala R, Kaur K. Efficacy and tolerability of levosulpiride, domperidone and metoclopramide in patients with non-ulcer functional dyspepsia: a comparative analysis[J]. J Clin Diagn Res, 2015, 9: FC09-12.
[20] 孙菁,袁耀宗,房静远.复方阿嗪米特肠溶片治疗胃肠道术后消化不良 240 例的多中心临床研究[J].中华消化杂志,2015,35: 753-757.
[21] Miwa H, Kusano M, Arisawa T, et al. Evidence-based clinical practice guidelines for functional dyspepsia[J]. J Gastroenterol, 2015, 50: 125-139.

第 13 章　肠道微生物与功能性腹痛

第 1 节　功能性腹痛/中枢介导的腹痛综合征

功能性胃肠病(functional gastrointestinal disorder，FGID)是一类常见且严重影响人们生活质量的疾病。既往研究认为 FGID 是心理疾患或者仅仅是缺乏器质性病变的一种疾病。FGID 的特殊之处在于，其诊断需要明确排除器质性疾病、结构性疾病和代谢性疾病，反复过多的检查一方面造成了医疗资源的浪费，给患者带来了沉重的负担，另一方面系统检查仍然未发现引起腹痛的原因，这无疑给患者和医师带来了更多的困惑。随着神经胃肠病学的研究进展，对于 FGID 的认识发生了观念上的突破：目前认为 FGID 是一类独立的疾病并受到越来越多的重视。因此，学者们需要能够用于临床和科研的 FGID 分类体系，罗马工作小组为调整和更新这些疾病的诊断标准，不断追踪这些疾病的最新研究成果，发表了一系列的罗马标准(罗马Ⅰ、罗马Ⅱ、罗马Ⅲ和罗马Ⅳ标准)，对此类疾病的认知和分类起着重要的作用。

罗马Ⅲ将 26 种功能性胃肠病分为 6 大类，其中功能性腹痛(FAP)作为独立的一类被单独列出。功能性腹痛综合征(functional abdominal pain syndrome，FAPS)又称慢性特发性腹痛或慢性功能性腹痛或中枢介导的胃肠道疼痛病，是一种少见的功能性胃肠病，是指持续或频繁发作的下腹痛，病程超过半年，但无胃肠道功能紊乱症状的一组临床症候群。患者以腹痛为主要表现，腹痛程度重，部位多不固定，与进食、排便等生理活动不相关，症状持续或近乎持续，明显影响患者的日常活动。在FGID 中，FAPS 对患者日常生活影响最为严重，FAPS 患者常有抑郁、焦虑等心理障碍，并常伴随躯体其他部位的不适和日常活动受限。

随着研究的深入，目前人们对 FGID 的认识由单一的胃肠动力异常转变为包括神经胃肠病学和脑-肠互动等多方面的异常。在罗马Ⅳ标准中，功能性胃肠病又被称为肠-脑互动疾病(disorders of gut-brain interaction)。新的定义强调其症状产生与动力紊乱、内脏高敏感性、黏膜和免疫功能的改变、肠道菌群的改变以及中枢神经系统(CNS)处理功能异常有关。基于此观点，最新的罗马Ⅳ诊断标准中使用"中枢介导的腹痛综合征(centrally mediated abdominal pain syndrome，CAPS)"代替罗马Ⅲ标准中的"功能性腹痛综合征"。罗马Ⅳ标准指出：功能性腹痛综合征/中枢介导的胃肠道疼痛病的诊断必须包括以下所有条件：① 发作性/持续性或近乎持续性腹痛，与生理行为(即进食、排便或月经)无关或仅偶然相关。② 不符合可能解释疼痛的其他功能性胃肠病(IBS、功能性消化不良等)诊断标准。③ 经充分评估后，腹痛不能用其他疾病的诊断解释。症状每月至少发作 4 次，诊断前症状出现至少 6 个月，近 3 个月满足以上标准。

罗马Ⅳ标准中强调肠易激综合征、功能性便秘等功能性疾病不再作为特定的疾病来看待，其有着与病理生理机制特征相联系的症状谱，只是在临床上表现出来的症状数目、频度和严重程度有差异，部分类型可因症状程度变化而转换，如便秘型 IBS 和功能性便秘的诊断可能因腹痛程度的变化而转换。因此对于上述集中疾病的发病机制及治疗中存在许多相通、相似的地方。

第2节　中枢介导的腹痛综合征与肠易激综合征

腹痛是 FGID 的常见症状,是患者就诊、影响患者生命质量的重要因素。IBS 和 FAPS 是 FGID 中典型表现为慢性腹痛的疾病。IBS 发病率较高,在世界范围内约 8.8%,其腹痛与排便相关;而 FAPS 的腹痛以持续或近乎持续为特征,程度严重,与进食或排便等生理活动无关。既往针对 FAPS 的流行病学研究较少,可能与其诊断难度高有关,国外流行病学研究报道其发病率为 0.5%~1.7%,以女性患者多见。而 FAPS 在儿童中的发病率较高,为 10%~15%。尽管 FAPS 发病率相对低,但对患者生命质量影响显著,消耗大量的医疗资源。

临床上对这两种疾病的诊治有时难以区分,因此对于两种疾病的机制及治疗相关的研究具有许多相似、相通之处,部分研究将两者进行合并分析。国内研究发现,与 IBS 相比,FAPS 患者疼痛部位主要集中于腹中线,发作周期短,程度较重,年龄较轻,社会心理影响更显著。两者腹痛机制的研究发现:相对于 IBS 患者,需更加关注 FAPS 患者的中枢敏化/内源性疼痛调控系统异常和精神心理障碍,而对于外周敏化和肠道动力紊乱的药物对 FAPS 的腹痛可能无效,两种疾病在发病机制针对 FAPS 的治疗多参考 IBS 的经验。

第3节　功能性胃肠病及功能性腹痛综合征发生机制及其与肠道微生物的关系

过去三个世纪中,生物-医学模式占据统治地位,忽略了社会、神经和心理因素对疾病发生、发展的重要作用。现在已转变为生物-社会心理-医学模式,并用以指导 FGID 的科研和临床,从而提高了对 FGID 发病机制认识。Van Qudenhove 等研究发现,FD 患者症状的严重程度主要是由社会心理因素决定的,而不是由胃病理生理学机制所决定。Simren 等也发现内脏高敏感性和心理因素对 IBS 胃肠道症状严重程度的影响最大。FAP 的发病与社会心理因素密切相关,罗马Ⅲ标准对其诊断和治疗中心理作用的重要性均非常关注。这些进一步证实了社会心理因素在 FD、IBS 和 FAP 等 FGID 发病中的重要作用,同时这些科研成果也进一步丰富了生物-社会心理-医学模式的内涵。

一、FGID 及 FAPS 的发生机制

以往认为 FGID 的症状主要是由胃肠道动力异常所致,随着神经病理学的研究进展,人们发现 FGID 的症状与许多因素有关:① 胃肠动力异常可引起恶心、呕吐、腹痛等症状,此外,健康人中强烈情绪或环境应激能够通过肠-脑轴引起整个胃肠道动力紊乱,这在 FGID 患者中尤为多见,且 FGID 患者对应激产生的动力反应要比正常人更为强烈,这些反应与症状相关,可以部分解释慢性或复发性腹痛的产生。② 内脏高敏感性是 FGID 共同的发病机制,它涉及肠道局部和肠-脑轴的多个方面。Gwee 等发现沙门菌感染愈后 3 年发生炎症后,其结肠已无炎症改变但结肠敏感性高于对照组,说明内脏高敏感性在 IBS 发病中的重要作用。③ 黏膜免疫、炎症和肠道细菌菌群的改变是 FGID 胃肠症状产生的基础,1/3 IBS 或 FD 的症状开始于急性肠道感染之后,约 25% 的急性肠道感染患者会发展成 IBS 或 FD,这些患者的黏膜具有炎症细胞和炎性细胞因子表达增加的典型表现。目前研究兴趣已经转向由紧密连接改变导致的黏膜通透性、肠道菌群和黏膜免疫功能的改变。这些作用改变了胃肠道黏膜和肌间神经丛受体的敏感性而导致内脏高敏感。④ 微生物菌群,在胃肠道功能的研究中产生

了一个新的概念,即微生物菌群-肠-脑轴。患者在肠道细菌结构中的差别(厚壁菌增加和拟杆菌/双歧杆菌减少)及健康人群的分娩中微生物多样性的减少,均提示肠道菌群在发病和治疗中的作用。但仍需进一步研究以充分明确发病机制中细菌菌群的作用及机制。⑤ 食物、饮食和肠腔内因素,最近对于发病机制的研究增加了 FGID 与食物/饮食的关系,还有肠道微生物菌群相互关系的认识,饮食/食物亦可通过影像肠道菌群参与疾病。⑥ 脑-肠轴可双向传入,将大脑的情绪和认识中枢与外周胃肠道功能连接起来。外在的视觉、嗅觉或脑部的情绪、思想的信息通过与高级中枢的神经连接起来影响胃肠道的感觉、动力、分泌和炎症。内脏的效应同样也可影响脑部疼痛的感觉、情绪和行为。⑦ 脑肠肽如 5-羟色胺(5-HT)、阿片受体、P 物质、降钙素基因相关肽,胆囊收缩素和皮质激素释放激素等存在于肠道和 CNS 的神经肽和受体,与脑肠功能紊乱导致的 FGID 密切相关。最近对于机制的研究还发现另一个新领域:发生机制与肠腔内因素加上营养消化不良对维持肠道功能影响有关。这包括短链脂肪酸对于与菌群的变化、肠内分泌细胞的产物(包括颗粒及其在神经方面的效应)、内分泌和免疫细胞、次级和初级胆酸的比例,这会影响肠道-转运率,从而导致相应的临床症状。

FAPS 病因及发病机制尚未十分明了,但有关 FAPS 腹痛机制的研究已经引起了学者们的重视。既往研究认为可能与内脏敏感性、胃肠动力的改变、脑-肠互动致中枢疼痛调控异常及心理异常状态有关。尽管研究资料还很有限,但 FGID 各种疾病之间,尤其是 FAP 与 IBS 之间存在许多共同发病机制。有研究表明:肠道动力、肠道菌群和内脏高敏感在 FAPS 的发生、发展中起重要作用,为临床有效治疗提供了可能。对 FAP 腹痛产生机制的研究将对我们进一步认识该病的临床特点、制订诊断治疗策略产生重要影响。

二、FAPS 与肠道菌群

FAP 患者多数有牛奶蛋白过敏、幽门狭窄及血管炎的病史,这些都与内脏高敏感及腹痛有关,上述原因可能影响应激条件下的神经反应及肠道敏感性。另外精神压力等其他形式的压力与遗传易感性及近期肠道急性感染都是 FAP 的危险因素。目前研究发现,FAPS 可能是一种中枢性疼痛,由于多种因素影响了中枢神经对正常肠道功能的生理调控,导致正常的内调节信号在中枢神经系统放大,产生异常感觉,从而导致腹痛,这种疼痛病主要起源于脑-肠失调和内脏痛觉过敏,而与肠道本身的动力及功能紊乱无关或关系不大。除此之外,罗马Ⅳ标准中强调不同的 FGIDS 疾病不再作为特定的疾病来看待,这些疾病有着与病理生理机制特征相联系的症状谱,只是在临床上表现出来的症状数目、频度和严重程度有差异,部分类型可因症状程度变化而转换。新的标准中强调 FGID 症状产生与动力紊乱、内脏高敏感性、黏膜和免疫功能的改变、肠道菌群的改变以及 CNS 处理功能异常存在密切的关系。

尽管是良性病变,FAPS 可能会严重影响生活质量。研究数据显示肠道菌群的改变也是一个重要的发病机制。目前对于 IBS 的研究相对较多。儿童 IBS 的患者中,变形杆菌、多利亚属、嗜血杆菌属的 meta 分析文章发现乳酸杆菌和双歧杆菌的含量在 IBS 尤其是腹泻型 IBS 中含量显著下降。肠道细菌可能影响或改变内脏的感知能力、肠道动力、肠道通透性及肠道气体的产生,从而导致疼痛,这也是以腹痛为主要表现的 FIGD 尤其是功能性腹痛发生的重要原因。

在肠道微生态中,人体肠道菌群与宿主存在共生关系,肠道菌群协同肠黏膜上间的紧密连接、黏液以及肠黏膜免疫系统构成肠道黏膜屏障,他们共同维持着宿主的生理平衡。越来越多的研究资料表明,胃肠道感染、肠道微生态环境和食物与 FGID 症状的产生、加重有关,食物、肠腔内环境的改变通过肠道菌群和宿主的相互作用,包括免疫和代谢反应而影响脑-肠轴的功能,进而影响 FGID。研究发现在 FAP 患者中存在不同程度的肠道菌群的改变。枯草杆菌活菌胶囊是根据微生态学原理所制成的制剂,对潜在的致病菌过度生长和维持肠道黏膜屏障方面起重要作用。活菌胶囊可明显改善大便性状,缓解腹痛/腹胀,疗效较为显著。在 FD 治疗中利用生物氧合作用造成适合厌氧菌的肠道生长环境,促进双歧杆菌等的生长,抑制革兰阴性杆菌及致病菌的生长,联合用药疗效更为显著。酪酸杆菌能够较好地减轻功能性胃肠病小鼠的肠道炎性反应,降低内脏敏感性和肠道通透性,从而改善症状。越来越多的证据表明肠道菌群与 FAP 存在密切关系,研究结果对于指导 FAPS 治疗存在重要的理论意义。

随着罗马标准的不断更新,对于功能性疾病的定义也发生了较大的变化,从既往的"功能异常无器质性病变"到"动力异常 ENS",再到目前提出的"动力异常/内脏高敏感性/黏膜炎症/免疫功能异常/CNS - ENS 调节"。胃肠道由中枢神经系统(central nervous system,CNS)、肠神经系统(enteric nervous system,ENS)和自主神经系统(autonomic nervous system,ANS)共同支配。大脑接收传入信息整合后经自主神经和神经-内分泌系统调控信息传递到胃肠道内的神经丛,或直接作用于胃肠道平滑肌细胞,这种将大脑 CNS/ENS 及 ANS 连接的神经双向通路称为脑-肠轴。机体通过脑-肠轴之间神经-内分泌网络的双向环路进行胃肠道功能的调节称为脑肠互动。脑-肠轴是由神经内分泌和免疫因子介导的、调整大脑皮质和消化系统之间复杂的反射通路。脑-肠轴功能障碍导致 FGID 的发生,主要涉及多种神经递质。功能性腹痛的病因及发病机制复杂。目前认为,胃肠运动功能紊乱、胃肠激素水平异常、自主神经高敏感性、内脏对生理性和伤害性刺激的感觉阈值降低均可能参与功能性腹痛的发病,而胃肠动力紊乱与胃肠激素水平异常关系密切。目前研究认为,胃肠激素可通过内分泌/旁分泌及自身分泌等多种途径参与胃肠运动调节,胃肠激素变化是导致胃肠功能异常的重要因素。功能性腹痛患者的血浆生长激素释放肽及胃动素水平明显升高,且与症状严重程度有关,提示血浆生长激素释放肽及胃动素水平升高与功能性腹痛有一定关系,其机制可能与生长激素释放肽及胃动素具有调节胃肠动力的作用有关,包括刺激胃排空,加快小肠运动及对流质食物的运输,促进结肠推进性运动。胃动素(motilin,MOT)属于孤立多肽类胃肠激素,主要由胃肠分泌细胞分泌,主要产生于胃窦、十二指肠及小肠上段;其主要生理作用是对胃肠运动起促进作用,可以诱发胃强烈的收缩和小肠明显的分节运动,也可引起食管下端括约肌紧张性收缩,防止胃内容物反流入食管,与胃肠动力密切相关,可有效促进胃肠道对电解质、水转运的作用。张东伟等研究证实,血液中 MOT 浓度升高时,上述作用得以加强,胃肠道运动加快,表现为腹泻;而 MOT 浓度降低时,胃肠道正常运动功能发生抑制,表现为便秘。研究结果显示,益生菌联合马来酸曲美布汀胶囊可以显著提高肠易激患者血浆 MOT 浓度,与单纯应用马来酸曲美布汀比较差异显著,提示益生菌辅助治疗可显著拮抗便秘型 IBS 的 MOT 表达下调,加快水、电解质和食物通过胃肠道的速度,从而改善便秘,缓解腹痛症状。血管活性肠肽(vasoactive intestinal peptide,VIP)是由 28 个氨基酸残基组成的碱基多肽,广泛分布于胃肠道和神经系统,其在胃肠道中主要分布于平滑肌及神经丛。VIP 既对胃肠道平滑肌有舒张作用,又可参与神经元分泌调节。梁荣新等研究推测 VIP 可能通过旁分泌或者局部神经递质作用,抑制肠道蠕动。而益生菌制剂富足治疗可显著拮抗 VIP 的上调,改善胃肠动力,促进肠道蠕动性收缩,缓解便秘症状及相关腹痛症状。生长抑素(somatostatin,SS)主要由胃肠分泌细胞分泌并广泛分布于胃肠道神经丛及中枢神经系统。SS 对消化道多种生理功能均有明显的抑制,如抑制多种胃肠道激素的分泌,抑制胃酸合成,抑制胃肠道及胆道运动,抑制肠道对水、电解质及营养物质的吸收等。张茹研究证实,便秘型 IBS 患者血浆 SS 表达显著高于健康人群,益生菌治疗可显著降低此类患者 SS 的表达,一方面SS 表达下调有助于减少其对胃肠运动功能的抑制作用,促进水、电解质及营养物质的吸收;另一方面,

SS 表达的减少,还可减轻其对 MOT 等促胃动力激素的抑制作用,从而发挥治疗作用。益生菌制剂联合马来酸曲美布汀胶囊治疗可显著改善患者症状,提高临床疗效,其原因可能与益生菌调控 MOT、SS、VIP 等胃肠激素分泌有关。且益生菌辅助治疗并不会诱发患者严重的不良反应,具有较高的安全性。综上可见,肠道菌群可能通过影响胃肠激素水平参与 FAP 的发生及治疗。

第 4 节　诊　疗

FAP、婴儿肠绞痛、功能性便秘及 IBS 是最常见的 FGID。FGID 在儿童中发病率比成年人相对较高,发病率约 4∶1,故而对于相关机制及治疗的相关研究多集中于儿童。而在儿童中,最常见、治疗相关研究最多的是功能性便秘及功能性腹痛疾病(functional abdominal pain disorders,FAPD),其中 FAPD 包括 IBS。FAPD 患儿中有 2/3 存在内脏高敏感,而内脏高敏感是导致患者腹痛的原因。

目前对于儿童及成人 IBS 及 FAP 治疗选择有限,主要包括一般治疗、药物治疗、心理治疗及多学科合作治疗。本病治疗目的是缓解紧张、改善功能;需长期随诊。随着研究的深入,一些新的药物在治疗中的作用逐渐被人们认识。但有关药物治疗在 FAP 中的作用及明确的研究结论尚不充分。

一、微生态制剂

微生态制剂又称为微生态调节剂,是一种含有生理性细菌及其代谢产物,以及促进生理菌群成长繁殖的物质制成,以活菌为主体,也包括死菌菌体及其组分和代谢产物,经口或其他黏膜投入,能调整微生态失调(microdysbiosis)、保持微生态平衡(microeubiosis),并能刺激特异性和非特异性免疫机制,提高宿主健康水平或增进健康佳态。微生态制剂包括益生菌、益生元和合生元,具有调节菌群、免疫平衡、营养解毒等作用。微生态制剂中的益生菌如双歧杆菌、嗜酸乳杆菌、肠球菌、布拉酵母菌等具有定值性、排他性和繁殖性。

FAP 临床主要表现为腹痛,严重程度不一、症状反复,虽然并不危及生命,但严重影响患者的生活质量,且单药治疗效果不佳,易造成患者的反复就诊,带来较高的医疗费用,因此,寻找有效的治疗方法已经成为临床工作中的难题。近年来,肠道菌群紊乱与功能性腹痛的关系备受重视。有研究表明,部分患者的发病与肠道菌群失调有关。因此,益生菌在这些疾病治疗中的作用也受到越来越多的重视。益生菌能够补充肠道正常菌群,纠正菌群失调,分泌抑制或杀菌物质和增强肠道局部免疫反应等机制,有效地清除病毒和细菌,明显缩短病程。因此,采用益生菌联合胃肠动力调节药物治疗此类患者具有可行性。益生菌还可调节肠道神经递质,减缓内脏高敏感性。多项临床研究及荟萃分析结果表明微生态制剂在 FAPS 患者治疗中的有效性。一些临床研究表明,给患者补充益生菌可不同程度地改善症状,其作用机制尚不十分清楚,一般认为有生物化学性抑制(一种细菌可以通过分泌细菌素抑制另外的细菌)或促进、营养竞争、免疫清除和黏附受体竞争等作用。研究表明屎肠球菌属于人肠道正常菌群,参与维持宿主正常的生理功能,对致病菌有很强的抑制作用;枯草杆菌属于肠道过路菌,利用生物夺氧作用,降低局部氧浓度和氧化还原电位,造成适合厌氧菌生长的环境,还可产生多种消化酶,降解碳水化合物、脂肪、蛋白质等,并能产生溶菌酶等对多种肠道致病菌有抑制作用的物质,促进双歧杆菌等有益菌的生长。因此补充枯草杆菌二联活菌可以有效缓解患者腹泻、腹痛等症状。常用的益生菌制剂包括培菲康(长双歧杆菌、嗜酸乳杆菌及粪链球菌)、整肠生(地衣芽孢杆菌)、金双歧、米雅(酪酸菌)、丽珠肠乐(双歧杆菌)等,常用的益生元有乳果糖(杜密克)等。

对于益生菌在 FAP 治疗中的作用已有相关研究,主要集中于乳杆菌属(*Lactobacillus rhamnosus*

GG，LGG）及罗伊乳杆菌 17938（*L. reuteri DSM 17938*）这两大类细菌。对于 FAP 中的研究发现使用 *L reuteri DSM 17938*（剂量为 10^8 CFU/天）治疗 FAP 具有较好的效果。Horvath 将发表的相关随机对照试验进行了汇总分析，发现使用 *LGG* 可以显著缓解患儿腹痛症状，而这一治疗作用在 IBS 患儿中更显著。另有两项随机对照、安慰剂对照临床试验发现，使用乳酸杆菌、双歧杆菌和阿斯特球菌（VSL♯3）的混合菌制剂或不同双歧杆菌系细菌混合菌制剂对于患儿的腹痛具有较显著的疗效。而罗伊乳杆菌 17938 主要应用于 FAPS 患儿，与安慰剂相比较，其对于缓解患儿腹痛具有显著的疗效。最近的一项对于目前研究的 meta 分析结果表明使用罗伊乳杆菌 17938 对于患儿腹痛的缓解仅有临界意义，但是需要注意的是其中纳入的一项阴性研究具有较大的偏倚，可能对于最终的计算结果有所影响。

最近的一项 FGID 患者中饮食干预相关的系统综述充分评估了鼠李糖乳杆菌、罗伊乳杆菌、凝固酶杆菌、植物乳杆菌（LP299V）、VSL♯3（组合益生菌）和双歧杆菌的疗效。结果表明益生菌在缓解 FAPD 患儿腹痛的有效性属于低到中等质量水平。纳入 6 项研究的 meta 分析表明 *Lactobacillus rhamnosus GG* 对于缓解 FAPD 患儿的腹痛具有较好的效果，是临床治疗可选择的一类有效抗生素菌株。益生菌（双歧杆菌）可以改善母婴分离引起的潘氏细胞低水平，并降低成年后肠道高敏感状态，即补充双歧杆菌可显著改善应激带来的肠道功能紊乱。酪酸杆菌能够较好地减轻功能性胃肠病小鼠的肠道炎性反应，降低内脏敏感性和肠道通透性，从而改善症状。

益生菌改善腹痛的机制尚未完全阐明。理论来讲，益生菌可以通过与病原体的代谢竞争、稳固肠黏膜屏障及改变肠道炎症反应等多种方式恢复并维持肠道菌群稳态。然而，一项纳入 11 项随机对照实验的 meta 分析结果显示：尽管益生元可以提高 IBS 及其他功能功能性肠病患者双歧杆菌的含量，但其对 IBS 及其他 FGID 的症状改善并无作用。另有研究提出：由于 FAP 属于功能性疾病，因此在评估 FAP 药物治疗效果时需要充分评估药物的安慰剂效应。许多随机对照试验结果显示益生菌制剂的安慰剂对于腹痛的缓解也有作用。因此微生态制剂对于 FAP 症状缓解是由于其对肠道菌群的调节作用还是安慰剂效应存在争议。

尽管目前临床研究有限、相应的作用机制尚不明确，但益生菌对于患儿腹痛的治疗是有益的。综上，益生菌在 FAPS 的缓解具有相当的治疗作用。目前主要研究集中于两种益生菌制剂：*LGG* 和 *L. reuteri DSM 17938*（罗伊乳杆菌），其中 *L. reuteri DSM 17938* 在 FAP 中能够发挥一定的治疗效果。Korterink 等基于目前的研究提出了 FAP 及 IBS 的推荐诊疗流程：对于疑诊为 FAPS/IBS 的患者，需要进行再次评估及患者健康教育，如症状未有改善则考虑进行治疗，治疗主要包括药物治疗（解痉药和抗抑郁药）及非药物治疗（益生菌——*L. reuteri*、催眠疗法及认知行为疗法），如治疗有效，则继续治疗，2～3 个月后逐渐减量；如无效则需要再次评估诊断并更换治疗方案。目前可供选择的益生菌种类较多，因此，对于治疗应用益生菌应充分权衡治疗收益、患儿的偏好及费用。

二、可溶性膳食纤维

可溶性膳食纤维饮食通常不被集体消化吸收，对于便秘患者具有有效的通便作用。他们在肠道中吸收水分膨胀，参与形成软便，促进肠道的蠕动进而促进排便。在 FAPD 患儿中，可溶性膳食纤维可以考虑应用。其具体机制尚不明确，可能是通过调节肠道菌群、改变大便成分及加速肠道蠕动等。可溶性膳食纤维补充剂的应用需要充分权衡腹胀及腹痛的情况进行选择。其用于腹痛治疗的具体计量及疗程尚缺乏有效研究。

越来越多的研究关注饮食相关因素在 FAPD 中的作用。2 项随机对照试验结果表明饮食中限制果糖/果聚糖对于 FAPD 患儿有效,其效果与果糖吸收情况及肠道产气情况无关,提示 FAPD 患儿可能更易于感知果糖吸收后产气,从而引起腹痛。但目前低 FODMAP 或者低果糖饮食对于 FAPD 患儿的疗效尚无充分证据,仍需要更多严格设计的临床试验进一步验证。

多数指南推荐用富含纤维素的食物治疗 FGID,推荐量为 25～30 g/d。但有研究表明该法在改善便秘同时并不能改善腹痛及腹胀的症状,甚至会加重,因此在严重便秘或结肠传输时间显著减慢者,应尽量避免高纤维膳食。

三、抗生素

抗生素相关研究相对较少。利福昔明作为合成广谱抗生素不能口服吸收,专用于肠道杀菌。根据研究表明,该药可减轻 FGID 的患者腹痛/腹胀等症状。但目前研究较少,仍需进一步大规模临床试验验证。

四、其他药物及微生态制剂的关系

国内外研究均提示多数 FAPS 患者伴有精神心理障碍,他们比健康对照组具有更多的精神压力和焦虑,应用抗抑郁治疗不仅可以改善其精神心理障碍,而且可以明显提高疗效。氟哌噻吨美利曲辛(黛力新)属于三环类抗焦虑抑郁的混合型制剂,是氟哌噻吨和美利曲辛两种成分的合剂,前者为兴奋性神经组织,能促进多巴胺的合成和释放,使突触间隙中多巴胺的含量增加,从而发挥抗焦虑的作用,后者是一种双相抗抑郁剂,可以抑制突触前膜对去甲肾上腺素及 5-羟色胺的再摄取作用,提高突触间隙的单胺类递质的含量。两种成分的合剂具有协同的抗焦虑和抗抑郁的作用,而且应用黛力新治疗效果欠佳的患者还可以加用抗抑郁药物以增加疗效,具有简便易行的特点。研究表明,对伴有焦虑和(或)抑郁的两组不同类型的患者,在常规治疗的基础上加用氟哌噻吨美利曲辛的有效率明显升高,且不良反应较少,表明氟哌噻吨美利曲辛在改善患者精神情绪状态的同时,对消化道症状也有一定的疗效,这种症状的缓解作用可能是通过改善肠道的感觉功能而实现的。亦有研究表明,部分有睡眠障碍的患者应用氟哌噻吨美利曲辛后,睡眠质量得到不同程度的改善,从而提高生活质量。

随着认识的加深,研究发现微生态制剂与胃肠动力药物/抗抑郁药物联合应用可获得较好的治疗效果。氟哌噻吨美利曲辛片联合布拉酵母菌对于伴有焦虑和抑郁状态的功能性肠病患者的胃肠道症状具有良好的控制作用。联合治疗不仅可以有效改善患者焦虑抑郁症状,而且可以有效改善患者的消化道症状,优于单纯使用布拉酵母菌治疗组。口服酪酸梭菌活菌散剂联合莫沙比利或单药治疗均能改善患者的症状。

综上所述,FAP 是最常见的 FGID 之一,其症状发生与动力紊乱、内脏高敏感性、黏膜和免疫功能的改变、肠道菌群的改变以及 CNS 处理功能异常存在密切的关系。随着研究的进展,肠道微生态在其发生机制及治疗中的作用得以认识。肠道微生态在其发生及治疗中的作用机制仍有待进一步研究阐明,其与其他 FAP 治疗药物联合应用可获得更加理想的治疗效果。合理应用肠道微生态调节剂有望成为 FAP 有效的治疗措施之一。

(任琳琳)

参 考 文 献

[1] Saps M, Nichols-Vinueza DX, Mintjens S, et al. Construct validity of the pediatric Rome Ⅲ criteria[J]. J Pediatr Gastroenterol

Nutr，2014，59：577-581.

［ 2 ］ Saps M，Velasco-Benitez CA，Langshaw AH，et al. Prevalence of functional gastrointestinal disorders in children and adolescents：comparison between Rome III and Rome IV criteria［J］. J Pediatr，2018，199：212-216.

［ 3 ］ Korterink J，Devanarayana NM，Rajindrajith，et al. Childhood functional abdominal pain：mechanisms and management［J］. Nat Rev Gastroenterol Hepatol，2015，12：159-171.

［ 4 ］ Velasco-Benítez CA，Ramírez-Hernández CR，Moreno-Gómez J，et al. Overlappin of functional gastrointestinal disorders in latinamerican schoolchildren and adolescents［J］. Rev Chil Pediatr，2018，89：726-731.

［ 5 ］ Rutten，JM，Benninga MA，Vlieger AM. IBS and FAPS in children：a comparison of psychological and clinical characteristics［J］. J Pediatr Gastroenterol Nutr，2014，59：493-499.

［ 6 ］ Simrén M，Törnblom H Palsson OS et al. Visceral hypersensitivity is associated with GI symptom severity in functional GI disorders：consistent findings from five different patient cohorts［J］. Gut，2018，67：255-262.

［ 7 ］ El-Salhy M，Gundersen D. Diet in irritable bowel syndrome［J］. Nutr J，2015，14：36.

［ 8 ］ Nafarin AR，Hegar B，Sjakti HA，et al. Gut microbiome pattern in adolescents with functional gastrointestinal disease［J］. Int J Pediatr Adolesc Med，2019，6：12-15.

［ 9 ］ Assa A，Ish-Tov A，Rinawi F，Shamir R. School attendance in children with functional abdominal pain and inflammatory bowel diseases［J］. J Pediatr Gastroenterol Nutr，2015，61：553-557.

［10］ Varni JW，Bendo CB，Nurko S，et al. Health-related quality of life in pediatric patients with functional and organic gastrointestinal diseases［J］. J Pediatr，2015，166：85-90.

［11］ Liu HN，Wu H，Chen YZ，et al. Altered molecular signature of intestinal microbiota in irritable bowel syndrome patients compared with healthy controls：a systematic review and meta-analysis［J］. Dig Liver Dis，2017，49：331-337.

［12］ Hojsak I. Probiotics in functional gastrointestinal disorders［J］. Adv Exp Med Biol，2019，1125：121-137.

［13］ Jalanka J，Spiller R. Role of microbiota in the pathogenesis of functional disorders of the lower GI tract：work in progress［J］. Neurogastroenterol Motil，2017，29：1-5.

［14］ Wilson B，Rossi M，Dimidi E，et al. Prebiotics in irritable bowel syndrome and other functional bowel disorders in adults：a systematic review and meta-analysis of randomized controlled trials［J］. Am J Clin Nutr. 2019，109：1098-1111.

［15］ Hadizadeh F，Bonfiglio F，Belheouane M，et al. Faecal microbiota composition associates with abdominal pain in the general population［J］. Gut. 2018，67：778-779.

［16］ Greenwood-Van Meerveld B，Johnson AC，Grundy D. Gastrointestinal physiology and function［M］. Handb Exp Pharmacol，2017，239：1-16.

［17］ Russo F，Chimienti G，Clemente C，et al. Gastric activity and gut peptides in patients with functional dyspepsia：postprandial distress syndrome versus epigastric pain syndrome［J］. J Clin Gastroenterol，2017，51：136-144.

［18］ Rutten，J，Korterink JJ，Venmans LMAJ，et al. Guideline on functional abdominal pain in children［J］. Ned Tijdschr Geneeskd，2017，161：D781.

［19］ Rajindrajith S，Zeevenhooven J，Devanarayana NM，et al. Functional abdominal pain disorders in children［J］. Expert Rev Gastroenterol Hepatol，2018，12：369-390.

［20］ Shin A，Preidis GA，Shulman R，Kashyap PCet al. The gut microbiome in adult and pediatric functional gastrointestinal disorders［J］. Clin Gastroenterol Hepatol，2019，17：256-274.

［21］ Jadrešin O，Hojsak I，Mišak Z，et al. Lactobacillus reuteri DSM 17938 in the treatment of functional abdominal pain in children：RCT study［J］. J Pediatr Gastroenterol Nutr，2017，64：925-929.

［22］ Maragkoudaki M，Chouliaras G，Orel R，et al. Lactobacillus reuteri DSM 17938 and a placebo both significantly reduced symptoms in children with functional abdominal pain［J］. Acta Paediatr，2017，106：1857-1862.

［23］ Newlove-Delgado TV，Martin AE，Abbott RA，et al. Dietary interventions for recurrent abdominal pain in childhood［J］. Cochrane Database Syst Rev，2017，3：CD010972.

［24］ Wegh，CAM，Schoterman MHC，Vaughan EE，et al. The effect of fiber and prebiotics on children's gastrointestinal disorders and microbiome［J］. Expert Rev Gastroenterol Hepatol，2017，11：1031-1045.

［25］ Chumpitazi BP，Shulman RJ. Dietary carbohydrates and childhood functional abdominal pain［J］. Ann Nutr Metab，2016，68 Suppl 1：8-17.

［26］ Manichanh C，Eck A，Varela E，et al. Anal gas evacuation and colonic microbiota in patients with flatulence：effect of diet［J］. Gut，2018，63：401-408.

［27］ Dolan R，Chey WD，Eswaran S. The role of diet in the management of irritable bowel syndrome：a focus on FODMAPs［J］. Expert Rev Gastroenterol Hepatol，2018，12：607-615.

［28］ Bhesania N，Cresci GAM. A nutritional approach for managing irritable bowel syndrome［J］. Curr Opin Pediatr，2017，29：584-591.

［29］ Chumpitazi BP，McMeans AR，Vaughan A，et al. Fructans exacerbate symptoms in a subset of children with irritable bowel syndrome［J］. Clin Gastroenterol Hepatol，2018，16：219-225.

［30］ Krogsgaard LR，Engsbro AL，Bytzer P. Antibiotics：a risk factor for irritable bowel syndrome in a population-based cohort［J］. Scand J Gastroenterol，2018，53：1027-1030.

第14章　肠道微生物与非酒精性脂肪性肝病

第1节　概　　述

近年来关于肠道微生物与非酒精性脂肪性肝病关系的研究逐年增多,现已共识肠道微生态失调导致的肠道菌群过度生长、肠黏膜通透性增加、肠源性内毒素血症、炎性因子产生等在非酒精性脂肪性肝病的发生、发展中起到至关重要的作用。研究证明,纠正肠道菌群失调可改善胰岛素抵抗、减轻体重、改善糖尿病,并使非酒精性脂肪性肝病的炎症得到好转,为非酒精性脂肪性肝病提供了一个新的治疗模式,为非酒精性脂肪性肝病预防也提出了新的认识。

在人类历史的长河中,1.6亿年来人类与定植在胃肠道和身体其他器官内的细菌共生,共同进化,这些细菌数量巨大,其细菌总数约为 10^{14} 以上(人体含有 10^{13} 真核细胞),包含 500~1 000 个种属。其宏基因大小约为自身基因的 100 倍。然而目前为止仅 30%菌种培养成功,70%的细菌尚不能培养。这些庞大的细菌分布全身各组织器官中,其中以胃肠道定植最多。根据其空间分布,肠道细菌可分成黏液层细菌和肠腔内细菌,两者在物质交换、信号传递、免疫系统发育和抵抗病原微生物入侵等方面均起到重要作用。肠道细菌可参与到黏蛋白部分翻译后修饰,通过产生脂多糖(LPS)和短链脂肪酸(SCFA)等物质刺激黏蛋白的分泌,进而通过调节黏液层厚度与强度来影响肠道屏障功能。在哺乳动物胃肠内定植的细菌主要分属于厚壁菌门(50%~70%)、拟杆菌门(10%~50%)、放线菌门(1%~10%)、变形杆菌(少于1%)等。肠微生物不仅可调节脂肪吸收和存储相关基因,更重要的是其结构失调导致宿主循环系统中内毒素血症,诱发慢性低水平炎症,导致肥胖和胰岛素抵抗,致使肝细胞脂肪蓄积,促进脂肪肝发生。

越来越多的证据表明,不少疾病如 IBS、IBD、糖尿病、过敏性疾病、肿瘤、肥胖、冠心病、自闭症和肝病的发病与肠道微生物生态失衡有关。研究揭示肠道生态失衡可影响肝脂肪变、炎症和纤维化,因此各种肝病如酒精性肝病、非酒精性脂肪性肝病、原发性硬化性胆管炎等均伴有肠微生物改变,促使疾病的发生、发展。

一般认为细菌-宿主共生需要一个稳定的肠道环境,细菌确保营养的产生与吸收,包括维生素产生和增加营养的生物利用率。最近提出细菌与免疫相关,细菌驱动自身免疫发生。在治疗上也提出肠微生物在慢性肝病是一个治疗的靶。由此可见,肠微生物与肝病的发生、发展以及治疗均密切相关,且日益受到广泛的重视。

肠道细菌对宿主起着免疫保护、营养物质的消化吸收、黏膜屏障、抗癌等多种作用。目前有动物实验和临床试验研究证实,肠道微生物生态失衡也参与非酒精性脂肪性肝病(non-alcoholic fatty liver disease,NAFLD)的发生和发展。目前多项研究提示肠道菌群的改变可能是引起肥胖、代谢综合征(metabolic syndrome,MS)的一个重要的环境因素。肠道细菌生态失调增加肠的渗透性和肝对损伤物质的暴露,可加重肝的炎症和纤维化,如同时饮食调控不当,短链脂肪酸(short-chain fatty acid，SCFAs）和乙醇增加、胆盐耗空等与 NAFLD 发生相关。细菌改变也可引起肠道动力障碍，增加肠道炎症并引起肠道其他免疫改变，进一步可通过肠-肝轴促进肝损伤。调节肠道微生物生态失衡对 NAFLD 和非酒精性脂肪性肝炎（non-alcoholic steatohepatitis，NASH）有保护作用。

不同肝病的发病机制与肠道微生物组成的改变有关。其中 NAFLD 是最常见的临床综合征，肠道微生物也是胰岛素抵抗、2 型糖尿病和心血管疾病发生的关键性因子。而 NAFLD 少数患者也可发展成 NASH，以至发生肝硬化和肝细胞癌。

第 2 节　肠道微生物引起非酒精性脂肪性肝病的发病机制

一、非酒精性脂肪性肝病时肠道菌群改变的作用

研究显示肠道微生物改变在 NAFLD 发生和发展中均发挥重要作用，如 20 多年前即有研究指出，用益生菌改变细菌组成，如用菊粉类果聚糖益生元可减轻肝脂肪变和新的脂肪生成减少。这些在益生菌饲养的鼠中的研究首次指出可降低血浆三酰甘油和极低密度脂蛋白产生。益生菌降低 TG 的作用是通过抑制所有的脂肪生成酶，即 CoA 羧化酶（CoA carboxylase，ACC）、脂肪酸合成酶（fatty acid synthetase，FAS）、苹果酸酶、ATP 柠檬酸裂解酶和葡萄糖-6-磷酸脱氢酶（图 14-1）。在乙状结肠和门静脉血肠微生物被益生菌发酵产生 SCFA；而乙酸和丙酸浓度双倍增加。资料指出，其可导致肝脂肪生成减少，而乙酸是一种脂源性底物。

益生菌/碳水化合物发酵
SCFA
↓
肠上皮丙酸
↓
抑制肝脂肪生成
（抑制 FAS、ACC、G6PD、苹果酸酶）
↓
减轻肝脂肪变和肝炎症

图 14-1　益生菌抑制脂肪酸合成作用机制

FAS，脂肪酸合成酶；ACC，乙酰辅酶羧化酶；G6PD，葡萄糖-6-磷酸脱氢酶

Bäcked 等指出无菌饲养小鼠比正常肠道菌群的小鼠含体脂肪总量低，许多作者观察结肠细菌伴有几个与脂肪肝相关的关键因子和酶，如肝羧化酶反应元件结合蛋白-1、ACC 和 FAS 的表达，结果肝 TG 和肝脂肪合成增加 2 倍。许多作者发现常规小鼠有肠吸收糖类和葡萄糖传递到肝增加，最终导致脂肪生成特别高（图 14-1）。

Le Roy 等证实肠道微生物在 NAFLD 发生上的作用，发现高脂肪饮食小鼠发生肥胖、胰岛素抵抗和 NAFLD。基因背景与饮食环境作用相似，不同的细菌对食物可有不同反应，有应答和无应答者细菌的组成也不同。其原因尚不明了。试验清楚地指出，从 NAFLD 一开始即伴有特异的细菌组成，基于饮食如高脂肪饮食触发。

新近又提出细菌基因数与 NAFLD 发病相关，特异细菌类群与代谢状况和基因计数（细菌基因丰度）有关。研究提示产生丁酸的细菌，如穗状丁酸弧菌（大肠菌群）、*Butyrivibrio crossotus*（布替乌克菌）、*Faecalibacterium prausnitzii*（普拉梭菌）、*Roseburia*（罗氏菌属）、*inuliinivorans*（玫瑰布里亚菌）低基因数患者低丰度且伴有肥胖表型。其他特异益生菌如双歧杆菌、嗜黏蛋白-艾克曼菌（抗癌明星

细菌)也明显减少,而瘤胃球菌、弯曲菌和沙门菌大量增加。新近研究发现普罗菌、普通拟杆菌增加与人 IR 之间相关。同时还可加重胰岛素抵抗和触发葡萄糖不耐受。Dao 等发现在肥胖人的黏液菌的丰度与内脏脂肪量、空腹血糖和脂肪细胞的大小呈负相关。他们也发现高基因计数(HGC)和黏液菌丰度显示改善胰岛素敏感性标记和心脏代谢风险因子。值得注意的是在啮齿动物,细菌有保护抵抗饮食引起的肥胖、加强肠道屏障功能和降低轻度炎症等作用。在肠道中嗜黏蛋白-艾克曼菌可特异地降解黏蛋白和低聚糖,分别产生 SCFA 和丙酸,在为宿主提供能量的同时也促进细菌自身的定植,细菌定植可减轻脂肪沉积,延缓糖尿病发生,定植还可促进宿主免疫系统的发育,进而促进肠道健康。

　　肠道微生物不仅可以通过调节宿主脂肪吸收、存储相关的基因,影响宿主能量平衡,更重要的是其组成失调致使宿主循环系统中内毒素水平增加,诱发慢性、低水平炎症,导致肥胖和胰岛素抵抗发生。肠道微生物导致 NAFLD 发生是通过多种机制来实现。新近提出肠-肝轴是发生肥胖和 NAFLD 发病的关键机制。肠道微生物引起 NAFLD 是一个多因素复杂作用的结果,包括代谢内毒素血症、低度炎症、能量调节平衡失调、内源性大麻素样系统调节、胆碱代谢调节、胆汁酸平衡的调节、内源性乙醇产生增加、小肠细菌过度生长。肠道微生物通过刺激肝细胞 TLR-9-依存性前纤维化途径导致肝纤维化(图 14-2)。

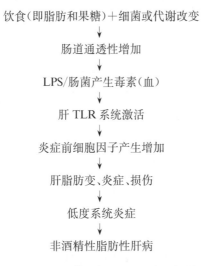

饮食(即脂肪和果糖)+细菌或代谢改变

↓

肠道通透性增加

↓

LPS/肠菌产生毒素(血)

↓

肝 TLR 系统激活

↓

炎症前细胞因子产生增加

↓

肝脂肪变、炎症、损伤

↓

低度系统炎症

↓

非酒精性脂肪性肝病

图 14-2　细菌引起 NAFLD 作用机制

　　饮食是驱动肠道微生物组成和代谢的主要因子。饮食因子和肠道微生物改变可影响肠道屏障功能引起内毒素血症,肠细菌产物或毒素激活肝细胞 Toll 样受体产生炎症前细胞因子,诱导细胞因子和低度炎症产生,最终导致 NAFLD 发生。

　　最近,有报道提出,生物钟是 NAFLD 发病机制的关键枢纽。因 FFA 代谢不一致,引起脂肪蓄积,营养紊乱、核受体、激素和中间代谢改变,影响信号途径,自噬和宿主细菌相互作用,尤其肝代谢途径和胆汁酸合成以及自噬和炎症过程的昼夜节律模式被生物钟驱动,肠道微生物可影响生物钟。

　　NAFLD 通过胰岛素依存性失调,引起胰岛素抵抗和脂肪在肝内蓄积,如前所述,肠道微生物在 NAFLD 是一个驱动器,肠-肝轴在 NAFLD 发病机制中起关键作用,如通过细菌驱动细菌代谢产物进入门脉循环,可触发先天免疫,其反过来引起肝的炎症;此外,细菌生态失衡流行率高,细菌生态失衡时产生大量内源性乙醇、肠黏膜屏障渗透性增加和细菌易位发生。细菌多不饱和脂肪酸代谢生成反式-11、反式-13 共轭亚油酸,引起 TG 蓄积和脂肪生成基因增加,调节脂质代谢和发生脂肪变。

二、肝病时肠道微生物引起肠道炎症和肠黏膜屏障功能障碍

(一) 肠道微生物与肠黏膜上皮屏障破坏

生理情况下上皮细胞相互紧密连接形成生理屏障,使细菌和系统循环很少接触。杯状细胞分泌糖蛋白形成黏液层覆盖上皮,这个黏液层由内外两层组成。外层是松黏液层,含有大量细菌,为共生菌提供一个理想的生存场所,黏蛋白-2葡聚糖是重要的能量来源。内层是无菌的坚固稠密的黏液层,可防止细菌与上皮细胞直接接触。

共生菌对保持肠屏障完整性可能有益,如艾克曼菌(*Akkermamsia Muciniphila*),这些有益菌粘连至肠细胞,可保持正常的屏障功能。嗜黏蛋白-艾克曼菌是一种从粪便中分离到的严格厌氧肠道菌,可以利用肠道黏蛋白,其主要功能是调节肠道内黏液厚度和维持肠道完整性,它与肥胖、糖尿病、炎症和代谢紊乱呈负相关。

抗菌分子包括防御素(dofensins)、抗菌肽溶酶体、C型凝集素等可阻止细菌与上皮细胞的相互作用。抗菌蛋白通过溶酶体或非酶抗菌分子如防御素、抗菌肽等把细菌杀死。再生胰岛衍生蛋白3γ(regenerated islet derived protein 3 gamma,Reg3γ)是一种C型凝集素,在TLR-依存方式和TLR、TLR5配体引起Reg3g表达。研究证实Reg3g缺乏的小鼠肠上皮细胞,特别是内黏液层的上皮细胞上有细菌定植增加,揭示Reg3g在上皮细胞和肠菌隔离上的重要作用。

肠道屏障功能破坏后,细菌和细菌产物从肠腔到达固有层,其机制是许多细菌易位通过微褶细胞(micropleated cells,M-细胞)、细菌蛋白与M-细胞特异的相互作用后经内化、跨细胞转运,有些病原体可改变紧密连接分子,因而改变细胞旁渗透性,而还有些细菌激活肌球蛋白轻链激酶(myosin light chain kinase,MLCK),引起紧密连接破坏。细菌在多大程度上可导致肝硬化前进展现在尚不明了。

研究指出,TNF导致肠屏障功能障碍具有重要作用,TNF-1信号途径和下游事件是通过MLCK激活肠细胞导致上皮屏障功能障碍。TNF由单核细胞和巨噬细胞产生。TNFR-1信号导致紧密连接蛋白丢失和降低屏障功能,增加细菌产物的易位,尤其重要的是肠炎症、肠渗漏、病理性细菌易位是取决于生态失衡的严重程度,不吸收的抗菌素可阻止所有这些改变。活性氧(ROS)也与引起肠炎症密切相关,随后肠屏障破坏和肝损伤发生。CYP2E1介导ROS反应也可促进肠渗透性增加。

(二) 肠道微生物引起肠道与肝的炎症

人的肠道含有数万亿不同种属细菌与宿主共生在一个稳定的环境中,新近几年证明指出,肠道微生物代表一个重要的环境因子,一旦失衡则可能导致NAFLD发生。细菌对食物消化、营养吸收、合成维生素、肠道淋巴样结构发育、防止病菌定植等有重要作用,宿主给细菌提供营养和发展的空间,一旦细菌组成或功能改变(生态失衡)即可能引起疾病发生。

许多不同的因子可改变细菌组成,包括基因因子、饮食和其他环境因子。炎症或NOD样[核苷酸结合寡聚化结构域受体(NLRP)]缺陷给小鼠提供了一个生态失衡的遗传模式。NALP3是先天免疫系统的一个组成部分,其功能是识别病原体相关分子模式(pathogen-associated molecular patterns,PAMP)的病原识别受体(PRR)。NLRP炎症小体是NALP在胞内识别胞内PAMP后与适配器凋亡相关斑点样蛋白(ASC)以半胱酸天冬氨酸蛋白酶(Caspase)前体等分子结合形成的蛋白复合物,活化后促进IL-1β、前IL-18或IL-33等炎症因子的成熟和释放,主要是炎症小体成分NLRP6的缺乏导致肠菌生态失衡,特别是头孢普氏菌和灰斑Caspase病菌的增加,在NLRP3和NLRP6缺乏的小鼠通过上皮细胞趋化因子配体5[chemokine(C-C motif)ligand 5,CCL5]诱导引起结肠炎症。

CCL5 募集多样化的先天和适应免疫细胞进一步促进炎症发生。TLR 抵抗 LPS 和细菌易位至门静脉和肝。这些细菌产物在肝与 TLR－4 和 TLR－9 结合，引起信号下调致使 NAFLD 进展到 NASH。细菌生态失衡引起肠炎症，细菌产物进一步通过门静脉易位到肝，增加肝病的进展。给小鼠喂食高脂肪也伴有肠炎症增加，高脂肪饮食和肠道微生物之间相互作用促进炎症发生。

　　一旦肠炎症成为慢性，主要的严重后果是肠黏膜上皮屏障遭到破坏，导致渗透性增加，致使细菌和它的产物易位至门脉循环后到达肝引起炎症反应，加剧 NAFLD 和 NASH。

　　肠道微生物能够通过特定分子与宿主细胞相互作用称为识别受体模式（pattern recognition receptor，PRR）这些 PPR 将识别细菌和其他无效的特殊分子模式，即病原相关分子模式。Cani 等发现肠道微生物从一开始就涉及胰岛素抵抗、低度炎症和糖尿病把 TLR 信号途径激活，他们发现革兰阴性菌脂多糖在血循环极低水平即可触发低度炎症和葡萄糖代谢，这个现象叫代谢内毒素血症。

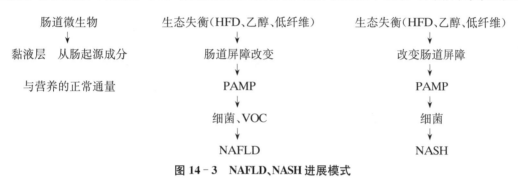

图 14－3　NAFLD、NASH 进展模式

HFD，高脂肪饮食；PAMP，病原菌相关分子模式；VOC，不稳定有机化合物

　　在内源性或外源性 PAMP 或损害相关分子模式（DAMP），炎症小体被认为是一个关键的传感器，它们控制炎症前细胞因子如前 IL－1B 和前 IL－18 的开环。基因炎症小体缺乏引起肠道菌群组成改变，证实生态失衡导致了细菌产物在门脉循环的异常积聚，致使进一步增加肝脂肪变，而且证实炎症在 NAFLD 的一开始即出现。

　　最近 Duparc 等研究髓样分化初级反应基因 88（myeloid differentiation primary response gene88，MyD88），他们发现肝细胞特异性缺乏的小鼠对葡萄糖不耐受，肝脂肪蓄积和肝对胰岛素对抗易感与体重和肥胖无关。此外，此缺失严重影响肠道微生物组成，因此指出宿主基因塑造肠道微生物群，反过来改变宿主的新陈代谢。同时发现肝细胞 MyD88 调控胆汁酸合成和几种脂质的生物活性，参与葡萄糖、脂质代谢和炎症的调控。生态失衡可触发肠道炎症和损害肠道屏障，细菌产物通过门脉血流到达肝脏，引起肝脏炎症和导致 NAFLD 和 NASH 进展。

　　在生理情况下肠道微生物调节肝转录、蛋白质组学和代谢，最值得注意的是细胞色素 P453a 下调介导 xenobiotic（异型生物质的）代谢。肠道微生物也调节肝基因表达的节律性，可能是通过细菌代谢，如丁酸和丙酸可能是表观遗传调节。此外，宿主激素产生，如原发性胆汁酸和胰高糖素样肽－1 被肠道微生物改变，在人细菌影响代谢途径是个关键。肠道微生物涉及肥胖、多发性硬化（multiple sclerosis，MS）、NAFLD 进展，新近提出黄酮类化合物（flavonoid）、槲皮素（quercetin）可有力调节肠道微生物组成。宏基因组学研究显示，高脂肪饮食（high-fat diet，HDF）引起肠道微生物生态失衡，厚壁菌门/拟杆菌门和革兰阴性菌比例增加，伴有内毒素血症、肠屏障功能障碍，由于肠-肝轴改变，引起炎症基因过度表达。细菌生态失衡介导 TLR－4－NF－κB 信号途径激活，导致炎症反应和引起内质网应激途径激活。槲皮素可逆转肠道微生物生态失衡和细菌生态失衡引起的 TLR－4－NF－κB 信号途径激活，对高脂肪饮食的小鼠起到保护作用，从而达到减轻炎症和脂肪蓄积的效果。

三、小肠细菌过度生长(small intestinal bacterial overgrowth, SIBO)

多因素分析发现,SIBO、2 型糖尿病和肥胖与 NAFLD 相关。不断有研究发现 NAFLD 患者中存在 SIBO 并且与肝脂肪变程度呈正相关。这些研究表明 SIBO 可能参与了 NAFLD 的发生和发展。有研究发现,SIBO 阳性组中有 45.4% 的患者有 NAFLD。NAFLD 时 SIBO 患病率为 77.8%,显著高于对照组 31.3%。SIBO 引起 NAFLD 的可能机制:① SIBO 可增加内源性乙醇的生成,引起小肠功能和形态改变,从而使肠黏膜通透性增加;② SIBO 可增加门静脉血流和肝脏中内毒素浓度,诱导炎症因子如 IL-8 的释放,诱导肝脏细胞 TLR4 的表达,从而引起 NAFLD 患者肝脏的炎症反应和纤维化;③ 在 SIBO 的情况下,由于肠道菌群发生变化,可影响脂肪储存、能量代谢和促进胰岛素抵抗,并对小肠动力产生影响,从而参与 NASH 的发病过程。

四、内毒素血症和 TLR-4 与 NAFLD

Miele 等研究发现 NAFLD 患者肠道通透性增高,小肠细菌过度生长发生率增加。饮食结构改变和抗菌素干预可调整肠道微生物,为 NAFLD 的防治提出了新的挑战。当肠黏膜通透性增加时,肠腔内大量细菌释放的内毒素经门静脉系统进入体循环,形成内毒素血症,后者可促使脂肪储存和胰岛素抵抗(IR)发生。另外,细菌壁外膜上的脂多糖(LPS)可通过 TRL-4 作用于脂肪细胞和巨噬细胞,诱导释放多种炎症细胞因子来诱发 IR 发生。

Chassaingt 等发现 NASH、肝硬化患者门静脉血中 LPS 浓度增加。LPS 可与 LPS-结合蛋白相结合,然后与 CD14(单核细胞亚型,即 LPS 受体,是细胞面的一种白细胞分化抗原)表面连接,该复合物可激活肝库普弗细胞上的 LPS-TLR-4 信号通路的激活,可能与 IR 和 NASH 的发生相关。小鼠实验证实,TLR-4 是肝脏脂肪沉积和 NASH 进展的必要条件。NF-κB 引起多种促炎因子基因的激活,如肿瘤坏死因子-α(TNF-α)、IL-1β 和肽聚糖,通过核苷酸结合寡聚化结构域样受体(NLR)家族蛋白通路,进一步激活促炎因子的级联反应。NLR 通过激活效应蛋白 IL-18 参与了 NAFLD/NASH 的发展,并可以通过改变肠道菌群导致代谢综合征发生。另外,LPS 可上调 TNF-α 的转录水平,介导鼠类 NAFLD 模型的肝细胞凋亡,促进肝细胞炎症反应发生。

SCFA 是大肠细菌代谢主要终产物,主要由厌氧菌发酵难消化碳水化合物而产生。肠道中的 SCFA 不仅可以作为营养物质而被吸收,还可以影响机体脂类代谢和免疫反应等生物功能。胰高血糖素样肽-1(glucagons-like peptide-1, GLP-1)是介导 SCFA 与肝脏脂肪代谢的重要物质,SCFA 与存在于肠道内分泌细胞-L 细胞膜表面的 G 蛋白偶联受体(G protein-coupled receptors, GPCR)-41 和 GPCR-43 结合后,通过增加细胞内的 Ca^{2+} 和 cAMP 浓度触发并加强 L 细胞分泌 GLP-1 与 GLP-1 受体结合,达到控制血糖、降低体质量、降低血压、调节血脂、改善内皮细胞功能等多方面的代谢调节作用。肠道微生物可通过胆汁酸的正常代谢间接对 NAFLD 的发生、发展发挥作用。正常时胆汁酸作为乳化液促进胃肠对脂肪与脂溶性维生素的吸收,抑制肠道内菌群的过度繁殖和 LSP 释放,以及控制肥胖等。肠道微生物可通过法尼醇 X 受体(farnesoid X receptor, FXR)和 G 蛋白偶联胆汁酸受体(TGR)-5 调节胆汁酸的代谢,并且参与有关胆汁酸合成、代谢和重吸收的基因表达。饮食中的脂肪可改变胆汁酸的成分,可显著地改变肠道微生物的组成并导致失调。胆汁酸还具有很强的杀菌作用,通过与细菌细胞膜上的磷脂结合破坏菌膜,达到抗细菌黏附并中和内毒素的效果,抑制小肠细菌过度生长。如上所述,肠道细菌可通过 FXR 调节胆汁酸的代谢。FXR 和它的下游靶点在调控肝脏脂质新生、HDL 或 TG 输出和血浆 TG 转化中起到关键作用。使用 TGR 激动剂可降低血浆和肝脏 TG 水平,从而减轻肝脏脂肪变性。因此,通过调节胆汁酸的代谢和 FXR/TGR5 信号转导,肠微生物可直接促进 NAFLD 的进程。

五、肠道免疫异常与 NAFLD

研究证实,肠黏膜浆细胞、SIgA 数量减少会导致抗肠道微生物定植力下降,促进肠内细菌移位。研究发现高脂饮食后易发生 NASH(非酒精性脂肪性肝炎)的雌性 SDR 鼠中小肠 SIgA 较正常饮食组显著减少,提示肝脏病变可能与小肠体液免疫障碍的变化有关。Kim 等发现 NAFLD 小鼠体内腹腔淋巴结质量降低,CD_4^+ 及 CD_8^+ T 淋巴细胞亚群较对照组均有减少,这些研究提示小肠细胞免疫障碍的变化可能与肥胖、代谢紊乱以及肝脏炎症密切相关,有待进一步研究。

六、益生菌与 NAFLD

益生菌在消化道腔内有黏膜防卫机制作用,可限制病原菌定植,把细菌粘连到黏膜表面,阻止消化道细菌过度生长,降低肠道菌群失调的发生率,还可产生抗菌物质。通过调节肠道菌群影响肠黏膜屏障的不同部分而提高肠道屏障功能,对预防和延缓 NAFLD 的进展有重要作用。益生菌主要通过调节肠道菌群及肠黏膜屏障功能,减少内毒素,影响胆固醇、维生素、氨基酸代谢,促进肠上皮细胞黏蛋白及潘氏细胞 SIgA 分泌等途径,预防和改善 NAFLD 及 NASH。

益生菌可减轻肝脏氧化应激和炎症损伤。益生菌治疗后,不仅降低血清转氨酶水平,还可改善 IR。Wall 等研究提示,亚油酸联合短双歧杆菌口服后,肝脏及脂肪组织中不饱和脂肪酸含量明显增多,炎症细胞因子 TNF - α 及 γ 干扰素含量下降,说明益生菌不仅能改变宿主脂肪酸的合成,还能降低炎症因子的含量。

益生菌能改善肠道屏障功能。动物实验发现,服用复合益生菌的大鼠肝组织中 TNF - α、诱导型一氧化氮合酶、环氧化酶- 2、金属蛋白酶及 NF - κB 水平明显下降,可以增加过氧化物酶体增殖物激活受体 α 的表达,值得进一步深入研究。新近 Sáez-Lara 等的临床试验显示,益生菌可改善碳水化合物代谢、提高胰岛素敏感性,改善 IR,降低血浆脂质水平,使 NAFLD 和糖尿病获得好转。

第 3 节　肠道微生物与非酒精性脂肪性肝炎

一、非酒精性脂肪性肝炎患者肠微生物改变

如前所述,正常人肠道中包括四种主要的细菌门类: ① 厚壁菌门(firmicutes),包括梭菌属,占 50%~75%。② 拟杆菌门(bacteroides),包括拟杆菌属、普氏菌属和卟啉单孢菌属,占 10%~50%。③ 放线菌门(fusobacbacteriu),包括双歧杆菌,占 1%~10%。④ 变形菌门(proteobacteriu),包括大肠杆菌,常少于 1%。其中厚壁菌门和拟杆菌门是人类肠道菌群重要组成部分。有关 NASH 患者肠道微生物的研究很少,新近报告从 NASH 患者大便中分离出拟杆菌属和普氏杆菌属与健康对照组有显著不同,拟杆菌属高丰度且是独立的伴有 NASH,普氏杆菌属降低,两者相互作用、相互竞争。饮食成分可影响这个平衡,西方饮食富含脂肪、动物蛋白和糖支持拟杆菌属,且可伴发 NASH。除饮食外,几个其他因子如 LPS、内源性大麻素样系统、胆汁酸代谢等可使 NASH 患者的拟杆菌属比例增加,拟杆菌丰度与寡糖(含葡萄糖和果糖)、D-果糖儿茶素、脱氧胆酸增加和 SCFA 及氨基酸水平下降相关。NASH 患者脱氧胆酸、果糖水平增高,且可引起肝细胞凋亡。

肠道微生物改变可导致肝纤维化,提出瘤胃球菌(Ruminococcus)丰度与纤维化相关,且是一个

独立因子。2 个新近儿童 NASH 研究证实 NASH 患者大肠埃希菌比健康对照组高,其他菌属包括乳酸菌属阿里叶柄(*alistipes*)、布劳特菌属(*blautia*)、柔球菌属(*Actinomycetes*)、颤螺菌属(*Oscillospira*)和双歧杆菌水平降低。成人 NASH 患者普氏杆菌水平降低,但儿童患者显著增高。另一项研究中儿童 NASH 患者颤螺菌属水平降低,与成人 NASH 相符,瘤胃球菌属水平增高,其他菌属在小儿 NASH 与健康对照组也有显著不同。NAFLD 患者 SIBO 流行率高达 56%,但 NASH 与 SIBO 之间无显著相关性。

二、肠道微生物导致 NASH 机制

(一) 肠道炎症与肠屏障功能障碍

由于肠道屏障功能障碍,致使血清内毒素水平显著增高,且可能是造成肝损伤的原因。其机制为 LPS 或内毒素驱动肠道微生物易位,通过功能障碍的肠道屏障到达门静脉和肝,在肝激活炎症细胞引起炎症反应。因此缺乏 TLR-4 和 MyD88 的小鼠可保护缺乏甲硫氨酸-胆碱饮食引起的肝脏炎症和脂肪储存,其他细菌产物也可引起肝病的进展。NASH 小鼠和患者血浆含高水平的线粒体 DNA,是一种有效的 TLR-9 激活剂。TLR-9 完全缺失和溶酶体产生细胞上缺乏 TLR-9 的小鼠可保护高脂肪饮食诱导的肝脂肪变性和炎症。肝暴露于细菌产物不一定是有害的,有些研究也证明细菌产物的有益作用。TLR-5 有保护作用,它识别细菌鞭毛,在缺乏甲硫氨酸-胆碱和高脂肪饮食的小鼠,当小鼠在肝细胞上缺乏 TLR-5 时指出可使疾病加剧。TLR-5 在肝细胞表达、保护肝抵抗饮食引起的肝病上发挥重要作用(表 14-1)。

表 14-1　NASH 重要的肠-肝轴关键途径

受　体	缺陷的类型	机　制	应用模式	对机体作用
一、模式识别受体				
TLR-4	整体缺乏	TLR-4/MyD88 介导信号通过 NADPH 依存性脂肪过氧化和氧化应激引起肝病理	MCD 饮食	有害
TLR-5	肝细胞缺乏 TLR-5	肝细胞 TLR-5 缺失,潜在高脂肪饮食通过 NOD 样受体 4 炎症小体诱导炎症前基因表达	MCD 饮食 HFD	保护
TLR-9	溶酶体产生细胞(中性粒细胞和 KC)缺乏 TLR-9	通过激活 TLR-9 引起炎症前反应	HFD	有害
二、胆汁酸受体				
FXR	肠缺乏特异性	由于神经酰胺合成基因减少引起二酰甘油蓄积,FXR 激活降低饮食诱导的体重增加、炎症、肝葡萄糖产生和减轻白脂肪组织的热生成及褐变增加	HFD	有争论
TGR-5	整体缺乏	肠 FXR 激动剂抗脂肪生成作用依赖于 TGR-5 受体	HFD	部分保护

　　HFD,高脂肪饮食;TLR,Toll 样受体;MCD,甲硫氨酸-胆碱缺乏饮食;NASH,非酒精性脂肪性肝炎;FXR,法尼酯 X 受体;TGR,G 蛋白偶联受体 5;KC,角化细胞

(二) 细菌代谢物

细菌代谢物可作为生物炎症标记物,明确诊断 NASH 需要做肝活检,因为它是有创检查,人们正

在广泛研究致力于用非创伤和敏感的方法来检测早期和进展期 NASH，但直至目前仍在探索中。不少学者提出细菌代谢物也与 NASH 机制有关。新近报道在小儿 NASH 患者的大便中发现 2-丁酮和 4-甲基-2-戊酮水平升高，宏基因组资料发现颤螺菌属水平降低，布劳特菌属（*Blautia*）、瘤胃球菌属（*Ruminococcus*）水平增高，这些可提供作为诊断的生化标记物。另一个重要的进展是发现 NASH 患者和 NAFLD 患者的乙醇血清浓度增高。NASH 患者产生乙醇的细菌数量增加，在肝 ADH 活性降低后，胰岛素信号改变是造成乙醇代谢损害的原因。今后需要进一步研究明确乙醇在 NASH 进展上的作用。

（三）胆汁酸代谢与 NASH

正常胆汁中的胆汁酸分游离胆汁酸和结合胆汁酸两大类，以后者为主。游离胆汁酸主要有胆酸、鹅脱氧胆酸、脱氧胆酸，尚有少量熊脱氧胆酸和石胆酸，前两者在肝内由胆固醇转化而来，后三者在肠道由肠道下部将前两种胆汁酸（结合胆酸、结合鹅脱氧胆酸）还原而成。胆酸和鹅脱氧胆酸因为是未结合的称为一级胆酸，与牛磺酸结合或甘氨酸结合的称为二级胆酸（胆盐）。在正常情况下二级胆酸进入肠道通过肠道细菌 7α 脱氢酶的作用分解成脱氧胆酸与石胆酸，具有增强胰腺脂肪酶分解脂肪的作用；刺激肠细胞摄取脂肪酸，促进脂肪酸酯化为三酰甘油等作用。排入肠道的胆盐在完成脂肪吸收之后，95%～98%的结合型胆盐到达回肠末端被重吸收，经门静脉进入肝再利用，肝细胞将游离型再合成为结合型称为胆盐的肠肝循环。NASH 患者有胆汁酸谱改变，有高浓度胆汁酸水平，特别是与牛磺酸、甘氨酸结合的原发性胆汁酸和继发性胆汁酸水平比健康志愿者要高。

胆汁酸是配体，在回肠肠细胞胆汁酸刺激核受体 FXR 释放成纤维细胞生长因子（fibroblast growth factor-19，FGF-19）进入门脉循环。FGF-19 到达肝细胞抑制胆汁酸合成途径中限速酶（rate-limiting enzyme）CYP7A1。血清 FGF-19 在 NASH 和健康对照组之间不同，提示在回肠胆汁酸成分并不改变 FXR 的活性。尽管 FGF-19 水平不变，NASH 的血清 C4（胆汁酸中间体和肝胆汁酸新生物合成指示器）水平比健康对照组高，指出胆汁酸合成增加不是由肠生态失衡所驱动。

胆汁酸是一个配体，不仅对核受体 FXR，也驱动其他几个受体，包括细胞膜 G 蛋白偶联胆汁酸受体 1（GPBAR1，也称 TGR5，G 蛋白偶联受体 5）。胆汁酸调节葡萄糖、脂质代谢、产热和炎症。胆汁酸驱动 6-乙基脱氧胆酸（胆甾酸），它是 FXR（孕烷 X 受体）强有力的激动剂。一个双盲、安慰对照、随机临床试验指出，非肝硬化 NASH 患者口服胆甾酸，25 mg/d，72 周后改善纤维化、肝脂肪变和小叶炎症。

（四）脂毒性与 NASH

肝细胞损伤和炎症的早期机制是过多的脂质相互作用所致。根据资料指出，肝细胞损伤是由于游离脂肪酸如棕榈酸、胆固醇、溶血磷脂酰胆碱和神经酰胺等，这些脂毒性影响细胞行为，通过各种机制包括级联和死亡受体信号激活、内质网应激、线粒体功能修饰和氧化应激等导致肝细胞的炎症、损伤。细胞和分子参与肠和肝之间的相互作用，研究信号通过肠细菌和产物以及肠产生激素等在不同水平影响肝的代谢，在多种机制的作用下导致 NASH 的发生。

（五）肠道微生物群对 MCD 饮食诱导的脂肪性肝炎的保护作用

最近的数据表明，NASH 伴有先天性免疫细胞浸润，如单核细胞源性巨噬细胞（MOMF）和中性粒细胞是肝炎症的介质。对 MOMF 浸润的药理学抑制改善了人和小鼠的 NASH 发展。在 NLRP3 和 NLRP6 炎症缺陷小鼠中，不利的肠道微生物群与肠屏障完整性的丧失与细菌易位到肝脏的增加有关，在那里它们激活 TLR-4 和 TLR-9 介导的肝脏炎症发生。

蛋氨酸胆碱缺乏（MCD）饮食是另一种公认的非酒精性脂肪性肝炎啮齿动物模型，可导致肝脏脂肪变性、氧化应激、炎症和纤维化。最近 Schneider 等研究了在 MCD 诱导的实验性 NASH 中肠道微生物群的相关性。结果发现微生物群减少增加小鼠 MCD 模型中脂肪性肝炎的发展；抗生素治疗可增加 MCD 喂养小鼠的肝脏脂肪积累，但与人类 NASH 的代谢表型特征无关；微生物群减少 MCD 诱导的脂肪性肝炎的炎症反应；肠道微生物群可预防过度肝纤维化；MCD 饮食影响肠道内环境平衡和微生物群组成。

过度和营养不良被广泛认为是 NASH 的主要原因，然而，并非所有的肥胖患者都会发展为 NASH，同时也有瘦弱的患者患上活动性 NASH。这一观察表明，必须有额外的机制，例如，遗传或其他环境因素，驱动从简单脂肪变性向 NASH 的转变。

维持肠道内稳态和屏障完整性依赖于宿主免疫系统和共生微生物群的复杂相互作用，这可能受到环境因素的阻碍，并受宿主遗传学的影响。有大量的实验证据表明，抗生素治疗或无菌（GF）小鼠肠道微生物群的耗竭可防止高脂肪饮食或西式饮食诱导的 NASH 发生。

第 4 节　调整肠道菌群在非酒精性脂肪性肝病治疗中的应用

关于肠道菌群失调的治疗目前尚无成熟的共识，人们仍在努力探索中。首先推荐抗菌治疗。目前提倡用利福昔明（rifaximin），是一种非氨基糖苷类肠道抗生素，对各种革兰阳性、阴性需氧菌都有高度抗菌活性。一项随机对照、多中心临床试验证实有急性肝性脑病发作病史的肝硬化患者使用利福昔明治疗 6 个月后，其肠道内产氨细菌数量下降，且肝性脑病复发率降低。此外，也可用甲硝唑或替硝唑治疗。NAFLD 时肠道菌群失调的研究报告不多，有待进一步临床试验加以验证。

如前所述，益生菌通过调节肠道菌群可减少菌群失调的发生，并改善肠道防御屏障功能，减轻氧化应激和炎症损伤，改善肝功能和 IR。因此近几年提倡对有肠道菌群失调的 NAFLD 患者使用益生菌治疗。口服肠道益生菌可改善 NAFLD 患者的肝功能，减轻炎症反应。

促动力药可加强并协调胃肠运动，防止食物在肠内滞留，从而阻止肠微生物和内毒素移位，改善肠道通透性，减少肠道内细菌过度生长，减轻内毒素血症，可选用莫沙比利、伊托必利，近年又报告芦卡必利对肠道功能的重建有显著作用。

粪便细菌移植（fecal microbiota transplantation，FMT）又称粪便移植（fecal transplantation，FT），最早用于艰难梭菌感染（CDI），继之用于 IBS 和 IBD 患者获得成功。近年又有报告治疗有肠道菌群失调的 NASH 患者。FMT 是把供者粪便新菌群移入患者肠内，重建肠道生态系统，促进益生菌生长，抑制或消灭耐药菌株和致病菌株，从而达到治疗的目的。FMT 治疗 NASH 的疗效尚需大量的临床试验加以总结。

第 5 节　结　语

肠道微生态失衡作为 NAFLD 的发病机制已得到共识，肠道菌群的改变可能是引起肥胖、代谢综合征（MS）的一个重要环境因素。调节肠道微生物失衡对 NAFLD 和 NASH 有保护和治疗作用，为 NAFLD 的防治提出了新的模式，有待今后进一步深入的研究。NAFLD 的治疗除饮食、运动和药物治疗外，减重手术逐步在开展，并确定了其减重的疗效。应当提出的是 NAFLD 成为肝移植的第二适应证,因此,外科为 NAFLD 的治疗带来了广阔的前景,值得全面深入的临床研究。

（池肇春）

参 考 文 献

［1］ Sender R，Fuchs S，Milo R. Are we readly vastly outnumbered? Revisiting the ratio of bacterial to host cell in humans［J］. Cell，2016，164：337－340.

［2］ Minemura M，Shimizu Y. Gut microbiota and liver disease［J］. World J Gastroenterol，2015，21：1691－1702.

［3］ Usami M，Miyoshi M，Yamashita H. Gut microbiota and host metabolism in liver cirrhosis［J］. World J Gastroenterol，2015，21：11597－11608.

［4］ Cani PD，Everard A. Talking microbes：whengut bacteria interact with diet and host organs［J］. Mol Nutr Food Res，2016，60：58－66.

［5］ Org E，Parks BW，Joo JW，et al. Genetic and environmental control of host-gutmicrpbiota interactions［J］. Geneme Res，2015，25：1558－1569.

［6］ Zeevi D，Korem T，Zmora N，et al. Personalized nutrition by prediction of glycemic responses［J］. Cell，2015，163：1079－1094.

［7］ Tilg H，Cani PD，Mayer EA，et al. Gut microbiome and liver disease［J］. Gut，2016，65：2035－2044.

［8］ Li B，Selmi C，Tang R，et al. The microbiome and autoimmunity：a paradigm from the gut-liver axis［J］. Cell Mol Immunol，2018，15：595－609.

［9］ Manfredo VS，Hilttensper M，Kumar V，et al. Translocation of a gut pathobiont drives autoimmunity in mice and humans［J］. Science，2018，359：1156－1161.

［10］ Woodhouse CA，Patel VC，Signanayagam A，et al. Review article：the gut microbiomec as a therapeutic target in the pathogenesis and treatment of chronic liver disease［J］. Alimentary Pharmacology & Therapeutics，2018，47：192－202.

［11］ Zoller H，Tilg H. Nonalcoholic fatty liver disease and hepatocellular carcinoma［J］. Metabolism：clinical and experimental，2016，65：106247.

［12］ Fukui H. Gut-liver axis in liver cirrhosis：How to manage leaky gut endotoxemia［J］. World J Hepatol，2015，7：425－442.

［13］ Shen F，Zheng RD，Sun XQ，et al. Gut microbiota dysbiosis in patients with non-alcoholic fatty liver disease［J］. Hepatobiliary Pancreat Dis Int，2017，16：375－381.

［14］ Pedersen HK，Gudmundsdottir V，Nieisen HB，et al. Human gut microbes impact host serum metabolome and insulin sensitivity［J］. Nature，2016，535：376－381.

［15］ Dao MC，Everard A，Aron-Wisnewsky J，et al. Akkermansia muciniphila and improved metabolic health during a dietary intervention in obesity：relationship with gut microbiome richness and ecology［J］. Gut，2016，65：426－436.

［16］ Jiang C，Xie C，Li F，et al. Intestinal farnesoid X receptor signaling promotes nonalcoholic fatty liver disease［J］. J Clin Invest. 2015，125：386－402.

［17］ Kirpich IA，Marsano LS，McClain CJ. Gut-liver axis，nutrition，and non-alcoholic fatty liver disease［J］. Clin Biochem. 2015，48（13－14）：923－930.

［18］ Mazzoccoli G，De CosmoS，Mazza T，et al. The biological clock：A pivotal hub in non-alcoholic fatty liver diseases pathogenesis［J］. Front Physiol，2018，9：193.

［19］ Bibbò S，Laniro G，Catry E，et al. Gut microbiota as a driver of inflammation in nonalcoholic fatty liver disease［J］. Mediators Inflamm，2018，Aug 19，ecollection 2018.

［20］ Pachikian BD，Druart C，Catry E，et al. Implication of trans－11，trans－13 conjugated linoleic acid in the development of hepaticsteatosis［J］. PLoS One，2018，13：e0192447.

［21］ Xiao J，Tipoe GL. Inflammasomes in non-alcoholic fatty liver disease［J］. Front Biosci（Landmark Ed）2016，21：683－695.

［22］ AitbaevKA，Murkamilov IT，Fomin VV. Liver disease：The pathogenetic role of the gutmicrobiome and the potential of treatment for its modulation［J］. Ter Arkh，2017，89：120－128.

［23］ Brandl K，Schanabl B. Intestinal microbiota and nonalcoholic steatohepatitis［J］. Curr Opin Gastroenterol，2017，33：128－133.

［24］ Fu ZD，Cui JY. Remote sensing between liver and intestine：importance of microbial metabolites［J］. Curr Pharmacol Rep，2017，3：101－113.

［25］ Victor DW，Quigley EM. The microbiome and the liver：the basics［J］. Semin Liver Dis，2016，36：299－305.

［26］ Porras D，Nistal E，Martínez-Flórez，Susana，et al. Protective effect of quercetin on high-fat diet-induced non-alcoholic fatty liver disease in mice is mediated by modulating intestinal microbiota imbalance and related gut-liver axis activation［J］. Free Radical Biol Med，2017，102：188－202.

［27］ Reunanen J，Kainulainen V，Huuskonen L，et al. Akkermansia muciniphila Adheres to Enterocytes and Strengthens the Integrity of the Epithelial Cell Layer［J］. Appl Environ Microbiol，2015，81：3655－3662.

［28］ Mukherjee S，Hooper LV. Antimicrobial defense of the intestine［J］. Immunity，2015，42：28－39.

［29］ Chen P，Starkel P，Turner JR，et al. Dysbiosis-induced intestinal inflammation activates tumor necrosis factor receptor I and mediates alcoholic liver disease in mice［J］. Hepatology，2015，61：883－894.

［30］ Biedermann L，Rogler G. The intestinal microbiota：its role in health and disease［J］. Eur J Pediatr，2015，174：151－167.

［31］ Ananthakrishnan AN. Epidemiology and risk factors for IBD［J］. Nat Rev Gastroenterol Hepatol，2015，12：205－217.

［32］ Netea MG，Joosten LA. Inflammasome inhibition：putting out the fire［J］. Cell Metab，2015，21：513－514.

［33］ Chen P，Torralba M，Tan J，et al. Supplementation of saturated long-chain fatty acids maintains intestinal eubiosis and reduces ethanol-induced liver injury in mice［J］. Gastroenterology，2015，148：203－214.

［34］ Boursier J，Mueller O，Barret M，et al. The severity of nonalcoholic fatty liver disease is associated with gut dysbiosis and shift in the metabolic function of the gut microbiota［J］. Hepatology，2016，63：764－775.

［35］ Jegatheesan P，Beutheu S，Freese K，et al. Preventive effects of citrulline on Western diet-induced non-alcoholic fatty liver disease in rats［J］. Br J Nutr，2016，116：191－203.

［36］ Xie G，Wang X，Liu P，et al. Distinctly altered gut microbiota in the progression of liver disease［J］. Oncotarget，2016，7：19355－19366.

［37］ Del Chierico F，Nobili V，Vernocchi P，et al. Gut microbiota profiling of pediatric NAFLD and obese patients unveiled by an integrated meta-omics based approach［J］. Hepatology，2016，65：451－464.

［38］ Garcia-Martinez I，Santoro N，Chen Y，et al. Hepatocyte mitochondrial DNA drives nonalcoholic steatohepatitis by activation of TLR9［J］. J Clin Invest，2016，126：859－864.

［38］ Etienne-Mesmin L，Vijay-Kumar M，Gewirtz AT，et al. Hepatocyte toll-like receptor promotes bacterial clearance and protects mice against high-fat diet-induced liver disease［J］. Cell Mol Gastroenterol Hepatol，2016，2：584－604.

［39］ Engstler AJ，Aumiller T，Degen C，et al. Insulin resistance alters hepatic ethanol metabolism：studies in mice and children with non-alcoholic fatty liver disease［J］. Gut，2016，65：1564－1571.

［40］ 池肇春.肝脏生理学与生物化学［M］//.实用临床肝病学.2版.北京：人民军医出版社，2015：12－23.

［41］ Ferslew BC，Xie G，Johnston CK，et al. Altered Bile Acid Metabolome in Patients with Nonalcoholic Steatohepatitis［J］. Dig Dis Sci，2015，60：3318－3328.

［42］ Arab JP，Karpen SJ，Dawson PA，et al. Bile acids and nonalcoholic fatty liver disease：Molecular insights and therapeutic perspectives［J］. Hepatology，2017，65：350－362.

［43］ Mouzaki M，Wang AY，Bandsma R，et al. Bile acids and dysbiosis in non-alcoholic fatty liver disease［J］. PLoS One，2016，11：e0151829.

［44］ Gonzalez FJ，Jiang C，Patterson AD. An intestinal microbiota-farnesoid x receptor axis modulates metabolic disease［J］. Gastroenterology，2016，151：845－859.

［45］ Marra F，Svegliti-Baroni G. Lipotoxicity and the gut-liver axis in NASH pathogenesis［J］. J Hepatol，2018，68：280－295.

［46］ Uchiyama K，Naito Y，Takagi T. Intestinal microbiome as a novel therapeutic target for local and systemic inflammation［J］. Pharmacol Ther，2019，199：164－172.

［47］ Cui Y，Wang Q，Chang R，et al. Intestinal barrier function-non-alcoholic fatty liver disease interactions and possible role of gut microbiota［J］. J Agric Food Chem，2019，67：2754－2762.

［48］ Ding Y，Yanagi K，Cheng C. Interactions between gut microbiota and non-alcoholic liver disease：the role of microbiota-derived metabolites［J］. Pharmacol Res，2019，141：521－529.

［49］ Krenkel O，Puengel T，Govaere O，et al. Therapeutic inhibition of inflammatory monocyte recruitment reduces steatohepatitis and liver fibrosis［J］. Hepatology，2018，67：1270－1283.

［50］ Schneider KM，Mohs A，Kilic K，et al. Intestinal Microbiota Protects against MCD Diet-Induced Steatohepatitis［J］. Int J Mol Sci，2019，20：E308.

［51］ Arrese M，Cabrera D，Kalergis AM，et al. Innate Immunity and Inflammation in NAFLD/NASH［J］. Dig Dis Sci，2016，61：1294－1303.

［52］ Brandt A，Jin CJ，Nolte K，et al. Short-term intake of a fructose-，fat-and cholesterol-rich diet causes hepatic steatosis in mice：effect of antibiotic treatment［J］. Nutrients，2017，9：E1013.

第15章 肠道微生物与酒精性肝病

第1节 概 述

酒精性肝病(alcoholic liver disease,ALD)包括广泛的临床-组织学谱系,从单纯的脂肪变性、肝硬化、急性酒精性肝炎合并或不合并肝硬化到肝癌。从概念上可以分为:① 乙醇介导的肝损伤。② 炎症性损伤免疫反应。③ 肠道通透性和微生物群的变化。皮质类固醇可能改善结果,但这是有争议的,可能只影响短期生存。目前正在研究新的病理生理学为基础的治疗方法,包括 IL-22、阿那白滞素(Anakinra)等。这些研究为这一棘手疾病的未来得到更好的结果提供了希望。

ALD 是世界范围内肝脏疾病发病率和死亡率的主要原因。只有 20% 的酗酒者会患酒精性肝硬化。肠道微生物群(intestinal microflora,IM)最近被确定为肝损伤严重程度的一个关键因素。ALD 的常见特征包括肠上皮紧密连接蛋白表达减少、黏蛋白产生和抗菌肽水平降低。肠屏障的破坏是 ALD 的先决条件,导致细菌产物进入血流(内毒素血症)。此外,细菌产生的代谢产物,如短链脂肪酸、挥发性有机化合物(volatile organic compounds,VOS)和胆汁酸(bile acid,BA),也参与了 ALD 病理学。益生菌治疗、IM 移植或膳食纤维(如果胶)的消耗都会改变细菌种类的比例,已被证明可以改善 ALD 动物模型的肝损伤,并与肠道屏障功能的改善有关。

一、酒精性肝病范围

ALD 包括广泛的疾病,如单纯的脂肪变性、肝硬化、酒精性肝炎(alcoholic hepatitis,AH)伴或不伴肝硬化,以及肝细胞癌(hepatic cell carcinoma,HCC)作为肝硬化的并发症。ALD 还可与其他常见的肝脏疾病,包括 NAFLD 和丙型肝炎病毒(HCV)感染叠加,从而加重其流行率和严重程度。法国一项大型研究对 1 604 例因酗酒或缺钙而住院的患者进行了肝活检,结果发现,正常肝脏占 14%;脂肪变性无纤维化占 29%;部分纤维化±脂肪变性占 20%;脂肪性肝炎无肝硬化占 8%;肝硬化占 4.3%;肝硬化和脂肪性肝炎占 13%。对密苏里和堪萨斯州机动车事故受害者进行的解剖研究显示,在死亡时,他们严重醉酒(平均血液乙醇浓度为 0.22%),他们的年龄标准患病率为肝脂肪变性 56%,脂肪性肝炎 6%,再加上 18% 的晚期纤维化。

二、危险因素

通常指的是急性脂肪性肝炎的症状表现。老鼠模型由 Bin Gao 提出,需要 2 次打击,结合了长期大量饮酒。在人类研究中,大多数研究对象报告,在 20 年或更长的时间里,大量饮酒(超过 100 g/d)可引起 ALD。患者通常是 40~60 岁。HCV 患者也更有可能发展成 AH 和严重的 AH。

而 AH 是与女性和不规则的(即狂饮)饮酒模式有关。肝硬化与女性,重度酒精使用时间超过 15 年,消费量超过 200 g/d 有关。含马铃薯基因样磷脂酶域 3(patatin-like phospholipase domain containing 3,PNPLA3)是引起酒精性肝硬化的一个新的危险因素。每增加一个 G 等位基因,患者就更有可能出现酒精性肝硬化,并在短时间内暴饮出现酒精性肝硬化。

在酒精性肝硬化患者中,HCC 的危险因素包括肥胖、糖尿病、积极饮酒和病毒性肝炎。PNPLA3
也是 HCC 的一个危险因素,尤其是在 ALD 患者。

三、流行率

酒精性肝病在我国尚无全国流行病学的调查报告,但可肯定地说比西方欧美国家发病率要低。
但应当提出随着我国生产力的提高,人民生活改善稳中有升呈生活方式的改变,伴随饮酒消费量的增
加和饮酒人数的增多,ALD 的流行率也在不断攀升,应引起我们足够的重视。根据世界卫生组织发
布的《2014 年全球酒精与健康状况报告》,酒精的使用已达到有害水平,每年造成 300 多万人死亡,占
全世界死亡人数的 5.9%。由于酒精在机体中的代谢主要依赖于肝脏,长期饮酒和过量饮酒会导致肝
脏损伤,并引发酒精性脂肪肝(AFLD),从而引发从脂肪肝到酒精性肝炎甚至肝硬化的健康问题。前
两个阶段可以通过戒酒和生活方式干预来逆转。因此,检测 AFLD 预防的潜在功能成分具有重要
意义。

长期过量饮酒会导致肝病,即 ALD。脂肪是导致全世界与肝脏有关的死亡的主要原因之一。
在美国,与酒精有关的死亡占与肝脏有关的死亡的 48%,而据估计,在欧洲,与肝脏有关的死亡中,
有 60%~80% 是由于过度饮酒造成的。90%~95% 的人消耗大量的酒精发展为脂肪变性,其中
只有 10%~40% 最终会发生肝纤维化。大约 20% 的酒精性患者的炎症过程进展为纤维化和肝
硬化,酒精性肝硬化的失代偿率估计为 4%~25%,每年肝硬化肝脏中的 HCC 发生率为
3%~5%。

约 2/3 的美国成年人定期饮酒,20% 的人认为饮酒过量。过度(重度)饮酒定义为男性每周饮酒
超过 14 次,女性每周饮酒 7 次。高达 90% 的饮酒过量的人会出现肝脂肪变性,50% 会出现炎症和纤
维化(脂肪性肝炎),25% 会出现肝硬化,这是 ALD 的最后阶段。总的来说,ALD 影响了 500 万~700
万美国人。AH 往往是致命的 ALD 并发症,短期死亡率高达 50%。酗酒者的自然史如图 15-1
所示。

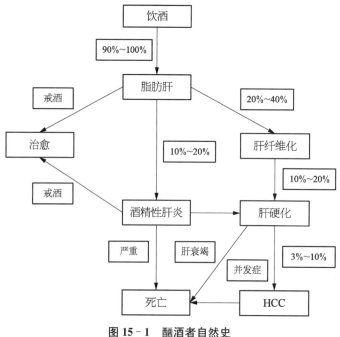

图 15-1 酗酒者自然史

第 2 节 发 病 机 制

有关酒精性肝病的发病机制错综复杂,而且大部分研究是在动物模型中进行,临床研究较少。近
10 余年来研究显示,除乙醇引起肝损伤外肠道微生物组成比例改变,即生态失衡、微生物及其代谢产
物、细菌易位导致肠道屏障功能障碍、内毒素血症、机体免疫损伤是发生 ALD 的中心环节。长期暴露
于乙醇中的动物和人类表现出机会性病原体的过度生长和有益肠道细菌的消耗。肠道菌群的改变似
乎在诱导和促进肝损伤进展中起着重要作用。严重酒精性肝炎与肠道菌群的关键变化有关,肠道菌
群的改变似乎在诱导和促进肝损伤进展中起着重要作用。这进一步证实严重酒精性肝炎与肠道菌群
的关键变化有关。

一、乙醇介导的肝损伤

(一) 酗酒和酗酒模式

饮酒一般发生在慢性饮酒和最近酗酒的患者(图 15-2)。在啮齿动物的模型中,通过液体饮食来
运送乙醇只足以产生仅限于脂肪变性的肝脏病理。由 Gao 等开发的慢性和暴食乙醇的小鼠模型

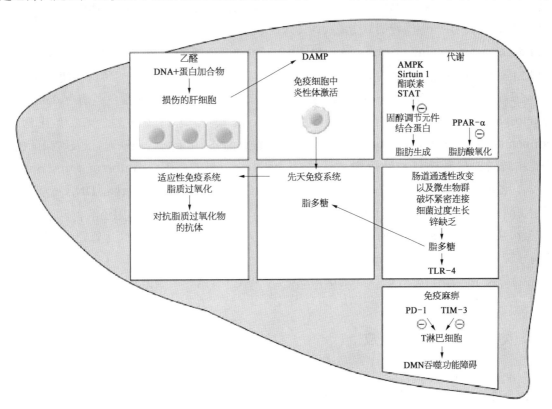

图 15-2 酒精性肝病的发病机制

乙醇通过多种方式导致肝脏损伤。乙醇被代谢成乙醛;乙醇和乙醛对肝细胞都有毒性作用。受损的肝细胞反过来释
放抑制物,吸收先天和适应性免疫细胞,使肝损伤永久化。早期脂肪变性的乙醇损伤是由乙醇或脂肪生成和脂肪酸
氧化作用介导的。乙醇对肠道微生物和肠道通透性也有直接影响,使细菌产物到达肝脏,并进一步刺激免疫反应和
肝损伤。最后,尽管有免疫刺激,免疫反应在对抗感染方面是无效的,称为免疫麻痹。DAMP,损伤相关分子模式;
AMPK, Adenosine 5′- monophosphate(AMP)-activated protein kinase AMP 依赖的蛋白激酶;Sirtuin - 1, NAD-
dependent deacetylase sirtuin - 1 NAD -依赖性去乙酰化酶;STAT,信号传导及转录激活因子;PPAR - α 过氧化物酶
体增殖物激活受体 α;PD - 1,程序性死亡受体 1;TIM - 3, T 细胞免疫球蛋白黏蛋白 3

（NIAAA 模型），使用 10 天的随意进食等动物饲养液体，然后行急性胆管灌肠。而任一阶段单独导致脂肪变性，合并两个阶段导致脂肪性肝炎。因此，这个模型可以更好地代表人类急性酒精性肝炎。类似的有效模型也被 Tsukamotoxeg 开发出来，但是此一方法需要侵入式胃内喂养。

在肝细胞中，乙醇代谢的主要途径是通过胞质中的乙醛脱氢酶。乙醛在线粒体中被乙醛脱氢酶（aldehyde dehydrogenase，ALDH）代谢。醛具有高度反应性，可形成各种蛋白质和 DNA 加合物。ALDH2 同工酶的相对缺乏导致乙醛的积累。次要途径涉及微粒体乙醇氧化系统（microsomal ethanol oxidizing system，MEOS），并产生更多的活性氧种类，导致脂质过氧化、线粒体谷胱甘肽耗尽、S-腺苷甲硫氨酸耗尽。慢性酒精中毒引起细胞色素 CYP2E1，进一步导致氧化应激和肝损伤。

（二）损伤相关分子模式

乙醇代谢导致氧化应激和肝细胞死亡。受损的肝细胞释放内源性损伤相关分子模式（damage associated molecular pattern，DAMP），这些 DAMP 通常隐藏在细胞外环境中。DAMP 激活细胞模式识别受体，导致无菌炎症。其特点包括产生促炎细胞因子，将免疫细胞定位到损伤部位，以及组装一种被称为"炎性小体"的细胞酚蛋白复合物，将信号传递到促炎细胞因子中（例如白细胞介素-1）。

（三）代谢性脂肪变的特点

其特点是三酰甘油、磷脂和胆固醇酯在肝细胞中积累。早期的研究将脂肪变性归因于减少的烟酰胺腺嘌呤二核苷酸与氧化的烟酰胺腺嘌呤二核苷酸的比例增加，这抑制了线粒体中脂肪酸的 β-氧化。最近的研究表明，乙醇消费调节脂质代谢转录因子。乙醇通过固醇调节元件结合蛋白-1C（sterol regulatory element-binding proteins-1c，SREBP-1c）的升高刺激脂肪生成。乙醇可以直接通过其代谢物乙醛，或间接通过内质网的应激反应、腺苷、细菌易位和下游 LPS 的信号传递而使 SREBP-1c 产生。乙醇还降低了 SREBP-1c 的负调节因子，包括 5′-腺苷单磷酸激活蛋白激酶（Adenosine 5′-monophosphate-activated protein kinase，AMPK）、依赖于烟酰胺腺嘌呤二核苷酸辅酶（nicotinamide adenine dinucleotide，NAD^+）的去乙酰化酶（Sirtuin）-1、脂联素，以及转录 3 的信号传感器和激活剂信号转导与转录激活子 3（signal transducer and activator of transcription 3，STAT3）。乙醇通过抑制过氧化物酶体增殖激活受体 α（PPAR-α）的转录活性和 DNA-结合能力来抑制脂肪酸氧化。乙醇可以通过其代谢物乙醛直接调节 PPAR-α，或通过细胞色素 p450 2E1 衍生的氧化应激、腺苷、降调节脂联素和锌缺乏症间接调节 PPAR-α。饮酒也可以间接修饰许多因素，包括缺氧诱导转录因子-1（hypoxia-inducible transcription factor-1，HIF-1）、C3、C1qA（rs172378、rs665691）等位基因、蛋白激酶 C ε（protein kinase C，PKCε），诱导一氧化氮合酶，这有助于脂肪变性的发展。

二、炎症对损伤的免疫反应

（一）先天免疫系统

先天免疫信号是在早期阶段与脂肪变性相关，甚至在炎症发作之前发生。内质网应力通过适配器分子链激活干扰素调节因子（interferon regulatory factor3，IRF3）。IRF3 是磷酸化激活、单一暴露在乙醇之前的炎症因子。肝细胞特异性的 IRF3 是内在的线粒体凋亡途径所必需的，而库普弗细胞的 IRF3 缺乏时仅为轻微的肝脏损伤。

细菌过负荷和肠道通透性增加导致的来源于细菌的 LPS 到达门脉循环和肝的负荷增加。LPS 与库普弗细胞上类似 TLR-4 的受体相互作用，激活含 TIR-域结构的适配器诱导 β 干扰素（TIR-domain-containing adapter-inducing interferonβ，TIRF）/干扰素调节因子-3（interferon regulatory

Factor 3，IRF-3)，信号通路，导致产生促炎细胞因子(即 TNF-α、IL-1、IL-17)。乙醇也会激活补体系统(C3、C4)。补体细胞和库普弗细胞之间的相互作用导致促炎细胞因子(TNF-α)以及肝保护细胞因子(IL-6)和细胞保护细胞因子(IL-10)、TNF-α，棕榈酸，蛋白酶体功能的下调，IL-17 导致肝细胞[IL-8、趋化因子受体-1(CXCL1)、IL-17]和肝星状细胞(IL-8 和 CXCL 1)产生，它们是中性粒细胞募集的趋化因子。

（二）适应性免疫

乙醇导致脂质过氧化。脂质过氧化产物，如丙二醛和 4-羟基烯二醛，可形成蛋白质加合物，作为抗原，激活适应性免疫。肝脏炎症时有脂质过氧化加合物的抗体和 T 细胞数量的增加。

（三）免疫麻痹

酒精性肝炎(AH)主要的死因是大量的细菌感染导致多器官衰竭。矛盾的是，免疫活动随着炎症而增强。程序性死亡蛋白 1(programmed cell death protein 1，PD-1)和 T 细胞免疫球蛋白和黏蛋白 3(T cell immunoglobulin and mucin-3，TIM3)是慢性炎症时表达的 T 淋巴细胞的抑制作用受体，可导致免疫衰竭。PD-1 和 TIM3 在 a 型患者中过度使用，比稳定的晚期酒精性肝硬化患者更多。针对 PD-1 和 TIM3-27 的抗体可以扭转中性粒细胞吞噬和氧化暴发对大肠埃希菌的刺激(体外)反应的相关功能障碍。

三、肠道渗透性变化和微生物与酒精性肝病

肠道屏障失调是导致 ALD 发病的关键因素。肠道屏障由黏液层、完整的上皮单层细胞和黏膜免疫细胞组成，其功能为支持营养吸收，防止细菌侵入。受损的肠道屏障功能是伴有 ALD 的发生。的确，饮酒会破坏肠道屏障，增加肠道的通透性，并在患者和实验模型中证实可诱导细菌易位。此外，饮酒也会导致肠微生物生态失衡，同时伴有细菌数量和比例紊乱。

（一）肠道屏障

胃肠道的主要功能是消化食物和吸收营养。它的表面是人体暴露于外部环境中的最大表面，使胃肠道面临细菌、真菌和病毒等外来致病微生物的危险。胃肠道的另一个基本功能是作为防止微生物入侵循环的屏障。肠道屏障是一个多层系统，具有物理和免疫防御功能。它由三个主要成分组成，包括黏液、上皮细胞和免疫细胞(图 15-3A，见彩图)，而黏液和上皮细胞基本上是物理屏障，这三个层都有助于免疫屏障的功能。

1. **黏液层** 第一道防线是层状黏液层，它与上皮细胞的糖萼(多糖-蛋白质复合物)一起，提供了一个保护间隔，防止被摄入的食物造成的物理和化学伤害。肠道黏膜系统的组织结构在胃肠道中有明显的差异。小肠有一层单独的黏液层，限制细菌进入肠道上皮，而胃和结肠有两层黏液，有内部和外部的层。结肠内黏膜致密，与上皮细胞紧密相连，不允许细菌侵入。结肠外黏膜疏松，无连接，是共生菌的自然栖息地。

黏液主要由杯状细胞产生和分泌。肠道黏液的主要结构成分是黏液，它们是大的高糖基化糖蛋白。跨膜黏液和分泌的黏液在功能上是有区别的。跨膜黏液和分泌的黏液包括黏液 1、黏液 3、黏液 4、黏液 11 至 13、黏液 15 至 17、黏液 20 和黏液 21，拥有单一的膜生成域，是黏膜表面糖花萼的必要组成部分，并参与细胞内信号分泌的黏液，特别是凝胶形成的黏液，构成黏液层的骨架。在小肠和结肠中，黏液是由凝胶形成的黏液蛋白构成的，与胃中的黏液蛋白相比，黏蛋白可被认为是一把双刃剑，由于它们的正常功能可以防止有害物质和微生物的侵入，而黏液的功能障碍可能是导致疾病的一个原因。除了黏液分泌外，肠的杯状细胞还分泌一些其他黏液成分，包括三叶因子肽 3(trefoil factor peptide，TFF3)、电阻类分子 β(resistin-like molecule β，RELMβ)、Fc‐γ 结合蛋白(FCGBP，Fc 片段结合蛋白)、酶原颗粒蛋白质 16(zymogen granule protein16，ZG 16)和钙活化氯化物通道调节器 1(calcium-activated chloride channel regulator 1，CLCA1)，所有这些都促成了高黏性的细胞外层。

　　为了维持宿主和微生物之间的肠道内稳态，各种生物分子由杯状细胞以外的细胞产生并释放到黏膜中。这些生物分子的一个子集，抗菌肽(antimicrobial peptides，AMP)非常重要。杯状细胞是分泌细胞，位于 Lieieberkühn 隐窝，它分泌各种 AMP，包括溶菌酶、C 型凝集素、分泌磷脂酶 A2(Secretion of phospholipase A2，sPLA2)、血管生成素 4(Ang4)和 α‐防御素(人中的 HD5 和 HD6，小鼠中的密码素)，肠细胞不仅提供被动的屏障功能，还通过分泌 AMP 做出积极贡献。绒毛肠细胞分泌的 AMP 主要包括 β‐防御素(HBD‐1、HBD‐2、HBD‐3、HBD‐4)、cathelicidins(组织蛋白酶类)，在人 LL‐37 是 cathelicidin 蛋白 N 端的 37 个氨基酸，小鼠中是与导管相关的抗菌肽和再生岛源性蛋白质 3β(Reg 3β)及 Reg 3γ。这些 AMP 在黏液层产生抗菌梯度，并防止微生物穿透至上皮细胞表面。

　　2. 肠上皮细胞　为肠道提供了物理和免疫防御屏障。这种选择性的渗透性屏障禁止微生物和毒素通过，同时允许营养和水的运输。肠道上皮的超细胞通透性是由紧密结合、粘连和脱黏体组成的顶端结合复合物控制的。紧密结合位于上皮细胞的最顶端位置，形成相邻细胞之间的密封，是肠道上皮通透性的主要决定因素。粘连结合和脱黏体提供了维持细胞-细胞相互作用所必需的黏合力，并防止了对上皮细胞的机械破坏。紧密结合体由跨膜蛋白组成，包括闭塞蛋白(occludin,)、紧密连接蛋白(claudins)连接粘连分子(junctional adhesionmolecule)、三细胞间紧密连接蛋白(tricellulin，TCIR)，以及细胞质支架蛋白，如胞质小带闭塞蛋白(zonula occludens，ZO)(ZO‐1、ZO‐2、ZO‐3)，其中最关键的跨膜蛋白是包膜蛋白，它定义了紧密结合的渗透性。胶原分为屏障形成(胶原-1、3、4、5、8、9、11 和 14)和通道孔隙形成(胶原-2、7、12 和 15)亚型。屏障形成使胶原降低，而通道孔隙度的形成使胶原增加，细胞旁的通透性迄今尚未充分阐明粘连蛋白的作用。小鼠肠道闭塞蛋白的降低提高了大分子的肠道通透性。此外，缺乏闭塞素的小鼠会出现慢性炎症和增生，这表明阻塞素的功能比最初的更复杂。ZO 蛋白通过将阻塞素或包合物固定在细胞骨架上来调节紧密连接的组装和维护。对紧密连接的完整性的破坏导致肠道屏障的功能障碍和大分子从肠腔扩散到血液。

　　除了肠上皮细胞的屏障功能及其分泌的如上所述的物质外，肠上皮细胞还通过产生细胞因子，如 IL‐1β、IL‐6，进行免疫监视并向黏膜免疫系统发送信号，IL‐18、TNF‐α 和趋化因子，包括 CC-motf 趋化因子配体(CXCL)8、CXCL10、CC-motf 趋化因子配体(CCL)2、CCL‐6、CCL‐20 和 CCL‐25 产生的细胞因子/趋化因子的主要作用是诱导免疫细胞迁移，促进先天和适应性免疫。值得注意的是，包括肠道上皮衍生的 CCL‐6(人类同系物 CCL‐14 和 CCL‐15)在内的一个子集的趋化因子具有抗菌的特性。

　　3. 黏膜免疫细胞　肠具有完整的膜免疫系统。肠道相关淋巴组织(GALT)是黏膜相关淋巴组织的一个重要组成部分，它含有人体 70% 的免疫细胞。GALT 含有多种免疫细胞，包括树突状细胞、T 和 B 淋巴细胞、浆细胞、先天性淋巴细胞(ILC)、巨噬细胞和中性粒细胞。而残余巨噬细胞负责吞噬扩散到固有层的细菌，ILC 通过分泌细胞因子保护黏膜免受细菌入侵。特别重要的是树突状细胞，它们通过调节保护性免疫和免疫调节能力，在形成肠道免疫反应中起着关键作用。存在于固有层的 T 和 B 淋巴细胞是树突状细胞诱导和引导的适应性免疫反应的主要效应细胞。T 细胞对来自肠腔的信号做出反应并启动免疫反应。B 细胞，特别是产生 IgA 的浆细胞，有助于保护肠屏障。值得注意的是，免疫细胞也通过分泌细胞因子来调节肠屏障功能。例如，由 3 型 ILC 和 CD4$^+$T 细胞产生的 IL‐

22 已被证明能够刺激肠上皮细胞分泌 AMP,并上调上皮紧密连接蛋白的表达。由(Tregs)和巨噬细胞分泌的 IL－10 可促进黏膜伤口愈合并增强肠屏障功能。

(二) 酒精性肝病患者肠道屏障功能障碍

1. 肠道通透性增高机制　　肠黏膜的完整性由肠上皮管腔内表面的防御素保护层、肠细胞间的紧密连接蛋白(包括闭塞蛋白和紧密连接蛋白)、位于黏膜下层的肠免疫细胞和肠内微生物群释放的保护因子[如短链脂肪酸(丁酸盐)和抗炎性肽]组成。在高剂量使用乙醇时,一次使用就会造成肠道上皮损伤。在长期和反复接触乙醇的情况下,肠屏障的破坏可通过肠细胞之间的紧密连接蛋白表达减少来解释,如闭塞蛋白和小带闭塞蛋白(ZO－1)。这些变化归因于循环血液中乙醇氧化产物乙醛作用所致。来自炎症肝脏的 TNF－α 或 miR－212 也可能增加肠道通透性,miR－212 在 ALD 患者的结肠活检样本中上调,后者下调肠细胞培养中闭塞带的蛋白质。最近,利用小鼠 ALD 模型的研究表明,即使在肠道微生物群发生变化之前也发现了细菌易位,并且细菌易位与小肠中杀菌 C 型凝集素(Reg3β 和 Reg3γ)的表达减少有关。黏蛋白－2 是由肠道杯状细胞分泌的黏液层蛋白,在小鼠 ALD 模型中被发现是肠道 Reg3β 和 Reg3γ 的关键调节器。乙醇喂养小鼠肠道中 Reg3β 的表达下降是与缺陷小鼠 miR－155 和 miR－155 的表达增加有关,系因这些小鼠受到了乙醇诱导的小肠炎症的保护作用所致。

肠道通透性是描述控制大分子通过上皮进入全身循环的术语。当肠道屏障正常工作时,肠道腔内的大分子无法渗入血液。然而,在疾病条件下,肠道屏障功能受损或破坏,导致大分子不受控制地被通过。现已有多种方法被用于评估肠道的通透性,包括体内大分子从肠道渗透到血液,大分子通过肠道黏膜移植的体外分析,对紧密结合结构和(或)蛋白质进行形态和生化分析体内肠道通透性试验。通常口服一对无法消化的大分子(即乳糖:只有在肠道屏障受损时才会穿过黏膜),并有小分子(即甘露醇)能自由穿过黏膜,而不论肠道屏障功能如何。这两个分子的尿排泄率反映了肠道通透度的大小。

在临床和实验研究中都有充分的证据表明,肠道是酒精中毒后的第一个损伤部位。如乳酸/甘露醇、聚乙二醇(PEG)和 ^{51}铬-乙二胺四乙酸(^{51}Cr－EDTA)。在一项临床研究中,患有慢性肝病的嗜酒者显示,与没有肝病的嗜酒者和患有肝病的非嗜酒者相比,乳黄蛋白吸收和乳糖醇/甘露醇尿排泄比率显著增加。结果发现,与健康对照组相比,ALD 患者的尿中 PEG 和血浆内毒素水平明显较高。即使在戒酒两周后,在患有肝硬化的酒精中毒患者中也能检测到升高的血浆 ^{51}Cr－EDTA,而在健康的受试者中和没有肝硬化的酒精中毒患者中,这种情况则更短暂。

如图 15－3A(见彩图)所示,机械学研究表明乙醇会在多个层面上破坏肠道完整性。急性酒精中毒可引起组织病理学改变,如肠壁顶部上皮细胞丢失,据报告,在体内和体外都有慢性乙醇暴露会减少紧密结合蛋白的分布,而不会对小鼠肠道组织病理学产生重大影响。动物研究表明,回肠紧密结合蛋白,如闭塞蛋白和 ZO－1(图 15－3B,见彩图),在长期摄入乙醇的小鼠体内,这种物质减少。最近的一项研究表明,咬合蛋白的缺乏会加剧小鼠乙醇引起的肠道屏障功能障碍和肝脏损伤,这直接提供了证据,表明溶解/耗尽紧密结合蛋白可能是乙醇引起的肠道通透性增加的一个重要机制。乙醇通过多种途径促进肠道紧密结合的破坏,包括诱导氧化应激、microRNA 升高、心脏节律紊乱和营养不良。锌缺乏可能通过停用肝细胞核因子 4α 导致乙醇引起的紧密结合的分解。乙醇代谢物,而不是乙醇本身,被认为对乙醇造成的有害影响负有更大的责任。乙醛是乙醇的主要有毒代谢物,在乙醇暴露后积聚在肠道,并已被证明可减少紧结和促进 Caco－2(细胞模型是一种人克隆结肠腺癌细胞,结构和功能类似于分化的小肠上皮细胞)细胞的泄漏。

越来越多的证据表明,除上皮联结处外,乙醇还会影响肠黏液层和免疫细胞。研究发现小鼠喂养乙醇8周后发现回肠中黏蛋白2(MUC2)的表达降低。然而,乙醇减少艾克曼黏杆菌属恢复,它是一种黏液降解细菌,残存于黏液层中,致使黏液厚度增强,并改善了实验结果。另一项研究表明,通过自适应上调Reg(regenerated islet derivative protein,再生胰岛衍生蛋白)3β和Reg3γ,去除黏蛋白2可改善大鼠的ALD,这一争议需要进一步研究黏蛋白2的功能及其在大鼠发病机制中的作用。几项研究报告了酒精中毒患者的IgA水平的增加,最近的一项研究进一步表明,乙醇导致组织匀浆中的IgA水平升高,肠道内容物中的IgA水平降低,这表明IgA分泌受损。由于各种补偿(如肠道和血浆IgM水平升高),因此丢失IgA不足以促进小鼠ALD的发展。乙醇暴露后,小鼠小肠中的抗菌肽Reg3β和Reg3γ受到抑制。此外,乙醇会损害肠道干细胞,因为干细胞是肠道细胞增殖和分化的关键,肠道干细胞的功能障碍可能是导致乙醇长期损害的关键机制。

2. 细菌易位在大鼠ALD发病机制中的作用 细菌易位是通过肠道黏膜侵入肠道外部位,如肠系膜淋巴结、肝脏、脾脏和血液的血行肠道细菌或微生物制品。这些病原体转移到肝脏会引起炎症级联,氧化应激,从而导致肝脏损伤。研究最深入的现象之一是内毒素血症。据报道,ALD患者和动物模型中的ALD患者血液中LPS水平都升高,而内毒素血症和肠道屏障功能障碍则是在ALD发病前的早期事件,并一直持续到肝硬化晚期。内毒素水平与ALD的严重性和TNF-α的严重程度相关,且酒精性肝硬化患者的内毒素水平比ALD其他病期要高,有研究表明,在嗜酒小鼠的血浆中可以检测到口服使用的LPS,但在对照小鼠中却没有。它提供了直接的证据表明乙醇能增加肠道内毒素的通透性。

全身循环中的LPS通过TLR-4激活肝库普弗细胞,产生炎症细胞因子和趋化因子,诱导嗜中性粒细胞和单核细胞进入肝脏。TLR-4对乙醇诱导的肝脂肪变性、炎症和纤维化的进展至关重要。缺乏TLR4、CD14或LPS结合蛋白的小鼠,如果有摄动的LPS受体复合物,则可保护其不受乙醇诱导的肝损伤。血浆内毒素水平在TLR4和野生型小鼠中相当,这表明TLR-4信号与肠道通透性的调节无关。图15-4总结了乙醇诱导细菌在大鼠肝轴病机中的易位过程(见彩图)。

除了LPS之外,多种微生物产物也可以在酒精中毒后从肠道易位到其他器官,并在发展过程中起到关键作用。酗酒导致细菌16S核糖体DNA增加,与健康人志愿者血清LPS水平相关。TLR-9对细菌DNA进行了鉴定,并对LPS引起的肝损伤进行了敏感处理。在ALD患者身上被检测到一种革兰阳性细菌的成分。在含乙醇的老鼠中注射肽聚糖,导致肝损伤和炎症恶化。

3. 肠道细菌生态失衡与ALD 肠道共生细菌在调节宿主免疫反应和维持肠道黏膜完整性方面起着重要作用。乙醇降低了胃肠道中作为微生物营养来源的SCFA和支链氨基酸。因此乙醇可以直接和(或)间接地改变肠道微生物群的组成。事实上,ALD报告了肠道微生物群的定量(细菌过度生长)和定性变化。有关乙醇干扰微生物群的详细信息已在许多研究中进行了深入讨论。首先,微生物衍生乙醛可能代表微生物群如何参与ALD的发展机制。如前所述,乙醛通过分解紧密连接来破坏肠道屏障。细菌过度生长会影响肠道乙醛水平,进而提高肠道通透性。大鼠口服甲硝唑可通过增加需氧菌和减少肠道中的厌氧细菌而导致肠道内乙醛水平升高。用抗生素环丙沙星治疗可减少结肠微生物群并防止乙醛积累。第二,乙醇可诱导细菌膨胀,在疾病条件下可增加细菌易位。变形杆菌门包括革兰阴性菌,其中大多数被认为是机会性病原体,是脂多糖的主要来源。据报道,ALD肝硬化患者和长期饮酒的小鼠中的蛋白杆菌比例增加,这表明乙醇代谢异常与内毒素血症以及肝脏炎症之间存在因果关系。第三,肠道菌群可直接介导ALD的发生。最近的一项研究表明,含有酒精性肝炎患者肠道微生物群的小鼠会出现更严重的肝脏炎症、更大的肠道通透性和更高的细菌易位。另一项研究报告说,乙醇增加了肠球菌属种,肠球菌属种的易位导致肝脏炎症和肝细胞死亡。除上述方面外,肠道微生物群的另一部分真菌也可能介导 ALD 的发病机制。最近有报道称,长期饮酒会增加小鼠肠道真菌的数量,并且随后真菌 β-葡聚糖的易位导致了肝脏炎症。这些研究表明,微生物群生态失衡有助于酒精性肝炎的发展,需要进一步在机制方面进行研究。

酒精性肝病与细菌过度生长有关,细菌科和益生菌(如乳酸菌)的比例较低。病因包括小肠功能障碍和胆汁酸池的改变。乙醇破坏肠道紧密连接完整性。患有慢性酒精滥用的患者,无论是否有 ALD,都有一个"漏肠",血浆内毒素水平高于健康对照组。在动物模型中,通过基因突变或抗生素,或表达非功能性的 TLR-4(LPS 受体),保护细菌免受过度生长,都可以减轻酒精引起的肝损伤。

4. 肠源性内毒素在 ALD 发病机制中的作用　20 世纪初,内毒素(后来被描述为脂多糖)是第一种与细菌感染(包括败血症)的病理生理学后果有关的细菌成分,至少在过去的 50 年里,已知脂多糖与肝脏炎症和损伤之间的因果关系,临床研究已证明脂多糖水平与酒精性肝硬化的肝外表现,如肝肾综合征和凝血异常之间的关系。此外,暴露于乙醇后,周围循环中的脂多糖水平在人类中持续升高。

(1) 肠源性脂多糖通过 TLR-4 激活肝巨噬细胞:LPS 进入门静脉血后,肝巨噬细胞和其他肝脏免疫及实质细胞上表达的 TLR-4 受体复合物可识别 LPS。在正常肝脏中,肝巨噬细胞对少量肠道内毒素具有耐受性。然而,在酒精性肝病的发病机制中,肝巨噬细胞失去其静止的表型并被激活。多种证据表明,ALD 中肝巨噬细胞的激活涉及由肠道来源的 LPS 激活的 TLR-4 依赖机制。尽管 TLR-4 不能直接结合 LPS,但其共受体 CD14 和 MD-2,结合 LPS 并在 LPS 结合后激活 TLR-4。脂多糖和 CD14 之间的联系是由脂多糖结合蛋白(LBP)促进的,这是一种可溶性穿梭蛋白。

TLR-4、CD14 和 LBP 是酒精性肝损伤的关键因素。当 TLR4 基因发生功能性突变,对细菌内毒素有缺陷反应。与野生型小鼠相比,预防 C3H/HEJ 小鼠酒精性肝脏炎症和损伤是与 TNF-α 表达下降有关。在缺乏 LBP 和 CD14 的小鼠中也观察到类似的结果,可有保护乙醇诱导肝脏炎症和损伤作用。

(2) 导致 ALD 中肝巨噬细胞活化的机制:肠源性脂多糖在进入门静脉循环的几分钟内被肝巨噬细胞捕获,在基线条件下,这一过程不会导致肝巨噬细胞活化,这是一种被称为脂多糖耐受的现象。值得注意的是,肝细胞在吸收门静脉血传递的脂多糖方面也发挥了"解毒"作用,从而有助于肝内稳态(Shao 等,2012)。然而,长期给大鼠灌入乙醇,使 KC 在分离和体外暴露于 LPS 后分泌高水平的炎性细胞因子。目前有三个主要的机制已被建议解释肝巨噬细胞在 ALD 的激活,每一个都有充分的证据支持。首先,利用小鼠 ALD 模型和体外刺激人或小鼠单核细胞的研究表明,从耐受细胞转向促炎细胞(也称为脂多糖耐受性丧失)是 KC 固有的过程,继发于脂多糖和乙醇的重复暴露。第二,利用细胞命运定位策略进行的研究表明,肝脏中的促炎性激活可能是由于 BM 衍生的单核细胞/巨噬细胞浸润肝脏,并在肝损伤后进一步极化(ALD 中肝巨噬细胞极化)。最后,利用细胞特异性敲除、促生长素途径和巨噬细胞与肝细胞体外共培养的研究表明,在 ALD 中,肝巨噬细胞的活化依赖于乙醇直接作用引起的肝微环境的改变,这归因于肝细胞特异性无菌信号的释放,而这些信号是由肝细胞特异性的无菌信号引起的,使肝巨噬细胞对肠源性脂多糖致敏。这将在无菌炎症部分讨论。这些机制并不相互排斥,可能在 ALD 中起到协调作用。

5. 肠源性细菌产物在 ALD 发病机制中的作用　肠源性细菌通过其结构成分(病原体相关分子模式,损伤相关的分子模式,PAMP)激活肝脏固有免疫细胞,或通过其代谢产物改变肠道黏膜完整性,有助于 ALD 的发病机制。大量细菌 PAMP 通过结合特定受体(包括 TLR)激活先天免疫系统的细胞。迄今为止,在乙醇诱导的肝脏炎症中已经研究了四种细菌 PAMP:即 LPS/TLR-4 的激活物,细菌低甲基化(CpG)DNA(TLR9 的激活物),TLR-5 的激活物 flagellin(人鞭毛蛋白),以及 TLR2 的激活物脂磷酰(lipoteicchoic acid)。其中两个是脂多糖和细菌 DNA,在接触乙醇的人体血浆中增加。迄今为止,还没有关于 ALD 患者血浆中脂磷胆碱酸或鞭毛蛋白水平的研究报告。

细菌 PAMP 在酒精性肝炎中的作用机制研究主要集中在 LPS/TLR-4,而在酒精性肝炎的发生过程中,对 CpG DNA/TLR-9、flagellin/TLR-5 或脂磷酰肌酸/TLR-2 的关注较少。在小鼠 ALD 模型中,酒精饲料对 TLR-9 配体 CpG 敏感,以增强 TNF-α 的产生。缺乏 TLR-9 或 TLR-2 的小鼠表现出对酒精诱导的肝炎症的保护作用,但缺乏关于 TLR-9 和 TLR-2 在 ALD 中作用的详细机制研究。

6. 无菌信号驱动酒精性肝炎的机制　除微生物信号外,肝免疫细胞通常暴露于来自宿主的无菌(即非微生物)分子中,这些分子是从受损肝细胞和肝内其他细胞(损伤相关的分子模式释放出来的)。在正常情况下,DAMP 仍然隐藏在细胞外环境中,并在组织损伤时释放。已知几种 DAM 包括三磷酸腺苷、尿酸、胆固醇晶体、β-淀粉样蛋白、焦磷酸钙脱水晶体和细胞溶质 DNA 会触发一种被称为"炎症体"的细胞溶质蛋白复合物的组装,这种复合物激活含半胱氨酸天冬氨酸蛋白酶(cysteinyl aspartate specific proteinase,CASP-1),并导致细胞因子如 IL-1β 和 IL-18 的分泌。

炎症小体在 ALD 中的作用。炎症小体是通过核苷酸结合寡聚域受体(通常称为 NLR)感知危险信号的多蛋白复合物。NLR 包含配体识别域、负责寡聚化的中心域和 N 端激活域。在炎症信号激活后,NLR 与效应分子 pro-Casp-1 形成复合物。然后,炎症小体可以低聚并激活 CASP-1,从而导致促炎细胞因子 pro-IL-1β 和 pro-IL-18 成熟为 IL-1β 和 IL-18。肝脏疾病中最典型的炎症激活信号是 ATP、尿酸、棕榈酸、胆固醇晶体和活性氧。

迄今为止,有关尿酸、三磷酸腺苷和活性氧与酒精诱导的肝脏炎症有关,其他炎症激活信号在 ALD 中的作用尚待研究阐明。

AH 患者的血清 IL-1、TNF-α 和 IL-8 水平升高,肝内 Casp-1 和 NLRP3(NOD-like receptor P3,NOD 样受体 P3)表达升高,嗜中性粒细胞增多,单核细胞和巨噬细胞活化。值得注意的是,与健康人相比,最严重的 AH 患者的血清 IL-1β(一种炎症驱动的细胞因子)水平显著增加,并且炎症成分 NLRP3、ASC(凋亡相关点样蛋白)、Casp-1 的水平增加。IL-1β 和中性粒细胞增多,这是无菌炎症的病理学表现,表明炎症被激活。

炎症激活在 ALD 中的关键作用已在小鼠模型中得到证实。长期向野生型小鼠给予乙醇可诱导脂肪变性、肝损伤和 IL-1β 的肝表达增加,以及炎症成分 pro-CASP-1、ASC(一类新发现的蛋白质)和 NLRP3 的表达。同样,小鼠暴露在乙醇中也增加了肝脏中 Casp-1 的活性,表明炎症激活。缺乏 IL-1 受体、炎症激活剂 NLRP3、炎症接合器 ASC 或炎症执行元件 Casp-1 的小鼠受到乙醇诱导的炎症和 IL-1β 激活的保护,并显示乙醇诱导的肝损伤和脂肪变性的减弱。缺乏炎症激活也阻止了炎症细胞在肝脏的积聚。每天注射一种 IL-1 受体拮抗剂(IL-1RA)可改善酒精性肝炎,并降低脂肪变性和肝损伤的剂量依赖性。

四、锌

缺锌是一种常见的病因。缺锌损害了肠道屏障,导致内毒素诱导细胞因子的产生。在小鼠模型中,乙醇暴露降低血浆瘦素水平,刺激白脂肪组织脂肪分解。并抑制肝脂肪酸氧化。饮食中锌的缺乏加剧了乙醇引起的血浆瘦素的下降,损害了肝脂肪酸的氧化。锌也有抗氧化的特性。饮食中锌的缺乏也会导致抗氧化酶,包括超氧化物歧化酶的调节下降。

五、细胞因子与 ALD

(一) TNF-α

TNF-α是一种参与全身炎症的细胞因子,是刺激急性炎症的细胞因子家族成员。TNF-α主要由肝内的库普弗细胞产生,是炎症、细胞增殖和凋亡的重要介质。TNF-α在 ALD 进展中作为一种关键的炎症细胞因子发挥作用。然而,乙醇对 TNF-α的增强作用机制尚不清楚。库普弗细胞分泌炎症细胞因子和活性氧,激活肝细胞、HSC 和内皮细胞。在酒精性肝炎(AH)中,炎性细胞因子,如 TNF-α、IL-6、IL-8 和 IL-18 诱导肝损伤。ALD 患者血清 TNF-α升高并与死亡率相关。长期饮酒后,库普弗细胞对脂多糖刺激的 TNF-α产生的敏感性增强。对 TNF-α敲除小鼠给予过量乙醇不会导致肝损伤,并且在 ALD 和 NASH 中,TNF-α负责肝损伤的发生。己酮可可碱(一种 TNF-α抑制剂)治疗可提高严重AH 患者的生存率。在乙醇喂养的大鼠模型中发现抗肿瘤坏死因子-α抗体可预防炎症和坏死,而抗肿瘤坏死因子-α抗体英夫利昔单抗对重度急性心力衰竭患者也有效。多重细胞因子调节剂 Y-40138 可抑制TNF-α或 IL-6 等炎性细胞因子的产生,并增强 IL-10 等抗炎性细胞因子的产生。实验研究表明,Y-40138 降低了 ALD 中炎性细胞因子的产生。这些事实表明,TNF-α在 ALD 进展中起着重要作用。

(二) IL-6 和 IL-10

IL-6 在 ALD 中的作用是复杂的,目前还不清楚。IL-6 可能通过保护肝细胞凋亡和参与酒精性肝损伤后线粒体 DNA 修复对肝脏有一些有益的作用。IL-10 是一种抗炎细胞因子,在内毒素血症期间控制 TNF-α的内源性生成,并在外源性添加时降低 LPS 刺激。肝脏是产生 IL-10 的主要器官,而库普弗细胞和淋巴细胞是产生 IL-10 的主要细胞。脂多糖刺激 IL-10,下调 TNF-α和 IL-6的释放。IL-10 还对肝细胞增殖和纤维化具有肝保护作用。IL-6 可促进人 Th17 细胞的分化和IL-17 的产生。因此,IL-6 有助于乙醇诱导的肝脏炎症。饮酒后,库普弗细胞释放出 IL-6 和 IL-10、TNF-α等细胞因子。IL-6 和 IL-10 都通过激活信号转导子和转录激活子 3(signal transducer and activator of transcription,STAT3)来减轻酒精性肝损伤和炎症。长期饮酒的动物和酗酒者体内IL-6 水平升高。相比之下,长期饮酒的 IL-6 敲除小鼠的肝脏脂肪积累、脂质过氧化、线粒体 DNA损伤以及肝细胞对 TNF-α诱导的凋亡的敏感性增加。在小鼠体内阻断 IL-6 和 IL-10 信号可以减少中性粒细胞和单核细胞的浸润和炎症。IL-10 降低了激活的库普弗细胞和单核细胞中 TNF-α、IL-1β和 IL-6 的产生。IL-10 缺陷小鼠在摄入乙醇后,肝脏炎症增加。IL-10 敲除小鼠肝脏中的IL-6 和 Stat3 活性升高,导致脂肪变性和肝细胞损伤。这些发现表明,IL-6 和 IL-10 在 ALD 早期具有保护作用。另一方面,与野生型小鼠相比,IL-10 敲除小鼠在乙醇喂养后脂肪肝的变化降低,血清天冬氨酸转氨酶和丙氨酸转氨酶水平降低。近年来,有研究表明,IL-10 可能具有双相作用。首先,IL-10 抑制炎症细胞因子(LPS、TNF-α、IL-6),减少脂肪变性和肝损伤;其次,IL-10 阻止 IL-6 的产生,增强肝损伤。IL-10 对肝脂肪变性或肝损伤的总体影响可通过促进肝损伤的促炎性细胞因子与预防肝损伤的肝保护性细胞因子之间的平衡来确定。

(三) 核调节因子-κB

核调节因子-κB(NF-κB)是一种控制 DNA 转录的蛋白质复合物,是所有肝细胞类型中细胞应激的中心调节因子。NF-κB 在调节感染和急慢性炎症的免疫反应中起着关键作用。大鼠 NF-κB的激活可诱导 IL-1β的表达,从而增加促炎分子的表达。IL-1β和 IL-6 对诱导 Th17 淋巴细胞从人类幼稚的 CD4⁺T 细胞中分化是必不可少的。此外,LPS 刺激人单核细胞以 IL-1β信号依赖性方式诱导幼稚 CD4⁺T 细胞的 Th17 极化。IL-8 由巨噬细胞产生,是一种参与中性粒细胞动员的关键促炎细胞因子。IL-8 是由 TNF-β 和 TLR 通过激活 NF-κB 诱导的。血清 IL-8 在 AH 患者中高度升高,并与中性粒细胞浸润有关。然而,在酒精性肝硬化患者和酗酒者中,IL-8 只有适当升高。IL-17 是一种细胞因子,通过增加不同组织中趋化因子的产生,将单核细胞和中性粒细胞招募到炎症部位,激活 NF-κB 或诱导 IL-8,从而在延迟型反应中作为一种有效的介质。IL-17 在自身免疫病中起着关键作用。IL-17 刺激多种非实质性肝细胞产生促炎细胞因子和趋化因子,如 TNF-β。ALD 患者血浆 IL-17 水平高于对照组。Th17 细胞的功能也通过 IL-22 介导,IL-10 家族的成员在促进肝细胞存活和增殖中起着重要作用。对乙醇喂养的小鼠给予 IL-22 还可以通过激活肝脏 STAT3(信号传导及转录激活因子)来预防肝脏脂肪变性和肝损伤。

(四) 趋化因子和炎症小体

趋化因子根据分子中前两个保守丝氨酸残基的位置不同分为 CXC、CC、C、CX3C 四种,CXC 趋化因子是这个家族成员中的重要成员。CXC 趋化因子包括 IL-8 和生长调节致癌基因-α(growth regulatory oncogene α, Gro-α)。这些介质可吸引多形核白细胞,这是 ALD 患者肝脏主要的炎症细胞浸润。在 AH 患者中,肝脏中这些趋化因子的表达与门静脉高压的严重程度和患者生存率相关。CCL2[单核细胞趋化蛋白-1(monocyte chemotactic protein 1, MCP-1)]是 CC 趋化因子家族的成员。其表达可由炎症细胞、肝细胞和星状细胞诱导。CCR2 是 CCL2 唯一已知的受体,在单核细胞、T 淋巴细胞和嗜碱性粒细胞上表达。MCP-1 调节黏附分子和促炎细胞因子,如 TNF-α、IL-1β 和 IL-6。通过观察肝细胞和单核细胞中 MCP-1 的含量高于其他 CC 趋化因子和巨噬细胞炎性蛋白-1α,MCP-1 在 ALD 中发挥关键作用。MCP-1 在调节促炎细胞因子中起重要作用。MCP-1 的阻断通过抑制促炎细胞因子和诱导脂肪酸氧化,将趋化因子与肝脂代谢联系起来,保护小鼠免受 ALD 的影响,而不依赖于 CCR2。在肝脏中,HSC 表达大量趋化因子,包括 CXC 趋化因子(CXCL8、CXCL9、CXCL10 和 CXCL12)和 CC 趋化因子(CCL2、CCL3 和 CCL5)。这些趋化因子与慢性肝病的肝纤维化有关。CXC 趋化因子在纤维化开始和进展期间驱动血管生成。

炎症小体是一种多蛋白寡聚体,由半胱氨酸天冬氨酸蛋白酶-1(一种包含半胱氨酸天冬氨酸蛋白酶募集结构域的凋亡相关斑点样蛋白)和含有 3 个核苷酸结合寡聚化域样受体(nucleotide binding oligomerization domainlike receptor,NLRP)-3 的节点样受体家族吡咯结构域组成,后者介导对细胞危险信号激活和募集炎症细胞的反应。炎症激活后产生 IL-1β。NLRP3 激活炎症性 Caspase,Caspase-1,通过自噬损伤加速衰老过程,导致细胞死亡。

炎症体由两个步骤激活。第一步是上调促 IL-1β 的表达和炎症成分。第二步是由炎症小体中 NLR 传感器的配体触发,导致原蛋白酶-1 分裂成活性 Caspase-1,将前 IL-1β 分裂成成熟分泌的 IL-1β。增加 IL-1β 可上调 Caspase-1 活性和炎症激活。酒精导致无菌危险信号、尿酸和细胞外 ATP 的释放,ATP 是 NLRP3 炎症小体的激活剂。通过 IL-1 信号,乙醇喂养小鼠骨髓(BM)来源的库普弗细胞中的炎症小体被激活。IL-1β 增加肝细胞中 MCP-1 的活性,并有助于巨噬细胞中 TLR4 依赖性促炎信号的增加。

六、Toll 样受体(TLR)

TLR 是一个模式识别受体家族,有助于产生抗微生物侵袭的抗菌肽。来自死亡宿主细胞的内源性成分称为 DAMP,也可以激活 TLR。迄今为止,在人类和小鼠中分别发现了 11 个和 13 个 TLR。TLR 识别病原体衍生分子,例如细菌、病毒、寄生虫和真菌特有的结构成分,并激活炎症细胞因子和 α 干扰素产生。TLR 表达于免疫细胞表面,如巨噬细胞、树突状细胞和上皮细胞。与配体结合后,TLR

通过髓系分化因子 88(myeloid differentiation factor 88，MyD88)传递信号。TLR－4 在库普弗细胞和其他类型传递内毒素信号的细胞表面表达。脂多糖是 TLR－4 的配体，CD14 是存在于单核细胞、巨噬细胞表面的白细胞分化抗原，即 LPS 受体。膜 CD14(membrane CD14，mCD14)是一种 55 kDa 糖蛋白。可溶性 CD14(soluble CD14，sCD14)是一种 48 kDa 糖蛋白。CD14 是先天免疫系统的一个组成部分，与脂多糖结合并随后呈现给 TLR－4 和 MD－2，后者激活 MyD88。这导致了 NF－κB 的活化，并产生各种促炎细胞因子，如 TNF－α 和 IL－6。MyD88 和 β 干扰素 Toll－白细胞介素－1 受体结构域(toll-interleukin 1 receptor-domain－containing adaptor inducing interferon－β，TRIF)信号都可以调节 TLR－4。TLR－4 表达不足的小鼠受到乙醇诱导的肝炎症和肝细胞损伤的保护。在肝脏中，TLR－4 不仅表达于先天免疫细胞，如库普弗细胞，也表达于肝细胞、HSC、窦状内皮细胞和胆管上皮细胞。TLR－4－TRIF 依赖途径在灰烬的形成过程中起重要作用。阻断 TLR－4 或 CD14 可降低酒精性肝损伤小鼠模型的肝脏病理学和炎症。在 HSC 和窦状上皮细胞上表达的 TLR－4 识别 LPS 也有助于 ALD 的进展。乙醇刺激库普弗细胞和单核细胞对内毒素产生增加的 TNF－α。研究发现内毒素血症通过增强促炎细胞因子，包括 IL－6、IL－8 和 TNF－α，在 ALD 的发生和加重中起着重要作用。慢性乙醇喂养小鼠肝脏 TLR－1、2、4、6、7、8 和 9 的 mRNA 表达增加。由于给予 TLR－1、2、4、6、7、8 和 9 配体，导致 TNF－αmRNA 表达增加，因此乙醇喂养也导致对肝损伤和炎症的敏感性。急性乙醇暴露抑制小鼠乙醇治疗后巨噬细胞中 TLR－4 信号传导，导致脂多糖诱导的 TNF－α 生成减少。很明显，酗酒会通过 TLR 信号激活先天免疫。这表明 TLR 在 ALD 中很重要(图 15－5)。

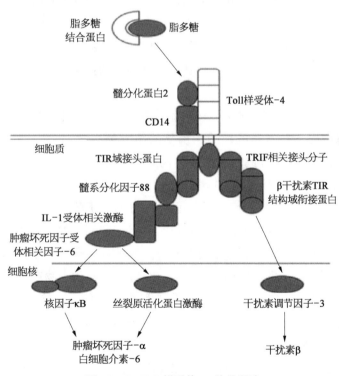

图 15－5　Toll 样受体－4 信号通路

七、表观遗传学和微小 RNA

微小 RNA(microRNA，miRNA)是短的非编码 RNA，平均只有 22 个核苷酸长。它们控制与细胞生长、分化和凋亡有关的基因的表达，并被认为与肝脏疾病，特别是癌症的发病机制有关。血浆

miRNA-155 的水平与乙醇引起的肝脏炎症有关,可能用作生物标志物。短期乙醇暴露导致肠道上皮细胞中 miRNA-212 水平升高,闭塞蛋白-1 下调,这是一种调节肠道通透性的蛋白质。乙醇会导致 miRNA-217,通过抑制 AMPK 和 SIRT1 途径,诱导脂质合成,降低肝脏中脂肪酸的氧化。慢性乙醇摄入也会降低 miRNA 196a 和 c 的表达,有关 Lipophagy miRNAs 在 ALD 发病机制中的作用尚不清楚。

八、过氧化物酶体增殖剂激活受体(PPAR)对肠道微生物栖息和适应的影响

对于特定生态位的定植和生存,微生物群调节肠上皮和免疫调节细胞中 PPAR(peroxisome proliferators-activated receptors)的表达,并改变宿主炎症反应。因此,共生菌群和宿主细胞信号分子之间的相互作用必须在出生后立即开始。粪肠球菌是一种早期的殖民者,由母亲转移到儿童,显示 PPARγ1 磷酸化增强。这种磷酸化还提高了 PPARγ1 的 DNA 结合及其先天免疫系统调节剂白细胞介素(IL)-10 的转录激活。IL-10 与巨噬细胞中表达的 IL-10 受体结合,并将巨噬细胞极化为抗炎表型,即 C-X-3-C 基序趋化因子受体(CX3CR^{hi})。这些巨噬细胞利用肠道免疫反应来维持肠道防御而不干扰肠道微生物的稳态。相反,致病性鼠伤寒沙门菌下调 PPARγ 的表达,并在肠道内引发局部炎症反应。这种炎症反应对共生体是有害的;因此,这种病原体使其能够自己定植。可见,PPARγ 介导的炎性细胞因子调节允许共生细菌或致病细菌在人体肠道内定植。

在共同肠道微生物群中,唾液链球菌(Streptococcus salivarius)是一种在小肠和大肠中普遍存在的早期移民,以回肠为主。在某些人类上皮细胞系(HT-29、Caco-2 和 SW-116)中,从丹参酚(S. salviolus)中收集的上清液(supernatants)发现丹参酚会降低 RI 大鼠 AT-1、ET、TXA$_2$、TNF、Ca^{2+} 炎症介质:NF-κB 的比例。虽然在体外模型中没有证实减少 PPARγ 表达对 NF-κB 下调的直接影响,但认为 PPRγ 介导的炎症反应抑制促进了唾液链球菌在肠道的定植。在小鼠模型中,短链脂肪酸是 PPAR 的配体,它引起调节 T 淋巴细胞(调节 T 细胞)的扩充和分化。这一过程限制了促炎反应,并维持了对共生菌的耐受。

一些微生物具有保护肠道黏膜的能力。糊精硫酸钠是一种化学化合物,它能增加肠道通透性,并引起类似大肠杆菌的作用。右旋糖酐磺酸钠诱导的结肠炎小鼠,用乳酸杆菌 B21060 治疗,引起 PPARγ 和 β-防御素升高。这种升高与肠道完整性的恢复有关。这一研究表明微生物群对肠道中 PPARγ 的维持有一定的影响(图 15-6,见彩图)。

肠道微生物群发酵复杂的食物后,产生几种短链脂肪酸,即丁酸、醋酸盐和丙酸盐。其中,丁酸盐是肠上皮细胞的主要碳源。PPARγ 对丁酸盐有反应,并将这些细胞的能量代谢推向 β-氧化,抑制诱导型一氧化氮合酶(iNOS)的合成。因此,结肠中氧的生物利用度降低。由于 PPARγ 信号的作用,结肠内的厌氧环境得以维持,从而阻止了兼性厌氧菌的生长。然而,微生物产生不同代谢物;因此,它们调节不同宿主上皮反应。例如,在离体模型中,短链脂肪酸诱导的条件培养基(取自阿克曼菌黏杆菌属)影响肠道器官中 1 005 个基因的表达,而恶臭粪杆菌(Faecalibacterium prausnitzii)仅影响 503 个基因。其中,前一种方法降低了 PPARγ 的表达,而后一种方法则没有效果。作者还证明,丁酸盐和丙酸盐的生理浓度(而不是乙酸盐)通过黏液杆菌调节 PPARγ 和血管生成素样蛋白-4 的表达。

除了 PPARγ 外,PPARα 对调节共生细菌的稳态也很重要。微生物群,特别是梭状芽孢杆菌相关的分段丝状菌(SFB),产生 IL-1β,激活肠内 T 辅助细胞 1 和 17(Th1 和 Th17)细胞。Th1 和 Th17 细胞是分化 CD4$^+$ T 辅助淋巴细胞簇的类型。在肠道感染期间,它们对保护肠道很重要。Th1 和 Th17 淋巴细胞表达几种促炎细胞因子,如 IL-17A,IL-17F 和 IL-22,它们对宿主防御和自身免疫至关重要。例如,由一种自然杀伤(NK)淋巴细胞(NKp46$^+$ 先天免疫细胞)产生的 IL-22 调节肠道免疫反

应。这种细胞因子通过上皮细胞影响抗菌肽（RegⅢβ、RegⅢγ 和 calprotectin，钙卫蛋白）的表达，以维持细菌生态位。RegⅢγ 结合到革兰阳性菌的肽聚糖表面，如乳酸杆菌科的肽聚糖表面，并将其限制在小肠而不是结肠内。IL‐22 还保持上皮细胞屏障的完整性，有助于黏液生成和上皮细胞再生。通过这些过程，IL‐22 恢复了共生体内平衡。因此，缺乏 IL‐22 会增加对致病微生物群的敏感性。在这种情况下，在 PPARα 敲除小鼠中，PPARα 的缺失甚至对共生细菌产生增强的炎症反应。结果，肠道中的 Th1 和 Th17 细胞增多。然而，由于缺乏 PPARα，IL‐22 的减少了 RegⅢβ 和 RegⅢγ。最终发生微生物生态失衡。

综上所述，尽管在所有上述研究中没有评估 PPAR 在肠道或免疫细胞中的表达，但可以想象，PPAR 表达的微生物变化及其靶基因有助于肠道内稳态，以适应微生物的栖息和适应。考虑到相互矛盾的发现，其机制主要包括：① 产生炎性细胞因子，② 维持肠黏膜内稳态和完整性，以及③ 调节免疫细胞（图 15‐6）。

PPAR 的作用包括：① 激活肠上皮紧密连接蛋白、阻塞蛋白，② 增加肠内 NLRP6 以逆转肠道炎症，③ 增加抗炎 PGlyP3 并减少促炎细胞因子，如 IL‐8、IL‐12p35 和 TNF‐α，以及④ 可能激活 TLR‐2 和 TLR‐4 达到一定水平，允许兼性微生物群的生长。这些 PPAR 的促炎和抗炎作用平衡，从而控制肠道疾病。

九、微小 RNA 在 ALD 炎症中的作用

miRNA 是一类参与基因表达转录后调控的非编码小 RNA，称为 RNA 干扰。在动物中，前微 RNA 是由全长的初级转录微 RNA（pri‐miRNA）通过 RNase Ⅲ‐Drosha 酶切产生的，然后转运到胞质溶胶中，再经进一步处理后，产生双链成熟微 RNA（～22 个核苷酸）。一条链被加载到沉默复合物中，并在目标转录物的 3′即非翻译区（untranslated region，UTR）内不完全结合以中断翻译。除了细胞内定位，体液中也检测到了小 RNA，如尿液、胆汁、唾液、血清和血浆等。最近的研究表明，循环中的小 RNA 存在于蛋白质部分或细胞外囊泡中。循环小 RNA 的高稳定性使其在肝病生物标记物发现方面具有吸引力。例如，已将 miR‐122 评估为肝损伤的生物标志物。

Dippold 等研究了 ALD 患者和动物模型肝脏中的微 RNA 差异表达模式。最近，Blaya 等在 ALD 患者的肝脏中还发现了 177 个不同表达的小 RNA。在他们的研究中，对严重酒精性肝硬化、丙型肝炎肝硬化和健康患者肝组织的 RNA 样本进行了检查和比较。这些研究中最有趣的发现是，在 AH 患者的 177 个不同表达的肝中，19 个小 RNA 在 AH 中被发现与其他肝脏疾病特别失调，分别为 miR‐182、miR‐503、miR‐127‐3P、miR‐132、miR‐320miR‐3178、miR‐432、miR‐3128、miR‐99B、miR‐409‐3P、miR‐134、miR‐4649。‐5p、miR‐3613‐3p、miR‐3175、miR‐4668‐5p、miR‐487b、miR‐423‐5p、miR‐500a 和 miR‐371b‐5p。随后的独创性途径分析显示，19 个微 RNA 与核受体 pregnane x 受体（PXR，孕烷 X 受体）、视黄醛 X 受体（RXR，维甲酸 X 受体）和法尼酯衍生物 X 受体（farnesoid X receptor，FXR，胆汁酸受体）以及胆汁淤积相关。这些发现可能为探索新的 AH 治疗方案提供线索。

在过去的 10 年里，大量的研究已经检验了小 RNA 在肝病发病机制中的作用，重点是肝细胞特异性的小 RNA‐122。miR‐122 在肝细胞中含量丰富，在控制肝脏中的脂质代谢、分化、再生和肿瘤发生方面起着重要作用。

1. 以肝细胞和胆管上皮细胞为靶点的小 RNA　最近的一项研究表明，在 AH 中，miR‐182 是表达最多的小 RNA，而 miR‐182 的水平与导管反应程度、疾病严重程度和短期死亡率相关。miR‐

182 模拟物诱导胆道细胞炎症介质上调,表明 miR-182 通过靶向胆道上皮细胞促进肝脏炎症发生。

2. 以 KC/巨噬细胞为靶点的小 RNA　积累的证据表明,许多小 RNA 也通过靶向 KC/巨噬细胞在 ALD 的肝脏炎症控制中起到重要作用。

炎症相关 microRNA(inflam miR)是一组与炎症反应相关的 microRNA。其中包括 miR-223、miR-155、miR-146a、miR-146b、miR-125 和 miR-132、miR-150、miR-181、let-7 和 miR-21。其中,通过靶向 SPRY2 和随后的 ERK 磷酸化,发现 miR-27 能够将巨噬细胞极化为 M2 表型。慢性饮酒还通过 NF-κB 依赖性途径增加巨噬细胞/KC 中的 miR-155,而增加的 miR-155 有助于酒精诱导的 TNF-α 和 IL-1β 生成的升高,这表明 miR-155 在控制巨噬细胞中促炎性(M1)极化方面的中心功能作用。同样,在乙醇处理的巨噬细胞/KC 中发现 miR-217 增加,并通过干扰 siruin1-lipin-1 信号传导导致炎症活动。最近研究证明,KC 中的 miR181B-3P 通过调节导入素 α5 和 TLR4 介导信号的敏感性,在控制乙醇喂养小鼠的肝损伤和炎症方面发挥重要作用。小的特异性透明质酸 35(hyaluronic acid 35,HA35)治疗可以使 KC 中失调的 miR181b-3P 正常化,改善小鼠的 ALD,这表明 HA35、miR-181b-3P 或联合治疗可能对 ALD 有治疗潜力。

3. 靶向中性粒细胞的小 RNA　miR-223 是一种中性粒细胞特异性小 RNA,在中性粒细胞中高度表达,在多种疾病中起到限制中性粒细胞过度激活的重要作用。在 ALD 中,中性粒细胞和血清中的小 RNA-223 上调。从机制上讲,miRNA-223 通过干扰中性粒细胞 IL-6 的表达和随后的 p47[phox] 介导的 ROS 产生,作为 ALD 中性粒细胞激活的抑制因子,表明 miR-223 是阻断 ALD 中中性粒细胞浸润的重要调节器,是治疗 ALD 的新治疗靶点。

4. 以肠上皮细胞为靶点的小 RNA　肠源性内毒素被认为是酒精喂养动物模型和酗酒者内毒素血症的主要原因。因此,以肠道上皮细胞为靶点,防止酒精引起的肠道渗漏,对于开发新的预防和(或)治疗 ALD 的干预措施至关重要。有两种小 RNA 与酒精引起的肠道渗漏有关,即 miR-155 和 miR-212。与在肝脏中观察到的效果类似,慢性乙醇诱导的 miR-155 上调稳定并增加了 TNFα 的 mRNA,并降低了其分子靶向 RegⅢb,从而导致肠道炎症和屏障功能障碍,导致内毒素血症。据报道,在酒精喂养的情况下,肠道中的 miR-212 水平升高,而这种增加的 miR-212 靶向紧密连接蛋白,如 ZO-1,通过下调 ZO-1 的翻译导致肠道渗漏。益生菌补充鼠李糖乳杆菌 GG 可通过降低慢性乙醇喂养小鼠的 miR-122 表达来保护肠屏障功能障碍。

5. 以肠道微生物群为靶点治疗 ALD　肠-肝相互作用在 ALD 发病机制中起着关键作用。黏膜微生物群、肠屏障的完整性和健康肝脏确保了肠-肝轴的相互作用。酒精暴露会损害肠道黏膜和肝脏健康。长期饮酒会导致肠道革兰阴性细菌过度生长,从而增加内毒素的产生和释放。此外,酒精中毒患者也有肠道微生物群失调和肠源性血清内毒素升高。许多因素被发现与饮酒引起的肠道生态失衡有关,包括饮食习惯、药物或异种生物、遗传学、肠道运动障碍、胃 pH 升高、胆汁流量改变和免疫反应改变。最近 Llopis 等的研究显示与患者 ALD 严重程度相关的特异性生态失衡。与不含 AH 的酒精性患者相比,含有严重 AH 患者肠道微生物群的小鼠出现更大程度的肝脏炎症和坏死,肠道通透性更强,细菌易位更高。最近,一项研究表明过量饮酒与患者和小鼠体内真菌生物群的改变和真菌产物的易位有关。

十、保护机制

(一)自噬

选择性自噬是一种从肝细胞中去除脂质滴、蛋白质集合体和受损细胞器的保护机制。在小鼠模型中,酒精可以激活肝细胞的自噬,去除脂质滴和受损的线粒体,从而减轻酒精引起的脂肪变性和肝损伤。Lipophagy(噬脂),酒精引起的脂滴的自噬作用,也被确认为诱导自噬,可能是治疗酒精引起的肝损伤的一种方法。另一方面,肝星状细胞(HSC)中的自噬作用通过使用游离脂肪酸作为能量来源促进肝纤维化。

(二) FOXO3(转录因子叉头样家族成员)

通过调节自噬、抗氧化剂和促凋亡相关基因表达,叉头样 03(FOXO3)在预防酒精所致肝损伤方面发挥着重要作用。FOXO3 受转录后修饰的调控,包括蛋白质激酶 B(Akt)的磷酸化和 Sirt1(NAD-dependent deacetylase sirtuin - 1,NAD -依赖性去乙酰化酶)。脱磷化和脱乙酰化的形式保留在细胞核中,可以与靶基因的启动子结合。酒精可能会在多个层面上影响 Foxo3。酒精抑制了 Akt 磷酸化,并增加了亚砜 3 的核保留。酒精代谢会增加 NADH/NAD 比率,降低 Sirt1 介导的去乙酰化反应。白藜芦醇是一种在葡萄酒中发现的多酚抗氧化剂,也是一种 Sirt1 激动剂。结合酒精和白藜芦醇(小鼠模型)可以克服酒精诱导的 Sirt1 抑制,进一步增加自噬和抗氧化相关基因的表达。

FOXO3 机制也可以解释为什么 HCV 患者酗酒时表现不佳。单酒精或 HCV 都能增加 FOXO3 的核保留量,但两者的结合却有相反的效果。HCV 促进 C-Jun N 端激酶(JNK)在 FOXO3 上的 Ser574 的磷酸化,促进核保留。乙醇抑制了 FOXO3 的精氨酸甲基化,从而促进了核输出和 JNK 的磷酸化形式的降解。

十一、益生菌在 ALD 中的潜在机制

尽管对益生菌治疗实验性和人 ALD 的有效性进行了大量的研究,但益生菌的作用机制仍不清楚。迄今为止,已经提出了几种重要的机制,包括改变肠道微生物群、改善肠上皮屏障功能、调节免疫系统和炎症以及改变肝脏脂质稳态。这些机制涉及肠道和肝脏组织的基因表达调控。图 15 - 7 总结了 ALD 中益生菌功能的多种拟议机制(图 15 - 7,见彩图)。

改变肠道微生物群被广泛认为是益生菌功能的主要机制之一。对患有 ALD 的大鼠进行的一项研究显示,结肠腔内容物中存在生物合成,通过益生菌和益生元治疗可以预防这种情况。其他几项研究也表明,益生菌的补充可以恢复肠道微生物群的稳态,并减轻乙醇引起的肝损伤。Li 等证明,在喂食 6 周乙醇疗程加上 2 周持续乙醇摄入的 LGG(鼠李糖乳杆菌)治疗的小鼠中,LGG 积极地改善了乙醇诱导的生物合成障碍具有积极的调节作用。慢性乙醇喂养导致类杆菌和厚壁菌门的数量减少,副杆菌属和放线菌门的数量成比例增加。革兰阴性耐碱产碱菌和革兰阳性棒状杆菌是扩张最快的细菌属。与微生物群的定性和定量变化同时,乙醇导致血浆内毒素、粪便 pH、肝脏炎症和损伤的增加。值得注意的是,补充 LGG 可防止乙醇引起的微生物群和肝脏的致病性变化(图 15 - 7,见彩图)。显然,由于微生物群在肠-肝轴中的关键作用,肠道微生物群的恢复有助于益生菌在 ALD 中的有益作用。

肠道细菌的主要功能之一是代谢食物,产生对宿主有益(或有害)的代谢物。在最近的研究,采用代谢组学方法,证明了十七烷酸(C17：0),一种仅由细菌产生的长链脂肪酸,通过乙醇摄入减少和益生菌治疗而增加。有趣的是,补充十七烷酸可减弱小鼠的 ALD。此外,短链脂肪酸在肠道中有多种作用,包括作为能量来源和免疫调节,乙醇降低,益生菌增加。同时发现益生菌的补充使肝脏和肠道中几种氨基酸的丰度正常化。这些结果表明,LGG - S 通过增加肠道脂肪酸和氨基酸代谢的机制来减弱 ALD 的作用。

在多种疾病情况下,肠屏障功能和内毒素血症是肠-肝轴的中心。在 NAFLD 和 ALD 中,益生菌

给药被证明可以加强肠屏障,降低内毒素水平。肠上皮屏障是由细胞、物理和化学成分组成的复杂系统。上皮细胞形成一层由紧密连接(TJ)密封的细胞旁空间的内衬,这层被保护性黏蛋白层覆盖,物理上阻止大多数颗粒与上皮细胞直接接触。饮酒,无论是急性暴饮还是慢性暴饮,都会在多个层面上直接影响肠道屏障,包括紧密连接、黏蛋白产生,以及炎症细胞向肠壁的募集和激活。益生菌 LGG 和 LGG-S 对上皮细胞通透性和肝脂肪变性有重要的影响。益生菌增加了紧密连接蛋白 claudin-1、ZO-1 和闭塞蛋白在蛋白质和 mRNA 水平的表达,降低肠道通透性,使屏障功能正常化。此外,还发现 LGG 和 LGG-s 能恢复黏液相关基因的表达,包括肠三叶因子(ITF)、P-糖蛋白(P-gp)和 cathelin 相关抗菌肽(cathelin recathelin AMP,CRAMP 抗微生物与肽前体相关抗菌肽),这些基因在小鼠体内因酒精摄入而降低。

肠道细菌通过细胞色素 P450 2E1(CYP2E1)将乙醇代谢为乙醛,产生大量的活性氧(ROS),从而破坏肠道屏障成分,包括黏液层和紧密连接。最近的一项研究还表明,细菌代谢产生内源性乙醇,这也可能对肠道屏障产生有害影响。因此,应用益生菌可以通过调节某些肠道细菌来促进肠道屏障功能,从而降低肠道内乙醇和活性氧的代谢。肠炎症细胞如肥大细胞也影响乙醇诱导的上皮屏障功能障碍。乙醇诱导的屏障功能障碍与局部和全身产生的促炎性细胞因子,如 TNF-α 和 IL-1β 有关。几项研究表明,益生菌可降低乙醇诱导的全身和肠道肿瘤坏死因子-α 和 IL-1β 水平,这可能有助于益生菌对 ALD 肠道屏障完整性的有益影响。

肠内的乙醇代谢可导致组织缺氧,从而引发主转录因子缺氧诱导因子(HIF)的诱导。HIF 是维持屏障功能的重要机制。通过调节 ITF 产生和稳定、P-糖蛋白(多药耐药性蛋白转运体,P-gp)清除外源性以及各种其他核苷酸信号通路,这些对维持屏障功能均很重要。然而,酒精诱导的 ROS 可能损害 HIF 的代偿作用,导致屏障功能障碍。LGG 可恢复 ALD 小鼠肠道 HIF 的表达和功能。此外,另一个重要的 HIF 靶点,CRAMP 的肠道水平因酒精暴露而降低,通过 LGG-S 治疗则增加,这意味着益生菌在 ALD 中调节肠道微生物群的潜在作用。其他研究报告,长期酒精暴露可降低抗菌蛋白 RegⅢγ 和 RegⅢβ 的表达,这可能有助于肠道菌群的定量和定性变化,益生元治疗可部分恢复 RegⅢγ 水平,从而减少肠道细菌过度生长,改善酒精性脂肪肝炎。最近的一项研究发现,一个主要的紧密连接分子紧密连接蛋白-1(claudin-1)是一个 HIF 转录靶点,这表明益生菌可以通过 HIF 紧密连接轴直接保护肠道屏障。

除了 ALD 的肠道机制外,益生菌还通过 TLR 作用于免疫系统。在 ALD 的小鼠模型中,两周补充 LGG 可以减轻 ALD 小鼠的肝脏炎症,显著降低 TNF-α 的表达。研究还证明,在使用人外周血单核细胞源巨噬细胞的体外系统中,与乙醇原液共同孵育,脂多糖和鞭毛蛋白均诱导 TNF-α 的产生,并且 LGG-S 以剂量依赖性方式减少了这种诱导。

最近的一项研究进一步证明益生菌可以作为调节肝脏脂质代谢和凋亡细胞死亡中发挥直接介质作用。LGG-S 可防止乙醇增加脂肪生成相关基因的表达,而乙醇减少脂肪酸 β-氧化相关基因的表达。重要的是,这些脂质调节作用是通过益生菌对腺苷一磷酸激活蛋白激酶(AMPK)磷酸化的作用介导的。LGG-S 还可降低 Bax 的表达,增加 BCL-2 的表达,从而减弱了乙醇诱导的肝细胞凋亡。因此,益生菌可能通过调节肝脏 AMPK 活化和 Bax/BCL-2 介导的肝细胞凋亡发挥其有益作用。

肌球蛋白轻链激酶(myosin light chain kinase,MLCK)是 TNF-α 的下游靶点。饮酒后,MLCK 可在肠上皮细胞中磷酸化,从而在调节上皮屏障完整性方面发挥重要作用。Ma 等发现乙醇可以刺激 Caco-2 细胞的 MLCK 活化和单层通透性,而 MLCK 抑制剂 ML-7 可以有效抑制其活化和单层通透性。在结肠炎模型中使用 MLCK 肠道上皮特异性转基因(Tg)小鼠也证实了类似的结果。与对照组相比,转基因小鼠表现出明显的屏障丧失和更严重的结肠炎。最近,Chen 等进一步证明了对慢性乙醇喂养的小鼠肠屏障功能障碍和肝病的部分贡献。益生菌是否通过抑制 ALD 中的 MLCK 发挥其有益作用尚未得到证实,但 Sun 及其同事最近发表的一项研究表明,嗜酸乳杆菌治疗创伤性脑损伤(traumatic brain injury,TBI)小鼠可以通过降低 MLCK 浓度途径能有效地防止间质细胞的损伤,改善回肠末端绒毛形态。

十二、胃酸抑制与酒精性肝病

(一)胃酸抑制加剧乙醇引起慢性肝病

据报道胃酸抑制引起肠球菌过度生长和转移到肝脏。在肝脏中,肝巨噬细胞和库普弗细胞识别肠球菌,并诱导白细胞介素-1β(IL-1β)分泌,导致乙醇诱导的肝脏炎症和肝细胞损伤。从小鼠和人类身上提供证据表明,胃酸抑制可促进肝损伤和慢性肝病的进展。

长期服用乙醇会导致肠道细菌过度生长和生态失衡。为了确定胃酸的缺乏是否改变了肠道微生物群的组成,用定量 PCR(qPCR)测量管腔细菌,并通过 16S 核糖体 RNA(rRNA)基因测序分析微生物群的变化。乙醇给药导致两种小鼠的肠道细菌过度生长和生态失衡,但 Atp4a$^{sl/sl}$ 小鼠的肠道细菌过度生长和生态失衡的程度明显高于 WT(野生型)小鼠。16S rRNA 测序发现的最显著变化之一是 Atp4a$^{sl/sl}$ 小鼠与乙醇喂养后的 WT 小鼠相比,肠球菌属(革兰阳性球菌)在微生物群中的比例增加,经 qPCR 证实。以大肠埃希菌和普雷沃菌(两个革兰阴性杆菌)作为对照组的比例。与食用乙醇的 WT 小鼠相比,食用乙醇的 Atp4a$^{sl/sl}$ 小鼠的大肠埃希菌比例增加的数量不显著。另一方面,与食用乙醇的 WT 小鼠相比,食用乙醇的 Atp4a$^{sl/sl}$ 小鼠的普雷沃菌比例显著降低。

(二)PPI 促进乙醇诱导脂肪性肝炎的进展

PPI 给药与乙醇给药后粪便细菌和肠球菌数量显著增加相关。胃酸的抑制导致了不同的肠球菌的空间分布,乙醇给药后,肠球菌与小肠黏膜相关的数量显著增加。黏膜相关微生物群的控制受损导致细菌易位增加,并促进酒精性肝病的进展。与未接受 PPI 的小鼠相比,乙醇喂养的小鼠肠球菌向肠系膜淋巴结转移和肝脏增加。

(三)粪肠球菌增强乙醇诱导的肝病

研究发现完全缺乏微生物群会加重无细菌小鼠急性乙醇诱导的肝病。灌胃和乙醇喂养小鼠粪便中的肠球菌数量显著增加,肠内粪便大肠埃希菌数量的增加导致肠球菌易位,加重了乙醇诱导的小鼠肝损伤、脂肪变性、炎症和纤维化。未使用乙醇的对照小鼠粪便大肠埃希菌诱发轻度肝病。这些结果表明,肠球菌促进小鼠慢性肝病的进展。

(四)总结

胃肠道内平衡的变化可促进肝脏疾病。研究发现通过病原体识别受体 TLR-2 将肠球菌的增加与肝脏炎症的诱导和肝脏疾病的进展联系起来(图 15-8,见彩图)。肠球菌的致病因子,如明胶酶 E,可能促进细菌易位,也可能导致肝病。肠球菌也被发现在终末期肝病患者中引起自发性细菌性腹膜炎。在肝硬化患者中,细菌感染及其并发症的风险与抑酸药物密切相关。因此,胃酸抑制的副作用不仅限于肝硬化前肝病的发展和进展,还包括肝硬化患者常见的感染。

重要的是在依赖乙醇的患者中,胃酸抑制可促进肝病的发生和发展。虽然需要一项随机研究来确认队列研究的数据,但从研究结果表明,最近使用胃酸抑制药物的增加可能导致慢性肝病的发病率增加。在 Llorente 等研究的队列中发现胃酸抑制会增加肠球菌,肠球菌通过门静脉转移到肝脏。肠球菌与肝库普弗细胞上的病原体识别受体 TLR-2 结合,导致 IL-1b 分泌。IL-1b 导致乙醇诱导的肝炎症和肝细胞损伤。据报道,36%的乙醇依赖患者一直使用 PPI。虽然肥胖和酗酒容易引起胃酸反流,需要服用抗酸药物,但许多服用胃酸抑制药物的慢性肝病患者,并没有适当的应用指征。除非有强有力的应用指征,否则为了安全,临床医师对这类患者应考虑停用抑制胃酸的药物。

十三、ALD 与真菌失调

最近的研究也显示了肠道真菌(称为真菌生物群)组成变化的重要性,以及它们与其他疾病的关系。最近一个 ALD 动物模型显示了真菌生物群的增加和真菌 β 葡聚糖向系统循环的易位。此外,抗真菌治疗可改善酒精性肝损伤。这种作用是由一种真菌细胞壁多糖 β 葡聚糖介导的,这种多糖通过库普弗细胞上的 C 型凝集素域家族 7A(C-type lectin domain family 7,member A,CLEC7A)诱导肝脏炎症。

在人类中,慢性饮酒与真菌多样性下降、念珠菌过度生长和真菌产物易位有关,这是由抗酿酒酵母 IgG 抗体(anti-sacchromyces cerevisia antibody,ASCA)水平升高所致。此外,本研究中的 ASCA 水平与酒精性肝硬化患者的死亡率相关。另一项研究报道了与肝硬化相关的真菌失调,作者提出了一个细菌-真菌联合失调指标,即类杆菌/子囊菌比率,它可以独立预测肝硬化患者 90 天的住院时间。然而,本研究中只有一小部分患者患有酒精性肝硬化,这些结果尚未在大量酒精性肝硬化患者队列中得到证实。有关真菌与 ALD 发病的详细机制,有待今后作进一步深入的研究。

第 3 节　酒精性肝病患者肠道微生物的变化

ALD 跨越了慢性肝病的范围,从脂肪变性、脂肪性肝炎、肝纤维化到最终肝硬化,也可有急性的表现,如急性酒精性肝炎、肝性脑病。与 NAFLD 一起,它是慢性肝病最主要的病因之一。然而,只有约 10% 的慢性乙醇中毒患者最终患上慢性肝病,只有 15% 的慢性乙醇中毒患者最终患上肝硬化。因此,宿主因子、免疫力和人体微生物群等其他因素可能有助于疾病的进展。

一、肝硬化前 ALD 中微生物群的变化

与 NAFLD/NASH 一样,微生物群通过肠道生态和细菌易位(bacterial translocation,BT)的增加导致 ALD。Bode 等于 1984 年首先在慢性酒精性肝硬化患者的空肠吸引物上显示出大量有氧和无氧细菌,这在随后的研究中适用于酒精性肝硬化患者。在肝硬化发病前,ALD 内毒素血症也被发现支持 BT 的理论。病原相关分子模式(PAMPs)在 ALD 肠外的转移需要一个有缺陷的肠屏障,长期饮酒后,肠道通透性增加,在停止饮酒后可持续 2 周之久。研究表明,即使是急性乙醇摄入(单次剂量)也会导致胃肠道通透性增加。这种肠道通透性是由小肠损伤(十二指肠和空肠)引起的,乙醇摄入可导致小肠损伤,进一步的研究显示,十二指肠远端黏液紧密连接处下方的细胞间隙增大。体外研究表明,乙醇代谢产物乙醛导致紧密连接中断。代谢乙醛的乙醛脱氢酶在结肠黏膜中的活性较低,理论上乙醛可以在结肠中持续存在并造成局部损伤。目前还没有人或动物对此进行过研究。

二、肠屏障功能障碍与 ALD 中的微生物群

SIBO 与生态失衡、BT 增加、运动障碍和最终内毒素血症有关,在 ALD 中普遍存在,ALD 中 SIBO(细菌过度生长)改变微生物群的大多数证据实际上来自动物模型的研究。Mutlu 等研究了无肝

硬化的慢性酒精中毒患者,并在结肠微生物群分析中发现,生态失衡时拟杆菌中位数(丰度)相对较低,副拟杆菌数量(丰度)较高。Leclercq 等的人类研究表明,酗酒者的肠道通透性增加,这与瘤胃球菌科以及 Lachnospiraceae(毛螺旋菌科菌)的数量增加有关。有趣的是,他们还注意到肠道通透性的增加与肠道细菌总数呈负相关,但通透性的增加与生态失衡有关。与 NAFLD/NASH 一样,慢性酒精中毒患者的肠道和血清 BA 浓度也有变化。Kakiyama 等表明,慢性酒精中毒者的肠道继发性胆汁酸浓度更高,继发性胆汁酸与原发性胆汁酸比值更高。同一项研究表明,与非 ALD 肝硬化患者相比,来自厚壁菌门杆菌的数量增加,类杆菌门减少。尚需要进一步研究乙醇和 BA 随微生物群的变化规律。随着肝病的进展和失代偿的发生,粗死亡率(CDR)比率进一步降低,而此时生态失衡发挥了更大的作用。

三、肝硬化后微生物群变化

一旦肝硬化开始,微生物群的变化往往是由于其他机制在促进生态失衡中起着更大的作用。这些可能具有临床相关结果,如肝性脑病(hepatic encephalopathy,HE)、感染[如自发性细菌性腹膜炎(spontaneous bacterial peritonitis,SBP)]、慢加急性肝衰竭(acute-on-chronic liver failure,ACLF)和再入院。在肝硬化和 SBP 或 HE 患者中,较低的厚壁菌门和较高的拟杆菌水平与较高的内毒素血症相关,临床上较高的 MELD 评分与较低的自体细菌水平相关。随着肝病的进展和失代偿的发生,生态失衡发挥了更大的作用。

肝硬化患者肠屏障功能障碍增加,并与内毒素血症相关,与肝硬化前状态相似。有趣的是,酒精性肝硬化患者的内毒素血症水平高于早期研究的其他病因。肝硬化后 ALD 的微生物群变化与其他肝硬化病因相似,但肝硬化时细菌和厚壁菌门的比值随前者的降低而变化。在大多数其他病因中,情况正好相反。Mutlu 等还发现,在类杆菌中,慢性酒精中毒者的拟杆菌减少,副杆菌属杆菌水平增高。与 SIBO 相似的 CDR 与肝病的严重程度直接相关,其中以酒精性肝硬化的 CDR 为最低。

在了解 BA(胆汁酸)在肝硬化中的作用时,Kakiyama 等发现,随着肝病严重程度的发展,肝硬化患者(NASH 相关和酒精性)血清中 BA 的含量增加,从肝脏进入肠道的 BA 数量减少。在另一项研究中,同一组人发现,所有酒精性和非酒精性肝硬化患者粪便中总胆汁酸的水平都较高。最后,不论代谢综合征如何,糖尿病在肝硬化患者中的患病率都增加,这导致了肝硬化患者的生态失衡和并发症的发生。在肝硬化中使用胰岛素的糖尿病确实改变了肠道微生物群,导致类杆菌和其他家族的相对增加,但厚壁菌降低。这一变化与不服用胰岛素的糖尿病患者中所看到的相似,但不会增加再次入院的风险。

四、肝性脑病

随着肝硬化的失代偿发生,出现了多种微生物群的变化。观察这些研究时,必须记住,失代偿患者通常病情更严重,而且可能正在接受微生物群改变疗法(利福昔明或乳果糖)。随着 HE 的发生,内毒素增加,肝硬化生态失调率(cirrhosis dysbiosis ratio,CDR)降低。微生物群的变化被认为是从早期的 HE 或最轻的 HE(minimal HE,MHE)开始的。唾液微生物群的变化已被证明与粪便微生物群的变化有关,并可作为肝硬化免疫分析的新前沿。肝硬化和 MHE 的粪便微生物群研究表明,MHE 患者唾液链球菌增加,血氨水平增加。在另一项研究中,MHE 组和显性 HE(overt HE,OHE)组的粪便微生物组无差异,但在同一组的类似研究中,OHE 组和健康受试者的结肠黏膜微生物组有显著差异,而 MHE 组和 OHE 组无差异。Bajaj 等发现某些细菌类群,如变形杆菌,与内毒素血症和认知有关。Ahluwalia 等观察了肠道细菌、HE 和磁共振波谱（magnetic resonance spectroscopy，MRS）的相关性，发现致病性分类群（肠球菌科、葡萄球菌科、紫单胞菌科和乳酸杆菌科）与 MRS 和 HE 呈正相关，自交分类群（authochthonous taxa）呈负相关。在 HE 患者中，停用乳果糖不会引起微生物群的变化，但在另一项研究中，用利福昔明治疗 HE 也会导致微生物群的变化，从而改善内毒素血症和认知。这些变化与血清饱和和不饱和脂肪酸（UFA）的变化有关，UFA 增加，可能有助于改善大脑功能。治疗对微生物群落分类群的确切变化尚需进一步研究。

为了改变微生物群以防止失代偿，人们研究了益生菌和益生元。在健康成人中，没有益生菌导致微生物变化的证据，但是在肝硬化患者中，已经在临床随机对照试验（RCT）中研究并证明它们是有益的。虽然本研究未发现确切的微生物群变化，但每天给予的 VLS♯3（多种益生菌菌株的混合物）已被证明可降低肝硬化的严重程度，并减少酒精性肝硬化、NASH 和丙型肝炎相关病因的肝硬化患者的 HE 相关入院率，以及乳酸杆菌 GG（LGG）在肝硬化患者的 RCT 中的应用，这些患者均为糖尿病患者。被认为具有 MHE（轻度肝性脑病）的研究表明，随机分配到 LGG 的研究表明，通过增加细菌类群的相对丰度和降低潜在致病类群肠杆菌科和紫单胞菌科的相对丰度，可以减少内毒素和生态失衡的发生。

五、自发性细菌性腹膜炎

细菌易位和 SIBO 是肝硬化 SBP（Spontaneous bacterial peritonitis，自发性细菌性腹膜炎）发病的重要组成部分，因此发育不良在这方面起着重要作用。在有或无失代偿的肝硬化患者中，肠杆菌科革兰阴性细菌的患病率更高，这类细菌主要见于 SBP 腹水培养物，如前所述，随着肝病的进展，在有 SBP 或感染的患者中，内毒素血症程度较高，CDR 与内毒素血症呈负相关。然而，对于没有失代偿的肝硬化患者来说，这种失调仍然是稳定的，这表明微生物群的变化可能在失代偿开始后即发生。

六、慢加急性肝衰竭与死亡

ACLF 的定义是肝硬化患者出现 2 个或更多器官衰竭，预后不良，死亡率高。ACLF 患者有较高水平的内毒素血症，在一项大型研究中，入院后 30 天出现 ACLF 和器官衰竭的患者可与未基于微生物群的患者区分。这一点得到了 Chen 等的证实，他也注意到这种失调在 ACLF 中有标记，并且能够独立地预测死亡率。Bajaj 等还注意到，在粪便微生物组分析中，革兰阴性菌血症增加，内毒素血症增加，这些患者在他们的研究中，存活患者的 CDR 比感染肝硬化患者低。这些变化很可能发生在死亡和失代偿之前，并可能最终在疾病中发挥作用。

第 4 节 治　疗

直至目前尚无特效药物治疗。应根据不同病理类型进行治疗，目前治疗包括：戒酒和营养支持的治疗，减轻 ALD 的严重程度；改善已存在的继发性营养不良；对症治疗酒精性肝硬化及其并发症。治疗 ALD 的药物种类很多，各有一定的治疗效果。

一、戒酒

戒酒是 ALD 患者最重要的治疗干预，它对于防止 ALD 患者发生进一步的肝损伤、肝纤维化甚至肝癌十分重要。戒酒能显著改善各个阶段患者的组织学改变和生存率，并可减轻门静脉压力及减缓向肝硬化发展的进程。AFL 的治疗措施是戒酒,且被认为是唯一有效的治疗手段。约 5% 的 AH 患者在完全戒酒或饮酒量明显减少 1 年后,病情得到明显改善;然而如再继续过量饮酒,则可能在 1～13 年内发展为肝硬化。轻度 ALD 戒酒后,其病理表现在短期内即可明显好转,可使肝功能恢复正常或接近正常,病死率明显下降;严重的 ALD,伴有凝血酶原活动度降低和腹水时,戒酒后病情常有反复,但最终仍可缓解;在 ALD 后期,戒酒并不能终止其进展。

戒酒治疗的具体措施,包括确认患者嗜酒及酒精依赖的程度、进行心理治疗和药物辅助治疗。心理治疗通常由一般医护人员完成,包括告知其问题所在及其特性,并提供改变其行为的建议。对于较严重的患者,则需由心理医师给予认识行为和动机增强治疗。药物辅助治疗用于增加戒酒率及处理戒断综合征。

二、肠道屏障功能障碍治疗

几十年来,人们一直在努力探索潜在的药物治疗方法,其中一个有希望的发现就是封闭漏肠。正如上面所强调的,ALD 的病理生理学与酒精引起的肠道屏障功能障碍有明显的联系。事实上,动物研究表明中和循环内毒素可以消除内毒素信号级联,从而降低酒精引起的肝细胞因子产生、炎症细胞浸润和肝损伤。敲 Reg 3β 或 Reg 3γ 都能增强细菌的易位和促进小鼠的进展。因此,有必要进一步讨论针对酒精引起的肠道屏障功能障碍的潜在的 ALD 疗法。

(一) 以微生物为基础的治疗

1. 抗生素 实验和临床前研究表明,使用抗生素治疗会减少革兰阴性菌,并在一项初步研究中预防了 ALD。这项研究涉及少量 ALD 患者。服用抗生素(诺氟沙星和新霉素)后,经过 3 个月和 6 个月的治疗,儿童 Child-Pugh 评分有所提高。但是,由于害怕抗生素的抗药性和可能的肝脏副作用,目前还缺乏进一步的研究,以调查在 ALD 患者中的抗生素治疗情况。利福昔明是一种具有广谱抗菌活性的不可吸收的抗生素,是治疗 ALD 的一种替代药物。利福昔明被发现能减少肠道净化引起的内毒素血症,不仅能改善患者的预后,还能改善与血液循环有关的血小板减少。利福昔明是利福平的一种不可吸收的衍生物,目前正被用于治疗旅行者的腹泻和预防晚期肝病中肝性脑病复发。利福昔明通过与细菌 DNA 依赖性 RNA 聚酶的 β 亚单位结合,对胃肠道细菌具有广谱杀菌作用。新近研究利福昔明有抗纤维化作用。如果肠道细菌是肝纤维化的重要因素,调节肠道菌群可能是改善肝病预后的一种新方法。

2. 益生元(prebiotic) 与杀死或抑制细菌生长的抗生素相比,使用益生元和(或)益生菌的概念是为了恢复肠道微生物群的共生关系,作为一种潜在的治疗方法值得研究。益生菌是不能消化的膳食多糖,只能通过共同的微生物群消化,如双歧杆菌和乳杆菌,为促进肠道微生物群的生长。通过改善大鼠肠道通透性和减少内毒素血症,通过饮食补充燕麦,减轻乙醇所致的肝脏损害。在利用小鼠进行的一项单独研究中,给药前果糖恢复了宿主抗菌 Rreg 3γ,据报道,肝硬化患者摄入的乳酸糖能有效治疗亚临床肝性脑病。然而,探讨益生元对大鼠患者疗效的研究却有限。

3. 益生菌 益生菌是对宿主无害的活细菌,特别是在肠道内稳态方面。益生菌在治疗 ALD 患者或啮齿动物的研究表明益生菌可以改善 ALD 的预后。首次报道是由 Nanji 等所做的研究,该研究表明,补充乳酸杆菌可减少乙醇引起的大鼠内毒素血症和肝损伤。从那时起,一些益生菌,主要是乳杆菌 SPP 和双歧杆菌,已经在环境中进行了测试。利用双歧杆菌和植物乳酸菌 8PA 3 对降低血浆丙氨酸转氨酶和天冬氨酸转氨酶水平的患者进行为期 5 天的短期治疗,恢复肠道微生物群,与仅使用标准疗法(戒断加维生素)治疗的患者相比,改善了脂肪含量。在酒精性肝炎患者中,摄入乳杆菌、枯草链球菌 7 天可减少 LPS 水平和肝脏损伤的严重程度。Shirota 乳杆菌每天 3 次,持续 4 周,重新建立微生物群平衡,恢复酒精性肝硬化患者的中性粒细胞吞噬能力。一项长期研究表明,用益生菌 VLS♯3 治疗 3 个月,可显著减少氧化应激和细胞因子的产生,改善患者的肝功能。

益生菌改善 ALD 症状有几种潜在机制。服用益生菌可以通过降低内毒素水平、减少氧化损伤和改善对肠道病原体的免疫反应来增强肝功能。补充小鼠乳酸菌已被证明可以增加肠道紧密连结的表达,防止肠道泄漏。此外,益生菌的有益作用不仅通过活细菌,而且还通过热灭活细菌或细菌培养剂来实现。更重要的是,一项利用 16s 核糖体 RNA 测序的研究表明,乳酸菌 GG 不仅减少了含酒精小鼠的细菌过生长,还防止了酒精引起的变形菌和放线菌门的扩张。这暗示了乳杆菌 GG 在组织肠道微生物群共生中的作用能力。最近的一项研究报告说,革兰阴性共生菌(akkermansia micinphia)在小鼠和人类中都有减少。口服补贴 A 黏液剂可促进肠道屏障的完整性,改善实验结果。

益生菌和益生菌结合在一起,也是一种有希望的微生物碱疗法。最近的一项研究报道,植物乳酸菌和植物乳酸菌的益生菌、草甘肽、协同逆醇引起内毒素血症和大鼠的肝损伤。

综上所述,临床研究表明,通过使用益生菌以肠道肝轴为靶点,可能在从轻度酒精性肝炎患者到重度酒精性肝硬化患者中具有治疗作用。如前所述,还需要进一步研究更大的样本量,以测试益生菌对 ALD 的影响。开发新的益生菌菌株和相关产品,包括分离具有抑制致病性细菌生长的改良效力的新益生菌、增强肠道屏障功能和改善免疫调节,以及产生特定代谢产物的工程益生菌,将为治疗提供更高的选择性。

应用理想益生菌菌株应能抵抗胆汁、盐酸和胰液;能够耐受胃和十二指肠条件和胃运输;能够刺激免疫系统,从而通过黏附和定植肠上皮来改善肠道功能。此外,益生菌菌株必须能够在生产和储存过程中存活,以产生更好的有益作用。

4. 粪便微生物群移植(FMT)　是将含有健康个体细菌的粪便材料移植给接受者的过程。它是一种有效的治疗方法,可以治疗各种疾病,其特点是微生物群的生物功能丧失,如溃疡性结肠炎,FMT 的作用机制可能包括建立有益的细菌菌株和生产抗菌成分。最近有人尝试利用 FMT 治疗 ALD。

(二) 以营养为基础的治疗

酗酒往往与营养不良有关。因此,补充饮食是治疗 ALD 的有效策略。相关研究表明,以营养为基础的治疗不仅改善了肝脏本身的功能,还通过调节肠道屏障功能来影响肝轴。

1. 锌　锌是体内第二丰富的微量元素。它在维持生理过程中起着至关重要的作用,如代谢、信号传导、细胞的生长和分化。低锌血症(低血清锌水平)和肝锌水平的降低已被观察到,血清锌水平与肝损伤的严重程度呈正相关。据报道,除了血清和肝锌减少外,在肠道,特别是在小肠远端或回肠,还可以发现酒精引起的锌缺乏症。我们还发现饮食中锌的缺乏扩大了酒精引起的内毒素血症和肝损伤。这些观察表明锌在调节肠道屏障功能中的重要作用,以及补充锌治疗 ALD 的有效性和必要性。

在多种疾病条件下,补充锌可以收紧漏肠。克罗恩病患者口服硫酸锌后肠道通透性改善。用电子显微镜对紧密连结超微结构的评价表明,口服锌减少了大鼠结肠炎中打开的紧密连结复合物的数量。对乙醇引起的肠漏的治疗已经在急性和慢性啮齿动物模型中进行了试验。在急性酒精中毒模型中,口服酒精之前,在 12 小时的间隔内,以 5 mg 元素锌/kg 的剂量对小鼠进行 3 剂硫酸锌治疗。酒精中毒导致血浆内毒素水平升高,引起病理性肝变化,并被锌预处理所废除。补充锌的饮食还降低了酒精增加回肠的通透性,恢复了紧密结合蛋白的分布,减轻了大鼠的肝内毒素信号。锌预防肠道通透性的增加有助于锌对酒精引起的肝脏损害的有益作用。

2. 烟酸　又称 nicotinic acid(尼克酸),是一种天然存在的维生素 B_3。烟酸是一种公认的广谱降压药。它还表现出强大的抗氧化和消炎性能。烟酸是烟酰胺腺嘌呤二核苷酸(NAD^+)的前体,在能量代谢中起着至关重要的作用,包括乙醇醛/乙醛清除。长期酗酒会导致人体烟酸缺乏症,称为糙皮病,这会进一步恶化酒精代谢紊乱的氧化还原失衡。我们小组的研究表明,烟酸增加了肝脂肪酸的氧化,降低了大鼠的新生脂肪生成。膳食补充烟酸也逆转了酒精性内毒血症。有趣的是,烟酸显著降低了肠道的内毒素和乙醛水平,这表明烟酸对肠道微生物群有直接影响。

烟酸和锌之间的密切关系已经被提出了几十年。锌参与了烟酸代谢的调节,锌的缺乏与组氨酸的氧化作用增加有关,从而导致糙皮病,而锌的补充则能够增加 Na^+ 浓度。在解释由单独补充其中一种而产生的数据时,应考虑烟酸和锌可能的协同效应,烟酸和锌的结合可能是另一种可能的治疗方法。

3. 脂肪酸　脂肪酸在碳链的长度(如短、中、长链脂肪酸)和饱和程度(如饱和、单不饱和脂肪酸和多不饱和脂肪酸)方面有所不同。有若干证据表明,不同类型的饮食脂肪酸可以减轻酒精引起的肠道屏障功能障碍、内毒素血症和肝损伤。

SCFA 是一种少于六个碳原子的脂肪酸,是通过细菌发酵产生的。据报道乙醇暴露大大降低了肠内除乙酸外的所有环芳烃水平,补充丁二酸可减轻急性酒精中毒和慢性酒精中毒小鼠引起的肠道屏障紊乱和肝损。三酰甘油(MCT)中的脂肪酸主要由 6～12 的碳链长度饱和。研究表明,饮食中的MCT 通过多种机制改善了由酒精引起的肝脏组织学变化,这些机制涉及肝脏和肠道。Kirpich 和他的同事们研究了在老鼠体内使用富含饱和脂肪的饮食来治疗 ALD 的方法。他们报道,饱和增脂饮食改善了肠内紧密连结表达,减轻了肠道炎症,改善了肠黏膜表达,并调节了中毒小鼠的肠道微生物群和代谢。阻断蛋白和 ZO-1 可预防内毒素血症、减轻肝 LPS 信号的传递。

在人类和小鼠中,酒精滥用降低了微生物体合成饱和长链脂肪酸(LCFA)的能力,并降低了乳酸菌的比例。给乙醇喂养的小鼠服用饱和 LCFA,增加了乳酸菌、增强了肠道屏障功能、减少了肠道炎症和肝损伤。这些发现表明细菌代谢的改变导致了 ALD 的发病机制,饱和 LCFA 在肠道的保护作用也可能包括刺激肠激素的释放,包括氨基葡萄糖样肽(GLP)-1 和 GLP-2,调节杯状细胞产生的黏液 2 和增强抗菌活性。未来的研究需要探讨这些机制是否参与饱和 LCFA 介导的对 ALD 的保护。

虽然饮食干预是重点,但其他方法也不应被忽视。例如,几份报道描述了 IL-22 在治疗啮齿动物中的保护作用。在小鼠模型中,乙醇加烧伤伤害、乙醇增强引起 IL-22 减少和肠道通透性增加;同一组进一步证明,IL-22 诱导的保护是通过信号传感器和转录激活剂-3 介导的 AMP 表达升高和肠道肠杆菌的减少所致。

三、靶向炎症治疗

1. S-腺苷甲硫氨酸　乙醇影响蛋氨酸代谢的多个步骤。S-腺苷甲硫氨酸(SAM)是甲基化反应的底物。在提供了甲基后,SAM 被转化为 S-腺苷同型半胱氨酸(SAH)。SAM 可以通过以甜菜碱为底物的叶酸依赖或独立途径进行再生。据推测,长期饮酒会降低 SAH 水平,导致线粒体损伤和内质网应激。在人类的研究中,对 SAM 或安慰剂患者的治疗并没有导致组织病理学、脂类、AST、ALT 或胆红素水平上的差异。

2. IL-1 拮抗剂　库普弗细胞产生损伤相关分子模式和 LPS 的受体,并通过多种细胞因子激活先天免疫系统,包括 $INF-\alpha$、IL-6 和 $IL-1\beta$。IL-1 受体拮抗剂阿那白滞素可减轻肝细胞损伤。

3. 细胞凋亡抑制　Caspase 是 $TNF-\alpha$ 信号下游的死亡诱导分子。Caspase 的抑制可以避免 $TNF-\alpha$ 阻断的免疫抑制和再生阻断作用,并可以通过无菌坏死和 DAMP 释放抑制先天免疫系统的激活级联。临床试验表明,Caspase 抑制改善了肝酶活性。

4. FXR　FXR 参与胆汁酸稳态负反馈回路。它通过 SREBP1 和肝 X 受体(LXR)/SHP 轴对脂肪生成进行负调节,并通过 PPARα 对脂肪酸氧化进行正调节,可能抵消脂肪变性的病理生理学。更重要的是,FXR 激活可能降低 HSC 的激活,因此具有反纤维性。目前,FXR 激动剂研究仍在 NASH 和酒精性脂肪性肝炎中进行。

5. 白细胞介素-22　IL-22 是由 Th17 细胞和自然杀伤细胞产生的。生物效应主要是通过 IL-22R1(IL-22 受体 1)和 IL-10R2(IL-10 受体 2)结合激活 STAT3 信号通路来介导。鼠类慢性酗酒喂养模型中,用 IL-22 重组蛋白治疗可激活肝 STAT3,改善酒精性脂肪肝、肝损伤和肝氧化应激。在 AH 患者中,IL-22R1 的表达是升高的,IL-22 是不可检测的,这表明 IL-22 治疗可能是一种潜在的治疗选择。

6. 骨桥蛋白(Osteopontin, OPN)　骨桥蛋白是一种多核白细胞(PMN)的趋化引诱剂,可促进 ALD 中的纤维化。骨桥蛋白的作用因实验模型的不同而引起争议。Lazaro 等在严重脂肪变性的背景下使用模型,并证明骨蛋白缺乏并不能预防,但促进了 AHR 好转,暗示了一个潜在的治疗靶。

7. 大麻素类　大麻素受体 1 型(CB1)是纤维化的启动子,而大麻素受体 2 型(CB2)是抑制在酒精喂养的反应中,在 CB2 受体缺乏的小鼠中脂肪变性和纤维形成增加,而 CB1 受体敲除的小鼠中减少。利莫那班(rimonabant)是一种在欧洲用于治疗肥胖和代谢综合征的 CB1 拮抗剂,因为其抑郁症的不良影响而被撤出市场。目前正在研制一种非精神活性的大麻素。

8. 虾青素　虾青素是海洋生物中主要的叶黄素类胡萝卜素之一,存在于虾、蟹、鱼、藻类、酵母和鸟类的羽毛中。由于虾青素不能在人体内合成,其摄取完全取决于饮食来源。

虾青素保护小鼠免受高脂肪饮食和乙醇诱导的肝脏损伤。虾青素具有缓解脂质代谢紊乱和酒精性肝损伤的能力。虾青素通过调节小鼠炎症基因表达减轻肝损伤。在高脂肪饮食中摄入乙醇可显著诱导 IL-1α、巨噬细胞炎症蛋白 2(MIP-2)、IL-6 和 TNF-α 的 mRNA 表达。然而,补充虾青素可明显逆转这些作用。虾青素还可改变的细菌丰度。虾青素干预可以显著逆转乙醇诱导的类杆菌和变形杆菌的增加,这表明虾青素的保护作用可能与其抗炎活性有关。虾青素可以通过抑制炎症、纤维化和脂肪积累来预防肝损伤。虾青素由于具有抗炎和抗氧化能力,已被证明可以保护患有 AFLD 的小鼠免受肝损伤和小鼠的肝纤维化。

9. 大蒜多糖　大蒜(大蒜科大蒜)在中国作为香料和传统药物食用多年,用于治疗肺结核、咳嗽、感冒、高血压、轻微血管疾病、糖尿病、肥胖、肾和肝损伤以及癌症。大蒜中的有机硫化合物和油受到了更多的关注。然而,关于大蒜多糖(GP)的生物学活性的信息却很少。

肝脏和肠道之间有很强的关系。肠道菌群的改变似乎在诱导和促进肝损伤进展中起着重要作用。严重酒精性肝炎与肠道菌群的关键变化有关,这会影响个体对发展为晚期 ALD 的敏感性。肠道菌群研究应被视为 ALD 的新治疗靶点。

GP 对 ALF 有显著的作用,表现为肝脏相对质量降低,丙二醛、总胆固醇、三酰甘油和低密度脂蛋白水平降低,SOD、谷胱甘肽过氧化物酶(glutathione peroxidase, GSH-PX)活性和 GSH 水平升高,并且减轻了组织病理学变化。此外,GP 可有效降低 TGF-β1、TNF-α 的表达,促进去整合素的表达,抑制 HSC 的活化,减少 ECM 的积累,从而减轻肝纤维化。

10. 亚麻子油　亚麻籽油(flalaxseed oil, FO)富含植物衍生的 ω-3(n-3)多不饱和脂肪酸(PUFAs),主要是 α-亚麻酸(ALA,18∶3 n-3)。临床研究报道,血清和肝脏组织中的 n-3PUFA 水平较低是糖尿病患者的一个共同特征。通过改善脂肪组织肝轴的脂质稳态来预防急性酒精性肝脂肪变性。

研究发现,膳食 FO(亚麻子油)减轻肝组织病理损伤和降低血浆 LPS 水平;膳食 FO 降低 ALD 患者血浆炎性细胞因子水平和肝脏炎性细胞因子水平、FO 饮食调节 ALD 患者的肠道微生物。

Zhang 等调查了长期食用 FO 治疗慢性 ALD 的疗效。我们的研究表明,通过对小鼠体内 6 周的 ALD 治疗,补充 FO 能更有效地减少肝损伤,这表明这种廉价的干预措施具有预防和治疗的潜力。进一步研究表明,这种有效的治疗可能与肠道微生物群的改变和肝脏炎症的减少有关。

LPS 是 ALD 肝脏炎症的触发因素,通过门静脉转运到肝脏,与抗原呈递细胞(Antigen presenting cell,APC)的 TLR - 4 结合,诱导炎症免疫反应,最终导致慢性肝炎。无脂肪或亚麻子油组血浆脂多糖水平明显降低,说明饮食中的脂多糖可降低肠道通透性,减少脂多糖从肠道向肝脏的转移,减少 ALD 的系统循环,有助于降低肝脏炎症反应。这种衰减可能与肠道固有免疫系统有关,其潜在机制需要进一步研究。无脂肪或亚麻子油组的血浆和肝组织中的 TNF - α、IL - 1β 和 IL - 6 水平显著降低,表明饮食中的 FO 可通过抗炎细胞因子减轻肝脏炎症。

拟杆菌减少,副杆菌属增加,这是人类和动物研究中最新描述的肠道生态失衡的原因。重要的是,饮食中的 FO 显著降低了慢性酒精摄入中的变形杆菌比例,揭示饮食中的 FO 可能通过调节肠道变形杆菌来减轻肠道生态失衡。

通过抗炎和调节小鼠肠道微生物群来改善酒精性肝病,其可能作为预防和治疗 ALD 的廉价干预措施。

四、膳食营养治疗

积累的证据表明,饮食因素,包括膳食脂肪,以及大量饮酒,在 ALD 发病机制中起着关键作用。事实上,饮食饱和脂肪(saturated fat,SF)的有益作用和饮食不饱和脂肪[unsaturated fat,USF,主要富含玉米油(corn oil)/亚油酸(linoleic acid,LA)]对酒精性肝损伤的破坏作用已在 ALD 的实验动物模型中得到证实。此外,在人均饮酒量相似的不同国家,膳食脂肪摄入量的比较表明,膳食摄入 SF 与死亡率较低相关,而膳食摄入 USF 与酒精性肝硬化死亡率较高相关。然而,不同类型的膳食脂肪增强或减弱 ALD 的潜在机制尚未完全确定。

饮食因素,如特定的不饱和脂肪,可能有助于解释为什么只有酗酒的人会发展为进行性 ALD。限制饮食中潜在的"有害"脂质有助于防止酗酒者的 ALD(尽管这可能不现实)。对于已开处方或服用营养补充剂的 ALD 患者,最佳脂质成分可能包括中链甘油三酸酯(medium chain triglyceride,MCT)。美国肠外和肠内营养学会(American Society of Parenteral and Enteral Nutrition)将 MCT 确定为肠外营养脂质乳剂的潜在有益添加剂。"营养"药物,如三丁酸(丁酸前药,一种短链脂肪酸)可能对 ALD 有益。事实上,最近的一项临床前实验研究表明,三丁酸甘油酯可阻止短期 EtOH 诱导的丙氨酸氨基转移酶和肝脏促炎细胞因子及趋化因子表达增加,并保护小鼠免受急性乙醇诱导的肠道损伤。因此,有多种"脂质干预"可能证明有益于 ALD。

五、结语

戒酒是治疗 ALD 的基本方法。然而,在大多数 ALD 患者中,戒酒很难维持。另外,ALD 的治疗药物很少。酒精性肝炎和酒精性肝硬化有明显的症状并接受治疗。严重急性肝炎患者的死亡率高,约为 50%,存活者发生肝硬化的概率为 70%。由于营养不良的普遍存在,因此对 AH 患者进行营养补充是必要的。利福昔明是一种改变肠道微生物群的不可吸收抗生素,在肝性脑病的治疗中是有效的,并可能在调节 ALD 中发挥作用。抑制脂多糖诱导的 TLR‐4 或 TNF‐α 信号被认为是新疗法的目标。阻断血管生成可能是治疗晚期纤维化的一个有前途的选择。针对肠道微生物及其产物,针对肝脏炎症和纤维化,以及免疫调节治疗,有助于改善肝脏的再生。这些是最有前景的研究领域,未来的临床试验应重点关注这些领域,以开发治疗 ALD 的新疗法。

(池肇春)

参 考 文 献

[1] Punzalan CS, Bukong TN, Szabo G. Alcoholic hepatitis and HCV interactions in the modulation of liver disease[J]. Journal of viral hepatitis, 2015, 22: 769 – 776.

[2] Zhou Z, Zhong W. Targeting the gut barrier for the treatment of alcoholic liver, disease[J]. Liver Res, 2017, 1: 197 – 207.

[3] Szabo G, Petrasek J. Gut-liver axis and sterile signals in the development of alcoholic liver disease[J]. Alcohol Alcohol, 2017, 52: 414 – 424.

[4] Markwick LJ, Riva A, Ryan JM, et al. Blockade of PD1 and TIM3 restores innate and adaptive immunity in patients with acute alcoholichepatitis[J]. Gastroenterology, 2015, 148: 590 – 602. e510.

[5] Okumura R, Takeda K. Roles of intestinal epithelial cells in the maintenance of gut homeostasis[J]. Exp Mol Med, 2017, 49: e338.

[6] Kurashima Y, Kiyono H. Mucosal ecological network of epithelium and immune cells for gut homeostasis and tissue healing[J]. Annu Rev Immunol, 2017, 35: 119 – 147.

[7] Behera SK, Praharaj AB, Dehury B, Negi S. Exploring the role and diversity of mucins in health and disease with special insight into non-communicable diseases[J]. Glycoconj J, 2015, 32: 575 – 613.

[8] France MM, Turner JR. The mucosal barrier at a glance[J]. J Cell Sci, 2017, 130: 307 – 314.

[9] Odenwald MA, Turner JR. The intestinal epithelial barrier: a therapeutic target? [J]. Nat Rev Gastroenterol Hepatol, 2017, 14: 9 – 21.

[10] Wells JM, Brummer RJ, Derrien M, et al. Homeostasis of the gut barrier and potential biomarkers[J]. Am J Physiol Gastrointest Liver Physiol, 2017, 312: G171 – G193.

[11] Quiros M, Nishio H, Neumann PA, et al. Macrophage-derived IL‐10 mediates mucosal repair by epithelial WISP-1 signaling[J]. J Clin Invest, 2017, 127: 3510 – 3520.

[12] Szabo G, Petrasek J. Inflammasome activation and function in liver disease[J]. Nat Rev Gastroenterol Hepatol, 2015, 12: 387 – 400.

[13] López MC. Chronic alcohol consumption regulates the expression of poly immunoglobulin receptor (pIgR) and secretory IgA in the gut [J]. Toxicol Appl Pharmacol, 2017, 333: 84 – 91.

[14] Llopis M, Cassard AM, Wrzosek L, et al. Intestinal microbiota contributes to individual susceptibility to alcoholic liver disease[J]. Gut, 2016, 65: 830 – 839.

[15] Yang AM, Inamine T, Hochrath K, et al. Intestinal fungi contribute to development of alcoholic liver disease[J]. J Clin Invest, 2017, 127: 2829 – 2841.

[16] Michelena J, Altamirano J, Abraldes JG, et al. Systemic inflammatory response and serum lipopolysaccharide levels predict multiple organ failure and death in alcoholic hepatitis[J]. Hepatology, 2015, 62: 762 – 772.

[17] David BA, Rezende RM, Antunes MM, et al. Combination of mass cytometry and imaging analysis reveals origin, location, and functional repopulation of liver myeloid cells in mice[J]. Gastroenterology, 2016, 151: 1176 – 1191.

[18] Roh YS, Zhang B, Loomba R, et al. TLR2 and TLR9 contribute to alcohol-mediated liver injury through induction of CXCL1 and neutrophil infiltration[J]. Am J Physiol Gastrointest Liver Physiol, 2015, 309: G30 – 41.

[19] Petrasek J, Iracheta-Vellve A, Saha B, et al. Metabolic danger signals, uric acid and ATP, mediate inflammatory cross-talk between hepatocytes and immune cells in alcoholic liver disease[J]. J Leukoc Bio, 2015, 98: 249 – 256.

[20] Stickel F. Alcohol cirrhosis and hepatocellular carcinoma[J]. Adv Exp Med Biol, 2015, 815: 113 – 130.

[21] Kawaratani H, Moriya K, Namisaki T, et al. Therapeutic strategies for alcoholic liver disease: focusing on inflammation and fibrosis [J]. Int J Mol Med, 2017, 40: 263 – 270.

[22] Szabo G, Petrasek J. Inflammasome activation and function in liver disease[J]. Nat Rev Gastroenterol Hepatol, 2015, 12: 387 – 400.

[23] Petrasek J, Iracheta-Vellve A, Saha B, et al. Metabolic danger signals, uric acid and ATP, mediate inflammatory cross-talk between hepatocytes and immune cells in alcoholic liver disease[J]. J Leukoc Biol, 2015, 98: 249 – 256.

[24] Couvigny B, de Wouters T, et al. Commensal streptococcus salivarius modulates PPARgamma transcriptional activity in human intestinal epithelial cells[J]. PLoS One, 2015, 10: e0125371.

[25] Koh A, De Vadder F, Kovatcheva-Datchary P, et al. From dietary fiber to host physiology: short-chain fatty acids as key bacterial metabolites[J]. Cell, 2016, 165: 1332 – 1345.

[26] Byndloss MX, Olsan EE, Rivera-Chavez F, et al. Microbiota-activated PPAR-gamma signaling inhibits dysbiotic Enterobacteriaceae expansion[J]. Science, 2017, 357: 570 – 575.

[27] Manoharan I, Suryawanshi A, Hong Y, et al. Homeostatic PPARalpha signaling limits inflammatory responses to commensal microbiota in the intestine[J]. J Immunol, 2016, 196: 4739 – 4749.

[28]　Asan AU, Rahman A, Kobori H. Interactions between host PPARs and Gut microbiota in health and diusease[J]. UInt J Mol Sci, 2019, 20. pii: E387.

[29]　Saikia P, Bellos D, McMullen MR, et al. MiR181b-3p and its target importin alpha5 regulate TLR4 signaling in Kupffer cells and liver injury in mice in response to ethanol[J]. Hepatology, 2017, 66: 602 - 615.

[30]　Li M, He Y, Zhou Z, et al. MicroRNA-223 ameliorates alcoholic liver injury by inhibiting the IL - 6 - p47phox-oxidative stress pathway in neutrophils[J]. Gut, 2017, 66: 705 - 715.

[31]　Llopis M, Cassard AM, Wrzosek L, et al. Intestinal microbiota contributes to individual susceptibility to alcoholic liver disease[J]. Gut, 2016, 65: 830 - 839.

[32]　Yang AM, Inamine T, Hochrath K, et al. Intestinal fungi contribute to development of alcoholic liver disease[J]. The Journal of Clinical Investigation, 2017, 12: 2829 - 2841.

[33]　Li F, Duan K, Wang C et al. Probiotics and Alcoholic Liver Disease: Treatment and Potential Mechanisms[J], 2016, 2016: 5491465.

[34]　Chen P, Miyamoto Y, Mazaqova M, et al. Microbiota protects mice against acute alcohol-induced liver injury[J]. Alcohol Clin, Exp Res, 2015, 39: 2313 - 2323.

[35]　Dever JB, Sheikh MY. Review article: spontaneous bacteria peritonitis — bacteriology, diagnosis, treatment, risk factors and prevention[J]. Aliment Pharmacol. Ther, 2015, 41: 1116 - 1131.

[36]　Llorente C Jepsen P, Inamine T, et al. Gastric acid suppression promotes alcoholic liver disease by inducing overgrowth of intestinal Enterococcus[J]. Nat Commun, 2017, 8: 837.

[37]　Yang AM, Inamine T, Hochrath K, et al. Intestinal fungi contribute to development of alcoholic liver disease[J]. J Clin Invest, 2017, 127: 2829 - 2841.

[38]　Acharya C, Bajaj JS. Gut microbiota and complications of liver disease[J]. Gastroenterol Clin North Am, 2017, 46: 155 - 169.

[39]　Bajaj JS, Betrapally NS, Hylemon PB, et al. Gut microbiota alterations can predict hospitalizations in cirrhosis independent of diabetes mellitus[J]. Sci Rep, 2015, 5: 18559.

[40]　Kristensen NB, Bryrup T, Allin KH, et al. Alterations in fecal microbiota composition by probiotic supplementation in healthy adults: a systematic review of randomized controlled trials[J]. Genome Med, 2016, 8: 52.

[41]　Chen Y, Guo J, Qian G, et al. Gut dysbiosis in acute-on-chronic liver failure and its predictive value for mortality[J]. J Gastroenterol Hepatol, 2015, 30: 1429 - 1437.

[42]　Madsen BS, Trebicka J, Thiele M, et al. Antifibrotic and molecular aspects of rifaximin in alcoholic liver disease: study protocol for a randomized controlled trial[J]. Trials, 2018, 19: 143.

[43]　Kirpich IA, Petrosino J, Ajami N, et al. Saturated and unsaturated dietary fats differentially modulate ethanol-induced changes in gut microbiome and metabolome in a mouse model of alcoholic liver disease[J]. Am J Pathol, 2016, 186: 765 - 776.

[44]　Hammer AM, Morris NL, Cannon AR, et al. Interleukin-22 prevents microbial dysbiosis and promotes intestinal barrier regeneration following acute injury[J]. Shock, 2017, 48: 657 - 665.

[45]　Liu H, Liu M, Fu X, et al. Astaxanthin prevents alcoholic fatty liver disease by modulating mouse gut microbiota[J]. Nutrients, 2018, 10. pii: E1298.

[46]　Kim B, Farruggia C, Ku CS, et al. Astaxanthin inhibits inflammation and fibrosis in the liver and adipose tissue of mouse models of diet-induced obesity and nonalcoholic steatohepatitis[J]. J Nutr Biochem, 2017, 43: 27 - 35.

[47]　Wang Y, Guan M, Zhao X, et al. Effects of garlic polysaccharide on alcoholic liver fibrosis and intestinal microflora in mice[J]. Pharm Biol, 2018, 56: 325 - 332.

[48]　Zhang X, Wang H, Yin P. et al. Flaxseed oil ameliorates alcoholic liver disease via anti-inflammation and modulating gut microbiota in mice[J]. Lipids Health Dis, 2017, 16: 44.

[49]　Uchiyama K, Naito Y, Takagi T. Intestinal microbiome as a novel therapeutic target for local and systemic inflammation[J]. Pharmacol Ther, 2019, 199: 164 - 172.

[50]　Kawaratani H1, Moriya K1, Namisaki T, et al. Therapeutic strategies for alcoholic liver disease: Focusing on inflammation and fibrosis[J]. Int J Mol Med, 2017, 40: 263 - 270.

[51]　Graziani C, Talocco C, De Sire R. Intestinal permeability in physiological and pathological conditions: major determinants and assessment modalities[J]. Eur Rev Med Pharmacol Sci, 2019, 23: 795 - 810.

[52]　Sarin SK, Pande A, Schnabl B. Microbiome as a therapeutic target in alcohol-related liver disease[J]. J Hepatol, 2019, 70: 260 - 272.

第16章　肠道微生物与病毒性肝炎

Marshallpo 于 1998 年正式提出了肠-肝轴的概念。肠道菌群失调可产生毒素,通过肠屏障和门静脉进入肠肝循环。

近年来,随着宏基因组学和代谢组学的发展,发现了肠道微生态在很多疾病发生、发展中的作用。最新的文献总结了肠道菌群在调节宿主生理及病理变化中的作用,并将焦点集中于肠-肝轴,随着对肠-肝轴的研究不断深入,发现肠道菌群的改变在诱导和促进慢性肝功能损伤的过程中发挥了重要的作用。希望新的研究技术能使我们对肠道微生物群进行更系统的研究。本章主要阐述肠道菌群与病毒性肝炎的关联与相互影响。

第1节　肠道微生物与慢性病毒性肝炎

一、肠道微生物与慢性乙型病毒性肝炎

乙型肝炎病毒($hepatitis\ B\ virus$,HBV)的感染是一个主要的全球性公共卫生问题,全球近 20 亿人感染过乙型肝炎病毒,超过 3.5 亿人为慢性乙型肝炎病毒携带者。15%～40%乙型肝炎病毒感染者将发展为肝硬化、肝衰竭、肝细胞癌。在全球,每年将有 50 万～120 万人死于乙型肝炎病毒感染,在主要死亡原因中排名第十位。肝细胞癌在全球仍有上升的趋势,在所有肿瘤中排名第五位,每年导致30 万～50 万人死亡。在中国,2006 年全国乙型肝炎流行病学调查表明,我国 1～59 岁一般人群HBsAg 携带率为 7.18%,5 岁以下儿童的 HBsAg 仅为 0.96%。据此推算,我国现有的慢性 HBV 感染者约 9 300 万人,其中慢性乙型肝炎患者约 2 000 万例。

HBV 属嗜肝 DNA(hepadnaviridae)病毒科,基因组长约 3.2 kb,为部分双链环状 DNA。HBV的抵抗力较强,但 65℃10 小时、煮沸 10 分钟或高压蒸汽均可灭活 HBV。环氧乙烷、戊二醛、过氧乙酸和碘伏对 HBV 也有较好的灭活效果。

HBV 侵入肝细胞后,部分双链环状的 HBV DNA 在细胞核内以负链 DNA 为模板延长正链以修补正链中的裂隙区,形成共价闭合环状 DNA(cccDNA);然后以 cccDNA 为模板,转录成几种不同长度的 mRNA,分别作为前基因组 RNA 和编码 HBV 的各种抗原。cccDNA 半寿(衰)期较长,很难从体内彻底清除。HBV 已发现有 A～I 9 个基因型,在我国以 C 型和 B 型为主。HBV 基因型和疾病进展及 α 干扰素治疗效果有关。与 C 基因型感染者相比,B 基因型感染者较早出现 HBeAg 血清学转换,较少进展为慢性肝炎、肝硬化和原发性肝细胞癌;并且 HBeAg 阳性患者对 α 干扰素治疗的应答率高于 C 基因型;A 基因型患者高于 D 基因型。

目前由于核苷(酸)类似物在临床上普遍使用,其通过长期抑制乙型肝炎病毒的复制,很大程度上延缓了患者肝病的进展。非常遗憾的是,我们忽视了肠道微生物在乙型肝炎病毒诱导的慢性肝病患者中的作用。

肠道微生物形成了一个复杂的生态系统,在人类的免疫、营养、病理过程中起了非常重要的作用。

肠道菌群易位的产物,包括细菌的肽聚糖、鞭毛蛋白及代谢产物,均可导致慢性肝病患者临床结局的恶化。被大家熟知的是肝硬化患者的肠道功能紊乱。改变肠道菌群似乎在乙型肝炎病毒诱导的慢性肝病的进展中起到了非常重要的作用。最近,许多研究关注在人类肠道菌群的组成和丰度对乙型肝炎病毒诱导的慢性肝病之间的关系,一些研究阐明,相对于健康人群,乙型肝炎病毒诱导的慢性肝病患者肠道菌群的变化起到了有益或有害的影响,我们将两者之间的相互影响及目前进展做了相应的总结。

中国台湾学者在动物模型水平的研究中发现,在 12 周的 C3H/HeN 成年小鼠的模型中,注射乙型肝炎病毒后,在 6 周内可完全清除病毒,但 6 周大的幼年小鼠在注射乙型肝炎病毒后 26 周,其仍显示乙型肝炎病毒为阳性。若从 6 周开始至 12 周给小鼠使用抗生素,使其肠道保持无菌,这将阻止成年小鼠快速地清除乙型肝炎病毒。年轻的幼鼠若携带 TLR-4 的基因变异(C3H/HeJ),显示可以快速清除乙型肝炎病毒。这些结果显示,在肠道菌群建立之前,在年幼的小鼠中对乙型肝炎病毒的免疫耐受,是通过 TLR-4 依赖的信号通路介导的。在成年小鼠,肠道菌群的完善成熟刺激肝脏的免疫,导致乙型肝炎病毒的快速清除。肠道微生态的建立与乙型肝炎病毒的清除能力是相符的,这也是模仿了人类 *HBV* 感染的自然史。

研究发现,肠道微生物群的变化在诱导和促进乙肝病毒引起的慢性肝病进展方面起到了重要的作用。为阐明慢性乙型肝炎早期肠道微生物的组成、功能特征及其在疾病进展中的影响,有学者入组 85 名低 Child-Pugh 评分慢性乙型肝炎患者及 22 名健康对照人群,收集粪便样本,应用 Illumina MiSeq 高能量测序平台进行菌群鉴定。另外,使用气相质谱分析方法,检测 40 例患者血清中的代谢物质,发现与对照组比较,慢性乙型肝炎患者组肠道菌群有以下显著变化:属于放线菌、梭菌属、未分类的毛螺菌科、巨单胞菌属等 5 个物种的操作单元是升高的,其余 27 种是下降的。在慢性乙型肝炎患者中,其肠道菌群的基因组信息显示,4 个物种操作单元(operational taxonomic unit,OTU),包括 OTU38 链球菌属、OTU124 韦荣球菌属、OTU224 链球菌属、OTU55 嗜血杆菌和宿主的肝功能指标及 10 种血清的代谢物高度相关,包括苯丙氨酸和酪氨酸,这些芳香族氨基酸在肝病中起了非常重要的作用。尤其是在 Child-Pugh 评分比较高的患者中,这 4 类 OTU 也相应升高,同时在肠道宏基因组代谢功能显示苯丙氨酸和酪氨酸代谢是下降的。在慢性乙型肝炎患者的早期,这些肠道菌群组成和功能的变化暗示了肠道菌群对这类疾病进展的潜在影响,因此为我们提供了新的视角,通过干预肠道菌群提高此类疾病的预后。

另有研究表明,在患有慢性乙型肝炎的患者中,应用定量 PCR 和免疫学技术研究粪便参数,包括粪便占主导地位的细菌数量,以及从大肠杆菌、脆弱拟杆菌、梭状芽孢杆菌、产气荚膜梭菌以及一些免疫学参数。数据分析表明:16S rRNA 基因拷贝数显示柔嫩梭菌、粪肠球菌、肠杆菌、双歧杆菌和乳酸菌(乳酸菌属、片球菌属、明串珠菌属和魏斯菌属)在乙型肝炎肝硬化患者的肠道中有出明显的变异,而用双歧杆菌(B)和肠杆菌科(E)比值来表明肠道菌群的定植抗力,结果健康对照组为 1.15 ± 0.11,无症状携带者为 0.99 ± 0.09、慢性乙型肝炎患者为 0.76 ± 0.08,到肝硬化失代偿患者为 0.64 ± 0.09,呈依次显著降低($P<0.01$),表明 B/E 比值可以反映肝脏疾病进展过程中肠道微生态的失调,致病基因增加表明在肝脏疾病恶化过程中,致病因子的多样性增加,在失代偿乙型肝炎肝硬化患者中,粪便 SIgA 和肿瘤坏死因子的水平高于其他组,表明机体试图通过复杂的自我调节系统达到新的肠道微生态平衡。

最后,结果发现肠道菌群毒力的多样性(例如大肠埃希菌打破宿主的平衡)可以加快慢性乙型肝炎患者肝病的进展。另有学者研究了乙型肝炎肝硬化患者和健康对照组的粪便菌落及其肠道菌群的代谢产物,Wei 等招募了 120 名乙型肝炎肝硬化患者和 120 名健康对照组的患者,通过对完整的宏基因组的 DNA 和生物信息学方法的高通量测序,对 20 例乙型肝炎肝硬化患者及 20 名健康对照组进行了比较,分析了粪便微生物群落和功能。发现 Child - Pugh 评分和拟杆菌呈负相关,而和肠杆菌科及韦荣球菌呈正相关,对另外 200 个粪便微生物群样本的分析表明:肠道微生物标记可能有助于区分正常人群和乙型肝炎肝硬化患者,与对照组相比,乙型肝炎肝硬化患者的粪便微生物群的功能多样性显著降低,乙型肝炎肝硬化患者的粪便微生物群显示在谷胱甘肽、糖异生、支链氨基酸、氮和脂质的代谢方面增加,而芳香族氨基酸、胆汁酸的代谢以及与新陈代谢相关的细胞周期减少。研究提示乙型肝炎肝硬化患者粪便微生物群有广泛差异和代谢潜力,认为肠道微生物群落可以作为调节人体新陈代谢平衡的独立器官,并影响肝硬化患者的预后。

研究提示,慢性乙型肝炎和乙型肝炎肝硬化患者中,其肠道微生物群的组成和占比均发生了变化,那么粪菌移植(FMT)是否可以起到治疗作用,是否有助于帮助乙型肝炎病毒的清除。这一问题近年来在较多疾病中都有所研究,尤其是肠道疾病或代谢性疾病,那么在慢性乙型肝炎中,粪菌移植又起到怎样的作用。我国学者报道一项临床试验,通过粪菌移植的方法治疗,经过长期核苷(酸)类似物治疗后 HBeAg 仍未转阴的慢性乙型肝炎患者的病例对照、开放标签的前瞻性研究。该研究纳入了 18 例经恩替卡韦片或替诺福韦酯药物治疗 3 年以上,但仍未实现 HBeAg 消失的慢性乙型肝炎患者,患者在继续接受抗病毒治疗的同时,5 例接受了粪菌移植,13 例作为对照,粪菌移植治疗组患者接受经胃镜粪菌移植治疗,每 4 周 1 次,直到 HBeAg 消失,4 例患者接受了 17 次治疗,1 例患者在进行了第 5 次的粪菌移植治疗后退出了试验。随访结束时,粪菌移植组患者的 HBeAg 滴度较基线水平有显著下降,且每次粪菌移植治疗后逐步下降。2 例患者在接受了 1 次粪菌移植后即实现 HBeAg 清除。还有 1 例在接受 2 次粪菌移植治疗后清除。相反,对照组没有 1 例患者清除 HBeAg。

二、肠道微生物与慢性丙型病毒性肝炎

人类自出生后,肠道中定植的几类微生物在解剖结构、饮食、疾病及使用药物等因素的影响下,不停地发生波动和变化。在肠道菌群这个生态系统中,存在超过 1 100 种微生物,除了厚壁菌、拟杆菌及放线菌等,还包括常常被我们忽略的古生菌、病毒、真菌、酵母菌、真核生物等。

越来越多的证据显示,肠道微生物与人类的健康与疾病有着密切的联系,尤其是肠道微生物与肝脏的相互作用。一系列的研究报道了肠道微生物在酒精性肝病、非酒精性肝病、肝硬化和肝细胞癌中所起的作用,但关于肝炎病毒,尤其是丙型肝炎病毒(HCV)与人类肠道微生物的相互作用报道较少,故本章将阐述在 HCV 感染的过程中,宿主的肠道微生物所起的作用、宿主的反应以及益生菌在病程中的应用。

人类肠道微生物群系工程使我们更好地理解,不同的质量和数量模型的肠道微生物的模式将导致宿主功能的不能,例如能量代谢、免疫系统的调节、病原菌导致炎症的控制。最为重要的是,最近研究发现,肠道微生物的改变可以导致慢性炎症状态。最近一种更新的观念被定义,那就是肠道病毒组学。在过去一个世纪,人们认为在人类肠道出现病毒均为病原微生物,它们在维持人类机体稳定中的生理作用直到最近才被发现。事实上,最近才发现噬菌体为肠道病毒组的最主要的组成部分,约占 90%。肠道病毒(腺病毒、小 RNA 病毒)在维持肠道稳态中起了很重要的作用,主要是因为其和肠道微生物相互作用导致菌群的变化。这些对宿主的影响不仅表现在急性病毒感染引起的胃肠道症状,更是长期影响肠道菌群质量和数量的变化。此外,这类非病原菌的肠道病毒(如驳病毒、燕麦蓝矮病毒等)和噬菌体(微小噬菌体科家族)对肠道和人体健康进行着有益的调节。一种新被发现的病毒,

Alpavirinae 病毒,其可从细菌中提取并影响肠道微生物的代谢。

HCV 于 1990 年第一次描述为非 A 型、非 B 型肝炎病毒,其出现在输血后的患者中。HCV 属于黄病毒科(flaviviridae),其基因组为单股正链 RNA,易变异,目前可分为 6 个基因型及不同亚型,按照国际通行的方法,以阿拉伯数字表 HCV 基因型,以小写的英文字母表示基因亚型(如 1a、2b、3c等)。基因 1 型呈全球性分布,占所有 HCV 感染的 70% 以上。HCV 感染宿主后,经一定时期,在感染者体内形成以一个优势株为主的相关突变株病毒群,称为准种(quasispecies)。HCV 基因组含有一个开放阅读框(ORF),编码 10 余种结构和非结构(NS)蛋白。NS3 蛋白是一种多功能蛋白,其氨基端具有蛋白酶活性,羧基端具有螺旋酶/三磷酸核苷酶活性;NS5B 蛋白是 RNA 依赖的 RNA 聚合酶,均为 HCV 复制所必需,是抗病毒治疗的重要靶位。

丙型肝炎呈全球性流行,是欧美及日本等国家终末期肝病的最主要原因。据世界卫生组织统计,全球 HCV 感染者为 1.3 亿～1.5 亿人,每年新发丙型肝炎病例约 3.5 万例。我国血清流行病学调查资料显示,我国一般人群抗 HCV 阳性率为 3.2%。各地抗 HCV 阳性率有一定差异。HCV1b 和 2a基因型在我国较为常见,其中以 1b 型为主;某些地区有 1a、2b 和 3b 型报道;6 型主要见于中国香港和澳门地区,在南方边境省份也可见此基因型。HCV 的传播方式主要通过输血传播、性传播、母婴传播及其他的一些传播途径。

肠道微生物的组成受到肝脏疾病非常大的影响,临床数据报道在非酒精性脂肪性肝病、酒精性脂肪性肝病、慢性病毒性肝炎与健康受试者中比较,其肠道菌群的组成非常不同。在非酒精性脂肪性肝病、酒精性脂肪性肝病患者中,肠道微生物群系的变化受到肝病不同阶段的影响,但在丙型肝炎病毒感染中的表现却不同。

暴露于 HCV 后 1～3 周,在外周血可检测 HCV RNA。但在急性 HCV 感染者中出现临床症状,仅 50%～70% 患者抗 HCV 阳性,3 个月后约 90% 患者 HCV 抗体阳转。感染 HCV 后,病毒血症持续6 个月仍未清除者为慢性感染,丙型肝炎慢性化率为 50%～85%。最近研究表明肠道微生物群的改变可能与丙型肝炎病毒诱发慢性肝病的发病机制有关,HCV 患者肠道微生物群的组成在肝脏不同的疾病阶段是稳定的,不同于非酒精性脂肪肝,乙型肝炎病毒、艾滋病病毒和丙型肝炎病毒共同感染患者的肠道微生态不稳定,丙型肝炎病毒感染对肠道渗透性的影响可导致肠道菌群失调开始、进行以及促进炎症作用,直至发展成肝硬化和肝癌,根除 HCV 后,消除了肠道微生物群不平衡对肝脏疾病发展的影响,并可能对益生菌的使用产生影响,从而改变肝硬化进展的自然历史。

目前一些研究文献表明,在慢性丙型肝炎患者中具有独特的肠道微生物群的组成,主要包括肠杆菌科、梭菌目、毛螺菌科、疣微菌科。一项埃及研究比较了 HCV 感染四期的患者与健康对照者,研究发现在 HCV 感染的患者中,拟杆菌门的菌量呈高丰度,而在健康对照组其厚壁菌有所增加。进一步分析发现,HCV 感染患者中含有普氏菌属、不动杆菌属、韦永球菌属、考拉杆菌属、粪杆菌属高丰度。而健康对照者含有瘤胃球菌属、梭菌属、双歧杆菌高丰度。在慢性丙型肝炎患者中高浓度的普氏菌属,主要是因为 HCV 同时与肝细胞、胃细胞及 B 淋巴细胞相互作用。后者主要负责分泌 IgA 并进一步调节肠道菌群,进而影响肠道微生物的组成。对于慢性丙型肝炎患者肠道中高水平普氏菌属的另一种解释是此类患者发生吸收的异常,导致肠道呈高碳水化合物状态,这些可发酵的碳水化合物可导致可发酵细菌的过度生长,比如普氏菌属。

非常有意思的是,在慢性丙型肝炎患者中,肝脏疾病的不同阶段(肝炎或肝硬化)与肠道菌群的组成并没有相关性。事实上,菌群的易位并非只发生在肝硬化阶段,同时也发生于慢性丙型肝炎阶段。从病理生理的角度来看,肠道菌群的易位与肝硬化并发症肝性脑病、自发性腹膜炎、肝纤维化进展及肝细胞癌的发展息息相关的。无论是干扰素的治疗或者是新的无干扰素的 DAA(直接抗病毒药物)治疗,清除丙型肝炎病毒后肝硬化患者,仍需继续随访。因为有研究发现,这些患者即使清除了 HCV,但是由于肠道菌群的改变触发的慢性炎症仍在持续。事实上,这种肝硬化患者由于肠壁的通透性增加,比较容易释放内毒素(LPS)和其他细菌的抗原(抗原识别分子模式,PAMP)进入血液循环中。这类抗原通过生产促炎因子白介素类等促进免疫反应,进一步使肝纤维化产生及促进肝细胞癌。事实上,高水平的普氏菌属导致高浓度的 IL-17 和 Th17,它们均为炎性反应因子。

为更好地理解慢性丙型肝炎特殊的肠道失衡作用,我们把这类肠道失衡与其他类型慢性肝病的肠道失衡比较。慢性乙型肝炎(CHB)的口腔菌群变化与肠道菌群变化是类似的。事实上,类别分析发现口腔菌群的组成与小肠和结肠是类似的。慢性乙型肝炎和肝硬化的细菌多样性下降,厚壁菌群增加,同时拟杆菌群下降。在 HBV 相关的肝硬化患者中,肠道微生物的改变对肝纤维化及在肝癌中转化的影响小于慢性丙型肝炎。

人类免疫缺陷病毒(HIV)相关的肝损伤是一个非常好的模型,可以更好地理解肠道微生物系群的变化在 HCV 促进肝硬化发展过程中的作用。在 HIV 和 HCV 共感染的患者中,即被描述为"双重打击"。有证据表明,在抗病毒治疗后的 HIV 患者中,仍存在肝病的发生。这种损伤的持续是因为早期黏膜的 CD4[+]淋巴细胞消失、慢性炎症的持续、肠道内皮的直接破坏、肠道菌群的变化。在 HIV 和 HCV 共感染的患者中,我们发现 HIV 改变肠道微生物、肠道通透性、先天和获得性免疫,以使革兰阴性菌或它们的抗原进入血液循环导致肝脏的严重破坏。HCV 可以直接激活库普弗细胞和星状细胞导致炎症增强和纤维化反应。由于 TLR-4 过度表达,肝细胞对 LPS 和其他抗原识别分子模式更加敏感。因此,同时去除 HIV 复制和 HCV 感染,可以更好地改善非肝硬化和肝硬化患者的预后。近 10 年来,越来越多的证据表明肠道菌群的改变在慢性丙型肝炎癌变过程中起了重要的作用。肠道菌群的作用主要是促进肝细胞癌的进展,而不是诱导其产生。事实上,肠道菌群的失衡是肝细胞癌不良预后的危险因子,无论有无 HCV 的感染。尽管如此,但在慢性丙型肝炎患者中,HCV 感染启动了肝细胞癌的病理生理进程。

在 HCV 患者中,两种损害方式导致了慢性丙型肝炎至肝细胞癌的转变。首先,HCV 直接破坏肝细胞、库普弗细胞和星状细胞,导致肝纤维化的沉积;其次,HCV 的感染导致免疫的激活,进而引起肠道黏膜的通透性增加,改变了肠道菌群的组成,进而导致慢性炎症状态,引起纤维化,这一过程活化 TLR。由此看来,肠道菌群的改变和 HCC 密切相关,其次才为 HCV 对肝细胞的破坏。由于肠道的失衡在肝细胞癌的发展过程中为可逆性因素,故在将来的治疗中,肠道菌群为预防和治疗肿瘤的一个潜在靶点。另外,有研究发现,在肝细胞癌发生、发展过程中,其 LPS 的浓度比粪便中大肠埃希菌等肠杆菌的丰度更相关,这将是一个非常好的肝细胞癌血清标志物。这一发现在动物实验中也被证实,在化学毒物导致的肝硬化大鼠模型中,补充益生菌将大大降低 LPS 的水平及发生肿瘤的大小、数目及其发生肿瘤的风险。

目前对于 HCV 感染后对肠道菌群的影响及两者相互作用对慢性丙型肝炎进展的影响研究较少。2018 年的一项研究,纳入 166 例慢性丙型肝炎的患者和 23 例健康对照组。检测了其肠道菌群的 16S rRNA 序列并进行分析。研究组患者分为以下 4 组:① 长期 HCV 感染,并且谷丙转氨酶长期维持正常。② 慢性丙型肝炎。③ 肝硬化。④ 肝细胞癌。研究结果显示:与健康对照组相比,慢性丙型肝炎患者组肠道菌群的丰度下降,梭菌目下降,而链球菌及乳酸菌升高。肠道菌群的失衡甚至出现在慢性 HCV 感染的肝功能正常时期,会出现一过性的拟杆菌和肠杆菌属的增加。在慢性丙型肝炎进展时,宏基因组学显示肠道菌群中绿色链球菌编码的尿素酶基因增加,这与慢性丙型肝炎和肝硬化患者的粪便 pH 明显增加的研究结果一致。这项研究显示：HCV 感染和肠道菌群明显相关，即使是在轻微的肝炎患者中。另外，过度生长的绿色链球菌可导致慢性肝炎和肝硬化患者发生高氨血症。进一步的研究或许可以提出新的治疗策略，因为肠道菌群可以通过粪菌移植改变其组成，致使进一步减少慢性肝病并发症的发生。

有些临床前和临床的研究证据表明，在肝病的不同阶段肠道菌群起到不同的调节作用，使用一定比例的益生菌对肠道菌群调节免疫的活化及降低 LPS 水平有一定的作用。使用热灭活的粪肠球菌治疗 39 例慢性丙型肝炎患者，显著降低了 3 个月和 36 个月时转氨酶的水平，更重要的是没有任何不良反应。在埃及的一项队列研究中，嗜乳酸杆菌用于治疗慢性丙型肝炎患者和健康对照组，结果发现其可以显著降低炎症状态和转氨酶水平。最后，在一项动物实验中，益生菌的复合制剂可以阻止小鼠肝细胞癌的生长，其机制是通过抑制 Th17 和 IL - 17。

既然证据表明肠道微生物群系对肝硬化进展为肝细胞癌起到了关键的作用，那么肠道微生物系的组成方式可能与肝细胞癌风险的增加有关，故应该定义肠道微生物群系的组成，作为肝细胞癌风险的标志物。

专家评论指出，在过去的数十年，肠道微生物群与肝脏之间的相互作用被广泛研究。未来的初步研究应该更好地明确肝硬化或非肝硬化患者肠道微生物群的特征，无论是在 HCV 清除前或清除后。在丙型肝炎肝硬化进展期患者中，应用益生菌是非常有前景的，因其可能阻止病情的进一步进展。

第 2 节　肠道微生物与肝炎病毒引起的肝衰竭

肝衰竭是最严重的肝病类型，临床表现为黄疸进行性加深，胆红素每天上升大于 $17.1\,\mu mol/L$，或大于正常值上限 10 倍以上，凝血酶原时间延长（PTA＜40%），出现不同程度肝性脑病及腹水等。临床分为急性肝衰竭、亚急性肝衰竭、慢加急性肝衰竭及慢性肝衰竭。

肝衰竭患者常有纳差、腹胀、腹泻、内毒素血症等，病情凶险，进展迅速，感染发生率达 80%，其中 30% 为真菌感染，病死率高达 70% 以上。20 世纪 90 年代，李兰娟及其团队就开始利用微生态学方法对肠道微生态失衡在乙型重型肝炎的发生、发展中的作用进行了系列研究。研究发现，慢性重型肝炎患者肠道微生态严重失衡，肠道双歧杆菌、类杆菌等有益菌显著减少，肠杆菌科细菌、肠球菌、酵母菌等有害菌显著增加，且肠道微生态失衡程度与肝炎病情严重程度有关，Li 等通过建立肝衰竭大鼠动物模型发现，肝衰竭大鼠肠道菌群显著失调，表现为肠杆菌科细菌过度生长，微生态失衡程度与肝损伤程度及门静脉内毒素的水平显著相关。慢性重型肝炎患者血内毒素水平与肠杆菌科细菌呈正相关，与双歧杆菌数量呈负相关。慢性重型肝炎患者肠道菌群的这种变化在血内毒素水平的升高及肝脏损伤进一步加重的过程中起到一定的作用。王蜀强等利用光冈法对慢性乙型肝炎重症患者粪便微生物的研究有类似的发现。Bajaj 等研究发现，研究对象中 24% 合并感染的肝硬化患者发展为慢加急性肝衰竭（acute on chronic liver failure，ACLF），这部分患者血浆内毒素水平显著升高，肠道微生物革兰阳性菌显著降低，Clostridiales family ⅩⅣ（梭菌科家族 ⅩⅣ 0）显著降低，而明串珠菌属（Leuconostocaceae）显著升高。利用 16SrDNA 测序技术对 79 例 ACLF 患者进行研究，发现 ACLF 组肠道微生态发生了显著失衡，主要表现为整体多样性和丰度显著降低，ACLF 患者肠道拟杆菌科、瘤胃球菌科及其毛螺菌科细菌显著减低，但巴斯德菌科、链球菌科等丰度显著升高。

通过对患者动态随访发现，ACLF 患者在短时间内肠道微生物保持了相对稳定性，抗生素的应用对肠道微生物有一定影响。该研究还发现，巴斯德菌属与终末期肝病模型（model for end-stage liver disease,MELD)指数相关,并能够独立预测患者的预后。网络分析比较显示,特定的菌科与炎症因子(IL‑6、TNF‑α、IL‑2)相关。慢加急性肝衰竭患者肠道微生物存在显著的失衡,总体表现为整体多样性和丰度显著降低,肠杆菌科细菌等产内毒素的细菌、链球菌科等机会致病菌显著升高,内毒素血症进一步诱发的炎症反应可以促进慢加急性肝衰竭进展。对失衡的肠道微生态进行干预是治疗ACLF的一个重要靶点。调节肠道微生态,改善肠道微生态失衡,改善内毒素血症,有望在预防及延缓ACLF的进展中起辅助治疗作用,以期降低ACLF的病死率。

肠道菌群可以参与体内多种物质的合成与代谢,提高机体免疫功能,维护肠道生态平衡,对宿主的生理、病理过程产生重要影响。肝衰竭是肝脏病变最危重的临床阶段,肠道微生态失调与肝病的严重程度相关,肝功能障碍与肠道微生态之间相互影响,可形成恶性循环。肠道微生态失调时,益生菌数量减少,肠道有害物质不能很好地分解代谢,以及氨类、酚类、内毒素等大量产生和吸收,从而加重肝脏解毒负荷,当这种负荷达到一定程度和超过一定时限,自然会发生肝功能损伤或加速,进而加重肝衰竭的发生。因此改善肝衰竭患者肠道微生态环境显得尤为重要。有学者提出,肠道微生态治疗必须作为肝衰竭综合治疗不可缺少的方面。

胃肠道生态系统是人体最大的微生态系统,含有人体最大的贮菌库及内毒素池,而肝脏与胃肠道的解剖和功能关系密切,共同组成消化系统。人肠道微生物具有丰富的基因信息,是人类基因数的150倍,其中超过90%来自细菌。主要包括硬壁菌、拟杆菌、放线菌和变形菌门,其中硬壁菌和拟杆菌为优势菌。肠道微生态失调包括菌群比例失调和定位易位两大类,菌群失调多表现为双歧杆菌和乳酸杆菌数量减少,或肠杆菌科、大肠埃希菌群、类杆菌等数量增多。定位易位是指肠道正常菌群由原定位向周围转移,如大肠菌群向小肠转移,或正常菌群由原定位向肠黏膜深处转移。肝脏病变引起胆汁分泌量减少或胆汁组成成分发生变化,可破坏肠‑肝轴的平衡,对肠道杆菌的抑制作用减弱。随肝病病情的加重而引起胃肠蠕动减慢、延迟张力降低、溶菌酶黏液及酸碱分泌减少,肠腔pH调节失常,易发生肠道细菌过度生长、外来菌定植,肠道细菌亦可明显上移至小肠繁殖。在肝衰竭的病程进展中,患者可发生全身炎症反应综合征(SIRS),这时肠上皮细胞功能和完整性遭到严重破坏。

肠道微生态系统的重要功能之一,是阻止肠腔内细菌和内毒素易位到其他组织。当肠道微生态系统的生物屏障功能障碍发生,就会导致肠腔大量细菌或内毒素进入。Pan等研究了HBV相关的肝衰竭,向肠内外组织迁移,从而引起肝衰竭患者内毒素血症的发生。肝脏是体内清除内毒素和解毒的主要场所,也是体内遭受内毒素攻击的首要器官。由于肠道内革兰阴性杆菌的过度生长,代谢增快,细胞壁LPS即内毒素增多。一方面,内毒素可影响肝细胞分泌功能和三磷酸腺苷(ATP)酶活性及线粒体的能量合成而影响胆汁排泌,从而引起胆汁淤积导致肝损害;另一方面,内毒素还可通过激活库普弗细胞、单核细胞释放促炎介质进而导致肝损害。细胞因子与内毒素相互激发,加重肝脏循环障碍和肝细胞的免疫损伤。肝衰竭患者内毒素血症的主要临床表现可见发热、中毒性肠胀气、少尿、急性胃黏膜出血及低血压休克等。肝衰竭患者肠道微生态变化的干预措施主要包括微生态制剂抗生素的应用及中药制剂的应用。

(郭红英　王介飞)

参 考 文 献

[1] Chou HH, Chien WH, Wu LL, et al. Age-related immune clearance of hepatitis B virus infection requires the establishment of gut microbiota[J]. Proc Natl Acad Sci USA, 2015, 112: 2175-2180.
[2] Wang J, Wang Y, Zhang X, et al. Gut microbial dysbiosis is associated with altered hepatic functions and serum metabolites in

chronic hepatitis B patients[J]. Front Microbiol，2017，8：2222.

［3］ Lu H，Wu Z，Xu W，et al. Intestinal microbiota was assessed in cirrhotic patients with hepatitis B virus infection. Intestinal microbiota of HBV cirrhotic patients[J]. Microb Ecol，2011，61：693－703.

［4］ Wei X，Yan X，Zou D，et al. Abnormal fecal microbiota community and functions in patients with hepatitis B liver cirrhosis as revealed by a metagenomic approach[J]. BMC Gastroenterol，2013，13：175.

［5］ Ren YD，Ye ZS，Yang LZ，et al. Fecal microbiota transplantation induces hepatitis B virus e-antigen (HBeAg) clearance in patients with positive HBeAg after long～term antiviral therapy[J]. Hepatology，2017，65：1765－1768.

［6］ Preveden T，Scarpellini E，Milić N，et al. Gut microbiota changes and chronic hepatitis C virus infection［J］. Expert Rev Gastroenterol Hepatol，2017，11：813－819.

第 17 章　肠道微生物与肝硬化

肝硬化是各种慢性肝病发展的终末阶段,可出现肝性脑病、食管胃底静脉曲张破裂出血、自发性细菌性腹膜炎、电解质紊乱等多种严重并发症,给人类和社会带来巨大负担。肠道与肝脏通过肠-肝轴密切关联。肠道微生物数量庞大、复杂多样,正常情况下与人体存在互惠共生、相互制约的关系,参与调节营养物质吸收、胃肠道运动以及免疫等生理过程。肝硬化患者往往存在不同程度的肠道微生物失衡,主要表现为:肠道微生物群组成的种类、数量、比例及代谢活性改变,菌群在肠道局部的分布发生变化。上述改变最终导致肠黏膜屏障受损,过量肠源性内毒素通过门静脉循环进入肝脏及体循环,内毒素、促炎性细胞因子水平升高,刺激肝星状细胞活化、增殖,过度分泌细胞外基质,肝内纤维结缔组织增生、沉积,进一步促进肝硬化进展。由于肠道微生物失衡在肝硬化发病及进展过程中有重要的作用,重建肠道微生物稳态有助于延缓肝硬化及相关并发症进展,为肝硬化及相关并发症的治疗提供了新的思路。

第 1 节　肠道微生物与肝硬化研究简史

进入 21 世纪以来,随着代谢组学和宏基因组学技术的发展,肠道微生物与多器官相互作用的研究迅猛发展。代谢组学能够全面检测肠道微生物代谢组分及其浓度,动态了解肠道微生物代谢状态,进而明确肠道微生物组成及其代谢谱与宿主代谢之间的相互作用。宏基因组学不依赖于单个微生物的分离与培养,有效解决了某些微生物难培养或不可培养的技术瓶颈;结合新一代基因测序手段,宏观了解肠道微生物的遗传组成及其群落功能,进而获得肠道微生物的遗传多样性和分子生态学信息。全基因组测序能够较为完整的保留微生物全部遗传信息,研究结果更接近真实情况,且在研究微生物特定基因的功能及代谢通路等方面明显优于标签序列测序;其缺点主要是计算量大、对稀有物种不敏感。标签序列测序能够克服上述缺点,但在研究微生物特定基因的功能及代谢通路等方面稍逊一筹。目前细菌基因组学研究主要采用 16s RNA 作为其生物标签序列,真菌基因组学研究则主要采用内转录间隔 1 区(internal transcribed spacer - 1, ITS - 1)、内转录间隔 2 区(internal transcribed spacer - 2, ITS - 2)作为其生物标签序列。美国国立卫生研究院(NIH)采用高通量测序技术开展"人类微生物组计划",探索肠道微生物对人类健康作用的影响。在这一大背景下,探究肠道微生物与疾病的关系,通过改变肠道微生物种群的组成与结构治疗疾病,逐渐成为新的研究热点。

肠道微生物与肝硬化的相关研究最早可以追溯到 20 世纪中叶,当时已经有学者认识到肝性脑病发病可能与肠道过度吸收含氮代谢产物有关。此后逐渐有学者发现,肝硬化患者往往存在粪便细菌成分异常、小肠细菌过度生长等现象,进一步丰富和完善了肠道微生物与肝硬化相关研究。临床研究进一步揭示了肠道微生物在肝性脑病发病机制中的作用,部分抗生素和不可吸收的双糖能够通过调节肠道微生物改善肝性脑病。20 世纪 70 年代有学者提出肝硬化导致肠道微生物失衡的风险明显增加,肠道细菌或细菌产物通过门静脉循环或淋巴系统进入肝脏和体循环,影响机体健康;在此基础上针对肝硬化患者肠道微生物群体改变进行了大量研究，并进一步提出"肠-肝轴"的概念(详见本章第 2 节)。肝硬化时可发生肠道微生态失衡，而微生态失衡可进一步加重肝功能损害。

李兰娟院士团队通过对细菌 16SrRNA V3 区进行焦磷酸测序首次揭示了肝硬化患者粪便的菌群特征。正常肠道微生物以专性厌氧菌为主，其中厚壁菌门和拟杆菌门约占 85%，在肠道微生物中占绝对优势。肝硬化时肠道微生物失衡。从门水平来看，较之健康个体，肝硬化患者拟杆菌门细菌显著减少，变形菌门细菌和梭杆菌门细菌则显著增加。从科水平来看，肝硬化患者肠杆菌科、韦荣球菌科、链球菌科细菌均明显增加，毛螺菌科细菌则明显减少。肝硬化患者粪便链球菌科细菌含量与其 Child - Pugh 评分呈正相关，毛螺菌科细菌含量则与 Child - Pugh 评分呈负相关。随后，该团队采用宏基因组学技术建立了世界上首个肝硬化患者肠道微生物基因库，进一步验证了肝脏疾病对肠道细菌组成具有重要的影响。

第 2 节　肠-肝轴

1998 年 Marshall 首先提出"肠-肝轴"的概念。肝脏和肠道均起源于胚胎前肠，是营养物质吸收、代谢的重要器官，在解剖学和生物学功能上密切相关。肠道与肝脏在功能上相互影响，肠黏膜屏障功能受损导致肝脏直接暴露于肠源性内毒素，肝功能受损可能造成肠道功能障碍。肠道微生物具有复杂性和多样性，通过复杂的分子网络，参与调节宿主代谢、免疫和神经内分泌功能。因此，肠-肝轴的概念可进一步拓展为肠-肠道微生物-肝分子网络。

一、肠-肝轴的解剖基础

肝脏与门静脉系统、胆管系统的解剖结构是肠-肝轴的结构基础。

肝脏接收来自肝动脉和门静脉的双重血液供应，其中肝动脉供血占 20%～30%，门静脉供血占 70%～80%。肝门静脉的属支主要包括肠系膜上静脉、脾静脉、肠系膜下静脉、胃左静脉、胃右静脉、胆囊静脉和附脐静脉等。肠系膜上静脉和脾静脉汇合形成门静脉，经胰颈和下腔静脉之间上行进入肝十二指肠韧带，在肝固有动脉和胆总管的后方上行至肝门，分为两支，分别进入肝左叶和肝右叶。门静脉在肝内反复分支，最终注入肝血窦。成人门静脉及其分支均没有瓣膜。营养物质、肠源性细菌及其代谢产物，以及食物抗原和毒素等通过肠黏膜屏障，经肠系膜上静脉及肠系膜下静脉汇入门静脉，随后入肝，进而对肝细胞、肝窦内皮细胞、肝星状细胞、库普弗细胞等产生不同的影响。因此，肝脏是肠源性有毒物质的重要防线。

胆管系统起源于胆小管。胆小管是相邻肝细胞之间局部质膜凹陷、相互对接封闭而形成的微细小管，以盲端起于中央静脉附近，呈放射状走向肝小叶周边，行至小叶边缘汇合成数条短小的闰管，离开小叶边缘后汇合成小叶间胆管，继而汇合形成左、右肝管，后者在肝门汇合形成肝总管。肝总管和胆囊管在肝十二指肠韧带内汇合形成胆总管，在十二指肠降部后内侧壁与胰管汇合形成肝胰壶腹，开口于十二指肠大乳头。肝脏分泌胆汁经肝总管、胆囊管进入胆囊贮存，进食后胆囊收缩，肝胰壶腹括约肌舒张，胆囊内的胆汁经胆囊管、胆总管排入十二指肠，参与调节各种复杂的生理功能。胆汁酸在肠道重吸收，经门静脉血流重新回到肝脏，称为胆汁酸的"肠肝循环"。胆汁酸的肠肝循环对于营养物质的吸收以及随胆汁排泄的脂质、毒性代谢产物和外源性物质具有重要的生理作用。胆汁酸作为肠-肝通信的信号分子，具有调控宿主代谢和炎症的作用。肠-肝轴中胆汁酸与宿主微生物之间存在复杂的相互作用，是"肠-肝轴"重要的组成之一。

二、肠黏膜屏障

肠道能够阻止肠道内有害物质穿过肠黏膜进入其他组织器官,上述结构与功能合称为肠黏膜屏障。肠黏膜屏障主要由机械屏障、化学屏障、免疫屏障以及微生物屏障构成。

(一) 机械屏障

生理状态下肠上皮细胞间存在大量紧密连接,完整的肠上皮细胞和细胞间紧密连接共同构成肠黏膜机械屏障,阻止细菌、内毒素等通过肠黏膜屏障进入门静脉。生理状态下仅有少量肠道来源的内毒素能够通过肠黏膜屏障进入门静脉,随门静脉血流入肝,维持肝脏网状内皮系统处于激活状态。肠上皮细胞损伤或细胞间紧密连接破坏可引起肠黏膜通透性增加,大量细菌及内毒素经门静脉血流入肝,通过其直接毒性作用和免疫应答反应参与肝脏疾病进程。

肝硬化早期,反复的炎症损伤能够促进库普弗细胞增殖并释放促炎性细胞因子 IL-4,后者随胆汁进入肠道后使病原微生物黏附于肠黏膜概率增加,引起肠上皮细胞损伤;T 细胞和自然杀伤细胞分泌 IFN-γ,激活 NF-κB 通路,诱导缺氧诱导因子-1(HIF-1)表达,肠上皮细胞凋亡增加。肝硬化后期门静脉高压导致门静脉回流欠佳、肠道淤血,肠黏膜上皮细胞缺血缺氧,产生过量氧自由基、脂质过氧化物,肠上皮细胞水肿、坏死。上述病理过程均导致肠黏膜上皮细胞完整性受到破坏,肠道通透性增加,肠黏膜屏障功能受到破坏。

细胞间紧密连接由分支状封闭索网络组成,连接相邻细胞的细胞骨架。肝硬化患者肠黏膜紧密连接蛋白表达减少,且随 Child-Pugh 分级程度加重而愈加明显。肝硬化早期炎症损伤能够激活单核细胞和库普弗细胞释放炎性细胞因子,调节肠上皮细胞紧密连接蛋白。肝硬化患者肠系膜淋巴结单核细胞分泌 TNF-α 明显增加,后者可导致肠上皮细胞紧密连接数量和功能异常。研究显示,胆管结扎肝纤维化模型小鼠单核细胞分泌的 TNF-α 与肠上皮细胞 TNF 受体结合,引起肠上皮细胞内 RhoA(Ras homolog gene family, member A, Ras 同源基因家族,成员 A)激活,肌球蛋白轻链磷酸化,导致细胞骨架重排,细胞间紧密连接蛋白 Occludin、Clandin-4、Zo-1 表达均明显下调,最终导致细胞间紧密连接明显减少,肠上皮通透性明显提高。T 细胞和自然杀伤细胞分泌的 IFN-γ 通过抑制 PI3K 信号通路激活,降低紧密连接蛋白的表达。与此同时,肝硬化患者消化道胃酸分泌明显减少,肠内 pH 降低,细胞内 H^+ 增加,Ca^{2+}-H^+ 交换激活 Ca^{2+} 通道,肠上皮细胞内 Ca^{2+} 浓度提高,促进 c-JunN-末端激酶快速活化,激活 Src 激酶导致细胞间紧密连接中断。肝硬化后期门静脉高压导致一氧化氮合成酶过度激活,NO 合成增加,一方面能够扩张血管、缓解门静脉高压,另一方面导致细胞骨架损伤、细胞间紧密连接松弛。上述病理过程均导致肠上皮细胞紧密连接数量或功能异常,肠道通透性增加,肠黏膜屏障功能受到破坏。

(二) 化学屏障

化学屏障主要由肠黏膜上皮细胞分泌的黏液、黏蛋白、胆汁酸及肠道微生物产生的抑菌物质构成,抑制病原微生物定植、细菌过度生长和细菌易位。小肠黏液层能够抵御机械和化学损伤。上皮杯状细胞分泌的黏蛋白能够防止病原微生物在肠上皮细胞定植。杀菌肽能够杀灭肠上皮细胞核肠腔中的病原微生物。胆汁酸盐能够抑制细菌过度生长和易位(详见第 3 节"胆汁酸"部分)。

肝硬化患者肠道黏液分泌明显减少,屏障功能减弱。肝硬化患者肠道黏蛋白分泌明显减少,有利于病原微生物在肠上皮细胞定植,导致肠上皮损伤。此外,肝硬化患者胆汁酸、黏多糖、溶解酶、蛋白分解酶等分泌也明显减少,导致肠道细菌过度生长,进一步破坏肠道黏膜屏障功能。

(三) 免疫屏障

免疫屏障主要由肠道相关淋巴组织产生的特异性分泌型免疫球蛋白(SIgA)和肠黏膜淋巴细胞为主的免疫活性细胞组成。分泌型免疫球蛋白能够刺激肠道黏液分泌、加速黏液流动,从而防止细菌及其代谢物在肠上皮细胞黏附,还能选择性包被革兰阴性菌形成抗原抗体复合物,阻碍细菌与肠上皮细胞受体结合。

肝脏慢性损伤过程中肠道相关淋巴组织功能低下,分泌型免疫球蛋白生成减少,病原微生物大量黏附于肠黏膜上皮导致肠黏膜损伤。此外,肝硬化患者的营养状况差导致全身免疫功能异常,局部肠黏膜淋巴细胞为主的免疫活性细胞组分相应改变。动物实验证实肝硬化大鼠派尔集合淋巴结中$CD3^+$细胞比例及$CD4^+CD8^-$、$CD4^-CD8^+$亚群比例显著降低,肠上皮细胞中$CD4^+CD8^+$亚群比例则明显增加。肝硬化患者往往存在肠道$CD33^+CD14^+$巨噬细胞过度活化,导致血小板活化因子(PAF)、5-脂氧化酶(5-LO)等促炎性细胞因子产生,加重肠黏膜屏障损伤。肝硬化时,在炎症或免疫刺激下 NO 合酶生成过量 NO,破坏细胞能量代谢,产生细胞毒性作用,诱导细胞死亡,破坏肠道黏膜。

(四) 微生物屏障

正常肠道微生物与肠道形成了一个相互依赖、相互作用的微生态系统,能够促进肠道蠕动、消化道黏液流动,并与肠道黏膜上皮细胞表面的特异性受体结合形成正常菌膜结构,有效防止病原微生物黏附;还能通过分泌抗菌物质或通过营养竞争来抑制外源性病原微生物生长。生理状态下,肠道微生物能够抑制病原微生物定植,保护宿主免受外源性病原微生物侵袭,构成肠黏膜的微生物屏障。肠黏膜微生物屏障主要由肠道优势菌群构成,主要包括拟杆菌属、真杆菌属、双歧杆菌属、乳酸杆菌属等 14 个专性厌氧菌属,肠球菌属、肠杆菌属等兼性厌氧菌仅占 1%。肠道微生态失衡后病原微生物入侵肠黏膜并定植,同时肠黏膜通透性改变、肠源性内毒素吸收增加,引起一系列病理性改变。

肝硬化可以引起或加重肠道菌群失衡。肝硬化患者肠道内肠杆菌属、肠球菌属增多,双歧杆菌属明显减少。非优势菌群在肠道大量繁殖产生内毒素,直接或通过促炎性细胞因子介导,加重炎症浸润及肠黏膜水肿,破坏肠黏膜机械屏障的完整性。肝硬化门静脉高压导致门静脉回流欠佳,肠道组织淤血水肿、缺血缺氧,肠道推进式蠕动减弱导致内容物滞留时间延长,小肠细菌过度生长,生物屏障功能也明显减弱。

第 3 节 肠道微生物与宿主代谢

在食物和外源性物质的代谢过程中,宿主与肠道微生物共同作用,生成大量小分子代谢产物。大部分多糖、某些寡糖以及没有吸收的糖和醇都需要借助肠道微生物发酵。肠道微生物还具有特殊的代谢功能,能够发酵食物残渣中不可消化的部分如纤维素等。肠道微生物的腐败作用能够代谢多肽和蛋白质,产生一系列有毒物质包括氨、胺、酚、硫醇和二元醇等。目前已知的肠道微生物-宿主代谢产物有 300 多种,包括短链脂肪酸、胆汁酸、胆碱及其代谢物、吲哚衍生物、乙醇、内毒素、儿茶酚胺类神经递质、维生素等。这些小分子代谢产物不仅在肠道有重要的生理作用,还可以通过门静脉血流运送至肝脏,进而进入体循环,在宿主与宿主微生态的物质与信息交流中发挥重要作用。

不同种类微生物的代谢产物不同,甚至同种微生物在不同状态下产生的代谢产物也有所不同。肝硬化时肠道微生物失衡,肠道微生物与宿主代谢随之发生变化并进一步对机体健康产生影响。有学者根据癌旁组织病理学将肝癌患者分为正常肝脏、慢性肝炎肝纤维化、肝硬化三组,对其粪便微生物群进行研究发现,患者血清磷脂、游离脂肪酸、二十碳五烯酸(EPA)、EPA/花生四烯酸(AA)比例、花生四烯酸/二十二碳六烯酸(DHA)与其特定粪便菌群有显著相关性,表明慢性肝病本身会改变肠道菌群并引起脂肪酸代谢改变。这提示我们,肠道微生物群与宿主代谢之间的关系因肝脏代谢改变而改变,受到个体"肠道-微生物群-肝脏分子网络"的精密调控。

一、短链脂肪酸

短链脂肪酸(SCFA)是碳水化合物、蛋白质等营养物质经肠道微生物无氧代谢的主要产物,通过经典的内分泌信号传导途径参与调节人体各种生理及病理过程。

肠道内产生的短链脂肪酸主要包括乙酸、丙酸和丁酸等。不同肠道微生物代谢产生的短链脂肪酸组成差异很大。肠道微生物种类和数量的改变可能导致膳食纤维代谢方式及代谢产物发生变化。乳酸杆菌发酵产物如乳酸、丙酸、丁酸等,对维持肠道上皮细胞完整性和乳酸杆菌在肠道的定植均有重要作用,是肠道黏膜屏障抵御病原微生物的重要防线。丁酸主要来源于梭菌、真细菌,是结肠细胞重要的能量来源,有利于维持肠道黏膜屏障完整性,防止肠道细菌易位到血循环。

短链脂肪酸对机体能量代谢有重要的调节作用。短链脂肪酸本身是肠道上皮细胞重要的能量来源。门静脉血及肝静脉血中可检测到短链脂肪酸,提示我们肠道内产生的短链脂肪酸可随门静脉血流入肝参与能量代谢,并进一步随体循环血流到达靶器官,发挥相应生理作用。乙酰辅酶A羧化酶、脂肪酸合成酶、苹果酸酶以及葡萄糖-6-磷酸脱氢酶等均是脂肪从头合成的限速酶;肝脏内丙酸通过调节上述限速酶的基因转录来抑制脂肪的从头合成。丙酸作为糖异生的底物,可通过调节糖异生对血糖产生直接的影响。进食富含纤维的食物后,短链脂肪酸激动游离脂肪酸受体2和游离脂肪酸受体3,刺激胰高血糖素样肽-1(glucagon like peptidel,GLP-1)、酪酪肽(peptide YY,PYY)、生长激素释放肽、瘦素等肠道激素合成、分泌,一方面增加宿主饱腹感,减少宿主摄食,另一方面改善胰岛素敏感性,参与调节糖代谢。四甲基哌啶能通过调节短链脂肪酸代谢通路来调节宿主糖代谢。缺乏短链脂肪酸受体可导致肥胖。在人类,肥胖者粪便中短链脂肪酸浓度较之正常体重者明显增加。因此,外源性补充膳食纤维及其发酵产物如短链脂肪酸可能有助于缓解肝脂肪变性和肝脏炎症反应。

短链脂肪酸对机体免疫功能有重要的调节作用。短链脂肪酸能够调节细胞间紧密连接的通透性,还能促进肠道黏液分泌、减少病原微生物在肠道定植,维护肠道黏膜屏障功能。短链脂肪酸能够参与调节炎症反应,一方面短链脂肪酸能够直接抑制白细胞和脂肪细胞表达促炎细胞因子,诱导IL-10等抗炎细胞因子表达,参与T-调节细胞的合成与功能;另一方面还可显著下调NF-κB活性,调节肝脏炎症反应。动物实验证实敲除短链脂肪酸受体GPR43基因可导致炎症反应加剧。三丁酸甘油酯是丁酸的前体药物,在人体内脂肪酶作用下能够缓慢释放生成丁酸;研究显示口服三丁酸甘油酯能够有效缓解内毒素诱导的急性肝损伤。

此外,短链脂肪酸随血流至血脑屏障,经单羧酸转运蛋白转运进入中枢神经系统。但是生理状态下肠道微生物代谢生成的短链脂肪酸浓度是否足以对中枢神经系统功能产生影响尚不可知。

二、胆汁酸

胆汁由胆汁酸、黏液、磷脂和胆红素等组成。胆汁酸可分为初级胆汁酸和次级胆汁酸。初级胆汁酸在肝细胞内合成,是胆固醇的主要代谢终产物,主要包括胆酸(CA)和鹅脱氧胆酸(CDCA),与甘氨酸或牛磺酸结合后形成相应的结合胆汁酸,通过胆盐输出泵(BESP)、多药耐药性相关蛋白2(MRP2)转运至胆小管,随胆汁依次流经小叶间胆管、左/右肝管和肝总管,最终流入胆囊。摄食后胆囊收缩,胆汁经胆囊管、胆总管最终流入肠道,行使相应生理功能并经肠道微生物代谢生成次级胆汁酸。次级胆汁酸主要包括脱氧胆酸(DCA)、石胆酸(LCA)和少量熊去氧胆酸(UDCA)。游离胆汁酸通过被动扩散在小肠内重吸收。结合胆汁酸在回肠末端刷状缘经钠离子/顶端钠依赖性胆盐转运体(apical sodium-dependent bile salt cotransporter,ASBT)重吸收后,与回肠胆汁酸结合蛋白(ileal bile acid binding protein,IBABP)结合,经基底侧膜有机溶质转运体(organic solute transporter,OST)-α/β重吸收进入门静脉血流。肝细胞基底外侧膜表达钠离子/牛磺胆酸共转运蛋白(Na$^+$/taurocholate cotransporting polypeptide,NTCP)、有机阴离子转运多肽(organic anion transporting polypeptide,OATP2),两者均可介导循环胆汁酸重新被摄入肝细胞。上述过程称为胆汁酸的肠肝循环。生理条件下胆汁酸的合成、转运均受到精密的调节,维持胆汁酸稳态。

胆汁酸具有表面活性作用,在脂质吸收和利用过程中起重要作用。胆汁酸可破坏细胞膜脂质成分,引起细胞膜氧化损伤。最重要的是,胆汁酸能够特异性激活或抑制宿主一系列核受体或膜受体,包括法尼醇 X 受体(FXR)、孕烷 X 受体(PXR)、维生素 D 受体(VDR)以及 G 蛋白偶联胆汁酸受体(G protein-coupled bile acid receptor Gpbar1,TGR5)等;这些受体在肠道上皮细胞、肝脏、脂肪组织均有广泛表达。胆汁酸作为重要的信号分子,能够显著改变宿主的基因表达谱,在全身各器官发挥作用,参与调节脂类、葡萄糖、能量和多种药物代谢。

胆汁酸核受体 FXR(famesoil X receptor,法尼酯衍生物 X 受体)在调节脂质代谢和抑制肝脏炎症方面有重要作用。激活 FXR 能够减少脂肪从头合成、促进脂肪酸 β-氧化,进而减少肝脏甘油三酯含量;还可通过抑制 NF-κB 信号通路缓解肝脏炎症。胆酸、熊去氧胆酸以及牛磺酸熊去氧胆酸等可以有效改善非酒精性脂肪性肝病。动物实验证实,胆汁酸衍生物 6-乙基鹅去氧胆酸(OBE cholic acid,奥贝胆酸)能够高效激活 FXR,减少肝脂肪沉积。2 期临床试验证实奥贝胆酸可明显缓解 2 型糖尿病患者以及非酒精性脂肪性肝病患者的肝脏炎症和纤维化程度。此外,FXR 在调节胆汁酸的合成和转运过程中发挥组织特异性调节作用。肠道胆汁酸减少可削弱对 FXR 的刺激,进而下调肠道成纤维细胞生长因子-19(fibroblast growth factor 19,FGF19),诱导肝脏过量生成胆汁酸,导致相关肝损伤。FXR 缺陷导致胆汁酸稳态破坏时,炎症和损伤最终导致肝脏细胞不可控制的增殖和肿瘤发生。胆汁酸膜受体 TGR-5 与肝脏疾病密切相关。动物实验证实棕色脂肪组织和肌肉中胆汁酸膜受体 TGR-5 激活能够增加能量消耗,减轻饮食诱导的肥胖症。TGR-5 激动剂 INT-777(一种有效的和选择性的 TGR-5 受体激动剂)能够促进肠道 GLP-1 表达,能够缓解高脂饮食小鼠的肥胖和肝脂肪变性。此外,TGR-5 激活能够抑制库普弗细胞表达促炎性细胞因子,参与调节炎症应答。

肠道微生物和胆汁酸之间具有双向调节相互作用。胆汁酸具有表面活性作用,对病原微生物有直接的抑菌作用。胆汁酸可通过调节宿主基因表达,间接抑制病原微生物增殖。胆汁酸激活 FXR,能够维持肠黏膜屏障的完整性,后者破坏往往导致肠道细菌易位和免疫应答,最终改变肠道微生物群。胆酸在肠道微生物作用下生成脱氧胆酸,后者对细菌生长具有强效抑制作用;采用含胆酸饲料喂养大鼠后其肠道微生物组成发生明显改变,厚壁菌门/拟杆菌门细菌比值明显增加。研究显示,低水平脱氧胆酸能增加肠上皮黏膜的通透性,导致肠道吸收细菌增加,小肠内胆汁吸收减少,进入结肠的游离胆汁酸增加,最终导致肠道内胆汁酸浓度升高,抑制肠道有益菌,造成肠道微生物失衡。

肠道微生物在胆汁酸的合成和肠肝循环中有重要作用,能够调节多种肝脏疾病代谢和炎症通路的关键基因。这是肠道微生物群与宿主相互作用并调节宿主各器官状态的重要机制。次级胆汁酸是肠道微生物代谢的产物,肠道微生物的改变能够影响结合胆汁酸和未结合胆汁酸的比例、初级胆汁酸和次级胆汁酸的比例。缺失肠道微生物的无菌小鼠胆汁酸谱与普通小鼠差距甚远,研究显示无菌小鼠胆汁内鼠胆酸水平显著降低而胆酸水平未见明显异常。需要注意的是,不同胆汁酸与胆汁酸受体亲和力有明显差异,生理作用也有一定差异。UDCA 可稳定线粒体膜抑制细胞凋亡,调节免疫功能发挥抗炎作用,对肝细胞和胆管上皮细胞均有一定保护作用,对多种胆汁淤积性肝病和代谢性肝病均有一定疗效。DCA(dichloroacetate,二氯乙酸酯)是线粒体丙酮酸脱氢酶激酶(pyruvate dehydrogenase kindse,PDK)抑制剂,具有很强的抗菌活性,DCA 浓度下降可导致小肠细菌过度生长、普拉梭杆菌/大肠埃希菌比例降低;还能够促进肝星状细胞转变为衰老相关的分泌表型,分泌促炎性细胞因子和有丝分裂原,最终诱导肝细胞癌发病。研究显示,高脂饮食饲养小鼠可导致肠道微生物失衡、CDCA(chenodeoxycholic acid,鹅脱氧胆酸)过量生成,进而导致化学致癌物暴露,小鼠肝细胞癌发病率明显提高。阻断 DCA 生成能够有效阻止肥胖小鼠发展为肝细胞癌,提示肥胖诱导的肠道微生物代谢改变对促进肝细胞癌发病有关键作用。简言之,胆汁酸对肠道上皮细胞和肠道微生物具有一定保护作用,对维持肠道微生物稳态有重要作用;反之,肠道微生物对胆汁酸池的组分及比例、胆汁酸稳态也有重要的影响,后者可进一步影响脂质代谢和能量代谢通路,进而影响肝脏疾病进展。

肝硬化患者粪便胆汁酸减少,且次级胆汁酸/初级胆汁酸比例明显降低,这可能与肝硬化患者肠道微生态失衡有关。肝脏、回肠 FXR 激活能够负反馈调节胆汁酸合成。肠道微生物不仅能够调节次级胆汁酸代谢,还可以通过 FXR 依赖性机制调节回肠中成纤维细胞生长因子-15 和肝脏中胆固醇 7α-羟化酶(CYP7A1)表达,进一步调节肝脏胆汁酸合成。随肝硬化进展和肠道微生态失衡加剧,胆汁酸分泌逐渐减少且次级胆汁酸相对缺乏。尽管胆汁酸谱与肝脏疾病的发展密切相关,但能否通过改善肠道微生物群调节胆汁酸变化进而对疾病进行治疗尚待进一步研究。

三、胆碱及其代谢物

肠道微生物的胆碱代谢对调节脂质代谢具有重要意义。胆碱是卵磷脂的组分之一,食物中的胆碱经肠道微生物代谢合成三甲胺,后者在肝脏经黄素单加氧酶催化生成氧化三甲胺。氧化三甲胺与心血管疾病发病有关。在载脂蛋白 E 基因敲除小鼠饲料中加入胆碱,能促进小鼠动脉粥样硬化发病;采用广谱抗生素除去小鼠体内肠道细菌可逆转这一作用。研究显示三甲胺及氧化三甲胺的水平与普雷沃菌数量呈正相关,而与拟杆菌熟练呈负相关。因此,肠道微生物改变可能导致上述代谢途径异常活跃,进而导致胆碱相对缺乏、VLDL 合成减少,最终诱发肝脂肪变性。胆碱生物利用度降低可能诱发非酒精性脂肪性肝病以及糖代谢异常。

四、吲哚衍生物

肠道细菌对蛋白质具有腐败作用。其中色氨酸等经特定肠道微生物代谢能够生成吲哚、吲哚乙酸、甲基吲哚等吲哚衍生物。吲哚衍生物是重要的信号分子,能够参与调节细菌的毒力、抗药性、生物膜形成、运动、质粒稳定性以及抗酸性;参与协调菌群竞争,维护人体肠道微生物稳态,维持正常的免疫功能。

吲哚是芳香烃受体(aromdtic hydrocarbon receptor,AhR)激动剂,通过激活消化道 AhR 为肠道微生物群落和免疫系统之间的跨域信号传导奠定基础;通过激活肝脏 AhR 诱导特定细胞色素 P450 表达;还能通过 AhR 影响肠道微生物群的群落结构。

色氨酸是一种必需氨基酸,是 5-羟色胺的前体,后者是肠道与中枢神经系统内重要的神经递质。色氨酸经生孢梭菌代谢可生成吲哚丙酸,因此调节肠道微生物组成能够间接调节血浆色氨酸浓度。肝性脑病患者肠道微生物群改变可导致肠道微生物代谢产物改变、肠黏膜屏障受损、血脑屏障通透性增加,炎症信号和具有神经活性的细菌代谢产物到达大脑,诱发局部炎症。血浆氨和血浆吲哚水平与肝性脑病发病密切相关。上述发现为肝性脑病治疗提供了新的思路,合理应用益生元、益生菌,以及针对某些特定微生物的特异性抗生素可能通过调节肠道微生物群抑制肝性脑病发病。

五、乙醇

儿童非酒精性脂肪性肝病患者往往存在肠道微生物失衡(主要表现为变形杆菌明显增多)和血浆乙醇水平明显升高,提示我们乙醇在非酒精性脂肪性肝病发病及进展中有重要作用。肠道微生物代谢可产生乙醇,后者能够促进脂肪从头合成、抑制脂肪酸 β 氧化、抑制甘油三酯转运出肝脏,最终促进肝脂肪变性。乙醇还可影响肠黏膜屏障通透性,导致细菌易位和肝脏炎症。非酒精性脂肪性肝病患者应用抗生素可明显减少内源性乙醇合成,提示未来可能通过调节肠道微生物群治疗非酒精性脂肪性肝病。

六、内毒素

固有免疫系统通过 Toll 样受体识别细菌组分参与调节肝脂肪变性进展。内毒素是革兰阴性菌外膜的主要成分之一,能够引发严重的免疫反应。肠道微生物群组成变化可导致肠黏膜屏障通透性增加、肠系膜炎症和内毒素血症。非酒精性脂肪性肝病患者血清内毒素水平升高,提示肠道细菌和(或)其结构组分从肠道易位到血循环。非酒精性脂肪性肝病的严重程度与血清内毒素水平紧密相关,NASH 患者血清内毒素水平明显高于单纯肝脂肪变性患者。

七、神经递质

肠道内色氨酸经色氨酸羟化酶催化生成 5-羟色氨酸,后者经 5-羟色氨酸脱羧酶催化生成 5-羟色胺。5-羟色胺又名血清素,广泛存在于哺乳动物组织中,在大脑皮质及神经突触内含量很高。5-羟色胺是一种抑制性神经递质;在外周组织能够有效促进血管收缩和平滑肌收缩。人体内 5-羟色胺经单胺氧化酶催化生成 5-羟色醛、5-羟吲哚乙酸,最终随尿液排出体外。

肠道微生物代谢生成一氧化氮,对调节胃排空、维护肠黏膜屏障等有重要作用。肠道细菌 β-葡萄糖醛酸苷酶代谢能够生成去甲肾上腺素和多巴胺,后者作为人体内重要的儿茶酚胺类神经递质,广泛参与调节机体各项生理活动。短乳杆菌和双歧杆菌代谢能够产生抑制性神经递质 γ 氨基丁酸。

第 4 节　肝硬化与肠道微生物改变

一般来说,宿主同一身体部位或器官所栖息的微生物群体也相对保守,在宿主一生中保持动态平衡,这表明人类整体的微生物系统能够维持相对稳定的微生物群落结构。同一个体的肠道微生物相对稳定,肠内益生菌和致病菌相互依赖与制衡,使肠道微生物群整体处于动态平衡。但是,通过研究口腔微生物和粪便微生物群改变发现,随时间推移和生理状态的改变,上述两者可有动态改变。

正常肠道菌群在维持肠道微生态平衡中发挥重要作用,与人体存在互惠共生、相互制约的关系。肠道微生物失衡与肝脏疾病相互影响、相互作用。肝硬化可导致肠道蠕动减慢,胆汁、胃酸及分泌型免疫球蛋白分泌减少,肠黏膜屏障受损,直接或间接导致肠道微生物失衡。肠道微生物失衡可表现为肠道微生物数量、组成、定植部位分布改变以及代谢活性等方面的改变,进而导致外周血内毒素、促炎性细胞因子水平升高,刺激肝星状细胞活化、增殖,产生过量细胞外基质,肝内纤维结缔组织增生、沉积,促进肝硬化进展、加重肝功能损伤,并参与肝硬化各种并发症的发生、发展。而肝硬化进展可进一步加重肠道微生物失衡,恶性循环加速疾病进展。纠正肠道微生物失衡可能有利于改善肝功能、减少相关并发症。随着深入研究肠道菌群失衡在肝硬化进展中的作用机制,调节肠道菌群为肝硬化治疗提供了新方向。

一、肝硬化与肠道微生物组成

(一) 肝硬化引起肠道微生物组成改变

肝纤维化患者肠道微生物结构及其代谢产物与健康人群之间存在明显差异,且肠道微生物群组成改变与肝脏疾病的严重程度密切相关。

胃酸和胆汁酸具有一定抗菌作用,有助于维持消化道黏膜屏障完整性,防止口咽细菌定植到下消化道。肝硬化患者胃酸、胆汁酸分泌减少,宏基因组学方法分析显示肝硬化患者肠道微生物中口咽细菌(链球菌及韦荣球菌)明显增多,提示肝硬化时口腔细菌入侵肠道。肝硬化患者肠蠕动功能减弱,肠道清除功能减退,肠杆菌、肠球菌等结肠定植菌群侵袭小肠(详见本节"小肠细菌过度生长"部分)。肝硬化疾病进展时,肠道微生物群明显变化。晚期肝硬化患者肠道微生物失衡加剧,革兰阴性菌如肠杆菌、拟杆菌大量增加。厚壁菌门包括致病菌如葡萄球菌和肠球菌等,与其他厚壁菌门(如毛螺菌和瘤胃球菌等)对人体健康的影响截然不同;因此,针对肝硬化患者肠道微生物改变,基于细菌门的分析研究并不适用。

不同病因引起的肝硬化患者,粪便微生物群落类似,提示肝硬化本身对肠道微生物的组成有重要影响。但也有研究显示,较之非酒精性肝硬化患者,酒精性肝硬化患者肠道微生物中肠杆菌和盐单细胞菌的丰度明显增加,内毒素水平升高,普拉梭杆菌/大肠埃希菌的比值也明显降低。

除肝脏疾病本身外,住院治疗、抗生素使用以及膳食改变等也是影响肠道微生物的重要因素。肝硬化患者常于医疗保健机构就诊,且失代偿性肝硬化患者住院较多。某些肠道细菌(如丙酸杆菌和盐单胞菌等)增加往往与住院治疗有关。住院期间抗生素使用增加,可能是肠道微生物群组成改变的另一个重要因素。抗生素治疗初始阶段,肠道微生物中厚壁菌门比例最高;β-内酰胺类抗生素治疗开始4~6天后,肠道微生物群开始有明显变化,经过一周抗生素治疗后,肠道微生物主要是链球菌、梭菌科和拟杆菌科等非原籍菌,提示使用抗生素可改变菌群组成结构,导致肠道微生态失衡。膳食也可能影响肝硬化患者肠道微生物群稳定性。低蛋白饮食是肝性脑病重要的治疗方法,因此蛋白质营养不良在晚期肝病中较为常见,这可能对患者预后产生不利影响。

过去主要通过对粪便样品或肠液进行细菌培养来对肝硬化患者肠道微生物组成进行定性和定量研究。但是针对无肝硬化人群的研究表明,肠黏膜微生物组与粪便微生物组存在一定差异。肝硬化宿主肠黏膜微生物组和粪便微生物组也存在显著差异。肠黏膜微生物组中丰度较高的细菌多属于厚壁菌门(如劳特菌)、放线菌门(如丙酸杆菌和链霉菌)和变形菌门(如弧菌)。而在粪便微生物组中丰度较高的细菌多属于厚壁菌门(如明串珠菌、罗斯菌、韦荣球菌等)。肠黏膜丙酸杆菌和弧菌丰度明显高于粪便标本中丙酸杆菌和弧菌的丰度。肝硬化患者伴肝性脑病者,使用利福昔明或乳果糖治疗后,粪便微生物组无显著变化,但肠黏膜微生物中劳特菌、罗斯菌和韦荣球菌的数量显著减少,而丙酸杆菌明显增加。因此,基于粪便标本的定性和定量分析诊断肠道微生物失衡是否恰当尚存争论。近年来,基于细菌核糖体16S rDNA序列的PCR与时相温度梯度凝胶电泳、磷酸测序等技术有机结合使得对样品整体细菌群落进行全面解析成为可能。

（二）肠道微生物组成改变促进肝硬化进展

人体肠道内菌群绝大多数定植在结肠，而空肠、回肠及十二指肠中微生物含量依次减少。肝硬化患者肠道内肠杆菌、梭杆菌、变形杆菌、肠球菌和链球菌数量增加，双歧杆菌和乳杆菌数量减少，机会致病菌数量增加而益生菌减少。研究显示，肝硬化小鼠粪便中拟杆菌、梭菌显著减少，韦荣球菌、肠杆菌和肠球菌显著增加。随肝硬化进展，小鼠血液中内毒素及促炎性细胞因子如白细胞介素-1、白细胞介素-6、肿瘤坏死因子-α等明显增加，引起细胞外基质合成/降解失衡，促进肝纤维化进展；另外，肠道微生态失衡导致循环血中细菌脂多糖增加，脂多糖与肝脏库普弗细胞表面 Toll 样受体 4 结合引起肝脏炎症，与肝星状细胞表面 Toll 样受体 4 结合促进细胞外基质合成，加速肝纤维化进程。

二、小肠细菌过度生长

（一）概念

人体肠道内菌群主要定植在结肠，其优势菌为厌氧菌、大肠埃希菌等；空肠、回肠及十二指肠中微生物含量依次减少，近端小肠定植细菌主要为链球菌和葡萄球菌。与健康人群相比，肝硬化患者不仅肠道微生物组成改变，肠道细菌数量也大为增加。

肝硬化患者多伴有自主神经功能障碍，神经肽和炎症介质作用于肠平滑肌以及肠神经，导致肠道运动减慢，口-盲肠传输时间延长。糖尿病及某些药物也可能延长口-盲肠传输时间。此外，肝硬化患者胃酸和胆汁酸分泌减少、初级胆汁酸转变为次级胆汁酸也减少，肠黏膜对细菌定植的抵抗性减弱，有利于病原微生物过度生长。在上述因素共同作用下，肠腔需氧菌增多，结肠细菌移行至空肠和十二指肠，引起小肠细菌过度生长（small intestinal bacterial overgrowth，SIBO），此时小肠内菌群组成与结肠菌群类似，肠源性感染和内毒素血症发病概率增加，进一步加重肝损害。

肝硬化患者小肠细菌过度生长发病率明显升高，且与肝病的严重程度相关。小肠细菌过度生长是肠源性细菌易位的先决条件，是肝硬化临床失代偿的危险因素之一，与肝性脑病和自发性细菌性腹膜炎发病有关。研究显示，乙肝肝硬化小肠细菌过度生长组的外周血树突状细胞表面标志阳性率明显低于健康对照组；树突状细胞数量减少，抗原呈递功能缺陷，不能有效对乙型肝炎病毒产生有效免疫应答，导致肝纤维化进展。研究显示口服西沙必利促进胃肠蠕动可减少肝硬化大鼠小肠细菌过度生长和肠道细菌易位发生率。

（二）诊断方法

目前鉴定小肠细菌过度生长的方法主要包括空肠引流液细菌培养、氢呼气试验和尿蓝母测定等。其中，前两者较常用。收集空肠引流液培养，成人菌落数大于 1×10^5/mL 或小儿菌落数大于 1×10^4/mL 即可诊断。此法是研究小肠肠道细菌的最古老方法，长期以来被认为是小肠细菌过度生长诊断的金标准。此法缺点主要包括：需有创性操作；难以培养专性厌氧菌，可能导致假阴性；口腔菌群污染可能导致假阳性，故其临床应用受限。氢呼气试验简单、无创，是目前最常用的小肠细菌过度生长的诊断技术之一。患者禁食 12 小时后，口服特定碳水化合物，前后对照呼出气体氢的浓度来间接诊断小肠细菌过度生长。其原理在于碳水化合物的细菌代谢是人体氢气的唯一来源。氢呼气试验通常使用乳果糖、葡萄糖、木糖等、山梨醇-稀钡等作为口服试剂。乳果糖是一种碳水化合物，在小肠和结肠不会被吸收；其缺点是乳果糖本身可能导致肠蠕动增强，肠道快速转运，第二个峰明显变钝，可能无法将小肠细菌过度生长与生理性结肠发酵区分开来。氢呼气试验有一定局限性，氢气浓度峰值不仅与细菌过度生长有关，也可能与肠道转运缓慢有关。此外，测试前饮食不当（如进食高纤维饮食）也可能影响实验结果。研究显示肝硬化患者氢呼气试验诊断小肠细菌过度生长与上述金标准比较差距较大。

与空肠引流液培养相比,乳果糖-氢呼气试验诊断小肠细菌过度生长的敏感性和特异性分别为 68%和 44%,葡萄糖-氢呼气试验诊断小肠细菌过度生长的敏感性和特异性分别为 62%和 83%。

三、细菌易位

(一) 概念

1979 年,Berg 和 Garlington 首先提出细菌易位(BT)的概念,认为消化道内的活菌可能通过肠黏膜上皮进入固有层,进而到达肠系膜淋巴结(MLN)以及其他器官。随着 DNA 和微生物相关分子模式(microbiome-associated molecular pattern,MAMP)检测技术的进步,目前认为广义的细菌易位是指肠道微生物及其产物包括内毒素、脂磷壁酸、细菌 DNA、肽聚糖等,穿过解剖学完整的肠黏膜屏障,从肠腔内到达肠系膜淋巴结和其他远隔肠外脏器。

肠道微生物改变在细菌易位过程中有关键的作用。细菌易位主要见于肠杆菌、肠球菌和变形杆菌,专性厌氧菌很少能够通过消化道黏膜屏障到达肠系膜淋巴结。有学者认为肠道细菌易位可能是肝硬化进展的因素之一,也是失代偿期肝硬化出现自发性腹膜炎、脓毒血症等细菌感染的重要原因。继发于增加的体循环细菌或 MAMP 的炎症应答是肝硬化患者多器官衰竭、ACLF 甚至死亡的主要原因之一。

健康人体中可有少量细菌从肠腔易位,在通过上皮黏膜屏障的过程中被杀死,或在肠系膜淋巴结内被杀灭。也就是说,肠系膜淋巴结理论上是无菌的。肝硬化时可有一系列病理生理学改变,导致肠道微生物及其产物易位到肠系膜淋巴结。活菌易位可能诱发自发的细菌感染,而细菌产物易位可促使一系列细胞因子和一氧化氮释放,诱发炎症反应。与健康人群相比,肝硬化患者的肠系膜淋巴结和静脉血中肠源性细菌检出率明显升高,提示肝硬化患者肠源性细菌易位发生率大为增加。Cirera 等通过对 100 例接受肝移植术后的肝硬化患者和 35 例无肝硬化患者进行研究发现,肝功能 Child B 级的肝硬化患者肠系膜淋巴结检出肠源性细菌的阳性率大约为 8.1%,Child C 级肝硬化患者阳性率则为 31%,无肝硬化的对照组患者肠系膜淋巴结阳性检出率为 8%。该项研究采用肠系膜淋巴结进行细菌培养,首次证实了活菌易位至肠系膜淋巴结是失代偿期肝硬化的特征性表现,且病理性细菌易位的发生率和程度取决于肝脏疾病的严重程度,具有划时代的重要意义。与活菌易位不同的是,体循环和(或)肠系膜淋巴结中检测细菌 DNA 的阳性率与肝病严重程度并不相关,提示细菌产物如细菌 DNA 或 LPS 易位与肝病严重程度无关。

既往的研究多使用肠系膜淋巴结培养来研究肠道细菌易位,肠系膜淋巴结培养出病原微生物是细菌易位的直接证据。但在人类受试者中获得肠系膜淋巴结是一项有创操作,无法广泛应用,且此法无法评估难培养细菌(如厌氧菌)的易位情况。近年来采用 PCR 法检测血液中微生物 DNA 比细菌培养敏感性更高。晚期肝硬化患者肠系膜淋巴结检出肠杆菌的阳性率约 25%,而 PCR 法检测细菌 DNA 诊断病理性细菌易位阳性率则高达 40%,该数据与肝硬化患者血清 LPS 以及脂多糖结合蛋白阳性率基本吻合。目前认为,肠系膜淋巴结中查到肠道细菌是细菌易位的直接证据;门静脉血或外周血培养检测到肠道细菌,或外周血检测到内毒素都间接提示细菌易位。

(二) 机制

细菌易位的机制目前尚未完全阐明。迄今为止,针对细菌易位发病机制的研究主要来源于动物实验,仅有少量研究针对人体进行。目前认为细菌易位主要通过跨细胞和细胞旁两个主要途径跨越肠黏膜屏障。跨细胞途径指细菌或细菌产物在特定肠细胞膜通道和转运体的调控下通过肠细胞而实现易位。细胞旁途径指细菌或细菌产物通过上皮细胞间的紧密连接实现易位。跨细胞途径比细胞旁途径更为常见和重要,因为后者仅见于肠黏膜屏障受损情况下,前者在肠道黏膜健康情况下也可发生。跨越肠黏膜屏障后的细菌及其产物主要通过两种途径进入全身血液循环：通过肠静脉系统进入门静脉，或进入肠道淋巴引流。研究显示淋巴途径可能是细菌易位的主要途径。动物实验证实肠系膜淋巴结是细菌易位后的第一站。

（三）病理因素

导致肝硬化患者肠道细菌易位的病理因素主要包括小肠细菌过度生长、肠黏膜屏障损伤、免疫功能受损等。

小肠细菌过度生长是细菌易位发生的先决条件。肝硬化患者往往伴有小肠细菌过度生长（详见本节"小肠细菌过度生长"部分）。动物实验证实没有小肠细菌过度生长的肝硬化大鼠一般不会发生细菌易位；最终转移到肠系膜淋巴结的细菌与肠腔内过度生长的细菌往往是同种细菌。

正常肠黏膜屏障具有一定保护作用，能够防止病原微生物黏附和渗透。肠黏膜屏障受损可增加细菌易位的发生率。若肠道上皮未受到机械性损伤，肠源性细菌主要通过细胞内途径经肠道上皮细胞易位，再通过淋巴回流转移到肠系膜淋巴结；若肠道上皮受到机械性损伤，肠源性细菌则通过上皮细胞间的紧密连接即细胞旁途径易位，直接进入血液和淋巴结。肝硬化时肠道非优势菌群增加，产生过量内毒素，直接或间接诱发肠黏膜机械性损伤；门静脉高压导致胃肠道淤血、缺血、缺氧，激活黄嘌呤氧化酶产生过量自由基损伤肠黏膜；分泌型免疫球蛋白 A 合成减少，肠黏膜免疫屏障功能减弱。这些因素共同作用破坏肠黏膜屏障完整性，肠黏膜屏障通透性升高，导致内毒素、抗原或细菌大量入血，可能在慢性肝损伤的发展中发挥致病作用。研究表明，肠道通透性增加与肝硬化严重程度之间存在关联，但仅有肠黏膜通透性增加不会引起病理性细菌易位。Pérez-Paramo 等研究证实细菌易位仅在同时具备小肠细菌过度生长和肠黏膜通透性增加的大鼠中发生，仅有肠黏膜屏障通透性增加或仅有小肠细菌过度生长的大鼠不发生肠源性细菌易位。

肝硬化患者往往伴有全身和局部免疫系统功能的改变。肠道微生物与固有免疫、获得性免疫相互作用，维持肠道微生物稳态，调控炎症应答。肠相关淋巴组织含有大量淋巴细胞，能够分泌分泌型免疫球蛋白 A，后者能够中和毒素，并在补体、溶菌酶的共同作用下溶解细菌，达到抗感染作用。肝硬化时，免疫功能受损，局部免疫系统功能下降，肠相关淋巴组织内淋巴细胞增殖减少，分泌型免疫球蛋白 A、溶菌霉、磷脂酶 A2 等保护性物质合成减少，肠道屏障功能进一步受损，对细菌黏附及易位的抵抗作用削弱，细菌转移到肠系膜淋巴结的能力增强。此外，肝硬化时肝脏合成功能下降，补体合成不足，补体介导的免疫调理作用减弱，吞噬细胞吞噬及灭活功能降低，肝脏灭活细菌的功能减弱，导致细菌大量复制并经门静脉系统进入体循环。

肝硬化患者抗微生物机制受损，可能进一步加剧细菌易位。Teltschik 等研究证实，40％的肝硬化大鼠中可检测到细菌易位，且这部分大鼠肠潘氏细胞分泌的抗微生物肽如 α－密码素 5（α－cryptdin 5）、α－cryptdin 7 等明显减少；对照组实验动物抗微生物肽表达无明显异常。肝硬化时，肠潘氏细胞分泌抗微生物肽减少在回肠和盲肠中最为明显。与之相应的是，肝硬化大鼠肠黏膜抗菌能力降低，尤其是回肠末端和盲肠，多数细菌易位发生于此处。

此外，近年来有学者提出，肝硬化患者胰岛素样生长因子－1（IGF－1）合成减少可能与细菌易位发生有关。亦有学者提出高胆红素血症是促进肝硬化患者细菌易位发生的独立危险因素之一。

第 5 节　肠道微生物与肝硬化并发症

肝硬化是慢性肝病的终末阶段，随病情进展可出现门静脉高压、感染、肝性脑病、肝肾综合征、肝癌等多种并发症,影响肝硬化患者预后,增加病死率。肝脏和肠道通过"肠-肝轴"在解剖和功能上紧密相连。肝硬化时肠道微生态失衡,小肠细菌过度生长,兼之肠黏膜屏障功能受损、机体免疫功能下降,最终导致肠源性细菌易位。肠道微生态失衡可加剧肝功能障碍并促进肝硬化各种并发症的发生。

一、肠道微生物与肝性脑病

肝性脑病是由严重肝病或门体分流引起的,以代谢紊乱为基础的中枢神经系统功能失调的综合征。根据其临床表现可分为轻微肝性脑病和显性肝性脑病。前者可仅表现为认知功能的轻微变化,后者往往伴有不同程度的意识改变、定向力障碍或运动功能障碍如扑翼样震颤等症状。血氨升高在肝性脑病发生、发展中起着关键性作用。

人体内的氨主要来源于肠道细菌分解含氮产物,尤其是产尿素酶的细菌分解尿素。氨在肠道被吸收,经门静脉进入肝脏后转变为尿素、谷氨酰胺,最终通过肾脏排泄。肝硬化患者肠道微生物失衡,产尿素酶的需氧肠球菌明显增多,导致肠道产氨明显增加。肝功能受损导致对氨的代谢能力明显减弱。肝硬化失代偿期有门体分流存在时,肠道吸收的氨可不经过肝脏代谢,直接进入体循环。上述原因导致肝硬化患者血氨升高,诱发肝性脑病。

血氨的产生、代谢、转化和清除与肠道微生物息息相关,因此可以肠道微生物为靶点治疗肝性脑病。目前治疗肝性脑病主要方案是纠正肠道微生态失衡,减少氨的产生和吸收。治疗药物主要有益生元、益生菌、抗生素等。乳果糖是目前临床常用的益生元,能够刺激肠道有益细菌生长,抑制产尿素酶细菌生长,降低肠道 pH,酸化肠道,促进氨以离子形式排出,减少肠道对氨的吸收。口服益生菌制剂能够直接调节肠道菌群构成的种类和功能状态,改善肠道微生物失衡,重建良性的肠道微生态,进而减少门静脉血流氨含量,减轻肝脏代谢负担,对肝性脑病具有显著疗效。益生菌制剂联合肠内营养有利于保护肠黏膜屏障,有效降低血氨和血清内毒素水平,还能改善肝性脑病患者的营养状况。口服抗生素如新霉素、巴龙霉素、万古霉素和甲硝唑等能够有效抑制肝性脑病患者肠道产氨细菌生长。但是,抗生素的耐药性及相关药物不良反应限制了其临床使用。新型抗生素利福昔明已被 FDA 批准用于治疗肝性脑病,安全有效,在肝性脑病的治疗中具有广阔的应用前景。利福昔明是一种口服广谱抗生素,几乎不被吸收入血,在肠道内浓度极高,且产生耐药性的概率较低,对隐性和显性肝性脑病均具有良好的疗效。研究表明,利福昔明联合乳果糖治疗肝性脑病疗效明显优于单独应用乳果糖。

二、肠道微生物与继发细菌感染

继发细菌感染是肝硬化失代偿期患者的常见并发症,主要包括肺部感染、泌尿系统感染、脓毒血症和自发性细菌性腹膜炎等。其中,最常见的感染类型是自发性细菌性腹膜炎,肺部感染次之。肝硬化患者继发细菌感染与肠道微生物失衡息息相关。前文已经提及,肠道细菌易位能够促进肝硬化进展,也是失代偿期肝硬化出现自发性腹膜炎、脓毒血症等细菌感染的重要原因。肠源性细菌易位到肠系膜淋巴结和体循环后肝硬化患者并发感染的风险明显增高。研究显示,肝硬化患者肠道肠杆菌数量明显增加,包括某些常见的革兰阴性病原体如沙门菌、志贺菌、耶尔森菌、克雷伯菌和大肠埃希菌等;上述细菌尤其是大肠埃希菌,是肝硬化患者细菌感染最常见的病原微生物。

自发性细菌性腹膜炎是腹腔没有明确感染源的腹水感染,腹水中性粒细胞总数大于 $250/mL$,无论腹水培养结果是否阳性均可诊断。自发性细菌性腹膜炎最常见的病原微生物是革兰阴性细菌感染,如大肠埃希菌、变形杆菌、克雷伯菌等。肠道屏障功能破坏、细菌易位与自发性细菌性腹膜炎发病密切相关。Child C 级的肝硬化腹水患者并发自发性细菌性腹膜炎的概率高达 70%。自发性细菌性腹膜炎发病与细菌易位密切相关。动物实验证实,并发自发性细菌性腹膜炎的实验动物细菌易位发病率约 80%,明显高于无自发性细菌性腹膜炎的实验动物(40%)。在同一实验动物体内,肠系膜淋巴结培养阳性的细菌与引起该动物腹膜炎的细菌是同一种。针对肝硬化患者的临床研究也有类似结论。

口服抗生素行选择性去污疗法可用于预防自发性细菌性腹膜炎复发。口服诺氟沙星可明显降低自发性细菌性腹膜炎的复发率。一项前瞻性随机对照试验表明利福昔明能够明显降低自发性细菌性腹膜炎发病率。口服益生菌能够改善肠道微生物失衡,改善肠源性细菌易位,对自发性细菌性腹膜炎有一定治疗作用。研究显示,酒精性肝硬化患者口服干酪乳酸杆菌后,促炎性细胞因子水平降低,对自发性细菌性腹膜炎有积极的治疗效果。β-受体阻滞剂能够改善肠道蠕动、降低肠道通透性,减少小肠细菌过度生长和肠源性细菌易位,降低自发性细菌性腹膜炎的发生率。《2016 年中国消化道微生态调节剂临床应用共识》推荐使用含有地衣芽孢杆菌的微生态制剂作为自发性细菌性腹膜炎的辅助用药。

三、肠道微生物与内毒素血症

内毒素来源于革兰阴性菌胞壁的脂多糖,通常在细菌死亡后胞壁崩解自溶时释放。肝硬化往往伴有肠道微生物失衡,原籍菌明显减少,后者能够生成短链脂肪酸,缓解结肠炎症、滋养结肠细胞,与致病菌竞争营养,生成抗菌肽改善肠黏膜屏障功能。肠道微生物失衡还能够破坏肠上皮细胞间紧密连接,诱发肠上皮细胞增殖/凋亡失衡。肝硬化后期门静脉高压导致胃肠道淤血,胃肠蠕动减慢,胃酸及胆汁分泌减少,导致小肠细菌过度生长。肝硬化患者肠道黏膜屏障功能受损,肠黏膜局部及全身免疫功能低下,过度生长的小肠细菌穿过肠黏膜屏障易位至肝脏和体循环,即肠源性内毒素血症。

内毒素能够直接损伤肝细胞,诱导肝细胞凋亡;损伤肠黏膜细胞,进一步损伤肠黏膜屏障;还可诱导单核-吞噬细胞活化并释放大量促炎性细胞因子包括肿瘤坏死因子-α、白介素及一氧化氮等,介导炎症应答。以 TNF-α 为核心的促炎性细胞因子与内毒素互相激活,呈现瀑布效应,加重肝脏微循环障碍和肝细胞免疫损伤,进一步加重肝损伤,甚至导致肝衰竭、诱发全身多器官损害。研究显示,肠源性内毒素血症是肝功能衰竭发病及进展的重要因素之一。肝硬化患者死于 SIRS(system inflammatory response sydrome,全身炎症反应综合征)和(或)ACLF 者革兰阴性菌阳性率明显增加,血浆内毒素水平也明显升高。与无 SIRS 的肝硬化患者相比,肝硬化患者罹患 SIRS 者粪便样本中革兰阴性菌明显增加,普拉梭杆菌/大肠埃希菌比值降低,血浆内毒素水平明显升高。

目前治疗主要方案包括益生元、益生菌、抗生素、促胃肠动力药、黏膜保护剂等,减少内毒素的产生与吸收。动物实验证实,益生菌可改善急性肝损伤大鼠肠道菌群失调,降低血浆内毒素水平,对急性肝损伤具有明显保护作用。口服乳果糖能够改善肠道微生态失衡,刺激肠道分泌免疫球蛋白 A,提高肠黏膜局部免疫力,增强肠黏膜屏障功能,还能在肠道内直接灭活内毒素。研究显示,在血浆置换的基础上口服乳果糖能进一步减轻内毒素血症,改善预后。

四、肠道微生物与肝细胞癌

肝细胞癌(hepatocellular carcinoma,HCC)是临床常见的恶性肿瘤,是肝硬化并发症之一。一般认为,肝细胞癌与长期肝脏炎症、反复肝细胞损伤和再生有关。在肝细胞癌发病过程中,肠道微生物失衡及肠黏膜屏障受损有重要作用。肠道微生物可通过调节肝脏的炎症应答调控肝癌的发病与进展。

如前所述,肠道微生物失衡能够改变初级胆汁酸/次级胆汁酸比例,初级胆汁酸可上调趋化因子

CXCL16 表达,促进自然杀伤细胞募集,后者可抑制肝细胞癌发病。肝细胞癌患者大肠埃希菌数量明显高于肝硬化患者,提示肝细胞癌发病可能与大肠埃希菌过度生长密切相关。肝细胞癌患者血浆 LPS 水平明显高于健康人群,提示我们肝细胞癌患者肠黏膜屏障受损。肝硬化患者肠道微生物失衡,革兰阴性菌明显增多,后者死亡后胞壁崩解释放内毒素。肝硬化患者肠黏膜屏障受损,大量细菌产物通过肠黏膜屏障进入体循环,即内毒素血症。血浆 LPS 升高可激活 TLR‑4 受体介导的炎症通路,促进肝细胞有丝分裂、抑制肝细胞凋亡;库普弗细胞 LPS‑TLR‑4 信号通路激活可导致肿瘤坏死因子依赖性的肝细胞增生,同时诱导氧化应激和凋亡;此外,LPS 还可明显增强癌细胞的增殖、侵袭能力,促进上皮间充质转化。上述因素共同作用促进肝细胞癌的发生与进展。*TLR*4 基因敲除后,氧化应激、炎症及肝损伤均明显缓解,肝细胞癌发病率也明显降低。革兰阳性菌细胞成分脂磷壁酸通过肠黏膜屏障入血后,与 DCA 共同作用,通过肝星状细胞 TLR‑2 上调环氧化酶‑2(cyclooxygenase 2,COX2)分子表达,调节肿瘤免疫功能,促进肝细胞癌发病。研究显示,灭活肠道细菌、敲除 *TLR*4 基因能够显著降低肝细胞癌发病率。

目前动物实验已证实肠道微生物失衡与肝细胞癌发病密切相关。小鼠接种益生菌后,Th17 细胞分化受到抑制,IL‑17 分泌减少,能够有效降低肝细胞癌发病率。广谱抗生素在清除肠道病原微生物、改善内毒素血症的同时往往会破坏肠道微生物稳态,临床应用受到限制。明确促进肝细胞癌发病的特异性致病菌,并针对其进行靶向杀菌治疗,是未来的研究方向之一。

五、肠道微生物与门静脉高压

门静脉高压是失代偿期肝硬化严重并发症之一,临床表现为脾大、腹水、腹壁静脉曲张、食管胃底静脉曲张破裂出血等。肝硬化患者肠道微生物失衡,肠道细菌易位到肠系膜淋巴结和体循环,促炎性细胞因子明显增加,NO 生成增加,过量 NO 导致血管对缩血管活性物质反应性降低,血管收缩障碍,导致内脏动脉血管扩张。内脏动脉血管扩张是肝硬化患者高动力循环状态和门静脉高压的主要原因。

动物实验证实细菌 DNA 或 LPS 均可加重门静脉高压,提示细菌易位诱发的炎症反应与门静脉高压之间存在相关关系。Steib 等通过胆总管结扎建立大鼠肝硬化模型,腹膜腔注射 LPS 3 小时后 TLR‑4 及 MyD88 介导的炎症通路活化,大鼠门静脉压力基线值也明显升高。研究证实喹诺酮类抗生素不仅能够减少细菌感染的风险,还可增加全身血管阻力,改善高血流动力学状态。诺氟沙星主要对抗需氧革兰阴性细菌,很少引起细菌耐药,通过改善肠道微生物失衡重建血流动力学稳态。有学者将肝硬化患者随机分为两组,分别口服诺氟沙星(400 mg,每日 2 次)和安慰剂。4 周后治疗组患者不仅血清内毒素水平显著降低,高动力循环状态也明显改善,表现为心输出量下降、HVPG 下降至平均约 4 mmHg,而患者肾功能未见明显影响。该研究提示肠道微生物失衡通过细菌易位诱发的炎症应答与门静脉高压存在相关关系。

利福昔明可明显改善门静脉高压和肝脏炎症,其原理在于利福昔明能够有效杀灭革兰阴性菌,减少肠道细菌来源的 LPS 入血,下调 LPS‑TLR4 炎症信号通路,进而改善血流动力学状态。

第 6 节　重建肠道微生物平衡

正常肠道微生物参与调节宿主代谢与免疫功能,对维持机体稳态有重要的作用。肠道微生物失衡在肝硬化及其并发症的发病及进展过程中有重要作用,且其严重程度与肝功能损伤程度呈正相关。

改善肠道微生物失衡能够改善肝功能，延缓肝纤维化进展，减少肝硬化相关并发症的发病率。因此，重建肠道微生物平衡对肝硬化及其并发症治疗具有重要意义。

目前常用的治疗方案主要包括：采用抗生素进行肠道去污染、补充微生态制剂重建肠道微生物稳态、粪菌移植重建肠道微生物稳态、保护肠黏膜屏障、预防肠源性细菌及细菌产物易位，以及干预胆汁酸信号通路调节肠道微生物等。

一、肠道去污染

肠道去污染是目前预防肝硬化患者并发自发性细菌性腹膜炎的有效治疗手段。动物实验证实，口服诺氟沙星能够有效减少肠源性细菌易位和内毒素血症。临床研究显示，肝硬化腹水患者在全身应用抗生素抗感染基础上，加用诺氟沙星口服选择性肠道去污染可显著降低血清二胺氧化酶、D-乳酸和内毒素水平，减轻肠黏膜损伤，降低肠黏膜屏障通透性，预防细菌易位。喹诺酮类抗生素对肠道菌群失衡及减少肝硬化相关并发症有一定作用，但是，长期应用广谱抗生素有诱发细菌耐药和二重感染的风险。

使用窄谱抗生素杀灭肠道致病菌如大肠埃希菌、白色念珠菌等，尽可能保护肠道原籍菌，有利于维护肠道微生物稳态，减少致病菌增殖，进而有效缓解肠源性细菌易位和内毒素血症。利福昔明可杀灭肠道产尿素酶细菌减少氨生成，且不易诱导耐药菌株的产生，能够有效调节肠道微生物稳态，缓解炎症反应。研究显示，较之诺氟沙星，利福昔明对肝硬化腹水并发自发性细菌性腹膜炎患者疗效更佳。2005 年美国食品药品监督管理局批准利福昔明应用于肝性脑病的治疗。研究显示，利福昔明可以显著改善肝硬化合并肝性脑病患者的认知能力和生活质量，其效果与乳果糖相当。利福昔明联合乳果糖治疗可明显降低肝性脑病降低病死率，缩短平均住院时间。失代偿期酒精性肝硬化患者长期应用利福昔明可明显降低食管静脉曲张破裂出血发病率。此外，长期应用利福昔明还可以降低肝硬化患者急性肾损伤的发生率。

综上所述，利福昔明能够有效杀灭肠道病原微生物，有利于重建肠道微生物稳态，对肝硬化及其并发症治疗具有重要作用。

二、微生态制剂

微生态制剂是用正常微生物或促进有益微生物生长的物质制成的活性微生物制剂，可有效改善肠道微生物失衡，重建肠道微生物稳态。微生态制剂能够抑制促炎性细胞因子产生，减轻免疫反应对肝细胞的损伤。微生态制剂主要包括益生菌、益生元和合生元。

益生菌是对宿主健康有益的活的微生物，主要包括细菌和酵母益生菌。在我国，批准应用于人体的益生菌主要包括乳杆菌属、链球菌属、双歧杆菌、芽孢杆菌、梭菌和酵母菌，其中乳酸杆菌和双歧杆菌最为常用。随着近年来科学技术的发展，益生菌的商业化生产得以实现。益生菌制剂能够增加肠道不产生尿素的乳酸菌数量，通过在肠道上皮细胞黏膜竞争营养物质、竞争性抑制病原微生物，重建肝硬化患者肠道微生物稳态；能够改善肠道通透性，减少肠道菌群易位和促炎性细胞因子释放，进而缓解局部和全身炎症反应。

口服益生菌能改变口腔微生物群及肠道微生物群。口服益生菌可显著降低牙龈炎发病率。口服唾液乳杆菌后，牙菌斑内的细菌和牙龈卟啉单胞菌显著减少，停药后可恢复到基础水平。慢性牙周炎患者口服益生菌治疗后，牙龈出血及炎症明显缓解。肝硬化患者口服鼠李糖乳杆菌 8 周后，粪便中肠杆菌明显减少，毛螺菌明显增加，肠道微生物失衡明显改善，血浆内毒素和促炎性细胞因子如 TNF-α

等也明显减少。益生菌复合制剂 VSL♯3 能够调控巨噬细胞炎性蛋白-3(macrophage inflammatory protein-3),人巨噬细胞炎性蛋白3(macrophage inflammatory protein3,MIP-3)、一氧化氮、血栓素-2等多种炎症信号分子,可明显缓解肝硬化严重程度,降低住院率。动物实验证实,应用唾液乳酸杆菌或戊糖球菌可明显改善 CCL4 诱导的肝硬化大鼠肠道屏障功能,肠道致病菌如大肠埃希菌等明显减少。乳酸杆菌能明显改善肝硬化小鼠内毒素血症,减轻肝脏损害。口服双歧杆菌四联活菌后,肠道内双歧杆菌属、乳酸杆菌属等益生菌明显增加,肠杆菌属明显减少,内毒素血症及肝功能损伤均明显改善。《2016 年中国消化道微生态调节剂临床应用共识》指出,对肝硬化尤其伴内毒素血症者,推荐采用含肠道有益原籍菌如双歧杆菌、乳杆菌或肠球菌等制备的微生态制剂进行防治。此外,益生菌制剂可显著减少氨生成,有效治疗肝性脑病。目前推荐使用酪杆菌、双歧杆菌、乳杆菌等作为肝性脑病患者辅助治疗。

益生元是一种膳食补充剂,主要包括低聚果糖、乳果糖、异麦芽低聚糖和菊粉等。益生元是一类人体不能消化或难以消化的大分子物质,可作为益生菌的能量来源,能够选择性的刺激一种或少数细菌的生长与活性,对宿主产生有益的影响。其优点在于耐高温,容易储存运输,对胆汁酸和胃酸具有一定抗性、不易被分解失活。不像益生菌对储存温度有特定要求。研究显示,肝硬化患者肠黏膜屏障通透性增加导致内毒素血症,乳果糖能明显降低肠黏膜通透性,并在一定程度上纠正内毒素血症。乳果糖和水苏糖目前已广泛用于治疗肝性脑病。

合生元是益生元和益生菌的混合制剂。益生元在肠道中可促进乳酸杆菌和双歧杆菌等有益菌增殖,与益生菌合用时疗效显著增强。

三、粪菌移植

粪菌移植是近年来多种消化道疾病热门的新兴治疗方案,是将健康人粪便中的有益菌群移植到患者肠道内,重建有正常结构和功能的肠道微生物稳态的过程。粪菌移植对于肠道艰难梭菌感染的疗效甚至优于万古霉素。随着研究的深入,粪菌移植对肝脏疾病的治疗价值受到广泛关注。

粪菌移植能够明显改善肠道微生物失衡。动物实验证实,与对照组相比,将低脲酶活性细菌引入肠道无菌的啮齿类动物后,实验动物粪便氨含量明显降低。门静脉高压大鼠进行粪菌移植重建肠道微生物稳态后,门静脉高压获得明显改善。肝硬化并发自发性腹膜炎的患者在常规治疗的基础上进行粪菌移植,粪便双歧杆菌、乳杆菌等益生菌数量明显增加,腹膜炎症和肝功能也有所改善,但其安全性、有效性尚需进一步研究。临床研究显示,复发性肝性脑病患者接受粪菌移植后粪便微生物组成明显改变,认知功能也有明显改善,复发率和平均住院日均显著下降。目前粪菌移植多采用鼻饲管、鼻空肠管、保留灌肠、结肠镜置管等方法将纯化后的供体粪菌输注到患者肠道内,其缺点在于对操作技术有一定要求。以粪菌为内容物制备成胶囊用于口服,是目前新兴的正在研发当中的粪菌移植治疗方案。

四、保护肠黏膜屏障

促进肠黏膜上皮细胞修复有利于维护肝硬化患者肠黏膜屏障的完整性,可明显降低肠源性感染的发病率,有利于改善肝功能、降低并发症的发病率。多项临床研究显示,使用谷氨酰胺或谷氨酰胺联用益生菌可有效改善肝硬化患者的营养状况和肠黏膜屏障功能,缓解内毒素血症和肝功能损害,不良反应少而轻微,临床疗效较好。动物实验证实,缬沙坦联合普萘洛尔能够下调门静脉高压大鼠血清 TNF-α 水平、结肠组织 NOS 表达及血清 NO 合成,对肠黏膜损害有一定保护作用。此外,肠内营养中添加复合膳食纤维对门静脉高压大鼠修复肠上皮损伤、重建肠黏膜屏障功能有一定保护作用,能明显改善内毒素血症,为门静脉高压的临床治疗提供了新的思路。

五、干预胆汁酸信号通路

肠道微生物与胆汁酸之间具有密切的相互作用:胆汁酸可以抑制细菌生长,阻止细菌在肠黏膜上皮黏附,防止细菌易位,重建肠道微生物稳态,增强肠道黏膜屏障功能;肠道微生物参与次级胆汁酸代谢、调节肝脏合成胆汁酸的过程。肝硬化时肝细胞损伤,胆汁酸分泌减少并伴有排泄障碍,肠道内胆汁酸被动吸收增加,肠道胆汁酸减少、组分改变,最终导致肠道细菌过量生长、过量内毒素入血。

应用抗生素可能改变小鼠肠道微生物组成,进而调节回肠细胞顶端钠依赖性胆盐转运体(apical sodium-dependent bile salt transporter,ASBT)表达及 FXR/FGF15(fibroblast growth factor 15,成纤维细胞生长因子 15)信号通路,促进肝脏表达 CYP7A1 基因,调节胆汁酸合成及排泄。动物实验证实,微生物和胆汁酸在保护原发性硬化性胆管炎的胆道损伤中有重要作用。临床研究显示,肝硬化患者口服熊去氧胆酸后内毒素血症明显改善。因此在胆汁酸信号通路基础上,胆汁酸代谢可以作为重建肠道微生物稳态、治疗肝硬化的潜在治疗靶点。

(李　妍　陆伦根)

参 考 文 献

[1] 池肇春.肠道细菌与非酒精性脂肪性肝病研究进展与现状[J].中西医结合肝病杂志,2019,29:97-102.
[2] Fu ZD, Cui JY. Remote sensing between liver and intestine: importance of microbial metabolites[J]. Current Pharmacology Reports, 2017, 3:101-113.
[3] 郭果良子,王立生.肝硬化患者肠道菌群失衡的研究现状[J].中国微生态学杂志,2018,30:104-108+113.
[4] Giannelli V, Di Gregorio V, Iebba V, et al. Microbiota and the gut-liver axis: bacterial translocation, inflammation and infection in cirrhosis[J]. World journal of gastroenterology, 2014, 20:16795-16810.
[5] Acharya C, Sahingur SE, Bajaj JS. Microbiota, cirrhosis, and the emerging oral-gut-liver axis[J]. JCI Insight, 2017, 2. pii: 94416.
[6] 池肇春.肠道微生物与自身免疫性肝病研究进展与评价[J].世界华人消化杂志,2019,27:50-62.
[7] Usami M, Miyoshi M, Yamashita H. Gut microbiota and host metabolism in liver cirrhosis[J] World J Gastroenterol, 2015, 21:11597-11608.
[8] Ghosh G, Jesudian AB. Small Intestinal bacterial overgrowth in patients with cirrhosis[J]. Journal of clinical and experimental hepatology, 2019, 9:257-267.
[9] Chen YX, Lai LN, Zhang HY, et al. Effect of artesunate supplementation on bacterial translocation and dysbiosis of gut microbiota in rats with liver cirrhosis[J]. World J Gastroenterol, 2016, 22:2949-2959.
[10] Campion D, Giovo I, Ponzo P, et al. Dietary approach and gut microbiota modulation for chronic hepatic encephalopathy cirrhosis[J]. World Journal of Hepatology, 2019, 11:489-512.
[11] 董敏,张小强,乔亚琴,等.肝硬化与肠道微生态失衡研究进展[J].肝脏,2018,23:446-451.
[12] 中华预防医学会微生态学分会.中国消化道微生态调节剂临床应用专家共识(2016 版)[J].中国实用内科杂志,2016,36:858-869.
[13] Sanduzzi Zamparelli M, Rocco A, Compare D, et al. The gut microbiota: a new potential driving force in liver cirrhosis and hepatocellular carcinoma[J]. United European Gastroenterol J, 2017, 5:944-953.
[14] Wiest R, Albillos A, Trauner M, et al. Targeting the gut-liver axis in liver disease[J] J Hepatol, 2017, 67:1084-1103.
[15] Milosevic I, Vujovic A, Barac A, et al. Gut-liver axis, gut microbiota, and its modulation in the management of liver diseases: a review of the literature[J]. Int J Mol Sci, 2019, 20. pii: E395.

第18章　肠道微生物与自身免疫性肝炎

第1节　概　　述

自身免疫性肝炎(autoimmune hepatitis，AIH)是一种异常免疫反应介导的针对肝细胞的肝内炎症性疾病。AIH 以不同程度的血清转氨酶升高、高丙种球蛋白血症、血清特征性自身抗体阳性、肝组织学特征性改变和对免疫抑制治疗应答为特征。目前认为遗传与环境因素在 AIH 的发病中起重要作用，正常的免疫调节发生紊乱，发生针对肝细胞成分抗原的免疫反应是其主要的发病机制。病毒感染、药物和环境因素则是 AIH 常见的诱发因素。

AIH 的病因尚不清楚。发病机制可能是由于免疫耐受的破坏、遗传易感性和触发自身免疫过程的环境因素，这些因素共同诱导 T 细胞介导的对肝抗原的反应，从而发展为坏死性炎症和组织破坏。

AIH 的发病机制涉及先天免疫应答和适应性免疫应答的干预。Lin 等观察了 AIH 患者单核细胞/库普弗细胞(KC)的变化。选择 21 例 AIH 患者及 7 例非酒精性脂肪肝作对照。分析肝脏和 KC 中 Vav1 和 p21 活化激酶 1(PAK1)的丰度。Vav1 系人类原癌基因，其全名采用了希伯来语第六个字母的发音，它是 T 细胞受体信号传导的关键分子。Vav1 激活下游信号包括钙流、调节蛋白激酶(extracellular regulated protein kinases，ERK)、蛋白激酶 B(又称 Akt)以及蛋白激酶 D(protein kinase D，PKD)等，最终导致活化 T 细胞核因子(nuclear factor of activated T-cells，NF－AT)、NF－κB 和叉头框蛋白 O1(forkhead box protein O1，FOXO1)等转录因子的活化。此外，检测外周血单核细胞(PBM)中 HLA－DR 和 CD80 的表达水平，评价 PBM 的吞噬功能。AIH 患者 KCs 中 Vav1 和 PAK1 的表达水平较高。这种上调的表达与疾病的进展有关。AIH 患者外周血单个核细胞中 HLA－DR 和 CD80 表达降低，大肠埃希菌吞噬能力降低。这种下调的表达与疾病的进展有关。研究结果提示，KC 和 PBM 功能缺陷可能参与了 AIH 的发病过程。

AIH 是一种慢性炎症性肝病，病因尚不清楚。发病机制可能是免疫耐受、遗传易感性和环境条件改变的结果，这些因素共同诱导 T 细胞介导的对肝抗原的攻击，导致坏死性炎症和肝损伤。

AIH 是一种严重的进行性疾病，约40%未经治疗的患者在诊断 AIH 后 6 个月内死亡。经免疫抑制剂治疗后，80%～90%的患者可获得临床和生物化学缓解，获得临床缓解的患者预期寿命与健康人群无差别。AIH 患者 10 年总体生存率在 82%～95%，20 年总体生存率约为 48%。AIH 肝脏相关死亡或移植率与就诊时是否有肝功能失代偿和是否发展至肝硬化紧密相关。一般情况下，突然起病、严重发作并伴有持续性胆汁淤积、结肠炎、肝性脑病、腹水和广泛小叶坏死的患者预后较差，病死率较高。而起病隐匿且无黄疸或在发病初期较平稳者预后较好。死亡主要原因为肝功能衰竭、食管静脉曲张破裂出血和感染。

第 2 节　流 行 病 学

AIH 可以发生于世界范围内任何地区和种族,多见于女性,男女比例约为 1∶4。自身免疫性肝炎是一种慢性免疫介导的炎症性肝病。基于人群的流行病学研究表明,它是一种罕见的慢性肝病,年发病率为(0.67～1.9)例/10 万人。患病率因地理区域而异(新加坡,每 10 万人中有 4 人;瑞典,每 10 万人中有 10.7 人;以色列南部,每 10 万人中有 11 人;西班牙,每 10 万人中有 11.6 人;挪威,每 10 万人中有 16.9 人;荷兰,每 10 万人中有 18.3 人;丹麦,每 10 万人中有 23.9 人;新西兰,每 10 万人中有 24.5 人),发病率在丹麦和荷兰中有所增加。在美国的成年人口中没有进行严格的流行病学研究,但是在犹他州的儿童中进行的研究表明,总的发病率为每 10 万人 0.4 例,流行率为每 10 万人 3 例。我国目前尚无流行率的报告。不同地理区域和民族的自身免疫性肝炎的年发病率和流行率存在很大差异,表明遗传和环境因素是导致本病发生的主要因素。

第 3 节　肠道微生物在自身免疫性肝炎发病机制中的作用

自身免疫性肝炎也可能受肠道微生物群的影响。7%～18%的患者同时出现 PBC 或 PSC 的特征("重叠综合征");49%～92%的自身免疫性肝炎患者存在不典型核周抗嗜中性粒细胞细胞质抗体(perinuclear antineutrophil cytoplasmic antibody,pANCA);在实验性自身免疫中发现肠道微生物群有组成上的改变(生物障碍)。自身免疫性肝炎患者与健康志愿者相比,结合肠上皮细胞的结构蛋白(小带闭塞蛋白 1 和闭塞蛋白)减少,血浆 LPS 水平升高,肠厌氧菌(双歧杆菌和乳酸杆菌)减少,这些发现支持了自身免疫性肝炎与生物功能障碍、胃肠黏膜屏障通透性增加以及肠道来源的微生物产物转运到全身循环中相关。

新出现的证据表明,肠道微生物可通过激活 TLR 和促进肝脏内炎症小体的形成影响全身免疫应答。由抗生素、遗传因素或疾病(生物障碍)引起的肠道微生物组成的改变可通过克服或逃避对共生细菌的正常耐受性反应来维持或增强固有和适应性免疫应答。细菌成分可充当抗原,刺激全身免疫应答或肠内原代免疫细胞,随后进入外周淋巴组织。微生物和宿主衍生的抗原之间的分子模拟以及抗原致敏的淋巴细胞混乱的靶向可能随后启动或加强遗传易感个体的自身免疫反应。对细胞培养、动物模型和患有各种全身免疫介导疾病患者的研究已证实了这些假说的正确性,并证明它们在自身免疫性肝炎的发病中起作用。

现已明确组织相容性复合体(MHC)的遗传因素被认为是自身免疫性肝炎发生的易感因素。细胞色素 P450 2D6(cytochromeP4502D6,CYP2D6)和羧酶胺转移酶胱氨酸脱胺酶(carboxamide transferase cystine deaminase)已被提出作为某些患者的主要抗原靶点,大多数北美和北欧白种人患有自身免疫性肝炎,其主要靶抗原尚不清楚,迄今为止尚未识别的自身抗原或与自身抗原相似的外源抗原可能触发该疾病或增加对该病的易感性。肠道的共生细菌及其代谢副产物构成可与黏膜免疫细胞相互作用并影响全身免疫应答的外源抗原库。人类微生物群已经牵涉多种全身免疫介导的疾病的发生,包括 1 型糖尿病、类风湿关节炎、多发性硬化和炎症性肠病及炎症性肝病。

一、肠-肝轴与自身免疫性肝炎

"肠-肝轴"这个术语描述了肠和肝之间解剖、代谢和免疫学上的紧密联系。肝脏和肠道通过门静脉循环紧密相连,门静脉循环不仅为肝脏提供营养,而且为肝脏提供肠源性食物和细菌抗原,以及细菌代谢产物。肝门和肝动脉循环是肠-肝轴的传入部分,而胆道树是肠-肝轴的传出部分。肠上皮和胆管上皮有许多共同的特性,包括模式识别受体(PRR)和紧密连接(TJs)蛋白的表达,以及释放分泌性 IgA 的能力。胆汁的分泌(尤其是胆汁酸和 IgA)影响肠-肝轴,并调节肠道微生物群的组成。此外,两个器官的特征是共同的淋巴细胞归巢和募集途径。肠源性 T 淋巴细胞也可能导致肝胆道炎症。

肠-肝轴是一个复杂的系统,涉及多种成分——肠道屏障、肠道微生物、胆汁、共享淋巴细胞归巢,以及几种肝受体,如 PRR 或法尼索 X 受体(FXR)、Takeda G-蛋白受体-5(TGR5)、成纤维细胞生长因子受体-4(FGFR4),它们将代谢途径与炎症联系起来。肠-肝轴的调节失调或损伤可激活肝脏先天免疫应答,导致诱导肝损伤,或促进肝损伤(任何来源)的进展(表 18-1)。

表 18-1　肠-肝轴各组分在腹腔疾病肝损伤推测发病机制中的作用

肠-肝轴成分	初始发病机制	肠道致病性后果	对肝脏免疫细胞及受体的影响	继发性肝病理与肝生理改变
	肠道免疫失调	刺激 GALT,以及肠炎细胞、细胞因子、趋化因子、二十碳糖苷类通过门静脉进入肝脏	通过与肝脏驻留免疫细胞的相互作用触发免疫应答	肝脏炎症和损伤
肠屏障	肠通透性增加(例如,趋化因子 CXCR3 的上调)	增加进入食物抗原细菌抗原(LPS 等)细菌代谢物(SCFAs 等)	通过以下途径触发免疫应答: - CXCR3 上调 - 通过激活 PRR(CD14/TLR-4 复合物、炎性小体等)。	肝脏炎症和损伤改变代谢调节(营养贮存)
细菌	生态失衡	肠通透性增加与炎症		
		能修饰醇溶蛋白肽免疫原性的蛋白水解活性		
		腹腔疾病相关免疫病理学增强		
		改变胆汁酸特征	影响肝胆盐受体(FXR、TGR-5)和 TGFR4 受体	肝和胆道炎症改变胆汁酸代谢、TG、葡萄糖和能量代谢的调节
	改变胆汁酸特征	微生物组成改变(生态失衡)		
胆汁	IgA 分泌	微生物组成改变(生态失衡)		

FGFR4,成纤维细胞生长因子受体-4;FXR,法尼酯 X 受体;GALT,肠相关淋巴组织;LPS,脂多糖

肝脏通过门静脉从肠接受大约 75% 的血液供应,它代表了暴露于肠源性产物的最早器官,不仅包括消化道物质,还包括细菌及其产品。维持肝脏免疫稳态的防御机制主要取决于健康状态下的肠屏障功能和肝脏的解毒能力。然而,各种病理条件破坏肠道屏障可导致细菌及其产物如 LPS 和含有 DNA 的未甲基化 CpG 进入肝脏。这些肠源性毒素可能通过先天免疫系统的异常激活打破肝脏的稳态,触发与肝脏炎症有关的信号通路,导致炎症发生。

各种研究表明,肠-肝轴在多种类型肝病的发病机制中起着重要作用。然而,目前还没有对 AIH 患者肠道屏障功能和微生物学变化的研究。Lin 等研究中发现 AIH 与肠漏和肠道微生物异常有关。

我们的数据表明,肠屏障受损可能在 AIH 的发病机制中起重要作用(图 18-1,见彩图)。

二、肠道微生物与肠道屏障及细菌易位

(一) AIH 患者肠道紧密连接的完整性受损

研究指出,健康对照组十二指肠绒毛正常,上皮细胞排列整齐。AIH 组十二指肠绒毛较小,排列不规则,紧密连接中断,固有层可见炎症细胞。此外,在 AIH 患者中观察到随着疾病晚期的形态学改变(图 18-2,见彩图)。

采用免疫组织化学方法检测 ZO-1 和阻断闭塞蛋白在十二指肠组织中的表达。如图 18-3 所示,见彩图,在健康对照中,ZO-1 和闭塞蛋白均表现为位于细胞内边界的连续带,但随着蛋白质远离细胞边界的位移和链断裂频率的增加。AIH 患者血清中 ZO-1 和闭塞蛋白表达水平较健康对照组明显降低。ZO-1、occlusin 表达降低与病情进展密切相关($P < 0.05$)。

(二) 16S rDNA 检测 AIH 患者肠道微生物的变化

为了评估 AIH 患者肠道微生物是否发生变化,定量分析主要肠道细菌。与健康对照组相比,AIH 患者厌氧菌数量减少(以双歧杆菌和乳酸杆菌为主),而需氧菌数量(以大肠杆菌和肠球菌为主)无明显变化。表明肠道菌群平衡的双歧杆菌/大肠杆菌(B/E)减少($P < 0.05$)(图 18-4)。结果表明,AIH 患者存在肠道菌群失调,而健康对照组则没有,提示 AIH 患者肠道紧密连接的完整性受损。

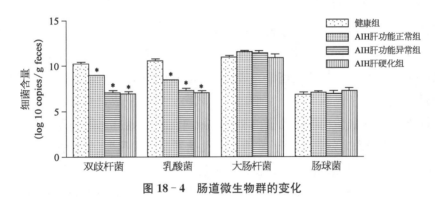

图 18-4　肠道微生物群的变化

不同进展状态的 AIH 患者肠道内不同肠道微生物的数量的比较。AIH,自身免疫性肝炎

(三) AIH 患者血浆 LPS 水平升高

为了评估细菌易位的存在,用 ELISA 分析血浆 LPS 水平。如图 18-4 所示,AIH 患者血浆 LPS 水平显著高于健康对照组($P < 0.05$)。此外,还发现 LPS 水平升高与疾病晚期密切相关($P < 0.05$)。这些结果表明 AIH 患者可能存在细菌易位(图 18-5)。

研究数据表明,肠漏和微生物异常存在于 AIH 患者中,并与疾病的严重程度相关。组织学评估显示,AIH 患者十二指肠黏膜结构的破坏以及十二指肠 ZO-1 和闭塞蛋白的免疫组化染色的强度与健康对照组相比显著降低,表明存在紧密连接完整性的破坏。

胃肠道包含人体与外部环境之间最大的界面,其特点是功能高度复杂。它不仅是消化物质吸收的被动器官,而且是肠道有害物质的第一道屏障。它防止肠道微生物的暴露以维持宿主免疫稳态。由于其解剖结构和独特的血管特性,肠与肝之间存在着密切的关系,称为"肠-肝轴"。在健康条件下,只有极少量的细菌或其产物能够到达肝脏,在那里它们被肝脏免疫系统净化和解毒。然而,各种病理条件破坏肠屏障可导致大量肠源性毒性因子,例如 LPS 进入肝脏,并诱导免疫系统的异常激活,从而

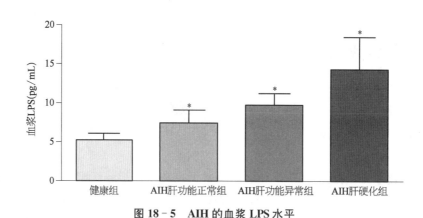

图 18 - 5 AIH 的血浆 LPS 水平

不同进展状态的 AIH 患者肠道内 LPS 含量比较。各组 AIH 患者血清 LPS 水平与
健康对照组比较,差异有统计学意义($P < 0.05$)

可触发肝脏的有害或慢性炎症发生。目前,已有各种研究提供了强有力的证据表明,肠-肝轴在慢性
肝病的发病中起着至关重要的作用。Miele 等发现非酒精性脂肪肝患者与肠通透性增加有关,肠通透
性增加是由小肠中细胞间紧密连接受损引起的。在酒精性肝病的发病机制中,由紧密连接和细菌增
殖功能受损引起的细菌易位起着重要作用,它激活免疫细胞释放多种促炎细胞因子。肝硬化患者肠
道菌群紊乱和内毒素血症较常见,内毒素血症程度与肝功能衰竭程度有关。然而,鲜见肠屏障和肠微
生物在 AIH 患者中的评估报告。

肠屏障完整性的维持依赖于绒毛、紧密连接和正常肠道菌群。AIH 患者十二指肠绒毛体积小、稀
少、排列不规则。炎症细胞也可见于固有层。通过免疫组织化学分析 ZO - 1 和闭塞蛋白在十二指肠
标本中的表达,评估肠内紧密连接的完整性。紧密连接通常连接在相邻上皮细胞的顶外侧膜,形成对
腔细菌、副产物和有毒物质的黏膜屏障。它们由一系列跨膜蛋白组成,包括闭塞蛋白、支链和结合黏
附分子,它们通过细胞质斑块蛋白与肌动蛋白和肌球蛋白丝相连,包括 ZO - 1。人们普遍认为,跨膜
蛋白和细胞质蛋白的正确和完整连接对于维持功能性肠屏障至关重要。总的来说,肠道绒毛受损和
紧密连接蛋白的低表达可能导致结构缺陷,使细菌易位。

当肠屏障受损时(即在肠通透性增加或肠免疫失调期间),具有强免疫激活特性的食物抗原和细
菌抗原,例如,LPS、肽聚糖、超抗原、细菌 DNA、鞭毛蛋白和热休克蛋白可以穿过肠上皮。与健康条件
下相比,在健康条件下氨的数量更多,它可以刺激肠相关淋巴组织(GALT)释放促炎细胞因子(TNF、
IL - 1、IL - 6 等)、趋化因子和二十碳六烯。GALT 不能消除抗原的负荷,而肠道炎症细胞、细胞因
子、趋化因子和细菌代谢产物(如乙醇、乙醛、三甲胺、SCFA 和游离脂肪酸)通过门静脉一起被输送到
肝脏。在肝脏中,这些成分大量流入激活肝脏免疫反应,从而促进肝脏损伤、炎症和纤维形成。在慢
性肝病的病理生理和进展中,肠通透性增加以及血浆炎症细胞因子水平增加。类似地,在门静脉和
(或)体循环(内毒素血症)中,在一些慢性肝病中细菌 LPS 水平增加。

可以破坏肠屏障功能的化合物包括已知的饮食项目或饮食习惯,例如,酒精使用、高脂肪或高碳
水化合物饮食、肠黏膜炎症、感染、毒素、药物(例如,非甾体类抗风湿药物、质子泵抑制剂)。通常用于
面团的工业食品添加剂(如面筋、微生物转谷氨酰胺酶、葡萄糖、盐、乳化剂、有机溶剂)可能对肠屏障
的功能产生负面影响。影响肠通透性的另一个主要因素是微生物群。

研究发现,醇溶蛋白(prolamin)本身通过释放小肠 TJs 的调节因子小带闭塞蛋白来增加肠通透
性。腔内醇溶蛋白与肠上皮细胞表达的趋化因子受体 CXCR3 结合,诱导 MyD88 依赖的小带闭塞蛋

白释放,导致肠细胞 TJs 开放。CXCR3 在炎症性肠病患者中过表达,与醇溶蛋白共定位。CXCR3 主要表达在免疫细胞上,但是它也在非免疫细胞上表达,包括肝实质细胞。在正常肝脏和受伤肝脏中,驻留的肝免疫细胞和肝细胞都表达 CXCR3。虽然这些受体在稳态肝环境中的作用尚不清楚,但在损伤期间,它们参与细胞存活、活化、增殖、凋亡、炎症细胞浸润、纤维化、血管生成以及附加趋化因子和生长因子的表达。最近,利用包括人肝(肝细胞和库普弗细胞)和肠(肠细胞、杯状细胞和树突状细胞)模型的集成多器官平台,证实了炎症性肠-肝相互作用下 CXCR3 配体的上调。

肠道微生物群在维持肠内稳态方面形成一个完整的生物屏障。该微生物具有协同共生关系支持的防御功能,包括抑制病原体、代谢有毒化合物、防止渗透和免疫清除机制。肠道菌群的紊乱导致肠屏障的破裂,肠通透性增加,并导致引发炎症的内毒素血症。用 16S rDNA 定量 PCR 分析 AIH 患者粪便微生物,发现 AIH 患者粪便中双歧杆菌和乳酸杆菌明显减少,而大肠埃希菌和肠球菌无明显变化。厌氧菌/需氧菌类组成的不平衡会损害肠道屏障并引起细菌易位。

细菌易位是指活的内源性细菌或其产物,如 LPS 和细菌 DNA,从肠道传递到肠系膜淋巴结、体循环和肠外器官。LPS 是由革兰阴性菌衍生而来的外膜分子。LPS 作为细菌易位的标志物,是免疫反应的强效激活剂,可引起肝脏损伤。研究证明 AIH 患者血浆 LPS 水平升高,并且升高的程度与疾病的严重程度显著相关。

研究推测肠漏和微生物菌群失活可能与 AIH 的发病机制有关。肠微生物群的改变和肠屏障的损伤,最终导致细菌移位和门静脉内毒素血症,并增加肝脏暴露于肠源性细菌产物。LPS 和未甲基化的 CpG DNA 破坏肝脏免疫耐受,异常地激活天然免疫受体,即 Toll 样受体,其可能触发"有害炎症",导致肝脏炎症和组织破坏。因此,可以认为肠屏障功能受损可能是 AIH 自身免疫攻击开始的一部分。

三、胆汁酸合成失调与自身免疫性肝炎

患有代谢性疾病、自身免疫性肝炎和肝硬化或癌症的患者中发现胆汁酸(BA)合成失调或 FXR 水平降低。现已证实,胆汁酸合成失调与代谢性疾病、自身免疫性肝炎、肝硬化和肝癌的发生有关。新的研究发现,FXR KO 小鼠产生丁酸的细菌减少,而西方饮食(WD)的摄入量进一步减少丁酸的产生。

BA 是由肝酶和细菌酶共同产生的。除了产生游离和共轭的初级 BA 的肝酶之外,在双歧杆菌和乳酸杆菌中发现的胆盐水解酶使 BA 解偶联,而来自硬壁菌门的 7α-脱羟酶将初级 BA 转化为次级 BA。因此,BA 不仅仅是负责脂质吸收和代谢的洗涤剂;BA 是细菌的代谢产物,在调节炎症信号和免疫方面具有关键作用。然而,BA 与其他细菌代谢产物之间的相互作用还有待研究。

Sheng 等研究首次发现丁酸生成菌的减少以及 SCFA 信号转导与 FXR 和 WD 摄入所致肝炎的失活有关。使用缺乏产生丁酸细菌的粪便进行微生物移植会增加肝脏炎症。此外,丁酸盐的摄入消除了由 FXR 失活相关的 BA 合成失调引起的肝脏炎症。BA 失调在肝脏疾病中的作用已经被揭示。最新报告数据表明,丁酸可以逆转由西方饮食摄取和 FXR 失活引起的 BA 产生的一些最显著的变化及其相关的病理改变,即肝脏炎症。这些发现清楚地表明了丁酸盐以及产生丁酸盐的细菌在维持肝脏健康方面的重要性,这在以前尚未得到证实。

(一)丁酸在肝脏中的潜在作用

丁酸酯存在于诸如家庭奶酪之类的饮食产品中。此外,丁酸和其他 SCFA 是通过肠内消化纤维发酵产生的。在乙酸、丁酸和丙酸中,丁酸提供结肠细胞所需的 60%～70% 的能量,而丁酸在维持肠

上皮完整性中起关键作用。丁酸盐,连同乙酸盐和丙酸盐,可以从肠道转移并被肝脏使用。丁酸可被肝细胞直接代谢。因此,丁酸对肝脏炎症和代谢信号的影响可以直接改善肠道健康。也有可能增加丁酸可以改变乙酸和丙酸的浓度,这反过来影响肝脏健康。这些可能性值得进一步研究。

在三种 SCFA 的受体中,羟基羧酸受体-2(hydroxycarboxylic acid receptor 2,HCAR2)是丁酸和烟酸特异性的。游离脂肪酸受体 3(FFAR3)优先被丙酸活化,其次是丁酸和乙酸,而 FFAR2 可以被所有三个 SCFA 活化。最新研究的数据显示西方饮食喂养的 FXR KO 小鼠肝脏和肠道中三种 SCFA 受体的表达均降低,表明 BA 合成失调与 SCFA 信号传导之间存在交互作用。此外,丁酸摄入增加所有三个 SCFA 受体基因在肠道中的表达,这与减少肠道和肝脏的炎症有关。这些发现提示丁酸可能能够增加乙酸和丙酸信号传导。与动物模型一致,使用临床标本生成的数据表明,HCC 标本还具有减少的 SCFA 受体以及 FXR 信号,再次将这两种信号途径连接在一起。丁酸有可能用于结肠癌的预防和治疗。SCFA 在肝癌防治中的作用值得探讨。

丁酸的抗炎作用部分归功于它能够增加紧密连接蛋白的表达,防止引起肠漏。其有益效果也可归因于增加新陈代谢,从而减少氧化应激。此外,丁酸具有组蛋白去乙酰化酶(histone deacetylase,HDAC)抑制特性,通过表观遗传机制减少炎症。此外,丁酸通过细胞外调节蛋白激酶 1/2(extracellular regulated protein kinases 1/2,ERK1/2)失活在单核细胞、巨噬细胞、成骨细胞或皮肤组织中具有抗炎作用。此外,丁酸可以激活 p38 有丝分裂原激活蛋白激酶(p38 mitogen-activated protein kinase),这可能有助于提高过氧化物酶体增殖物活化协同刺激因子-1α(peroxisome proliferator-activated receptor-gamma coactivator-1α,PGC-1α)的活性。数据显示丁酸的摄入量增加了总 p38 MAPK 和激活 p38 MAPK。BA 合成失调可能导致肝脏 p38 MAPK 失活。

(二)肠道功能障碍与肝脏炎症

研究显示细菌赤霉科的相对丰度从 65% 下降到 2%,类杆菌科的相对丰度从 1% 增加到 10%,分别是硬皮病菌和类杆菌数量显著变化的原因。铁线莲科植物参与 BA 的去结合和丁酸的产生。在克罗恩病患者中发现赤霉菌科减少。此外,丁酸浓度与丹参科植物丰度呈显著正相关,表明丹参科植物对肝脏炎症有影响。然而,由于西方饮食的摄取没有进一步降低铁线莲科植物的丰度,因此认为铁线莲科植物的减少是 FXR 缺乏相关。在西方饮食喂养的小鼠中,可能存在导致结肠丁酸浓度降低的其他产生丁酸的细菌。此外,产生硫化氢(一种基因毒素和黏膜屏障破坏剂)的脱硫弧菌科的丰度增加与 FXR KO 小鼠血清 LPS 水平呈正相关。在 FXR KO 小鼠中富集的类杆菌科可能增加肠道炎症发展的风险。这些发现可能部分解释了在西方饮食喂养的 FXR KO 小鼠中出现的全身炎症。此外,西方饮食喂养的 FXR KO 小鼠粪便微生物群中次生 BA 生成的丰度增加。移植缺乏丁酸盐的粪便导致饵料丰度增加,而补充丁酸盐则减少饵料丰度。这些发现也与肝脏继发性 DCA 水平的变化相一致。总之,丁酸与次生 BA 产生菌的丰度呈负相关。

(三)胆汁酸合成失调与肝脏疾病

肝脏总 BA 由于西方饮食摄入和 FXR 缺乏而增加。然而,丁酸缺乏粪便的粪便移植增加了肝脏淋巴细胞浸润,没有进一步增加肝脏总 BA,表明个体而非总 BA 在引起肝脏炎症中的重要性。FXR 失活相关肝肿瘤的发生可以通过使用胆固醇消减 BA 来预防。目前的研究显示丁酸能够改变个体 BA 水平,如脱氧胆酸(deoxycholic acid,DCA),这可能是预防肝肿瘤发生的现实途径。

在肥胖个体中发现高浓度的粪便 DCA。DCA 诱导肝星状细胞的衰老相关分泌表型,分泌炎症和增殖因子。此外,DCA 通过诱导核孤儿核受体蛋白(NUR77)具有增殖特性。然而,组蛋白脱乙酰基转移酶(histone deacetylase,HDAC)抑制剂可诱导细胞质 NUR77 表达,导致癌细胞凋亡。由于丁酸的 HDAC 抑制作用,丁酸可能增加胞质 NUR77,并具有抗肿瘤作用。丁酸在诸如自身免疫性肝炎、原发性胆管炎和原发性硬化性胆管炎等 BA 合成失调中的作用有待进一步研究。

西方饮食摄入量和 FXR 缺乏均可增加肝脏鼠胆酸(muricholic acid, β - MCA),WD 喂养的 FXR KO 雄性小鼠的 β - MCA 含量最高。补充丁酸可降低 WD 喂养 FXR KO 小鼠 β - MCA 含量的增加。此外,我们的数据显示肝脏 β - MCA 增加与血清 LPS 水平呈正相关,但与丁酸浓度呈负相关。值得注意的是,β - MCA 可以在人尿液中检测到。丁酸对肝脏 β - MCA 的调节机制及 β - MCA 的病理生理作用值得进一步研究。

总之,调节失调的 BA 合成相关肝炎伴随产生丁酸细菌的减少和 SCFA 信号的减少,通过补充丁酸可以得到逆转。所有这些变化都与 BA 谱的变化以及产生 BA 的细菌丰度有关。因此,产生丁酸和 BA 的细菌很可能会影响彼此的生长和扩展。饮食干预以及益生菌的摄入可能被用于治疗和预防肝病。

四、黏膜免疫在自身免疫肝病中的作用

AIH、PBC 和 PSC 均属于自身免疫性肝病,其最终结果是免疫介导的肝细胞或肝胆损伤。所有三种情况都与肠道炎症有关;PSC 和 AIH 与 IBD 和 PBC 与腹腔疾病密切相关。这个临床观察激发了几个有趣的致病概念,其中肠道共生体、病原体和肠道抗原都与引起肝损伤有关。Th17 细胞还与 AIH、PBC 以及最近发现的 PSC 有关。鉴于肠道是免疫致病性 Th17 反应的关键调节因子,这可能支持一种常见疾病机制,并基于对免疫途径的合理靶向开辟新的治疗途径。此外,发现寿命长的黏膜记忆 T 细胞是应答异常表达的内皮细胞黏附分子和趋化因子而募集到肝脏的,而这些分子和趋化因子通常是"肠受限的",这似乎可以解释为什么这些疾病与部位受限的组织分布有关,并为治疗铺平道路。基于调节组织特异性淋巴细胞归巢的策略,已发现 AIH/IBD 联合易感性的特定基因多态性强调了黏膜免疫原性在疾病发病中的基础作用。黏膜淋巴细胞在影响肝脏的移植物抗宿主病中也可能起关键作用。

五、先天免疫和微生物群在肝纤维化中的作用

肝纤维化是慢性肝炎(包括酒精性肝病、非酒精性脂肪性肝炎、病毒性肝炎、胆汁淤积性肝病和自身免疫性肝病)引起的创面愈合性瘢痕反应。肝脏在胃肠道内具有独特的血管系统,因为肝脏的大部分血液供应来自肠道,通过门静脉进入肝。当肠屏障功能被破坏时,肠通透性的增加导致肠源性细菌产物如 LPS 和含有 DNA 的未甲基化 CpG 经由门静脉转运到肝脏。这些肠源性细菌产物刺激肝脏中的天然免疫受体,即 TLR。TLR 在库普弗细胞、内皮细胞、树突状细胞、胆管上皮细胞、肝星状细胞和肝细胞上表达。TLR 激活这些细胞从而促进急性和慢性肝病。从昆虫到哺乳动物,先天免疫广泛存在,并且是作为宿主抵御病原微生物(细菌、病毒、真菌和寄生虫)的第一道防线。先天免疫系统诱导炎症介质和抗微生物肽的产生,并与获得性免疫建立桥梁,以消除来自宿主的入侵微生物。先天免疫信号还维持组织和器官稳态,如肠道微生物区系、肠上皮细胞增殖和凋亡,以及肝脏质量损失后的肝脏再生。

肝脏是第一个通过门静脉接触来自小肠和大肠的静脉血液的肠外器官。由于这种独特的血液供应系统,肝脏容易暴露到通过门静脉从肠腔转移的细菌产物。肠上皮屏障的破坏导致肠漏,这有助于细菌易位。肠上皮细胞提供的完整屏障系统通常可以防止大量肠源性产物的转移。因此,在健康生物体中,只有少量易位的细菌产物到达肝脏。一般来说,肝脏免疫系统能耐受这些细菌产物,以避免

有害反应,这也被称为"肝耐受"。肝脏不仅由肝实质细胞组成,还包括免疫细胞和非免疫细胞的非实质细胞。肝脏免疫系统的成员是常驻肝组织巨噬细胞(库普弗细胞)、NK 细胞、T 细胞和 B 细胞;这些细胞类型严格调节肝脏免疫系统,包括肝脏耐受。

细菌易位是指活的细菌或细菌产物从肠腔迁移到肠系膜淋巴结或其他肠外器官和部位。细菌易位是由于肠屏障破裂导致肠通透性增加而引起的。肠道细菌过度生长和肠道细菌菌群组成的变化也可能促进细菌易位发生。细菌和细菌产物从肠内易位的增加可能损害肝脏内稳态,并通过激活先天免疫系统增强肝脏炎症。尤其是易位的细菌产物通过包括 TLR 的模式识别受体可增强肝免疫细胞的激活。此外,肝脏非免疫细胞,包括内皮细胞、胆管上皮细胞和肝星状细胞,通过 TLR 对细菌产物做出反应。激活的 TLR 信号转导诱导肝脏内先天免疫应答,包括细胞因子和Ⅰ型干扰素的产生。警报素是从受损细胞或组织释放的产物,也可触发 TLR 信号的传导,并可引起炎症,称为无菌炎症。因此,通过肠源性微生物产物和警报素激活 TLR 信号可能有助于肝脏疾病的启动和进展。

(一) 肝脏中 Toll 样受体信号转导

TLR 最初被鉴定为果蝇 Toll 的哺乳动物同源物,并且作为模式识别受体。TLR 识别特征基序,通常称为病原体相关分子模式(PAMP),其激活 TLR 的下游细胞内信号传导途径,导致先天免疫应答的诱导。目前,已经鉴定出 TLR 家族的 10 多个成员,并且所有 TLR 都包含一个具有富含亮氨酸的重复序列的保守的细胞外结构域,负责 PAMP 的识别。革兰阴性细菌细胞壁成分 LPS 和 TLR-4 与共受体 CD14(白细胞分化抗原,即 LPS 受体)和 MD-2(myeloid differentiation 2,髓样分化蛋白-2)结合,使 TLR2 与 TLR1 或 TLR6 异二聚识别来源于革兰阳性细菌的脂蛋白和肽聚糖。细菌鞭毛蛋白由 TLR-5 识别。细胞内 TLR-3 和 TLR-9 分别由微生物衍生的核酸激活,包括双链 RNA 和含有未甲基化 DNA 的 CpG 基序。在相应的配体结合后,TLR 激活 MyD88 依赖的和非依赖的信号传导途径。MyD88 依赖途径由 TLR 和 IL-1 受体信号传导共享。除了 TLR-3,所有 TLR 都激活 MyD88 依赖途径。一个附加的适配子蛋白,Toll-IL1 受体(TIR)域接头蛋白(Toll-interleukin1 receptor domain containing adaptor protein,TIRAP),桥接 TLR-2 和 TLR-4 到 MyD88(图 18-6)。随后,MyD88 募集 IL-1R 相关激酶(Interleukin-1 receptor-associated kinase,IRAK,白细胞介素-1 受体相关激酶)-4、IRAK-1 和 IRAK-2,并诱导由肿瘤坏死因子受体相关因子-6(TNF receptor associated factor 6,TRAF6)、TRAF3、泛素蛋白连接酶(ubiquitin conjugating enzyme,Ubc13)、细胞凋亡抑制蛋白 1/2(cellular inhibitor of apoptosis protein 1/2,cIAP1/2)、转化生长因子活化激酶 1(transforming growth factor activated kinase-1,TAK1)和 NEMO(NF-κB 必要的调制器)组成的多蛋白复合物的组装。然后,TRAF6 和 TRAF3 被泛素化和降解,导致下游 IKK(IκB kinase,IκB 激酶)复合物和丝裂原活化蛋白激酶(mitogen-activated protein kinase,MAPK)的激活。IKK 复合物由 IKKα、IKKβ 和 NEMO 组成,诱导 IκBα 的磷酸化、泛素化和降解。从 IκBα 分离后,NF-κB 转运到细胞核。MAP 激酶包括 c-Jun N 端激酶(JNK)和 p38 激活转录因子活化蛋白 1(acticvator protein1,AP-1)。这些转录因子的激活可诱导促炎细胞因子如 TNF-α、IL-6 和 IL-1β 的转录。内体 TLR-7 和 TLR-9 的激活诱导了由 MyD88、IRAK-1、TRAF6、TRAF3 和 IKK-α 组成的复合物的组装。TLR-7 或 TLR-9 介导的 IKK、MAP 激酶和干扰素调节因子(interferon regulation factor,IRF7)的激活需要这种复合物。IRF7 激活随后诱导 IFN-α 的产生。

TLR3 和 TLR4 激活 MyD88 独立的诱导干扰素 β 的 TIR 结合与连接子(TIR-domain-containingadapter-inducing interferon β,TRIF)经典途径。当 TLR-4 与另一适配分子 TRAM 结合时,TLR-4 从质膜内化到细胞质中,然后与 TRIF 相互作用。随后,TRIF 与 TRAF-3 和 TRAF-

6 结合以激活 TANK 结合激酶-1(TBK1)和 IKKi,导致转录因子 IRF3 的激活和 IFN - β 的诱导(图 18 - 6,见彩图)。TRIF 经典途径要求 TRAF3 通过 RIP - 1 和 RIP - 3 诱导 IL - 10 产生和 TRAF - 6 诱导 NF - κB 和 MAPK 的晚期激活。TBK - 1 又称 NF - κB 活化酶(NAK)作为非经典的 IκB 激酶 (IKK)之一,在调节 IRF3 信号通路和 NF - κB 信号通路中发挥重要作用。

(二) TLR4 信号转导在肝纤维化中的作用

肝纤维化是慢性乙型肝炎、丙型肝炎、非酒精性脂肪性肝炎、酒精性肝炎和自身免疫性肝炎等慢性肝炎引起的伤口愈合反应。由胆道梗阻或炎症引起的胆汁淤积症也诱发肝纤维化。肝硬化是肝纤维化的终末阶段,在组织学上以肝细胞坏死、炎症细胞浸润、桥接性纤维化和再生结节的出现为特征,并可能导致门脉高压、肝衰竭和肝细胞癌。临床证据显示肝硬化患者全身和门静脉循环 LPS 水平升高。因此,推测 TLR - 4 和肠道微生物源 LPS 参与了肝纤维化的进展。实际上,在胆管结扎(BDL)和慢性给予四氯化碳(CCl4)或硫代乙酰胺诱导的肝纤维化的实验动物模型中,血浆 LPS 水平升高。使用非吸收性广谱抗生素的鸡尾酒选择性地去除肠道微生物区系会降低血浆 LPS 水平并抑制实验性肝纤维化,提示肠源性位细菌产物如 LPS 可促进实验性肝纤维化。预计 TLR - 4 突变体 C3H/HeJ 小鼠的实验性肝纤维化被抑制。缺乏 TLR - 4 共受体、CD14 和 LPS 结合蛋白以及 TLR 适配子 MyD88 和 TRIF 的小鼠也较少发生由胆汁淤积介导的肝纤维化。重要的是,与野生型小鼠相比,TLR - 4 突变小鼠血液中 LPS 升高的水平相似。这表明来自肠道菌群的易位 LPS 介导肝脏中 TLR - 4 的激活,然而,这种易位与肠道 TLR - 4 无关。肠黏膜屏障缺损可能是由于肠上皮紧密连接中断、肠上皮细胞增殖和凋亡失衡、肠黏膜萎缩和门静脉高压水肿、肠腔内胆汁酸缺乏以及炎性细胞因子增加所致。

(三) 库普弗细胞与肝星状细胞 TLR - 4 信号转导的相关性研究

库普弗细胞和 HSC 都高水平的表达 TLR - 4。通过产生 TLR - 4 -骨髓(BM)嵌合小鼠,研究 TLR - 4 在库普弗细胞和 HSC 之间在肝纤维化中的相对作用。由于大多数库普弗细胞是抗辐射的,标准的照射式骨髓移植(BMT)不足以将供体骨髓来源的细胞移植成为肝巨噬细胞。即不能用供体 BM(骨髓)衍生的细胞来代替内源性库普弗细胞。这个方案可以产生两种不同类型的 TLR - 4 BM 嵌合小鼠,一组包含 TLR - 4 突变的库普弗细胞和 TLR - 4 完整的 HSC 和肝细胞。而另一种类型包含 TLR - 4 完整库普弗细胞和 TLR - 4 突变的 HSC 和肝细胞。因为库普弗细胞和 HSC,而不是肝细胞,在体内直接对 TLR - 4 配体做出反应,并且因为 HSC 是抗辐射的,而不是来源于 BM。利用改良的 TLR - 4 BM 嵌合小鼠研究 TLR - 4 在库普弗细胞和 HSC 中的相对作用。Seki 等研究发现具有 TLR - 4 突变型 HSC 和 TLR - 4 完整型库普弗细胞的小鼠缺乏显著肝纤维化的诱导,而具有 TLR4 完整型 HSC 和 TLR4 突变型库普弗细胞的小鼠在 TLR4 嵌合小鼠中显示出明显的纤维化诱导。因此,在 HSC 中,而不是在库普弗细胞中,TLR - 4 信号转导对于肝纤维化的发展是至关重要的。

目前,至少有三种机制被鉴定为 TLR - 4 信号在肝纤维化过程中对 HSC 的作用。第一种机制是通过 TLR - 4 诱导的趋化因子[单核细胞趋化蛋白-1(monocyte chemotactic protein 1,MCP - 1)]、心肌缺血上调蛋白 1(myocardial ischemia upregulated protein 1,MIP - 1)- α、MIP - 1β 和受激活调节正常 T 细胞表达和分泌因子(regulated upon activation normal T cell expressed and secreted factor,RANTES)和黏附分子[细胞间黏附分子-1(intercellular adhesion molecule - 1,ICAM - 1)、血管细胞黏附分子-1(vascular cell adhesion mole - cule 1,VCAM -)和 E -选择素]的表达介导的。这些 HSC 衍生因子导致 BM 衍生单核细胞的化学吸引和库普弗细胞在肝脏的蓄积。此外,HSC 衍生的 MCP - 1 和 RANTES 以自分泌方式激活 HSC,这也有证据表明,对趋化因子(RANTES、MCP - 1)或趋化因子受体(CCR1、CCR2、CCR5)的遗传或药理学抑制可减少肝纤维化(图 18 - 7,见彩图)。第

二种机制是通过 TLR-4 和 TGF-β 信号之间的相互作用介导的。TGF-β 是激活 HSC 并诱导肝纤维化的强效成纤维细胞因子。在静止 HSC 中,TGF-β 受体的内源性诱饵受体骨形态发生蛋白和激活素膜结合抑制剂[bone morphogenetic protein(BMP) and activin membrane-bound inhibitor,(BAMBI)]高度表达并抑制 TGF-β 受体信号传导。在 TLR-4 刺激后,BAMBI 立即下调,这允许 HSC 中 TGF-β 受体信号完全激活,导致 HSC 激活(图 18-7,见彩图)。TLR-4 介导的 BAMBI 调节依赖 MyD88 和 NF-κB,但不依赖 TRIF。此外,BAMBI 不仅起诱饵作用,而且与 Smad7 直接相互作用,干扰 TGF-β 受体(Ⅰ型和Ⅱ型)和 Smad3 之间的联系,从而抑制 TGF-β 信号传导。最近的一篇报道表明,在肾纤维化中,BAMBI 调节 TLR-4 介导的纤维化发生,表明 BAMBI 在纤维化中的普遍作用。第三种机制是通过 TLR-4 调节的微 RNA(miR)在肝纤维化中的表达介导的。LPS 刺激可降低 HSC 中 miR-29 的表达。此外,在肝纤维化的人和动物肝脏中,miR-29 的表达受到抑制。miR-29 负性调节胶原 α1(Ⅰ)mRNA 的转录,表明 TLR-4 信号转导下调。miR-29 的表达,这反过来促进肝纤维化中的胶原生成。

(四) 细菌易位与肝硬化

细菌易位是由于肠通透性增加引起的,肠通透性增加可能是由于肠紧密连接中断和肠道细菌过度生长所致。胆道梗阻或肝硬化介导的肝功能障碍可减少引起细菌过度生长的胆汁酸的分泌,并可能改变肠道中的细菌组。此外,肝硬化和门静脉高压可能影响肠道运动,这也可能导致肠道细菌过度生长。

目前尚不完全清楚微生物群的变化如何导致慢性肝病。四氯化碳诱导的大鼠肝硬化与高水平的肠杆菌科有关。另一项研究报告了革兰阳性厌氧梭菌群在纤维化小鼠中的减少和有氧/厌氧细菌比例的增加。对于患有肝硬化的动物,用抗生素(如诺氟沙星)或益生菌(如双歧杆菌)治疗可减少肠杆菌,同时可增加双歧杆菌和乳酸杆菌,导致系统性内毒素水平降低和改善肝功能。因此,提示细菌移位和肠道菌群失调与肝纤维化的发生有关。

六、自身免疫性肝炎的滤泡辅助性 T 淋巴细胞

滤泡辅助性 T(follicular assistant T, Tfh)细胞是 CD4$^+$ T 淋巴细胞的一个独特亚群,专长于 B 细胞帮助和抗体反应的调节。它们需要用于产生生发中心反应,其中产生 B 细胞的高亲和力抗体的选择和记忆 B 细胞的发育发生。由于 Tfh 细胞在适应性免疫中的基础作用,严格控制其生产和功能是至关重要的,对于诱导针对胸腺依赖性抗原的最佳体液反应以及防止自身反应性都是如此。事实上,对 Tfh 细胞活性的调节有助于产生致病性自身抗体,并可在促进自身免疫病中发挥重要作用。

Tfh 细胞代表不同的 CD4$^+$ 辅助 T 细胞亚群,专门为 B 细胞提供帮助。它们在次级淋巴器官(SLO)中发育,并且可以根据其独特的表面表型、细胞因子分泌谱和特征转录因子进行鉴定。它们支持 B 细胞产生对抗原(Ag)的高亲和力抗体,以形成强健的体液免疫应答,它们对 B 细胞记忆的产生至关重要。尽管它们对于传染病控制和疫苗接种后的最佳抗体应答是必不可少的,但过度应答可导致耐受性崩溃。

(一) Tfh 细胞:特性、产生和功能

T 滤泡辅助细胞根据其表面标记物的独特组合[趋化因子(C-X-C 基序)受体 5(CXCR5)的丰富表达、C-C 趋化因子受体 7 型(CCR7)的下调,以及可诱导共刺激分子(inducible costimulatory molecule, ICOS)和程序化细胞的表达,它们被鉴定为不同的 T 辅助细胞亚群,分别是程序化细胞死亡蛋白-1(programmed cell death protein 1, PD-1)、细胞因子产生高水平白细胞介素 21(IL-21)

的表达和特异性转录因子核转录抑制因子 B 细胞淋巴瘤 6(Bcl - 6)的表达。最初描述于 2000 年和 2001 年。所有这些都是这些细胞的发展、维护和功能所必需的。Tfh 细胞对于生发中心(germinal center，GC)的生成是至关重要的,在 SLO(secondary lymphoid orqan,次级淋巴器官)中形成独特的结构,其中抗原引发的 B 细胞经历增殖、免疫球蛋白(Ig)类转换、体细胞突变和分化。Tfh 细胞对 CXCR5 的强表达对于它们迁移到 B 细胞滤泡至关重要,在 B 细胞滤泡中,它们被趋化因子配体 13 (CXCL13)的梯度表达所吸引。在生发中心中,Tfh 细胞是 B 细胞成熟的重要调节因子,并且帮助信号依赖于细胞与细胞的相互作用和细胞因子的产生。在 GC 中,Tfh 细胞配备有表面分子的特定组合,例如 ICOS(inducible costimulatory molecul,诱导性共信号分子)、属于 CD28 超家族的共刺激分子、PD - 1、强抑制性受体或 CD40 配体(CD40L),CD40L 是肿瘤坏死因子家族的成员。这些分子与 B 细胞受体的结合传递存活、分化或同型转换的信号。Tfh 细胞的特征还在于分泌多种细胞因子。高水平 IL - 21 的产生是 Tfh 细胞的标志之一。这种细胞因子促进 B 细胞分化为浆细胞、体细胞过度突变和 Ig 同型转换。此外,IL - 21 促进 Tfh 细胞在正的自分泌反馈环中分化。

Tfh 细胞的分化和发育是一个极其复杂的过程,以多阶段方式发生。Tfh 细胞的基本转录因子 Bcl - 6 控制其分化、完全成熟和 Tfh 细胞特征分子的表达。Bcl - 6 的表达与其拮抗剂 Blimp - 1(B lymphocyte induced maturation protein 1,B 淋巴细胞诱导成熟蛋白 1)的下调有关,导致对其他 T 辅助细胞系特异性的转录因子特别是 T-bet(T-box expressedin in T cells,T 盒表达的 T 细胞)、GATA3 和视黄酸相关的孤儿受体 γt(RORγt)的抑制。GATA 蛋白家族属于 Ⅳ 型锌指蛋白,分为 1～6 种。GATA3 在整个 T 淋巴细胞的发育与分化过程中均大量表达。除 BCL - 6 外,其他转录因子,如禽细胞同源性肌腱膜纤维肉瘤病毒癌基因(cellular homologue of avian musculoaponeurotic fibrosarcoma virus oncogene，c - MAF)、Achaete-scute 复合同源物 2、碱性亮氨酸拉链转录因子或 IFN 调节因子 4 对 Tfh 细胞分化也是至关重要的。虽然 BCL - 6(原癌基因)的表达对 Tfh 细胞是必需的,但应注意,它不是完全 Tfh 细胞特异性的,因为树突状细胞激活后,Bcl - 6 在分裂 CD4⁺T 细胞时可能短暂上调。微环境因子是 T 细胞获得 Tfh 谱所必需的。首先,银的刺激和与银呈递细胞(APC)及活化的 B 细胞的持续初始相互作用在从原始 CD4⁺T 细胞分化中起着关键作用。第二,特定的细胞分裂环境是必要的,因为 IL - 12,在较小程度上 TGF - β,似乎对人 Tfh 细胞的分化特别重要。此外,虽然 IL - 2 最初被认为是一种必需的 T 细胞生长因子,但由于其受体的结合导致 STAT5 激活,从而促进非 Tfh 效应细胞的形成,因此 IL - 2 是 Tfh 细胞分化的有效抑制剂。

在 Tfh 细胞群的研究中,有一层复杂性是它们的实质异质性。Tfh 细胞不是具有固定表型和功能的整体群体。它们随着时间的流逝在表面分子的表达和细胞因子的分泌方面发生变化,以便更有效地形成传递到 B 细胞的帮助。

在小鼠 SLO 模型中,Tfh 细胞的生物学已经被广泛地研究,但是由于在人类中采样的困难,不同的研究组已经集中于识别外周血中真正的 Tfh 细胞的循环对应物。对记忆 CD4⁺T 淋巴细胞的 CXCR5＋亚群的描述几年前就出现了,并随后被称为循环 Tfh(cTfh)细胞。虽然这些细胞不表达 Bcl 6,但它们与组织 Tfh 细胞具有表型和功能特性。然而,关于这种人群,仍有几个问题正在调查中:它们的确切生物学仍然不清楚,它们如何与真正的 Tfh 淋巴细胞相关。文献资料表明,cTfh 细胞的发育并不需要 GC 形成。这些细胞致力于 Tfh 血统,并且主要在参与 GC 反应之前产生。事实上,对于表型标记物应该用于鉴定这一群体并没有达成共识。显然,其他活化的 CD4⁺T 淋巴细胞亚群,连同其他效应子命运,可以瞬时表达 CXCR5、ICOS 或 PD - 1,但可以认为这些分子的持续和(或)高水平表达是 Tfh 细胞的特征。

需要参与调节途径来控制 Tfh 细胞的发育和成熟,以及它们与 B 细胞的相互作用。在多种调节机制中,特别重要的是 CD4$^+$ Foxp3$^+$ 调节性 T 细胞的另一特定亚群,即最近被描述的滤泡辅助性 T(Tfr)细胞的作用。这些细胞与 Tfh 细胞具有表型特征,表达 Bcl‐6、CXCR5、PD‐1(programmed cell death protein 1,程序性死亡受体 1)和可诱导共刺激分子(inducible costimulatory molecule,ICOS)。它们在 GC 中发现,在 GC 中它们起到限制响应大小的作用,调节 Tfh 和 GC B 细胞的频率。Tfr 细胞的缺乏与体内更大的 GC 反应有关。

(二) Tfh 细胞与自身免疫

自身免疫病是由免疫耐受的破坏引起的。随着高亲和力自身抗体的产生,自反应性 B 细胞的增殖参与这些疾病的病理生理,并且以这种方式,认为 Tfh 细胞在其发病机制中可能起作用。此外,在自身免疫性疾病中,炎症部位经常发生包括 B 和 T 辅助细胞的淋巴细胞聚集,导致异位淋巴结构的形成。这些组织定位的 T‐B‐细胞相互作用可以促进 B 细胞的成熟,并且可以加强致病性自身抗体的产生,即使炎症组织中辅助性 T 细胞的确切性质目前还不完全清楚。

Tfh 细胞在自身免疫性疾病中作用的研究最初仅限于动物模型,主要是因为很难从人类中研究 Tfh 细胞。对循环 Tfh 样细胞的进一步鉴定,比组织中 Tfh 细胞更容易获得,提供了在人类自身免疫紊乱的情况下分析这些细胞的机会。从那时起,Tfh 细胞的变化已经在广泛的自身免疫性疾病中被描述,包括全身性疾病,或器官和细胞特异性疾病。在一些自身免疫性疾病中观察到 cTfh 细胞数量增加,通常与循环浆细胞或浆细胞的频率相关,并且还报道了关于它们的极化、功能和它们提供的帮助的质量的改变。迄今为止收集到的有关自身免疫和炎症疾病的所有数据不应掩盖我们缺乏关于 cTfh 细胞的确切生物学的知识,这种分析可能因我们对 cTfh 细胞的不完全理解而混淆。

(三) Tfh 细胞与自身免疫性肝炎

自身免疫性肝炎表现为从无症状、轻度慢性肝炎到急性发作的暴发性肝衰竭的各种表现。对 AIH 小鼠模型的研究表明,脾脏中调节失调的 Tfh 细胞是诱发致命 AIH 的原因,从而提出了 Tfh 在该病中可能的关键作用。与人类相比,AIH 患者活化的 cTfh 细胞(PD‐1$^+$ 或 ICOS$^+$ Tfh 细胞)的百分比增加。活化的 cTfh 细胞频率与血清 IgG 水平呈正相关,与血清白蛋白和血清凝血酶原时间呈负相关。随着血清丙氨酸转氨酶的降低,这种人群在泼尼松龙治疗之前显著减少。AIH 患者血清 IL‐21 水平高于其他肝病患者或健康志愿者,此与 cTfh 细胞数量相关。它们与疾病的严重程度有关。最后,它们与总胆红素水平呈正相关,与血清白蛋白呈负相关。从 AIH 患者的肝活检中提取的细胞的免疫组织化学研究和流式细胞术获得的数据也已经发表:患者肝脏中活化的 Tfh 细胞的频率显著增加,并且与患者血液中的循环对等物呈正相关。血清 IL‐21 水平与坏死炎症活性分级呈正相关。

七、自身免疫性肝炎患者单核细胞/巨噬细胞功能的改变

单核细胞/巨噬细胞是一类特殊的抗原呈递细胞,在先天免疫细胞的募集和激活中起重要作用。单核细胞/巨噬细胞也能够传递共刺激信号以激活原始 T 细胞,从而触发适应性免疫应答的启动。因此,它们起着先天免疫系统和适应性免疫系统之间的桥梁作用。以往的研究表明,单核细胞/巨噬细胞功能障碍在许多自身免疫病的发病机制中具有重要作用,但单核细胞/巨噬细胞在 AIH 中的作用尚不清楚。KC 遍布肝脏,占机体所有组织巨噬细胞的 $80\% \sim 90\%$。以前有报道称肝损伤是由 KC 功能障碍引起的。

单核细胞/巨噬细胞有三个主要功能,包括吞噬、抗原提呈和炎性细胞因子产生。病原体或抗原

的吞噬作用是宿主抵御感染和免疫应答的中心过程。抗原呈递是激活适应性免疫应答的关键，并且这个过程与 HLA-DR 和 CD80 表达水平密切相关。Ras 同源基因家族（Rho）鸟苷三磷酸酶（guanosine triphosphatase，GTPase）家族的成员已知调节导致肌动蛋白细胞骨架重塑、转录调节和细胞周期的信号通路。提示 Rho GTPase 家族在细胞黏附、抗原呈递、迁移、趋化及吞噬中起重要作用。VAV1（Guanosine conversion factor，鸟苷酸转换因子）和 p21 激活的激酶 1（P21-activated kinase，PAK1）以前曾被描述为 Rho GTPases 的效应子。

AIH 是一种炎症性肝病，其特点是存在自身抗体、高丙种球蛋白血症、界面肝炎的组织学证据以及大多数患者对类固醇的最佳反应。先前关于 AIH 发病机制的研究主要集中于适应性免疫系统，因为淋巴细胞异常先前被假定是自身免疫的主要原因。然而，在过去 10 年中，随着先天免疫领域的进展，这一焦点已经转移。单核细胞/巨噬细胞是天然免疫系统的重要组成部分，具有多种免疫功能，包括吞噬、抗原呈递和细胞因子产生。吞噬作用是清除死亡或垂死的细胞、细胞碎片、微生物和其他外来物质的过程。单核细胞/巨噬细胞的吞噬能力对于宿主抵御病原体以及稳定清除死亡或垂死的细胞至关重要。单核细胞/巨噬细胞在免疫介导的肝损伤的发生中起关键作用。在刀豆素 A 诱导的小鼠肝炎中，观察到腹腔巨噬细胞的吞噬活性显著受损。巨噬细胞的异常激活可能引发炎症，从而促进肝脏疾病的发生和发展。然而，AIH 患者中单核细胞/巨噬细胞的功能仍有待进一步阐明。

库普弗细胞约占静息肝细胞总数的 10%，但构成体内所有组织巨噬细胞的最大成分（80%～90%）。先天免疫的核心，KC 负责清除外源性微粒和免疫反应性物质，以及抗原呈递，这有助于维持免疫稳态。有研究调查了 AIH 患者的 KC。从健康个体获取肝活检不太可能得到机构审查委员会的批准，因此在当前的研究中，从 NAFLD 患者获得对照 KC。由于肝活检中 KC 的数量太少，不能进行功能测定，而且单核细胞为组织巨噬细胞的直接前体，因此分离 PBMC 以评估吞噬作用和抗原呈递功能。采用 FITC 结合大肠埃希菌吞噬试验检测 AIH 患者外周血单个核细胞的吞噬活性。与 NAFLD 对照组相比，AIH 患者外周血单个核细胞的吞噬功能明显受损。这种清除缺陷可能导致凋亡细胞的积累，凋亡细胞可以作为抗原。Booth 等证明抗原呈递能力与 HLA-DR 和 CD80 的表达水平密切相关。HLA-DR（MHC-Ⅱ类分子）可通过形成特异性肽-主要组织相容性复合物（MHC）抗原复合物提供导致有效免疫应答发展的初始信号。CD80 是存在于活化的单核细胞和 B 细胞上的共刺激分子，它为 T 淋巴细胞的活化和生存提供必要的共刺激信号。与 NAFLD 患者相比，AIH 患者外周血单个核细胞 HLA-DR 和 CD80 的表达水平降低，提示无效的抗原呈递功能可能与这些患者受损的抗原特异性免疫反应有关。这些结果支持了单核细胞功能可能有缺陷的理论，因此可能表明 AIH 患者的免疫应答状态受损。

以前的研究已经证明 Ras 相似物 GTP 酶（如 homologue GTPases，Rho GTPases）是细胞行为的基本调节因子，将细胞外刺激与细胞内信号转导事件联系起来。该活性受鸟嘌呤核苷酸交换因子（guanine nucleotide exchange factor，GEF）控制，该因子调节从二磷酸鸟苷（非活性 Rho GTPase）到三磷酸鸟苷（活性 Rho GTPase）的交换。Rho GTPases 包括 Cdc42（酵母 Cdc42 的同系物）、ras 相关 C3 肉瘤素底物（ras-related C3 botulinum toxin substrate，Rac）和 Rho，然后与下游效应体相互作用以调节控制重要细胞过程的细胞质信号通路，包括细胞骨架动力学、细胞周期进程、基因转录和细胞转化。抗原呈递与吞噬作用有关，吞噬作用通过肌动蛋白细胞骨架的重塑而发生，并共享许多与黏附和迁移有关的核心细胞骨架成分。VAV1（原癌基因）是 Rho GTPases 的 GEF，能够调节 Rac、Rho 和 Cdc42 的激活。据报道，Vav1 可能在吞噬肌动蛋白重排和树突状细胞及巨噬细胞中 MHC Ⅱ 的表达中起重要作用。P21 激活激酶 1（P21-activated kinase1，PAK1）是一种丝氨酸/苏氨酸激酶，已被鉴定为 Rho GTPases Rac1 和 Cdc42 的主要下游效应子。PAK1 在调节细胞骨架重塑、细胞运动、细胞增殖和细胞存活等细胞过程中起重要作用。AIH 患者 KC 上 Vav1 和 PAK1 的表达水平明显升高。PBMC 吞噬功能和抗原呈递功能降低，与疾病进展有关。这可能是由于 Rho GTPase 信号的异常激活与肌动蛋白斑块的破坏和吞噬的延迟关闭有关，后者导致单核细胞/巨噬细胞功能障碍。

综上所述，这些数据提示 Rho GTPases 在调节单核细胞/巨噬细胞功能方面的潜在机制。肝损伤可能是由于 KC 不能消除免疫反应性物质，从而能够启动免疫过程。这些观察有助于阐明 AIH 的发病机制，并可能提供新的治疗靶点。由于目前研究的患者数量较少、活检组织的局限性，需要进一步研究 Rho GTPases 的精确信号通路，以及这些信号通路如何参与 AIH 模型中 KC 功能的调节。

八、肠道 IL‑17 受体信号传导介导肠道微生物与自身免疫炎症的相互控制

IL‑17 产生细胞存在于从被膜到哺乳动物的不同物种中，而在非脊椎动物中，IL‑17 是由血细胞感染引起的。在哺乳动物中，产生 IL‑17 的 Th17(产生 IL‑17 和 IL‑22 的 CD4$^+$T 淋巴细胞)细胞在肠道内响应与共生微生物群而发展。驱动小鼠 Th17 细胞的共生微生物群的关键成分是分节丝状细菌(sectiona filamentous bacteria，SFB)。虽然 Th17 细胞与自身免疫有关，但这些细胞还通过赋予宿主针对细胞外病原体的血清型无关免疫力来提供进化的优势。为了支持这一观点，最近报道 SFB 在肠内诱导抗原特异性 Th17 应答。鉴于共生微生物群与 Th17 的发育之间的联系，人们对肠道微生物群在健康和疾病中的作用有着浓厚的兴趣。先天免疫信号系统在识别共生细菌和病原体方面的作用具有鲜明的特征。然而，人们对适应性免疫系统在调节共生定殖中的类似作用知之甚少。

Th17 免疫应答与许多人类自身免疫病有关，尽管最近在理解 IL‑17 在宿主免疫中的作用方面取得了进展，但它在调节肠道免疫应答中的作用及其对共生微生物群的影响尚未得到充分研究。利用全肠上皮细胞特异性 IL‑17R 缺陷小鼠和肠上皮细胞特异性 IL‑17R 缺陷小鼠，我们发现 IL‑17RA 和 IL‑17RC 是调节包括 SFB 在内的共生细菌过度生长所必需的。IL‑17RA 用于表达 Nox1(顶端 NADPH 氧化酶)、α 防御素和多聚免疫球蛋白受体(Poly immunoglobulin receptor，PIGR)，后者是分泌性免疫球蛋白 A 转录所必需的。废除 IL‑17R 依赖的调节共生微生物导致增加与 SFB 的定植、更严重的全身炎症和自身免疫炎症。

一些研究发现，IL‑17RA/小鼠在体内显示加剧的 Th17 应答。已经证明，缺乏 IL‑17RC 受体的 T 细胞不稳定，并显示出加剧的 Th17 反应。研究表明，IL‑17RA/中 Th17 反应的加重可能受环境因素的影响。

IL‑17 和 IL‑22 可能通过两条独立的途径调节 SFB 的定植。为了支持这一点，观察到与单个 IL‑17R/或 IL‑22/小鼠相比，在 IL‑17 和 IL‑22 细胞因子均缺乏的维甲酸相关孤儿受体 c(retinoic acid related orphan receptor c，RORc)小鼠中，SFB 定植得非常高。从絮凝剂喂养的小鼠回肠末端的详细 OTU 分析表明，肠道 IL‑17R 信号在调节许多其他共生细菌中起关键作用。然而，SFB 过度生长或 IL22 在 IL17rafl/fl x villin cre$^+$ 小鼠中的较高表达可能是这些变化的原因。

IL17rafl/fl x villin cre$^+$ 小鼠共生障碍及相关免疫应答与 α 防御素、多聚免疫球蛋白受体(PIGR)和还原型烟酰胺腺嘌呤二核苷酸磷酸(NADPH Oxidase 1，Nox1)表达降低呈正相关。此外，腺病毒介导的 IL‑17A 在 Th17 缺陷 Rorc(retinoic acid related orphan receptor C，维甲酸相关孤儿受体 C)小鼠中的表达增加了 α 防御素的表达。用 IL‑17A 急性刺激小鼠肠系膜并没有导致 α 防御素表达的显著变化。α 防御素的合成和释放受多种因素调节，包括发育和微生物信号。肠道 IL‑17 可能与其他因子协同调节 α 防御素的表达。

数据进一步表明,IL-17R 依赖的肠道免疫在调节自身免疫炎症中起着关键作用。随着 SFB 调节 Th17 免疫应答,预期在 IL17rafl/fl x villin cre＋小鼠的淋巴结中 IL-17 前体频率增加。已经表明,集落刺激因子-2(colony-stimulating factor 2,Csf2)/小鼠对实验性自身免疫性脑脊髓炎(experimental autoimmune encephalomyelitis,EAE)发展具有高度抗性。在 IL17rafl/fl x villin cre＋小鼠中扩增的 Th17(Rorγt＋ T 细胞)细胞可能对髓磷脂/少突胶质细胞糖蛋白(myelin/oligodendrocyte glycoprotein,MOG)免疫产生急性反应,并提供脑源性 GM-CSF 的来源。总之,研究强调了肠道 IL-17R 信号在宿主-微生物相互作用中的重要性及其对肠道和外周自身免疫炎症的影响。这些发现可能对我们理解肠道和自身免疫紊乱的发病机制产生巨大影响,并可能为这些疾病提供治疗靶点。

第 4 节　分　型　与　诊　断

AIH 患者起病隐匿,最常见的症状是嗜睡或极度疲劳、不适、恶心、呕吐、上腹部不适或疼痛、关节痛、肌痛、皮疹等。10%～20%的 AIH 患者没有明显症状,只是在生化筛查时意外发现血清转氨酶水平升高才被发现。少数患者表现为急性、亚急性甚至暴发性起病。本病常伴有肝外免疫性疾病,如自身免疫性甲状腺炎、类风湿关节炎、干燥综合征等。

AIH 患者血清生化异常主要表现为 IgG 升高引起的高丙种球蛋白血症。AIH 的其他生化异常表现为肝炎性改变,主要为 AST、ALT 活性和胆红素浓度升高;而血清碱性磷酸酶正常或轻微升高,γ 谷氨酰转肽酶可能升高,但并不显著。血清 α1-抗胰蛋白酶、铜蓝蛋白和铜浓度一般正常。

大多数 AIH 患者血清中存在一种或多种高滴度的自身抗体。根据血清自身抗体,AIH 可分成 2 个血清学亚型。1 型 AIH 最常见,可发生于任何年龄段人群,占全部 AIH 的 60%～80%,以抗核抗体(ANA)、抗平滑肌抗体(SMA)、抗可溶性肝抗原/肝胰抗原抗体(SLA/LP)阳性或核周型抗中性粒细胞胞质抗体(pANCA)阳性为其特征。2 型 AIH 主要发生于儿童,以抗肝肾微粒体 1 型抗体(LKM-1)或者抗肝细胞胞质 1 型抗体(LC-1)阳性为特征。

活动性 AIH 特征性的组织学改变是界面性肝炎,伴有主要为淋巴浆细胞的致密淋巴细胞在汇管区及其周围或界面旁的浸润和肝细胞碎屑样坏死。在严重病例,常见小叶受累、桥接样坏死、肝细胞玫瑰样花结形成、结节再生、胆管增殖和纤维隔及假小叶形成。随着疾病的进展,肝细胞持续坏死,肝脏出现进行性纤维化,最终可发展为肝硬化。

临床工作中,当同时出现临床症状与体征、实验室异常(血清 AST 或 ALT 和血清总 IgG 或 γ 球蛋白升高)、血清学(ANA、SMA、抗 LKM1 或抗 LC1)和组织学改变(界面性肝炎)时,在排除其他导致慢性肝炎的疾病,包括病毒、遗传性、代谢、胆汁淤积和药物性疾病的基础上,可考虑诊断 AIH。

一、AIH 自身抗体与测定

AIH 自身免疫性肝炎的诊断是一种病因不明的慢性炎症性肝病。AIH 的诊断基于非疾病特异性的典型表现和排除其他肝脏疾病面,如病毒性肝炎。AIH 是一种 T 细胞介导的疾病。然而,有迹象表明体液免疫应答在 AIH 发病机制中具有相关作用:自身抗体可经常被检测,浆细胞在肝脏浸润中富集,免疫球蛋白 G(IgG)/γ 球蛋白用作诊断和疾病活动性标志物。然而,这种体液免疫应答对 AIH 的确切致病相关性尚不清楚。在大多数情况下,AIH 中自身抗体靶向的抗原已经被鉴定。

AIH 相关自身抗体的存在支持 AIH 的诊断。然而,大多数与 AIH 相关的自身抗体具有相对低的疾病特异性。因为在 AIH 以外的其他病因的急性或慢性肝炎的情况下,甚至在健康人中,经常可以发现肝脏自身抗体。此外,自身抗体的存在不是 AIH 诊断的先决条件:10%～15%的患者在急性发作后没有已知的自身抗体("血清阴性"AIH)或在疾病过程中发展成自身抗体。

鼠肾、肝脏和胃组织以及 HEp-2 细胞上的免疫荧光技术(immunofluorescence technique,IFT)被推荐为检测肝脏自身抗体的标准方法。重要的是要注意 IFT 测试是一种主观的方法,滴度可能根据进行测试的实验室而变化。高于 1:40 的抗体滴度对 AIH 具有更高的特异性,但是尚不清楚非常高的滴度(例如>1:640)是否与更高的特异性相关。IFT 能够同时分析大多数与自身免疫性肝病相关的抗体。人内皮细胞具有突出的细胞核,有助于鉴定抗核抗体(antinuclear antibody,ANA)的特异性模式。人上皮样细胞-2(HEp-2)细胞不应用于 ANA 存在的初始筛选,因为使用这些细胞的健康受试者中经常可以发现低滴度的抗体。因此,应针对啮齿动物的肾脏、肝脏和胃组织进行 ANA 筛选。在阳性的情况下 ANA 的模式应该在 HEp-2 细胞上进行分析。HEp-2 细胞上的 ANA 的荧光图案提供了额外的诊断信息:多个"核点"或"核边缘"图案分别表明存在抗 sp100 或抗 gp210,从而提示诊断 PBC 或具有 PBC 特征的 AIH 变异综合征。在欧洲人们一致认为固相分析,如 ELISA 或免疫印迹法,应该只用于确认 IFT 的结果,而不能用于 ANA 的初步筛选。然而在美国,ELISA 经常用于筛选目的。对于自身免疫性肝病的诊断治疗,抗可溶性肝抗原/肝胰腺抗体(抗 SLA/LP)应该已经开始通过 ELISA 或免疫印迹测试,因为这些自身抗体不能通过 IFT 检测,并且对 AIH 具有高特异性。

AIH 的分类根据自身抗体模式除了其诊断价值之外,某些自身抗体还与 AIH 不同的临床表现和预后相关。这些关联导致了 1 型和 2 型 AIH 的分类。1 型 AIH 是成人和儿童 AIH 的主要类型,其定义为 ANA 和(或)抗平滑肌抗体(抗 SMA)的存在。抗 SMA(特别是抗肌动蛋白抗体)与成人 AIH 的炎症活动可能有关。2 型 AIH(占所有 AIH 患者的 5%～10%)通常由抗肝肾微粒体 1 型抗体(抗 LKM-1)定义,或在罕见情况下由抗 LKM-3 和(或)抗肝细胞溶胶 1 型抗体(抗 LC1)定义。2 型 AIH 发病年龄较小,通常在儿童时期,并且与 1 型 AIH 更具侵袭性的疾病进程有关。抗 SLA/LP 的存在是否界定了 AIH 的第三亚群(3 型 AIH),其临床病程可能更具侵略性,或者抗 SLA/LP 阳性 AIH 患者是否经历过与 1 型 AIH 患者类似的临床病程,仍存在争议。在 5%～10%的 AIH 患者中,抗 SLA/LP 与 ANA 和(或)抗 SMA 联合存在。在多达 10%的 AIH 患者中,抗-SLA/LP 是检测到的唯一抗体,这要求他们进行 AIH 诊断试验。

儿童抗体检测在儿科患者中的特殊注意事项。大多数肝自身抗体的滴度似乎与年龄有关:在儿童中,较低的滴度 ANA 和抗 SMA 的 1:20 和抗 LKM-1 的 1:10 可诊断 AIH,而在成人中,健康个体也可发现较高的(1:80)～(1:160)ANA 滴度。

一般来说,成人 AIH 患者自身抗体的重新检测是不能推荐的,但在特殊的临床环境中可能有帮助。在急性肝炎和最初自身免疫血清学阴性的情况下,抗体检测应在 3～6 个月后重复,因为抗体可在疾病过程中出现。在成人患者中,在诊断为典型 AIH 的几年后,还可能发展成 AIH 的变异综合征,其特点是额外的 PBC。因此,当 AIH 患者胆汁淤积性肝酶保持或升高或出现提示 PBC 的症状时,应重复 IFT 以筛选 PBC 特异性 ANA 或抗线粒体抗体(AMA)。目前,不推荐在成人患者中定期复查自身抗体作为炎症活动的替代标志物。

(一) 抗核抗体(ANA)

抗核抗体是第一个与 AIH 相关的自身抗体。然而,它们缺乏疾病的特异性。50%～75%的 AIH 患者是 ANA 阳性的(有或没有抗 SMA)。ANA 也可以在健康人或患有其他肝病[如脂肪肝、药物性肝损伤(DILI)疾病或病毒性肝炎]的患者中检测到。AIH 患者的 ANA 图案多为斑点状或均匀性。

目前尚不清楚 ANA 的不同模式是否对 AIH 具有较高的特异性。AIH 中的 ANA 针对几种抗原,如染色质、组蛋白、着丝粒、双(ds)和单(ss)链脱氧核糖核酸(DNA)、细胞周期蛋白 A、核糖核蛋白或其他尚未被鉴定的核抗原。不建议对这些抗原进行生化鉴别,因为它们与 AIH 的某些临床过程或更高的诊断特异性无关。重要的是要认识到,高达 20% 的 AIH 患者可能显示抗 dsDNA 抗体。这可能导致与全身性红斑狼疮的诊断相混淆,应结合临床表现等加以鉴别。在罕见的情况下,两种疾病可能同时发生。

(二) 抗平滑肌抗体

与 ANA 相似,从 AIH 临床定义的早期起,抗平滑肌抗体(anti-smooth antibody,抗 SMA)就与 AIH 相关。它们也不是疾病特异性的,可以在各种肝脏疾病如脂肪性肝病中检测到。抗 SMA 存在于大约 50% 的 1 型 AIH 患者中,并且可以是唯一可检测的自身抗体。在 IFT(intraflagellar transport,鞭毛内运输)中,抗 SMA 与胃固有层平滑肌和胃黏膜或肝动脉壁的肌层发生反应。在肾组织上,抗 SMA 显示不同的染色模式:血管/肾小球和血管/肾小球/肾小管(VGT)模式比血管(V)模式对 AIH 更具特异性。在成纤维细胞或血管平滑肌细胞(VSM47)上进行的 IFT 可以证实 VGT 模式。在分子水平上,抗 SMA 是一组异质的抗体,显示出对肌动蛋白、微管蛋白或中间丝的反应性。显示 VGT 模式的血清与丝状肌动蛋白(F-actin)的反应率高达 80%。肌动蛋白是一种普遍存在的收缩蛋白。抗 F-肌动蛋白抗体的存在可以通过固相试验证实,例如 ELISA。显示对 F-actin 有反应性的抗 SMA 似乎对 AIH 更具特异性,但也可以在其他肝脏疾病中检测到。

(三) 抗肝肾微粒体抗体(anti-LKM)

抗 LKM-1,但也抗 LKM-3 是 2 型 AIH 的定义。在 IFT,抗 LKM 染色,出现在肝细胞的胞质和近端、较大的肾小管染色阳性。建议用 ELISA 试验来确认 IFT 中抗 LKM 的阳性。AIH 中抗 LKM-1 识别的自身抗原是细胞色素 P450(CYP)2D6。抗 LKM-1 不是 AIH 特异性的,也可以在慢性丙型肝炎患者中发现。然而,抗 LKM-1 在丙型肝炎病毒感染患者中的靶向表位与 AIH 患者不同。抗 LKM-2 已经在铁联酸诱导的 DILI 病例中检测到,该药物已经从市场上撤出。与抗 LKM-1 相比,抗 LKM-2 靶向细胞色素 P450 的不同亚型,即 CYP 2C9。抗 LKM-3 在少数 AIH 患者中阳性,但在丙型肝炎和其他病毒性肝炎中也可见到。在所有 AIH 相关自身抗体中,抗可溶性肝抗原/肝胰腺抗原抗体(抗 SLA/LP)抗 SLA/LP 对 AIH 具有最高的特异性。然而,它们仅存在于 10%~20% 的患者中。由于抗 SLA/LP 的特异性高,在怀疑 AIH 或肝酶升高不明的情况下,应常规进行检测。抗 SLA/LP 不能通过 IFT 检测,需要通过 ELISA 或 Western blot 检测。抗 SLA/LP 靶向的细胞质自身抗原被不同组别独立地描述,并且后来被表征为 O-磷酸酰-tRNA:硒代半胱氨酸-tRNA 合成酶[Sep (O-phosphoserine) tRNA:Sec (selenocysteine) tRNA synthase, SepSecS],一种将 O-磷酸酰-tRNA(Sep)转化为硒代半胱氨酸-tRNA(Sec)的合成酶。抗 SLA/LP 属于免疫球蛋白的 IgG1 亚型,在 SepSecS 蛋白的羧基末端识别一个免疫显性表位。有趣的是,抗 SLA/LP 抗体(anti soluble liver antigen/hepatopancreas antigen antibody,抗可溶性肝抗原/肝胰抗原抗体)识别的 SepSecS 表位与 CD4+T 细胞表位重叠。这指出了 SepSecS 在抗 SLA/LP 阳性 AIH 患者亚群中的相关发病作用。抗 SLA/LP 与存在 ANA 亚型(抗 Ro52)有关。其他与 AIH 抗肝细胞膜 1 型抗体(抗 LC1 抗体)相关的抗体,抗 LC1 抗体,针对甲酰亚胺转移酶环糊精酶的肝细胞溶胶 1(抗 LC1)靶表位。它们存在于大约 30% 的 2 型 AIH 患者中,单独或联合存在抗 LKM-1(hepatorenal microsomal antibody,肝肾微粒体抗体)。在免疫荧光试验中,抗 LC1 染色肝细胞,但保留肝小叶中心区。相反,抗 LKM-1 染色的肝细胞遍布肝小叶。当两种抗体共存时,抗 LKM-1 覆盖抗 LC1 的备用区域。因此,抗LKM-1可以掩盖抗LC1的存在。固相检测有助于鉴定抗LC-1。当抗LC1是唯一被检测的抗体时,它们强烈支持2型AIH的诊断。然而,抗LC1不是AIH特异性的,也可以在HCV患者中检测到。具有核周染色模式的抗中性粒细胞胞质抗体(Antineutrophil cytoplasmic antibody,p-ANCA),抗中性粒细胞胞质抗体的存在可支持AIH的诊断,特别是在缺乏其他自身抗体的情况下。然而,p-ANCA也可以在慢性病毒性肝炎、IBD、PSC或显微镜下多血管炎、嗜酸性肉芽肿病和多血管炎中检测到。p-ANCA主要与髓过氧化物酶反应。非典型p-ANCA(p-ANNA)的特征是核周染色保留在甲醛固定的中性粒细胞上,似乎对自身免疫性肝病和IBD更具特异性。

(四) 抗可溶性肝抗原/肝胰腺抗原抗体(抗SLA/LP)

抗SLA/LP的最高定位在所有AIH的相关自身抗体。然而,它们是目前唯一的关于AIH阳性仅为10%~20%。当怀疑AIH或在任何原因不明的情况下肝酶升高应常规检测SLA/LP。不能被IFT检测,测试需要用ELISA或免疫印迹法。抗SLA/LP属于IgG1亚型免疫球蛋白。

(五) AIH患者的AMA(抗线粒体抗体)、抗心肌抗体、抗肌球蛋白抗体

由于上述啮齿动物组织上的免疫荧光试验允许同时检测不同自身免疫性肝病的自身抗体,因此在AIH的诊断工作中偶尔检测PBC特异性AMA。在这种情况下,应怀疑AIH的变异综合征,其特点是PBC,通常表现为AIH成分达到缓解后持续升高的胆汁淤积性肝酶。在一些罕见的病例中,AMA在经典AIH过程中发展并伴有新的胆汁淤积性肝酶升高。在其他罕见的情况下,AMA可以在AIH患者中检测到,而没有伴随PBC的任何其他实验室或组织学迹象。目前尚不清楚这是否是附带现象,这些病例是否代表AIH亚型或AIH变异综合征非常早期的附加PBC。UDCA的治疗应根据个人情况决定。在急性AIH中,AMA可能作为急性肝损伤的非特异性征象出现,并且它们通常随时间而消失。

(六) 与AIH相关的其他抗体

1. 抗LC1抗体 针对甲酰亚胺转移酶环糊精酶的肝细胞溶胶1(抗LC1)靶表位。它们存在于大约30%的2型AIH患者中,单独或联合抗LKM-1。在IFT中,抗LC1染色肝细胞,但保留肝小叶中心区。相反,抗LKM-1染色的肝细胞遍布肝小叶。当两种抗体共存时,抗LKM-1覆盖抗LC1的备用区域。因此,抗LKM-1可以掩盖抗LC1的存在。固相检测有助于鉴定抗LC-1。当抗LC1是唯一被检测的抗体时,它们强烈支持2型AIH的诊断。然而,抗LC1不是AIH特异性的,也可以在HCV患者中检测到。

2. 具有核周染色模式的抗中性粒细胞胞质抗体(p-ANCA) p-ANCA的存在可支持AIH的诊断,特别是在缺乏其他自身抗体的情况下。然而,p-ANCA也可以在慢性病毒性肝炎、IBD、PSC或显微镜下多血管炎、嗜酸性肉芽肿病和多血管炎中检测到。p-ANCA主要与髓过氧化物酶反应。p-ANNA的特征是核周染色在甲醛固定的中性粒细胞上保留,似乎对自身免疫性肝病和IBD更具特异性。

3. 抗唾液酸糖蛋白受体抗体(anti-sialoglycoproteine ceptor antibodies,抗ASGPR) 根据所使用的诊断分析,24%~82%的AIH患者可检测到抗ASGPR抗体。抗ASGPR靶向肝脏特异性膜受体,似乎与组织学活性相关。然而,抗ASGPR不是疾病特异性的,也存在于慢性病毒性肝炎或PBC患者中。

二、自身抗体在AIH发病中的作用

目前尚不清楚自身抗体是否与AIH的发病机制密切相关。大多数关于自身抗体在AIH中潜在

致病作用的知识来源于抗 LKM 的分析。抗 LKM 与 CYP 2D6(细胞色素氧化酶 P450 酶系中的一个重要成员,药物代谢酶)和 HCV 同源区的交叉反应提示病毒感染可能是 2 型 AIH 的触发因素。分子模拟已被提出用于几种自身免疫性疾病。然而,还没有令人信服证据地显示急性病毒感染确实是大量 AIH 患者的疾病起始事件。对于 2 型 AIH 患者,在肝细胞表面检测到 CYP 2D6 作为抗 LKM 的自身抗原的异常表达。目前尚不清楚,其他类型 AIH 中的自身抗体如何能够靶向细胞内抗原。细胞核抗原或胞质抗原的释放是肝细胞损伤的可能机制之一。另一个不确定的领域是,AIH 中抗体所处理的几乎所有抗原都不只在肝脏中表达,例如 CYP 2D6,它也在中枢神经系统中表达。此外,抗 SLA/LP 的靶抗原在肝脏、胰腺、肺、肾脏和活化的淋巴细胞中表达,但抗 SLA/LP 仅与 AIH 相关。唾液酸糖蛋白受体(anti-asialoglycoprotein receptor antibodies,ASGPR)是肝 C 型凝集素,炎症状态下,在肝细胞的正弦表面和肝细胞的小管膜上均有表达。针对 ASGPR、CYP 2D6 和 SepSecS(抗 SLA/LP 的分子靶点),已经鉴定出 T 细胞介导的免疫反应,其靶表位与体液免疫反应重叠。

第 5 节　肠道微生物群治疗

肠道微生物群可通过饮食调整、益生菌制剂、补充维生素 A 和维甲酸、抗生素、肠道再定植、降低肠道通透性的药理剂来控制,阻断 TLR 信号和产生促炎细胞因子的分子干预,刺激抗炎反应的分子干预多糖,以及调节影响基因表达的信号通路的短链脂肪酸,调节屏障完整性和炎症反应(表 18 - 2)。

表 18 - 2　肠源性免疫应答研究的治疗考虑

治疗考虑	具体方法	结果与作用
饮食调整	动物蛋白、饱和脂肪 高碳水化合物饮食 低脂肪高纤维饮食	类细菌、硬蜱(包括梭状芽孢杆菌)和普雷沃泰拉受到不同饮食方案的重视
益生菌制剂	双歧杆菌 乳酸菌菌株 鼠李糖乳杆菌 肠道厌氧	在细胞培养中扩增 Treg 预防 NOD 小鼠糖尿病 改善大鼠模型肝功能试验 增加紧密连接蛋 消耗乳酸并生产丁酸酯
维生素 A 和维甲酸子	维甲酸补充剂	调节狼疮模型的细胞因子 诱导 IL - 10 产生 Treg
抗生素	四环素、米诺环素 万古霉素、甲硝唑	降低类风湿活性 改善 PSC 试验和瘙痒
再移居 粪便移植	脆弱拟杆菌 梭状芽孢杆菌物种	诱导结肠炎模型中的 Treg
肠屏障保护剂	鞣酸明胶	增强黏液屏障 降低小鼠结肠炎活性 改变微生物组成 限制 LPS 抑制 LPS 细胞中 IL - 8 和 TNF 的炎症作用
TLR 抑制剂	阻断 TLR - 7 信号的寡脱氧核苷酸	狼疮肾炎小鼠模型的改进和降低活性 改善自身免疫性肺损伤
分子干预	多糖 A	诱导 IL - 10 产生 Treg 保护小鼠 EAE

治 疗 考 虑	具 体 方 法	结 果 与 作 用
短链脂肪酸	乙酸、丙酸酯、丁酸酯	调节肠道信号通路 抑制组蛋白去乙酰化酶 调节基因表达 增强肠道完整性

EAE,实验性自身免疫性脑炎；IL,白细胞介素；LPS,脂多糖；TLR,Toll 样受体；TNF - α,肿瘤坏死因子- α；Tregs,调节性 T 细胞

一、饮食调节

肠道细菌对于天然化合物(如木脂素)的转化以发挥其生物活性是必不可少的。木脂素广泛存在于各种食物中,如亚麻籽、蔬菜、水果和饮料。木脂素能预防心血管疾病、高脂血症、乳腺癌、结肠癌、前列腺癌、骨质疏松症和更年期综合征,这取决于这些化合物对肠内酯和肠二醇的生物活性。这些肠脂素的生产和生物利用需要肠道细菌的作用。开环异落叶松树脂酚 SECO(Secoisolarici. nol)是最丰富的膳食木脂素之一,它可以被从粪便中分离的两种肠道细菌,即肽状球菌属(Peptostre ptococcus)和尤须草属菌(Eggerthella lenta)脱甲基和脱羟基。肠道细菌在异黄酮的代谢中也扮演着重要的角色,而且这些代谢物比它们的前体更有生物活性,异黄酮在结构上与哺乳动物雌激素相似,大豆食品是其主要的食物来源。异黄酮在乳腺癌、前列腺癌、心血管疾病、骨质疏松症和更年期症状中具有保护作用。此外,Fillippo 等报道指出,肠道细菌通过与富含多糖的饮食共同作用,保护非洲儿童免受感染性和非感染性结肠疾病的风险,这也使他们能够最大限度地从纤维中摄取能量(图 18 - 8,见彩图)。

进一步的研究发现,饮食因素如多酚、纤维和碳水化合物具有改变肠道细菌平衡的能力。酚酸和类黄酮是我们膳食摄入的主要多酚。结果表明,茶酚类化合物及其衍生物抑制了产气荚膜梭菌、艰难梭菌和类杆菌等致病菌的生长,而对共生厌氧菌,如梭菌属、双歧杆菌属和乳杆菌属影响较小。研究发现膳食多酚可能通过其生物转化产物而非原植物化合物间接地改变肠道细菌的平衡。在该研究中,与对照相比,多酚的发酵增加了双歧杆菌的增殖,降低了硬皮病菌与类细菌的比例。此外,在所研究的多酚中,100 mg/mL 的咖啡酸刺激肠道细菌的绝对数增加最大。多酚还刺激肠道细菌产生短链有机酸。纤维是影响肠道细菌组成的另一个饮食因素。一项研究显示,服用纤维混合强化肠内配方的受试者与肠急症相关的负性症状较少,与无纤维配方相比,细菌总数和双歧杆菌的减少较轻。多酚和纤维被认为是有益的饮食因素。基于这些有益饮食因素的功能性食品可以提供调节肠道细菌平衡的机会。此外,最近的研究表明,饮用水的 pH 也会影响肠道内共生细菌的组成和多样性。

然而,一些饮食因素可能是有害的,如饮食铁。膳食铁主要来自红肉和强化谷物,也可以改变肠道细菌组成。其他的铝、铁来自吸烟。增加铁的有效性可以增加肠道细菌的增殖和毒性,增加肠道屏障的渗透性。研究表明,铁暴露的增加有助于某些细菌病原体的定植,包括沙门菌。这可能是结直肠癌的危险因素。中药对肠道细菌组成也有一定的调节作用。掌叶大黄中五种羟基蒽醌衍生物对青少年双歧杆菌生长有抑制作用。大黄酸是棕榈酸根中抑制青少年芽孢杆菌生长的最有效成分。

二、抗生素(四环素和米诺环素)

双歧杆菌的益生菌补充剂促进了 Tregs 在细胞培养物中的扩展,并且富含乳酸杆菌菌株单独或与维甲酸结合的益生菌阻止了 NOD 小鼠 1 型糖尿病的发展。鞣酸明胶已被用于小鼠急性结肠炎模

型中,具有保护黏膜屏障,改变微生物组成,并降低炎症活性作用。在四氯化碳诱发的肝硬化大鼠中,抗生素治疗和益生菌补充剂降低了全身内毒素水平并改善了肝脏功能试验,而在缺血/再灌注性肝损伤大鼠中,益生菌补充剂乳酸杆菌降低了前体内毒素的产生。澄清肠道微生物在自身免疫性肝炎中的作用是必要的,以指导研究战略,将有助于制定辅助干预措施,以改善这种疾病的结局。

实验证明,益生素可以影响肠道细菌的组成,对宿主有益。益生素被定义为一种不可消化的食物成分,通过选择性地刺激结肠中一种或几种有限细菌的生长和(或)活性,从而有益地影响宿主,从而改善宿主的健康。益生素是碳水化合物类化合物,如乳果糖和抗性淀粉,近年来在食品工业中被用来改变微生物物种的组成以有益于人类健康。菊粉是一种益生素。这些益生素主要针对双歧杆菌和乳酸杆菌。益生菌是一种活的非致病微生物,用作食物成分,有益于宿主的健康。它们可以是乳酸菌、双歧杆菌或酵母,如酿酒酵母。

关于肠道菌群失调的治疗,目前尚无成熟的共识,仍在努力探索中。首先推荐抗菌治疗。目前提倡用利福昔明(Rifaximin),它是一种非氨基糖苷类肠道抗生素,对各种革兰阳性、阴性需氧菌都有高度抗菌活性。一项随机对照、多中心临试验证实,有急性肝性脑病发作病史的肝硬化患者利福昔明治疗 6 个月后,其肠道内产氨细菌数量下降,且肝性脑病复发率降低。此外,也可用甲硝唑或替硝唑治疗。AIH 时肠道菌群失调的研究报道不多,有待进一步临床试验加以验证。

三、益生菌的作用

乳酸产生菌,包括肠球菌、乳酸杆菌、双歧杆菌,还有几种芽孢杆菌、大肠埃希菌和链球菌,被认为是从人类微生物中分离出的最有益的微生物种,被提议作为益生菌。益生菌可以用来改善和纠正抗生素引起的重病患者。例如,鼠李糖乳杆菌 GG 对甲硝唑和万古霉素具有组成性耐药性,通常用于治疗假膜性结肠炎和抗生素相关性腹泻,而乳酸杆菌可与氧氟沙星联合用于治疗肠杆菌血清型伤寒。Manges 等报道人类艰难羧菌感染(*Clostridium difficile* infection,CDI)的发育与硬皮病增加和细菌的消耗有关。结果表明,人源益生菌输注通过替换枯竭的细菌种和重新建立定植来纠正 CDI 中的生物障碍。此外,有报道评价 16 株乳杆菌和双歧杆菌无细胞培养上清液对肠侵袭性大肠埃希菌(EIEC)侵袭能力的影响。因此,用无细胞上清液处理病原体可防止 EIEC 菌株侵袭 CaCo - 2(研究药物小肠吸收的体外模型,来源于人的直肠癌,结构和功能类似于人小肠上皮细胞)和 T84 细胞(人结肠癌细胞系之一)。他们提出,益生菌不是通过与黏附素受体竞争,而是通过产生一些改变环境、细胞屏障或基因表达的代谢物来防止 EIEC 侵入小肠和大肠。乳酸菌以细胞密度依赖的方式产生细菌素并利用分子调节机制。细菌素的产生是一种诱导机制,需要某些化学信使的细胞外积累。

益生菌通过调节促炎和抗炎反应而赋予健康益处。研究表明,乳杆菌细胞表面分子通过 TLR2 信号转导途径在巨噬细胞中显示 TNF - α 诱导活性。体外和体内研究表明,丙酸杆菌可作为益生菌使用,具有许多潜在的健康益处,可调节肠道微生物组成和肠道活性。乳品丙酸细菌可通过促进双歧杆菌等共生细菌的生长或抑制幽门螺杆菌、肠杆菌血清型肠炎沙门菌、肠致病性大肠埃希菌等病原体对不同细胞系的体外黏附而影响肠道微生物群。此外,临床研究报道了将乳品丙酸杆菌与其他益生菌结合以调节宿主免疫系统的有益结果。因此,用脂肪饲养的小鼠检测了两种益生菌,即弗氏丙酸杆菌(*Propionibacterium freudenreichii spp. shermanii*,PJS)和鼠李糖乳杆菌(*Lactobacillus rhamnosus GG*)。结果表明,与对照组相比,接受 PJS 和 GG 的小鼠肠肥大细胞显著减少。此外,GG 增加肠道 IL - 10,而 PJS 降低 TNF - α 的肠道免疫反应性。

益生菌在消化道腔内有黏膜防卫机制作用，可限制病原菌定植，把细菌粘连到黏膜表面，阻止消化道细菌过度生长，降低肠道菌群失调的发生率，还可产生抗菌物质；通过调节肠道菌群影响肠黏膜屏障的不同部分而提高肠道屏障功能，对预防和延缓 NAFLD 的进展有重要作用。益生菌可减轻肝脏氧化应激和炎症损伤。使用益生菌治疗后，不仅降低血清转氨酶水平，还可改善 IR。Wall 等研究提示，亚油酸联合短双歧杆菌口服后，肝脏及脂肪组织中不饱和脂肪酸含量明显增多，炎性细胞因子 TNF-α 及 γ 干扰素含量下降，说明益生菌不仅能改变宿主脂肪酸的合成，还能降低炎症因子的含量。

益生菌改善肠道屏障功能。动物实验发现，服用复合益生菌的大鼠肝组织中，TNF-α、诱导型一氧化氮合酶、环氧化酶 2、金属蛋白酶及 NF-κB 水平明显下降，可以增加过氧化物酶体增殖物激活受体 α 的表达。值得进一步深入研究。新近 Sáez-Lara 等的临床试验显示，益生菌可改善碳水化合物代谢、提高胰岛素敏感性，改善 IR，降低血浆脂质水平。

如前所述，益生菌通过调节肠道菌群可减少菌群失调的发生，并改善肠道防御屏障功能，减轻氧化应激和炎症损伤，改善肝功能和 IR。因此，近几年提倡对有肠道菌群失调的 AIH 患者使用益生菌治疗。Tian 等建立了抗生素治疗导致的肠道菌群失调模型，发现在应用了耐抗生素性用益生菌治疗后，小鼠粪便中的厌氧菌、乳酸杆菌、双歧杆菌增多。口服肠道益生菌可改善 AIH 患者的肝功能，减轻炎症反应。

目前国内已有数十种益生菌制剂。常用的有丽珠肠乐 1~2 粒，早、晚餐各服 1 次；儿歌益生菌 1~2 次/天，每次 1 袋；凝结芽孢杆菌活菌片（爽舒宝）3 次/天，每次 3 片，用温水送服；金双歧 3 次/天，每次 1 g，饭后口服；培菲康 3 次/天，每次 420 mg，饭后口服；美常安 3 次/天，每次 2~3 粒，饭后口服。本品一般无任何不良反应。

四、肠屏障保护剂和 TLR 抑制剂

在 LPS 刺激的细胞培养中也评价了鞣酸明胶，它抑制细胞间黏附分子-1 的表达，并以剂量依赖的方式减少 IL-8 和 TNF-α 的产生。

设计用来阻断 TLR-7 信号传导的寡核苷酸在狼疮肾炎和肺损伤小鼠模型中改善了实验并降低了活性；多糖 A 在实验性自身免疫性脑炎中诱导了产生 IL-10 的 Tregs；调节短链脂肪酸。尚可调节肠道信号通路，抑制组蛋白去乙酰化酶，调节基因表达，提高肠屏障的完整性。目前尚无对 AIH 临床应用的报告。

（池肇春）

参 考 文 献

[1] Gossard AA, Lindor KD. Autoimmune hepatitis a review[J]. Gastroenterol, 2012, 47: 498-503.
[2] Mackay IR. Autoimmune hepatitis; what must be said[J]. Exp Mol Pathol, 2012, 93: 350-353.
[3] Wiest R, Albillos A, Trauner M, et al. Targeting the gut-liver axis in liver disease[J]. J Hepatol, 2017, 67: 1084-1103.
[4] Sturgeon C, Fasano A, Zonulin, et al. Regulator of epithelial and endothelial barrier functions, and its involvement in chronic inflammatory diseases[J]. Tissue Barriers, 2016, 4: e1251384.
[5] Schneider KM, Albers S, Trautwein C. Role of bile acids in the gut-liver axis[J]. J hepatol, 2018, 68: 1083-1085.
[6] Lerner A, Aminov R, Matthias T. Transglutaminases in dysbiosis as potential environmental drivers of autoimmunity[J]. Front Microbiol, 2017, 8: 66.
[7] Federico A, Dallio M, Caprio G, et al. Gut microbiota and the liver[J]. Minerva Gastroenterol Dietol, 2017, 63: 385-398.
[8] De Re V, Magris R, Cannizzaro R. New insights into the pathogenesis of celiac disease[J]. Front. Med, 2017, 4: 137.
[9] Spadoni I, Zagato E, Bertocchi A, et al. A gut-vascular barrier controls the systemic dissemination of bacteria[J]. Science, 2015, 350: 830-834.

[10] Hoffmanova I, Sanchez D, Habova V, et al. Serological markers of enterocyte damage and apoptosis in patients with celiac disease, autoimmune diabetes mellitus and diabetes mellitus type 2[J]. Physiol Res, 2015, 64: 537 - 546.

[11] Chen WLK, Edington C, Suter E, et al. Integrated gut/liver microphysiological systems elucidates inflammatory inter-tissue crosstalk [J]. Biotechnol Bioeng, 2017, 114: 2648 - 2659.

[12] Yuksel M, Wang Y, Tai N, et al. A novel "humanized mouse" model for autoimmune hepatitis and the association of gut microbiota with liver inflammation[J]. Hepatology, 2015, 62: 1536 - 1550.

[13] Jiang CT, Xie C, Li F, et al. Intestinal farnesoid X receptor signaling promotes nonalcoholic fatty liver disease[J]. J Clin Invest, 2015, 125: 386 - 402.

[14] Xu Y, Li F, Zalzala M, et al. Farnesoid X receptor activation increases reverse cholesterol transport by modulating bile acid composition and cholesterol absorption in mice[J]. Hepatology, 2016, 64: 1072 - 1085.

[15] Liu HX, Rocha CS, Dandekar S, et al. Functional analysis of the relationship between intestinal microbiota and the expression of hepatic genes and pathways during the course of liver regeneration[J]. J Hepatol, 2016, 64: 641 - 650.

[16] Huang XF, Zhao WY, Huang WD. FXR and liver carcinogenesis[J]. Acta Pharmacol Sin, 2015, 36: 37 - 43.

[17] Parseus A, Sommer N, Sommer F, et al. Microbiota-induced obesity requires farnesoid X receptor[J]. Gut, 2017, 66: 429 - 437.

[18] Encarnacao JC, Abrantes AM, Pires AS, et al. Revisit dietary fiber on colorectal cancer: butyrate and its role on prevention and treatment[J]. Cancer Metast Rev, 2015, 34: 465 - 478.

[19] Liu HX, Hu Y, Wan YJY. Microbiota and bile acid profiles in retinoic acid-primed mice that exhibit accelerated liver regeneration [J]. Oncotarget, 2016, 7: 1096 - 1106.

[20] Yang F, Hu Y, Liu HX, et al. MiR-22 - silenced cyclin A expression in colon and liver cancer cells is regulated by bile acid receptor [J]. J Biol Chem, 2015, 290: 6507 - 6515.

[21] O'Keefe SJ, Li JV, Lahti L, et al. Fat, fibre and cancer risk in African Americans and rural Africans[J]. Nat Commun, 2015, 6: 6342.

[22] Frese SA, Parker K, Calvert CC, et al. Diet shapes the gut microbiome of pigs during nursing and weaning[J]. Microbiome, 2015, 3: 28.

[23] Zhu F, Li X, Chen S, et al. Tumor-associated macrophage or chemokine ligand CCL17 positively regulates the tumorigenesis of hepatocellular carcinoma[J]. Med Oncol, 2016, 33: 17.

[24] Canfora EE, Jocken JW, Blaak EE. Short-chain fatty acids in control of body weight and insulin sensitivity[J]. Nat Rev Endocrinol, 2015, 11: 577 - 591.

[25] Schaubeck M, Clavel T, Calasan J, et al. Dysbiotic gut microbiota causes transmissible Crohn's disease-like ileitis independent of failure in antimicrobial defence[J]. Gut, 2016, 65: 225 - 237.

[26] Hu Y, Chau T, Liu HX, et al. Bile acids regulate nuclear receptor (Nur77) expression and intracellular location to control proliferation and apoptosis[J]. Mol Cancer Res, 2015, 13: 281 - 292.

[27] Li J, Sung CYJ, Lee N, et al. Probiotics modulated gut microbiota suppresses hepatocellular carcinoma growth in mice[J]. Proc Natl Acad Sci USA, 2016, 113: E1306 - E1315.

[28] Sheng L, Jena PK, Hu Y, et al. Hepatic inflammation caused by dysregulated bile acid synthesis is reversible by butyrate supplementation[J]. J Pathol, 2017, 243: 431 - 441.

[29] Gensous N, Charrier M, Duluc D, et al. T Follicular Helper Cells in Autoimmune Disorders[J]. Front Immunol, 2018, 9: 1637.

[30] Liu X, Chen X, Zhong B, et al. Transcription factor achaete-scute homologue 2 initiates follicular T-helper-cell development[J]. Nature, 2014, 507: 513 - 518.

[31] Trüb M, Barr TA, Morrison VL, et al. Heterogeneity of phenotype and function reflects the multistage development of T follicular helper cells[J]. Front Immunol, 2017, 8: 489.

[32] Corsiero E, Nerviani A, Bombardieri M, et al. Ectopic lymphoid structures: powerhouse of autoimmunity[J]. Front Immunol, 2016, 7: 430.

[33] Mittereder N, Kuta E, Bhat G, et al. Loss of immune tolerance is controlled by ICOS in Sle1 mice[J]. J Immunol, 2016, 197: 491 - 503.

[34] Xu B, Wang S, Zhou M, et al. The ratio of circulating follicular T helper cell to follicular T regulatory cell is correlated with disease activity in systemic lupus erythematosus[J]. Clin Immunol, 2017, 183: 46 - 53.

[35] Kumar P, Monin L, Castillo P, et al. Intestinal interleukin-17 receptor signaling mediates reciprocal control of the gut microbiota and autoimmune inflammation[J]. Immunity, 2016, 44: 659 - 671.

[36] Rumble JM, Huber AK, Krishnamoorthy G, et al. Neutrophil-related factors as biomarkers in EAE and MS[J]. The Journal of Experimental Medicine, 2015, 212: 23 - 35.

[37] Sebode M, Christina Weiler-Norman C, Liwinski T, et al. Autoantibodies in Autoimmune Liver Disease — Clinical and Diagnostic Relevance[J]. Front Immunol, 2018, 9: 609.

[38] European Association for the Study of the Liver. EASL clinical practice guidelines: the diagnosis and management of patients with primary biliary cholangitis[J]. J Hepatol, 2017, 67: 145 - 172.

[39] Jendrek ST, Gotthardt D, Nitzsche T, et al. Anti-GP2 IgA autoantibodies are associated with poor survival and cholangiocarcinoma in primary sclerosing cholangitis[J]. Gut, 2017, 66: 137 - 144.

[40] Lu C, Hou X, Li M, et al. Detection of AMA-M2 in human saliva: potentials in diagnosis and monitoring of primary biliary cholangitis[J]. Sci Rep, 2017, 7: 796.

[41] Sebode M, Weiler-Normann C, Liwinski T, et al. Autoantibodies in autoimmune liver disease — clinical and diagnostic relevance[J].

Front Immunol，2018，9：609.

[42] European Association for the Study of the Liver. EASL clinical practice guidelines：the diagnosis and management of patients with primary biliary cholangitis[J]. J Hepato，2017，67：145－172.

[43] Jendrek ST，Gotthardt D，Nitzsche T，et al. Anti-GP2 IgA autoantibodies are associated with poor survival and cholangiocarcinoma in primary sclerosing cholangitis[J]. Gut，2017，66：137－144.

[44] Yang F，Yang Y，Wang Q，et al. The risk predictive values of UK-PBC and GLOBE scoring system in Chinese patients with primary biliary cholangitis：the additional effect of anti-gp210[J]. Aliment Pharmacol Ther，2017，45：733－743.

[45] Lopetuso LR，Scaldaferri F，Bruno G，et al.. The therapeutic management of gut barrier leaking：the emerging role for mucosal barrier protectors[J]. Eur Rev Med Pharmacol Sci，2015，19：1068－1076.

[46] Hartmann P，Chu H，Duan Y，Schnabl B. Gut microbiota in liver disease：too much is harmful，nothing at all is not helpful either [J]. Am J Physiol Gastrointest Liver Physiol，2019，316：G563－G573.

[47] Czaja AJ. Under-evaluated or unassessed pathogenic pathways in autoimmune hepatitis and implications for future management[J]. Dig Dis Sci，2018，63：1706－1725.

[48] Mieli-Vergani G，Vergani D，Czaja AJ，et al. Autoimmune hepatitis[J]. Nat Rev Dis Primers，2018，4：18017.

[49] Sebode M，Weiler-Normann C，Liwinski T，et al. Autoantibodies in autoimmune liver disease-clinical and diagnostic relevance[J]. Front Immunol，2018，9：609.

[50] Czaja AJ. Review article：next-generation transformative advances in the pathogenesis and management of autoimmune hepatitis[J]. Aliment Pharmacol Ther，2018，47：863.

第 19 章 肠道微生物与原发性胆汁性胆管炎

第 1 节 概 述

原发性胆汁性胆管炎(primary biliary cholangitis，PBC)是一种慢性肝内胆汁淤积性疾病,属于自身免疫性肝病,以中老年女性多见。1950 年 Ahrens 首次将 PBC 命名为原发性胆汁性肝硬化(primary biliary cirrhosis),2015 年正式更名为原发性胆汁性胆管炎。PBC 的发病机制尚不完全明确,可能与遗传背景、环境因素相互作用导致异常的自身免疫反应有关。PBC 最常见的临床表现是乏力和皮肤瘙痒,随着疾病的进展可出现胆汁淤积相关的临床表现,最终可发展为肝硬化。血清抗线粒体抗体(antimitochondrial antibody，AMA)是 PBC 诊断最具价值的实验室指标,特别是 AMA‐M2 亚型的阳性率为 90%～95%,对 PBC 的诊断具有很高的特异性。熊去氧胆酸(ursodeoxycholicacid，UDCA)是原发性胆汁性胆管炎的一线治疗药物,UDCA 治疗能改善患者的疾病进展,但仍有部分患者对 UDCA 应答不佳。近年来研究发现,肠道菌群参与 PBC 的发生、发展,肠道微生物在 PBC 发病过程中的作用值得重视。

一、发病机制

(一) 遗传易感性

研究发现,同卵双胞胎同时患 PBC 概率高达 63%,一级亲属的发病率为 4%,且同卵双胞胎 PBC 共患率高于异卵双胞胎。女性患病率明显高于男性。遗传因素对于 PBC 的发病机制具有重要影响。目前有关 PBC 的易感基因主要分为人类白细胞抗原(human leukocyte antigen，HLA)和非 HLA 两大类。其中,HLAⅡ与 PBC 的相关性最强,尤其是 HLA‐DRB1、HLA‐DQB1、HLA‐DPB1 基因位点。IL‐12 基因变异与 PBC 的关联也已得到证实,Yoshida 等研究发现敲除 IL‐12p40 基因的 PBC 模型小鼠,病情得到缓解。近年来,研究发现亚洲人群的 PBC 遗传易感性与欧洲人群存在较大差异,提示 PBC 的遗传易感基因可能存在种族差异。

(二) 环境因素

环境因素对 PBC 发病机制的影响也不容忽视。研究发现大肠埃希菌、克雷伯杆菌、奇异变形杆菌、金黄色葡萄球菌、EB 病毒、巨细胞病毒等都可能诱发 PBC 的发生。丙酮酸脱氢酶复合物 E2 亚单位(pyruvate dehydrogenase E2 complex，PDC‐E2)是人类自身主要的抗线粒体抗原,广泛存在于不同物种中,其与细菌、病毒等微生物的丙酮酸脱氢酶(pyruvate decarboxylase，PDC)序列具有高度的一致性,可能刺激人体产生 AMA,诱发 PBC。《2018 年美国肝病学会原发性胆汁性胆管炎实践指导》指出,泌尿系感染、染指甲和吸烟可能是 PBC 发病的高危因素。指甲油中存在类似人类 PDC 样物质,长期使用可诱发 PBC。而烟草中的化学物质可能通过诱导机体免疫失衡导致 PBC 的发生。

(三) 免疫异常

细胞免疫和体液免疫均参与 PBC 的发病。目前研究表明,自身反应性 T 淋巴细胞是 PBC 致病的主要效应细胞,抗原特异性 T 细胞与自身抗原、病原体发生交叉反应使 T 细胞打破自身耐受,激活的 CD4$^+$ 和 CD8$^+$ 淋巴细胞持续损伤胆小管、肝细胞和胆管上皮细胞,HLA Ⅱ类分子表达上调,加重了免疫介导的细胞损伤。NK 细胞、NKT 淋巴细胞、单核细胞和 B 淋巴细胞等也直接或者间接参与了 PBC 的发生和发展。PBC 患者血清中存在高滴度的 AMA 以及较高水平的炎性细胞因子如 IFN-γ、TNF-α、IL-6、IL-12 等。1/3 以上的 PBC 患者可检出抗核抗体(antinuclear antibody,ANA)。目前,PBC 患者体内已发现 60 余种自身抗体,其作用机制有待于进一步研究。

二、诊断

(一)临床表现

PBC 通常进展缓慢,病程可达数十年,不同患者个体差异较大。PBC 早期患者多数无明显症状。来自英国、北美和瑞典的系列研究发现,无症状患者从诊断到症状出现的平均时间为 2～4.2 年。PBC 最常见的临床表现是乏力和皮肤瘙痒。随着疾病的进展可出现胆汁淤积相关的临床表现,最终可发展为肝硬化、肝衰竭。

乏力:乏力是 PBC 最常见的症状,可发生于 PBC 的任何阶段,表现为倦怠、工作能力下降、注意力不集中等。严重乏力可能与生存率降低有关。

瘙痒:瘙痒可见于 20%～70% 的 PBC 患者,通常先于黄疸数月或数年出现,表现为局部或全身瘙痒。

腹痛:约 17% 的患者可出现右上腹痛,可自行消失。

门静脉高压:PBC 后期可进展为肝硬化、门静脉高压,出现失代偿期肝硬化的表现,如食管胃底静脉曲张破裂出血、腹水、肝性脑病等,严重者可出现肝功能衰竭。

胆汁淤积症的相关表现:如骨代谢异常导致骨质疏松、骨软化症,脂溶性维生素缺乏导致夜盲症、神经系统损害、高脂血症等。

其他自身免疫病的表现:PBC 可合并多种自身免疫性疾病,最常见的是干燥综合征,还包括自身免疫性甲状腺疾病、类风湿性关节炎、CREST 综合征、溶血性贫血和系统性硬化等。

(二)实验室检查

1. 生化检查　PBC 主要表现为胆汁淤积,大多数 PBC 患者血清 ALP 升高,通常较正常值升高 2～10 倍,血清 GGT 亦可升高,ALT、AST 正常或轻度升高,PBC 疾病进展可出现胆红素升高。

2. 自身抗体　血清 AMA 是 PBC 诊断最具价值的实验室指标,特别是 AMA-M2 亚型的阳性率高达 90%～95%,AMA 对 PBC 的诊断非常重要,但 AMA 水平与疾病严重程度无关。AMA 阳性并非 PBC 所独有,也可见某些疾病如病毒性肝炎。

1/3 以上的 PBC 患者血清 ANA 阳性,ANA 阳性可见于多种自身免疫性疾病,如自身免疫性肝炎、系统性红斑狼疮等。ANA 是一组自身抗体,其中抗 gp210 和抗 SP100 为 PBC 的特异性 ANA,是 AMA 阴性的 PBC 的辅助诊断指标,并且可能与疾病预后有关。

抗-KLHL12(anti-kelch-like 12)、抗-HK1(anti-hexokinase-1)抗体是近年来在 PBC 患者中发现的两种新型的自身抗体。据报道,这两种抗体可以在 10%～35% 的 AMA 阴性 PBC 患者中被检测到。

3. 血清免疫球蛋白 M(IgM)　PBC 患者可出现血清 IgM 升高,多为正常上限值的 2～5 倍,血清 IgM 升高对 PBC 具有辅助诊断意义。

(三)影像学诊断

腹部超声检查简便易行,用于鉴别肝外胆道梗阻造成的胆汁淤积。对于所有原因不明的胆汁淤积患者,推荐磁共振胰胆管成像(magnetic resonance cholangiopancreatography,MRCP)检查以除外原发性硬化性胆管炎及其他胆道疾病。瞬时弹性成像检查用于无创评估肝纤维化、肝硬化程度。

三、治疗

PBC 的治疗目标是防止终末期肝病及其并发症的发生,并针对 PBC 的相关症状给予治疗。

(一)熊脱氧胆酸

熊脱氧胆酸(UDCA)是 PBC 的一线治疗药物,推荐剂量为 $13\sim15$ mg/(kg·d),分次或者 1 次顿服。其主要作用机制为促进胆汁分泌、抑制疏水性胆酸的细胞毒作用、抗炎和免疫调节。研究表明 UDCA 治疗可显著改善患者的生化指标,有效降低血清胆红素、ALP、GGT、胆固醇等水平。对 UDCA 有应答的 PBC 患者建议长期服药。

多项研究发现 UDCA 还可改善 PBC 患者的组织学进展、减少肝硬化的发生、提高生存率。然而最近的一项荟萃分析提示 UDCA 对肝脏组织学、肝移植风险、病死率并无改善。因此,对于 UDCA 能否改善肝脏组织学进展及提高生存率仍存在争议。

目前仍有大约 40% 的 PBC 患者对 UDCA 应答不佳,且 UDCA 并不能缓解 PBC 相关的乏力、瘙痒等症状。

UDCA 的安全性良好,不良反应较少,主要包括腹泻、胃肠道不适、体质量增加等。

(二)奥贝胆酸

奥贝胆酸(obeticholic acid,OCA)用于 UDCA 应答不佳或不能耐受的患者,推荐起始剂量为 5mg/d,根据耐受性 $3\sim6$ 个月后可增加至 10 mg/d。奥贝胆酸是人体初级胆汁酸鹅去氧胆酸的新型衍生物,是一种法尼醇 X 受体(farnesoid X receptor,FXR)激动剂,能够调节胆汁酸的合成、转运和分泌,具有抗肝纤维化和抗炎作用。临床研究证实了 OCA 联合 UDCA 治疗、OCA 单药治疗对于 UDCA 应答不佳 PBC 患者的有效性。OCA 可显著降低血清 ALP 水平及改善其他肝生化指标,其主要不良反应为剂量依赖性瘙痒。

(三)贝特类药物

非诺贝特、苯扎贝特通过调节胆汁酸代谢,降低血清 ALP、GGT 等,可用于 UDCA 应答不佳患者的治疗。荟萃分析显示,UDCA 联合非诺贝特较 UDCA 单药治疗可改善 PBC 患者的血清 ALP、GGT、IgM 及三酰甘油水平。UDCA 联合苯扎贝特治疗同样可以改善 PBC 患者的生化指标。

(四)其他药物

糖皮质激素(布地奈德、泼尼松、泼尼松龙)、免疫抑制剂(硫唑嘌呤、吗替麦考酚酯、甲氨蝶呤、环孢素 A)、利妥昔单抗等对 PBC 的疗效尚不确切。

(五)肝移植

肝移植是治疗终末期 PBC 唯一有效的方法。PBC 患者肝移植术后预后较好。据欧洲肝移植注册网报道,PBC 患者肝移植术后 1、5、10 年的生存率分别为 86%、80%、72%。因此,对终末期 PBC 患者建议行肝移植治疗。

(六)症状和伴发症的治疗

(1)皮肤瘙痒:考来烯胺(消胆胺)是治疗胆汁淤积性肝病所致瘙痒的一线用药,推荐剂量为 $4\sim16$ g/d,其主要的不良反应包括腹胀、便秘以及影响其他药物的吸收,故与其他药物的服药时间需间隔 4 小时。利福平可作为瘙痒的二线用药,推荐剂量为 150 mg 每天 2 次,最大剂量为 600 mg/d,由于其潜在的肝脏毒性及肾损害等,用药期间需密切监测药物不良反应。阿片类拮抗剂可作为三线用药,如纳曲酮 50 mg/d。此外,舍曲林也被用于治疗皮肤瘙痒,推荐剂量为 75~100 mg/d。

（2）乏力:目前对于乏力尚无特异性治疗药物,莫达非尼可能有效。需寻找并治疗引起乏力的其他可能原因,如贫血、甲状腺功能减退和睡眠障碍等。

（3）骨质疏松:PBC 患者骨折发生率比普通人群高大约 2 倍,建议 PBC 患者补充钙及维生素 D 预防骨质疏松。

（4）脂溶性维生素缺乏:对于脂溶性维生素 A、E、K 缺乏患者,根据病情及实验室指标予以适当的补充。

（5）其他伴发症:门静脉高压的处理同其他类型的肝硬化。15%~25% 的 PBC 患者合并有甲状腺疾病,且通常在 PBC 起病前即可存在,建议在诊断 PBC 时,应检测甲状腺功能并定期监测。PBC 患者常合并干燥综合征,干燥综合征相关症状可显著降低患者的生活质量。

第 2 节　肠道微生物与原发性胆汁性胆管炎发病的关系

肠道是微生物最重要的定植器官,人类的肠道菌群是最为庞大和复杂的微生态系统,细菌总数为 10^{13}~10^{14} 数量级,包含 500~1 000 个种属。肠道微生物与免疫系统共生并相互影响。研究表明,肠道微环境的破坏及肠道微生物的改变可能导致多种自身免疫病的发生。肠道细菌通过"肠肝轴"易位进入肝脏,启动自身免疫机制,影响多种自身免疫性肝病的发生和发展。

一、原发性胆汁性胆管炎的肠道微生物群

原发性胆汁性胆管炎是一种免疫介导的以肝内胆汁淤积为表现的自身免疫性肝病。据报道,原发性胆汁性胆管炎患者与健康人群肠道微生物的组成和功能具有明显差异,PBC 患者的肠道微生物出现了物种丰富度的降低以及微生物多样性的显著变化。Lv 等通过 16SrRNA 测序对 42 例早期 PBC 患者的肠道菌群进行分析,发现潜在有益菌(酸杆菌、毛形杆菌、埃氏拟杆菌、布氏瘤胃球菌)的数量减少,而一些机会性致病菌(γ-变形杆菌、肠杆菌、奈瑟菌、韦荣球菌、链球菌、克雷伯菌等)的数量增加。我国学者研究发现,与健康对照组相比,PBC 患者组 4 个菌属的丰度显著降低,8 个菌属的丰度显著增加;经过 UDCA 治疗 6 个月后,6 个与 PBC 相关的菌属的丰度得到了逆转,其中 3 种 PBC 患者富含的菌属(嗜血杆菌、链球菌属、假单胞菌)丰度下降,3 种健康人富含的菌属(拟杆菌、萨特菌和颤螺菌)丰度增加;在健康对照组中丰度较高的粪杆菌,相比于 gp210 阴性患者,gp210 阳性患者中粪杆菌丰度进一步减少。上述研究结果提示,PBC 患者存在肠道菌群失调,肠道菌群变化可能与 PBC 的发病有关,UDCA 治疗可以部分改善 PBC 患者的肠道微生态紊乱,肠道菌群可能是 PBC 的潜在治疗靶点和新型生物标志物。

二、肠道微生物在原发性胆汁性胆管炎发生发展中的作用及机制

近年来研究发现,肠道微生物在 PBC 发病机制的多个环节发挥作用。肠屏障功能损害、肠黏膜通透性增加、肠道细菌及其代谢物的"分子模拟机制"、肠道菌群参与的胆汁酸代谢,都可能与 PBC 的发生、发展有关。

(一)肠屏障功能破坏

肠道微生物群对于维持肠道屏障的完整性至关重要。肠道菌群失调可产生短链脂肪酸、内毒素、脂多糖等,肠黏膜的紧密连接被削弱,导致肠屏障功能破坏、肠黏膜通透性增加,肠道细菌及其代谢物

通过门静脉血流进入肝脏,作用于胆管上皮细胞,激活 TLR 及相关信号通路,上调 NF-κB 并分泌炎性细胞因子,促进免疫细胞活化,造成胆管上皮细胞、肝内小胆管的损伤,进而影响 PBC 的发生和发展。Ma 等应用 TLR-2 缺陷的 PBC 小鼠模型(TGF-β 受体 2 显性失活,dnTGFβR Ⅱ)来观察肠道菌群对自身免疫性胆管炎的影响,发现 TLR-2 缺陷介导紧密连接相关蛋白 ZO-1 的下调表达,增加肠黏膜通透性、促进肠道细菌易位,加剧了 dnTGFβR Ⅱ 小鼠的结肠炎;肠道微生态紊乱可导致自身免疫性胆管炎的发生,肠屏障功能的破坏加剧 dnTGFβR Ⅱ 小鼠的胆管炎。

(二) 分子模拟机制

肠道细菌及其代谢物的"分子模拟机制"是原发性胆汁性胆管炎最重要的发病机制之一。抗线粒体抗体是 PBC 特异性的自身抗体,大多数 PBC 患者血清中存在 AMA,其主要针对的抗原是线粒体中的 PDC-E2(E2 subunit of the pyruvate dehydrogenase complex,丙酮酸脱氢酶复合物 E2 亚基)。PDC-E2 是人类自身主要的抗线粒体抗原,某些细菌及其代谢产物的 PDC-E2 与人类自身的 PDC-E2 序列高度一致,如大肠埃希菌的 ATP 依赖性糜蛋白酶、德氏乳杆菌的 β-半乳糖苷酶、两种尚未定义的食芳烃新鞘氨醇菌脂质蛋白、变形杆菌等,PBC 患者的血清不仅能与自身的 PDC-E2 反应,还可以与细菌的 PDC-E2 产生交叉反应,进而引发免疫系统对自身 PDC-E2 的攻击,造成 PBC 的发病。

既往研究发现,在原发性胆汁性肝硬化(PBC)中,AMA 表现出对来自大肠埃希菌和食芳烃新鞘氨醇菌的细菌抗原的交叉反应性。此外,易感小鼠接种食芳烃新鞘氨醇菌后能产生抗 PDC-E2 的自身抗体,诱发 PBC 样疾病,而食芳烃新鞘氨醇菌基因组中含有和 PDC-E2 高度同源的 4 个拷贝基因。

据文献报道,泌尿系感染可能是 PBC 发病的高危因素。复发性尿路感染患者 1 年内被确诊为 PBC 的概率为 29%,而对照组其他慢性肝病的患者只有 17%。大肠埃希菌作为泌尿系感染常见的病原菌,其与 PBC 发病的相关性已经得到了一些研究的支持。对于大肠埃希菌引发 PBC,分子模拟机制同样适用,PBC 患者的血清与大肠埃希菌的 PDC-E2 产生交叉反应,诱发免疫系统对自身 PDC-E2 错误性的攻击,最终导致了疾病的发生。

(三) 胆汁酸代谢与核受体信号转导

在 PBC 的发病机制中,胆汁酸的肠肝循环也扮演着重要角色。初级胆汁酸随胆汁流入肠道,在肠腔内细菌的作用下转变为次级胆汁酸,95% 的肠内胆汁酸被重吸收,经门静脉回到肝脏,被肝细胞重新摄取、结合并分泌到胆汁中,即胆汁酸的肠肝循环。近年来研究发现,肠道菌群、胆汁酸和核受体信号转导共同参与了 PBC 的发病机制。

胆汁酸与肠道微生物相互作用,胆汁酸可以改变肠道微生物的组成,肠道微生物也能够调控胆汁酸的合成和代谢,两者共同影响 PBC 的发生和发展。一项入组了 65 例 UDCA 初治 PBC 患者和 109 名健康对照者的研究发现,未经治疗的 PBC 患者与健康人群的血清、粪便的胆汁成分不同,PBC 患者的结合胆汁酸向非结合胆汁酸的转换、初级胆汁酸向次级胆汁酸的转换均明显下降,提示 PBC 患者的胆汁酸代谢受损。与 PBC 早期患者相比,PBC 晚期患者显示了更为异常的胆汁酸谱。此外,对 PBC 患者 UDCA 治疗前和治疗后的胆汁酸和菌群进行分析发现,经过 UDCA 治疗后,患者牛磺酸结合胆汁酸的水平下降,因此逆转了结合胆汁酸与非结合胆汁酸的比值。次级胆汁酸如脱氧胆酸和结合脱氧胆酸的水平与 PBC 富含的肠道菌群(韦荣球菌属,克雷伯菌属)呈逆相关,与健康对照组富含的菌群(粪杆菌属,颤螺旋菌属)呈正相关。上述研究证实了 PBC 患者血浆和粪便胆汁酸组成的特异性改变,以及通过改变肠道微生物群来调节胆汁酸谱的可能性。而另一项研究发现,胆汁酸的失衡导致部分肠道常驻菌群的损害,出现肠道微生态失调,在这个过程中细菌的代谢产物增加,并通过门静脉进入肝脏,引发肝脏炎症及免疫损伤。

熊脱氧胆酸、奥贝胆酸对 PBC 治疗的有效进一步证实了胆汁酸在 PBC 中的重要作用。"胆汁酸治疗"是目前 PBC 治疗的主要策略,但胆汁酸治疗 PBC 的确切机制尚不完全清楚。肠道菌群、胆汁酸和核受体信号转导参与了 PBC 的发病机制。肠道菌群失衡重塑胆汁酸池,调节胆汁酸激动受体的活性,触发各种代谢轴,影响 PBC 的发生。法尼酯 X 受体是核受体超家族的成员,在肝脏和肠道高度表达。G 蛋白偶联胆汁酸受体(TGR5)是一种胆汁酸膜受体,表达于多种组织细胞中。肠道菌群将肝脏合成的胆汁酸代谢生成非结合胆汁酸及次级胆汁酸,激活 FXR 和 TGR5 信号通路,进而调节胆汁酸的代谢。研究表明,FXR 通过激活成纤维细胞生长因子 15(fibroblast growth factor 15,FGF15)表达,抑制胆固醇 7α-羟化酶(cholesterol 7α - hydroxylase,CYP7A1)的表达,而 CYP7A1 正是胆汁酸合成的限速酶。奥贝胆酸是鹅去氧胆酸的新型衍生物,可选择性激活 FXR,调节胆汁酸分泌、改善肝脏炎症及肝纤维化。近年来,奥贝胆酸在 PBC 患者尤其是 UDCA 应答不佳的 PBC 患者的治疗中取得了长足进展,奥贝胆酸能够显著降低 PBC 患者的 ALP、γ - GT 水平。研究人员通过建立数学模型分析推测,OCA 与 UDCA 联用相比于单独应用 UDCA,可以降低 PBC 患者 15 年的累积肝硬化失代偿、肝癌和肝移植的发生率。作为 PBC 一线治疗药物的亲水性胆汁酸 UDCA 并不能激活 FXR,UDCA 治疗 PBC 的可能机制为促进胆汁分泌、抑制疏水性胆汁酸的细胞毒作用及抗凋亡作用,而近期的研究已经证实 UDCA 治疗可以部分改善 PBC 患者的肠道微生态紊乱。综上所述,胆汁酸、肠道微生物与 PBC 之间的关系是高度交织的,其中的详细机制还有待于更深入的研究。

第3节　肠道微生物在原发性胆汁性胆管炎治疗中的作用

"胆汁酸治疗"是目前 PBC 治疗的主要策略,UDCA 和 OCA 在 PBC 治疗中的作用得到了肯定,但是 UDCA 并不能缓解 PBC 的所有症状,并且有高达 40% 左右的患者对 UDCA 治疗应答不佳。贝特类药物、布地奈德、免疫抑制剂、生物制剂等用于 PBC 的治疗也正在探索之中。然而,目前仍有部分 PBC 患者的治疗效果不甚理想,需要寻找新的治疗靶点及药物。

越来越多的研究证实了肠道微生物与 PBC 发病的相关性,PBC 患者存在肠道菌群失调,肠道菌群、胆汁酸和核受体信号转导参与了 PBC 的发病,共同影响着 PBC 的发生和发展,UDCA 治疗可以改善 PBC 患者的肠道微生态紊乱,提示肠道菌群有望成为 PBC 治疗的靶点,肠道微生物成分的调节可能是 PBC 治疗的有效方法之一。

研究发现 PBC 与某些细菌感染有关,反复泌尿系感染患者的 PBC 风险升高,在动物实验中也观察到了类似的情况。那么,细菌感染是否是 PBC 发病的必要条件? 细菌感染是致病因素或是促发因素? 抗生素对 PBC 是否有效? 对于这些问题,还需要进行更深入的临床和实验研究。

综上所述,肠道微生物与原发性胆汁性胆管炎的发病有关,其在原发性胆汁性胆管炎中的作用还需要深入研究,肠道菌群可作为 PBC 治疗的新靶点,为 PBC 治疗提供新的思路,益生菌、粪菌移植都可能成为未来 PBC 治疗的新方法。

(黄胡萍　陈贻胜)

参考文献

[1] 中华医学会肝病学分会,中华医学会消化病学分会,中华医学会感染病学分会.原发性胆汁性肝硬化(又名原发性胆汁性胆管炎)诊断和

治疗共识(2015)[J].临床肝胆病杂志,2015,31：1980－1988.

［2］ European Association for the Study of the Liver. EASL Clinical Practice Guidelines：The diagnosis and management of patients with primary biliary cholangitis[J]. J Hepatol, 2017, 67：145－172.

［3］ Lindor KD, Bowlus CL, Boyer J, et al. Primary Biliary Cholangitis：2018 Practice Guidance from the American Association for the Study of Liver Diseases[J]. Hepatology, 2019, 69：394－419.

［4］ Chuang N, Gross RG, Odin JA. Update on the epidemiology of primary biliary cirrhosis[J]. Expert Rev Gastroenterol Hepatol, 2011, 5：583－590.

［5］ Liu H, Liu Y, Wang L, et al. Prevalence of primary biliary cirrhosis in adults referring hospital for annual health check-up in Southern China[J]. BMC Gastroenterol, 2010, 10：100.

［6］ Yoshida K, Yang GX, Zhang W, et al. Deletion of interleukin-12p40 suppresses autoimmune cholangitis in dominant negative transforming growth factor beta receptor type Ⅱ mice[J]. Hepatology, 2009, 50：1494－1500.

［7］ 李艳梅,王绮夏,马雄.原发性胆汁性胆管炎治疗进展[J].中华肝脏病杂志,2017,25：805－809.

［8］ 闫惠平,贾继东.自身免疫性肝脏疾病[M].北京：人民卫生出版社,2018：190－192.

［9］ 池肇春.肠道微生物与自身免疫性肝病研究进展与评价[J].世界华人消化杂志,2019,27：50－62.

［10］ Lv LX, Fang DQ, Shi D, et al. Alterations and correlations of the gut microbiome, metabolism and immunity in patients with primary biliary cirrhosis[J]. Environ Microbiol, 2016, 18：2272－2286.

［11］ Tang R, Wei Y, Li Y, et al. Gut microbial profile is altered in primary biliary cholangitis and partially restored after UDCA therapy [J]. Gut, 2018, 67：534－541.

［12］ Ma HD, Zhao ZB, Ma WT, et al. Gut microbiota translocation promotes autoimmune cholangitis[J]. J Autoimmun, 2018, 95：47－57.

［13］ 张爱平,杨江华.原发性胆汁性胆管炎发病机制的研究进展[J].世界华人消化杂志,2016,24：169－175.

［14］ Chen W, Wei Y, Xiong A, et al. Comprehensive analysis of serum and fecal bile acid profiles and interaction with gut microbiota in primary biliary cholangitis[J]. Clin Rev Allergy Immunol, 2020,58：25－38.

［15］ Lemoinne S, Marteau P. Gut microbial profile in primary biliary cholangitis：Towards bioindicators[J]. Clin Res Hepatol Gastroenterol, 2017, 41：507－508.

［16］ Mattner J. Impact of microbes on the pathogenesis of primary biliary cirrhosis（PBC）and primary sclerosing cholangitis（PSC）[J]. Int J Mol Sci, 2016, 17：E1864.

［17］ 唐映梅,余海燕.原发性胆汁性胆管炎中胆管上皮细胞损伤的机制研究进展[J].世界华人消化杂志,2019,27：36－42.

［18］ 王进军,薛藩,刘斌.大肠杆菌与原发性胆汁性胆管炎发病的关系[J].中华风湿病学杂志,2016,20：570－572.

［19］ 黄春洋,陈杰,刘燕敏,等.肠道菌群在自身免疫性肝病发生发展及治疗中的作用[J].临床肝胆病杂志,2019,35：205－207.

［20］ Tabibian JH, Varghese C, LaRusso NF, et al. The enteric microbiome in hepatobiliary health and disease[J]. Liver Int, 2016, 36：480－487.

［21］ Yang H, Duan Z. Bile Acids and the potential role in primary biliary cirrhosis[J]. Digestion, 2016, 94：145－153.

［22］ 贾昊宇,杨长青.胆汁酸的肠肝循环及肠道微生态在胆汁淤积性肝病发病和治疗中的作用[J].临床肝胆病杂志,2019,35：270－274.

第20章 肠道微生物与胰腺炎

第1节 概　　述

已往认为胰腺不存在自己的微生物,但近几年的研究发现胰腺存在自己的微生物群。通过鼠实验模型发现得到证实,这些微生物群在各种胰腺疾病的发病中起到至关重要的作用。饮食、生活方式和暴露于环境风险因素的变化导致胰腺疾病的发病率增加,包括急性和慢性胰腺炎及胰腺癌。微生物群在胰腺疾病发展中的作用越来越被承认。肠屏障衰竭后,肠道细菌和内毒素的易位是导致急性胰腺炎严重程度的一个关键事件,而小肠细菌过度生长在慢性胰腺炎患者中很常见,并可进一步恶化其症状和营养不良。特异性分子模拟将微生物群和幽门螺杆菌与自身免疫性胰腺炎联系起来。为了进一步观察 $kras^{G12D}$/$PTEN^{lox/+}$ 小鼠胰腺中的细菌,Thomas 等对无菌、手术切除的人类胰腺样本中分离的细菌基因组 DNA 进行了 16S rRNA 基因测序,研究结果显示获得胰腺微生物群不是生理过程。通过病理证实其正常($n=7$)、胰腺炎($n=4$)或胰管细胞癌(PDAC)($n=16$)。对于这些患者的临床病理因素,只有读取量超过 500 次的样本才被纳入进一步的分析中并呈现出来,这说明了样本数量的差异。基因组分析显示,这些胰腺,包括非 PDAC 标本,含有一个不受外部污染的微生物群。然而,基于原理坐标分析,在正常胰腺、胰腺炎和 PDAC 标本之间,在属水平上没有微生物群的聚集。未检测到 PDAC 病理阶段与 β 多样性或细菌分类群[使用线性判别分析效应大小(LEFSE)之间的相关性($P>0.05$,未显示数据)]。尽管正常和胰腺癌之间似乎存在微生物差异,但在检测前五个主坐标分析轴的错误发现率(FDR)校正(FDR$=0.06$)后,这并不显著。此外,通过 Chao1(反映物种丰度的指标)和 Shannon(反映物种丰度的指标)指数,在物种丰度和多样性方面也没有差异。虽然观察到不动杆菌属($P=0.03$)、*Afpiaalt* 菌属(为革兰阴性菌、氧化酶阳性、非发酵型杆菌)($P=0.07$)、肠杆菌属($P=0.07$)和假单胞菌属($P=0.06$),但 FDR 校正后未发现特定属(或科、目、类或门)与疾病状态(正常与 PDAC)之间存在统计联系。为了确认细菌在人胰腺上的定植,在有氧和无氧条件下培养来自独立恶性胰腺标本的新溶解物,在培养 48 小时后,确认存在来自人体胰腺的平均~1×10^5(有氧)和~1×10^5(无氧)CFU/g 组织的可培养细菌。随后对这些细菌菌落进行的 16S rRNA 基因测序和交叉参考分类证实了 PDAC 组织 16S 测序最初检测到的属的存在。其中棒状杆菌属、肠杆菌属、埃希菌属、丙酸杆菌属、葡萄球菌属和链球菌属在测序组中常见,占总检出属数的 35%。相似性分析表明,在 100% 相似性条件下产生的 QIIME 选择参考操作分类单位(operational taxonomic unit,OTU)(如果序列之间,比如不同的 16S rRNA 序列的相似性高于 97% 就可以把它定义为一个 OTU,每个 OTU 对应一个不同的 16S rRNA 序列,也就是每个 OTU 对应一个不同的微生物种。通过 OTU 分析,就可以知道样品中的微生物多样性和不同微生物的丰度)中,有 23% 的 OTU 在两个集合之间是共同的。总之,人类胰腺含有一个微生物群,但其群落组成无法区分正常和疾病状态。

为了确定获得胰腺微生物群的时间关系,将一组 GF 129SvEv 小鼠转移到链球菌增殖因子(streptococcal proliferative factor,SPF)条件下,用 1×10^5 SPF 微生物群经口灌胃,并放置 1、2、4 和

8 周。然后,采集每个胰腺,用 16S rRNA 聚合酶链反应(PCR)扩增法进行细菌定殖。虽然常规衍生小鼠粪便中的细菌通过通用细菌聚合酶链反应检测到,但在这些小鼠的胰腺中没有观察到定植的证据。考虑到由于肠道通透性缺陷与细菌易位到周围器官有关,后来使用了有缺陷的肠道通透性的 IL10$^{-/-}$ 小鼠模型,并用空肠弯曲杆菌(菌株 81 - 176)口服感染,以加速这种有缺陷的通透性,确定肠道微生物易位到胰腺的能力。结果空肠梭菌感染的 IL10$^{-/-}$ 小鼠发生严重结肠炎(得分:3.66),而对照组为非感染的 IL10$^{-/-}$ 小鼠(得分:0.288),$P<0.001$。此外,空肠弯曲菌感染的 IL10$^{-/-}$ 小鼠的肠道通透性增加,如血清 FITC 葡聚糖测定与对照相比(中位数血清浓度 1 283 与 167.7 ng/mL, $P=0.003$)。有趣的是,16S rRNA - pcr 分析和培养分析未能检测到两组细菌定植的证据(数据未显示)。这些数据表明,即使在肠道炎症的情况下,获得胰腺细菌也不是一个生理过程。

不同的胰腺疾病可能存在肠道微生物群的差异。Hamada 等对 1 型自身免疫性胰腺炎(AIP)和慢性胰腺炎(CP)患者的肠道微生物群进行了全面分析。选择这两种疾病是因为 AIP 的免疫反应改变和(或)CP 长期营养不良可能影响肠道微生物群。在类固醇治疗前从 12 例 AIP 患者和 8 例 CP 患者身上采集粪便样本,提取元基因组 DNA,通过下一代测序分析微生物群。AIP 患者和 CP 患者的肠道微生物群特征不同,即 CP 患者的类杆菌、链球菌和梭状芽孢杆菌的比例更高。这些细菌种类比例增加的原因尚不清楚,但可能反映了吸收不良和(或)胰腺酶下降,以及肠道微生物群的变化。它们与 CP 均有关。鉴定出的链球菌是口腔内的居民,也被称为心内膜炎的病原体。尽管样本量很小,但本研究显示 AIP 和 CP 的肠道微生物群特征存在差异。对肠道微生物群进行综合分析可能有助于胰腺疾病的鉴别诊断。

有趣的是益生菌酪酸梭菌可诱导胰管并减少胰腺炎症。Jia 等采用流式细胞术检测了胰腺中的 CD4$^+$Foxp3$^+$T 细胞。在 6 周和 9 周大时,发现类似比例的胰管。然而,在 13 周时,观察到 NOD - CB 小鼠与 NOD 对照组的胰腺 Tregs 比例显著增加,TGF - β 和 IL - 10 增加,支持口服 CB0313.1 可能通过 Tregs 和相关细胞因子发挥其保护作用的假设($P<0.01$)。胰腺中 TGF - β 的增加也提示酪酸梭菌可能通过 TGF - β 相关机制诱导 Tregs。

尽管发现 CB0313.1 在 13 周龄时可以诱导胰腺长管状细胞,但这种诱导是否具有长期的作用仍有待确定。在实验结束时,NOD - CB 小鼠与 NOD 对照组的胰腺 Tregs 的增加趋势被观察到,这表明由于酪酸梭菌治疗,胰腺局部具有较高的免疫耐受性。

虽然 Tregs 在糖尿病预防方面很重要,但不能排除其他关键参与者的参与,因此检查胰腺中的 Th1/Th2/Th17 平衡。结果与 NOD 对照组相比,来自胰腺 T 细胞的细胞因子谱的细胞内染色显示,NOD - CB 小鼠的 IFN - γ$^+$IL - 17a$^+$百分比更低,IL - 4$^+$CD4$^+$T 细胞百分比更高,IL - 4 蛋白水平也更高。这些结果表明,CB0313.1 可减少胰腺炎症,逆转 Th1/Th2/Th17/Tregs 的失衡。

近年越来越多的研究表明,肠道微生物与胰腺炎密切相关,但有许多方面尚存分歧,而且研究大多是在动物模型中进行,主要在病原学上和发病机制上开展研究。系统的临床研究很少。下面就肠道微生物与胰腺炎之间的研究现状与进展做一全面介绍,并对胰腺炎治疗的当今认识做一些探索。

第 2 节　胰腺微生物群

肠道微生物用聚合酶链反应-变性梯度凝胶电泳、实时定量聚合酶链反应、Limulus amebocyte 裂解液试验和酶联免疫法进行研究,结果大多数轻度急性胰腺炎(MAP)和重度急性胰腺炎(SAP)患者的粪便微生物群均有明显变化。此外,肠道微生物群改变的 SAP 患者多器官衰竭和感染并发症的发生率明显高于肠道微生物群保持不变的患者。与 MAP 患者相比,SAP 患者肠球菌增加,双歧杆菌减少。血清 IL-6 与肠杆菌科和肠球菌呈显著正相关,与双歧杆菌呈负相关,血浆内毒素与肠球菌呈显著正相关($P<0.05$)。MAP 患者和 SAP 患者肠道菌群变化最为频繁,与炎症有显著相关性,提示肠道菌群可能参与了 AP 的进展。

先前报道急性坏死性胰腺炎(ANP)中有大肠埃希菌、志贺杆菌的增加。有报道研究了大肠埃希菌 MG1655(一种埃希菌共生体)是否增加了大鼠肠道损伤并加重了 ANP,证明肠道微生物群参与了胰腺损伤和肠屏障功能障碍。通过 16S rRNA 基因测序和定量 PCR,发现 ANP 中存在肠道生态失调和大肠埃希菌 MG1655 显著增加。随后,用管饲法将大肠埃希菌 MG1655 输注到含 ANP 的肠道微生物群耗尽的大鼠体内。结果观察到,在 ANP 诱导后,大肠埃希菌 MG1655 单色大鼠的胰腺和肠屏障功能受到的损伤比肠道微生物群衰竭大鼠更严重。此外,在 MG1655 单色 ANP 大鼠中,TLR-4/MyD88/P38 有丝分裂原激活蛋白(MAPK)和内质网应激(endoplasmic reticulum stress,ERS)在肠上皮细胞中的激活也显著增加。在体外,大鼠回肠上皮细胞系 IEC-18 在与大肠埃希菌 MG1655 共培养以及 TLR-4、MyD88 上调时表现出加重的肿瘤坏死因子-α 诱导的炎症和紧密连接蛋白的丢失。总之,研究表明,共生大肠埃希菌 MG1655 可增加大鼠的 TLR-4/MyD88/P38 MAPK 和 ERS 信号传导,导致肠上皮损伤,加重 ANP。研究证实在 ANP 中共生大肠埃希菌在 ANP 中的有害潜力。目前的研究为肠道细菌和肠道菌群的相互作用提供了新的见解,表明非致病共生体也可能在疾病背景下表现出不良影响。

急性胰腺炎(AP)和对照组的肠道微生物群结构存在显著差异,其干扰与系统性炎症和肠道屏障功能障碍密切相关。值得注意的是,随着 AP 的恶化,微生物组成发生了进一步的变化,证明肠道微生物群参与了胰腺损伤和肠屏障功能障碍。通过 16S rRNA 基因测序和定量 PCR,发现 ANP 中存在肠道生态失调和大肠埃希菌 MG1655 显著增加。随后,用管饲法将大肠埃希菌 MG1655 输注到含 ANP 的肠道微生物群耗尽的大鼠体内。研究发现,在 ANP 诱导后,大肠杆菌 MG1655 单色大鼠的胰腺和肠屏障功能受到的损伤比肠道微生物群衰竭大鼠更严重。此外,在 MG1655 单色 ANP 大鼠中,Toll 样受体 4(TLR4)/MyD88/P38 有丝分裂原激活蛋白(MAPK)和内质网应激(ERS)在肠上皮细胞中的激活也显著增加。在体外,大鼠回肠上皮细胞系 IEC-18 在与大肠埃希菌 MG1655 共培养以及 TLR4、MyD88 和 BIP 上调时表现出加重的肿瘤坏死因子-α 诱导的炎症和紧密连接蛋白的丢失。总之,研究表明,共生大肠杆菌 MG1655 可增加大鼠的 TLR4/MyD88/P38 MAPK 和 ERS 信号传导,导致肠上皮损伤,加重 ANP。此外,经抗生素治疗的小鼠和无菌小鼠在 AP 诱导后胰腺损伤减轻。

高三酰甘油血症(HTG)可加重急性胰腺炎的病程。肠屏障功能障碍与 AP 的发病机制有关,在此过程中,肠道微生物群的失调导致肠屏障功能障碍。然而,很少有研究关注与 HTG 相关的急性坏死性胰腺炎(ANP)期间肠道微生物群的变化。Huang 等研究了 HTG 相关 ANP(HANP,高三酰甘油 ANP)大鼠肠道微生物群和潘氏细胞抗菌肽(AMPs)的变化。采用高脂饮食诱导大鼠胆道逆行注射 3.5% 牛磺胆酸钠诱发 HTG 和 ANP。分别于 24 小时和 48 小时处死大鼠。根据组织学评分评估胰腺和回肠损伤。通过血浆二胺氧化酶活性和 D-乳酸水平评价肠屏障功能。通过 TNFα、IL-1β 和 IL-17a 的表达来评价全身和肠道炎症。采用 16S rRNA 高通量测序方法研究了肠道微生物群多样性和结构的变化。用实时 PCR 和免疫荧光法检测 AMPs(α-防御素 5 和溶菌酶)的表达。结果表明,与正常脂质组(NANP,正常三酰甘油 ANP)相比,HANP 组胰腺及回肠远段组织病理损伤更为严重,肠屏障功能障碍加重,血浆及回肠远段 TNFα、IL-1β、IL-17A 表达增加。主成分分析显示 HANP 和 NANP 组存在结构分离。与 NANP 组相比,HANP 组的 α-多样性估计值显示微生物群多样性降低。分类分析显示肠道微生物群结构失调。

在 HANP 组，在门水平，螺旋体菌门和厚壁菌门显著减少，而放线菌增加。在属级上，别样棒菌属（*Allobaculum*）、双歧杆菌（*Bifidobacterium*）和副萨特菌属（*Parasutterella*）数量显著增加，而 *Alloprevotella*（坦纳拟普雷沃菌属）、*Anaerotrruncus*（厌氧棍状菌属）、螺旋体菌门、*Christensenellaceae* - 7_组（厚壁菌门的 C 细菌）、*Rikenellaceae_RC9*_肠道组、*Ruuminiclostridium* - 5 瘤胃菌科（厚壁菌门）*Ruminococcaceae_UCG* - 005 和 *Ruminococcaceae* - *UCG* - 014 数量减少。与 NANP 大鼠相比，HANP 大鼠溶菌酶和 α-防御素的 mRNA 表达与溶菌酶蛋白表达明显下降。此外，NANP 大鼠和 HANP 大鼠的同种异体细菌丰度与溶菌酶的表达呈负相关，而斯皮尔曼（Spearman）试验显示厌氧菌丰度与之呈正相关。总之，肠道微生物群失调和潘氏细胞 AMP 降低可能参与 HANP 肠屏障功能障碍的发病机制。

在急性胰腺炎中，肠屏障损伤现已被证实与肠微循环紊乱、炎性细胞因子过度释放、肠上皮损伤和肠道微生物群失调有关。然而，只有少数研究探讨了肠道微生物群在 ANP 中的作用。通过聚合酶链反应变性梯度凝胶电泳（PCR - DGGE），Tan 等发现细菌多样性降低，肠球菌和肠杆菌科增加，粪便微生物群中双歧杆菌减少，从而证实严重急性胰腺炎患者的肠道微生物群失调。在另一项研究中，Li 等重症急性胰腺炎患者外周血中发现肠道细菌，包括大肠埃希菌、福氏志贺菌、肠杆菌科细菌，这些细菌与急性胰腺炎的严重程度有关。在 IBD 中，肠道微生物群的失调导致炎症状态，并扩大免疫反应。据报道，微生物群落结构的改变可诱导肠中 TNF - α 和 IL - 6 的表达，进而加剧肠易激综合征的肠屏障损伤。急性胰腺炎的特点是系统和肠道中过度释放炎症细胞因子。

位于小肠隐窝的潘氏细胞在维持小肠屏障正常性方面起着至关重要的作用。它们分泌多种抗菌肽（AMP），包括 α 防御素、Reg3R、溶菌酶，并有助于形成和维持肠道微生物群。据报道，潘氏细胞 AMP 的缺陷与肠屏障功能衰竭有关，导致细菌易位。

在细菌门水平上，ANP48h 组的糖化细菌和黄粉虫数量明显低于 SO48h 组（均 $P < 0.05$）。然而，两组的厚壁菌门和类杆菌数量均无明显变化。在属水平上，ANP48h 组大肠埃希菌和考拉杆菌属（*Phascolarctobacterium*）的丰度较高（$P < 0.05$）。ANP48h 组的 *Canididatus-Saccharimonas*、普氏菌科 UCG - 001、毛螺科 *Lachnospiraceae UCG* - 001、瘤胃菌科 *Ruminiclostridium* - 5 和 *Ruminococcaceae UCG* - 008 的丰度明显低于 SO 48h 组（均 $P < 0.05$）。以上结果表明，ANP 可能在导致肠道微生物结构变化中起着至关重要的作用。

根据最近的研究，胰腺和胰周组织的感染被认为起源于肠，特别是小肠。ANP 诱导后，我们发现肠道有炎症，而 ANP48h 组肠道炎性细胞因子（TNF - α、IL - 1β 和 IL - 17a）水平较高。急性胰腺炎期间炎性细胞因子的过度释放是肠屏障损伤的主要原因。TNF - α、IL - 1β 的过度产生直接损害肠屏障。在重症急性胰腺炎中起主要作用的肿瘤坏死因子-α 可触发其他炎性细胞因子如 IL - 1β 和 IL - 6 的表达，并加重组织损伤，至于肠道微生物群失调与过度炎症之间的因果关系尚需进一步研究。

第 3 节　肠道屏障功能障碍与胰腺炎

一、肠道屏障

肠黏膜由几种有助于其作为物理和免疫防御屏障功能的元素组成。主要包括具有共生肠道微生物群的外黏液层、抗菌蛋白（antimicrobic protein，AMP）和分泌免疫球蛋白 A（secretory IgA，SIgA）分子、具有专门上皮细胞的中央单细胞层及固有和适应性免疫细胞（如 T 细胞、B 细胞、巨噬细胞和树突状细胞)存在的内层固有层(图 20-1,见彩图)。

黏液层是外部分子进入肠道时遇到的第一道物理防线,它可以防止细菌直接接触上皮细胞。黏液层的主要构建块是高度糖化的黏蛋白,其形成覆盖肠上皮的凝胶状筛网结构。在小肠和大肠中,黏液蛋白 2(mucin2,MUC2)是杯状细胞分泌最丰富的黏液蛋白。MUC2 的表达对于预防疾病至关重要,因为 MUC2 敲除小鼠会自发患结肠炎。肠上皮细胞(Intestinal epithelial cell,IEC)也表达附着在顶端表面的跨膜黏蛋白,并与糖脂一起形成糖萼。值得注意的是,小肠只有一层黏液凝胶层,而结肠有两层:一层松散的层,允许结肠细菌的长期定植,在结肠中至关重要,而内部致密层没有细菌。免疫调节剂,如 AMP 和 SIgA 分子,被释放在黏液凝胶中,以加强微生物的物理分离,作为从上皮到管腔的梯度,并显示在小肠中的最高浓度。黏液层的组成可以影响肠道中的微生物,而微生物也决定黏液凝胶的特性。

在黏液层下面,上皮细胞是迄今为止最强的肠屏障的决定因素。位于地穴的多能干细胞池产生五种不同的细胞类型,包括吸收性肠细胞、潘氏细胞、肠内分泌细胞、杯状细胞和微古细胞。这些细胞一起形成一个连续的极化单层,将管腔与固有层分离。由于细胞膜在没有特定转运体的情况下对亲水性溶质是不可渗透的,因此这种分子通过 IEC 的通道受到高度限制。亲脂性或大分子的摄取主要依赖于扩散和内吞作用。分子在 IECs 之间的传输是通过连接复合物的存在来调节的。三个最重要的复合物是紧密连接(TJs)、黏附连接(AJs)和桥粒。TJs 是最顶端的黏合复合物,主要封闭细胞间空间,由跨膜蛋白(如 Claudin)、周围膜蛋白(如 ZO-1、ZO-2)和调节蛋白组成。AJ 位于 TJ 下方,装配时需要。与桥粒一起,AJ 提供了强有力的黏合力,以维持上皮的完整性。TJ 和 AJ 都与肌动蛋白和肌球蛋白的连接环相连,肌动蛋白和肌球蛋白允许通过细胞骨架来调节连接。

肠屏障是高度动态的,对内外刺激(如细胞因子、细菌、饮食因素)都有反应。

肠上皮细胞为肠道提供了物理和免疫防御屏障。这种选择性的渗透性屏障可禁止微生物和毒素的通过,同时允许营养和水的运输。肠道上皮的超细胞通透性是由紧密结合、粘连和脱黏体组成的顶端的紧密结合复合体来控制的。紧密结合复合体位于上皮细胞的最顶端位置,形成相邻细胞之间的密封。是肠道上皮通透性的主要决定因素。粘连结合和脱黏体提供了维持细胞-细胞相互作用所必需的黏合力,并防止了对上皮细胞的机械破坏。如前所述,紧密结合体由跨膜蛋白组成,包括闭塞蛋白(occludin,)、紧密连接蛋白(claudins)、连接粘连分子(junctional adhesionmolecule)、三个相邻上皮细胞间紧密连接蛋白,以及细胞质支架蛋白,如胞质小带闭塞蛋白(ZO-1、ZO-2、ZO-3)。其中最关键的跨膜蛋白是包膜蛋白,它定义了紧密结合的渗透性。胶原分为屏障形成(胶原-1、-3、-4、-5、-8、-9、-11 和-14)和通道孔隙形成(胶原-2、-7、-12 和-15)亚型。屏障形成使胶原降低,而通道孔隙度的形成使胶原增加,至于紧密连接蛋白对细胞旁通透性的作用迄今尚未充分阐明。小鼠肠道闭塞蛋白的降低提高了大分子的肠道通透性。此外,缺乏闭合蛋白的小鼠会出现慢性炎症和增生。ZO 蛋白通过将紧密连接蛋白或包合物固定在细胞骨架上来调节紧密连接的组装和维护。由于紧密连接完整性的破坏导致肠道屏障的功能障碍和大分子从肠腔扩散到血液。

黏液主要由杯状细胞产生和分泌。肠道黏液的主要结构是大的高糖基化糖蛋白。跨膜黏液和分泌的黏液这两种主要的黏液在功能上是有区别的,跨膜黏液和分泌的黏液包括黏液 1、黏液 3、黏液 4、黏液 11-13、黏液 15-17、黏液 20 和黏液 21,拥有单一的膜生成域,是黏膜表面糖花萼的必要组成部分,并参与细胞内信号分泌的黏液,特别是凝胶形成的黏液,构成黏液层的骨架。在小肠和结肠中,黏液是由凝胶形成的黏液蛋白构成。与胃中的黏液蛋白相比,黏蛋白可被认为是一把双刃剑,由于它们的正常功能可以防止有害物质和微生物的侵入,而黏液的功能障碍可能是导致疾病的一个原因。除了黏液分泌外,肠杯状细胞还可分泌一些其他黏液成分,包括三叶因子肽-3(trefoil factor peptide,TFP-3)、抵抗素样分子-β(resistin-like molecule β,RELM-β)、Fc-γ 结合蛋白(Fc fragment of IgG binding protein,FCGBP,Fc 片段结合蛋白 γ)、酶原颗粒蛋白16(zymogen granule protein16,ZG 16)和钙活化氯化物通道调节器-1(calcium-activated chloride channel regulator 1,CLCA-1),所有这些都促成了高黏性的细胞外层。

肠上皮细胞还通过产生细胞因子,如 IL-1β,IL-6,进行免疫监视并向黏膜免疫系统发送信号,IL-18、TNF-α 和趋化因子,包括趋化因子配体(chemotactic factor ligand,CXCL)-8、CXCL-10、CCXC-L2、CXCL-6、CXCL-20 和 CXCL-25,产生的细胞因子/趋化因子的主要作用是诱导免疫细胞迁移,促进先天和适应性免疫。值得注意的是,包括肠道上皮衍生的 CXCL-6(人类同系物 CXCL-14 和 CXCL-15)在内的一个子集的趋化因子具有抗菌的特性。

肠具有完整的膜免疫系统。肠道相关淋巴组织(gut-associated lymphoid tissue,GALT)是黏膜相关淋巴组织的一个重要组成部分,它含有人体 70% 的免疫细胞。GALT 含有多种免疫细胞,包括树突状细胞、T 和 B 淋巴细胞、浆细胞、先天性淋巴样细胞(innate lymphoid cell,ILCs)、巨噬细胞和中性粒细胞。而残余巨噬细胞负责吞噬扩散到固有层的细菌,ILC 通过分泌细胞因子保护黏膜免受细菌入侵。特别重要的是树突状细胞,它们通过调节保护性免疫和免疫调节能力,在形成肠道免疫反应中起着关键作用。免疫耐受存在于固有层的 T 和 B 淋巴细胞是树突状细胞诱导和引导的适应性免疫反应的主要效应细胞。T 细胞对来自肠腔的信号作出反应并启动免疫反应。B 细胞,特别是产生 IgA 的浆细胞,有助于保护肠屏障。值得注意的是,免疫细胞也通过分泌细胞因子来调节肠屏障功能。例如,由 3 型 ILC 和 CD4$^+$T 淋巴细胞产生的 IL-22 已被证明能够刺激肠上皮细胞分泌 AMP,并上调上皮紧密连接蛋白的表达。由调节性 T 细胞(regulatory T cell,Treg)和巨噬细胞分泌的 IL-10 可促进黏膜伤口愈合并增强肠屏障功能。

二、肠道屏障功能障碍与胰腺炎

(一)急性胰腺炎患者的肠道通透性增加

急性胰腺炎患者的肠道通透性增加通过几种方法得到证实。肠通透性与血浆内毒素、血清 TNF-α、IL-6、CRP 及凝血时间(CT)估测的严重程度相关。尿中肠脂肪酸结合蛋白(肠缺血的敏感标志物)的浓度与肠通透性呈正相关,这表明内脏灌注不足会导致肠黏膜完整性的丧失。炎症介质的大量系统生成和早期器官衰竭是 SAP 的特征。SAP 患者结肠黏膜组织中 TJPs 的表达下降,62% 的患者显示 BT。此外,BT 患者的闭塞蛋白和 ZO-1 表达水平较低。肠屏障失效与细菌和炎症产物通过肠壁的易位有关,这可能导致坏死胰腺的感染和全身炎症反应。SAP 和肠道发育不良患者多器官衰竭和感染性并发症的发生率较高:肠球菌增多,双歧杆菌减少。血清 IL-6 水平与肠杆菌科和肠球菌丰富度呈正相关,与双歧杆菌呈负相关,而血浆内毒素与肠球菌丰富度呈正相关,提示肠道菌群失调可能是 I 型肠道菌群。

(二)高迁移率族蛋白-1 与坏死性胰腺炎

在急性坏死性胰腺炎(ANP)中,胃肠道 BT 是败血症并发症发生的重要发病机制。尽管高迁移率族蛋白-1(high-mobility group box 1 protein,HMGB1)与 ANP 患者的 BT 和器官功能障碍有关,但 HMGB-1 在肠屏障功能障碍和 BT 中的作用机制尚未得到很好的解决。Huang 等探讨 HMGB-1 在涉及和肠屏障功能障碍的 ANP 中的作用。在雄性 Sprague-Dawey 大鼠剖腹手术后,通过逆行向胆总管注射牛磺胆酸盐,实现实验性 ANP。在剖腹手术前立即皮下注射抗 HMGB-1 抗体进行

HMGB-1 阻断干预。在诱导 ANP 24 小时后,收集胰腺和肠道组织以及血液样本进行组织病理学评估和脂质过氧化或谷胱甘肽(GSH)评估。通过肠通透性评估确定 AP 诱导的屏障功能障碍。采用免疫印迹法、免疫组织学分析和共聚焦免疫荧光成像技术研究紧密连接蛋白和自噬调节因子。结果根据显微镜下的实质坏死和脂肪坏死显示,ANP 与肠黏膜屏障功能障碍有关。HMGB-1 抑制对肠黏膜屏障功能紊乱起到保护作用,对 ANP 中的微生物群变化起到保护作用,减轻肠氧化应激。此外,HMGB-1 抑制降低了肠道通透性;保留了如 claudin-2 和 occludin 等 TJ 蛋白的表达;降低了自噬。此外,根据双免疫荧光分析,自噬调节因子 LC3(自噬标志物)和 TJ 蛋白 claudin-2 在 ANP 中均上调。

HMGB1 抑制可改善实验性 ANP 的严重程度,但对 BT 有一定的影响,主要涉及 TJ 功能。

(三) 肥胖与胰腺炎

肥胖可通过破坏肠黏膜屏障(intestinal mucosal barrier,IMB)加重 AP。其根本机制尚不清楚。

SAP 以持续性器官衰竭或感染性局部并发症为特征,被认为是最严重的腹腔疾病之一,死亡率高达 10%～30%。肠黏膜屏障功能障碍对 SAP 的进展起着重要作用。屏障功能障碍通常是由于紧密连接失控和(或)肠上皮细胞(intestinal epithelial cells,IEC)的异常凋亡或增殖,可导致屏障通透性增加,管腔抗原和细菌侵入固有层,触发免疫细胞介导黏膜炎症。肠通透性(intestinal permeability,IP)升高是 SAP 进展过程中细菌和内毒素易位的主要原因。此外,肥胖被认为是 SAP 的独立危险因素,可能因为肥胖是诱发慢性炎症状态的因素。生态失调时肥胖患者全身和局部并发症的发生率增加 1.68～2.8 倍。据报道,由于 TJ 的下调,肥胖会损害 IMB。然而在 AP 中,肥胖状态下的 IMB 根本机制尚不清楚。

根据目前的研究,肥胖对胰腺炎的影响有:① 肥胖加重胰腺炎。AP 诱导肥胖大鼠(OAP)病理评分明显高于 AP 诱导正常体重大鼠(NAP);血清乳酸和 TNF-α 与相应的对照相比,仅在 OAP 而不是 NAP 中显著增加。提示肥胖加重炎症。② 肥胖导致 AP 大鼠肠道通透性恶化。体重正常 AP(NAP)大鼠血清内毒素水平高于对照组,而肥胖 AP 组大鼠血清内毒素水平明显高于对照组,$P<0.001$,但也明显高于 NAP。同时肥胖与 AP 大鼠内毒素易位升高有关,导致肠道通透性增加。③ AP 期间肥胖加重肠道炎症性损伤。OAP 组肠道组织病理学评分明显高于 NAP 组,另外,OAP 组病理评分升高主要是白细胞浸润,而不是黏膜损伤。④ 肥胖导致 AP 期间瘦素和肠 Ob-Rb(瘦素作用主要受体)表达不平衡。与 NC(假手术正常体重大鼠)组相比,OC(假手术肥胖大鼠)组血清瘦素水平升高,$P=0.004$。AP 诱导后,OAP 组血清瘦素水平不仅高于 OC 组,而且明显高于 NAP 组。同样,与 NC 组相比,OC 组回肠瘦素显著升高。然而,在诱导 AP 后,OAP 的回肠瘦素与 OC 组相比下降了近50%。回肠瘦素蛋白水平与 iEC 增殖显著相关($P=0.007$),而与凋亡显著相关($P=0.064$)。回肠 Ob-Rb 的表达随着 AP 的诱导而增加,但与肥胖无关。⑤ 肥胖改变 AP 大鼠回肠微生物多样性及组成。通过微生物组分分析,各群中最丰富的门包括变形杆菌、厚壁杆菌和拟杆菌。OAP 组(59.59%)的蛋白菌丰度高于 OC 组(23.56%),$P=0.013$。随着 AP 的诱导,肥胖显著降低了肠道放线菌比例,NAP 3.15% 对 OAP 0.11%,$P=0.007$。在属级,异种杆菌(NAP 15.85% 对 OAP 1.85%,$P=0.008$,)和巴氏杆菌(NAP 3.66% 对 OAP 0.06%,$P=0.018$)。

肠黏膜的封闭性要求有一个完整的解剖上皮以及有效的顶端细胞连接复合体。许多损伤可能导致黏膜糜烂或坏死、上皮细胞凋亡和增殖失衡,以及 TJ 蛋白的紊乱。在动物模型中,脆弱的 IMB 可能处于 IMB 功能障碍的早期,而不是明显的黏膜糜烂或溃疡。尽管如此,由于内毒素、乳酸和 TNF-α 的易位以及肠道固有免疫的激活,胰腺炎症仍然加重。过度的 IEC 凋亡可能是肥胖大鼠 AP 早期黏膜炎症增加的主要原因。

细胞凋亡和增殖受多种因素调控。除了脂肪组织产生的瘦素外,肠瘦素可能是这些因素中的一个,具有加速细胞增殖和减少细胞凋亡的能力。AP 促进脂肪组织释放瘦素,但降低了肥胖大鼠的肠道瘦素。在 6 种类型的瘦素受体中,长形沉默软骨细胞 leptin 受体(Ob-Rb)是唯一具有完全跨膜和胞内结构的亚型。Ob-Rb 也存在于整个肠上皮中,包括在肠上皮细胞的顶端和基底外侧膜中,这表明瘦素和 Ob-Rb 可能参与了 IMB 的生理调节,可能是通过旁分泌途径。先前的研究也表明,瘦素/Ob-Rb 和炎症介质相互之间的影响是密切的。据推测,瘦素具有双重性质:作为炎症介质和肠道生长因子-28。因此,尽管 Ob-Rb 的表达没有明显改变,但肥胖 AP 大鼠肠道瘦素/Ob-Rb 结合减少可能通过肠上皮细胞的增殖恶化影响 IMB 的功能。此外,脂肪组织大量释放循环中的瘦素并没有增强肠瘦素或刺激 Ob-Rb 的表达,这表明肠瘦素具有旁分泌作用。

此外,以前的研究表明,瘦素可以调节肠道微生物群的组成。无论是瘦素缺乏(ob/ob)还是瘦素受体缺乏(db/db)小鼠,其肠道微生物群落均较野生型小鼠有显著改变。与这些观察结果一致,有研究认为肥胖 AP 大鼠肠瘦素/Ob-Rb 结合减少与回肠微生物群组成的变化有关。以前被报道梭状芽孢杆菌具有抗炎作用,并以其丁酸盐产生能力促进 IEC 的增殖。AP 大鼠梭状芽孢杆菌Ⅺ的比例明显下降,此认为可能与肠道炎症损伤和修复不足有关。这些结果只是观察和推测。瘦素和 Ob-Rb 对肥胖的肠黏膜屏障(IMB)和肠道微生物群的确切影响需要进一步的实验研究。

总之,肥胖可能导致肠瘦素/Ob-Rb 结合降低、细菌丰富度降低、回肠细菌群落的系统发育簇明显、肠炎性损伤增加和 AP 发作期间 IEC 增殖不足。所有这些都通过 IMB 的功能障碍相互作用,甚至在早期即可加重胰腺的损伤。

(四) 高三酰甘油与急性胰腺炎

研究证实,高三酰甘油血症(HTG)可加重 AP 的病程。肠屏障功能障碍与 AP 的发病机制有关,在此过程中,肠道微生物群的失调导致肠屏障功能障碍。

HTG 是 AP 的一个公认的危险因素。这是第三常见的 AP 原因,占所有胰腺炎发作病例的 10% 左右。临床研究报告,ANP 患者的 HTG 遭受更严重的临床过程和并发症,包括感染、败血症和多器官衰竭。动物实验还证明,使用 AP 的 HTG 可扩大胰腺和全身炎症反应。高脂肪饮食(HFD)是影响肠道微生物群组成的一个因素,并导致低度肠道炎症和肠道通透性增加。

1. HTG 加重肠屏障通透性的变化及 ANP 患者血浆和回肠远端炎症细胞因子的表达　测定血浆二胺氧化酶(diamine oxidase, DAO)和 D-乳酸水平,以评价肠屏障功能障碍的严重程度。与之前的研究一致,ANP 诱导后肠屏障受到损伤,其特点是 DAO 和 D-乳酸表达水平显著增加。与假手术(sham operate, SO)组相比,HSO(高三酰甘油假手术)组 DAO 和 D-乳酸表达水平显著升高。HANP(高三酰甘油急性坏死性胰腺炎)组 24 小时和 48 小时 DAO 和 D-乳酸的表达水平均高于 NANP 组同期($P<0.05$)。其中 HANP48 小时组血浆 DAO 和 D-乳酸 A 的表达水平最高。

TNF-α 在 SAP 中起着关键作用,可触发其他炎性细胞因子如 IL-1β 的表达,并加重组织损伤。产生 IL-17 需要 IL-1β,它们都是 AP 中重要的促炎细胞因子。用酶联免疫吸附测定系统和肠道中 TNF-α、IL-1β 和 IL-17a 的表达水平。ANP 诱导后血浆炎性细胞因子增加。与 SO(三酰甘油假手术)组相比,HSO(高三酰甘油假生手术)组血浆 TNF-α、IL-1β 和 IL-17a 表达水平升高,但无统计学意义。与 NANP 组相比,HANP 组血浆 TNF-α 水平明显升高($P<0.05$)。HANP 组 48 小时血浆 IL-1β 和 IL-17a 水平较 48 小时 NANP 组显著升高,高于 HANP 24 小时组水平($P<0.05$)。与 NANP 48 小时组相比,HANP 组在 48 小时时肠道 IL-1β 和 IL-17a 水平显著升高,高于 HANP 24

小时组水平,$P<0.05$。这些结果表明,HNAP 大鼠的肠道炎症较重。

2. HTG 相关 ANP 中肠道微生物多样性和结构的变化　ANP 诱导后 48 小时肠组织病理变化及肠屏障损伤较严重。因此,分析了 SO 48 小时、NANP 48 小时、HSO 48 小时和 HANP 48 小时组的肠道微生物群。用测序方法从 40 个样品中共获得 650 600 个高质量序列和 910 个 OTU。稀疏曲线倾向于饱和平稳,所有物种多样生指数(Shannon diversity)都是稳定的,这表明大多数多样性已经被发现。

群落 α-多样性的估计值反映了 HSO 48 小时组肠道微生物多样性下降,而 HANP 48 小时组在这四组中的多样性最低。与 SO 48 小时组相比,OTU、Chao 1 和 ACE 指数显著降低了 HSO 48 小时组的肠道菌群多样性($P<0.05$)。用 OTU、Chao 1、ACE、Shannon 和 Simpson 指数的估计值表明,HANP 48 小时组的肠道微生物群多样性明显低于 NANP 48 小时组。

肠道微生物群结构的整体变化。在门水平上,HSO 48 小时组与 SO 48 小时组相比,*Candidatus_Saccharbacteria* 和 *Tenericutes*(软壁菌门)的丰度显著降低($P<0.05$)。ANP 诱导后,这两个门的丰度进一步降低。其丰度在 HANP 48 小时组最低,与 NANP 48 小时组相比显著降低($P<0.05$)。其中放线菌数量以 HANP 48 小时组最高,与 NANP 48 小时组相比呈显著增加($P<0.05$)。在属水平上,HSO 48 小时组的 Parasutterella、异杆菌和双歧杆菌的丰度高于 SO 48 小时组,而只有 Parasutterella 和双歧杆菌的增加具有统计学意义($P<0.05$)。ANP 诱导后,HANP 48 小时组与 NANP 48 小时组相比,其丰度显著增加($P<0.05$)。与 SO 48 小时组相比,HSO 48 小时组的异源普雷沃菌、Candidatus_Saccharbacteria 和瘤胃球菌类 UCG-014 的丰度显著降低($P<0.05$)。经 ANP 诱导后,这三个属的丰度在四组中均最低,而在 HANP 48 小时组则下降。与 SO 48 小时组相比,HSO 48 小时组 Christensenellaceae_R-7_组(有益菌,可减肥)、Rikenellaceae_RC9(理研菌科_RC9 菌群)肠道组和瘤胃球菌科_UCG-005 的丰度显著降低($P<0.05$)。其丰度在 ANP 诱导后发生变化,与 NANP 48 小时组相比,HANP 48 小时组明显降低($P<0.05$)。与 NANP 48 小时组相比,ANP 组术后厌氧菌和瘤胃梭菌数量减少,而 HANP 48 小时组明显减少($P<0.05$)。综上所述,这些数据表明,HTG 和 ANP 可能在导致肠道微生物群结构变化方面发挥重要作用。

3. 在 HTG 相关的 ANP 中抗菌肽表达下降　为了研究 HANP 过程中潘氏细胞 AMP 表达水平的变化,采用实时 PCR 和免疫荧光法检测回肠远端溶菌酶和 α-防御素 5 的 mRNA 和蛋白质表达水平。通过实时聚合酶链反应,溶菌酶和 α-防御素 5 的 mRNA 表达水平在 ANP 诱导后下降。HSO 组与 SO 组比较,这两种 AMP 均显著降低,$P<0.05$。在 HANP 组,溶菌酶和 α-防御素 5 的 mRNA 水平明显低于 NANP 组,$P<0.05$。免疫荧光结果显示 ANP 诱导后回肠远端潘氏细胞溶菌酶染色降低。HSO 组的溶菌酶染色较 SO 组下降,而 HANP 组的溶菌酶染色较 NANP 组进一步下降。潘氏细胞的定量分析表明,ANP 诱导后潘氏细胞数量减少。与 SO 组相比,HSO 组潘氏细胞数减少,但无统计学差异。在 HANP 48 小时组,与 NANP 48 小时组相比,潘氏细胞数量显著减少。另外发现在 NANP 48 小时和 HANP 48 小时组中,同种异体细菌的丰度与溶菌酶的表达水平呈负相关($r=-0.943$,$P<0.05$),而通过 Spearman 试验,厌氧菌的丰度与溶菌酶的表达呈正相关($r=0.886$,$P<0.05$;$F=0.05$)。

4. SAP 中肠道微生物群结构的改变　与以前的研究类似,最新研究结果显示了在 ANP 期间特定系统类型的相对丰度变化。在研究中,发现 HANP 组的微生物多样性与 NANP 组相比明显下降,肠道微生物群结构也发生了变化。与正常血脂组和 HTG 组比较,HANP 组 Candidatus_Saccharbacteria 和厚壁菌门水平有所下降。在属级上,HANP 组的坦纳拟普雷沃菌属、厌氧棍状菌属、*Christensenellaceae_R*-7_组和瘤胃球菌的几个属数量均减少,而 *Ruminococcaceae*(瘤胃菌科)菌家族、*Allobaculun*(坦纳拟普雷沃菌)和 *Parasutterella*(核心共生菌)数量增加。*alloprevotella* 是一个最近被确认的属,在活跃龋齿的牙髓感染分离株中发现。据报道,11 周内食用含 3% 葡萄的低脂饮食的小鼠体内 *Allobaculum* 菌数量增加,这表明异杆菌可能与代谢健康改善有关。研究发现晚期克罗恩病患者的黏膜下组织中的 *Parasutterella* 菌增多。尽管上述每个肠道菌群在 HANP 中的具体作用尚不清楚,但研究结果证实了肠道菌群存在结构上的整体变化。

潘氏细胞通过分泌包括 α-防御素、溶菌酶、分泌型磷脂酶 A2 和 RegⅢA 在内的多种 AMP 来塑造和影响肠道微生物群的结构。潘氏细胞功能紊乱与肠屏障损伤密切相关,导致细菌易位。在先前的研究中,Teltschik 等研究了肝硬化大鼠潘氏细胞的功能,发现了与细菌易位相关的 α-防御素 5、α-防御素-7 和溶菌酶等 AMP 表达降低。最近的一项研究表明高脂肪饮食改变了肠道微生物群的形态,降低了潘氏细胞 AMP 的表达,从而刺激了肠道炎症。与此类似,研究结果表明,HTG 组的潘氏细胞 AMP(溶菌酶和 α-防御素 5)水平低于正常脂质组。诱导 ANP 后,这两种 AMP 进一步降低。与 NANP 组相比,HANP 组溶菌酶和 α-防御素-5 的表达明显下降。综上所述,这些发现表明,HTG 可能通过影响潘氏细胞 AMP 的表达而加重 HANP 的肠屏障功能障碍。

此外,还有研究分析了 NANP 和 HANP 组中微生物群与溶菌酶表达水平的相关性。HANP 组同种异体杆菌丰度显著增加,与溶菌酶表达呈负相关。由于在先前的研究中,*Allobaculum* 被认为在肠道中起到了积极作用,假设 *Allobaculum* 可能随着溶菌酶的减少而增加,以保护肠道,但需要进一步的研究来阐明其在 HANP 的特殊功能。

(五) 铜-果糖相互作用改变雄性大鼠肠道微生物活性

经近几年的研究,果糖在肠道细菌过度生长、肠道通透性和内毒素血症的诱导中所起的作用已被充分证实。一些证据表明,铜可能参与肠道微生物群和肠道屏障功能的调节。首先,铜在各个年龄段都被用作抗菌剂。其次,不同细菌对铜胁迫的反应差异很大。铜稳态似乎是脂肪变性发病机制中的一个重要因素。然而,饮食中铜-果糖的相互作用是否以及如何通过改变肠道微生物群和肠道屏障功能而促进脂肪变性的发展仍不清楚。

当前研究的主要发现是,饮食中的低铜果糖和高铜果糖相互作用都会导致肠道屏障功能受损,并发现与肠道微生物群的明显改变有关。不同剂量的膳食铜和(或)果糖可能以不同的方式形成肠道微生物群。

宏基因组学研究揭示了低、高铜与果糖在塑造肠道微生物群中的共同特征。这包括:在 CuSF(高糖＋果糖)大鼠中,厚壁菌门显著增加,变形杆菌增加,疣微菌科(*Akkermansia*,阿克曼西亚)耗空,疣微菌和双歧杆菌显著减少;而在 CuMF(糖＋果糖)大鼠中,减少的程度较小。双向方差分析揭示了铜在塑造厚壁菌(乳酸杆菌科、乳酸杆菌科、丹毒菌科等)和疣菌科(阿克曼菌科)中的重要作用,以及膳食果糖在促进变形杆菌和铜及果糖的同时降低蛋白质含量方面的重要作用。瘤胃球菌科、*Akkermansia* 和双歧杆菌都有利于宿主,并在维持肠道屏障功能中发挥关键作用,突出了铜稳态在肠道屏障功能中的重要作用,此作用可能通过维持肠道微生物群的正常生长得以完成。尽管低铜和高铜增加厚壁菌达到相似的程度,但厚壁菌/拟杆菌比例来看,CuMF(边缘铜＋果糖)大鼠的厚壁菌/拟杆菌比率高于 CuSF 大鼠,这是因为 CuMF 大鼠的拟杆菌较低。低铜喂养大鼠厚壁菌增加的主要原因是毛螺旋菌(*Lachnospiraceae*)和消化链球菌科(*Peptostroptoccocaceae*)增加,高铜喂养大鼠厚壁菌增加的主要是乳酸杆菌科(*Lactobacillaceae*)、毛螺旋菌和韦荣球菌科(*Erysipelotrichaceae*)细菌增加。消化链球菌科和韦荣球菌科的增加与高热量饮食诱导的小鼠肝脏脂肪变性有关,这可能导致疾病进展。此外,喂食高脂肪饮食的小鼠显示类杆菌减少,而变形杆菌和乳酸杆菌增加。研究中发现,低铜/高果糖喂养大鼠的特征是厚壁菌/拟杆菌比率更高,而高铜/高果糖喂养大鼠的乳酸杆菌和丹毒杆菌科显著升高,双歧杆菌显著减少。粪便代谢组学表明,粪便代谢产物的明显变化与饮食中的铜含量和果糖有关,进一步支持通过宿主微生物相互作用的差异机制可能有助于脂肪变性的发展这一概念。然而,改变的肠道微生物群和代谢物是如何促进脂肪变性的发病机制仍不清楚。

除了肠道微生物群的改变外,我们的数据还表明,饮食中含或不含果糖的低铜和高铜在破坏肠道屏障功能方面起着关键作用,因为肠道紧密连接蛋白明显下调,杯状细胞数量减少。此外,破坏的肠道屏障功能与肠道微生物群失调有关,其特征是 Akkermansia 缺失,这已被充分证明对维持肠道屏障功能至关重要。据我们所知,这是首次研究表明铜水平对阿克曼病的具体影响。今后需要进一步研究铜稳态是否直接作用于肠道屏障的完整性和(或)通过诱导肠道微生物群失调而起作用。

另一个有趣的发现是内毒素血症只存在于 CuMF 大鼠,而不存在于 CuSF 大鼠。此外,肠道革兰阴性细菌(肠杆菌科)的数量增加并不能与血浆内毒素水平平行,尽管这两种方案都导致肠道通透性增加,这进一步支持了一种观点,即不同机制导致肠道通透性增加。

血浆内毒素水平与肠道通透性增加以及革兰阴性细菌数量增加之间的不一致表明除了脂多糖以外的细菌产物可能有助于脂肪变性的发展。研究发现,与细菌鞭毛生长相关的大肠杆菌 H7 抗原表达在 CuS(高铜)和 CuSF(高铜+果糖)大鼠中显著增加。鞭毛蛋白是鞭毛的主要成分,是一种 Toll 样受体-5 配体。肠道细菌来源的鞭毛蛋白是否有助于脂肪变性仍有待确定。在 CuMF 和 CuSF 大鼠中发现血浆 LSP 水平升高提示血浆 LPS 升高的可能性。最近一项研究表明,来自不同细菌的脂多糖具有不同的结构,这可能是在免疫反应中发挥不同的作用所致。

第4节 急性坏死性胰腺炎时肠道微生物群的生态失调

肠屏障功能障碍在 ANP 中起着重要作用,肠道菌群失调与肠屏障衰竭有关。潘氏细胞保护肠屏障,并与肠道微生物群有关。肠内菌群紊乱和潘氏细胞抗菌肽减少可能参与了 ANP 期间肠屏障功能障碍的发病机制。

一、急性坏死性胰腺炎大鼠胰腺及回肠远端的病理变化

ANP 大鼠的胰腺损伤在光镜下表现为广泛增大的小叶间隔、斑片状坏死、出血和炎症细胞浸润。与 SO 组相比,ANP 组在 24 小时和 48 小时的组织病理学评分明显高于 SO 组($P<0.05$),而 ANP 48 小时组的组织病理学评分明显高于 ANP 24 小时组($P<0.05$),同时还发现回肠远端的组织病理学变化,包括绒毛缩短、水肿和炎症细胞浸润。与胰腺严重程度相一致,ANP 组在 24 小时和 48 小时的病理学评分均高于 SO 组($P<0.05$)。ANP 48 小时组病理明显高于 ANP 24 小时组($P<0.05$)。结果表明,术后 48 小时胰腺及回肠远端的形态学损伤最为严重。

二、ANP 期间肠屏障通透性的变化及血浆和回肠远端炎性细胞因子的表达

为了评估肠屏障功能障碍的严重程度,测量血浆 DAO 和 D-乳酸作为肠黏膜质量和完整性的指标,这些指标可以反映肠内渗透性和损伤的程度。与 SO 组相比,ANP 组 24 小时和 48 小时血浆 DAO 和 D-乳酸均显著升高(均 $P<0.05$)。ANP 48 小时组血浆 DAO 和 D-乳酸水平明显高于

ANP 24 小时组($P<0.05$)。

肿瘤坏死因子-α 在重症急性胰腺炎中起着关键作用,可激发 IL-1β 等其他炎性细胞因子的表达,加重组织损伤。生产 IL-17 需要 IL-1β。它们都是急性胰腺炎中重要的促炎细胞因子。我们通过分别测量血浆和回肠远端的 TNFα、IL-1β 和 IL-17a 水平来评价全身和肠道炎症。在 ANP 24 小时和 ANP 48 小时组,血浆 TNF-α、IL-1β 和 IL-17a 水平显著上调(均 $P<0.05$)。与 ANP 24 小时组相比,ANP 48 小时组血浆 TNF-α、IL-1β 和 IL-17a 水平明显升高(均 $P<0.05$)。我们还用 ELISA 评价了回肠远端炎性细胞因子的表达。与全身变化一致,肠 TNF-α、IL-1β 和 IL-17a 在 ANP 组的表达也增加。与 SO 组比较,24 小时和 48 小时时,ANP 大鼠 TNF-α 水平均显著升高($P<0.05$)。24 小时和 48 小时时,ANP 大鼠 IL-1β 水平也明显高于 SO 组($P<0.05$),48 小时时 IL-1β 水平高于 24 小时($P<0.05$)。ANP 48 小时组肠道 IL-17A 表达较 SO 组和 ANP 24 小时组明显升高($P<0.05$)。以上结果表明,ANP 诱导后 48 小时,大鼠肠屏障功能障碍发生肠损伤最为严重。

三、ANP 中肠道微生物多样性和结构的变化

Chen 等从 20 个 SO 48 小时和 ANP 48 小时组的样品中,采用热测序法共获得 325 300 个高质量序列和 899 个 OTU。稀疏曲线趋向于接近饱和平稳,所有样品的歧异度指数(Shannon diversity)都是稳定的,这表明大部分多样性已经被发现。Good's 的覆盖指数显示,在 20 个样本中,99% 的物种被获得。主成分分析(principal components analysis,PCA)通过揭示 SO 48 小时和 ANP 48 小时组之间的清晰分离来反映 β 多样性。结果表明,两组的总体微生物群结构不同。PCA 结果表明,激素原转化酶 PC2 和 PC3 分别占方差的 14.7% 和 10.97%,PC2 对样品进行了清晰的分离。这一结果暗示了 ANP 对肠道微生物群结构的影响。群落 α 多样性的估测因子 OTU 数和 Ace 指数反映了与 SO 48 小时组相比,ANP 48 小时组肠道微生物群的多样性较低(分别 $P<0.05$)。

在门水平上,ANP 48 小时组的螺旋体菌门(*Saccaccharibacteria*)和 *Tenericutesthan*(软壁菌门)数量明显低于 SO 48 小时组(分别为 $P<0.05$)。然而,两组的厚壁菌门和类杆菌数量均无明显变化。在属水平上,ANP 48 小时组大肠埃希菌和考拉杆菌属(*Phascolarctobacterium*)的丰度较高($P<0.05$)。ANP 48 小时组的 *Candidatus _SaccharimonasPrevotellaceae_UCG-001*(念珠菌_普雷沃菌科 UCG-001)、*Lachnospirace*ae(毛螺旋菌)*UCG-001*、*Ruminiclostridium-5*(热纤梭菌,瘤胃球菌科)和 *Ruminocococococaceae UCG-008*(未知属 f 型瘤胃球菌科)的丰度明显低于 SO 48 小时组(均 $P<0.05$)。以上结果表明,ANP 可能在导致肠道微生物结构变化中起着至关重要的作用。

四、ANP 中抗菌肽的表达降低

为了研究 ANP 过程中潘氏细胞的变化,采用实时 PCR、免疫印迹法(Western blot)和免疫荧光法检测溶菌酶和 α-防御素-5 在 mRNA 和蛋白表达水平的变化。通过实时聚合酶链反应,ANP 组 24 小时和 48 小时溶菌酶和 α 防御素均较 SO 组下降,且 ANP 48 小时组下降有统计学意义($P<0.05$)。经 Western blot 检测,24 小时和 48 小时时,ANP 组溶菌酶表达水平明显低于 SO 组($P<0.05$)。与 ANP 24 小时组相比,ANP 48 小时组溶菌酶表达进一步降低($P<0.05$)。免疫荧光结果显示,ANP 组大鼠回肠远端潘氏细胞溶菌酶染色降低,潘氏细胞定量显示,与 SO 48 小时组相比,ANP 48 小时组潘氏细胞数量明显减少。此外,通过 Spearman 试验,大肠埃希菌、志贺菌的相对丰度与溶菌酶的表达呈负相关($r=-0.57$,$P<0.05$)。

五、肠道微生物群在急性胰腺炎中的确切作用尚不清楚

研究分析发现 ANP 48 小时组的肠道微生物群结构，其在肠道中的变化最为显著。PCA 反映了 ANP 诱导的肠道微生物群结构的显著变化，并通过 OTU 数和 ACE 指数揭示了肠道微生物群多样性的降低。结果表明，在门水平上，ANP 48 小时组螺旋体菌门（Saccaccharibacteria）和 Tenericutesthan（软壁菌门）数量减少。在一些研究中报告的厚壁杆菌和类杆菌的相对丰度没有显著变化。但 Chen 等观察到，在属级水平上，ANP 48 小时组的毛螺旋菌_CG-001、普雷沃菌科_CG-001、瘤胃球菌科_5、瘤胃球菌科_CG-008 和 Candidatus_Saccharimonas 相对丰度降低。此外，Chen 等还发现在 ANP 期间，大肠埃希菌、志贺菌和阶段性弧菌的相对丰度有所增加。这些所有的研究结果都表明，肠内菌群结构在 ANP 中发生了明显的变化。最近的一项研究表明，急性胰腺炎患者血液中志贺菌数量增加，这与 Chen 等的研究结果一致。有趣的是，Fernandez-Mi 等报道，志贺菌数量的增加是由 Sox9$^{flox/flox}$ vil-cre 小鼠的潘氏细胞消失引起的。当物理肠屏障丧失时，潘氏细胞作为保护肠屏障的第二道防线发挥作用，并且越来越多地被认为是肠屏障的守护者。这些高度分泌的细胞，位于小肠的隐窝底部，通过分泌各种 AMP（包括 α-防御素、Reg3R、溶菌酶等）来塑造和影响肠道细菌的结构。溶菌酶和 α-防御素对革兰阴性和革兰阳性细菌有活性，而 Reg3R 仅对革兰阳性细菌有活性。

六、潘氏细胞 AMP 溶菌酶和 α-防御素-5 的表达变化

研究结果表明，ANP 诱导后，溶菌酶在转录和翻译水平上的表达均明显降低。新近还发现，基因水平的 α-防御素-5 在 ANP 48 小时组显著降低。另外，ANP 48 小时组潘氏细胞数量减少，也可能导致 AMP 的降低。有趣的是，发现 AMP 的显著降低与 ANP 期间大肠杆菌、志贺菌数量的增加呈负相关。潘氏细胞的功能紊乱导致肠屏障受损，导致细菌易位和多器官功能障碍综合征（multiple organ dysfunction syndrome，MODS）的发生。Teltschik 等发现，在肝硬化大鼠中，潘氏细胞产生的 α-防御素-5 和 7 表达减少，导致细菌易位发生。在饥饿小鼠的潘氏细胞中，观察到溶菌酶和隐窝素（cryptdin）等抗菌肽的减少。在肠缺血/再灌注或急性肾衰竭的动物模型中也存在受损的潘氏细胞，其中潘氏细胞紊乱与多器官衰竭的发生有关。然而，目前对急性胰腺炎潘氏细胞改变的研究较少。综上所述，这些发现证实了 ANP 过程中潘氏细胞的异常，提示潘氏细胞的功能障碍与 ANP 肠屏障衰竭有关。然而，潘氏细胞与肠屏障之间的确切机制尚需进一步研究。

总之，目前的研究表明，ANP 大鼠有加重的全身炎症和肠屏障损伤。宿主的变化，包括肠道微生物群的紊乱和潘氏细胞产生的 AMP 水平的降低，可能是导致 ANP 期间肠道屏障恶化的机制之一。这为探索 ANP 机制提供了新的视角。

七、肠道菌群失调促进急性胰腺炎进展的可能机制

肠道微生物生态失调影响肠道屏障功能，使肠道屏障通透性增加而引起肠漏。继之细菌、细菌产物移位与内毒素血症、小肠细菌过度生长、肠道和全身的免疫细胞激活、释放多种细胞因子和炎性因子，引起全身炎症包括胰腺炎的发生。在正常情况下，肠道菌群如乳酸菌可通过增加结肠上皮细胞紧密连接蛋白的表达修复肠黏膜屏障，抑制炎症反应。Zhu 等报道，给予黄连素的小鼠通过增加肠道内有益菌 Akkermansia 可促进肠黏膜紧密连接蛋白 ZO-1 和 Occludin 的表达，使肠黏膜分泌增加，借以维持肠屏障功能。

研究发现，乳酸杆菌分泌的 p40 蛋白可激活肠上皮细胞表皮生长因子受体（epidermal growth

factor receptor，EGFR），从而抑制肠上皮细胞的凋亡，保护肠上皮功能。肠道内有益菌还可直接与致病微生物相互作用，通过替代、排斥和竞争机制抑制致病菌生长和黏附定植；可通过空间位点和营养竞争等阻断其对肠黏膜破坏和血行转移，发挥抗感染作用。研究进一步证实在 AP 患者的血液中检测到大肠埃希菌、志贺菌等的 DNA，且证实肠道内机会致病菌可通过破坏的肠屏障进入 AP 患者血循环，导致疾病的进展和感染性并发症的发生。

此外，细菌代谢产物、内毒素、先天和获得免疫、炎症小体和多种细胞因子等在胰腺炎的发病机制中均有重要作用。

第 5 节　慢性胰腺炎患者肠道微生物群的生态失调

慢性胰腺炎（CP）以腹痛、消化酶分泌减少（胰腺外分泌功能不全）和内分泌功能障碍/1 型糖尿病为特征。胰腺外分泌不足（pancreatic exocrine insufficiency，PEI）导致脂肪和其他营养物质消化不良，最终导致营养不良和代谢异常。继发于 CP 的糖尿病与 1 型和 2 型糖尿病不同；其特征是胰岛素缺乏，加上缺乏胰高血糖素和胰多肽调节反应，以及肝胰岛素抵抗。尽管已报告 CP 患者存在口腔微生物失调和 SIBO，但尚未研究该疾病中肠道微生物群分类的详细变化。我们假设 CP 中的营养素消化不良可能导致肠道微生物群的改变，最终导致相关的代谢异常。下面简述 CP 和 CP 继发糖尿病时肠道微生物群的改变并与健康组作对比进行分析。

一、主成分分析和分类差异

总的来看 CP 时的肠道菌群主要由厚壁菌门（39.0%）、拟杆菌（31.0%）、放线菌（3.8%）和变形杆菌（2.9%）构成，占 76.7%。从对照组到非糖尿病性 CP 到糖尿病性 CP 患者，类杆菌门的数量有所减少。厚壁菌门：拟杆菌比值相应增加。非糖尿病患者和糖尿病患者的非分类生物体（来源于细菌）也有显著增加的趋势。但在种类、科、级分类中，丰度没有差异。尽管与对照组相比，非糖尿病和糖尿病 CP 患者在属水平上的粪便杆菌有所减少，但这并没有达到统计学意义。然而，从健康对照组到无糖尿病的慢性胰腺炎到有糖尿病的慢性胰腺炎，非分类细菌（$P<0.001$）的数量显著增加。在物种水平上，从对照组到非糖尿病性 CP 到糖尿病性 CP 患者的粪便杆菌和瘤胃球菌的丰度在统计学上显著降低。

二、肠道生态失调与宿主代谢功能的关系

Jandhyala 等报道对照组和患者中细菌属与代谢参数的相关性。其观察到，Prausnitzii 粪便杆菌的相对丰度与血浆内毒素水平（$r=-0.57$；$P=0.0001$）、空腹血糖（$r=-0.43$；$P=0.006$）和餐后血糖（$r=-0.40$；$P=0.011$）呈显著负相关。此外，恶臭杆菌丰度与血浆胰岛素水平呈显著正相关。然而，与血浆内毒素和血糖没有相关性。另外，血浆内毒素与空腹和餐后血糖水平显著正相关（$r=0.76$；$P<0.0001$ 和 $r=0.83$；$P<0.0001$）。提示 CP 患者肠道生态失调与宿主代谢功能（包括糖尿病）的显著相关性。一个关键发现是，从健康对照组到非糖尿病对照组到糖尿病对照组，Prausnitzii 粪杆菌的数量减少。这种生物的丰度与循环内毒素水平也呈负相关。

Prausnitzii 粪杆菌是人体肠道中最丰富的共生体。促进营养物质进入结肠上皮细胞，从而促进其增殖和生长。它还通过诱导 IL-10 和调节肠内 T 细胞反应发挥抗炎作用。研究还表明，恶臭粪杆菌通过刺激黏蛋白和紧密连接蛋白的合成，可以改善肠道屏障功能。因此，在 CP 患者中，大量的

Prausnitzii 粪杆菌的减少可能以持续时间依赖的方式损害了肠黏膜屏障的完整性。

值得注意的是非糖尿病和糖尿病慢性胰腺炎患者中溴酸淀粉分解菌的丰度降低。溴酸瘤胃球菌具有独特的降解能力,尤其是抗酶消化淀粉,这种功能在其他淀粉降解剂中不常见。这种生物已被鉴定为人类结肠淀粉降解的关键物种;在此过程中获得的丁酸盐和能量被分配到结肠上皮细胞和其他细菌。因此,溴酸瘤胃球菌的减少可能导致肠道黏膜屏障的破坏和肠道上皮细菌生态系统内细菌代谢的改变。

另一个关键发现是,大量的 *Prausnitzii* 粪杆菌与空腹和餐后血糖呈显著负相关。粪便中 *Prausnitzii* 的含量与血浆胰岛素水平显著正相关,证实了该结果的有效性。血浆内毒素与空腹血糖、餐后血糖呈显著正相关。众所周知,脂多糖可通过 TLR 和 NF‑κB 诱导 B 细胞炎症,从而导致 B 细胞功能紊乱。早先曾报道慢性胰腺炎患者 Th 细胞失调和细胞因子介导的 B 细胞功能障碍,显示无糖尿病和有糖尿病的慢性胰腺炎患者的循环 Th1 细胞有分级性增加,以及 Th1 和 Th17 细胞在胰岛内的共定位。研究也证实了早期慢性胰腺炎患者胰腺内的 γ 干扰素浓度以及其他细胞因子的增加。这些发现的临床意义有待进一步研究。

(池肇春)

参 考 文 献

[1] Wan YD, Zhu RX, Bian ZZ, Pan XT. Improvement of gut microbiota by inhibition of p38 mitogen-activated protein kinase(MAPK) signaling pathway in rats with severe acute pancreatitis[J]. Med Sci Monit, 2019, 25: 4609 - 4616.

[2] Hamada S, Masamune A, Nabeshima T Shimosegawa T. Differences in gut microbiota profiles between autoimmune pancreatitis and chronic pancreatitis[J]. 2018, 244: 113 - 117.

[3] Jia L, Shan K, Pan LL, et al. *Clostridium butyricum* CGMCC0313. 1 protects against autoimmune diabetes by modulating intestinal immune homeostasis and inducing pancreatic regulatory T cells[J]. Front Immunol, 2017, 8: 1345.

[4] Signoretti M, Roggiolani R, Stornello C et al. Gut microbiota and pancreatic diseases[J]. Minerva Gastroenterol Dietol, 2017, 63: 399 - 404.

[5] Zheng J, Lou L, Fan J, et al. commensal escherichia coli aggravates acute necrotizing pancreatitisthrough targeting of intestinal epithelial cells[J]. Applied and Environmental Microbiology, 2019, 85. pii: e00059 - 19.

[6] Huang C, Chen J, Wang J, et al. Dysbiosis of intestinal microbiota and decreased antimicrobial peptide level in Paneth cells during hypertriglyceridemia-related acute necrotizing pancreatitis in rats[J]. Front Microbiol, 2017, 8: 776.

[7] Chen J, Huang C, Wang J, et al. Dysbiosis of intestinal microbiota and decrease in paneth cell antimicrobial peptide level during acute necrotizing pancreatitis in rats[J]. PLoS One, 2017, 12: e0176583.

[8] Zhou X., You S. Rosiglitazone inhibits hepatic insulin resistance induced by chronic pancreatitis and IKK‑β/NF‑κB expression in liver[J]. Pancreas, 2014, 43: 1291 - 1298.

[9] Farrell J, Zhang L, Zhou H, et al. Variations of oral microbiota are associated with pancreatic diseases including pancreatic cancer [J]. Gut, 2012, 61: 582 - 588.

[10] Li Q, Wang C, Tang C, et al. Bacteremia in the patients with acute pancreatitis as revealed by 16s ribosomal RNA gene-based techniques[J]. Crit Care Med, 2013, 41: 1938 - 1950.

[11] Sun M, He C, Cong Y, Liu Z. Regulatory immune cells in regulation of intestinal inflammatory response to microbiota[J]. Mucosal Immunol, 2015, 8: 969 - 978.

[12] Zhang Z, Liu Z. Paneth cells: the hub for sensing and regulating intestinal flora[J]. Sci China Life Sci, 2016, 59: 463 - 467.

[13] Teltschik Z, Wiest R, Beisner J, et al. Intestinal bacterial translocation in rats with cirrhosis is related to compromised Paneth cell antimicrobial host defense[J]. Hepatology, 2012, 55: 1154 - 1163.

[14] Surbatovic M, Radakovic S. Tumor necrosis factor-alpha levels early in severe acute pancreatitis: is there predictive value regarding severity and outcome? [J]. J Clin Gastroenterolgy, 2013, 47: 637 - 643.

[15] Fukui H. Increased intestinal permeability and decreased barrier function: does it really influence the risk of inflammation? [J]. Inflamm Intest Dis, 2016, 1: 135 - 145.

[16] Huang L, Zhang D, Han W, Guo C. High-mobility group box‑1 inhibition stabilizes intestinal permeability through tight junctions in experimental acute necrotizing pancreatitis[J]. Inflamm Res, 2019 May 28.

[17] Galipeau HJ, Verdu EF. The complex task of measuring intestinal permeability in basic and clinical science[J]. Neurogastroenterol Motil, 2016, 28: 957 - 965.

[18] Bischoff SC, Barbara G, Buurman W, et al. Intestinal permeability — a new target for disease prevention and therapy[J]. BMC

Gastroenterol，2014，14：189.

[19]　Dunn W，Shah VH. Pathogenesis of Alcoholic Liver Disease[J]. Clin Liver Dis，2016，20：4454-4456.

[20]　Kurashima Y，Kiyono H. Mucosal ecological network of epithelium and immune cells for gut homeostasis and tissue healing[J]. Annu Rev Immunol，2017，35：119-147.

[21]　Ye C，Liu L，Ma X，et al. Obesity aggravates acute pancreatitis via damaging intestinal mucosal barrier and changing microbiota composition in rats[J]. Scientific Reports，2019，9：69.

[22]　He L，Liu T，Shi YMet al. Gut epithelial vitamin D receptor regulates microbiota-dependent mucosal inflammation by suppressing intestinal epithelial cell apoptosis[J]. Endocrinolog，2018，159：967-979.

[23]　Bradley PH，Pollard KS. Pollard KS. Proteobacteria explain significant functional variability in the human gut microbiome[J]. Microbiome，2017，5：36.

[24]　Ahmad R，Rah B，Bastola D，et al. Obesity-induces organ and tissue specific tight junction restructuring and barrier deregulation by claudin switching[J]. Scientific reports，2017，7：5125.

[25]　Cui H，Lopez M，Rahmouni K. The cellular and molecular bases of leptin and ghrelin resistance in obesity[J]. Nature reviews. Endocrinology，2017，13：338-351.

[26]　Song M，Li X，Zhang X，et al. Dietary copper-fructose interactions alter gut microbial activity in male rats. [J]，Am J Physiol Gastrointest，2018，314：G119-G130.

[27]　Arora T，Seyfried F，Docherty NG，et al. Diabetes-associated microbiota in fa/fa rats is modified by Roux-en-Y gastric bypass[J]. ISME J，2017，11：2035-2046.

[28]　Chen L，Wilson JE，Koenigsknecht MJ，et al. NLRP12 attenuates colon inflammation by maintaining colonic microbial diversity and promoting protective commensal bacterial growth[J]. Nat Immunol，2017，18：541-551.

[29]　de la Cuesta-Zuluaga J，Mueller NT，Corrales-Agudelo V，et al. Metformin is associated with higher relative abundance of mucin-degrading akkermansia muciniphila and several short-chain fatty acid-producing microbiota in the gut[J]. Diabetes Care，2017，40：54-62.

[30]　Matsushita N，Osaka T，Haruta I，et al. Effect of lipopolysaccharide on the progression of non-alcoholic fatty liver disease in high caloric diet-fed mice[J]. Scand J Immunol，2016，83：109-118.

[31]　Vatanen T，Kostic AD，d'Hennezel E，et al. DIABIMMUNE Study Group. Variation in microbiome lps immunogenicity contributes to autoimmunity in humans[J]. Cell，2016，165：842-853.

[32]　Zhu R，Baker SS，Moylan CA，et al. Systematic transcriptome analysis reveals elevated expression of alcohol-metabolizing genes in NAFLD livers[J]. J Pathol，2016，238：531-542.

[33]　Chen J，Huang C，Wang J，et al. Dysbiosis of intestinal microbiota and decrease in paneth cell antimicrobial peptide level during acute necrotizing pancreatitis in rats[J]. PLoS One，2017，12：e0176583.

[34]　Qiu Z，Yu P，Bai B，et al. Regulatory B10 cells play a protective role in severe acute pancreatitis[J]. Inflammres，2016，65：647-654.

[35]　Tan C，Ling Z，Huang Y，et al. Dysbiosis of intestinal microbiota associated with inflammation involved in the progression of acute pancreatitis[J]. Pancreas，2015，44：868-875.

[36]　Lu Y，Chen J，Zheng J，et al. Mucosal adherent bacterial dysbiosis in patients with colorectal adenomas[J]. Sci Rep，2016，6：26337.

[37]　Jandhyala SM，Madhulika A，Deepika G，et al. Altered intestinal microbiota in patients with chronic pancreatitis：implications in diabetes and metabolic abnormalities[J]. Sci Rep，2017，7：43640.

[38]　Majumder S，Chari ST. Chronic pancreatitis[J]. Lancet，2016，26：1957-1966.

[39]　Capurso G，Signoretti M，Archibugi L，et al. Systematic review and meta-analysis：small intestinal bacterial overgrowth in chronic pancreatitis[J]. United European Gastroenterology J，2016，4：697-705.

[40]　Talukdar R. Sasikala M，Pavan Kumar P，et al. T-helper cell-mediated islet inflammation contributes to β-cell dysfunction in chronic pancreatitis[J]. Pancreas，2016，45：434-442.

[41]　Kanehisa M，Sato Y，Kawashima M，et al. KEGG as a reference resource for gene and protein annotation[J]. Nucleic Acids Res，2016，44，D457-462.

第21章 肠道微生物与胆囊炎及胆石症

第1节 肠道微生物与胆石症

胆石症是全球常见病,患病率在 10% 左右。外科手术治疗胆囊结石和慢性胆囊炎卓有成效,其金标准为腹腔镜胆囊切除术。由于胆囊结石的发病率较高,且有逐渐增高及年轻化的趋势,处治不当常可导致严重的并发症,如胆道梗阻、胆囊穿孔、继发性胆总管结石甚则胆道感染休克,因此及时有效的早期治疗是治疗胆石症的推荐方案。胆石症患者中,胆囊胆固醇结石约占 70%,是胆石症的主要类型,故针对其发病机制的研究一直以来都是肝胆外科的研究重点。

20 世纪后 30 年以来,胆囊胆固醇结石的形成机制得到了大家的共识,Small 和 Admirand 等建立了以胆汁胆固醇过饱和、胆汁中胆固醇成核异常和胆囊动力异常三方面缺陷为基础的胆石形成机制学说,简称 Small 三角学说。在此基础上,许多研究还表明了其他因素与胆固醇结石形成相关,包括了人体自身的遗传作用和环境因素以及代谢综合征、胆道细菌感染等,但这些因素本质上也是通过上述机制影响结石的形成。

目前随着分子技术等手段的发展和应用,针对上述影响胆固醇结石形成因素的研究均取得了极大的深入和发展。对胆固醇过饱和、代谢综合征等研究报道和认知较多,甚至已深入基因水平;而对于细菌感染与胆固醇结石形成的关系,目前虽然已有不少的研究和报道,但相对而言,对其认知仍然较为有限。

众多成石因素中,胆固醇过饱和是胆固醇结石形成的首要条件。除了肠-肝代谢异常导致胆固醇过饱和外,由肠道细菌异常形成的胆道微生物组也与胆固醇过饱和、成核异常以及胆囊运动功能异常密切相关。因此,胆结石形成的细菌学机制日益受到关注。

一、研究进展

(一) 细菌假说的提出

20 世纪 60 年代 Maki 等确立了细菌在棕色素结石发病机制中的重要作用,并得到了 Vitetta 等的进一步证实。虽然 19 世纪 Moynihan 和 Naunyn 朦胧地提出细菌假说,但自建立 Small 三角学说以来,医学界始终认为胆固醇结石的发病机制以非生理性胆固醇过饱和、胆汁促抗成核失衡以及胆囊局部因素为基础,不包括细菌。直至 1995 年,德国 Swidsinski 等的研究又引发人们对细菌与胆固醇结石的关系的关注。

(二) 基于分离培养、形态学观察和 PCR 方法的胆道细菌的研究

随着分子生物学技术的发展,胆结石形成与细菌感染的分子证据进一步被报道。方驰华和杨继震采用细菌种特异性扩增的方法,率先从分子生物学水平证实在胆囊结石中存在细菌,并认为细菌可能是形成结石核心的重要因素。Lee 等对混合结石中细菌的分析提示:与纯胆固醇结石相比,混合胆固醇结石的成因与棕色结石和胆总管结石更相似;肠源细菌在结石形成过程中具有重要作用,因为他

们鉴定的细菌与人体肠道细菌同源性很高。日本学者 Kawai 等从胆囊的纯胆固醇结石中检测到细菌。这一发现引发了争议,部分学者持相反意见,Cariati 等认为细菌在纯胆固醇结石形成过程中并不重要。

然而,细菌形态学观察又一次证实了结石中有细菌。杨玉龙等通过对胆固醇结石进行扫描电镜、透射电镜观察,发现胆固醇结石中有细菌存在,细菌存在于结石的核心和外周,说明细菌在胆固醇结石的形成和发病机制中可能充当始动因子的作用。通过扫描电镜法、分离培养法以及内镜逆行性胆管胰管造影术等,对胆汁细菌进行了分析,结果发现:胆结石患者胆汁中含有大量的菌群存在,其中有革兰阴性细菌(60%~70%,以大肠埃希菌和克雷伯菌为主)、革兰阳性细菌(20%~30%,以粪肠球菌和链球菌为主),并发现有少量真菌。

PCR 的分子分析进一步揭示了结石中存在细菌。田志杰、韩天权等利用螺杆菌特异的 PCR-cloning-sequencing 和 Southern 杂交的方法研究发现,螺杆菌存在于胆囊结石、胆汁及胆囊黏膜中,胆道系统螺杆菌感染可能和胆囊结石的形成有一定关系。蔡端等对胆固醇结石的核心和外周、胆囊黏膜和胆汁均检出细菌 DNA。另外一个研究从胆囊结石里培养出活的细菌,提示细菌在结石形成过程中可能具有重要的作用。

尽管通过不同的方法鉴定结石、胆汁、胆囊黏膜均有细菌的存在,但朱雷明等认为不能仅凭结石中存在细菌来肯定细菌对胆固醇结石形成的直接作用。他们通过 PCR 半定量结合 16SrRNA 序列对照法研究发现,结石组胆囊黏膜细菌 DNA 阳性和阴性的患者间黏膜 IgA、IgG 含量差异有统计学意义,而非结石组未见差异,且胆固醇结石患者与非胆石症人群胆道细菌感染率相似,故推测细菌可能引起胆囊黏膜免疫球蛋白的分泌,间接参与细菌结石的形成。

(三) 胆道细菌可能结石成核过程中有重要作用

朱雷明等通过比较多种细菌(大肠埃希菌、铜绿假单胞杆菌、金黄色葡萄球菌、粪肠球菌、产孢梭菌、艰难梭菌、痤疮丙酸杆菌、脆弱类杆菌)在模拟胆汁中的生长状态以及对成核时间的影响,发现铜绿假单胞菌和类肠球菌在模拟胆汁中具有促成核作用,而痤疮丙酸杆菌无促成核作用。朱雷明等发现:① 不同细菌在人胆汁中的生存能力有差异。② 大肠埃希菌、铜绿假单胞菌、金黄色葡萄球菌、无乳链球菌、粪肠球菌和脆弱类杆菌在未离心的人胆汁中有促成核作用。③ 离心后人胆汁中某些蛋白质的丢失可能与细菌促成核能力的丧失有关,因为细菌能产生多种形式的活性物质,包括蛋白酶、脂多糖(内毒素)等可引起机体的病理改变。这些物质可能直接参与结石的形成,也可以与人体内的成石因子协同作用。朱雷明等发现粪肠球菌或铜绿假单胞菌可增加模拟胆汁的黏度,从而降低胆固醇的溶解度。粪肠球菌和铜绿假单胞菌的外分泌组分和破壁上清组分、大肠埃希菌的破壁上清组分具有促进胆固醇晶体形成的能力,表明细菌代谢产物蛋白质是重要的结石形成活性成分。尽管细菌对结石形成的作用仍存在争议,但是以上研究表明细菌和结石的形成有密切相关性,有待进一步深入探讨其中的内在机制。

人体树状胆道系统在很长一段时间里被认为是无菌的。Kochar 等研究表明,细菌可以通过十二指肠逆流、门静脉系统感染、胆管周围的淋巴系统感染及胆囊感染等途径到达胆道系统,从而形成胆道系统的感染。Liang 等首次采用高通量测序对胆管结石患者胆道微生物组成进行研究,认为 Oddi 括约肌扩张的患者肠内容物的反流会导致胆道微生物群的紊乱,主要包括致病菌如嗜胆菌属及希瓦菌属的增加,有益菌如双歧杆菌属及环丝菌属的减少,这会大大增加胆管结石形成的可能性。同时,该研究还阐明了被感染患者胆道的微生物群落结构,阐明了患有和没患有 Oddi 括约肌扩张的胆道感染的区别。有鉴于此,可能通过控制感染抑制胆石症的发生,这为胆管结石的治疗提供了新方案。

（四）肠道菌群、胆汁酸、胆固醇过饱和与胆石症的相关性

炎症性肠病患者肠道菌群发生改变，表现为菌群多样性相对降低，厚壁菌门的细菌水平和抗炎细菌柔嫩梭菌群的水平降低，在活动期更显著。由于胆酸在远端小肠中被有效地再吸收，改变胆汁酸代谢和肠道微生物群可能影响肠-肝轴以及其他代谢功能。例如，最近的一项研究检测了原发性硬化性胆管炎小鼠模型中的胆汁酸谱和微生物群落结构，并证实无菌小鼠的疾病严重程度加重。

Herrera 等发现胆囊结石患者胆汁酸合成限速酶 mRNA 水平增加超过 400%。另有研究发现与健康人群相比，胆囊结石患者粪便中罗斯菌（*Roseburia*）和单形拟杆菌（*Bacteroides uniformis*）的种类减少，而瘤胃菌科（*Ruminococcaceae*）和颤螺旋菌属（*Oscillospira*）种类增加。但细菌多样性显著降低，粪便胆汁酸含量升高。Reunanen 等研究发现胆囊结石小鼠肠道内分泌 7α-脱羟基酶的梭菌属（*Clostridium*）ⅩⅣa 和 ⅩⅧ 的丰度增加。而肠道菌群表达的 7α-脱羟基酶活性增加与胆汁中脱氧胆酸水平升高相关，脱氧胆酸与胆囊结石形成有直接关联。胆囊结石可以诱导黏蛋白降解细菌、增加艾克曼菌（*Akkermansia*），保护肠道屏障。

"人体共生微生物与人类疾病的关系"是目前国际研究的热点问题，现已全面认识到人体共生微生物与人类健康、疾病发生的重要性。基于 Illumina 测序技术平台，欧盟和我国华大基因合作完成迄今为止规模最大的 124 个欧洲个体的肠道宏基因组测序，其结果表明：肠道微生物组编码 330 多万功能基因，是人自身基因的 150 多倍，其复杂的代谢网络涉及了氨基酸、维生素等必需营养物质的生物合成及代谢，因此，肠道微生物组是人类不可或缺的"朋友"。反之，肠道菌群紊乱必然会导致很多代谢性疾病的发生。肠道微生物组参与胆汁酸盐生物转化、调节脂质的吸收、胆固醇的动态平衡，以及肠道免疫。胆固醇结石病隶属于代谢综合征的范畴，肠-肝轴（gut-liver axis）脂质代谢异常作为结石发病机制的重要组成部分。因此，从肠道微生物组的变化探讨结石病发病机制具有重要的理论意义和可行性。

二、存在问题

受到研究条件的限制，胆结石细菌学机制的研究仍在进展缓慢。主要体现在以下两个方面：检测出的细菌种类相对较少，没有全面的揭示胆道细菌的结构。研究的胆道细菌多采用培养和体外模拟胆汁实验的方法，未能真实地揭示细菌作用的环节和机制。

三、解决途径

随着分子生物技术的发展以及宏基因组学研究方法的应运而生，使得胆道微生态研究日益突破传统培养技术和方法的局限，特别是二代测序技术的迅猛发展和广泛应用，极大地突破了成本的限制，可实现大样本的分析，并获得很高的基因丰度。这在以往的技术平台下，是难以实现的。因此，整体水平的胆道微生物表征分析，特别是借助最新的技术手段系统地分析胆道细菌的类群、编码的基因组及代谢网络，在探讨结石病发生机制方面，有望实现创新性的突破。尽管在胆道微生物组研究方面没有相关报道，但是在其他体位研究微生物组与疾病发生已经有很多报道。此外，宏基因组学研究方法（whole genome sequencing and RNA-sequencing）也是潜在病原菌鉴定的有效方法，结合 qPCR 和 FISH 或分离培养的方法，宏基因组方法与传统的分析手段结合，有望在结石形成相关细菌的鉴定方面实现重大突破。

第 2 节 肠道微生物与胆囊炎

胆囊炎是常见的外科急腹症之一，其主要是由于胆囊管阻塞和细菌侵袭而引起的胆囊炎症；约

95%的患者合并有胆囊结石,称为结石性胆囊炎;5%的患者未合并胆囊结石,称为非结石性胆囊炎。其主要好发于中老年人群,女性发病率比男性高。据有关统计数据显示女性患者胆囊炎发病率约是男性患者的 2 倍。近年来,随着人们饮食习惯的改变及社会人口老龄化加重,胆囊炎的发病率也呈现上升趋势。

一、研究现状

通常我们认为胆汁是无菌的,但是因胆道系统与肠道解剖关系密切,胆道系统与肠道微生物群持续接触。胆囊炎患者胆总管下端开口无闭塞,胆总管中胆汁引流通畅,来自肠道细菌直接逆行性感染的概率较小,所以发病初期细菌感染率较低。持续的胆管阻塞可导致胆囊增大,胆囊的血液循环、淋巴回流受阻,胆囊壁水肿增厚,其抗菌能力降低,另加之胆汁引流不畅可引起胆肠循环异常导致肠道菌群失调、易位引起胆囊壁细菌感染,继而导致胆汁的细菌感染。

目前,胆囊炎的病因和发病机制尚未完全阐明,多数学者认为可能与胆汁滞留、胆囊壁血运障碍、细菌繁殖和感染有关。胆囊炎初起多为化学性炎症,后期因胆囊黏膜受损后易继发细菌感染。细菌入侵途径主要是肠道内容物经胆道反流或经血液及淋巴途径进入胆囊;另外在腹腔化脓性感染的患者,细菌经过易位进入胆囊,致使胆囊形成化脓性感染。普遍认为细菌繁殖和感染与胆汁引流不畅有直接关系。而且,胆道感染时致病菌的种类也常与肠道细菌的种类基本一致,所以,胆囊炎可能发生于肠道微生物的上行感染。近年来也不断有人提出肠道微生物就是胆道疾病的潜在诱因之一。

二、研究进展

有研究显示非炎症情况下胆道系统也存在一些细菌的定植(如沙门菌等),而且通过人和动物的实验研究也进一步表明,胆囊在非病理条件下也含有复杂的微生物群。新的研究发现胆道系统的黏膜与肠道的情况相似,也具有化学、机械和免疫屏障的特点,确保对常住微生物群的免疫耐受。因而微生物的免疫失衡可能引起胆道系统急性和慢性炎性疾病。

普遍认为胆囊炎的发生是多因素综合作用的结果,与遗传因素和环境因素有关。其中遗传因素体现于肝脏代谢物转运及免疫反应的重要性,但主要的环境因素通常被认为是从肠道上行的微生物。然而,我们对生理和病理条件下,胆汁中微生物的种类以及它们在胆道疾病中的作用只有初步了解。虽然大家都认为特定细菌与胆道疾病有关,但是它们的鉴定并没有让疾病的治疗得到明显改善。与IBD 类似,微生物群体的生态失调可能在胆道炎症中起重要作用。大量研究揭示了微生物群不仅在肠道,还在肠外疾病中有重要作用,并指出了生态失调的重要作用,而不是单一微生物的作用。

目前虽然还没有明确的定义,但是胆道或肠道微生物的生物失调或是单一的微生物均可能会影响疾病的进展。

(一)胆道黏膜屏障

胆道系统主要由胆囊、肝总管和胆总管构成。概括说来,毛细胆管、小叶间胆管的内壁由小胆管细胞组成,而其他肝内外胆管的内壁则由大胆管细胞组成。在光学显微镜下,肝内胆管由呈立方形或柱状形的不同胆管细胞排列组成。胆管上皮细胞的亚显微结构可显示其顶部和底外侧部所特有的调节性囊泡、接合点及无数的微绒毛;微绒毛是肝内外胆管上皮细胞的重要特征。电镜扫描也证实存在这种微绒毛,并发现胆管上皮细胞能分泌黏液。

胆汁开始在肝细胞中产生,在通过胆管运输期间被胆管细胞广泛修饰。与肠上皮细胞相似,胆管上皮细胞产生黏蛋白,形成黏液层,促进细胞内免疫球蛋白 IgA 通过聚合 IgA 受体转运到胆管中。人体胆汁含有细菌细胞壁分解产物,包括 LPS 和脂磷壁酸,我们可以通过胆道中表达的先天免疫受体进行检测。胆管上皮细胞表达多种天然免疫受体,包括 TLR-1 至 TLR-6 以及 TLR-9,以及细胞表面和细胞内的适配器,如 CD 14、MD2 和 MyD88,它们介导信号传导和炎症反应的启动。这些免疫途径在胆管上皮细胞中起作用,因为 LPS 刺激激活转录因子 NF-κB 并随后产生促炎性肿瘤坏死因子。NF-κB 除了具有促炎作用外,还介导胆管细胞中的促存活信号,因为典型 NF-κB 的完全破坏会导致胆管细胞凋亡和胆汁淤积性肝病。此外,在肝内胆管中还能广泛表达 β-防御素-1 和 β-防御素-2 等抗菌肽。总的来说,黏蛋白外壳和紧密上皮层的形成以及免疫受体的表达和抗菌肽的局部产生表明胆道系统被编程为面对可能存在的细菌。此外,肝脏的抗原呈递细胞如树突细胞、库普弗细胞、肝窦内皮细胞和肝星状细胞优先介导耐受免疫。

已有研究表明,对通过肝-肠循环进入肝脏的肠道抗原,维持免疫稳态需要耐受环境。这种致耐受性是否支持胆道系统中微生物群的非病理性定植尚不清楚。

(二) 胆道微生物群

胆汁酸通过引起细菌的细胞膜和 DNA 损伤而具有抗微生物特性。因此,人们认为在非致病性条件下,胆道是无菌的。然而,细菌经常从急性胆管炎或胆囊炎患者的胆汁中培养出来。这些细菌通常包括肠道中发现的细菌,如大肠埃希菌、克雷伯菌、屎肠球菌、假单胞菌和柠檬酸杆菌等细菌,它们的检测结果与严重胆管炎的发展和较高的死亡率有关。值得注意的是,已经发现多个肠道细菌形成了与胆汁酸抗性相关的防御机制。这些机制已经在已知的胆囊无症状定殖的病原体中得到了特别的研究,例如沙门菌属(Salmonella Spp)和单核细胞增生李斯特菌。长期携带这些细菌的患者是新感染的重要宿主。此外,利用电子显微镜、培养和检测细菌 DNA 的几项研究表明,早在 20 多年前,多种细菌(主要是革兰阴性肠杆菌,也有革兰阳性细菌)就存在于非炎症条件下的胆结石中。

直到最近,人们才发现胆道系统中含有一种复杂的微生物群,这种微生物群很可能也存在于非致病性的情况下。通过应用更先进的分子方法,例如细菌 16s rDNA 的焦磷酸测序,这种进展是可能的。因此,Wu 等对 29 例胆结石患者的粪便、胆汁和胆结石中的细菌群落进行了研究。令人惊讶的是,胆汁系统中的细菌多样性高于肠道。平均而言,每例患者的胆汁和胆结石中可检测到约 500 种不同的物种。肠道菌群与胆道菌群有较大的相似性,但也存在一些显著差异。胆道含有相对较低水平的拟杆菌门细菌(与厚壁菌门一起是两大肠道菌门之一),但较高水平的变形杆菌、张力菌门、放线菌门、热敏菌门和蓝藻菌门,而厚壁菌门则无明显差异。对 39 例 PSC 患者胆汁的研究发现了相似的物种丰富度。然而,该研究的大部分胆汁样本是通过 ERCP 收集的,这使得肠道污染成为可能。

其他研究调查了健康猪和感染肝吸虫的仓鼠的胆汁和胆囊黏液。虽然这些研究中胆道微生物组的多样性低于肠道内,但在胆道系统中可检测到超过 200 种和 60 种不同的菌株。与人类研究一样,发现了大量的厚壁菌门和变形杆菌,但只有少量的拟杆菌。不能排除的是,焦磷酸测序检测到的一些细菌 DNA 是死细菌或碎片的肠道污染造成的,这些细菌或碎片不能反映活菌群的存在。然而,在 Jimenez 等的研究中,在胆道黏膜内通过显微镜证实存在完整的细菌,可以从健康的猪体内培养出高达 4.8×10^4 个/mL 细菌的胆汁。考虑到(与粪便中的细菌相似)大多数胆汁微生物群可能是不可治愈的,胆道系统中的细菌密度可能与小肠近端部分的微生物群相当。胆汁和胆结石中细菌的存在可以解释为什么胆囊切除术期间腹腔内胆漏或胆结石丢失常常导致严重的感染性并发症。值得一提的是,目前上述的焦磷酸测序研究专门研究了从胆囊获得的胆汁、黏液或组织。据我们所知,目前尚不清楚是否可以在胆管中发现类似的复杂微生物群。

（三）胆汁酸对肠道微生物群的影响

胆汁酸与肠道微生物群相互影响。实验表明，与常规饲养的动物相比，用胆汁酸喂养的小鼠肠道微生物群发生了明显的变化，无菌动物（它们在无菌环境中出生和繁殖，缺乏肠道微生物群）具有更高浓度的肠道胆汁酸和更低的肠道微生物的多样性。肝硬化患者的肠道菌群失调也可能是由于肠道中胆汁酸分泌减少造成的，估计肝硬化患者的胆汁酸分泌量是对照组的 5 倍。由于肠道细菌将初级胆汁酸代谢成次级胆汁酸，在肝硬化患者的肠道中次级胆汁酸的相对量也减少。次级胆汁酸，特别是脱氧胆酸，具有强大的抗菌活性，它们的减少会导致肠道中一些细菌的过度生长，而其他保护性细菌则会受到损害。这些变化与肠道微生物生态失调有关，其中大肠埃希菌的比例下降可以充分体现。已有研究表明，次级胆汁酸对上皮细胞抗炎作用的丧失可能会加重慢性炎症。

（四）微生物群在胆道疾病中的作用

胆囊炎的形成受遗传和环境因素的影响，如饮食和代谢过程。当胆汁中的胆固醇浓度超过溶解能力或结晶促进剂过量时，就会导致胆汁淤积。炎症性胆道黏液素的产生是促进胆固醇结晶的一个重要因素。

在与胆囊炎相关的细菌中，由于在胆囊组织和胆结石中检测到螺旋杆菌，因此在许多研究中受到特别关注。幽门螺杆菌的影响已在动物实验中得到证实。因此，在致结石性饮食喂养的小鼠中，80%的口服幽门螺杆菌喂养的小鼠发生胆固醇结石，而在口服幽门螺杆菌喂养的小鼠和对照组小鼠中没有发生胆固醇结石。然而，胆碱酯酶可以通过 PCR 检测到，但不能从胆囊炎患者胆汁中培养出来，这表明胆碱酯酶可能通过诱导特定的免疫反应间接影响胆囊炎的发生。肠溶性伤寒沙门菌可在胆囊中定植，并与胆结石有典型的相关性。然而，有大量证据表明，胆固醇结石并没有促进胆固醇胆结石的形成，反而促进了沙门菌的胆囊运输。因此，喂食致石饮食的小鼠胆囊中伤寒沙门菌的存在明显高于喂食正常饲料的小鼠。这是因为沙门菌可以在胆囊上皮细胞内复制，并直接在胆结石上形成生物膜。

最近的一项研究表明，与健康对照组相比，胆囊炎患者的肠道微生物群明显不同。胆囊炎患者的肠道细菌水平较高，属于变形杆菌门，包括大肠埃希菌、沙门菌和螺旋杆菌属，所有这些以前都与胆囊炎有关。与此相反，胆囊炎患者的肠道中含有较低水平的粪杆菌属和毛螺菌属。到目前为止，尚不清楚这些变化是胆囊炎的原因、后果，还是与胆囊炎有关。

三、结论

在过去几年中，多项研究表明胆囊炎受肠道微生物群的影响。肠道微生物群的研究也因此受到了广泛的关注，然而，胆道系统本身可能包含复杂的微生物群的概念打开了关于胆道微生物群生态失调与胆道炎症性疾病的可能联系的讨论。对胆道微生物群的研究才刚刚开始，而且已经表明慢性疾病与微生物含量的广泛改变有关。了解肠道和胆道微生物群对胆道疾患的影响，不仅对更好地了解胆道疾患的病因有重要意义，而且可能在未来提供治疗方案。

（李忠廉　刘军舰　张德林）

参 考 文 献

[1] Wang DQH, Cohen DE, Caret MC. Biliary lipids and cholesterol gallstone disease[J]. Journal of Lipid Research, 2009, 50 (Supplement): 5406 - S411.

[2] 方驰华,杨继震.胆囊结石需氧菌和厌氧菌分子生物学研究及意义[J].第四军医大学学报,1998,19：681 - 682.

[3] Kawai M, Iwahashi M, Uchiyama C. et al. Gram-positive cocci are associated with the formation of completely pure cholesterol[J]. Am J Gastroenterol, 2002, 97：83 - 88.

［4］ Cariati A，Cetta R. Re：Kawai et al. — Bacteria are not important in the formation of pure cholesterol stones［J］. Am J Gastroenterol, 2002, 97：2921 - 2922.

［5］ 杨玉龙,刘小北,谭文翔,等.胆固醇结石中的细菌及其在成石机制中的作用［J］.肝胆胰外科杂志,2005,17：14 - 16.

［6］ 吴汉平,康生朝,张方信.在胆总管结石患者胆汁细菌学研究中的价值［J］.世界华人消化杂志,2007,15：1965 - 1967.

［7］ 田志杰,韩天权,姜志宏.胆囊结石病胆道系统螺杆菌的研究［J］.中国实用外科杂志,2004,24：84 - 87.

［8］ 朱雷明,蔡端,吕元,等.胆固醇结石患者与非胆石症人群胆道细菌感染状况及与免疫球蛋白相关性的对照研究［J］.中华外科杂志, 2004,42：1501 - 1504.

［9］ Matsuoka K, Kanai T. The gut microbiota and inflammatory bowel disease［J］. Semin Immunopathol, 2015, 37：47 - 55.

［10］ Tabibian JH, O'hara SP, Trussoni CE, et al. Absence of the intestinal microbiota exacerbates hepatobiliary disease in a murine model of primary sclerosing cholangitis［J］. Hepatology, 2016, 63：185 - 196.

［11］ Herrera J, Amigo L, Husche C, et al. Fecal bile acid excretion and messenger RNA expression levels of ileal transporters in high risk gallstone patients［J］. Lipids Health Dis, 2009, 8：53.

［12］ Reunanen J, Kainulainen V, Huuskonen L, et al. Akkermansia muciniphila adheres to enterocytes and strengthens the integrity of the epithelial cell layer［J］. Appl Environ Microbiol, 2015, 81：3655 - 3665.

［13］ 陈美华,王瑶瑶,庞桂兰.128 例急性胆囊炎患者胆汁细菌培养分［J］.医学综述,2009,15：3185 - 3187.

［14］ Giannelli V, Di Gregorio V, Iebba V, et al. Microbiota and the gut-liver axis：bacterial translocation, inflammation and infection in cirrhosis［J］. World J Gastroenterol, 2014, 20：16795 - 16810.

［15］ Gevers D, Kugathasan S, Denson LA, et al. The treatment-naive microbiome in new-onset Crohn's disease［J］. Cell Host Microbe, 2014, 15：382 - 392.

［16］ Pflughoeft KJ, Versalovic J. Human microbiome in health and disease［J］. Annu Rev Pathol, 2012, 7：99 - 122.

［17］ Si-Tayeb K, Lemaigre FP, Duncan SA. Organogenesis and development of the liver［J］. Dev Cell, 2010, 18：175 - 189.

［18］ 周斌,张培建.胆管上皮细胞的生理及其与胆管疾病的相关性［J］.中国普通外科杂志,2007,7：681 - 683.

［19］ D'Aldebert E, Mve MJ, Mergey M, et al. Bile salts control the antimicrobial peptide cathelicidin through nuclear receptors in the human biliary epithelium［J］. Gastroenterology, 2009, 136：1435 - 1443.

［20］ Wu T, Zhang Z, Liu B, et al. Gut microbiota dysbiosis and bacterial community assembly associated with cholesterol gallstones in largescale study［J］. BMC Genomics, 2013, 14：669.

［21］ Jimenez E, Sanchez B, Farina A, et al. Characterization of the bile and gall bladder microbiota of healthy pigs［J］. Microbiology, 2014, 3：937 - 949.

［22］ Islam KB, Fukiya S, Hagio M, et al. Bile acid is a host factor that regulates the composition of the cecal microbiota in rats［J］. Gastroenterology, 2011, 141：1773 - 1781.

［23］ Kakiyama G, Pandak WM, Gillevet PM, et al. Modulation of the fecal bile acid profile by gut microbiota in cirrhosis［J］. J Hepatol, 2013, 58：949 - 955.

［24］ Crawford RW, Rosales-Reyes R, Ramirez-Aguilar ML, et al. Gallstones play a significant role in salmonella spp. Gallbladder colonization and carriage［J］. Proc Natl Acad Sci USA, 2010, 107：4353 - 4358.

［25］ Wilkins T, Agabin E, Varghese J, et al. Gallbladd dysfunction：cholecystitis, choledocholithiasis, cholangitis, and biliary dyskinesia ［J］. Prim Care, 2017, 44：575 - 597.

［26］ Molina-Molina E, Lunardi Baccetto R, Wang DQ, et al. Exercising the hepatobiliary-gut axis. The impact of physical activity performance［J］. Eur J Clin Invest, 2018, 48：e12958.

［27］ Molinaro A, Wahlström A, Marschall HU. Role of bile acids in metabolic control［J］. Trends Endocrinol Metab, 2018, 29：31 - 41.

［28］ Littlefield A, Lenahan C. Cholelithiasis：presentation and management［J］. J Midwifery Womens Health, 2019, 64：289 - 297.

第22章　肠道微生物与肝性脑病

肝性脑病(hepatic encephalopathy，HE)是由急、慢性肝功能严重障碍或各种门静脉-体循环分流(以下简称门-体分流)异常所致的、以代谢紊乱为基础、轻重程度不同的神经精神异常综合征。一直以来，人们认为 HE 的发病原因是肝硬化门静脉高压时，肝细胞功能障碍对氨等毒性物质的解毒功能降低，同时门-体循环分流(即门静脉与腔静脉间侧支循环形成)，使大量肠道吸收入血的氨等有毒性物质升高所致。近年来，研究表明，肠道微生物以及其产物，如氨基酸代谢物(吲哚、羟吲哚)、内毒素等在 HE 的发病机制中扮演重要角色。因此，深入了解肠道微生态在 HE 发病机制的作用至关重要。本章将从肠道菌群对 HE 发生、发展的影响，以及目前针对肠道菌群治疗 HE 的方法进行阐述。

第1节　肝性脑病发病机制

肝硬化门静脉高压时，肝细胞功能障碍对氨等毒性物质的解毒功能降低，同时门-体循环分流(即门静脉与腔静脉间侧支循环形成)，使大量肠道吸收入血的氨等有毒物质经门静脉，绕过肝脏直接流入体循环并进入脑组织，这是肝硬化 HE 的主要病理生理。HE 的发病机制至今尚未完全阐明，目前仍以氨中毒学说为核心，同时炎症介质学说及其他毒性物质的作用也日益受到重视。

一、氨中毒学说

氨代谢紊乱引起的氨中毒是肝性脑病，特别是门体分流性脑病的重要发病机制。正电子发射体层显像显示肝性脑病患者血氨水平增高者，血脑屏障对氨的通透表面积增大及大脑氨的代谢增高。

(一) 氨的形成和代谢

血氨主要来自肠道、肾和骨骼肌生成的氨，但胃肠道是氨进入身体的主要门户。正常人胃肠道每日可产氨 4 g，大部分是由尿素经肠道细菌的尿素酶分解产生，小部分是食物中的蛋白质被肠道细菌的氨基酸氧化酶分解产生。氨在肠道的吸收主要以非离子型氨(NH_3)弥散进入肠黏膜，其吸收率比离子型铵(NH_4^+)高得多。游离的 NH_3 有毒性，且能透过血脑屏障；NH_4^+ 呈盐类形式存在，相对无毒，不能透过血脑屏障。NH_3 与 NH_4^+ 的互相转化受 pH 梯度改变的影响。当结肠内 pH>6 时，NH_3 大量弥散入血；pH<6 时，则 NH_3 从血液转至肠腔，随粪排泄。肾产氨是通过谷氨酰胺酶分解谷氨酰胺为氨，亦受肾小管液 pH 的影响。此外，骨骼肌和心肌在运动时也能产氨。

机体清除血氨的主要途径为：① 尿素合成，绝大部分来自肠道的氨在肝中经鸟氨酸代谢环转变为尿素。② 脑、肝、肾等组织在 ATP 的供能条件下，利用和消耗氨以合成谷氨酸和谷氨酰胺。③ 肾是排泄氨的主要场所，除排出大量尿素外，在排酸的同时，也以 NH_4^+ 的形式排除大量的氨。④ 血氨过高时可从肺部少量呼出。

(二) 肝性脑病时血氨增高的原因

血氨增高主要是由于生成过多和(或)代谢清除过少，在肝功能衰竭时，肝将氨合成为尿素的能力减退,门体分流存在时,肠道的氨未经肝解毒而直进人体循环,使血氨增高。血氨进入脑组织使星状胶质细胞合成谷氨酰胺增加,导致细胞变性、肿胀及退行性变,引发急性神经认知功能障碍。氨还可直接导致兴奋性和抑制性神经递质比例失调,产生临床症状,并损害颅内血流的自动调节功能。

二、炎症反应损伤

目前认为,高氨血症与炎症介质相互作用促进 HE 的发生发展。炎症可导致血脑屏障破坏,从而使氨等有毒物质及炎性细胞因子进入脑组织,引起脑实质改变和脑功能障碍。同时,高血氨能够诱导中性粒细胞功能障碍,释放活性氧,促进机体产生氧化应激和炎症反应,造成恶性循环。另外,炎症过程所产生的细胞因子又反过来加重肝损伤,增加 HE 发生率。此外,HE 发生还与机体发生感染有关。研究结果显示,肝硬化患者最为常见的感染为:腹膜炎、尿路感染、肺炎等。

三、其他学说

(一)氨基酸失衡学说和假性神经递质学说

神经冲动的传导是通过递质来完成的。神经递质分兴奋和抑制两类,正常时两者保持生理平衡。兴奋性神经递质有儿茶酚胺中的多巴胺和去甲肾上腺素、乙酰胆碱、谷氨酸和门冬氨酸等,食物中的芳香族氨基酸如酪氨酸、苯丙氨酸等经肠菌脱羧酶的作用分别转变为酪胺和苯乙胺。若肝对酪胺和苯乙胺的清除发生障碍,此两种胺可进入脑组织,在脑内经 β-羟化酶的作用分别形成 β-羟酪胺和苯乙醇胺。后两者的化学结构与正常的神经递质去甲肾上腺素相似,但不能传递神经冲动或作用很弱,因此称为假性神经递质。当假性神经递质被脑细胞摄取并取代了突触中的正常递质,则神经传导发生障碍。导致 HE 的发生。

(二)γ-氨基丁酸/苯二氮复合受体假说

γ-氨基丁酸是中枢神经系统特有的、最主要的抑制性递质,在脑内与苯二氮类受体以复合受体的形式存在。HE 时血 γ-氨基丁酸含量升高,且通过血脑屏障量增加,脑内内源性苯二氮水平升高。实验研究证实,给肝硬化动物服用可激活 γ-氨基丁酸/苯二氮复合受体的药物如苯巴比妥、地西泮,可诱导或加重 HE;而给予苯二氮类受体拮抗剂如氟马西尼,可减少 HE 的发作。

(三)锰中毒学说

有研究发现,部分肝硬化患者血和脑中锰含量比正常人高 2～7 倍。当锰进入神经细胞后,低价锰离子被氧化成高价锰离子,通过锰对线粒体特有的亲和力,蓄积在线粒体内。同时,锰离子在价态转变过程中可产生大量自由基,进一步导致脑黑质和纹状体中脑细胞线粒体呼吸链关键酶的活性降低,从而影响脑细胞的功能。

(四)脑干网状系统功能紊乱

严重肝硬化患者的脑干网状系统及黑质-纹状体系统的神经元活性受到不同程度的损害,导致 HE 发生,产生扑翼样震颤、肌张力改变;且脑干网状系统受损程度与 HE 病情严重程度一致。

四、肠道微生物与肝性脑病

(一)正常人肠道微生态

肠道微生物是人体中最大、最复杂的微生态系统,共有细菌 400～1 000 种,细菌总数达 10^{14} 个,其中双歧杆菌属、类杆菌属、消化链球菌等专性厌氧菌约占肠道总菌量的 99%,肠杆菌、肠球菌属等兼性厌氧菌约占总菌量的 1%。正常人体肠道菌群按一定数量、比例分布在肠道不同节段和部位,保持相对稳定。其中结肠的细菌种类和数量最多,是菌群生活的主要场所。正常菌群如双歧杆菌在宿主营养、免疫和物质代谢吸收等方面发挥重要作用。致病性菌群在微生态平衡时可引起宿主对这些细菌产生低水平的屏障,超过一定水平发生菌群失调时则可引起疾病。

(二) 肝性脑病患者的肠道微生物

肝硬化患者中往往合并胃肠道功能改变肠道菌群的变化。一方面由小肠蠕动减弱、肠黏膜屏障的渗透性增加、细菌防御功能受损以及小肠细菌过度生长(SIBO)等因素所致;另一方面,由于胆汁酸合成减少,以及肠肝循环受损,这些因素均有助于肠道微生物组成的改变。

(三) 胃肠动力改变

研究表明肝硬化患者存在胃肠动力延迟。原因包括肠壁水肿,自主神经功能紊乱,肠道活性肽和神经递质浓度的改变,以及肠道肌电活动的变化。此外,异常的十二指肠空肠压力波导致门静脉高压患者的 SIBO 风险增加。HE 本身也会影响小肠运输功能,有研究提示改善小肠运输时间可以改善 HE 的症状。

(四) 肝硬化时肠道通透性的改变

肝硬化门静脉高压时肠微循环出现障碍,肠血流缓慢,黏膜下毛细血管和静脉扩张淤血,黏膜出现缺血性改变。有资料证明,肝硬化门静脉高压时肠壁小静脉和毛细血管扩张达 70%,总血流量增加,但肠黏膜的有效血流量减少。肠黏膜血流量的改变致使肠黏膜发生充血、水肿、糜烂等,黏膜上皮细胞和黏膜下毛细血管呈病理性改变,从而削弱了肠道黏膜屏障功能,使通透性增加。

肠上皮中杯状细胞分泌的黏液素是一项重要的防御机制。黏液素在黏膜表面形成一带负电的厚糖蛋白层,通过与细菌竞争结合肠上皮细胞上的结合位点,或仅仅靠其吸附特性吸附细菌,防止细菌与微绒毛膜的直接接触。同时,该黏液层强大的疏水性还可防止水溶性毒素流入上皮。一般认为,黏液层为厌氧菌提供了良好的生长环境,而双歧杆菌、乳酸杆菌可促进肠道分泌黏液素。在肝硬化患者中,肠菌紊乱可影响黏液素分泌,从而破坏肠屏障功能。

(五) 小肠细菌过度生长

正常小肠肠道菌群,受到胃酸、胆酸、胆盐、胃肠道的节律运动、黏膜分泌(消化酶、抗体免疫物质)和更新脱落、黏液流动、肠腔电位等调节,仅有极少量的革兰阴性厌氧菌存在并维持着小肠的生态相对稳定。这些防御因素的一个和(或)几个发生变化,均会导致小肠肠道菌群的结构和数量改变。SIBO 是一种肠道内的细菌移位导致小肠内厌氧菌群数量增多或者种类改变的状态,表现为腹胀、腹泻、营养吸收不良以及小肠动力异常等的临床综合征。肝硬化患者中 SIBO 的发生率非常高,达到 35%～61%。引起 SIBO 的病因较多,报道较多的病因有胃酸减少或胃酸缺乏性、小肠壅积、小肠动力障碍。SIBO 出现加重或诱发小肠动力异常、黏膜的通透性增加从而使肠源性内毒素吸收增加。最近研究发现 SIBO 对轻微型肝性脑病(MHE)的发生有一定的影响,临床研究结果发现,用益生菌屎肠球菌 SF68 调节 HE 患者肠道菌群,能改善患者病情。同样的研究发现,MHE 患者肠腔内大肠埃希菌和葡萄球菌出现过度生长,伴 SIBO 的肝硬化患者 MHE 检出率高于不伴 SIBO 肝硬化患者。有研究发现伴有 HE 的肝硬化患者肠杆菌科和产碱菌科数量比不伴 HE 的肝硬化患者增多。

(六) 肝硬化时肠道微生物群的改变

在早期肠道菌群的研究中,主要基于培养技术研究肝硬化肠道菌群的特征。近年来,使用 16S rRNA V3 区域的焦磷酸测序和实时定量 PCR 检测肝硬化患者的粪便微生物群。研究结果表明,与健康对照相比,在肝硬化患者中类杆菌门(*Bacteroidetes*)细菌比例明显减少,而变形菌门(*Proteobacteria*)和梭杆菌门(*Fusobacteria*)细菌比例增加。在科水平上,发现肠杆菌科

（*Enterobacteriaceae*）细菌、韦荣球菌科（*Veillonellaceae*）和肠道链球菌科（*Streptococcaceae*）细菌比例增加，相反，毛螺菌科（*Lachnospiraceae*）细菌比例下降。肠道链球菌科（*Streptococcacea*）细菌比例与肝硬化 Child - Pugh 评分呈正相关，毛螺菌科（*Lachnospiraceae*）细菌比例与 Child - Pugh 评分呈负相关。在最近的一项中国人群的研究中，作者构建了 98 例肝硬化患者和 83 例健康对照者的基因目录，研究发现类杆菌门（*Bacteroidetes*）细菌和厚壁菌门（*Firmicutes*）细菌在肝硬化患者和健康对照者中最常见。与健康对照组相比，肝硬化患者的类杆菌门（*Bacteroidetes*）细菌比例偏低，变形菌门（*Proteobacteria*）和梭杆菌门（*Fusobacteria*）细菌比例较高。同时发现，肝硬化患者中韦荣球菌属（*Veillonella*）细菌、链球菌属（*Streptococcus*）细菌、梭菌属（*Clostridium*）细菌和普氏菌属（*Prevotella*）细菌比例较高，类杆菌属（*Bacteroides*）细菌比例较低。

在另一项研究中，Bajaj 比较了肝硬化合并 HE 与未合并 HE 患者的乙状结肠的黏膜微生物，研究发现，相对于未合并 HE 的肝硬化患者，在合并 HE 的肝硬化患者中表现出较低的罗斯杆菌（*Roseburea*）和更高的肠球菌、韦荣球菌属（*Veillonella*）、巨型球菌（*Megasphaera*）和伯克霍尔德菌属（*Burkholderia*）。在肝硬化患者中，研究证明了乙状结肠活检的标本中劳特菌（*autochthonous Blautia*），粪杆菌（*Fecalibacterium*）和罗斯杆菌（*Roseburia*）与良好的认知功能和炎症反应的减少相关。但在 HE 患者中，*Enterococcus*、*Villonella*、*Megasphaera* 和 *Burkholderia* 等致病物种丰富，且与炎症反应以及认知不佳相关。

可见，相对于健康对照者，肝硬化患者的肠道菌群结构发生了变化，同时，部分改变的肠道菌群与认知功能下降相关，因此，这些都提示肠道微生物改变在 HE 发病中发挥作用。

五、肠道菌群失调、血氨与肝性脑病的关系

氨能够导致大脑细胞受损、功能障碍，从 1890 年开始，氨中毒学说被认为是 HE 的主要发病机制。近年发现，高血氨症不光是由肝-肠本身功能障碍所致，更重要的是肠道微生物致原位产氨的增加。肠道中存在产尿素酶微生物，其主要作用是催化尿素分解产生氨气和氨基甲酸酯。结肠型细菌如梭杆菌、产碱杆菌、链球菌、韦荣球菌等均富含尿素酶，正常情况下由于微生物间的生物竞争导致该部分细菌繁殖及产氨功能受制约。有研究表明，肝硬化时存在肠道菌群失调，主要表现为致病菌比例显著增加，而有益菌比例减少。与正常人相比，HE 患者肠道增加的菌种大多是富含尿素酶的细菌，因此使肠道分解产氨增加。目前治疗 HE 药物包括乳果糖、利福昔明等，多项研究表明，这些治疗在不同程度上减少产氨细菌丰度，血氨水平降低。而双歧杆菌、乳杆菌等有益菌为产酸菌，一方面能剥夺致病菌占位，抑制产氨菌增殖与代谢；另一方面肠腔酸度降低使肠腔中氨气易与 H^+ 结合产生 NH_4^+，同时抑制血液循环中的谷氨酰胺在肠腔中分解产氨，最终能有效减少肠腔氨气入血。Lunia 等证明了该观点，发现补充益生菌后能使血氨水平显著降低，改善 HE 的症状，逆转 MHE。由此可表明肠道微生态失衡所致的产氨菌增多，产酸菌减少是 HE 高血氨的主要原因之一。因此调节肠道菌群、恢复肠道有益菌与有害菌的比值能有效降低血氨水平，改善 HE 的症状。

六、肠道菌群失调、炎症与肝性脑病的关系

HE 的发病机制仍未完全了解。目前已知血氨通过星形胶质细胞肿胀和脑水肿起着关键作用。但是，在肝硬化患者中，血氨浓度与 HE 严重程度之间的相关性并不十分明确。实际上，在临床实践中常常可以看到肝硬化患者出现明显的 HE 症状，但仅有轻度升高的血氨浓度。最近的证据表明，氧化应激、炎症、神经甾体等在 HE 的发病机制中具有协同作用。

目前的研究证据表明全身炎症反应的激活引起肝硬化患者 HE 症状的发展和加重。Wright 等证明腹腔注射脂多糖所导致的炎症反应会诱导肝硬化前驱昏迷的出现。Shawcross 等证明,炎症是肝硬化患者 MHE 发生的重要因素,同时也是 MHE 严重程度的重要决定因素。合并严重炎症或感染的肝硬化患者的神经心理功能恶化程度更严重。研究还表明感染和全身炎症反应综合征(SIRS)与 HE 的严重程度有关,但其与血氨无关。促炎因子,如 TNF-α,IL-1b 和 IL-6 等促炎细胞因子通过与氨协同作用调节血氨在大脑的效应,从而影响肝硬化患者和 HE 患者的认知障碍。现在有证据证明小胶质细胞的活化和 TNF-α、IL-1b 和 IL-6 原位合成的增加相关。此外,肝-脑信号增加,包括全身促炎分子的直接作用、小神经胶质细胞激活后单核细胞的募集,以及血脑屏障的渗透性改变。可见,炎症反应在 HE 的发生过程中发挥重要作用。

肝硬化时,肠道蠕动功能受损、SIBO、肠黏膜屏障功能障碍和全身系统性炎症反应导致肠道菌群改变,以及其产物如氨、氨基酸代谢物(吲哚、羟吲哚)、内毒素等增加,这些变化可能在 HE 的发病机制中起重要作用。在一项研究中,SIBO 的存在与肠道蠕动延迟相关,进一步分析发现,SIBO 是轻微型肝性脑病(MHE)发生的独立因素。SIBO,常常伴随着肠黏膜屏障功能障碍,导致细菌易位增加以及内毒素(脂多糖、鞭毛蛋白、肽聚糖和微生物核酸)释放到循环血液中。这些细菌产物也被称为“病原体相关分子模式(PAMP)”。PAMP 与 Toll 样受体的相互作用导致免疫应答和全身炎症反应的激活。

最近,有研究使用了一种新颖的多标记焦磷酸测序技术,来检测肝硬化患者粪便和结肠黏膜中微生物组的特征。发现相对于正常健康对照者,肝硬化患者中,无论合并 MHE 与否,两种细菌家族,链球菌科(*Streptococcaceae*)和韦荣球菌科(*Veillonellaceae*)过度表达。研究也表明肠道脲酶含有的唾液链球菌(*Streptococcus salivarius*)在健康对照组中缺失,但存在于肝硬化患者中。*Salivarius* 的丰度是在 MHE 患者中显著高于非 MHE 患者,并且在 MHE 患者中,其数值与氨水平呈现正相关。Bajaj 教授和同事进行了认知功能的测试,并且分析了肝硬化患者合并 HE 患者与不合并 HE 患者的炎性细胞因子和内毒素的关系。相对于不合并 HE 的患者,合并 HE 的肝硬化患者表现为粪便菌群(较高的 *Veillonellaceae*,韦荣球菌)改变、认知能力下降、内毒素血症、炎症反应。但是,两组患者中其他微生物家族没有明显差异。这项研究也是第一次证明了在肝硬化患者中,紫单胞菌科(*Porphyromonadaceae*)和产碱菌科(*Alcaligeneaeae*)与认知功能降低呈直接正相关。*Alcaligeneceae* 降解尿素产生氨,这可能解释了 *Alcaligeneceae* 的关联认知功能差。研究也表明了肠杆菌科(*Enterobacteriaceae*),梭杆菌科(*Fusobacteriaceae*)和韦荣球菌科(*Veillonellaceae*)与炎症反应正相关,而瘤胃球菌科(*Ruminococcaceae*)与炎症反应负相关。网络分析比较显示,在 HE 患者中,微生物、认知功能和炎性细胞因子之间存在明显的相关性。因此,肝硬化患者肠道菌群紊乱,诱发免疫应答和全身炎症反应的激活,在 HE 的发生、发展中发挥重要作用。

第 2 节　针对肠道微生物对肝性脑病的治疗

研究说明肠道菌群与 HE 的发展有明显的关系,使用各种方法来调节肠道微生物菌群可以作为治疗 MHE 和 HE 的方法。当然,调节肠道微生物群可以改善 HE 患者的状况,这也印证了肠道菌群紊乱是影响 HE 进展的一个重要因素的理论。微生态制剂(microecologics)(亦称微生态调节剂,microecologiaomodulator)是根据微生态学原理,利用对宿主有益的正常微生物成员或促进物质生成的制剂,调整微生态失调、保持微生态平衡、提高宿主健康水平。

一、益生元、益生菌和合生元

益生菌(probiotics)是指能促进肠道内菌群平衡、对宿主起到有益作用的活的微生态制剂。根据所含菌的种数可分为多联活菌制剂和单菌制剂。最常用的益生菌是乳酸菌,包括乳杆菌、肠球菌和双歧杆菌。益生元(prebiotics)是指一类非消化性的物质,但可作为底物被肠道正常菌群利用,能选择性刺激结肠内一种或几种细菌生长。益生元分为低聚糖类(如乳果糖、低聚果糖、低聚木糖、水苏糖等)、生物促进剂和中药促进剂等。益生元主要对半乳糖、乳酮糖、异麦芽低聚糖、大豆低聚糖、低聚果糖、肠道的双歧杆菌及乳杆菌的生长有促进作用,而对肠杆菌类或腐败菌有抑制作用,因而益生元对恢复肠道菌群生态平衡具有重要作用。合生元又称为合生素(synbiotics),是指益生菌和益生元的混合制品,或再加入维生素、微量元素等。合生元既可发挥益生菌的生理活性,又可选择性地增加这种细菌的数量,使益生作用更显著。

益生元、益生菌和合生元可以调节肠道微生物菌群,并且可以通过各种机制在 MHE 和 HE 中表现出功效,包括减少病原菌数量,降低细菌脲酶活性和通过降低管腔 pH 降低氨的吸收。它们可能会降低内毒素血症、炎症和吸收毒素如吲哚、羟吲哚、酚类、硫醇等。尽管有许多研究显示了益生元、益生菌和合生元的功效,但它们在 HE 治疗中的作用尚无定论,目前尚无法推荐。在最近的一项研究中,在 I 期随机对照试验中对 MHE 患者评估了益生菌乳杆菌 GG 菌株(LGG)的安全性和耐受性。患者随机接受 LGG 或安慰剂治疗 8 周。在基线和 8 周时分析内毒素水平、全身性炎症、粪便微生物组与血清和尿液代谢组,并使用相关网络分析组间的相关性。研究证明,仅在 LGG 组中,内毒素和 TNF‐α 水平降低,并且观察到 CDR 的改善。肠道失衡的改善与代谢产物的有益变化相关,如氨基酸(低氨基丙二酸,甲硫氨酸,高氨解毒产品:苯甲酸盐、羟胺)、维生素(尿核黄素低和抗坏血酸)和二级胆汁酸(低脱氧胆酸盐)。LGG 组中肠杆菌科和马尿酸/天冬酰胺/谷氨酸的细菌类群和代谢物之间的相关性也有一个有益的变化。然而,认知没有变化,因为该研究没有提供有力的疗效。另外有研究证明,在 6 个月的时间内,益生菌治疗显著降低了因 HE 而住院的风险,并显著降低了 Child‐Pugh 评分和 MELD 评分。益生菌治疗还与全身炎症反应综合征、血浆吲哚和脑利钠肽、肾素和醛固酮水平的改善有关。

二、乳果糖

在 HE 中用作标准疗法的乳果糖通过改变肠道菌群来减少氨的产生吸收。在乳果糖的许多作用中,其中一个重要的作用是它作为"益生元",导致内源细菌的生长增加,所述内源细菌对于宿主可能是有益的,如乳酸杆菌,从而间接降低可能更有害的产生脲酶的细菌的优势。Bajaj 等证明,尽管在发生 HE 的患者中进行了乳果糖处理,但是其肠道菌群失衡仍加重,具有较低的 CDR 和相对丰富的革兰阴性非原生细菌(肠杆菌科、拟杆菌科)。这与早期基于培养的研究形成对比,后者显示在肝硬化患者中给予乳果糖后增加的原生细菌(乳杆菌科)。除了减少粪杆菌属的品种之外,乳糖酶的撤除对粪便微生物组的组成没有产生非常显著的影响,表明肠道细菌功能的变化而不是微生物组组成的变化可能是乳果糖作用的原因。在另一项研究中,对 HE 患者在乳酸纤维素和戒断后第 2、14 和 30 天的表型(认知、炎性细胞因子、体内脑 MR 光谱)、肠道微生物和尿液及血清代谢物进行表征的分析。比较戒断后复发和没有复发的 HE 患者时,通过脑部 MRS 报告可以发现其与轻度脑水肿(谷氨酰胺/谷氨酸增加和肌醇减少)一致,粪便微生物组成变化相对较小(粪便中粪杆菌属的种类很多)。HE 的复发与肠道微生物的胆碱代谢改变有关,导致低尿三甲胺氧化物,高尿甘氨酸和高血清胆碱,二甲基甘氨酸,肌酐,其在 HE 的发展中起重要作用。

三、利福昔明

利福昔明是一种吸收性弱的成抗生素,可以安全地调节肠道微生物群,与细菌耐药性风险低有关,对隐性和显性的 HE 都有效。在肝硬化和 MHE 患者中评估利福昔明治疗对生物群落的影响,即表型(认知、肝病严重程度和内毒素水平)、微生物和代谢产物之间的相互作用。用利福昔明处理后除了韦荣菌科适度减少和优杆菌科增加,没有显著的微生物变化。在利福昔明治疗后,观察到认知的显著改善,还包括内毒素血症的减少和血清中长链脂肪酸的显著增加。已经证实了病原细菌类群与代谢产物之间存在着显著联系,尤其是与氨、芳香族氨基酸和氧化应激有关的代谢物,其在利福昔明治疗后从正相关转变为负相关,反映了细菌代谢功能的变化。这些结果表明,利福昔明导致认知改善的作用机制可能与改变微生物群相关的代谢功能有关,而不仅仅是改变有益或有害细菌的数量。后来,除了再次肯定利福昔明对降低内毒素血症的有益作用外,同一组还证明利福昔明改善了语言中枢的工作记忆表现和 MHE 患者的抑制控制。有研究对利福昔明的 MHE 治疗进行了系统研究,其中发现认知能力有显著改善。通过促进皮质下结构的功能,调节额顶激活进行更大的抑制性控制,以及在多模式脑 MR 成像后,利福昔明改善 MHE 中的白质完整性,伴随着增强的工作记忆性能。研究还发现其改善了额叶和顶叶结构之间的神经网络连接,特别是左顶叶岛盖的正相互作用。尽管在使用利福昔明后这些改善和内毒素血症减少,但对细菌种类的影响不大。然而,这与先前在独立于肝硬化的环境中的研究一致,细菌毒力和行为显著变化而不是利福昔明的数量变化。MHE 中的相关网络分析显示在利福昔明治疗后,总体的复杂性和代谢物、炎性细胞因子和微生物组之间相互作用的变化。然而,在先进的基于 MRI 的研究中,MHE 患者的乳果糖治疗已显示出增加胆碱和降低谷氨酰胺/谷氨酸,并且还增加平均扩散率但不增加分数各向异性,表明乳果糖可逆低级别脑水肿。这可能表明利福昔明与乳果糖相比,其作用机制的差异可能仅在脑成像中明显,但显然,还需要进一步更多的研究。总之,目前的研究表明,利福昔明认知改善的作用机制可能与改变微生物群相关的代谢功能有关,而不仅仅是改变有益或有害细菌的数量。

四、粪菌移植

粪菌移植(fecal microbiota transsplantation,FMT)又称为粪便菌群疗法,就是把健康人新鲜粪便中的菌群提取出来并移植进入受体肠道内,重塑受体肠道菌群以改变其免疫、代谢状态,从而治疗一些肠道和非肠道疾病的方法策略。

近年来,关于 FMT 技术的研究逐步增加,但在肝病方面的研究还比较少。一项个案报道发现肝性脑病患者和粪便供给者的肠道菌群组成存在明显的差异,给予肝性脑病患者 FMT 后,肝性脑病患者的肠道菌群组成向粪便供给者的肠道菌群组成靠拢,维持了 7 周,并且发现 FMT 后,患者的认知功能和血氨水平得到改善。最近,一项开放的随机临床试验对门诊肝硬化男性患者进行为期 5 个月的随访,并进行 1∶1 的随机分组。患者随机接受 FMT 处理。随访第 5、6、12、35 和 150 天。研究结果发现,FMT 后 HE 患者的认知得到改善,FMT 增加了 HE 患者肠道菌群的多样性和有益菌的数量。因此,研究结果认为:来自合理选择的供体的 FMT 可以减少 HE 患者的住院治疗,改善肝 HE 患者的认知和肠道菌群失调。粪菌移植是一项新技术,在炎症性肠病、治疗艰难梭菌等方面取得一定的效果。在肝病,特别是在终末期肝病患者的研究较少,需要进一步的研究去探讨其利弊。

五、中医药方法治疗

中医认为HE是由于肝肾亏虚、感受湿热疫毒之邪,加之内伤七情,或饮食不节、嗜酒无度等,导致热毒炽盛、热入心包、痰浊内盛、痰迷心窍而发病。故急则治标,采用醒脑开窍法进行治疗,可选用安宫牛黄丸等中成药或汤剂辨证施治,予以开窍醒脑、化痰清热解毒。另外,针对HE的氨中毒学说和肠源性内毒素学说,中医的"通腑开窍"理论亦被广泛应用于HE的防治,其中最具代表性的是中药煎剂保留灌肠,如承气汤类、含大黄煎剂、生地黄制剂等。用中医辨证论治法治疗慢性肝病主要以疏肝、健脾理气兼顾通肠泻浊等。现代药理实验证实很多治疗肝炎的中草药具有一定程度的抗菌作用或抗内毒素活性作用。如大黄具有抑菌作用,且大黄"泻下",能使有毒物质从二便而出,减轻肝脏负担,促进肝脏功能恢复,调节肠道微生物。有研究表明,新清开方与开窍醒脑嗅鼻剂联合使用对肝性脑病有较好的治疗作用,是治疗肝性脑病的有效方剂。其作用机制可能与通腑、泄毒、重建肠道菌群、改善肝功能、恢复中枢神经系统的功能有关。在动物模型中,研究桃核承气汤对肝性脑病大鼠肠道菌群有一定的影响,其可使空回肠菌群具有显著的回调作用,同时双歧杆菌和大肠杆菌也出现回调的现象,从而得出结论,桃核承气汤对肝性脑病大鼠的肠道菌群具有正向的影响作用,可增加胃肠道的定植抗力作用。

第3节 结　语

HE是重症肝病的严重并发症,目前发病机制仍未完全明了。有关肝性脑病的发病机制有多种学说,其中以氨中毒理论的研究最多、最确实有据。近年来,关于肠道菌群紊乱在HE发病过程的作用研究逐步增多。目前认为,肠道菌群紊乱所致的产氨菌增多、产酸菌减少,从而引起高血氨,以及诱发免疫应答和全身炎症反应的激活,促进HE的发生发展。进一步的通过肠道菌群的微生态制剂调节肠道菌群可以改善HE患者的状况,这也印证了肠道菌群紊乱是影响HE进展的一个重要因素的理论。随着肠道菌群检测方法的改进,为HE的研究提供了新的方法和思路,需要更多关于肠道菌群与HE关系的研究去证实和探索。

(原丽莉　姚　佳)

参 考 文 献

[1] 徐小元,丁惠国,李文刚,等.肝硬化肝性脑病诊疗指南[J].临床肝胆病杂志,2018,34:2076-2089.

[2] Rai R, Saraswat VA, Dhiman RK. Gut microbiota: its role in hepatic encephalopathy[J]. J Clin Exp Hepatol, 2015, 5(Suppl 1): S29-36.

[3] Wijdicks EF. Hepatic encephalopathy[J]. N Engl J Med, 2016, 375: 1660-1670.

[4] Rahimi RS, Rockey DC. Hepatic Encephalopathy: pharmacological therapies targeting ammonia[J]. Semin Liver Dis, 2016, 36: 48-55.

[5] Swaminathan M, Ellul MA, Cross TJ. Hepatic encephalopathy: current challenges and future prospects[J]. Hepat Med, 2018, 10: 1-11.

[6] Aldridge DR, Tranah EJ, Shawcross DL. Pathogenesis of hepatic encephalopathy: role of ammonia and systemic inflammation[J]. J Clin Exp Hepatol, 2015, 5(Suppl 1): S7-S20.

[7] Tranah TH, Vijay GK, Ryan JM, et al. Systemic inflammation and ammonia in hepatic encephalopathy[J]. Metab Brain Dis, 2013, 28: 1-5.

[8] Gupta A, Dhiman RK, Kumari S, et al. Role of small intestinal bacterial overgrowth and delayed gastrointestinal transit time in cirrhotic patients with minimal hepatic encephalopathy[J]. J Hepatol, 2010, 53: 849-855.

[9] Quigley EM, Stanton C, Murphy EF. The gut microbiota and the liver. Pathophysiological and clinical implications[J]. J Hepatol,

2013, 58: 1020 - 1027.

[10] Teltschik Z, Wiest R, Beisner J, et al. Intestinal bacterial translocation in rats with cirrhosis is related to compromised Paneth cell antimicrobial host defense[J]. Hepatology, 2012, 55: 1154 - 1163.

[11] Lunia MK, Sharma BC, Sachdeva S. Small intestinal bacterial overgrowth and delayed orocecal transit time in patients with cirrhosis and low-grade hepatic encephalopathy[J]. Hepatol Int, 2013, 7: 268 - 273.

[12] Qin N, Yang F, Li A, et al. Alterations of the human gut microbiome in liver cirrhosis[J]. Nature, 2014, 513: 59 - 64.

[13] Bajaj JS, Vargas HE, Reddy KR, et al. Association between intestinal microbiota collected at hospital admission and outcomes of patients with cirrhosis[J]. Clin Gastroenterol Hepatol, 2019, 17: 756 - 765. e3.

[14] Bajaj JS, Heuman DM, Hylemon PB, et al. Altered profile of human gut microbiome is associated with cirrhosis and its complications [J]. J Hepatol 2014, 60: 940 - 947.

[15] Bajaj JS. The role of microbiota in hepatic encephalopathy[J]. Gut Microbes, 2014, 5: 397 - 403.

[16] Bajaj JS, Heuman DM, Hylemon PB, et al. Randomised clinical trial: Lactobacillus GG modulates gut microbiome, metabolome and endotoxemia in patients with cirrhosis[J]. Aliment Pharmacol Ther, 2014, 39: 1113 - 1125.

[17] Dhiman RK, Rana B, Agrawal S, et al. Probiotic VSL♯3 reduces liver disease severity and hospitalization in patients with cirrhosis: a randomized, controlled trial[J]. Gastroenterology, 2014, 147: 1327 - 1337 e1323.

[18] Clausen MR, Mortensen PB. Lactulose, disaccharides and colonic flora. Clinical consequences[J]. Drugs, 1997, 53: 930 - 942.

[19] Bajaj JS, Heuman DM, Sanyal AJ, et al. Modulation of the metabiome by rifaximin in patients with cirrhosis and minimal hepatic encephalopathy[J]. PLoS One, 2013, 8: e60042.

[20] Ahluwalia V, Wade JB, Heuman DM, et al. Enhancement of functional connectivity, working memory and inhibitory control on multi-modal brain MR imaging with Rifaximin in Cirrhosis: implications for the gut-liver-brain axis[J]. Metab Brain Dis, 2014, 29: 1017 - 1025.

[21] Ahire K, Sonawale A. Comparison of rifaximin plus lactulose with the lactulose alone for the treatment of hepatic encephalopathy[J]. J Assoc Physicians India, 2017, 65: 42 - 46.

[22] Kawaguchi T, Suzuki F, Imamura M, et al. Rifaximin-altered gut microbiota components associated with liver/neuropsychological functions in patients with hepatic encephalopathy: an exploratory data analysis of phase II/III clinical trials[J]. Hepatol Res, 2019, 49: 404 - 418.

[23] Kao D, Roach B, Park H, et al. Fecal microbiota transplantation in the management of hepatic encephalopathy[J]. Hepatology, 2016, 63: 339 - 340.

[24] Mullish BH, McDonald JAK, Thursz MR, et al. Fecal microbiota transplant from a rational stool donor improves hepatic encephalopathy: a randomized clinical trial[J]. Hepatology, 2017, 66: 1354 - 1355.

第23章 肠道微生物与食管癌

食管癌(esophageal cancer，EC)是起源于食管黏膜上皮的恶性肿瘤，为临床常见的恶性肿瘤之一。在全球范围内，食管癌的发病率在恶性肿瘤中居第8位，死亡率居第6位。我国是食管癌高发国家之一，其发病率在我国大陆已居各类肿瘤第3位，死亡率居第4位，越来越受到人们重视。食管癌在组织类型上分为食管鳞状细胞癌(esophageal squamous cell carcinoma，ESCC；简称食管鳞癌)和食管腺癌(esophageal adenocarcinoma，EAC)。自20世纪70年代以来，西方国家食管腺癌的发病率逐渐升高，已超过鳞癌，成为食管癌主要类型；而我国一直以食管鳞癌为主，占食管癌90%以上，且发病有明显的地区差异性，一定地域的绝对高发与周边地区的相对低发构成了我国食管鳞癌最典型的流行病学特征。虽然我国食管癌的组织类型以食管鳞癌为主，但是随着世界范围胃食管反流病的增加，我国巴雷特食管(Barrett's esophagus，BE)、食管下段柱状上皮化生和食管腺癌的发病率也在增加，同样威胁着人们的生命，并且有报道显示，在食管腺癌中有80%与巴雷特食管密切相关。

目前食管癌的病因仍不明确，考虑与饮食、饮酒、吸烟、口腔卫生、遗传及食管炎等因素有关。食管癌患者的预后与诊断时的肿瘤分期密切相关，目前，大部分食管癌患者确诊时已进展至中晚期，生活质量低，总体5年生存率不足20%。传统上，腺癌和鳞癌都是通过外科手术切除治疗。然而，即使是病灶被完整切除的患者，或经包括手术、化疗、放疗或放化疗在内的多方法联合治疗，食管癌预后仍然很差，因此，我们需要不断研究食管癌的发病机制，以探寻新的更为有效的诊治方法。

近年来，随着新一代测序技术和宏基因组研究以及生物信息学的发展，人们对消化道微生物组学的研究不断深入。越来越多的证据表明，消化道微生态对维持人体的健康和生存至关重要。正常的肠道微生物群在宿主营养代谢、药物代谢、维护肠道黏膜屏障结构完整性、免疫调节和抵御病原体侵袭等方面具有特定的功能。而消化道微生态的紊乱与人体多种疾病密切相关，尤其在几种肿瘤的发生、发展过程中发挥着至关重要的作用。有研究表明，人类肠道菌群可以通过破坏DNA、激活致癌信号传导途径、产生肿瘤促进代谢物和抑制抗肿瘤免疫反应来影响消化道肿瘤的发生和发展。由于胃肠道微生物群可以通过合理的抗生素、益生菌和益生元制剂的方式进行调节，因此更好地了解人类癌症与微生物群之间的关系可能具有重大临床意义，这为胃肠肿瘤的治疗方法的探索提供了新的可能与思路。

第1节 正常食管微生物群

胃肠道菌群的分布存在时间和空间上的明显差异。从口腔、食管直到远端结肠、直肠，细菌的种类和数量均发生了明显的变化。食管和胃的内容物每克含菌数量大约为10^1，而到结肠和远端肠道每克含菌量高达$10^{12}\sim10^{14}$。值得注意的是，食管不同于消化系统的其他空腔器官，它并不贮存消化食物，这也导致研究取样困难，限制了食管菌群的研究。

20世纪90年代，微生物学研究主要依靠传统的细菌培养方法。由于研究技术的限制，研究结果显示食管要么是无菌的,要么只含有少量从口咽部吞下或由胃内反流至食管的短暂微生物。随着 16S rRNA 基因测序技术等免培养技术的发展,食管微生态的研究得到新的突破。现有研究表明,正常食管黏膜有一个常驻的微生物群组,且与消化道其他部位的微生物群在定性和定量上都存在很大的差异。

Pei 等利用 16S rRNA 基因测序的技术,对 4 名无食管疾病者的食管远端微生物群进行分析,发现食管黏膜存在一个多样化的微生物群,主要包括厚壁菌门、拟杆菌门、放线菌门、变形菌门、梭菌门和 TM72 菌门(Saccharibacteria,螺旋体菌门,目前不能被培养)6 大门类以及 95 个种属,其中最常见的菌属为链球菌属(39%)、普氏菌属(17%)和韦荣球菌属(14%)。Yang 等同样使用 16S rRNA 测序方法对 12 名健康人的食管远端黏膜微生物群进行检测,结果发现,食管黏膜存在一个包括 9 个门、166 个菌属的复杂的微生物群组,且菌属以链球菌为主。Dong 等对 27 名健康人食管上、中、下 3 个节段的标本进行分析,也发现食管微生物群高度多样化,共有 594 属 29 门,以厚壁菌门、变形杆菌门、拟杆菌门、放线菌门、梭菌门、TM7 最为丰富,菌属以链球菌属、奈瑟菌属、普氏菌属、放线杆菌属和韦荣球菌属最多。然而,研究也发现微生物组成在个体间存在高变异性。Di 等则对相关文献进行总结发现,所有的研究均报道了食管黏膜存在链球菌属的定植,且在菌群中都占有很高的比例,因此推断,链球菌似乎是正常食管微生物群中的一个优势菌属。其他菌属,包括梭菌属、韦荣球菌属和普氏菌属,也经常被发现,提示它们可能是健康食管黏膜核心微生物群的重要组成部分。

食管组织学研究证实,细菌和黏膜上皮细胞表面之间存在密切联系,这表明食管菌群是一个常驻的,而不是短暂存在的微生物群落。食管微生物群表现出以链球菌为主的特点,而且其他典型的口咽微生物群也频繁出现,因此,有学者认为食管微生物群可能主要来自口腔。然而,研究也发现,并不是所有的口腔细菌都能在食管黏膜上定植,一些食管微生物群在口腔中并不存在或没有得到充分的表达。例如,远端食管中不存在口腔中常见的螺旋体门和杆菌门,这也进一步表明食管黏膜具有独特的微生物群组。

第 2 节　微生物与食管癌

食管癌有两种主要类型:食管鳞状细胞癌(ESCC)和食管腺癌(EAC)。食管鳞癌好发于食管中、上段,而腺癌则多发生在食管远端。腺癌和鳞癌的分子学特征也不同,例如,鳞状细胞癌中周期蛋白-D1(cyclin D1,CCND1)、SOX-2(sex determining region Y-box2,是诱导多能干细胞的一个关键转录因子)和(或)TP63(抑癌基因)的基因组扩增频率较高,而腺癌中 ERBB-2(细胞原癌基因编码的185 kDa 的细胞膜受体,为表皮生长因子受体家族成员之一)、血管内皮生长因子-A(vascular endothelial growth factor-A,VEGFA)、GATA-4(其核心碱基序列为 GATA,因而得名,是转录因子)和 GATA-6 的扩增频率较高。可见,ESCC 与 EAC 的病因及病理机制均存在很大的不同。

一、微生物与食管鳞癌

ESCC 在亚洲、非洲、南美洲和非洲裔美国人中仍然是最常见的食管癌类型,尤其是我国,约占食管癌病例的 90% 以上。研究证实,饮食和口腔卫生不佳是 ESCC 发病的危险因素,提示与之密切相关的食管、口腔微生物群可能在 ESCC 的发病中发挥作用。

(一)食管微生物与食管鳞癌

Yu 等对 142 例食管鳞状上皮异型增生患者及 191 例对照组的上消化道微生物组进行评估,发现

食管菌群 α 多样性降低与鳞状上皮异型增生呈负相关。提示食管微生物复杂性较低的个体更容易发生食管鳞状上皮异型增生。一项对 325 例食管癌（其中 92% 为 ESCC）手术切除标本的研究发现，与正常食管黏膜相比，食管癌标本中具核梭杆菌的数量明显增加，而肿瘤中存在具核梭杆菌 DNA 与较短的生存期密切有关。在另一项研究中，19 例 ESCC 患者、18 例鳞状异型增生患者和 37 名年龄和性别匹配的健康对照者中，ESCC 和异型增生组织中梭菌目（Clostridiales）和丹毒丝菌目（Erysipelotrichales）的含量较健康对照组显著增加。然而，此次研究中，病例和对照组之间的菌群 a 多样性并没有显著差异。这些研究有力地表明特定细菌，如具核梭杆菌，可能在 ESCC 的发展中发挥作用，并可能影响肿瘤行为。然而，具核梭杆菌在食管癌发病的中作用机制及因果关系并不清楚。有研究显示，结直肠癌组织中具核梭杆菌的丰度与肿瘤的总生存时间显著相关，这种趋势在 IV 期结直肠癌患者更明显。具核梭杆菌可能通过同时调节多个信号级联来促进大肠癌发展，包括促炎反应、癌基因的调节、宿主免疫防御机制的调节和 DNA 修复系统的抑制。还有研究认为，具核梭杆菌可通过激活 CCL20 等特异性趋化因子参与了恶性肿瘤的发生。

（二）口腔微生物与食管鳞癌

食管与口腔的距离较近，口腔卫生状况不佳会增加食管 ESCC 的发病风险，提示口腔菌群的改变与 ESCC 高风险相关。Chen 等使用 16S rRNA 测序法，检测 87 例 ESCC 患者，65 例异型增生，以及 85 名健康对照组的唾液样本。结果表明，ESCC 患者的唾液中细菌多样性较正常对照组和异型增生组下降，尤其是口动菌属、Bulleidia 菌属、卡氏菌属，而普氏菌属、链球菌属、牙卟啉单胞菌属的含量占比则相对较大。其中牙卟啉单胞菌是一种与口腔鳞状细胞癌发病密切相关的特定细菌。Gao 等发现牙卟啉单胞菌会选择性感染 ESCC 患者癌组织及癌旁食管黏膜，而不感染健康的食管黏膜，提示该菌在 ESCC 的发病中具有潜在作用。此外，研究发现，牙卟啉单胞菌的存在与 ESCC 的进展程度和较差预后呈正相关，因此，有学者提出牙卟啉单胞菌可作为 ESCC 的生物标志物，但该结论尚未得到更多研究的证实。可以预见的是，如果能够确认牙卟啉单胞菌属可作为 ESCC 的生物标记，那么对于 ESCC 的早期筛查、诊断、治疗有很高的临床价值。

此外，还有研究表明，与健康人相比，食管鳞状上皮不典型增生及 ESCC 患者胃内梭状菌及厚壁菌异常丰富，这提示胃的微生态失调可能与食管病变相关。总之，越来越多的证据表明，胃肠道微生物群在食管鳞癌的发生发展过程中起着至关重要的作用，但仍需要更多的研究来进一步验证，并阐明肠道微生物群影响肿瘤行为的机制。

二、微生物与食管腺癌

食管腺癌是北美和欧洲食管癌的主要类型。自 20 世纪 70 年代中期以来，食管癌的发病率一直在稳定而迅速地上升，从 1975 年到 2009 年，男性发病率和女性发病率的年均增长率分别为 6.1% 和 5.9%。

（一）食管微生物与食管腺癌

目前与 EAC 相关的微生物群尚未得到很好的阐释，现有的研究显示，EAC 菌群的微生物多样性明显减少，并以单一优势菌种为主，如弯曲杆菌、乳酸菌等。Blackett 等使用 16S rRNA 测序法对 GERD、BE 和 EAC 患者以及健康对照组的食管菌群进行测序比较，结果显示，EAC 患者的细菌分类与对照组相比差异没有统计学意义。然而，与健康对照组相比，EAC 组的细菌总数有下降的趋势，弯曲杆菌在胃食管反流病（GERD）组和 BE 组中增加，在 EAC 组中减少。Elliott 等采用 16S rRNA 测序技术来评估 EAC 患者（n=19）、BE 患者（n=19）及健康对照组（n=19）的食管微生物组。结果发现，EAC 患者食管组织中微生物群的多样性明显降低。与健康对照组相比，EAC 患者耐酸和产乳酸菌种（包括发酵乳杆菌）的比例更高，而革兰阴性和革兰阳性菌群均呈比例下降。在大约一半的肿瘤患者中，乳酸菌在食管微生物群中占主导地位。值得注意的是，EAC 患者无论是健康组织还是肿瘤组织，其微生物多样性都有所下降。Zaidi 等研究了 EAC 患者和非 EAC 患者的食管组织微生物特征，发现大肠埃希菌在 BE 和 EAC 组织中大量存在，但在 BE 相关的异型增生中不存在。

由于肿瘤可以明显改变食管黏膜结构与形态，这种改变可能有利于某些细菌的定植和生长。因此，目前尚不清楚这些从 EAC 肿瘤中分离出来的细菌，是在 EAC 肿瘤发生的初始阶段发挥作用，还是因为它们在肿瘤环境中具有竞争优势而显著扩增。无论因果关系如何，明确食管微生物群的变化与 EAC 之间的关系，可以为食管癌的筛查和治疗提供重要的新途径。

(二) 幽门螺杆菌(*Helicobacter pylori*, *H. pylori*)与食管腺癌

幽门螺杆菌感染，尤其是 CagA$^+$ 菌株，与 BE 和 EAC 的发展风险降低相关。近年来由于卫生环境的改善以及幽门螺杆菌根治疗法的应用，幽门螺杆菌感染率呈下降趋势；相反，EAC 的发病率呈上升趋势。针对该现象，现已开展了不少研究去解释其机制，但目前仍没有得到很好的理解。刘等总结了 4 届 Masstricht Ⅳ/佛罗伦萨共识报告，指出宿主感染 CagA 阳性的幽门螺杆菌后会降低 GERD 的严重度，达到阻止食管黏膜癌变的效果。Fassan 的研究表明患有 BE 的患者罹患萎缩性胃炎的概率显著低于对照组。一项关于萎缩性胃炎与 EAC 危险因素研究的 meta 分析也得到了相同结论。Xu 等研究表明，幽门螺杆菌会引起 IL-8 的产生，导致 IL-1β 以及肿瘤坏死因子-α 的升高，对胃泌酸细胞造成破坏，造成胃酸产生减少，由此降低 BE 和 GERD 的发生率，并最终降低 EAC 的发生率。

幽门螺杆菌的存在会直接影响胃或食管其他微生物的生长，进而改变食管微生态的细菌组成，阻止 EAC 的发展。感染幽门螺杆菌和未感染幽门螺杆菌的患者胃内微生物组差异较大。虽然幽门螺杆菌通常不会在患者的食管内大量繁殖，但研究显示胃感染幽门螺杆菌可导致食管微生物组发生改变，分类多样性增加，而根除幽门螺杆菌导致食管菌群多样性降低。因此，幽门螺杆菌感染可通过直接影响胃、食管黏膜的微生物群，进而影响食管癌发病风险。此外，幽门螺杆菌感染后引起的免疫应答调节也可能是降低 EAC 发病的一个原因，因为胃黏膜对幽门螺杆菌的免疫反应可能会对引起食管癌的某些致病菌产生交叉免疫，降低其含量，从而起到保护作用。

三、微生物与胃食管反流病、巴雷特食管

GERD 是巴雷特食管(BE)发生的主要病因，而两者均是 EAC 的癌前病变。GERD 可导致糜烂性食管炎，并在异常愈合过程后转化为特殊的肠上皮细胞，导致 BE 的发生。GERD 患者中有 6%～14% 会发生 BE，0.5%～1% 将最终进展为腺癌。在基于人群的 meta 分析研究中，每周均有反流症状的 GERD 患者食管癌的发病风险会增加大约 5 倍。有学者提出 EAC 的发病模式为：GERD—BE—低级别上皮内瘤变—高级别上皮内瘤变—EAC。因此，了解 GERD 和 BE 患者中微生态的改变情况，有助于探索食管微生态对 EAC 发生、发展的作用。

研究显示，GERD、BE 患者食管存在复杂的微生态改变。Yang 等对 34 名正常食管、RE 和 BE 患者远端黏膜微生物群进行分析，结果发现，微生物群的组成可以分为两类，将其分别命名为"Ⅰ型菌群和Ⅱ型菌群"，Ⅰ型菌群主要为革兰阳性需氧菌，主要为链球菌属；Ⅱ型菌群革兰阴性厌氧菌/微需氧菌比例较高，主要为韦荣球菌属、普氏菌属、嗜血杆菌属、奈瑟菌、弯曲杆菌和梭杆菌等。Ⅰ型菌群集中分布于正常食管，而Ⅱ型菌群与 RE(*OR*=15.4)和 BE(*OR*=16.5)密切相关。具体来说，正常食管组链球菌平均相对丰度为 75.9%，而 RE 组为 50.5%，BE 组为 54.1%。Liu 等的研究显示，正常患

者与 RE 或 BE 患者的食管下段细菌总数相当,但菌群组成存在显著差异。RE 组和 BE 组菌群存在梭菌属、普氏菌属、韦荣球菌属的富集,尤其是梭菌属,在正常食管组中未被发现。Blackett 等的研究则发现,与正常对照组比较,GERD 与 BE 患者的革兰阴性菌的优势逐渐增强;弯曲杆菌在 GERD 和 BE 患者中的数量不断增加,而其他菌属的计数都有显著下降。Gall 等采用宏基因组测序法进一步揭示,链球菌(厚壁菌门)和普氏菌(拟杆菌门)在 BE 患者的食管微生物群中占主导地位,且正常食管黏膜和异常食管黏膜之间没有明显的个体内差异。研究还发现,链球菌与普雷沃菌比例与患者的腰臀比、裂孔疝长度存在显著相关性,而这些是 BE 和食管腺癌发生的重要危险因素。总的来说,GERD、BE 患者存在食管微生物群的显著改变,显示出革兰阴性菌和厌氧菌数量的增加。

第 3 节　微生物在食管癌发病中的潜在作用

结肠癌发生的研究集中在特定的细菌,如具核梭杆菌和基因毒素,其可诱导 DNA 损伤或促进致癌信号通路。但目前特定细菌在食管癌发生过程中所起作用机制并不清楚。

一、慢性炎症反应

慢性炎症已被证实为癌症的驱动因素。慢性炎症可促进肿瘤的进展,加速肿瘤的侵袭和转移。炎性细胞因子可直接导致上皮细胞 DNA 损伤,而异常的 DNA 甲基化可触发炎症相关癌症的发生。IL-1、6、10 和 TNF-α 表达增加将启动癌症发展的过程。此外,炎性细胞因子还可使抑癌基因失活(如 P53 突变)、激活癌基因(如 *KRAS* 突变)。

Blackett 等研究显示,GERD 和 BE 患者中革兰阴性弯曲杆菌的富集增加,而弯曲杆菌的定植会导致炎症因子 IL-18 表达显著增加。IL-18 是与癌症生物学密切相关的前炎症因子,并可以影响消化道肿瘤患者的预后。Mozaffari 等研究也发现,食管弯曲杆菌感染会引起食管黏膜炎症因子 TNF 和 COX-2 表达的增加,而应用益生菌菌株共孵育可明显抑制弯曲杆菌的促炎效应。除此之外,弯曲杆菌感染后会导致 TGF-β1 下调,影响 NF-κB 和 STAT3 信号通路、SHH-BMP4 信号轴、NOD2 等多种在 EAC 发生、发展中起重要作用的细胞因子通路。可见,消化道微生态紊乱可以通过激活炎症通路导致食管黏膜损伤,进而参与食管癌的发病过程。

二、调节免疫系统

肠道菌群失调可引发多种先天和适应性免疫反应,参与肿瘤形成过程。先天免疫系统可识别鞭毛蛋白、LPS、肽聚糖等细菌的结构成分。TLR 具有区分微生物分子和宿主分子的能力,在先天免疫系统中发挥着重要作用。Zaidi 等通过对 EAC 大鼠模型研究,发现食管肿瘤组织中多种 TLR 表达明显上调,其可能在细菌识别和免疫应答中发挥关键作用,提示食管微生物可通过激活 TLR 促进 EAC 的发展。

革兰阴性菌在反流性食管炎和 BE 中占主导地位,这可能是因为胃食管反流物使食管下段黏膜环境改变,革兰阴性菌由于对酸性环境和胆盐的敏感性较低,致使其数量增加。革兰阴性菌数量增加,同时其细菌胞壁成分 LPS 也相应增多。LPS 会激活食管上皮细胞或炎症细胞的 TLR-4,TLR-4 激活会进一步激活 NF-κB 信号通路,刺激产生炎性因子,进而引起强烈的免疫炎症反应。综上所述,在反流性食管炎和 BE 中,微生物群的变化(即革兰阴性菌增多)可能通过诱导免疫炎症反应,从而引发级联反应,最终导致腺癌的发生。

三、影响胃食管动力

研究发现,LPS 与食管下括约肌静息压的下降密切相关,且存在剂量依赖性,同时也与胃排空延迟相关,这两个因素均可导致 GERD 的持续和恶化,引起食管慢性炎症并在表皮细胞的恶化、异型增生中发挥重要作用。其具体机制是:LPS 增多激活 TLR-4/NF-κB 信号通路,上调诱导型一氧化氮合酶(iNOS)的表达,导致 NO 合成增多,从而引起食管下括约肌的异常松弛;NF-κB 途径的激活还可以影响 COX-2 产生,延迟胃排空。

四、致癌物质生成

革兰阴性菌促进食管肿瘤形成的另一种可能机制是:革兰阴性菌可将膳食中的硝酸盐还原为亚硝酸盐。胃酸反流使食管远端呈酸性,在酸性环境下亚硝酸盐可进一步转化为致癌的 N-亚硝基化合物。

第 4 节　微生物影响抗肿瘤药物的作用

肠道微生物群具有调节化疗药物毒性和疗效的潜在能力。肠道菌群会影响各种化疗药物的抗肿瘤活性,增强化疗药物敏感性。研究证明,肠道菌群可以激活介导免疫作用,影响环磷酰胺及铂类等化疗药物的抗肿瘤活性,而以铂类为基础的抗癌药物是治疗食管癌的化疗方案之一。肠道微生物群可刺激免疫细胞产生活性氧(ROS),ROS 可增强奥沙利铂引起的 DNA 损伤,阻断 DNA 复制和转录,导致肿瘤细胞死亡。此外,肠道微生物还可通过诱导免疫源癌细胞死亡,破坏免疫抑制性 T 细胞或促进 Th1 和 Th17 细胞来控制肿瘤生长,表明免疫反应可以作为肠道微生物群和各种癌症干预之间的桥梁。

免疫疗法(如 PD-L1 抗体)是过去 10 年来癌症治疗领域中令人兴奋和成功的进展之一。考虑到微生物群和免疫系统相互交织的特性,微生物群可能会影响宿主对免疫治疗的反应。现有的研究显示,免疫抑制剂在抗肿瘤免疫治疗中的有效性与肠道微生态密切相关。如双歧杆菌可增强抗肿瘤免疫力,提高抗 PD-L1(Programmed cell death 1 ligand 1,细胞程式死亡-配体 1)免疫治疗的效率。拟杆菌可增强细胞毒性 T 淋巴细胞相关抗原 4(cytotoxic T lymphocyte-associated antigen-4,CTLA-4)抑制剂的抗肿瘤作用。在小鼠和人类中均发现,T 细胞对拟杆菌或脆弱拟杆菌的反应与 CTLA-4 抑制剂的抗肿瘤功效有关。

此外,合理使用微生态制剂可能改善肿瘤术后恢复、减少放化疗后不良反应。在肿瘤患者中,微生态制剂的直接补充一方面可以调节肠道微生态,另一方面可以促进肿瘤相关治疗的作用。微生态制剂可抑制致病菌的生长或定植,缓解对肠上皮的侵入作用,改善肠道屏障功能,调节免疫系统,调节痛觉。

第 5 节　展　　望

通过阐明微生物在食管癌的发生、发展过程中的作用及作用机制,我们希望开发一种防治食管癌的新的疗法和干预策略。然而,目前关于食管微生物组的研究,大多数都只是涉及疾病状态下的食管微生物组的表征特点。虽然这些研究指出微生物群的变化与 GERD、BE、食管癌等疾病有关,但缺乏因果关系的有力证据。而有关特定微生物在食管癌发生过程中的作用及作用机制研究则非常缺乏。因此需要更多前瞻性研究去追踪疾病进展过程中微生物组的纵向变化,以及去研究探索各种干预措施对食管微生物组的影响。这样既可以确定潜在的疾病风险靶向目标,还可以探索临床实用的疾病生物标志物。如果研究证实微生物群的某些变化会导致食管疾病的风险增加,那么进一步确定特定的微生物对增加或减少发病风险的作用及相关作用机制将是一个非常重要的研究领域,同时,进一步确定抗生素或益生菌等调节菌群的方法,也将是今后重要的研究领域。

(李培彩　唐艳萍)

参 考 文 献

[1] Stewart BW, Wild CP. World Cancer Report 2014[M]. Lyon: IARC Press, 2014, 374 - 382.

[2] Chen WQ, Zheng RS, Baade PD, et al. Cancer statistics in China, 2015[J]. Ca Cancer J Clin, 2016, 66: 115 - 132.

[3] 李鹏,王拥军,陈光勇,许昌芹.中国早期食管鳞状细胞癌及癌前病变筛查与诊治共识(2015年·北京)[J].中国实用内科杂志,2016,36: 20 - 33.

[4] 李鹏,王拥军,陈光勇,许昌芹.中国巴雷特食管及其早期腺癌筛查与诊治共识[J].中国实用内科杂志,2017,37: 798 - 809.

[5] 马丹,杨帆,廖专,王洛伟.中国早期食管癌筛查及内镜诊治专家共识意见(2014年,北京)[J].中国实用内科杂志,2015,35: 320 - 337.

[6] Baba Y, Yoshida N, Shigaki H, et al. Prognostic impact of postoperative complications in 502 patients with surgically resected esophageal squamous cell carcinoma: a retrospective single-institution study[J]. Ann Surg, 2016, 264: 305 - 311.

[7] Thaiss CA, Zmora N, Levy M, et al. The microbiome and innate immunity[J]. Nature, 2016, 535: 65 - 74.

[8] Yoshifumi B, Masaaki I, Naoya Y, et al. Review of the gut microbiome and esophageal cancer: pathogenesis and potential clinical implications[J]. Ann Gastroenterol Surg, 2017, 1: 99 - 104.

[9] Garrett WS. Cancer and the microbiota[J]. Science, 2015, 348: 80 - 86.

[10] Zitvogel L, Ayyoub M, Routy B, et al. Microbiome and anticancer immunosurveillance[J]. Cell, 2016, 165: 276 - 287.

[11] Johnson CH, Spilker ME, Goetz L, et al. Metabolite and microbiome interplay in cancer immunotherapy[J]. Can Res, 2016, 76: 6146 - 6152.

[12] Dzutsev A, Goldszmid RS, Viaud S, et al. The role of the microbiota in inflammation, carcinogenesis, and cancer therapy[J]. Eur J Immunol, 2015, 45: 17 - 31.

[13] Di Pilato V, Freschi G, Ringressi MN, et al. The esophageal microbiota in health and disease[J]. Ann N Y Acad Sci, 2016, 1381: 21 - 33.

[14] Dong L, Yin J, Zhao J, et al. Microbial similarity and preference for specific sites in healthy oral cavity and esophagus[J]. Front Microbiol, 2018, 9: 1603.

[15] Cancer Genome Atlas Research Network, Analysis Working Group: Asan University, BC Cancer Agency, et al. Integrated genomic characterization of oesophageal carcinoma[J]. Nature, 2017, 541: 169 - 175.

[16] Michael M, Julian A. Emerging insights into the esophageal microbiome[J]. Curr Treat Options Gastroenterol, 2018, 1: 72 - 85.

[17] Yamamura K, Baba Y, Nakagawa S, et al. Human microbiome fusobacterium Nucleatum in esophageal cancer tissue is associated with prognosis[J]. Clin Cancer Res, 2016, 22: 5574 - 5581.

[18] Nasrollahzadeh D, Malekzadeh R, Ploner A, et al. Variations of gastric corpus microbiota are associated with early esophageal squamous cell carcinoma and squamous dysplasia[J]. Sci Rep, 2015, 5: 8820.

[19] Yamaoka Y, Suehiro Y, Hashimoto S, et al. Fusobacterium nucleatum as a prognostic marker of colorectal cancer in a Japanese population[J]. J Gastroenterol, 2018, 53: 517 - 524.

[20] Kumar A, Thotakura PL, Tiwary BK, et al. Target identification in Fusobacterium nucleatum by subtractive genomics approach and enrichment analysis of host-pathogen protein-protein interactions[J]. BMC Microbiol, 2016, 16: 84.

[21] Chen X, Winckler B, Lu M, et al. Oral microbiota and risk for esophageal squamous cell carcinoma in a high-risk area of China[J]. PLoS One, 2015, 10: 1 - 16.

[22] Gao S, Li S, Ma Z, et al. Presence of Porphyromonas gingivalis in esophagus and its association with the clinicopathological characteristics and survival in patients with esophageal cancer[J]. Infect Agent Cancer, 2016, 11: 3.

[23] Corning B, Copland AP, Trye JW. The esophageal microbiome in health and disease[J]. Current Gastroenterology Reports, 2018, 20: 39.

[24] Elliott DRF, Walker AW, O'Donovan M, et al. A non-endoscopic device to sample the oesophageal microbiota: a case-control study [J]. Lancet Gastroenterol Hepatol, 2017, 2: 32 - 42.

[25] Zaidi AH, Kelly LA, Kreft RE, et al. Associations of microbiota and toll-like receptor signaling pathway in esophageal adenocarcinoma[J]. BMC Cancer, 2016, 16: 52.

[26] Di Pilato V, Freschi G, Ringressi MN, et al. The esophageal microbiota in health and disease[J]. Ann N Y Acad Sci, 2016, 1381: 21 - 33.

[27] Thrift AP. The epidemic of oesophageal carcinoma: where are we now? [J]. Cancer Epidemiol, 2016, 41: 88 - 95.

[28] 刘庭玉,党旖旎,庄雅,等.消化道微生态与胃食管反流病、Barrett 食管与食管腺癌的关系研究现状[J].中华消化杂志,2016,36：211-213.

[29] Tian Z，Yang Z，Gao J，et al. Lower esophageal microbiota species are affected by the eradication of infection using antibiotics[J]. Exp Ther Med，2015，9：685-692.

[30] 王霄腾,张梦,陈超英,等.根除幽门螺杆菌与胃食管反流病关系的 Meta 分析[J].中华内科杂志,2016,55：710-716.

[31] 李政奇,陈志浩,王贵齐.食管微生态与食管癌发生发展关系的研究进展[J].中国肿瘤,2017,11：899-903.

[32] Gall A，Fero J，McCoy C，et al. Bacterial composition of the human upper gastrointestinal tract microbiome is dynamic and associated with genomic instability in a Barrett's esophagus cohort[J]. PLoS One，2015，10：e0129055.

[33] Hattori N，Ushijima T. Epigenetic impact of infection on carcinogenesis：mechanisms and applications[J]. Genome Med，2016，8：10.

[34] Gensollen T，Iyer SS，Kasper DL，et al. How colonization by microbiota in early life shapes the immune system[J]. Science，2016，352：539-544.

[35] Yu HX，Wang XL，Zhang LN，et al. Involvement of the TLR4/NF-κB signaling pathway in the repair of esophageal mucosa injury in rats with gastroesophageal reflux disease[J]. Cell Physiol Biochem，2018，51：1645-1657.

[36] Neto AG，Whitaker A，Pei Z. Microbiome and potential targets for chemoprevention of esophageal adenocarcinoma[J]. Semin Oncol，2016，43：86-96.

[37] Corning B，Copland AP，Frye JW. The esophageal microbiome in health and disease[J]. Curr Gastroenterol Rep，2018，20：39.

[38] 《现代消化及介入诊疗》杂志共识专家组.肠道微生态与大肠癌相关性研究专家共识意见[J].现代消化及介入诊疗,2019,1：105-108.

[39] Vetizou M，Pitt JM，Daillere R，et al. Anticancer immunotherapy by CTLA-4 blockade relies on the gut microbiota[J]. Science，2015，350：1079-1084.

[40] Lee V，Le DT. Efficacy of PD-1 blockade in tumors with MMR deficiency[J]. Immunotherapy，2016，8：1-3.

第 24 章　肠道微生物与胃癌

第 1 节　概　　述

胃癌是世界上常见的五大癌症之一,且是全球癌症中第三大死亡原因。胃癌在是我国也是常见恶性肿瘤之一,有着较高的发病率和死亡率,根据最新流行病学统计,全球胃癌新发病例约 95.1 万例,因胃癌死亡病例约 72.3 万例。我国是胃癌高发国家,发病和死亡例数均约占世界的 50%。中国胃癌发病率约为 31.28/10 万,胃癌死亡率约为 22.04/10 万。胃癌的发生是一个相对缓慢、多步骤、复杂的过程,可能与幽门螺杆菌、感染、环境、基因、吸烟等因素相关。胃癌是一种异质性疾病,涉及形态学、遗传学和环境因素。从组织学上看,胃癌的异质性表现在分类上的多样性。目前最常用的胃癌病理学分类系统是世界卫生组织的分类系统,包括管状型、乳头型、黏液型、低黏液型和少见的组织学变型,以及劳伦(Lauren)分型,包括两种主要类型——弥漫型和肠型,每一种癌症类型都有不同的流行病学和病理生理学特征。弥漫型胃癌更常发生在女性和较早的年龄,其特点是孤立的或小的肿瘤细胞群,不形成腺结构。相反,肠型胃癌在高龄时更常见,主要是男性,其特点是腺结构和细胞分化程度较高。另外弥漫型胃腺癌不能通过不同的组织学阶段进展,而肠型胃腺癌的组织学特征是从幽门螺杆菌相关的炎症细胞浸润到萎缩性胃炎、肠上皮化生、不典型增生,最终发展为腺癌。胃癌的异质性也在分子水平上表现出来。最近对大群患者胃癌组织的综合分析强调了这种疾病的复杂性,并由此提出了不同的分子分类,癌症基因组图谱研究网络分类提出了四种主要的胃癌类型,即:染色体不稳定的肿瘤、微卫星不稳定肿瘤、基因稳定型肿瘤和 EB 病毒阳性的肿瘤。

第 2 节　胃 微 生 态

胃是消化道微生态系统中一个特别的区域,由于胃酸的分泌而构成了其独特的生态环境和特征性的微生物群落。早期学术界普遍认为胃内是无菌的,但自 1984 年,幽门螺杆菌($H. \, pylori$)由巴里·马歇尔(Barry J. Marshall)和罗宾·沃伦(J. Robin Warren)两位科学家发现以来,学术界开始将胃部疾病和胃肠道微生物的研究作为重点。人体的胃肠道菌群构成一个庞大和复杂的微生态系统,其种类约 1 000 种以上,数量高达 $10^{13} \sim 10^{14}$,所包括的基因数是人类基因组基因数量的 100 倍以上。2006 年,首次通过基因测序鉴定了胃内菌群含有 128 个种系型,包含 5 种优势菌门,分别是拟杆菌门、厚壁菌门、梭杆菌门、放线菌门和变形菌门;其中,胃黏膜以厚壁菌门和变形菌门为优势菌门,而胃液中则以厚壁菌门、拟杆菌门和放线菌门最多见。此外,尽管健康人胃内细菌密度远低于空回肠和结肠,但其种类已多达数百种,主要包括厚壁菌门、拟杆菌门、变形菌门及放线菌门等,而链球菌属、乳杆菌属及拟杆菌属则为最常见的种属。

资料表明,幽门螺杆菌是一种单极、多鞭毛、末端钝圆、螺旋形弯曲的细菌。长度介于 2.5 ~ 4.0 μm,宽介于 0.5~1.0 μm,为长期定植在人胃黏膜的革兰阴性菌,幽门螺杆菌与人类宿主胃环境间的适应是宿主-微生物间共进化的典型表现。幽门螺杆菌在人类宿主胃内的天然栖息地主要位于胃内黏液层。幽门螺杆菌也可在十二指肠内定植,此时肠道上皮被胃黏膜上皮所取代,以及肠道内出现胃上皮化生。幽门螺杆菌在胃内黏液层内游动,主要靠其鞭毛驱动;诸多动物模型也已证实鞭毛的能动性对幽门螺杆菌的胃内定植发挥重要作用。在全球人口中,幽门螺杆菌的感染率约为50%,它可引起慢性胃炎、消化性溃疡病、胃癌和胃黏膜相关淋巴组织淋巴瘤。幽门螺杆菌感染是否影响胃内微生物组成及其与幽门螺杆菌相关疾病的关系引起了人们的关注。幽门螺杆菌感染可引起胃黏膜萎缩和壁细胞显著减少,导致胃酸分泌减少、pH增高,胃内环境改变,这将有利于其他细菌在胃内定居。幽门螺杆菌被认为是胃癌发生的主要危险因素,被国际癌症研究机构(IARC)于1994年列为I类致癌物。据估计,全世界至少90%的非贲门胃癌可归因于幽门螺杆菌。根据地理区域的不同而有很大的差异,幽门螺杆菌的流行和胃癌的发病率在地理上有很大的重叠,一般来说,癌症发病率最高的国家有很高的感染率。大约2/3的胃癌病例发生在东亚、东欧、南美洲和中美洲。在发展中国家,胃癌80%发生于未成年人;发达国家中,20%发生在30岁的人口,50%为老年人口。在发展中国家,10岁以下儿童受感染的比例很高;而在发达国家,这一比例很低。感染的发生与性别无关,并随年龄增长而增加。除上述社会经济因素外,在大多数发展中国家,健康、贫困、人口拥挤、水污染和个人行为(如母亲为婴儿咀嚼食物)是最主要的感染因素,口-口传播在发达国家可能最为常见,但粪-口传播在发展中国家更为常见。同样中国胃癌的发病率在地理上也有很大的差异,北部和中部地区发病率较高。山东省临朐县是中国乃至世界胃癌发病率最高的地区之一,是我国胃癌的高发区。1973—1975年,幽门螺杆菌男性和女性的年龄调整死亡率(世界标准)分别为70/10万和25/10万,2008年的一项研究表明,在过去的几十年里,粗死亡率没有显著变化。

第3节 幽门螺杆菌与胃癌

自从最初收集流行病学数据,并将幽门螺杆菌列为I类致癌物以来,已有许多研究结果发表,证明慢性幽门螺杆菌感染与胃癌之间的因果关系。在不同的人群中,与幽门螺杆菌感染相关的胃癌风险现在已被评估,并且随着用于检测感染的检测类型的不同而变化,如果使用血清学,大约是3倍,如果使用更敏感的检测,风险达到20倍以上。同时根除幽门螺杆菌感染对减少胃癌的发病率有影响,为幽门螺杆菌感染与胃癌之间联系又提供了又一证据。虽然幽门螺杆菌与胃癌之间的关系已被广泛认识,但大多数感染患者并没有发展成这种恶性肿瘤。据2017年的流行病学数据统计,尽管全世界有过50%的人口感染了幽门螺杆菌,与发达国家相比,发展中国家的感染率更高。但大多数人没有任何临床症状,而只有10%~20%的感染者患有胃溃疡,仅有1%感染者患有胃癌,因此,在宿主、微环境和细菌因素之间存在着一个复杂的整合,这些因素可以影响感染的致癌性,这也支持这种疾病的多因素性质。大量研究表明,幽门螺杆菌可能通过细菌因素、宿主因素、环境因素之间复杂的相互作用而对胃黏膜产生致癌作用。

一、幽门螺杆菌的发病机制与其独特的生存策略和逃避宿主免疫系统的能力有关

(一) 幽门螺杆菌毒力因子作用

为了实现这一目标,幽门螺杆菌已经具备了许多进化的毒力因子,其中包括两个最重要的因子:空泡毒素A(VacA)和一种与细胞毒素基因A相关的活性蛋白(CagA)。VacA是由VacA基因编码的一种分泌性蛋白。所有的幽门螺杆菌菌株都有VacA基因,但它们的表达能力不同。VacA分泌在

胃癌患者中比胃炎患者(单独)更常见,表明表达与致病性之间存在联系。对 59 种不同的幽门螺杆菌分离株进行鉴定,发现存在三个不同的 VacA 序列家族(SLA、SLB 和 S2)和两个不同的中间区等位基因家族(ml 和 m2)。具有 ml/sl 等位基因的亚株是致炎能力最强的亚型。VacA 由 P55 和 P33 蛋白组成。P55 在胃上皮内产生孔隙,而 P33 在接种时破坏线粒体分裂机制,导致上皮细胞死亡。VacA 还能与 CD4$^+$T 淋巴细胞结合,内化后可阻止活化 T 细胞核因子(nuclear factor of activated T cells,NFAT)的去磷酸化。磷酸化的 NFAT 保留在胞质中,因此不能激活其靶基因,从而抑制抗原依赖的 T 细胞增殖。另外,VacA 还通过诱导树突状细胞表达和释放抗炎细胞因子 IL-10 和 IL-18 而发挥免疫抑制作用 CagA。作为影响胃癌的幽门螺杆菌毒力因子,幽门螺杆菌基因型可分为细胞毒素相关抗原 CagA 阳性与 CagA 阴性,大量流行病学资料表明 CagA 阳性与胃癌的发生高度相关。2002 年 1 月,日本科学家 Higashi 报道 CagA 阳性的 I 类菌株与胃癌有直接关系并阐明了其基本致癌过程为幽门螺杆菌表达的 CagA 蛋白能促进癌基因的信号转导,促进细胞分裂,导致癌症的发生。CagA 是由一个致病岛编码的,它存在于全世界 60%~70% 的幽门螺杆菌菌株中。同样的致病岛也编码一个 N 型分泌系统,作为一个分子注射器,允许 CagA 进入宿主细胞,一旦进入宿主细胞质,CagA 就可以被 EPIYA 基序中的宿主激酶磷酸化。磷酸化和非磷酸化的 CagA 都能够激活影响宿主反应的信号通路,包括炎症、增殖和细胞极性。然而,CagA 磷酸化在胃癌的发生、发展中起着重要作用,因为表达野生型 CagA 的转基因小鼠,但不表达抗磷酸化的 CagA 的小鼠,会发展成胃癌,感染幽门螺杆菌 CagA 阳性菌株和带有更多磷酸化基序的 CagA 菌株的患者,患胃癌前病变和胃癌的风险增加。此外,CagA 影响宿主疾病的进展。最近的一项荟萃分析得出结论,CagA$^+$ _H. pylori_ $^+$ 状态的个体患胃癌的风险高于 CagA$^-$ _H. pylori_ $^+$ 状态的个体,这表明 CagA 蛋白在成人胃癌中发挥作用。CagA 蛋白还通过与酪氨酸 3-单加氧酶/色氨酸 5-单加氧酶激活蛋白 epsilon(YWHAE,14-3-3 家族成员)相互作用而激活 NF-κB 感染。幽门螺杆菌 CagA 阳性菌株增加肿瘤前病变进展的风险。幽门螺杆菌通过向胃上皮细胞注射 CagA,诱导胃黏膜上皮细胞产生 β-连环蛋白(β-catenin)活性。除了其细胞质形式外,β-catenin 还以膜结合的形式存在,将 E 钙离子依赖的细胞黏附素(E-cadherin)受体与肌动蛋白细胞骨架连接起来。细胞内 CagA 与 E-cadherin 相互作用,破坏其与 β-catenin 的联系,从而使其易位进入细胞核。这种易位的结果是激活了与胃癌有关的基因,CagA 还通过激活 PI3K-AKT 通路诱导 β-catenin 活性。AKT 被 PI3K 磷酸化。AKT 磷酸化然后失活,糖原合成激酶 3β(glycogen synthesis kinase 3β,GSK3β)释放 β-catenin 进行核转位。PI3K-AKT 通路的持续活性是通过 CagA 与肝细胞生长因子受体 MET39 结合而实现的。另外幽门螺杆菌在胃中存活的成功取决于机体的趋化运动、产生脲酶的能力以及它对不断变化的环境的抵抗力。其中尿酶在尿素水解成氨的过程中起着维持幽门螺杆菌生态位的重要作用。脲酶催化尿素分解为 NH_3 和 CO_2,提供中和酸和缓冲酸的能力,从而创造了一个合适的微生境。它还通过降低黏性促进黏液的扩散,并调节宿主对幽门螺杆菌的免疫反应。因此,脲酶是决定幽门螺杆菌适合度的关键因素。

(二)幽门螺杆菌引起的炎症与胃癌的发生

幽门螺杆菌可引起宿主信号通路的某些改变,例如 MAPK、NF-κB、Wnt/β-catenin 和 P13K 等多种细胞内途径,可影响多种细胞,导致炎性细胞因子的产生增加,细胞凋亡、增殖、分化发生改变,最终导致上皮细胞向肿瘤细胞转化。幽门螺杆菌通过诱导的模式识别受体信号通路导致 AP1 和 NF-κB 转录部位的产生,导致细胞因子和趋化因子的产生。此外,许多与炎症相关的介质包括自由基、前列腺素、生长因子和基质金属蛋白酶的产生增加,细胞因子由上皮细胞释放到固有层,激活巨噬细胞、树突状细胞和其他炎症介质。这种反应激活初级 T 淋巴细胞、调节性 T 淋巴细胞、B 淋巴细胞和中性粒细胞,引起先天性免疫反应,产生抗菌肽、炎症调节剂和各种活性氧自由基,导致胃黏膜的慢性炎症和 DNA 的氧化破坏。这些问题刺激了 DNA 的破坏和致癌突变以及各种表观遗传修饰,如 DNA 甲基化和组蛋白的改变,DNA 甲基化在幽门螺杆菌感染引起的胃癌发生中具有重要意义。通过对幽门螺杆菌感染的蒙古沙土鼠胃黏膜 DNA 甲基化水平进行分析,在感染的动物中发现甲基化的增加与感染的持续时间相关。幽门螺杆菌根除只导致少数特定基因的 DNA 甲基化水平下降,而且即使在根除幽门螺杆菌之后,大多数情况下高甲基化水平仍然存在。这种高甲基化在用免疫抑制剂治疗时被抑制。这表明幽门螺杆菌诱导的炎症在 DNA 甲基化的诱导过程中是重要的。幽门螺杆菌感染引起胃黏膜强烈的炎症反应,导致几种炎性细胞因子如 IL-1 的上调,进而导致 DNA 甲基化水平的异常。幽门螺杆菌感染的巨噬细胞与胃上皮细胞共同孵育可诱导 iNOS 的表达和 NO 的产生,从而导致胃上皮细胞 RUNX3 基因的高甲基化。同样,一些体内研究表明幽门螺杆菌相关的炎症反应主要参与 DNA 甲基化导致胃癌的发生。根除沙土鼠幽门螺杆菌并不能降低胃上皮细胞的 DNA 甲基化水平,但环孢素 A 治疗可阻断 DNA 甲基化的诱导。在对沙土鼠进行的一项类似的研究中,发现使用去甲基化试剂,如 5-氮-2-脱氧胞苷,就足以降低幽门螺杆菌诱导的 DNA 甲基化水平,从而预防胃癌,这也为胃癌的预防治疗提供了思路。此外,临床研究还表明,在一些基因启动子中发现了更高水平的 DNA 甲基化,这些甲基化水平与胃炎症和癌前病变的严重程度相关。这些改变在许多阶段为肿瘤的发生和发展提供了物质来源,其中包括白细胞的复发、新血管生成、增殖、存活、侵袭,以及最终的癌细胞转移。癌抑制基因、启动子和调控障碍中的相关表观遗传修饰,一些细胞通路随后被改变,作为胃癌潜在形成的一个非常相关的因素。另外幽门螺杆菌还可以通过 CagA 和 VacA 诱导或抑制自身吞噬缺陷,导致胃癌的发生。受损或缺陷的自噬导致细胞毒性物质的积累,如 ROS 和 p62,从而导致 DNA 突变增加、基因组不稳定和癌症形成的风险。

（三）宿主的自噬与胃癌

近年来,已经发现幽门螺杆菌可以影响宿主的自噬途径,这是一个受保护的过程,在这个过程中,细胞内的蛋白质、器官和病原体被分离、消化和降解。最近发表的研究表明,VacA 可以改变宿主的途径,这可能对幽门螺杆菌的癌变有重要的意义。加重感染的最重要的细胞机制包括内质网（内质网）应激、未折叠蛋白反应、自噬、氧化应激和炎症。

（四）宿主个体的易感性

其在幽门螺杆菌引起的胃炎症反应中也起着重要的作用。过度表达促炎细胞因子,如 IL-1、IL-6、IL-8、IL-10 和 TNF-α 与胃上皮高度增殖有关,这些基因的启动子或非编码区的遗传变异与胃癌发生的风险增加有关,幽门螺杆菌感染可刺激 COX-2 启动子活性,并通过启动子甲基化改变 p16、RUNX3 等抑癌基因的表达。有研究对幽门螺杆菌感染的非癌胃黏膜中几种抑癌基因、蛋白编码基因和 miRNA 的甲基化状态进行了分析。事实上,大多数抑制肿瘤的基因被幽门螺杆菌诱导的高甲基化所沉默。因此,在幽门螺杆菌感染的胃黏膜中,这种异常表观遗传场缺陷的积累可能是胃癌发生的危险因素,同时也提示幽门螺杆菌感染的胃黏膜中这种表观遗传场缺陷的积累使其易于发生胃癌。另外幽门螺杆菌削弱了中央 DNA 修复机制,诱导瞬间突变表型,使胃上皮细胞遗传不稳定性增加,从而诱导感染者的胃癌发生;炎性因子多态性使个体感染幽门螺杆菌后出现不同的炎症反应强度和类型、胃酸的分泌情况,呈现不同的临床表型。近年来,有研究提示 IL-1-1b-31 C/T 和 IL-1-1b-511 C/T 多态性与胃癌密切相关,Ma 等的 Meta 分析提示 IL-1-1b-511-C/T 和 IL-8-251T/A 基因多态性可能作为幽门螺杆菌相关胃癌的危险因素,也可能与遗传修饰有关,包括一些胃特有管家基因的乙酰化和甲基化。例如幽门螺杆菌感染引起的组蛋白去乙酰化酶-6 表达减少与胃癌的致癌转化有关;另外有研究表明在幽门螺杆菌阳性的胃癌患者中,幽门螺杆菌可能介导 PI3K/AKT/USK3β 信号通路的传导。最近一项新的研究提出在胃底腺,除了 Wnt 的信号分子,还发现了 R-spondin 信号分子作用于干细胞群里,使其更新运转过度。还有其他一些因素,例如:幽门螺杆菌刺激活性氧(reactive oxygen species, ROS)的产生,导致炎性介质的表达以及感染组织中凋亡和增殖过程的不平衡;缺氧诱导因子-Ⅰ(hypoxia-inducible factor Ⅰ)是与细胞增殖和凋亡密切相关的一类分子,其水平高低与胃癌密切相关。还有值得注意的是,在遗传易感的宿主中,感染毒性更强的幽门螺杆菌菌株显著增加了胃癌的风险。

(五) 环境因素

吸烟、饮酒和食盐摄入是公认的影响胃癌风险的环境因素。事实上,与从不吸烟的人相比,曾经和现在的吸烟者患胃癌的风险更高,而且在现在的吸烟者中,每天吸烟的数量增加了患胃癌的风险。与戒酒者相比,大量和非常大量饮酒的人患胃癌的风险更高,这些关联与幽门螺杆菌感染状况无关。食盐的摄入也与胃癌风险相关,随着摄入水平的提高,患胃癌的风险逐渐增加。因此,在感染的动物模型中,高盐饮食加速了胃癌的发生,特别是在感染了 CagA 阳性幽门螺杆菌菌株的动物中;其他的包括蠕虫感染、膳食抗氧化剂摄入、吸烟等被认为是增强幽门螺杆菌感染诱导肿瘤发生的潜在危险因素;另一方面,食用水果和白色蔬菜是丰富的维生素 C 的来源,是负相关的胃癌风险。

二、幽门螺杆菌与胃微生物群肠型胃腺癌

肠型胃腺癌是由幽门螺杆菌引起的胃炎发展到胃萎缩、化生、不典型增生,最后是胃癌的最后阶段。尽管幽门螺杆菌在上述癌变过程中起着重要作用,但黏膜萎缩似乎是胃癌发病机制中最重要的一步。有研究发现,虽然在发生胃萎缩的患者中对推测的幽门螺杆菌感染的治疗有时可能限制癌症的发展,但病变仍经常进展为癌症。相反,在萎缩开始之前根除幽门螺杆菌似乎可以预防胃癌的发生。因此,一个关键的问题,尽管尚未解决,是胃微生物群如何与幽门螺杆菌,也就是说,胃微生物群是否促进更具毒性的幽门螺杆菌,反之亦然,幽门螺杆菌是否影响微生物群促进癌变。随着高通量测序技术的引入,微生物群落得以深入表征,例如 2009 年对 10 例幽门螺杆菌阴性胃炎患者进行了胃黏膜相关菌群的 16S rDNA 高通量测序分析,分属 8 个门的 133 个种系,常见的门有拟杆菌门、厚壁菌门、变形菌门、放线菌门和梭杆菌门。在动物实验中,发现在蒙古沙鼠感染幽门螺杆菌 12 周后,携带较高的拟杆菌属、肠球菌属和葡萄球菌属,提示长期幽门螺杆菌感染后,胃微环境可能不适合乳杆菌生存,而肠球菌、金黄色葡萄球菌、双歧杆菌和拟杆菌则表现出适应性。越来越多的研究表明,胃中含有不同于口腔和肠道的微生物免疫。并且除了幽门螺杆菌感染和影响疾病发展的多种宿主和环境因素外,正常胃微生物组的组成和功能的改变,也被称为失调,也可能与恶性肿瘤有关。幽门螺杆菌引起的黏膜慢性炎症可改变胃环境,为其他胃细菌群落的生长铺平道路。这种微生物群可能通过维持炎症和(或)引起遗传毒性而促进胃癌的发展。同时有其他研究也表明,胃肠道菌群可能是影响幽门螺杆菌相关胃癌发生发展的另一重要因素。比较不同阶段患者的胃黏膜微生物组成,发现胃癌患者中螺杆菌属的相对丰度低于慢性胃炎及肠化患者,而链球菌属相对丰度则明显增加,表明幽门螺杆菌可能与胃内其他细菌共同促进了胃癌的发生。在动物模型研究中发现,在胰岛素-胃泌素(INS-GAS)转基因小鼠模型中获得的数据支持微生物群在促进肿瘤发生中的作用。与无菌 INS-GAS 小鼠相比,携带复合微生物群的小鼠具有更高的胃炎症、上皮损伤、酸腺萎缩、增生、化生和不典型增生的水平。与幽门螺杆菌感染的无菌 INS-GAS 小鼠相比,携带复杂菌群的 INS-GAS 小鼠具有更严重的胃病变和更早的胃肠道上皮内瘤变(GIN)的发生。此外,进展性胃肠上皮内肿瘤的发生程度与

幽门螺杆菌感染的具有复杂微生物群的 INS‑GAS 小鼠和在幽门螺杆菌中定植的仅由三种共栖小鼠细菌组成的限制型 INS‑GAS 微生物群的小鼠相似。这些结果提示胃与胃肠道其他部位的共生菌定植可能促进幽门螺杆菌相关性胃癌的发生。另外在 Lertpiriyapong 等的研究中发现,用益生菌 INS‑GAS 小鼠只定殖了三种改变的 Schaedler(*rASF*),包括 *ASF356* 梭菌属物种、*ASF361* 乳杆菌和 *ASF51* 拟杆菌。与无菌 INS‑GAS 小鼠相比,感染限制性 *ASF*(RASF)的小鼠有更明显的胃病理改变,包括胃体炎症、上皮增生和不典型增生。有趣的是,RASF 小鼠与幽门螺杆菌感染的 SPF 小鼠,虽然两组在相当于幽门螺杆菌感染后 7 个月的年龄时均未发生胃肿瘤。然而,46% 的 RASF 定植小鼠与 53% 的肠道菌群和幽门螺杆菌定植的小鼠在感染 7 个月后发生胃肿瘤,而幽门螺杆菌单相关小鼠无一发生胃癌。感染幽门螺杆菌和 *ASF* 或肠道菌群的雄性小鼠,胃和全身促炎细胞因子及肿瘤相关基因的表达水平均高于其他各组小鼠($P<0.05$ 或 $P<0.01$)。这些动物实验的结果表明,胃微生物群可以与 *H. pylori* 协同作用,加速胃癌的发生。

第 4 节　其他胃微生物与胃癌

　　除了动物实验,有报道在 2018 年通过利用 16SrRNA 基因测序对西安地区 81 例胃癌患者的不同组织学阶段的胃黏膜微生物区系进行研究,其中浅表性胃炎 21 例,萎缩性胃炎 23 例,肠化生 17 例,胃癌 20 例。结果表明,与浅表性胃炎患者相比,肠化生患者和胃癌患者的胃微生物区系明显减少。浅表性胃炎、萎缩性胃炎和肠上皮化生的菌群分布无明显差异,但这三个阶段的菌群与胃癌的微生物群有显著的差异($P<0.05$)。浅表性胃炎、萎缩性胃炎和肠化生的菌群分布差异显著。与浅表性胃炎相比,胃癌组织中有 21 个类群富集,10 个类群消失,且随着疾病的进展,它们之间的相互作用强度也在增加。该研究中还发现胃癌的黏膜菌群中富集口腔细菌,例如微小微单胞菌、*P. stomatis Slackia exigua*、咽峡炎链球菌,这一发现值得进一步研究来揭示口腔细菌和胃癌之间的因果关系。提示鉴别胃癌危险的线索也许可通过痰液细菌培养的方式来进行。有学者进一步对有消化道症状的慢性活动性胃炎、消化性溃疡和胃癌等患者的胃内微生态进行研究。对幽门螺杆菌阳性和阴性慢性胃炎患者的口腔、胃及十二指肠的分泌液和黏膜进行测序分析,发现幽门螺杆菌阳性组的胃黏膜中作为优势菌门的放线菌门、拟杆菌门、厚壁菌门和梭菌门相对丰度明显低于幽门螺杆菌阴性组。同时,幽门螺杆菌阳性组的胃液中变形菌门相对丰度远高于幽门螺杆菌阴性组,而双球菌、纤毛菌、丙酸杆菌、梭杆菌、放线菌、韦荣球菌、嗜血杆菌、链球菌及普氏菌等 9 个菌门的相对丰度则降低;在属水平上,幽门螺杆菌阳性组中螺杆菌属相对丰度升高而嗜血杆菌属则明显降低。幽门螺杆菌阳性与阴性组的口腔和十二指肠黏膜菌群则无明显差异。此外,在人体不同疾病阶段如慢性胃炎、肠化及胃癌,比起幽门螺杆菌阳性标本,幽门螺杆菌阴性的样本中胃部微生物相互作用更强烈。综上,推测可能幽门螺杆菌与胃内其他细菌共同促进了胃相关疾病的发生。

　　根据绝大多数的报道,当幽门螺杆菌存在时,这种细菌是最丰富的微生物组分,占胃微生物群的 40% 到 95% 以上。除了发现幽门螺杆菌是幽门螺杆菌阳性患者胃中最丰富的细菌外,还发现幽门螺杆菌阳性患者胃内微生物区系的多样性低于幽门螺杆菌阴性患者。有研究对 81 例幽门螺杆菌阳性的葡萄牙慢性胃炎患者的胃微生物区系进行了分析,结果表明,随着幽门螺杆菌丰度的增加,多样性显著降低(未显示数据)。相应地,一项评估根除幽门螺杆菌治疗前后胃微生物区系的研究表明,根除幽门螺杆菌导致了细菌多样性的增加。2017 年的一项研究包括 20 名胃正常的白种人,没有幽门螺杆菌感染的证据,一致认为普雷沃菌是最丰富的(23%),其次是链球菌科(10%)。事实上,与其他感染幽门螺杆菌的患者相比,这些胃的微生物区系具有最高的微生物多样性和细菌丰富度。胃癌时胃内真实的菌群构成情况,以及胃癌状态下胃内其他菌群与幽门螺杆菌的关系等并不清楚。而且现有的少量研究主要针对国外人群,中国人群健康和胃部疾病状态下的胃内菌群结构特征并不清楚。从消化道微生态角度出发,通过微生物群落高通量测序方法分析胃癌和胃多发息肉患者胃内微生物群落构成和多样性特征。2018年有项研究以通过高通量测序平台和生物信息学分析方法分析胃癌患者胃内微生物群落构成和多样性特征,以中国北方地区汉族人群为基础,纳入首次内镜下证实并未接受任何药物和手术治疗的胃癌和胃多发息肉患者,同时以无消化系统症状且胃镜检查正常的中国北方汉族健康查体人员作为健康对照组,对目标疾病患者和中国健康人群的胃内菌群结构和多样性进行分析,研究结果表明,在健康人群中处在前10位的细菌门类依次为变形菌门、拟杆菌门、放线菌门、硬壁菌门、圆齿古细菌界、酸杆菌门、疣微菌门、蓝藻菌、硝化螺旋菌门和芽单胞菌门;相对丰度大于1%的共6种,蛋白菌门丰度高达72.4%,拟杆菌门占8.53%,放线菌门占7.23%,硬壁菌门6.34%,圆齿古细菌界占1.71%;其他菌门丰度在1%以下,未分类的菌门占0.04%,大部分样本的胃内细菌群落中变形菌门丰度比例最高,且每个样本在门水平具有各自的分布特征。胃腺癌患者胃内相对丰度靠前的主要细菌门类中,前10位菌门依次为:变形菌门(56.42%),圆齿古细菌界(14.29%),拟杆菌门(8.33%),硬壁菌门(7.87%),放线菌门(5.27%),疣微菌门(3.01%),梭杆菌门(2.24%),芽单胞菌门(0.85%),浮霉菌门(0.4%),硝化螺旋菌门(0.4%)(表24-1)。该研究初步揭示了胃腺癌患者与健康人群、胃多发息肉患者和健康人群,以及胃腺癌患者胃内细菌群落结构和多样性均存在差异,证实了胃癌患者肠道菌群的构成发生了显著变化,这对于胃癌的预防及早期诊断提供了理论依据。该实验研究除了发现胃癌患者与健康人群间的胃内细菌群落结构和多样性均存在显著差异,另外还通过胃腺癌组正常胃窦、胃体及胃癌组织相关细菌群落构成的PCoA分析,结果显示无法将癌组织相关细菌群落结构和镜下正常的胃窦和胃体黏膜相关菌群有效地区分开;其次,根据病变部位进行区分,如非贲门腺癌和贲门腺癌间的胃内菌群结构并无显著差异,并且通过使用基于Unifra的UPGMA方法对胃腺癌内部不同分组间细菌群落构成的相似性进行聚类分析,同样无法有效实现组间聚类。这些内容进一步提示胃内细菌群落构成可能不受解剖学和组织病理学等因素的影响。同时,在临床治疗中,也为以利用微生态试剂靶向改善肠道菌群以达到明显降低化疗等治疗手段的不良反应、改善预后、延长患者寿命、提高生活质量和有效治疗提供新思路。

表24-1 胃腺癌患者胃内群落主要门类构成情况

细　　菌	百分比(%)
变形杆门	56.42
古菌门	14.29
拟杆菌门	8.33
厚壁菌门	7.87
放线菌门	5.27
疣微菌门	3.01
梭杆菌门	2.24
芽单胞菌门	0.85
浮霉菌门	0.41
硝化螺菌门	0.40

另外有研究表明,微生物失调与微生物多样性呈负相关,在癌症中明显高于胃炎,这一发现在其他患者队列中得到了验证。在 ROC 分析中,微生物失调可以区分胃癌患者和慢性胃炎患者。有趣的是,通过微生物群整体的失调鉴别胃癌比通过个别属的改变更容易,这表明微生物群落的改变作为一个整体而不是特定的细菌有助于胃癌的发展。由于分泌胃酸能力不同,胃窦和胃体的微生物定植也有所区别。有研究通过 454 焦磷酸测序的方法,发现幽门螺杆菌阴性的胃癌组在胃窦部和胃体表现出较高比例的链球菌(厚壁菌门),胃体比例更高。在幽门螺杆菌:阴性的胃癌组中,胃体的假性肺炎链球菌、副血链球菌、口腔链球菌的多样性和组成均高于其他菌,提示胃体黏膜上微生物群的分析有助于鉴定非幽门螺杆菌细菌在胃癌中的作用。

第 5 节　胃癌的治疗

世界卫生组织(WHO)国际癌症研究机构(IARC 工作组)报告说,截至 2014 年 9 月,全球约 80% 的慢性胃炎与幽门螺杆菌感染相关,幽门螺杆菌根除治疗可将胃癌的发生率降低 30%~40%。根除幽门螺杆菌可以改善胃炎症状,阻止胃黏膜损伤的发展,进一步防止幽门螺杆菌引起的 DNA 损伤,改善胃酸分泌,恢复正常的微生物组。日本的一项最新研究表明随着幽门螺杆菌根除率的增高,胃癌死亡率呈明显下降趋势。一些前瞻性和回顾性研究均证实,成功根除幽门螺杆菌可能会在内镜切除早期病变 3 年内减少异时性胃癌的发生。日本早在 2013 年就推出了根除幽门螺杆菌的治疗战略,目的是减少与胃癌有关的死亡人数、胃癌新病例的数目以及相关的医疗费用。且其研究表明,经过 10 年或 10 年以上的幽门螺杆菌治疗后,老年(>60 岁)和中龄(40~59 岁)人群患胃癌的危险性明显低于相应的一般人群($P<0.05$)。虽然在幽门螺杆菌治疗后 9 年内,幽门螺杆菌治疗组胃癌的发生率明显高于对照组($P<0.05$);但在幽门螺杆菌治疗后 10 年以上年龄组(>60 岁)和中等年龄组(40~59 岁)患胃癌的危险性明显低于对照组($P<0.05$)。这表明胃癌的发病率和死亡率在开始根除治疗后不能在 9 年内降低,但在 10 年后可以降低。

目前抗生素联合质子泵抑制剂的三联或四联疗法广泛用于幽门螺杆菌的根除治疗,且疗效较好。但是,迄今为止,仍无可防治幽门螺杆菌感染的疫苗问世。由于幽门螺杆菌阳性状态对哮喘和胃食管反流等疾病具有保护作用,抗菌药物的使用会导致消除后的并发症,如食管腺癌、哮喘、代谢紊乱等。研究表明,亚洲人根除幽门螺杆菌后反流性食管炎的发生率可能增加,根除幽门螺杆菌后胃酸分泌明显增加。在一项对日本人进行的大规模横断面研究中,慢性幽门螺杆菌感染和成功根除幽门螺杆菌的患者中反流性食管炎的患病率分别为(2.3% 与 8.8%;$P<0.000\ 1$);同时一项韩国研究表明,与持续感染组中反流性食管炎的患病率相比,成功根除幽门螺杆菌后反流性食管炎的患病率增加($OR=2.34$)。此外,由于抗生素造成胃无菌性的不确定性、预防幽门螺杆菌致瘤性,甚至诱导耐药性成本的不确定性,而不是减少微生物与宿主的共同进化,所以抗生素的有效性是值得怀疑的。另外一项对 24 例意大利消化不良患者的调查表明,虽然 PPI 治疗对胃微生物组成没有重大影响,但报道了链球菌相关丰度的增加。根据这些结果,在一项对 19 例接受 PPI 治疗的英国患者和 20 名胃正常患者的代谢活性胃微生物群落进行分析的研究中,发现 PPI 治疗的患者的胃微生物区系相对较少改变,但 PPI 治疗的患者链球菌明显富集。另外两项大型研究也报道了 PPI 使用者肠道微生物区系中链球菌科的富集。在胃和肠道中观察到的上消化道共生体的富集,可能与抑酸治疗引起的胃高酸屏障的破坏有关。因此目前的治疗方案仍有其争议性和局限性。鉴于炎症在胃癌的发生中起着关键的作用,幽门螺杆菌对胃外组织具有有益的作用,因此,将幽门螺杆菌的活性状态微调到对其有益的部位,并针对其在

有害组织中的炎症作用,可能是一种有效的治疗方法。这一策略可以与研究表明益生菌和其他营养因子的抗炎作用相一致,如马斯提哈胶对幽门螺杆菌的作用。因此临床可以考虑使用来自幽门螺杆菌临床分离株的基因组或转录信息来指导临床行动。例如,可以设计治疗策略,以消除与幽门螺杆菌相关的癌症基因的表达,同时保持那些对胃外组织有益的基因的表达,有研究提出了一种与精确医学方法相一致的方法,称为"精确的肿瘤微生物生物学",同时基因型的差异也需要考虑,因为幽门螺杆菌菌株已经显示出由于突变和重组事件而产生的显著的遗传变异。鉴于评估细胞 DNA 损伤技术的进步,研究主张应监测幽门螺杆菌感染患者的 DNA 损伤,同时确定他们的炎症状态。至少在理论上,通过针对相似的分子、细胞或基因组机制来同时预防胃癌和根除幽门螺杆菌是可能的。拓扑异构酶是一个潜在的例子。一方面,细菌拓扑异构酶是喹诺酮类药物的靶标,在克拉霉素耐药水平高的地区,如欧洲和资源贫乏的地区,喹诺酮类药物被用于根除幽门螺杆菌。另一方面,真核生物拓扑异构酶抑制剂是公认的抗肿瘤药物,可能有助于降低基因组的不稳定性。越来越多的治疗胃癌的有机化合物的广泛收集为筛选抗肿瘤作用的化合物提供了机会,也为收集哪些药物最有效地用于胃癌的应用提供了初步线索。有希望的化合物可能包括用于乳腺癌治疗的细胞周期蛋白依赖性激酶- 4 和 6 抑制剂,肿瘤细胞生长抑制因子,如凝固酶抑制剂和 ATR(共济失调-毛细血管扩张症和 Rad3 相关)抑制剂。表观遗传治疗为治疗耐化疗和耐放射肿瘤提供了一种潜在的治疗方法;但是,由于对致癌机制的了解有限,这些实验性治疗仍处于起步阶段。进一步的研究需要揭示表观遗传的变化,作为有针对性的分子治疗或预测胃癌预后的新的生物标记物的基础。研究认为,通过幽门螺杆菌相关的表观遗传改变可以通过去甲基化药物来实现对胃癌的化学预防。表观遗传药物在治疗某些血液学癌症方面的成功为类似的方法治疗实体肿瘤(如胃癌)开辟了新的可能性。

第 6 节 展 望

尽管近年来对人胃微生物群的研究取得了很大的进展,但这方面的研究还很有限。虽然已经发表了一些关于胃癌发生过程中胃微生物组的论文,但应谨慎对待不同的技术方法的结果。此外,还应考虑到种群在地理起源、遗传背景和环境暴露方面的差异。虽然胃癌中存在的微生物群落明显不同于慢性胃炎中的微生物群落,但对胃癌前组织学阶段的微生物组仍缺乏研究。对大量临床明确的患者群体的研究将是确定微生物失调在癌症进展中作用的关键。从描述性研究转向功能性研究,研究胃黏膜中特定分类群和(或)细菌衍生代谢物的作用,将有助于深入了解导致与失调有关的遗传毒性和营养不良的机制。揭示这些机制将为将微生物组学研究转化为预防、诊断和治疗方面的改进,以控制和减少胃癌负担奠定基础。

(魏良洲 冯 璐)

参 考 文 献

[1] Yang I, Woltemate S, Piazuelo MB, et al. Different gastric microbiot compositions in two human populations with high and low gastric cancer risk in C'olombia[J]. Sci Rep, 2016, 6: 1 - 10.
[2] Plummer M, Franceschi S, Vignat J, et al. Global burden of gastric cancer attributable to Helicobacter pylori[J]. Int J Cancer, 2015, 136: 487 - 490.
[3] Backert S, Tegtmeyer N, Fischer W. Composition, structure and function of the Helicobacter pylori cagpathogenicity island encoded type IV secretion system[J]. Future Microbiol, 2015, 10: 955 - 965.
[4] Coker OO, Dai Z, Nie Y, et al. Mucosal microbiome dysbiosis in gastric carcinogenesis[J]. Gut, 2018, 67: 1024 - 1032.
[5] Pereira-Marques J, Ferreira RM, Pinto-Ribeiro I, Figueiredo C. Helicobacter pylori infection, the gastric microbiome and gastric

cancer[J]. Adv Exp Med Biol, 2019, 1149: 195 - 210.

[6] Uno Y. Prevention of gastric cancer by Helicobacter pylori eradication: a review from Japan[J]. Cancer medicine, 2019, 8: 3992 - 4000.

[7] 左婷婷,郑荣寿,曾红梅,张思维,陈万青.中国胃癌流行病学现状[J].中国肿瘤临床,2017,44:52 - 58.

[8] Coker OO, Dai Z, Nie Y, et al. Mucosal microbiome dysbiosism gastric carcinogenesis[J]. Gut, 2017, 67: 1024 - 1032.

[9] Eslami M, Yousefi B, Kokhaei P, et al. Current information on the association of Helicobacter pylori with autophagy and gastric cancer[J]. J Cell Physiol, 2019 Feb 19.

[10] Yousefi B, Mohammadlou M, Abdollahi M, et al. Epigenetic changes in gastric cancer induction by Helicobacter pylori[J]. Journal of cellular physiology, 2019, 234: 21770 - 21784.

[11] Rivas-Ortiz CL, Lopez-Vidal Y, Arredondo-Hernandez LJR, et al. Genetic alterations in gastric cancer associated with Helicobacter pylori infection[J]. Frontiers in Medicine, 2017, 4: 47.

[12] Hwang JJ, Lee DH, Lee AR, et al. Characteristics of gastric cancer in peptic ulcer patients with Helicobacter pylori infection[J]. World Journal of Gastroenterology, 2015, 21: 4954 - 4960.

[13] Malfertheiner P, Megraud F, O'Morain CA, et al. Management of Helicobacter pylori infection-the Maastricht V/Florence consensus report[J]. Gut, 2016, 66: 6 - 30.

[14] 王欢,何丛,吕农华.胃肠道微生态与幽门螺杆菌相关疾病的研究进展[J].基础医学与临床,2018,38: 1611 - 1614.

[15] Spoto CPE, Gullo I, Carneiro F, et al. Hereditary gastrointestinal carcinomas and their precursors: an algorithm for genetic testing [J]. Semin Diagn Pathol, 2018, 35: 170 - 183.

[16] Van Cutsem E, Sagaert X, Topal B, et al. Gastric cancer[J]. Lancet, 2016, 388: 2654 - 2664.

[17] Alfarouk KO, Bashir AHH, Aljarbou AN, et al. The possible role of helicobacter pylori in gastric cancer and its management[J]. Front Oncol, 2019, 9: 75.

第 25 章　肠道微生物与结直肠癌

第 1 节　概　　述

肠道微生物群是一组由 10^{14} 细菌、真核生物和病毒组成的肠道菌群,在许多生理过程中起着至关重要的作用,特别是在炎症和免疫反应中起着重要作用。其组成的变化,已经证明可影响不同的疾病。在疾病期间,与炎症相关的几种细菌是癌变过程中最重要的因素之一,已经表明,通过不同信号/途径的调节一些细菌菌株可能通过多种因素的产生而影响肿瘤的发展。肠道菌群可能被认为是癌症发展的枢纽点:直接和间接参与且已经在一些肿瘤中进行了研究。

结直肠癌(colorectal cancer, CRC)是一种复杂、广泛的疾病,目前被列为世界第三大癌症。众所周知,肠道菌群在不同癌症类型,特别是胃肠道肿瘤的发生和促进中起着至关重要的作用。事实上,细菌可以触发肠黏膜的慢性炎症,这会引起肠上皮细胞的不可逆变化,从而使个体易患癌症。近几年来肠道菌群与 CRC 的研究众多,然而大多是在动物模型中进行研究,目前为止肠道菌群致癌机制仍不清楚。最新研究发现,抗生素、益生菌可治疗和预防 CRC 的发生,有望成为 CRC 治疗的新靶点。

这些庞大的细菌分布全身各组织器官中,其中以胃肠道定植最多。根据其空间分布肠道细菌可分成黏液层细菌和肠腔内细菌,两者在物质交换、信号传递、免疫系统发育和抵抗病原微生物入侵等方面均起到重要作用。肠道细菌可参与到黏蛋白部分翻译后修饰,通过产生 LPS 和 SCFA 等物质刺激黏蛋白的分泌,进而通过调节黏液层厚度与强度来影响肠道屏障功能。在哺乳动物胃肠内定植的细菌主要分属于厚壁菌门(50%~70%)、拟杆菌门(10%~50%)、放线菌门(1%~10%)、变形杆菌(少于 1%)等。

人和动物的消化道包含一个复杂的微生物群落,称为肠道微生物群,它与宿主黏膜上皮细胞和免疫细胞获得了深层的相互关系。这些微生物有助于消化、代谢、上皮内稳态和肠道相关淋巴组织的发育等生理活动,而且能代谢胆汁酸和外源性物质,并合成维生素 B 和维生素 K,而它们的抗原和代谢产物可以刺激细胞因子对潜在病原体的产生。

研究指出,CRC 的发病与许多因素有关,如人口老龄化、生活方式选择,如富含红色和加工肉类的饮食或酒精消费或吸烟、接触致癌或癌症可疑药物。近年来,人们对其遗传学和分子/细胞生物学机制的研究取得了长足的进步。

最近的研究也阐明了与结肠直肠癌相关的肠道微生物群的特异性特征,并提示该微生物群可用于筛查结直肠癌。肠道菌群结合其他非侵入性技术,有望为早期大肠癌诊断和预防提供有效的工具。

肠道菌群已被证实参与了结直肠癌的发生和发展。CRC 患者粪便微生物群落结构差异与非癌人群有关,肠球菌属、大肠埃希菌/志贺菌属、克里伯菌、链球菌和消化链球菌属的一些微生物群较丰富。一些研究发现梭杆菌属在结直肠腺瘤和癌组织中更占优势。此外,某些宏基因组含量和细菌代谢物也可影响 CRC 的发展。例如,磷酸转移酶系统的 KEGG 矫形(KO)模块,多个不同糖的转运蛋白,在健康对照中与腺瘤样品或腺瘤相比,在与癌样品相比,以及用于运输氨基酸组氨酸、精氨酸的模块中被过度表达。

　　结直肠癌是世界范围内常见的癌症之一。它现在是世界上第三常见的癌症和癌症相关死亡率的第四主要原因,每年约有 120 万例新病例发生,世界范围内每年约有 600 000 人死亡。在发展中国家结直肠癌的发病率似乎越来越高。CRC 发生的众多环境因素包括吸烟、酗酒、肥胖、久坐生活方式、糖尿病、红肉消费、高脂肪饮食和纤维摄入不足有关。近年提出肠道微生物组成也是 CRC 进展相关的另一重要因素。虽然遗传易感性与某些类型的结直肠癌密切相关,但流行病学研究表明,西方生活方式(如美国)是该病最重要的危险因素。此外,结直肠癌的高发率也与年龄、性别、家族史、饮酒过量、高动物脂肪饮食以及低果蔬纤维饮食有关。

第 2 节　肠道微生物导致结直肠癌机制的研究现状与进展

一、肠道微生物与免疫的相互作用

　　黏膜与皮肤一起形成一个连续的屏障,将身体的内脏与外界环境分隔开来,黏膜表面是抵御入侵病原体的第一道防线。它们提供物理保护,但也提供界面,宿主免疫系统的细胞通过这些界面检测异物并启动适当的免疫应答。胃肠道的黏膜在环境-宿主相互作用中特别富集。由于其作为营养门户的功能,肠道不断被"非自源性抗原物质"淹没,其中除了食物抗原之外,还包括潜在的危险,如侵入性和非侵入性病原体或环境毒素。此外,肠黏膜是 10^{14} 种细菌的永久宿主,称为共生微生物群,它和平地定植于人的胃肠道。所有这些都说明了肠腔中存在的这些抗原,可导致黏膜中免疫细胞的积累。尽管内腔中有抗原物质的存在,黏膜中的各种免疫细胞亚群通常仍可在受控平衡中存在而不引起任何显性病理改变发生。控制这种免疫稳态机制的破坏导致保护性免疫的丧失并导致疾病发生。多因素有助于建立和调节黏膜免疫稳态,其中共生菌具有主导作用。此外,个别细菌种类或组现在已被证明可专门调节宿主免疫的不同方面,包括各种免疫亚群的解剖位置、丰度或功能。共生体通过肠上皮细胞层与固有层中的免疫细胞物理分离。因此,它们如何对固有层免疫细胞进行免疫调节作用是一个值得深入研究的领域。在胃肠道的单层肠上皮细胞上,微生物群和免疫细胞之间发生相互作用,两者紧密连接后形成黏液或抗菌肽(AMPS)的分泌是肠上皮细胞屏障功能的范例。同时,由于这些机制,肠上皮细胞还代表主要的细胞类型,它们与管腔微生物(或其代谢物)和固有层免疫细胞直接接触。因此,肠上皮细胞必须是共生-宿主相互作用的关键参与者。确实,肠上皮细胞屏障功能对于维持健康的免疫状态至关重要。然而肠上皮细胞与共生细菌不断交流,人们知道共生如何影响肠上皮细胞功能,同时,肠上皮细胞活性如何影响和调节细菌在腔中的种群。相对较少的是关于肠上皮细胞功能如何控制固有层效应细胞的免疫稳态。共生细菌调节宿主效应细胞免疫亚群的稳态。参与共生-宿主相互作用的机制尚不清楚。肠上皮细胞不仅在宿主组织中的共生体和免疫细胞之间产生生理屏障,而且促进它们之间的相互作用。上皮内稳态或功能的紊乱导致肠疾病的发展,如 IBD 和结直肠癌发生。肠上皮细胞接收来自共栖的信号并产生效应免疫分子。肠上皮细胞还影响免疫细胞在固有层中的功能。有研究专注于肠上皮细胞如何从个体共生细菌到黏膜固有的和适应性的免疫细胞整合和传输信号,以建立独特的黏膜免疫平衡。

二、细菌代谢产物在结直肠癌中的作用

　　肠道菌群在结直肠癌中的作用机制尚不完全澄清,微生物的主要代谢产物,包括氨基酸、核苷酸、多糖、脂类和维生素,是维持肠道菌群生长所必需的。在大多数微生物细胞中,微生物初级代谢产物

相似。初级代谢产物的合成是一个恒定的过程,合成障碍会影响正常的微生物活动。微生物次生代谢产物,包括生物碱、酚类、抗生素和色素,决定了菌群的特异性和功能。微生物有助于维持肠道微生态平衡。

（一）细菌糖代谢在结直肠癌中的作用

碳水化合物代谢对肠道菌群和结直肠癌具有重要意义。首先,氧在碳水化合物代谢途径的选择中起着决定性的作用。厌氧菌和需氧菌共存于肠道内。超氧化物、氧自由基和氧分子与大肠癌的发生密切相关。第二,二氧化碳和水是碳水化合物代谢的主要产物。细菌分解葡萄糖和乳糖并产生酸,保持酸碱平衡和调节渗透压。第三,三磷酸腺苷（ATP）是碳水化合物代谢过程中产生的,是一种向所有活细胞提供能量的重要化合物。磷酸戊糖代谢过程中产生的磷酸核糖是合成 DNA 和 RNA 所必需的,它们对于快速再生细菌和无限复制癌细胞尤为重要。第四,还原型烟酰胺腺嘌呤二核苷酸磷酸（reduced form of nicotinamide-adenine dinucletide Ⅱ，NADPH，还原型辅酶Ⅱ）糖代谢的中间代谢产物,参与磷酸化的蛋白质和基因。最后,线粒体是糖代谢的关键部位,同时线粒体功能失调是结直肠癌和肠道菌群失调最重要特征之一。

（二）结直肠癌中的肠道菌群与脂质代谢

许多研究指出,高脂饮食可诱发大肠癌,提示肠道菌群发挥不可替代的作用,但其具体机制尚不清楚。高脂肪饮食可增加结直肠的胆汁和胆汁酸分泌,一些梭菌可通过参与脂肪酸代谢过程中各种酶的合成,加速胆汁酸转化为次生胆汁酸。次胆汁酸作为致癌物质,通过多种分子机制来促进结直肠癌发生:合成氧自由基,断裂 DNA 链,使染色体不稳定,形成癌干细胞。脂肪酸、胆汁酸和肠道菌群之间的相互作用可以产生甘油二酯、前列腺素。白三烯通过激活免疫或炎症反应而导致肿瘤发生。

（三）结直肠癌中肠道细菌和氨基酸代谢

氨基酸可用于合成蛋白质、多肽和其他含氮物质,而且,它们可以通过脱氨基、转氨基和脱羧分解为 α-酮酸、胺和二氧化碳。研究显示硫、硝酸盐、硫化氢、氨气、胺等有毒物质参与了代谢过程,这些有毒物质可导致结直肠癌的发生。蛋白质含量高的食物残渣可刺激硫酸盐还原菌的生长。硫化氢是硫酸盐还原菌的产物,也是氨基酸代谢的中间产物。硫化氢引发多种致病性疾病,包括细胞增殖、分化、细胞凋亡和炎症,最终导致恶性肠上皮细胞转化。硝酸盐是无毒的,但肠道菌群使其很容易减少。亚硝酸盐与胺、氨基化合物和甲基脲等与含氮化合物结合后形成致癌的亚硝基化合物。此外,黏蛋白是氨基酸代谢的中间产物,是一种与肠道菌群协同作用的诱变剂。肠道菌群分泌的其他含氮物质参与激活和调控肿瘤发生过程中重要的信号分子和信号转导通路。

肠道菌群和宿主在生理条件下保持动态平衡。当这种平衡被破坏时,整个微生态系统发生了显著的变化。肠道菌群、代谢产物和宿主之间的协同作用在结直肠癌的发生和发展中起着关键性的作用。首先,微生物是结直肠癌的初始因素。肠道菌群分布和丰度的变化有助于炎症反应和免疫反应,并诱导肠黏膜细胞的恶性转化。肠道菌群的各种代谢产物可直接或间接促进结直肠癌的发生和发展。微生物代谢产物可能在平衡肠道微生态和发展结直肠癌中起着重要作用。结直肠癌是一种非细菌感染性疾病,近年来,通过测序 16S rRNA 和生物信息学分析显示,研究者们越来越关注大肠癌中的特异性细菌或微生物群的结构变化。进一步研究肠道细菌促进肿瘤发生和 CRC-微生物协同进化的机制,可能是未来治疗的开发方向。

三、肠道细菌调节上皮屏障

肠上皮细胞的几个子集构成肠上皮单层。这包括肠吸收肠细胞、肠内分泌细胞、杯状细胞和潘氏细胞,肠上皮细胞之间的紧密连接形成连续的物理屏障,分隔肠腔和固有层。同时,紧密连接将肠上皮细胞分隔成根尖和基底外侧部分,并帮助建立和维持肠上皮细胞的极性,这对于肠上皮细胞功能至关重要。杯状细胞产生大量的糖基化黏蛋白,形成黏液样的黏液层,覆盖上皮的管腔表面。在小鼠结肠中,黏液由两层组成,即外扩散层和与上皮紧密相连的内层。绝大多数的共生体被困在外层,内层几乎没有细菌。黏菌层在微生物区系中的关键作用是由缺乏结构黏液蛋白 MUC2 的小鼠的研究所证实的。MUC2 缺陷小鼠缺乏黏液层,允许共生细菌与肠上皮细胞直接接触,从而导致自发性结肠炎和结直肠癌发生。除此物理分离外,黏液层提供了分泌的抗菌分子,它有助于细菌隔离。这些分子包括肠上皮细胞衍生的物质,如 AMPS,和非肠上皮细胞衍生的物质,如 SIgA,这是通过肠上皮细胞传递的。此外,潘氏细胞衍生的杀菌分子,如防御素、溶菌酶、组织蛋白酶、分泌磷脂酶 A2 和 C 型凝集素在管腔中分泌,并有助于一般的细菌螯合,以及保护腺窝中的干细胞。

共生细菌调节肠上皮细胞屏障功能。微生物引起上皮屏障功能障碍机制:① 共生细菌,如双歧杆菌,产生 SCFA,保护肠上皮细胞,抑制 NF-κB 活化。② 黏膜浆细胞产生的二聚体 IgA 与上皮细胞基底外侧表达的聚合免疫球蛋白受体结合,并被传递到顶端表面,并作为 SIgA 释放。IgA 类开关和聚 Ig 受体表达受共生细菌的调控。③ 共生细菌以 *TLR* 依赖的方式诱导潘氏细胞中的多个 AMP 如 RegⅢ(钙依赖性植物凝集素Ⅲ)β、RegⅢγ、血管生成素-4。④ 共生细菌增强紧密连接(TJ)。上皮小带闭塞蛋白 ZO-1 以 *TLR* 依赖的方式被共刺激上调。⑤ 共生细菌诱导肠上皮细胞表面蛋白的岩藻糖基转移酶基因(algae glycosyl transferase gene,FUT)-2 和岩藻糖基化表达。⑥ 共生细菌产物如 LPS 和肽聚糖(peptidoglycan,PGN)诱导杯状细胞产生黏液。

共生细菌可以上调紧密连接分子并控制肠道通透性和通过 TLR 受体的微生物信号,它是维持上皮屏障所必需的。确实,在 TLR2 和 MyD88 缺陷小鼠中,ZO-1 的表达、紧密连接的形成和上皮的周转被破坏,结果导致上皮损伤的易感性增加。

共生细菌诱导黏液分泌和 AMPS。在 GF 小鼠中,黏液层显著减少,但在暴露于细菌产物(如 LPS 或肽聚糖)时得到恢复。Reg Ⅲ γ 是 C 型凝集素家族的成员,靶向革兰阳性细菌的细胞壁肽聚糖。通过共生菌诱导肠上皮细胞在稳定状态下产生 RegⅢγ,TLR/MyD88 依赖性的微生物信号直接诱导潘氏细胞限制 MyD88 的表达,可恢复微生物诱导的 RegⅢγ 表达并恢复上皮屏障功能的缺陷。在 MyD88 缺陷微血管中的上皮屏障功能中,血管生成素-4 是一种具有杀微生物活性的潘氏细胞分泌的核糖核酸酶样蛋白,在 GF 微血管中显著表达。同样,RegⅢβ、CRP 管蛋白和抵抗素样分子 β 的表达受到 MyD88 的调节。提示在 TLR 依赖的方式中,多个抗微生物分子的表达是在共生体刺激下发生的。相反,一些溶菌酶、分泌型磷脂酶 A2、人类抗菌肽 LL-37、α-防御素和某些 β-防御素的表达似乎不受微生物学的影响。与 SIgA 的控制相结合,这些研究表明,共生体主要调节肠上皮屏障系 1 因子(intestinal epithelial barrier group 1 factor),共生细菌的组成如何影响屏障功能尚不完全清楚。

四、共生菌控制上皮间信号转导与稳态

即使螯合机制阻止与肠上皮细胞最直接的相互作用,共生信号仍不断到达上皮细胞,并参与维持免疫耐受和稳态。事实上,在 *MyD88* KO 小鼠中,通过 *TLR* 稳态的丧失导致结肠稳态的缺陷和增加了硫酸钠葡聚糖(dextran sodium sulfate,DSS)模型中的死亡率。通过与 *TLR* 和 *NLR*、共栖体或它们的产物的相互作用,可以激活肠上皮细胞中的 NF-κB 信号。例如,肠道普通拟杆菌(*B. vulgatus*)通过 I-κB(inhibitor of NF-κB,NF-κB 的抑制蛋白)降解和 *RelA* 基因磷酸化在肠上皮细胞中激活 NF-κB 通路。NF-κB 激活是维持上皮稳态的关键。事实上,肠上皮细胞特异性的途径激活

NEMO(NF－κB 主要修饰物)或两个上游 NF－κB 激活激酶 IKK(I－κB 激酶)－1 和 IKK－2,导致严重的慢性肠道炎症,伴随着肠上皮细胞凋亡增加、屏障功能丧失和细菌易位发生。在没有 MyD88 的情况下,结肠炎改善,这表明它需要共生信号。同样,*TAK －1*(transforming growth factor activated kinase－1,转化生长因子蛋白激酶 1)的上皮细胞特异性缺失,*IKK*(复合物上游的 *TLR* 信号分子)均可诱导凋亡细胞数量增加和引起严重的肠道炎症。证实 *TAK1* 和 *IKK* 在肠上皮细胞维持过程中起着 NF－κB 信号转导的作用。

同时,肠上皮细胞中过量的 NF－κB 激活可能导致结肠炎,而共生菌可以通过抑制 NF－κB 信号并发挥抗炎作用来控制这种炎症。例如,共生信号抑制新生小鼠中的通路活化剂 *IRAK －1*(*Interleukin －1 receptor related kinase －1*,白介素-1 受体相关激酶-1),以防止早期上皮损伤或可能抑制通路抑制剂 IκBa 在与肠上皮细胞接触后的降解。诱导过氧化物酶体增殖物激活受体-γ(PPARγ)的刺激作用,它将细胞核激活的 NF－κB 结合并转移到细胞质中。NF－κB 的过度激活与 DSS 结肠炎和结肠炎相关癌症的易感性增加。

微生物产物也通过诱导炎症细胞形成的 NLR 受体(Toll 样受体)检测。炎性小体是一组大蛋白复合物,包括 PRR(pattern recognition receptor,模式识别受体)微生物传感器,如 *NLR* 或黑色素瘤缺乏因子-2(*absent in melanomq 2*,*AIM2*,一种细胞内 DNA 感受器);包含 *Caspase* 募集域(ASC)的适配蛋白凋亡相关斑点样蛋白(*apoptosis-associated speck-like protein*,*ASC*)和炎性半胱氨酸天冬氨酸蛋白酶,其中最重要的是 Caspase－1。炎性小体激活,通过激活的 Caspase 1 和其他半胱氨酸天冬氨酸蛋白酶,调节活性形式的促炎性细胞因子,如 IL－1β 和 IL－18,以及其他炎症过程的产生。最近的一项研究报道,在肠上皮细胞中,核苷酸结合寡聚化结构域样受体蛋白-6(*NLR family*,*pyrin domain containing 6*,*NLRP －6*)炎性小体调节共生微生物和上皮稳态的组成。结果表明,NLRP－6 缺陷小鼠获得结肠源性菌群并增加结肠炎症的易感性。NLRP－3 炎性小体也参与了共生菌的调节和促进上皮再生,揭示了不同炎症细胞在肠上皮细胞的表达和功能,以及造血免疫细胞及其在免疫稳态中的作用。

综合上述研究,提供了肠上皮细胞的模式识别受体通过 NF－κB 信号或炎性小体激活,在共生细菌控制下维持着上皮细胞的稳态。

五、共生菌-驱动代谢调节上皮功能

共生菌是肠腔的永久居民。因此,在这些生物体的生命周期期间产生的因素可直接作用于邻近的上皮或改变肠腔的环境,以产生可影响上皮功能的代谢物。共生细菌的主要功能之一是加工饮食或环境物质。这产生维生素或代谢物,虽然不是细菌本身产生的,但仍然依赖于共生活性。例如,共生菌需要将复杂的膳食多糖分解成 SCFA。SCFA,主要是乙酸、丁酸和丙酸,是能量来源,但它们也影响上皮和免疫宿主细胞功能。有两种已知的 SCFA 作用机制,直接抑制组蛋白去乙酰化酶和 G 蛋白偶联受体短链脂肪酸受体(G protein-coupled receptor43,GPR43)和 GPR41 受体的连接。SCFAs 对于肠和上皮稳态是重要的。在 IBD 患者 SCFA 水平下降和丁酸缺乏,由于转运蛋白 MCT－1G 表达下调与 IBD 发病有关。丁酸酯可降低炎性细胞因子如 TNF、IL－6 和 IL－1β 的表达。克罗恩病患者的固有层细胞,通过抑制 NF－κB 激活可改善三硝基苯磺酸诱导的结肠炎。一般而言,通过微生物群产生的 SCFA 与结直肠癌和 IBD 小鼠的发病率相关。因此,当丁酸缺乏时 MCT1 转运的表达下调可伴有 IBD 的发生。在克罗恩病患者中,丁酸减少也引起炎性细胞因子如 TNF、IL－6 和 IL－1β 的表达降低,在肠上皮细胞中通过抑制 NF－κB 的激活改善三硝基苯磺酸诱导的结肠炎。一般情况下,

大肠中产生 SCFA 伴有结肠直肠癌和 IBD 发生率降低。缺乏 CPR43 小鼠对自身免疫性炎症的敏感性增加，包括 DSS-结肠炎。SCFA 已被证明影响上皮屏障功能。在肠上皮细胞，产生丁酸和丙酸的共生微生物可上调细胞保护性热休克蛋白。在体外和体内证实醋酸和丁酸酯刺激黏蛋白的分泌。在结肠癌患者丁酸酯在肠上皮细胞和固有层细胞上表达下调。并与丁酸酯的肿瘤抑制作用有关。

共生菌在处理复杂的多糖和 SCFA 产生的能力上是有不同的。来自拟杆菌类群的共生物产生乙酸和丙酸，而丁酸主要由厚壁菌门（Firmicutes）提供。SCFA 生产也可以是益生菌保护的主要机制。事实上，由保护性双歧杆菌产生的乙酸酯防止致病性大肠埃希菌诱导的肠上皮细胞凋亡。仅有的保护性双歧杆菌含有 ATP 结合盒转运蛋白，其能够生产乙酸乙酯，并作用于肠上皮细胞以增加屏障功能，防止志贺毒素从肠腔到血液的致死性易位的发生。

以上数据显示主要受益于共生菌来源的 SCFA 对上皮完整性和上皮细胞功能的调节作用。然而，在大多数情况下，肠上皮细胞活化的分子机制尚未得到全面和充分的研究。

六、共生菌在肠上皮细胞上的作用

共生细菌引起肠上皮细胞的各种基因的表达，这些基因可能会影响免疫应答。例如，共生细菌通过肠上皮细胞上调 MHC Ⅱ 的表达。肠上皮细胞表达 MHC Ⅱ，但这种表达的功能尚不清楚。与常规抗原呈递细胞相比，肠上皮细胞几乎不表达共刺激分子，推测肠上皮细胞上的 MHC Ⅱ 可能引起 T 细胞耐受性，MHC Ⅱ 表达仅通过某些细菌在肠上皮细胞上诱导。

共生菌的另一个重要作用是肠上皮细胞糖基化模式的修饰。通过共生菌诱导肠上皮细胞上的岩藻糖基转移酶-2（FUT-2）和岩藻糖基-asialo GM1 糖脂。值得注意的是，在由杯状细胞分泌的肠上皮细胞和岩藻糖基化碳水化合物链上表达的岩藻糖部分可作为类杆菌属的营养物。因此，上皮岩藻糖可以帮助维持肠道微生物群的稳态。在人类中，非功能性的 FUT-2 导致微生物群的改变和双歧杆菌多样性的特异性丧失。在全基因组关联研究中，FUT-2 突变与已知的微生物组分的几种宿主疾病表现出很强的关联性。

七、肠上皮细胞对肠内淋巴细胞功能的影响

肠上皮内淋巴细胞（IEL）在上皮层内空间分布，因此，与 IEC 紧密地相互作用。事实上，来自 IEC 的信号控制 IEL 的招募、成熟和功能。由 IEC 组成的趋化因子 CCL25 招募 CCR9+IEL。将 IIE 定位于上皮的主要黏附分子是异二聚体整合素 αEβ7（αE 链也称为 CD103）。IEL 上的 αEβ7 与 IEC 基底侧表达的 E-cadherin 相互作用。IL-15 在 IEL 维持中具有重要作用，当 IL-15 缺陷时，小鼠的 TCRαβ 和 TCRγδIL 的数量均显著减少，IEC 表达 IL-15 和 IL-15Rα，IEC 通过 IL-15 与 IL-15Rα 的相互作用参与 IL 的维持。IL-7 的上皮表达可使 IL-7 缺乏的 TCRγδ+IEL 数得到恢复。在暴露细菌后诱导 IL-7 和 IL-15。此外，IEC 分泌 IL-15 是 MyD88 依赖性，Myd88 KO 小鼠出现 ILL 的数目减少，可以在转基因表达 IL-15 后得到恢复。这表明共生信号是部分地通过 IEC 诱导 IL-15 和（或）IL-7 的产生来调节 IEL 数量。最后，如前面所讨论的，IEL 功能需要由非经典的 MHCI 样配体激活，如胸腺白血病抗原，其由 IEC 表达。

八、肠上皮细胞在固有层上的作用

目前已知的肠上皮细胞对固有层过程上的影响可能是通过分泌细胞因子或细胞因子样分子而发生的。多项研究表明，IEC 在体外和体内均可分泌多种细胞因子。这些分子包括已知的影响效应 B

和 T 细胞分化或 DC 功能的分子,如 TGF－β、TGF－α、IL－6、IL－7、TNF－α、IL－1 等。然而,这些细胞因子也可以由许多其他细胞类型产生,并且在大多数情况下,IEC 衍生的细胞因子产生对个体免疫稳态机制或反应的贡献尚不完全清楚。然而,IEC 具有通过细胞因子产生调节免疫反应的潜力,并且已经积累了这方面的证据。

如上所述,IgA 类交换和产生 IgA 的 B 细胞以 T 细胞依赖性方式发生在派伊尔淋巴结(Peyer's patches,PPs)中的生发中心。然而,T 细胞缺陷小鼠在 ILF 和 LP 中具有 SIgA 和 T 细胞独立的 IgA 产生途径。IgA 在 LP 中的产生似乎是由来自 IEC 的细胞因子所致。在 IEC 中,肿瘤坏死因子家族(BAFF)的增殖诱导配体(BAF)的产生是由人类肿瘤坏死因子家族(TNF)超家族成员产生的,以及胸腺基质淋巴生成素(TSLP)刺激 DC 产生 APRIL,以响应 TLR 介导的共生细菌信号。在小鼠中,靶向过表达 TLR－4 在 IEC 中导致 IEC 表达的 CL20、CL28 和 APRIL 增加,结果使固有层 B 细胞募集和 IgA 类切换增加。

固有层树突状细胞和巨噬细胞功能呈递抗原以启动抗原特异性 T 细胞的应答,但也为 T 细胞分化或其他免疫细胞的活化提供细胞因子。肠道固有层包含 MHC Ⅱ⁺CD11c⁺细胞的几个亚群,可分为 CD103⁺DC 谱系细胞和 CX3CR1⁺Mfs(分型趋化因子受体 1 巨噬细胞)谱系细胞。固有层树突状细胞和巨噬细胞功能可以延长肠上皮细胞之间的树突和样本腔内容物,这需要 TLR 依赖的共生信号的参与。在 CX3CRI⁺细胞的情况下,该过程受其配体,CX3CR1 在肠上皮细胞上表达。肠上皮细胞通过 αVβ1 整合素参与 CX3CR1⁺Mfs,刺激巨噬细胞产生 IL－10 并可抑制炎症反应。

固有层树突状细胞对 T 细胞反应的直接作用和功能也受肠上皮细胞的调节。IEC 上清液可在体外条件下制备 DC,使 T 细胞直接分化为更多的抗炎性物质,如 Th2。如果细菌被允许直接与 DC 相互作用,它们诱导促炎性 IL－12 的产生和 Th1 的分化。

TGF－β 是肠内的另一种免疫调节性细胞因子。TGF－β 一般具有抗炎作用。它通过参与 Th17 和 Treg 分化来抑制肠 DC 和 MF 的促炎性细胞因子的产生,并根据参与的细胞因子控制 Th17 和 Treg 分化。TGF－β 是由肠上皮细胞和上皮细胞衍生的 TGF－β 与维甲酸(RA)一起转化而来。肠 DC 为 Treg 促进耐受表型。维甲酸为维生素 A 代谢物,在黏膜免疫系统中具有多效性作用。维甲酸对 B 细胞和 T 细胞的肠道归巢能力至关重要,CD103⁺DC 对维甲酸的产生固有层 Treg 诱导是至关重要的。除了 CD103⁺DC 外,肠上皮细胞还可以表达维甲酸,从而调节黏膜 T 细胞的稳态。IL－22 是一种主要的肠上皮细胞的效应因子,这是其免疫保护功能所必需的。结合数据发现,肠上皮细胞衍生的 IL－25 由共生微生物诱导,控制上皮内淋巴细胞功能,但肠上皮细胞是否是唯一的 IL－25 产生细胞有待进一步研究。

九、肠道微生物在结直肠癌发生上的作用

CRC 主要是一种遗传疾病,经过多年的遗传变化(即体细胞突变和表观遗传修饰)被称为腺瘤-癌序列。结肠是一个复杂的生态系统,其特征是丰富和多样的微生物群的存在,CRC 的发展一直与微生物群落组成的变化(即生物失调)有关。尽管对 CRC 特异性核心异常的确证尚待确定,但现在已建立 CRC 患者微生物群中特定细菌种类的过度表达。虽然遗传易感性与某些类型的结直肠癌密切相关,但流行病学研究表明,西方生活方式(如美国)是该病最重要的危险因素。大肠癌的高发率也与年龄、性别、家族史、饮酒过量、高动物脂肪饮食以及低果蔬纤维饮食有关。复杂的肠道微生物群在人体健康中起着不可或缺的作用,因为它们与免疫系统相互作用,维持上皮内稳态,代谢难消化的多糖,并排除来自人类肠道的潜在病原体。

　　肠道微生物也被证实通过调节炎症和影响宿主细胞基因组稳定性,通过不同信号/途径的调节,在癌症发展中起着重要作用。慢性感染性病原体对癌变的发生率约为 18%。

　　此外,肠道细菌可以与食品相互作用,一些炎症产生的宿主代谢物增加了一些潜在的病原细菌种群的生长和 DNA 损伤的风险。红肉和加工食品由肠道细菌代谢,它们的代谢物,如硫化氢,被认为可破坏 DNA 和诱变。同时,细菌可以通过胆汁酸的去缀合来增强其他致突变因子,如二级胆汁酸、脱氧胆汁酸和胆石酸。部分因子被修饰后可改变黏膜屏障,允许抗原渗透和增加炎性因子的产生,从而促进黏膜细胞内的遗传不稳定性,并增加可用于肿瘤发展的因素,例如血管内皮生长因子(vascular endothelial growth factor, VEGF)和表皮生长因子(epidermal growth factor, EGF)的产生。另外,一些细菌种群已被强制保护 CRC,认为代谢物的产生可诱导免疫耐受,或竞争致病细菌的能力。

　　肠道菌群作为一个真正的器官,常驻的微生物和消化道高度相助可保持肠道内共生之间的相互作用。然而,环境改变(如感染、饮食或生活方式)可以干扰这种共生关系和促进疾病的发生,如炎症性肠道疾病和癌症。但肠道微生物对 CRC 的详细机制尚不明了。大肠癌发生机制非常复杂,非肿瘤细胞和大量微生物在结直肠癌中的参与越来越明显。事实上,肠道菌群组成的许多变化已经在结直肠癌中得到报道,提示微生物生态失衡在结直肠癌的发生、发展中起着主要作用。研究证实,一些细菌的物种已被确定或怀疑在结直肠癌的发生、发展过程中发挥重要作用,如牛链球菌、脆弱类杆菌、幽门螺杆菌、粪肠球菌、腐败梭菌、梭杆菌属和大肠埃希菌。通过不断研究,对这些细菌潜在的致癌效应正在逐步得到更好的理解。

　　如前所述,肠道菌群在 CRC 上可能起着重要作用,通过几种机制,促进和发展 CRC,包括炎症、代谢和遗传因素。益生菌或粪便移植的使用可以对抗 CRC 相关失调从而恢复慢性疾病的生态平衡,有助于减少或阻止微生物引起的遗传改变和活化的炎症、增生和致癌途径上的作用。然而,目前为止这种微生物的靶向治疗方法尚未在 CRC 上进行深入的研究。

　　基因改变是在 CRC 治疗的背景下被人们关注的一个问题。例如,最近提供的证据表明,大肠埃希菌产生大肠杆菌素可能是 CRC 相关基因组不稳定性的主要因素。大肠杆菌素合成需要丝氨酸酶,它作为肽酶产生大肠杆菌素非核糖体肽合成酶(non ribosomal peptide synthetase, NRPS)化合物。在 CRC 的小鼠模型中证实,用这种化合物治疗可阻止细胞的增殖。

　　肠道微生物群的变化也可能导致宿主免疫应答的改变。在此基础上研究了益生菌口服给药对免疫信号转导的影响。这些研究为肠道微生物在宿主的肠表观基因组机制中起着至关重要的作用提供了证据。此外,据报道,磷脂壁酸(lipophosphate wall acid, LTA)、TLR - 2 配体的缺失使先天性和适应性的致病性免疫应答正常化,并减少 CRC 小鼠模型中发生肿瘤。LTA 缺陷的嗜酸乳杆菌可降低炎症并保护 CRC;下调下游信号,并刺激肿瘤抑制基因在 CRC 细胞系中的抑制作用。此外,一些共生细菌,如短双歧杆菌和鼠李糖乳杆菌(Lactobacillus rhamnosus)抑制促炎细胞因子的产生,可减少大肠癌发生的宿主 DNA 甲基化和组蛋白乙酰化事件发生。

　　CRC 的发生是一个复杂的多因素过程,由于原癌基因、肿瘤抑制基因和(或)DNA 修复基因中遗传和表观遗传改变的累积,导致正常结肠上皮向腺体结构的转化,被称为腺癌。CRC 发生的根本原因是复杂的和异质的。遗传和环境因素均可影响 CRC 的初始阶段和(或)进展,致使疾病病因学研究变得复杂化。

　　根据突变的起源,CRC 可分为散发性(70%)或遗传性(30%)。散发性和家族性 CRC 肿瘤的一个关键特征是它们有高度的基因组不稳定性,产生肿瘤分子亚型的不同分子机制为:① 染色体不稳定性(chromosomal instability, CIN)。② 微卫星不稳定性(microsatellite instability, MIS),导致超突变肿瘤。③ 表观遗传不稳定性与 CpG 岛甲基化的改变。尽管存在这种重要的分子异质性，但 CRC 肿瘤中定义的信号通路始终在改变，包括 Wnt、TGF-β、PI3K(phosphatidylinositol-3，磷脂酰肌醇-3 激酶)、RTK-Ras(receptor tyrosine kinases-Ras，受体酪氨酸激酶-Ras)和 P53 信号传导。Wnt 通路对肠上皮内环境稳定至关重要，在 90% 以上的 CRC 肿瘤中确实存在结构性激活，在 80% 的非超突变和 50% 的高突变的 CRC 肿瘤中，其负调控因子 APC 功能突变缺失。

除了遗传改变，肿瘤微环境在 CRC 发展中起着关键作用，重要的影响因素与营养、炎症、表观遗传修饰和肠道微生物群有关。肠道微生物群是目前公认的一个器官，它通过调节包括屏障、免疫和代谢功能在内的多种生物过程的能力，在调节宿主肠内稳态中发挥着至关重要的作用。外部因素的组合可以影响微生物的组成，包括宿主遗传学、饮食、生活方式和环境因素。这些扰动在微生物转移中影响健康和癌变之间的平衡。值得注意的是结肠微生物群的改变被认为是 CRC 开始和进展的重要参与者。此外，微生物群通过其广泛的代谢能力和深刻的免疫调节作用可以调节癌症治疗。

关于 CRC 相关细菌的一个关键问题是它们是否代表宿主黏膜组织改变的结果，或者这些细菌本身是否可以具有致癌或促肿瘤作用。利用各种 CRC 动物模型中的微生物转移实验，若干研究已清楚地表明，癌症相关微生物群在癌症进展中发挥作用。使用抗生素的小鼠肠道细菌微生物的消耗降低了结肠癌的风险。已经提出了几种分子机制来解释细菌诱导的肿瘤前效应：① 慢性炎症的诱导。② 宿主代谢物向致癌物的细菌转化。③ 诸如具有致癌特性的毒素的特定细菌因子的表达。④ 屏障功能障碍。一些细菌种类已被鉴定为在大肠癌发生中起作用，如核梭形杆菌(*Fusobacterium nucleatum*，*Fn*)、产肠毒素脆弱类杆菌(*Enterotoxigenic Bacteroides fragile*，*ETBF*)、产大肠杆菌素和基因毒素的大肠埃希菌、粪肠球菌、败血梭菌等。

Fn 和 *ETBF* 均能改变 Wnt/β-catenin(连环蛋白)信号转导通路。梭形杆菌通过其独特的表面 adhesin FadA(粘连蛋白)显示黏附和侵入结肠细胞。FadA 结合宿主细胞受体 E-cadherin 促进 FN 附着和侵袭上皮细胞。FadA 与 E-cadherin(上皮细胞钙黏蛋白)的结合导致 β-连环素信号传导的激活，引起细胞增殖增加。产肠毒素脆弱类杆菌(*ETBF*)在 CRC 患者的结肠黏膜中普遍存在，能够调节黏膜免疫应答并诱导上皮细胞变化。结果表明，*ETBF* 分泌一种锌依赖性金属蛋白酶毒素(Zinc dependent metalloproteinase toxin)，它裂解 E-钙黏蛋白，从而引起 β-连环素的核移位，增加 C-myc 的表达和细胞增殖。通过多种机制，肠道细菌改变了 Wnt 配体的表达，激活了 Wnt 受体，抑制了糖原合成酶激酶-3(glycogen synthase kinase-3β，GSK3β)，干扰了 Wnt 配体的表达。这种信号通路在癌症发展中具有重要作用。

十、几种与结直肠癌相关的肠道细菌研究现状

(一) 梭状菌属

据报道梭杆菌能够增强 CRC 发生。Kostic 等报道在 Apc$^{Min/+}$ 小鼠中，梭杆菌属核梭杆菌的特异性菌株增加了肿瘤的丰度，并选择性地扩增了髓样免疫细胞如 CD11b$^+$ 髓细胞和髓源性抑制细胞(myeloid-derived suppressor cell，MDSC)。他们还观察到在小鼠实验和人类结肠样品中，核转录因子丰度和促炎性标志物如 COX-2、IL-8、IL-6、IL-1B 和 TNF-α 的表达之间的强烈相关性，提示梭杆菌通过募集肿瘤浸润性免疫细胞而产生促炎微环境，有利于大肠癌的发生。Rubinstein 等发现黏着蛋白 FadA 是核仁中的毒力因子，通过与 E-cadherin 结合激活 β-连环蛋白信号介导 CRC 细胞的生长。此外，通过 T 细胞免疫受体与 Ig 和 ITIM 结构域(T cell immune receptor with immunoglobulin and ITIM domain，TIGIT)，可以通过 F2 核蛋白(FAP2 蛋白，核梭杆菌表面的蛋

白)抑制免疫细胞的抗肿瘤活性,进而促进 CRC 发育。梭杆菌的丰度增加可能与 CRC 的高风险有关。

(二) 溶血性链球菌(SGG)

溶血性链球菌属于 D 型链球菌。一项涵盖 40 年(1970—2010)的文献调查显示,65% 被诊断为侵袭性 SGG 感染的患者伴有结直肠肿瘤。SGG 主要与早期腺瘤相关,因此可能成为 CRC 筛查的早期标志物。SGG 被描述为食草动物和鸟类消化道的正常居民。在人体肠道中的检出率(2.5%～15%)较低。最近的分子分析表明 SGG 可能是人畜共患病。目前公认的基于多位点序列分型(MLST)数据的分类定义了七个亚种,包括溶血性链球菌亚种(*S. gallolyticus subsp*,SGG)、马其顿链球菌(*S. macedonicus*,Sgm)、溶血性链球菌亚种(Sgp)、婴儿链球菌亚种(*Streptococcus infantarius subsp. infantarius*,Sii)、黄体链球菌(*Streptococcus lutetiensis*)、乳酸链球菌(*Streptococcus alactolyticus*)和马链球菌(*Streptococcus equinus*)。一些临床研究已经证实了 SGG 的侵袭性感染与人类结肠肿瘤之间有强关联。结直肠癌是近几年发展起来的一种遗传病,涉及一系列被称为腺瘤-癌序列的遗传改变(即体细胞突变和表观遗传修饰)。新出现的研究已经将 CRC 的发展与肠道微生物群的变化紧密联系在一起。

SGG 是一种机会性病原体,这种细菌首先从粪便中分离出来,很可能是因为 SGG 能够降解单宁(tannins),单宁是高度极性的多酚分子,溶血性链球菌(*S. gallolyticus*)因其对脱羧没食子酸酯(decrboxylate gallate)的能力而得名,这是一种从单宁水解得到的有机酸,与革兰阴性细菌中的对应物一样,革兰阳性菌毛通常与宿主组织的细菌附着和定植有关。pil3 菌毛参与 SGG 与结肠黏液的结合,从而促进小鼠远端结肠的定植。通过小鼠感染后肠道组织的免疫荧光,发现 SGG 主要被包裹在黏液层中。pil3A 黏附素显示结合 MUC2 和 MUC5AC。重要的是,已经报道 MUC5AC 在腺瘤和癌中异常和错位的表达,以及结肠癌发生过程中黏蛋白有糖基化模式的改变。

pil1 和 *pil3* 菌毛在 SGG UCN34 群体中表达不均匀。UCN34 中有两个不同的亚群:2/3 的低毛化细菌(*pil1*)和 1/3 的高毛化细菌(*pilhigh*)。参与这种调节的分子机制已被确定为相位变化和转录衰减的结合。遗传证据表明,这种异质性表达依赖于 *pil1* 启动子区域的变化,该启动子区域包括由可变数目的 GCAGA 重复序列组成的前导肽,随后是转录终止子。在复制过程中,通过滑链错配增加或删除单个重复,可以改变要翻译的调控前导肽的长度。较长的前导肽的合成通过使 *pil1* 基因上游的茎环转录终止子不稳定来控制毛囊转录的切换。发现高毛化细菌更容易被人类巨噬细胞吞噬,并且与表达低毛化水平的细菌相比,在人类血液中的存活率更低。因此有人提出,毛囊在 SGG 中的随机表达是确保最佳组织定植和传播,同时避免宿主免疫应答的细菌特征。

最后得出结论,SGG 既是乘客,又是促进癌症的细菌。但是,为了成为驱动细菌,SGG 首先需要定植结肠。因此,SGG 不是 CRC 的主要原因,而是促进 CRC 发展的辅助因素。为了早期发现 CRC,推荐结肠镜检查来评估 SGG 感染患者隐匿性肿瘤的发生。

(三) 粪肠球菌

粪肠球菌是一种厚壁菌属,在某些特定的情况下,粪肠球菌可致病。在胃肠道定植的肠球菌中,在人类粪便中发现的最常见的培养菌株是粪肠球菌($10^5 \sim 10^7$ CFU/g),其次是屎肠球菌($10^4 \sim 10^5$ CFU/g)。

粪肠球菌是人类胃肠道的第一个定植者,在生命的早期阶段对肠道的免疫发育有重要影响。在新生儿中,它通过抑制病原体介导的炎症反应,在发育过程中起到调节结肠稳态的保护作用。在人肠上皮细胞中,诱导 IL-10 的表达和抑制促炎细胞因子的分泌,特别是 IL-8 的分泌,此外,由于这种抗炎潜力,粪肠球菌通常被用作益生菌治疗复发性慢性鼻窦炎等疾病。事实证明,与健康成人分离的不同的实验室相比,粪肠球菌具有最高的益生菌活性。此外,由于它的耐热发酵潜力(它能发酵不同类型的糖),在10℃下生长,在60℃可存活30分钟。

有关粪肠球菌在癌症发展中的作用认识尚不一致。一些作者认为在CRC中起保护作用或不起作用,而其他人则认为显示有害活性。例如,Viljoen和他的同事没有发现这种细菌和结肠腺癌之间有任何显著的临床关联。在另一项研究中,当与HCT-116(人结肠癌细胞)共同培养(侵袭性CRC株)时,粪肠球菌能够下调空腹诱导脂肪细胞因子(fasting-induced adipocyte factor,FIAF)基因的表达血管生成素-LI和水通道蛋白4(KE蛋白4),它们通常与一些癌症类型的发展有关。在溃疡性结肠炎小鼠模型中,用醋处理的粪便使粪中大肠埃希菌的数量增加,并抑制Th-1和Th17的炎症应答。

在最近的研究中,当小鼠原代结肠上皮细胞与粪肠球菌极化的M1巨噬细胞共培养时,它们的Wnt/β-catenin信号被激活,并诱导了与去分化相关的多能转录因子。因此,这些细胞被重新编程并转化了原代结肠上皮细胞的转化,从而暗示了微生物在诱导CRC中的作用。

一些实验室的抗癌作用已经被描述并证实与它们的免疫调节活性有关。这些变化是通过激活DC、识别受体来协调的。此外,不同的刺激可诱导产生特异性细胞因子,这些细胞因子负责在每种致病性中适当调节免疫应答。

当人通过水平基因转移(horizontal gene transfer,HGT,指在不同生物个体间或单个细胞内部细胞器之间,遗传物质的交流)获得来自其他细菌的抗生素抗性或假定的毒性基因,此时行为差异可能发生。HGT有利于细菌结构发生快速变化,产生抗性和致病岛(其基因组的动态成分),可影响它们的毒力。它们主要与聚集物质、表面黏附素、性信息素、脂磷壁酸、细胞外超氧化物、明胶酶、透明质酸酶和溶血素(溶血素)有关。

粪肠球菌的有害作用已被认为主要与其产生ROS和胞外超氧阴离子的能力有关,后者可能导致基因组不稳定性,破坏结肠DNA,并因此引起宿主突变和癌变发生。此外,粪肠球菌已被证明产生金属蛋白酶,可以直接危及肠上皮屏障和诱导炎症。在CRC,粪肠球菌可以作为一个"乘客"细菌,而不是一个"司机",只有当主要环境发生改变时,粪肠球菌才会出现致病性。

第3节 益生菌和益生元与结直肠癌

肠道微生物群的组成被认为是结直肠癌发展的一个重要危险因素,益生菌能够积极调节该微生物群的组成。研究表明,经常食用益生菌可以预防结直肠癌的发生。在这方面,体外和实验研究表明,一些潜在的机制负责这种抗癌作用。其机制包括肠道菌群组成的改变、微生物代谢活性的变化、存在于肠腔中的致癌化合物的结合和降解、具有抗癌活性的化合物的产生、免疫调节和改善等。此外,癌细胞的肠道屏障、宿主生理学的改变、细胞增殖的抑制和凋亡的诱导也起到重要作用。相反,很少有报告显示益生菌口服补充剂的不良影响。根据目前的证据,需要对益生菌进行更具体的研究,特别是对具有更大抗癌潜能的细菌菌株进行鉴定;对这些菌株在胃肠道中存活后的验证。对免疫低下时个体潜在的不良反应进行调查,以最终确定益生菌和益生元的剂量和使用频率。

益生菌和益生元可以极大地帮助维持健康的微生物群,并恢复有益的微生物组成。益生菌,如乳酸杆菌(L. casei,L. rhamnosus)是活菌,当食用时能提供健康益处:它们常见于酸奶、奶酪和其他乳制品。最近的研究表明,缺乏弹性蛋白酶抑制剂可能是导致炎症性肠病的原因之一。工程乳酸乳球菌的产生,产生弹性蛋白酶抑制剂,也称为肽酶抑制剂3或皮肤衍生的抗白细胞蛋白酶(skinderived antileukoproteinase，SKALP），由 PI3 基因编码的蛋白质；该蛋白质可减少细胞因子的产生。益生元是增强肠道微生物生长或活性的物质，通常是不消化的纤维化合物，通过消化道上部未消化，其中一些已被证明在癌症预防中起重要作用，例如植物雌激素（白藜芦醇）存在于某些浆果中，作为抗氧化剂和下调 COX-2 介导的炎症。纤维是许多水果和蔬菜中为人所知的益生元之一，它是由肠道细菌发酵成短链脂肪酸产生，在结肠腔中达到高水平。许多研究表明，丁酸酯是由纤维发酵产生的短链脂肪酸之一，具有抑制肿瘤的特性。在一些小鼠实验中已经观察到能抑制结直肠癌的细胞生长。由于这种效应，结直肠癌细胞上调葡萄糖的摄取，增加有氧糖酵解，从而减少氧化代谢；因此，较少的丁酸在线粒体中代谢，更多的积累在细胞核内，作为内源性组蛋白去乙酰化酶抑制剂，转录相关的癌相关基因对细胞增殖的重要作用。因此，在肠道内产生丁酸盐的人群可能会增加炎症和肿瘤的发生率。

益生菌和益生元已被证明对降低结肠癌模型的体内肿瘤发病率和更好地刺激 NK 细胞活性起到积极作用。小鼠模型研究表明，给予糖如菊粉、寡果糖和右旋糖酐，与鼠李糖乳杆菌（*Lactobacillus rhamnosus*）或乳酸双歧杆菌一起可更有效地增强脾源性单核细胞的 NK 细胞毒性和细胞因子的产生。

人们普遍认为，微生物群落结构的改变在从炎症到发育异常到腺癌的逐步发展过程中起着推动作用。因此，通过操纵肠道微生物群来重新训练肿瘤进展的可能性似乎是合乎逻辑的。预防性应用双歧杆菌能减轻氧化偶氮甲烷（azoxymethane，AOM）/葡聚糖硫酸钠（dextran sodium sulfate，DSS）小鼠模型的体重，降低肿瘤的多样性和平均大小，降低促炎基因的表达。在 AOM/DSS 小鼠模型中，炎症和肿瘤的发生反映了乳酸杆菌、双歧杆菌和肠球菌可能是一种替代的组合，但高剂量的益生菌可能不是必不可少的。为了探讨益生菌预防作用的内在机制，检测肠道基因表达谱和微生物群落的变化，结果表明双歧杆菌（bifidobacterium，BiFISO）可能通过逆转肿瘤的发生而起到预防肿瘤的作用。这些基因，如 *CXCL-1*、*CXCL-2*、*CXCL-3* 和 *CXCL-5* 的表达，具有葡萄糖-亮氨酸-精氨酸基序双歧杆菌，并结合 *CXCR-2* 发挥其作用。据报道，与人癌旁组织相比，*CXCL-1* 和 *CXCL-5* 在人结直肠癌标本中明显上调，通过上皮间质转化可增强结肠癌的进展和转移。通过减少粒细胞衍生的抑制细胞浸润，AOM/DSS 可抑制结肠炎相关的肿瘤发生。此外，*CXCR-2* 信号也可通过招募肿瘤相关中性粒细胞来增强实体肿瘤中的血管形成。BiFISO 处理对 *CXCL-1*、*CXCL-2*、*CXCL-3*、*CXCL-5* 均有明显下调作用，提示双歧杆菌可能干扰多种肿瘤浸润性炎症细胞的迁移，重塑 T 细胞。另外，双歧杆菌又能明显改变肠黏膜微生物群落的组成，在 AOM/DSS 诱导的 CRC 小鼠和直肠癌患者中，嗅球菌明显增多。采用双歧杆菌治疗，双歧杆菌可通过抑制这些致病菌而减轻炎症和降低肿瘤形成。不同菌株乳酸杆菌的治疗降低了小鼠和人的结肠炎和结肠炎相关性癌变的严重程度。上述研究结果表明，益生菌合剂双歧杆菌对炎症相关 CRC 产生了有效的化学预防作用。

第 4 节 结 论

现代分子微生物测序技术的出现有力地改善了 CRC 中微生物变异的特征。然而，更好地了解宿主和病原体在结直肠癌变之间的相互作用需要进一步进行微生物的功能研究，尤其是关于代谢组学和 RNA 测序方法。在这方面发表的所有研究都没有根据肿瘤的分子表型进行分类。研究还应该考虑 CRC 肿瘤的异质性，通过研究与结直肠癌发生相关的分子途径，如染色体和微卫星不稳定性或 CpG 岛甲基化表型的微生物不平衡。总之，微生物在 CRC 中的作用越来越明显，或许代表了 CRC

患者治疗管理的一种新方法。肠道菌群与 CRC 密切相关已被共识,但肠道菌群引起 CRC 的确切机制尚有待进一步深入的研究。

(池肇春)

参 考 文 献

[1] Xu K, Jiang BO. Analysis of mucoa-associated microbiota in colorectal cancer[J]. Med Sci Monit, 2017, 23: 4422 - 4430.

[2] Tilg H, Adolph TE, Gerner RR, et al. T intestinal microbiota in colorectal cancer[J]. Cancer Cell, 2018, 33: 954 - 964.

[3] Sender R, FuchsS, Milo R. Are we readly vastly out numbered? Revisiting the ratio of bacterial to host cell in humans[J]. Cell, 2016, 164: 337 - 340.

[4] Rea D, Coppola G, Palma G, et al. Microbiota effects on cancer: from risks to therapies[J]. Oncotarget, 2018, 9: 17915 - 17927.

[5] Lu K, Mahbub R, Fox JG. Xenobiotics: interaction with the Intestinal Microflora[J]. ILAR J, 2015, 56: 218 - 227.

[6] Kundu P, Blacher E, Elinav E, et al. Our gut microbiome: the evolving inner self[J]. Cell. 2017, 171: 1481 - 1493.

[7] Falco M, Palma G, Rea D, et al. Tumour biomarkers: homeostasis as a novel prognostic indicator[J]. Open Biol. 2016, 6: 160254.

[8] Singh R, Kumar M, Mittal A, et al. Microbial metabolites in nutrition, healthcare and agriculture[J]. 3 Biotech. 2017, 7: 15.

[9] Shi Y, Pan C, Wang K, et al. Synthetic multispecies microbial communities reveals shifts in secondary metabolism and facilitates cryptic natural product discovery[J]. Environ Microbiol, 2017, 19: 3606 - 3618.

[10] Narsing Rao MP, Xiao M, Li WJ. Fungal and bacterial pigments: secondary metabolites with wide applications[J]. Front Microbiol, 2017, 8: 1113.

[11] Han S, Gao J, Zhou Q, et al. Role of intestinal flora in colorectal cancer from the metabolite perspective: a systematic review[J]. Cancer Manag Res, 2018, 10: 199 - 206.

[12] Azzolin VF, Cadoná FC, Machado AK, et al. Superoxide-hydrogen peroxide imbalance interferes with colorectal cancer cells viability, proliferation and oxaliplatin response[J]. Toxicol In Vitro, 2016, 32: 8 - 15.

[13] Tsuruya A, Kuwahara A, Saito Y, et al. Major anaerobic bacteria responsible for the production of carcinogenic acetaldehyde from ethanol in the colon and rectum[J]. Alcohol Alcohol. 2016, 51: 395 - 401.

[14] Vinke PC, El Aidy S, van Dijk G. The role of supplemental complex dietary carbohydrates and gut microbiota in promoting cardiometabolic and immunological health in obesity: lessons from healthy non-obese individuals[J]. Front Nutr, 2017, 4: 34.

[15] Liu Z, Liu T. Production of acrylic acid and propionic acid by constructing a portion of the 3 - hydroxypropionate/4 - hydroxybutyrate cycle from Metallosphaera sedula in Escherichia coli[J]. J Ind Microbiol Biotechnol, 2016, 43: 1659 - 1670.

[16] Shuwen H, Xi Y, Yuefen P. Can mitochondria DNA provide a novel biomarker for evaluating the risk and prognosis of colorectal cancer? [J]. Dis Markers, 2017, 2017: 5189803.

[17] Saint-Georges-Chaumet Y, Edeas M. Microbiota-mitochondria inter-talk: consequence for microbiota-host interaction[J]. Pathog Dis, 2016, 74: ftv096.

[18] Ridlon JM, Wolf PG, Gaskins HR. Taurocholic acid metabolism by gut microbes and colon cancer[J]. Gut Microbes, 2016, 7: 201 - 215.

[19] Kai M, Yamamoto E, Sato A, et al. Epigenetic silencing of diacylglycerol kinase gamma in colorectal cancer[J]. Mol Carcinog, 2017, 56: 1743 - 1752.

[20] Ma N, Tian Y, Wu Y, Ma X. Contributions of the interaction between dietary protein and gut microbiota to intestinal health[J]. Curr Protein Pept Sci, 2017, 18: 795 - 808.

[21] Yazici C, Wolf PG, Kim H, et al. Race-dependent association of sulfidogenic bacteria with colorectal cancer[J]. Gut, 2017, 66: 1983 - 1994.

[22] Espejo-Herrera N, Gràcia-Lavedan E, Boldo E, et al. Colorectal cancer risk and nitrate exposure through drinking water and diet[J]. Int J Cancer, 2016, 139: 334 - 346.

[23] Oke S, Martin A. Insights into the role of the intestinal microbiota in colon cancer[J]. Therap Adv Gastroenterol, 2017, 10: 417 - 428.

[24] Pascal V, Pozuelo M, Borruel N, et al. A microbial signature for Crohn's disease[J]. Gut, 2017, 66: 813 - 822.

[25] Tilg H, Adolph TE, Gerner RR, et al. The Intestinal Microbiota in Colorectal Cancer[J]. Cancer Cell. 2018, 33: 954 - 964.

[26] 池肇春,邹全明,高峰玉,等. 实用临床胃肠病学[M]. 北京: 军事医学科学出版社,2015: 32 - 68.

[27] Vogtmann E, Hua X, Zeller G, et al. Colorectal cancer and the human gut microbiome: reproducibility with whole-genome shotgun sequencing[J]. PLoS One, 2016, 11: e 0155362.

[28] Gagnière J, Raisch J, Veziant J, et al. Gut microbiota imbalance and colorectal cancer[J]. World J Gastroenterol, 2016, 22: 501 - 518.

[29] Cougnoux A, Delmas J, Gibold L, et al. Small-molecule inhibitors prevent the genotoxic and protumoural effects induced by colibactin-producing bacteria[J]. Gut, 2016, 65: 278 - 285.

[30] Gagniere J, Raisch, Veziant J, et al. Gut microbiota imbalance and colorectal cancer [J]. World J Gastroenterol, 2016, 22: 501 - 518.

[31] Braten LS, Sodring M, Paulsen JE, et al. Cecal microbiota association with tumor load in a colorectal cancer mouse model[J]. Microb

Ecol Health Dis, 2017, 28: 1352433.

[32] Flemer B, Lynch DB, Brown JM, et al. Tumour-associated and non-tumour-associated microbiota in colorectal cancer[J]. Gut, 2017, 66: 633 - 643.

[33] Pope JL, Tomkovich S, Yang Y, et al. Microbiota as a mediator of cancer progression and therapy[J]. Transl. Re, 2017, 179: 139 - 154.

[34] Raskov H, Burcharth J, Pommergaard HC. Linking gut microbiota to colorectal cancer[J]. J Cancer, 2017, 8: 3378 - 3395.

[35] Gagniere J, Raisch J, Veziant J, et al. Gut microbiota imbalance and colorectal cancer[J]. World J Gastroenterol, 2016, 22: 501 - 518.

[36] Purcell RV, Pearson J, Aitchison A, et al. Colonization with enterotoxigenic bacteroides fragilis is associated with early-stage colorectal neoplasia[J]. PLoS One, 2017, 12: e0171602.

[37] Pasguereau-Kotula E, Martins M, Aymeric L, et al. Significance of streptococcus gallolyticus subsp. Gallolyticus association with colorectal cancer[J]. Front Microbiol, 2018, 9: 614.

[38] Gur C, Ibrahim Y, Isaacson B, et al. Binding of the Fap2 protein of Fusobacterium nucleatum to human inhibitory receptor TIGIT protects tumors from immune cell attack[J]. Immunity, 2015, 42: 344 - 355.

[39] Martins M, Porrini C, Du Merle L, et al. The Pil3 pilus of Streptococcus gallolyticus binds to intestinal mucins and to fibrinogen[J]. Gut Microbes, 2016, 7: 526 - 532.

[40] Gong J, Bai T, Zhang L, et al. Inhibition effect of Bifidobacterium longum, Lactobacillus acidophilus, Streptococcus thermophilus and Enterococcus faecalis and their related products on human colonic smooth muscle in vitro[J]. PLoS One, 2017, 12: e0189257.

[41] Wang S, Hibberd ML, Pettersson S, et al. Enterococcus faecalis from healthy infants modulates inflammation through MAPK signaling pathways[J]. PLoS One, 2014, 9: e97523.

[42] Viljoen KS, Dakshinamurthy A, Goldberg P, et al. Quantitative profiling of coloctal cancer-associated bacteria reveals associations between fusobacterium spp. enterotoxigenic Bacteroides fragilis (ETBF) and clinicopathological features of colorectal cancer[J]. PLoS One, 2015, 10: e0119462.

[43] Shen F, Feng J, Wang X. Vinegar treatment prevents the development of murine experimental colitis via inhibition of inflammation and apoptosis[J]. J Agric Food Chem, 2016, 10, 64: 1111 - 1121.

[44] Wang X, Yang Y, Huycke MM. Commensal-infected macrophages induce dedifferentiation and reprogramming of epithelial cells during colorectal carcinogenesis[J]. Oncotarget, 2017, 8: 102176 - 102190.

[45] Dos Reis SA, da Conceicão LL, Siqueira NP, et al. Review of the mechanisms of probiotic actions in the prevention of colorectal cancer[J]. Nutr Res, 2017, 37: 1 - 19.

[46] Do EJ, Hwang SW, Kim SY, et al. Suppression of colitis-associated carcinogenesis through modulation of IL - 6/STAT3 pathway by balsalazide and VSL♯3[J]. J Gastroenterol Hepatol, 2016, 31: 1453 - 1461.

[47] Zhang Y, Ma C, Zhao J, et al. Lactobacillus casei Zhang and vitamin K_2 prevent intestinal tumorigenesis in mice via adiponectin-elevated different signaling pathways[J]. Oncotarget, 2017, 8: 24719 - 24727.

[48] Irecta-Najera CA, Del Rosario Huizar-Lopez M, Casas-Solis J, et al. Protective effect of *Lactobacillus casei* on DMH-induced colon carcinogenesis in mice[J]. Probiotics Antimicrob Proteins, 2017, 9: 163 - 171.

[49] Dos Reis SA, da Conceicão LL, Siqueira NP, et al. Review of the mechanisms of probiotic actions in the preventiuon of colorectal cancer[J]. Nutr Res, 2017, 37: 1 - 19.

[50] Wang G, Yu Y, Wang YZ, et al. Role of SCFAs in gut microbiome and glycolysis for colorectal cancer therapy[J]. J Cell Physiol, 2019, 234: 17023 - 17049.

[51] Sougiannis AT, VanderVeen BN, Enos RT, et al. Impact of 5 fluorouracil chemotherapy on gut inflammation, functional parameters, and gut microbiota[J]. Brain Behav Immun, 2019, pii: S0889 - 159131227 - 3.

[52] De Almeida CV, de Camargo MR, Russo E, Amedei A. Role of diet and gut microbiota on colorectal cancer immunomodulation[J]. World J Gastroenterol, 2019, 25: 151 - 162.

[53] Liu CJ, Zhang YL, Shang Y, et al. Intestinal bacteria detected in cancer and adjacent tissue from patients with colorectal cance[J]. Oncol Lett, 2019, 17: 1115 - 1127.

第 26 章　肠道微生物在肝癌中的作用机制以及防治策略

肝细胞癌（hepatocellular carcinoma，HCC）是最常见的原发性肝癌，是导致 HCC 的重要因素，慢性损伤的危险因素种类诸多，如药物所致肝损伤、饮酒、自身免疫或乙型肝炎病毒（hepatitis B）感染、丙型肝炎病毒感染等。

人体肠道微生物群由 100 万亿多个微生物细胞组成，它们在人类肠道内共存，在调节肠道的生理、代谢、营养和免疫系统方面发挥重要作用。在解剖结构上，肝脏通过门静脉接受来自消化道的血液供应，同时也接触到肠道来源的细菌和细菌代谢产物，易位的肠道菌群和细菌代谢产物直接导致慢性肝病的发生、发展。细菌及其代谢产物易位所致直接慢性损伤和代谢产物所致慢性损伤是 HCC 发生和进展的重要原因，但是，随着肠道微生物-肝轴线在慢性肝脏损伤中的研究进展，合理应用及调节肠道菌群逐渐成为一个很有前途的预防方法，对改善 HCC 的发生和进展具有积极作用。

本章将从肠道菌群所致 HCC 发病机制的角度，阐述合理应用和调节肠道菌群对 HCC 发生、发展的调控作用，以及基于肠道菌群治疗和诊断的前景，期待为 HCC 的防治提供新的思路。

第 1 节　肝细胞癌发生发展的机制

肝细胞癌的发生和发展是由于机体遗传背景及不同的环境危险因素共同引起的，90％的 HCC 发生在慢性炎症性肝病的进展过程中。除了病毒的直接致癌作用，肝脏微环境的慢性变化，包括新生血管的形成、纤维炎性基质的形成、宿主肝细胞生长内环境稳态的改变和免疫防御功能的改变等，是 HCC 发生的重要机制，也是 HCC 进展的原因。本节重点就肝脏微环境中肝脏非实质细胞（库普弗细胞和肝星状细胞）及免疫细胞在微环境慢性变化中的作用做一概述。

一、肝非实质细胞功能改变

（一）库普弗细胞

KC（Kupffer cell，库普弗细胞）约占肝细胞总数的 15％，是单核吞噬细胞系统中首先接触免疫反应、感染或有毒物质的细胞，是重要的清除微生物、内毒素、退化细胞、免疫复合物和各种血液传播粒子的清除剂。同样的，KC 在提呈抗原、调节肝脏免疫系统中发挥重要作用，并积极参与对病毒和肿瘤细胞的防御，KC 活化被认为是一种可能的抗肿瘤机制。KC 是对抗 HCC 发生、发展的重要的非实质细胞。

目前认为，KC 抗瘤作用主要通过以下两种方式实现。

1. 直接杀伤作用　KC 释放 TNF-α 和诱导型一氧化氮（inducible nitric oxide synthase，iNO）来诱导细胞毒性 T 淋巴细胞（cytotoxic T lymphocyte，CTL）和自然杀伤细胞（natural killer cell，NK）、诱导癌细胞凋亡、吞噬癌细胞等。

2. **免疫调节作用** KC 能产生 IL-12,刺激 NK 产生 IFN-γ 和活化的 NK T 细胞,从而获得较强的抗肿瘤细胞毒性细胞。

KC 表达与凋亡机制相关的特异性受体和配体,对凋亡小体具有旺盛的吞噬活性,可作为调节肝细胞和 T 淋巴细胞程序性细胞死亡的调节因子。Sun 等对大鼠做敲除 KC 自噬基因处理后,发现 HCC 进展速度在这类基因缺陷大鼠中的速度明显快于正常组,在自噬缺陷的巨噬细胞中,线粒体活性氧簇(ROS)通过增强 NF-κB 相关途径增加 IL-1α/β 产生来介导炎症和纤维化促进作用。阻断线粒体 ROS 和阻断 IL-1 受体均阻止了在癌前期阶段由自噬相关基因-5 敲低引起的纤维化、炎症和肿瘤发生。LPS 激活的 KC 还能产生 IL-6,刺激肝细胞产生急性时相蛋白,补体成分通过 Fcγ 受体 Ⅱ 刺激 KC 并增强其吞噬活性。

(二) 肝星状细胞

肝星状细胞(hepatic stellate cells,HSC)是慢性肝病中最重要的促纤维化细胞类型。在肝损伤过程中,HSC 经历了从"静止"细胞向"活化"细胞的表型转化(active hepatic stellate cell,aHSC),表现为细胞增殖、收缩、细胞外基质合成和分泌增加,基质蛋白酶活性改变和促分裂因子分泌,这些介质都可促纤维细胞和促炎细胞增殖。

在 HCC 的发展过程中,aHSC 是形成肿瘤生长的细胞微环境的主要因素之一。HSC 在慢性刺激下被激活,表达并分泌更高水平的胶原,形成厚厚的、高度交联的胶原束。这些细胞逐渐收缩,进而渗透到肝脏肿瘤的基质,定位于肿瘤窦内、纤维间隔内和纤维间隔周围。一些研究表明,人源性 HCC 细胞与人源性 HSC 共培养后,人源性 HSC 双向交叉作用促进人源性 HCC 细胞增殖、迁移,并诱导炎症反应。人源性 HSC 和人源性 HCC 细胞同时植入裸鼠皮下后,肿瘤的生长速度、坏死程度和侵袭性明显更剧烈。

aHSC 产生多种细胞因子和趋化因子,可改变内环境,促进肿瘤增殖。有研究将肝癌细胞暴露于 aHSC 的条件培养液中,在无血清培养基中培养 24/48 小时。该条件培养液含有细胞因子、生长因子、细胞外基质和 HSC 分泌的可溶性因子。aHSC 通过产生血管生成因子、调节内皮细胞和肝细胞增殖的因子以及重构细胞外基质来协助肝再生。有研究表明,在祖细胞介导的肝再生中,肝星状细胞可能通过间充质向上皮过渡的过程产生肝细胞。aHSC 可分泌细胞因子,如肝细胞生长因子(hepatocyte growth factor,HGF)和胰岛素样生长因子(insulin-like growth factor,IGF),这些因素可直接促进肝祖细胞和肝细胞的增殖,也可通过窦内皮细胞和免疫细胞间接促进。aHSC 另一种主要的促癌作用是产生细胞外基质,细胞外基质在调节细胞形态、发育、迁移、增殖和细胞功能等方面发挥着重要作用,是基质金属蛋白酶及其抑制剂参与细胞外基质重构的主要功能。

aHSC 在诱导血管形成方面具有重要作用。aHSC 在纤维化和新的微血管形成过程中的促血管生成作用是进一步加重疾病的关键,并有助于肿瘤和基质细胞以及细胞外基质微环境的整体形成和动态调整。Yan 等通过上调 Gli-1 基因的表达来证明 HSC 在 HCC 中诱导血管生成。而下调 Gli-1 表达,可消除 HSC 诱导的血管生成并抑制了 HepG2 细胞中 ROS 的产生与 IL-6 和趋化因子基质细胞衍生因子(CXCL)4 受体的表达。这些发现表明 Gli-1 可能是预防 HCC 血管生成的靶标,在预防 HCC 进展方面具有有益作用。

二、免疫调节功能细胞的改变

(一) 非特异性免疫细胞——自然杀伤细胞

NK(natural killer cell,自然杀伤细胞)在人类中以 CD56+ 和 CD3− 为主要特征,当病原体通过全身循环进入门静脉后,NK 细胞可启动免疫功能,消除肝窦中的外源性病原体,是天然免疫的主要参与者,参与对癌症和某些病毒感染细胞的早期防御。与高度特异性抗原受体的相应 T 细胞不同,NK 细胞天生就配备了生殖细胞编码的激活和抑制受体,能够更高效地发挥防御作用。

NKs 抗肿瘤作用机制主要有三个方面。

第一,通过释放穿孔素和颗粒酶的方式诱导细胞凋亡。NK 细胞是抗体依赖细胞介导的细胞毒性的主要介质,NK 细胞释放细胞毒颗粒,分泌效应细胞因子,并与 Fas 配体和 TNF 相关的凋亡诱导配体等死亡诱导受体结合,刺激靶细胞凋亡。

第二,通过死亡受体的表达介导靶细胞的凋亡。通过调节细胞因子介导细胞的杀伤作用;NK 细胞及其产生的 IFN - γ 可能在抗肿瘤免疫中起重要作用,后者是通过诱导抗肿瘤免疫应答限制肿瘤细胞的生长,进一步彻底根除肿瘤细胞。

第三,通过抗体依赖细胞介导细胞毒作用。NK 细胞表达广泛的活化和抑制性受体,激活受体在转化细胞上结合配体并触发靶细胞溶解,而抑制性受体识别趋化因子基质细胞衍生因子(major histocompatibility complex, MHC)I 类分子,并通过抑制激活受体的活性来抑制细胞毒性,在免疫监视对肝脏免疫功能和抗肝癌免疫防御中起着关键。IL - 12 能激活 NK 细胞和 CD8$^+$ CTL,抑制肿瘤转移。然而,我们发现抑制静脉注射肿瘤转移的主要效应细胞是 NK T 细胞。NK 细胞和 CD8$^+$ 细胞毒性 T 细胞似乎是抑制皮下肿瘤生长的有效因子。

(二) 特异性免疫细胞——T 淋巴细胞

1. 细胞毒性 T 淋巴细胞　CTL 是一种具有特异性杀伤活性的 T 细胞,是机体清除肿瘤的主要效应细胞。清除肿瘤细胞最有效的细胞是 CD8$^+$ CTL,它专门识别与 MHC - I 分子相关的肿瘤抗原。在抗原提呈肿瘤细胞提呈抗原后,CLT 通过释放穿孔素和颗粒酶来杀肿瘤细胞,并能通过 Fas 配体介导肿瘤细胞的凋亡,对肿瘤细胞产生强烈的杀伤作用。关于 CD8$^+$ CTL 在 HCC 中的重要性方面,首先,肝癌组织中存在大量肿瘤浸润性 T 细胞,提示其在 HCC 的发病机制中起着重要作用。其次,肿瘤浸润 T 细胞的数量被认为是 HCC 预后良好的指标。最后,过继免疫治疗可以预防 HCC,减少手术后复发的风险。Flecken 等最近描述了一些肿瘤相关抗原(TAA)特异性 CD8$^+$ CTL 反应。作者将重叠肽(TAA)应用于一大群 HCC 患者,结果表明,不同类型的 TAA 可诱导 CD8$^+$ CTL 对 AFP 的应答,TAA 特异性 CD8$^+$ CTL 的数量或 TAA 靶点的数量与这些患者的生存呈正相关。最后,他们还证明 TAA 特异性 CD8$^+$ CTL 能够增殖,但不能在抗原接触后产生 IFN - γ。CD8$^+$ CTL 的活化取决于 T 细胞受体与主要的 MHC - I/表位复合物之间的相互作用,以及在适当的细胞因子环境中,协同刺激分子与其配体之间的相互作用。

除了 CD8$^+$ CTL,CD4$^+$ CTL 的杀伤效果也十分优良,以至于基于这一作用的免疫疗法是一种有前景的治疗策略,但是 CD4$^+$ CTL 的杀伤效果不及 CD8$^+$ CTL。Meng 等发现了使用 HBV 特异性 CD4$^+$ CTL 消除肿瘤细胞的可能性,作者运用 HBV 特异性细胞毒性 CD4$^+$ 和 CD8$^+$ CTL 治疗 HCC 患者,发现在 HBV 诱导的肝细胞癌患者中,HBV 特异性 CD4$^+$ CTL 和 CD8$^+$ CTL 以相似的数量存在,但与 CD8$^+$ CTL 相比,CD4$^+$ CTL 分泌较少的细胞溶解因子颗粒酶 A(GzmA)和颗粒酶 B(GzmB),并且在消除肿瘤细胞方面效果较差。此外,尽管能够分泌细胞溶解因子,但 CD4$^+$ CTL 抑制了 CD8$^+$ CTL 介导的细胞毒性。IL - 10 分泌的 Tr1 细胞富含 CD4$^+$ CTL,IL - 10 的中和消除了 CD4$^+$ CD25$^-$ CTL 对 CD8$^+$ CTL 的抑制作用。总之,该研究表明,在 HBV 相关的肝细胞癌中,CD4$^+$ CTL 介导的细胞毒性在宿主中天然存在并且具有发挥抗肿瘤免疫力的潜力,但其能力有限并且与免疫调节特性相关。

CTL 在效应任务后,启动特定的 T 细胞通过表达负的共刺激分子来关闭它们的效应细胞活动,从而产生一个持续的记忆 T 细胞群体。

但是,随着抗原负荷越大,CTL 会出现衰竭,疾病持续时间越长,衰竭的程度就越大。通常情况下,IL-2 的产生、高膨胀能力和体外杀伤等功能会首先丧失。随后,CTL 失去产生 TNF-α 的能力,其扩张能力和抗原诱导的 IFN-γ 的产生也受到损害。

2. 调节性 T 细胞(regulatory cell,Treg)　Treg 是一类控制体内自身免疫反应性的 T 细胞亚群,是一群具有抑制功能的细胞,Treg 大多数来源于胸腺、外周组织或者由已活化的 Treg 增殖产生。胸腺产生的 Treg 在进入外周后受到各类自身抗原、体液因子等多种因素的刺激后被活化。这种激活后具有功能的 Treg 接触 DC 后可以诱导产生具有抗原特异性的 Fox P3 抗体,它是 Treg 内的一种有标记意义的分子,它的表达上调可以促进 Treg 继续增殖分化。Treg 的数量增加或者效应增强时,可导致机体的免疫应答下调,导致肿瘤细胞逃避。

Treg 可以分泌 IL-10、TGF-β1 等细胞因子,并由这些效应因子来帮助 Treg 达到限制 CTL 增殖和免疫功能的调节作用。Treg 也可使 DC 细胞和 NK 细胞的功能受到抑制。Treg 增殖过程中大量消耗 IL-2 和 ATP,ATP 水解后能促进 cAMP 的大量产生,这些都能干扰效应 T 细胞代谢并有抑制效应 T 细胞增殖的作用。

$CD4^+CD25^+$ Treg 被认为是在细胞表面同时表达 $CD4^+$ 和 $CD25^+$ 的细胞。在患者体内中,$CD4^+CD25^+$ Treg 可能有利于肿瘤的发生和生长,影响肿瘤的病程,抑制效应 T 细胞的增殖和细胞因子的产生。

3. 辅助 T 细胞(helper T cell,Th)　Th 是参与炎症反应的淋巴细胞,能识别特异性抗原,同时辅助其他淋巴细胞发挥功能。根据其产生的细胞因子的种类,细胞可分为两类。① Th1(促炎)胞因子:Th1 所分泌的细胞因子,如 IL-1、IL-2、IL-12、TNF-α 和 IFN-γ,在肿瘤微环境中起着抗肿瘤作用。这些细胞因子刺激肝脏产生病毒特异性 $CD8^+$ TCL,导致病毒清除;IL-2 和 IFN-γ 是细胞最主要的细胞因子,具有强大的抗肿瘤作用,IL-2 参与抗体反应和肿瘤监视,并且可以促进活化的细胞增殖,还是所有细胞亚群的生长因子,在免疫调控中起到非常重要的作用。② Th2(抗炎)细胞因子和 Th17:Th2 所分泌的 IL-4、IL-5 和 IL-10 则介导了促肿瘤作用,Th1/Th2 比值高与胰腺癌生存率提高有关,它们能诱导 Th1,刺激 B 细胞的活化/分化。Th17 在胰腺癌、黑色素瘤、结直肠癌中具有促肿瘤作用。Yan 等发现,HCC 患者的肿瘤中 Th17 和 Th1 细胞水平显著增加($P<0.001$)。HBV 相关 HCC 中 Th17 与 Th1 的比值高于非 HBV 相关 HCC。Th17 与 Th1 的比值可作为评估 HCC 严重程度的潜在预后指标。

Th17 可产生促进肿瘤发生和转移的重要因子,如 IL-17。IL-17 主要作用于肿瘤细胞和肿瘤相关基质细胞,诱导血管生成,产生 IL-6、IL-8 和基质金属蛋白酶。IL-6 和转化生长因子-β 联合作用诱导 Th17 从幼稚 T 细胞分化。IL-17 刺激肿瘤细胞及其周围细胞诱导 IL-6 表达,进而激活信号转导子和转录激活因子-3(signal transducer and activator of transcription,STAT3)。STAT 3 与多种致癌信号通路相连,在肿瘤细胞和肿瘤微环境条件下的免疫细胞中均被激活。IL-23/IL-17 在人和小鼠肿瘤发生和转移中的重要作用是通过诱导血管生成、IL-6、IL-8 和基质金属蛋白酶的表达来实现的。

综上所述,除了肝细胞本身基因的改变和供应丰富的血流量,肝脏内微环境的改变和免疫调节功能的改变同样在 HCC 的发生、发展中具有重要作用。肝脏非实质细胞和免疫细胞功能的改变在调节肝脏内微环境方面发挥重要作用,KC 本身具有抵御肿瘤的作用,但是 HSC 则不能起到抵御肿瘤的作用。不同类型 T 细胞的相互配合能够起到抵御肿瘤的作用,但是随着病情的时间的延长,不同类型 T 细胞相互之间的配合紊乱,这种保护作用反倒可能会变成损伤作用(表 26 - 1)。

表 26 - 1　KC、HSC、NK、CTL、Treg 和 Th 在肝癌形成过程中的作用

细　胞	抑制 HCC	促进 HCC
KC	1. 释放因子直接杀伤:TNF - α 等 2. 释放因子调节免疫细胞:IL - 12 等	
HSC		1. 产生多种细胞因子和趋化因子(如 HGF 和 IGF),可改变内环境,促进肿瘤增殖 2. 诱导血管形成 3. 产生细胞外基质 4. 分泌更高水平的胶原
NK 细胞	1. 释放穿孔素和颗粒酶 2. 调节细胞因子介导细胞的杀伤作用 3. 通过抗体依赖细胞介导细胞毒作用	
CTL	CD4+ CLT 和 CD8+ CLT 通过放穿孔素和颗粒酶来杀肿瘤细胞,并能通过 Fas 配体介导肿瘤细胞的凋亡	
Treg		分泌 IL - 10、TGF - β1 等细胞因子,限制效应 T 细胞的增殖和免疫功能的调节作用
Th	Th1 分泌细胞因子,如 IL - 1、IL - 2、IL - 12、TNF - α 和 IFN - γ,具有抑肿瘤作用	1. Th2 分泌细胞因子,如 IL - 4、IL - 5 和 IL - 10,具有促肿瘤作用 2. Th17 诱导血管生成,产生 IL - 6、IL - 8 和基质金属蛋白酶,具有促肿瘤作用

<h2 style="text-align:center">第 2 节　肠道菌群失调在肝细胞癌发生、发展中的分子生物学机制</h2>

大量研究发现,肠道菌群失调对肝细胞癌的发生、发展进程具有显著的影响。本节就肠道菌群代谢产物的损伤、肝-肠循环破坏和致病菌的直接打击三个方面,对肠道菌群失调在 HCC 发生、发展中的作用进行解读。

一、肠道菌群主要代谢产物对肝细胞癌发生、发展的影响

(一)脂多糖通过影响非实质细胞、肝脏细胞和免疫细胞的功能促进肝细胞癌进程

脂多糖(LPS)是革兰阴性菌细胞壁的主要成分,细菌死亡溶解后释放,对宿主细胞具有极大毒性。LPS 广泛存在于多类肠道细菌的细胞壁中,肠道菌群的紊乱和肝脏代谢功能的损害致使 LPS 的产生增加,而肠道菌群紊乱导致肠源性 LPS 易位,储存在肝脏中,促进肝脏炎症、纤维化、增殖和抗凋亡信号的激活,是引起 HCC 发生、发展的重要物质。

据了解,LPS 的病理作用是间接的,即 LPS 通过引发一系列宿主介导的反应:最初刺激单核细胞和巨噬细胞,然后中性粒细胞和血小板聚集在微血管中,造成血管损伤。炎症细胞释放一系列内源性介质,包括花生四烯酸代谢物、血小板活化因子、IL - 1、IL - 6、TNF - α、一氧化氮、有毒代谢物、血管活性胺、蛋白酶以及补体和凝血级联产物。

1. **肝实质细胞(parenchymal cells of hepatic,HPC)**　LPS 对肝祖细胞的增殖和分化均具有重

要的影响。LPS 抑制 HPC 向成熟肝细胞的分化以及抑制胆管样结构的形成,从而影响肝脏功能的正常发挥。与此同时,HPC 的分化抑制和过度增殖会增加突变的可能。Li 等发现,在长期对裸小鼠给予 LPS 处理后,人源性 HPC 可转变为肿瘤细胞。进一步研究发现,这是因为 LPS 可激活 HPC 中的 NF-κB 通路,进而促进 HPC 的过度增殖所致。

　　Toll 样受体-4(TLR-4)家族广泛分布于肝脏细胞中,是宿主对感染的炎症反应的重要介质,在促进过度增殖方面扮演着不可或缺的角色。有研究发现,TLR-4 在小鼠体内凋亡相关指标(如 Caspase 3)的表达明显升高,肝癌细胞的凋亡明显增多。LPS 是 TLR 重要的配体之一。LPS-TLR-4 信号轴的激活,为 TLR-4 信号通路参与促进肝癌细胞的存活和增殖提供了可能。Yu 等发现肠道灭菌和 TLR-4 的消耗可以降低肝肿瘤的发生率并抑制肿瘤的生长。Wang 等发现,TLR-4 在 HCC 中的表达与细胞增殖标志 Ki-67 的表达呈正相关。LPS-TLR-4 信号轴可直接激活 NF-κB 和 MAPK 信号通路,NF-κB 通路作为炎症反应的关键环节,可增加 ERK 和 JNK 活性,调节 Bax 向线粒体的易位,促进细胞存活和增殖,促进 HCC 的增殖和抑制细胞凋亡而发挥重要的促进作用。

　　2. 肝非实质细胞(nonparenchymal cell of hepatic,NPC)　近年来,临床和流行病学数据均提示,炎症和非特异性免疫在 HCC 发生、发展中具有重要作用。在炎症和非特异性免疫所致 HCC 的进程中,TLR-4 同样扮演着重要的角色。TLR 在 NPC 中的表达明显多于肝脏细胞,对 LPS-TLR 连轴的激活反应更强。

　　KC 作为肝脏的巨噬细胞,是炎症因子的最主要来源,LPS 通过门静脉进入肝脏,通过 KC 表面的 TLR-4 受体实现两步反应:① 启动和刺激促炎细胞因子的转录,进而促使 KC 释放促炎细胞因子,如 TNF-α。② 激活的非特异性免疫系统通过髓系分化初级应答蛋白诱导促炎细胞因子和 IFN 诱导蛋白的产生。除了增殖通路中的重要作用,NF-κB 通路也是炎症反应通路的关键环节。除此之外,LPS-CD14 连轴可激活髓系分化初级应答蛋白 88(Myeloid differentiation primary response protein 88,MYD88)-TNF-α 通路,同样可促进炎症、氧化应激等级联反应。研究表明,激活 KC 中的 LPS-TLR-4 信号通路,可导致 TNF-依赖性和 IL-6 依赖的代偿性肝细胞增殖,从而减少氧化应激和凋亡。

　　LPS 可直接激活同样广泛分布于 HSC 表面的 TLR,或通过激活 KC 释放前炎症细胞因子而间接激活 HSC 表面的 TLR。在非激活状态下,NF-κB 转录因子与 κB 家族的抑制因子或 NF-κB 前体 P100 在细胞质中复合。LPS 与 HSC 表面的 TLR-4 结合,释放出生长因子(如表皮调节素)和 TNF-α 等介导因子,激活 NF-κB 通路。TLR-4 激活导致 NF-κB 介导的肝细胞表观调节蛋白的上调,肝细胞表观调节蛋白是表皮生长因子家族成员,对促进肝细胞分裂具有较强的作用。有研究发现,在小鼠中做肝细胞表观调节蛋白基因抑表达后,LPS 所致的肝细胞癌变情况会发生明显的好转。TLR-4 激活同样导致 HSC 活化为 aHSC,进而促进肝脏损伤转为慢性化,慢性炎症反应、纤维化等为肝细胞癌变和肝转移癌的重要前提。

　　3. 免疫细胞　肠道微生物和特异性免疫之间存在着密不可分的关系。有研究发现,肠道微生物群缺失时,其导致胰腺癌和黑色素瘤模型皮下肿瘤的发生发展明显减轻,胰腺癌、结肠癌和黑色素瘤模型的肝转移概率也明显减少。肠道菌群代谢产物与 CD4$^+$ T 细胞表面 TLR 结合,可激活 IL-23/IL-17 轴,IL-17a 在抵御真菌和细菌病原体方面起着关键作用,介导炎症反应,并促进结肠癌的发展,HCC 中亦是如此。有研究总结,肠道微生物群减少时,CD4$^+$CD3$^+$ 和 CD8$^+$CD3$^+$ 显著增加。T 细胞所分泌 IFN-γ 的显著增加,IL-17a(IL-17a$^+$CD3$^+$)和 IL-10(IL10$^+$CD4$^+$CD3$^+$)的数量也相应减少。Yu 等发现肠道灭菌和 TLR-4 的消耗可以降低肝肿瘤的发生率并抑制肿瘤的生长。

　　但是,特定的肠道菌群所分泌的 LPS 反而能够通过对 T 细胞的调节作用,发挥抑制肿瘤发生、发展的作用。研究发现,用百日咳博氏杆菌制备的 LPS 具有抗肿瘤作用。DC 通过 TLR-4 识别微生物上表达的病原体相关的分子模式,进而激活天然免疫,产生细胞因子(如 IL-6 和 IL-12),引发特异性免疫反应。IL-12 通常由巨噬细胞和 DC 产生,决定 $CD4^+$ 亚群(Th1 细胞)的分化,从而产生 INF-γ,激活 NK T 细胞和细胞毒性 $CD8^+$ T 细胞。这一反应明显体现出 LPS 的抗肿瘤作用。也有研究发现,螺旋藻 LPS 可促进肿瘤 $CD4^+$ T 细胞向 Ths1 细胞的分化。随后,Th1 来源的 IFN-γ 抑制 Ths-17 的分化,促进 $CD8^+$ T 细胞的活化。此外,螺旋藻 LPS 还可能通过不依赖于干扰素的 γ 途径抑制 IL-17 的产生,肿瘤进展过程中,IL-17 升高可阻止产生 IFN-γ 的 T 细胞,螺旋藻 LPS 可能通过降低 IL-17 的产生而恢复 Th1 细胞的生成。除此之外,螺旋藻 LPS 还可以通过减少 IL-17 诱导的血管生成来抑制肿瘤的生长。螺旋藻 LPS 介导的 TLR-4 信号转导可能通过调节共刺激分子和细胞因子的表达方式而引起抗原提呈细胞状态的改变,从而导致 Th17 细胞的发育减弱。

(二) 脂磷壁酸(lipoteichoic acid, LPA):不同细菌的 LPA 在 HCC 发生、发展中具有不同的作用

LPA 是革兰阳性菌细胞壁成分之一,增强某些致病菌对宿主细胞的粘连,避免被白细胞吞噬,是细菌稳定定植于宿主中的重要细胞壁成分。当肠道屏障作用受损后,LPA 可由肝-肠循环进入肝。

某些特定的肠道菌群的 LPA 具有抗肿瘤作用,举例而言,双歧杆菌是人体和动物结肠中一种重要的益生菌,双歧杆菌来源的 LPA(lipoteichoic acid of Bifidobacterium,BLTA)具有抗肿瘤和免疫调节作用。Guo 等发现,BLTA 制剂与 5-氟尿嘧啶连用时,可增加 5-氟尿嘧啶对 Hepatoma-22 细胞扩增的抑制作用。究其原因,BLTA 能够抑制通过 Tim-3/Tim-3L 通路而减低 $CD4^+$ $CD25^+$ Tregs 的活性,提高 T 淋巴细胞增殖和 IFN-γ 分泌水平,增强 NK 细胞和 CTL 的细胞毒活性,从而提高宿主自身的肿瘤免疫力,减轻免疫耐受反应。

但是,某些特定菌群的 LPA 也可为肿瘤的增殖创造适宜的环境,LPA 也是 TLR-2 的重要配体,Loo 等发现,LPA 与肥胖诱导的肠道微生物代谢物脱氧胆酸与 HSC 表面的 TLR-2 结合,促使 HSC 的 DNA 损伤,环氧酶(cyclo-oxygen-ase,COX)-2 表达上调,调节前列腺素 E2 表达,进而抑制 $CD8^+$ T 细胞功能,抑制抗肿瘤免疫。

(三) SCFA:抑制 HCC 发生发展

经吸收进入肠道的碳水化合物的发酵作用直接导致微生物在结肠中形成 SCFA,SCFA 主要包括乙酸、丙酸和丁酸,可通过肝-肠循环直接进入肝脏,发挥保护作用。SCFA 明显减轻炎症反应,进而发挥减轻肝脏损伤的保护作用。Sahuri-Arisoylu 等发现,高脂饮食饲养的小鼠在给予 SCFA 干预后,血清转氨酶降低,电镜下脂肪淤积减少、线粒体损伤减轻,肝脏损伤明显减轻。

在抑制 HCC 进展方面,SCFA 的保护作用主要体现在两方面:① 抑制癌细胞增殖。有研究发现,在人癌细胞中,SCFA 通过抑制细胞增殖、诱导分化和细胞死亡而影响细胞周期和 HCC 发生、发展进程。SCFA 的这种抑制作用主要通过 caspase 3 和 7 的激活、组蛋白去乙酰化酶的活性降低等方式实现。② 免疫调节与减轻炎症反应。游离脂肪酸受体(free fatty acid receptor,FFA)-2 和 FFA-3 是 SCFA 的重要受体,主要分布在免疫细胞中。Bindels 等发现,菊粉型果胶的摄入可促进肠道细菌分泌 SCFA,对急性白血病小鼠模型给予菊粉型果胶后,肝外肿瘤的转移明显减低,进一步探索机制发现,肝门静脉 SCFA 明显升高,肿瘤浸润减少,炎症反应减轻,丙酸通过 cAMP 水平依赖性途径和游离脂肪酸受体-2 的活化,抑制 BaF 3 细胞的生长。

二、胆汁酸肠肝循环破坏对肝细胞癌发生发展的影响

肠肝循环指胆汁酸随胆汁进入肠道后,在肠道中又重新被吸收,经门静脉又返回肝脏的现象。肠

肝循环主要包括 4 个步骤：① 以胆固醇为原料合成初级游离胆汁酸即胆酸和鹅脱氧胆酸,两者再与甘氨酸或牛磺酸结合生成初级结合胆汁酸,以胆汁酸钠盐或钾盐的形式随胆汁入肠。② 进入肠道的初级胆汁酸在发挥促进脂类物质的消化吸收后,在回肠和结肠上段,由肠道细菌酶催化胆汁酸的去结合反应和脱 7α-羟基作用,生成次级胆汁酸。即脱氧胆酸和石胆酸。③ 重吸收的胆汁酸经门静脉重新入肝。

1. 肠道功能异常和内毒素血症　肠肝循环出现异常,肠道内胆汁酸减少或肠肝循环障碍均可诱发小肠细菌过度生长,导致肠道功能出现异常和内毒素血症。研究表明,HCC 特别是合并肝硬化患者体内,由于胆汁酸贮存功能障碍,血清中胆汁酸浓度增高,导致尿中硫酸化胆汁酸的排出量也随之升高。法尼酯 X 受体(farnesoid X receptor,FXR)主要表达在肝脏、小肠等,FXR 在保持胆酸代谢的平衡和防止 BA 介导的肝脏毒性方面具有重要功能,FXR 调控参与 BA 合成、运输、结合反应和解毒等代谢过程的各种基因的表达,初级胆汁酸和次级胆汁酸均可有效地激活 FXR,激活的 FXR 可有效抑制限速酶 Cyp7A1 基因的表达,FXR 还可以通过刺激肝细胞内成纤维细胞生长因子-19(Fibroblast growth factor 19,FGF-19)的分泌来间接抑制 Cyp7A1 基因的表达。FXR 被胆酸激活后可抑制胆酸的重新合成,持续高水平的胆酸会导致肝脏中毒性损伤,在损伤修复过程中,肝脏实质和间质的异常增殖和炎症反应是最终导致肿瘤发生的重要原因,KC 所分泌的促炎细胞因子(如 IL-6、TNFα 等)的表达,为肿瘤的生成提供细胞环境。当 BA 累积到一定浓度时,它们通过 EF-G(elongation factor G,延伸因子-G)受体诱导 HSC 的增生,激活的 HSC 能产生大量的细胞外基质促使肝纤维化的发生,还可诱导肿瘤性肝细胞的生成。

2. 肠道菌群和代谢产物对胆汁酸的肠肝循环的破坏作用　肠道菌群的组成和变化均会影响 BA 的代谢产物。如双歧杆菌和乳酸菌中的胆盐水解酶也会分解初级胆汁酸质,7α 脱羟酶则会将初级胆汁酸转化为次级胆汁酸,在调节炎症信号和免疫方面起着关键作用。LPS 与胆固醇的作用相辅相成,LPS-NF-κB 信号通路可增加细胞内胆固醇的积累。胆固醇的积累反过来促进 LPS-NF-κB 诱导的炎症效应,提示炎症和胆固醇代谢的积极正反馈。

3. 肠道菌群失调　是肠肝循环紊乱的重要因素,对 BA 肠肝循环最大的影响是次级胆汁酸含量增加并排出困难。如在肠道菌群失调的情况下,特别是产气荚膜梭菌属的增多,可直接导致血清脱氧胆酸(deoxycholic acid,DCA)水平升高。有研究发现,抑制初级胆汁酸 7α-脱羟基进程、抑制 DCA 的形成,可显著减少小鼠肝癌的发病率。对于造成这种现象的原因,有研究认为是由于 DCA 通过延缓 HSC 衰老速度,同时通过前列腺素 E2 依赖机制抑制抗肿瘤免疫细胞的功能。在肠道菌群失调时,结肠的革兰阳性细菌(如梭菌)会将初级胆汁酸代谢成次级胆汁酸,次级胆汁酸抑制肝窦内皮细胞的活化,HCC 的发生、发展明显增速。但初级胆汁酸则促进肝窦内皮细胞产生 CXCL16,从而为肝内 NKT(natural killer T,自然杀伤 T)细胞的合成提供了强有力的刺激,肝内 NK T 细胞产生大量 INF-γ,具有抗肿瘤作用。也有研究发现,梭菌 *Clostridium coccoides* 和 *Clostridium leptum* 是促进初级胆汁酸水解为次级胆汁酸的重要菌类,次级胆汁酸直接影响免疫球蛋白含量,通过天然菌类提取物抑制这两类菌类的功能后,SD 大鼠出现癌症的风险明显降低。

三、肠道菌群的直接损伤作用对肝细胞癌发生、发展的影响

通过肠-肝轴所吸收的肠道内容物(包括肠道微生物相关的代谢物和成分)在 HCC 中具有重要作用,它们直接影响肝脏细胞生长环境的动态平衡。肝癌患者大都伴随有门静脉高压性胃肠病,即肠黏膜通透性增高,肠道有效血循环障碍,长期处于缺血、缺氧状态,诱导黄嘌呤氧化酶的激活,产生大量

自由基,肠黏膜遭受损伤,导致肠道机械屏障功能和抵抗力降低,这些功能异常均促进了肠内细菌的易位。当肠道菌群失调后,其菌群的定植抵抗力减弱,肠道不能发挥屏障保护作用,紧密连接减弱,通透性增加,引发肠道中其他潜在性病原体(包括条件致病菌)的定植和入侵。内毒素不经过肝脏而是直接进入体循环血液中,门静脉压力骤升引发肠道黏膜出现水肿,导致肠黏膜通透性增高;KC 的清除能力大为降低,导致进入门静脉系统的细菌及内毒素不能及时清除(图 26-1,见彩图)。

第 3 节　肠道菌群失调对肝脏慢性病变所致肝细胞癌发生、发展的影响

肝细胞癌是肝脏慢性疾病过程的结果,80%~90% 的 HCC 发生在晚期纤维化或肝硬化患者肝脏中,在没有肝病的情况下,HCC 几乎从不自发发生。因此,肝硬化的存在是 HCC 发生最重要的危险因素。除肝硬化外,还存在其他因素,而且每一种潜在的肝病都会对肝硬化发展为 HCC 带来一定风险,如 HBV 慢性感染、HCV 慢性感染、非酒精性脂肪性肝病等。

炎症反应在促进癌细胞再生方面具有重要作用。有研究发现,在暴露于 HCV、HBV、酒精等危险因素后,由 KC、DC 和 HSC 促使肝脏细胞发生炎症反应。慢性炎症和相关的再生伤口愈合反应与纤维化的发展密切相关。炎症过程涉及触发分子和细胞事件,导致从肝损伤到纤维化,并最终导致肝癌。

慢性炎症可很大程度影响肝脏的微环境,这包括肝细胞遗传学改变和细胞信号的改变。

一、肝细胞遗传学改变

慢性炎症和纤维化是促使许多 HCC 发生、发展的重要因素,病毒感染引起的免疫介导的细胞死亡导致 ROS 增加。这导致肝细胞氧化应激增加,引起 DNA 突变,促进肝癌的发展。乙醇的摄入与肝细胞中 ROS 浓度的增加有关,导致肝 DNA 损伤。慢性炎症导致肝细胞增殖增加,端粒变短,染色体不稳定,易发生恶性转化。已在肝癌中被确认并被认为是进展中的驱动因素的基因组改变,包括影响端粒维持的突变、Wnt 通路激活、p53 失活、染色质重塑、雷帕霉素信号的机制靶标和 Ros 通路起始等。在细胞因子存在和氧化应激增加的情况下,肝祖细胞增殖以取代肝细胞,促进了突变的发生。肝细胞有很大的再生潜力,但我们知道这会使细胞发生恶性转化。人类肝脏不仅由肝细胞组成,而且还包括成体干细胞和祖细胞,这些细胞可能是肿瘤的潜在来源细胞。

二、细胞信号的改变

慢性炎症可进展为纤维化和肝硬化,这反过来又会引起微环境的进一步变化。肝实质缺氧导致分子信号的改变,血管生成因子上调,如血管内皮生长因子(vascular endothelial growth factor,VEGF),这会促进血管生成和肿瘤生长,正是独特的周围微环境使肿瘤得以发生,肝内细胞因子的表达、HSC 所产生的细胞外基质,以及晚期肝硬化患者细胞因子 IL-6 的表达均有明显的改变,对肿瘤的发生、发展具有促进作用,巨噬细胞和中性粒细胞的活化以及促炎细胞因子(IL-6、IL-8、IL-1β、TNF-α)和趋化因子(CCL 2、CCL 20)的释放在肝癌的发病机制中起着重要的作用,HCC 是这一过程的最后阶段。IL-6 具有控制 NF-κB 信号的作用,在肝脏炎症和肝癌发生过程中,这两种途径都发生了改变。当巨噬细胞出现时,过表达也会促进肝癌的进展。部分研究还表明,HSC 能促进巨噬细胞的成癌性改变。一些学者把这一演进过程称为肝炎-纤维化-癌(IFC)轴,在肝炎的急性期和慢性期

都起非常重要的作用,并可以促进细胞增殖促进肝癌形成。肝窦内皮细胞和 KC 是 IL-6 的主要来源,另外,肝脏也表达丰富的抗炎因子,如 IL-10,IL-10 可以抑制 IL-6 水平的升高。还有研究发现,IL-10 可以有效降低肠源性内毒素小鼠的死亡率。诱导肠道菌群失调和破坏肠道黏膜都可以明显促进 DEN 诱癌过程中 IL-6 的分泌。

人们日益认识到胃肠道在包括肝癌在内的肝脏疾病中起着关键作用。正如我们以前所描述的,肝癌通常发生在发炎和纤维化的肝脏中,可见大量的免疫细胞浸润。通过门静脉,肝脏暴露于肠源性细菌代谢产物,而在晚期肝病中,肠道对 LPS 的通透性增加。LPS 的积累通过在肝脏环境中产生炎症反应,激活 KC 和内皮细胞释放促炎细胞因子,从而促进肝损伤,进而促进肝癌的发展。肝癌发生动物模型及肝癌患者体内 LPS 水平升高。Dapito 等发现 LPS 激活 TLR-4 有助于促进炎症和肿瘤的进展,肠道消毒抑制了肝癌的发生。肠道微生态失调是肝癌发生过程中的因素之一,可以成为预防和治疗这种肿瘤的未来靶点。晚期肝病和肝硬化患者肠道微生物的特征是潜在致病菌的增加,以及具有有益特性的细菌(益生菌)数量的减少。肝硬化患者肠道微生物组成的主要变化包括球菌 *Veillonella* 或链球菌的富集,同时也减少了梭菌群中的细菌。

三、各种原因慢性肝脏损伤所致慢性炎症促进肝细胞癌发生、发展

(一) 慢性肝纤维化

肝纤维化是肝创伤愈合反应的一部分,是所有类型的晚期慢性肝损伤的共同特点。值得注意的是,肝纤维化与肝癌的发生密切相关,80%~90%的 HCC 病例发生在纤维化肝脏中。因此,纤维化是肝癌发展的一个危险因素。Cirera 等发现了大约 10%的肝硬化患者出现肠道细菌易位,在肠系膜淋巴结中可见肠道生物。与肝硬化早期患者(Child-Pugh A 级)相比,晚期疾病患者中,细菌易位的频率也较高(Child-Pugh C 级)。随着时间的推进,慢性炎症的损害加深,肝脏实质细胞、血管、胆管正常排列结构的紊乱,肝纤维化会演进为肝硬化。Wang 等研究慢性 HBV 患者和健康人肠道菌群的变化,表明 CHB 患者肠道多形杆状菌群水平明显低于健康人。

LPS 的炎症刺激可能是一种潜在的分子联系。Seki 等发现,肠道菌群作为肝内 LPS 的主要来源,是慢性肝损伤肝纤维化发生的重要前提。在 169 例慢性肝病患者中,LPS 水平升高分别占慢性肝炎、慢性肝炎急性加重和肝硬化患者的 27%、85%和 41%。此外,根据 Child-Pugh 评分,血浆 LPS 浓度与肝功能损害程度相关,说明慢性肝病患者内毒素血症发展是肝损伤进展的驱动力。

肠源性 LPS 对参与肝纤维化发生发展的免疫过程有重要影响。有研究发现,在慢性肝损伤过程中,与肠道菌群完整的小鼠相比,经混合抗生素处理的胆管结扎小鼠血浆 LPS 水平明显减低,并可避免肝纤维化和(或)肝硬化的发生。TLR-4 突变小鼠与野生型小鼠比较,胆管结扎手术后纤维化明显减轻。有趣的是,这种效应可归因于 HSC 中 TLR-4 的敲除,而野生型 HSC 和 TLR-4 突变型的小鼠对胆道结扎的反应正常。在分子水平上,LPS 可导致静止 HSC 激活为 aHSC。TLR-4 下游 NF-κB 的激活,进而导致 TGF-β 受体的下调。这反过来又与这些细胞在炎症刺激(如 LPS)反应中的活化增加有关,并最终导致肝纤维化的发展。值得注意的是,最近的一项研究进一步支持了这样一种假说,即细菌源性 LPS 是肝纤维化发生的重要介质,LPS 结合蛋白缺乏的小鼠肝纤维化发生减少。此外,最近发现 aHSC 对低浓度的 LPS 有高度反应,为肠源性 LPS 与肝纤维化提供了潜在的细胞联系。综上数据均提示慢性肝病过程中门静脉和全身 LPS 水平的升高与 TLR-4/TGF-β 介导的 HSC 活化有关,并有助于胶原和其他细胞外基质蛋白的过度分泌和沉积,导致肝硬化的发生。

（二）非酒精性脂肪性肝病

近年，NAFLD 逐渐成为慢性肝损伤和 HCC 发展的主要因素，与其他原因所导致的慢性肝病相比，NAFLD 具有较低的个体肝癌发展的相对风险，但由于其高发病率，人口基数大，所以 NAFLD 继发的 HCC 人数逐年增加。

NAFLD 的发生与肠道微生物群的改变有关。无菌小鼠对高脂饮食引起的 NAFLD 具有抵抗力，然而，当用肠道微生物干预无菌小鼠后，小鼠体内脂肪含量和肝脏三酰甘油迅速增加，反过来，当高脂肪饮食诱发 NAFLD 时，它也会导致肠道微生物区系失调。肠道菌群的比例受饮食结构的影响，肠道菌群的丰富度和比例影响高脂饮食的抵抗力，举例而言，Liu 等将 30 只雄性 SD 大鼠随机分成 5 组（每组 6 只大鼠）：对照饮食（CON）组喂食正常饮食，游离高脂肪饮食组喂食高脂肪无限制饮食，限制性高脂饮食组喂食高脂限制性饮食，限制性高糖饮食组喂食高糖限制性饮食和高蛋白饮食组喂食高蛋白限制性饮食。游离高脂肪饮食组体重、内脏脂肪指数、肝脏指数、外周胰岛素抵抗、门静脉 LPS、血清转氨酶和肝脏甘油三酯均较高。与高蛋白饮食组组相比，限制性高脂饮食组和限制性高糖饮食组摄入相同的卡路里时，体重、内脏脂肪指数、血清甘油三酯水平均增加更明显，外周胰岛素抵抗更明显；与高蛋白饮食组相比，限制性高脂饮食组门静脉 LPS 增加也更明显。进一步比较发现，与 CON 组相比，游离高脂肪饮食组的厚壁菌、罗氏菌 *Roseburia* 和颤螺菌属 *Oscillospira* 丰度增加，拟杆菌 *Bacteroidetes*、副拟杆菌 *Parabacteroides* 和多形杆状菌 *Bacteroides* 的丰度减少；限制性高脂饮食组显示厚壁菌的丰度增加，*Parabacteroides* 的丰度减少；而限制性高糖饮食组显示出拟杆菌和 *Sutterella* 的丰度增加，拟杆菌与厚壁菌门的比例增加，厚壁菌门的丰度降低；高蛋白饮食组则显示拟杆菌、普氏菌、*Oscillospira* 和 *Sutterella* 细菌丰度增加，厚壁菌门丰度减少。反过来，不同的粪便肠道菌群的丰富度可作为判断和预示抵抗血清三酰甘油水平升高的指标，举例而言，NAFLD 患者粪便微生物群中的 *Faecalibacterium* 和 *Anaerosporobacter* 的丰富度较低，但有较高的 *Parabacteroides* 和阿里松菌属 *Allisonella* 的丰富度。

肠道通透性的改变促进了肠道菌群的损伤作用。NAFLD 患者肠道通透性增加，细菌过度生长，特别是革兰阴性细菌，增加了肝毒性产物如 LPS 的产生。肠道完整性的破坏增加了肠道的通透性，导致细菌易位，细菌内毒素进入门静脉，通过激活肝炎症细胞增加 NAFLD 发展的风险。细菌内毒素是由肝细胞上的 TLR 识别的，它能识别微生物的多种成分并启动免疫应答，当细菌 LPS 通过 TLR-4 信号时，信号最终激活 NF-κB 和促炎细胞因子。大量细菌内毒素进入门静脉，然后肝脏必须处理大量的内毒素，从而导致异常和破坏性的炎症反应，促进 NAFLD 的进展。肠道微生物群参与 NAFLD 发展的另一个机制可能是增加产生乙醇的细菌数量。这些细菌产生乙醇，可参与破坏肠道通透性，产生活性氧，从而导致肝脏炎症。

（三）病毒性肝炎

慢性乙型肝炎是非肝硬化环境下肝细胞癌发生的主要危险因素，慢性乙型肝炎患者肠道菌群结构与严重肝损伤前相比有明显变化，肠道菌群结构改变在慢性乙肝病毒感染中起着潜在的致病作用，慢性乙型肝炎和肝硬化患者肠内细菌群的结构和丰度有明显差异，肠道双歧杆菌和乳酸菌水平显著下降，而肠球菌和肠杆菌水平则显著高于健康人。慢性乙肝病毒携带者的肠道菌群也发生了同样的变化。Chou 等发现无肠道菌群的 HBV 感染成年小鼠经抗病毒治疗 6 周后不能检出 HBV，而含有 60% 肠道菌群的成年小鼠仍存在 HBV，这些数据表明肠道微生物在乙肝病毒免疫中起着至关重要的作用。慢性 HBV 肝衰竭患者血液中有较高水平的 LPS，提示 LPS 可能与疾病的严重程度有关。LPS 诱导 KC 释放免疫抑制介质，如 IL-10，抑制单核巨噬细胞炎症介质的释放和乙肝特异性免疫应答，进而抑制细菌和乙肝病毒的有效清除。此外,HSC 还表达 TLR-4,并能以 LPS-TLR-4 途径依赖的方式释放大量细胞外基质蛋白。这些蛋白质参与纤维化过程,也可能是导致慢性乙肝病毒感染发展成肝纤维化的因素之一。

在 HCV 患者中,有两种不同的损害方式导致从 CHV 到 HCC 的进展。一方面,HCV 直接损伤肝脏内的肝细胞、KC 和 HSC,导致纤维化沉积。另一方面,与免疫激活相关的病毒感染导致肝脏受损,改变肠道微生物组成,使这种慢性炎症状态持续下去,进而主要通过激活 TLR 和在 HSC 中发育衰老相关的分泌表型来增加纤维化和 HCC 的发生。对第 4 期丙型肝炎患者的研究表明,与健康对照组相比,丙型肝炎患者在门静脉水平上存在大量的细菌,而在正常人中数量略有增加。HCV 患者与不动杆菌、球菌(*Veillonella*)、考拉杆菌属(*Phascolarcto*)和普氏菌(*Faecalium Prevotella*)的丰富度具有相关关系。有研究发现,尽管丙型肝炎病毒已被根除,但是患者已经显示出一种慢性炎症状态,肠道微生物群的改变触发和维持了这种状态,这种慢性炎症的状态极易导致肝硬化。HIV 并发 HCV 一定程度对加速肝硬化进程具有重要作用,当 HIV 改变肠道微生物区系、肠道通透性以及先天和适应性免疫反应,使革兰阴性细菌或其抗原通过累进性损害进入血液循环至肝脏时,丙型肝炎病毒直接激活 KC 和 HSC,导致炎症和纤维化反应增强,由于 TLR-4 过度表达,肝细胞对 LPS 更敏感。

四、急性肝损伤:短期剧烈的炎症打击同样可促进肝细胞癌

急性肝损伤(acute liver injury,ALI)通常是由病毒和非病毒等多种因素引起。虽然 ALI 可能比慢性肝损伤引起 HCC 的相对风险较低,但是反复发生的 ALI、在慢性肝病基础上的急性打击和损伤,也是 HCC 发生发展因素。在这方面,酒精性肝硬化基础上的 ALI 发展为 HCC 的概率更高。此外,肝硬化患者、男性患者、55 岁以上患者、抗乙肝核心蛋白抗体阳性者以及酒精累积消耗量高的患者,其肝癌发展风险高。

肠道微生物群在 ALI 早期形成阶段具有关键的作用,即使是一次较大量饮酒也足以增加细菌易位。例如,大鼠门静脉血中的 LPS 含量从注射乙醇后的浓度增加到 30~80 pg/mL。同样,慢性酒精滥用患者的血清 LPS 水平也会升高。乙醇及其代谢物乙醛破坏紧密连接的能力是导致 ALI 患者高水平细菌易位的原因之一。此外,接受灌胃酒精喂养的小鼠出现肠道微生物紊乱,减少了 SCFA 的合成。肠道微生物-TLR-4 轴对 ALI 的影响起到关键作用,对缺乏 TLR-4 小鼠给予不可吸收抗生素进行肠道消毒后,小鼠的肝脂肪变性、氧化应激和炎症可减轻。有研究发现,应用乙醇喂养 TLR-4 基因缺乏的小鼠,表达 HCV NS5A 蛋白[NS5A(non-structural 5A,非结构蛋白 5A)],致使肝癌的发生、发展概率明显减低,提示肠道微生物-TLR-4 信号轴与丙型肝炎病毒协同促进肝癌的发生。这一发现与已有的临床观察相吻合,即酗酒是促进慢性丙型肝炎患者肝脏疾病发展和肝细胞癌的重要辅助因素,同样提示 LPS-TLR-4 轴在酒精与丙型肝炎协同作用中具有潜在的作用。

第 4 节　基于肠道菌群治疗肝癌的策略

一、益生菌延缓肝细胞癌进程:减轻炎症反应,调节免疫功能,减少致癌物质,调节受体活性

益生菌是人体肠道内正常菌群,也是对宿主有益的一类活性微生物,它们定植于人体肠道内,通过改善宿主微生态平衡,发挥有益作用。一方面,益生菌对于抑制肠道中有害菌群的产生具有积极作用;另一方面,它也能够为人体肠道中有益菌的生存创造较为适宜的环境,从而维持肠道菌群的平衡。

已发现稳定安全可用的益生菌菌种大体上可分成三大类,其中包括:① 一般厌氧即耐氧的乳杆菌类,如嗜酸乳杆菌等。② 严格厌氧的双歧杆菌类,如双歧杆菌等。③ 若干兼性厌氧球菌,如粪链球菌等。

最常见的益生菌包括乳酸菌和双歧杆菌,对肠道环境维持稳态具有非常重要的作用,且对宿主无害,是目前市面上益生菌制剂的主要成分,这种益生菌在调节肠道菌群、减轻肠道炎症等方面具有良好的作用。VSL#3是应用较广泛的益生菌的混合制剂,内含8种成分,包括4种乳酸杆菌、3种双歧杆菌和1种链球菌。培菲康具有降低血浆内毒素浓度的作用,是应用最久的益生菌制剂之一。

益生菌抗肿瘤的机制:① 降低内毒素进入血液的概率,对于减轻肝脏的损害以及炎症发生具有重要作用。② 刺激肠道免疫细胞而诱导机体特异、非特异性免疫,提高黏膜对致病菌的免疫应答,从而使肝组织脂质过氧化损伤减轻、肝脏微循环障碍得到改善。③ 直接参与调节正常菌群的微生态平衡,阻止致病菌与肠黏膜上皮的黏附。

对于益生菌预防和延缓肿瘤的作用,下面就四个方面进行论述。

(一) 益生菌减轻炎症反应延缓肿瘤进程

如前所述,减轻慢性肠道炎症病变是减缓肝癌发生、发展的重要途径,益生菌在预防和延缓肠道肿瘤进展和肝损伤方面已有充足的动物实验。Håkansson 等通过用葡聚糖硫酸钠(DSS)循环处理在大鼠中诱导了直肠癌,实验组给予蓝莓果壳和三种益生菌菌株的混合物补充了用燕麦强化的基础饮食,结果发现实验组短链脂肪酸的形成增多,细菌易位减少,炎症反应减轻,粪便中肠杆菌科的活菌数减少,增乳酸杆菌的活菌数增加。这一研究证明了蓝莓果壳和益生菌在延迟结肠癌发生和肝损伤中的作用。Fukui 等发现,喂食嗜酸乳杆菌能够显著降低 1,2-二甲基肼诱发小鼠结肠癌的发生率,延缓早期肿瘤形成(76%比100%)。同样有实验发现,含低聚果糖的菊粉和乳酸杆菌的混合液有减轻偶氮甲烷诱发大鼠结肠癌发病率的作用。高剂量的益生菌制剂可以明显抑制二乙基亚硝胺所致肝癌过程中革兰阴性菌大肠埃希菌的增殖,保护肠道黏膜,抑制 LPS 的升高,进而减轻二乙基亚硝胺诱导的肝脏炎症,并减少肝癌的发生,有效调整肠道菌群,可起到保护肠道黏膜、预防肝癌发生的作用。LPS 和 D-氨基半乳糖的小鼠急性损伤模型中,提前给予益生菌饲养可以明显抑制血液中 LPS 水平,减轻肠道及肝脏损伤,这是通过抑制 STAT3 信号通路来实现的。

(二) 益生菌调节免疫功能延缓肿瘤进程

益生菌主要通过免疫刺激和免疫调节发挥作用。免疫反应功能的强弱与寿命密切相关,随着年龄增大免疫系统功能也会逐渐下降,益生菌可提高幼年个体和老年个体的免疫力。有研究发现鼠李糖乳杆菌和乳酸乳杆菌联合使用可提高年老个体 T 细胞诱导的免疫反应、提高 NK 细胞和吞噬细胞功能,双歧杆菌也可增强机体免疫功能。益生菌与黏膜系统相互作用,从而影响全身免疫,乳酸菌可影响 T 细胞的增殖、分化和产生细胞因子的能力。乳酸菌可提高 T 细胞针对有丝分裂原的增殖能力、使 T 细胞的数量增多,细胞产生的 IL-12 增多。益生菌能够减少致病菌黏附,阻挡病原体穿越黏膜层的功能。预防病原体对上皮细胞支架蛋白和紧密连接蛋白的破坏,提高黏膜屏障功能。口服添加的双歧杆菌使其暂时定植于肠道后,可模仿固有菌的免疫促进作用。长期定植后,还可通过产生免疫信号影响外周或肠道局部免疫系统的功能。乳酸菌还能增强小肠上皮内淋巴细胞的杀伤活性,加强其在肠道内的免疫监视作用,由此提高宿主机体的特异性和非特异性免疫功能。

1. 非特异性免疫 乳酸杆菌可激活机体非特异性免疫系统,特别是巨噬细胞、NK 细胞等,其中巨噬细胞抗肿瘤作用具有重要意义,巨噬细胞可能是通过内吞和分泌 TNF-α、NO、IFN-γ、IL-12 等效应因子促进肿瘤细胞凋亡而发挥抗肿瘤效应。乳酸杆菌可使小鼠的 NK 细胞活化、胸腺细胞和脾细胞的有丝分裂反应增强。乳酪乳杆菌还可通过增强 NK 细胞的细胞毒活性而抑制或延迟小鼠肿瘤形成。Haller 等发现,乳杆菌在革兰阳性细菌激活 NK 细胞的过程中扮演着重要的角色,它参与了金黄色葡萄球菌和约氏乳杆菌介导的 CD3⁻ CD16⁺ CD56⁺ 人外周血 NK 细胞的激活,包括激活抗原 CD69 的表达和 IFN‑γ 的分泌。

Murosaki 等在肿瘤形成不同时期,用热处理后的乳杆菌治疗结肠肿瘤小鼠时发现,在肿瘤形成后期,体内 IL‑12 水平明显下降,此时注射益生菌 LPL‑137 株可提高 IL‑12 水平并有明显抗肿瘤作用,故推测乳酸杆菌抗肿瘤作用可能通过提高 IL‑12 水平实现,尤其在肿瘤形成后期。研究认为乳酸杆菌细胞壁成分具有诱导产生多种细胞因子(TNF‑α、IL‑12 等)的功能,在肝癌小鼠模型中加入益生菌的情况下,肝癌细胞在小鼠体内的生长速度可减慢 60%,益生菌可通过降低 IL‑17 和其他血管生成因子,产生更强的抗肿瘤作用。

2. 特异性免疫　乳酸菌菌体及代谢产物通过刺激肠黏膜淋巴结,激活免疫活性细胞,使淋巴细胞增殖,产生特异性抗体和致敏淋巴细胞,调节机体免疫应答。乳酸菌通过竞争作用机制黏附到肠黏膜上皮,其菌体成分或其分泌至菌体外的可溶性物质如生物素、抗菌物质和菌体外多糖(EPS)等能通过 M 细胞进入集合淋巴结,激活 T 细胞和 B 细胞,从而调节和增强机体的免疫能力。

益生菌对 Th 的生长分化具有重要影响。Hanne 等发现,不同种类的乳酸菌具有不同的 DC 激活模式,肠道 DC 所活化 Th1/Th2/Th3 的种类和数量有可能根据益生菌群的组成进行调节,不同菌株诱导 DC 产生 IL‑12 和 TNF‑α 的能力有很大差异。乳酸菌在诱导 IL‑6 和 IL‑10 的过程中表现出的差异不明显。

益生菌对 Treg 的生长分化具有重要影响。益生菌可通过诱导肠道内的 Treg 产生抗炎作用,并通过抑制 Th17 的分化来减轻某些炎症疾病的严重程度。在小鼠肝癌模型中,在 Prevotella 和振荡杆菌的辅助下,肝内 Th17 细胞水平降低,从而限制了肿瘤的生长。在大鼠 DEN 诱导肝癌模型中,VSL♯3 的应用可减轻肠道失调,改善肠道炎症,减少肝癌的生长。一项双盲试验显示,每天摄入 VSL♯3 可降低肝硬化患者肝性脑病住院的风险以及终末期肝病(MELD)评分的 CTP 评分。另一项随机试验显示,补充 VSL♯3～4 个月后,儿童 NAFLD 的严重程度可改善。

益生菌对肠黏膜免疫屏障同样具有重要影响。肠黏膜免疫屏障由肠黏膜分泌的 IgA 和肠相关淋巴组织等构成,菌群失衡时致病菌分泌的肠毒素使肠黏膜通透性增高,其分泌的免疫抑制性蛋白可致黏膜免疫失调。大多数肠道中 IgA 是以 SIgA 的形式存在,起到抑制肠道细菌黏附、阻止细菌定植、抑制抗原吸收及中和毒素等作用。益生菌可使分泌 IgA 的浆细胞增多,益生菌中的乳酸杆菌和双歧杆菌可激活 Ths2 细胞,产生大量的 IL‑5,而 IL‑5 是有效的促 IgA 产生因子,能激活生发中心的 B 细胞,使其转化为浆细胞,在生产 Ig 的过程中向 IgA 转化。肠黏膜上皮细胞还能产生分泌小体,与双体 IgA 分子结合,形成 SIgA 并排列在肠道内皮上,SIgA 能预防肠道蛋白酶的分解,形成黏膜上的抗体。由于益生菌一般含有其他菌的共同抗原,因此 SIgA 能与肠道内的细菌和病毒进行免疫反应,阻断这些菌和病毒在肠道上皮的黏附和穿透,中和毒素。分节丝状菌作为肠道共生菌黏附于肠上皮细胞,可使小鼠肠道 IgA 水平升高,从而抑制致病菌增殖,并且 SFB 鞭毛可通过诱导表达 TLR‑5 的吞噬细胞促进 CD103⁺ CD11b⁺ 的 DC 分泌 IL‑23,进而促进 Th17 细胞对肠道致病菌产生免疫应答,并可通过激活黏膜树突细胞间接诱导宿主产生 Th17 细胞。

乳酸菌在影响迟发性超敏反应中也具有重要影响,可强化记忆性 Ths1 型 T 细胞的活性和(或)增殖能力,增强鼠体内的抗原特异性。在正常情况下,乳酸菌可以使机体产生更多针对外来抗原的抗体,但在过敏者体内,乳酸菌可以抑制机体内针对过敏原的抗体的产生,使 Ig G、Ig E 的生成减少,此外,乳酸菌还可以提高针对有丝分裂原的 B 细胞的增殖能力。

（三）益生菌减少致癌物、延缓肿瘤进程

乳酸杆菌在清除某些致癌剂或预防致癌等环节上发挥关键作用。喂食乳酸杆菌能显著降低1，2-二甲基肼诱发小鼠结肠癌的发生率或延迟早期肿瘤形成，对1，2-二甲基肼或 DME 诱发肠道癌的小鼠和大鼠喂食保加利亚乳酸杆菌发酵奶制品后，也有明显抑癌作用。用含低聚果糖的菊粉和乳酸杆菌的混合液喂食大鼠可有效降低氧化偶氮甲烷诱发结肠癌的致癌率。益生菌减少致癌物、延缓肿瘤进程的机制可能包括以下几个方面。

1. 抑制肠内致癌物质形成　益生菌可促进肠道菌群平衡的恢复，抑制肠道中病原菌生长，促使致癌物随粪便排出，致病性细菌酶的产生和活性降低，减少其形成、活化及滞留机会。有研究发现，双歧杆菌可吸附烟熏肉内产生的致癌物质而促使其排出体外，双歧杆菌及其表面分子可通过肿瘤细胞凋亡相关基因表达提高而抑制肿瘤生长。此外，双歧杆菌还可产生 NAD 氧化还原酶、SOD 等，有助于增强机体抗癌能力。

2. 促进癌细胞死亡　人体重要的信号分子和活化的巨噬细胞的效应分子，可通过以下途径发挥抗肿瘤作用：① 与肿瘤细胞代谢关键酶的活性部位结合使酶失活，继而引起肿瘤细胞能量代谢障碍。② 灭活 DNA 合成的限速酶-核糖核酸酶。③ 核酸亚硝基化，导致 DNA 断裂，最终诱导肿瘤细胞凋亡。④ NO 与氧结合，形成强有力杀伤细胞的羟自由基和 NO^{2-}。肽聚糖和脂磷壁酸是 NO 合成酶的诱导剂，多种乳酸杆菌的细胞壁均能刺激小鼠巨噬细胞和其他免疫细胞产生 NO。以大肠癌裸鼠移植瘤为动物模型，检测双歧杆菌注射组和对照组移植瘤的凋亡细胞以及 $Bcl-2$（B-cell lymphoma-2，B 淋巴细胞瘤-2 基因，简称 Bcl，原癌基因）、BAX（细胞凋亡抑制基因）基因的表达水平。结果发现，双歧杆菌注射组和肿瘤对照组大肠癌移植瘤组织 $Bcl-2$ 蛋白表达率分别为 70% 和 90%，BAX 基因的表达率分别为 100% 和 40%。说明双歧杆菌可调节 HCC 的 $Bcl-2$ 及 BAX 基因的表达，下调 $Bcl-2$ 基因，增加 $BAX/Bcl-2$ 的比例，最终诱导肿瘤细胞的凋亡。

3. 抗突变作用　多种乳酸杆菌能与强突变剂 3-氨基-1，4-二甲基-5H-吡啶吲哚、2-氨基-1-甲基-6-苯咪唑吡啶有效结合而发挥抗突变作用。经常摄食乳酸杆菌发酵食品可预防某些肿瘤，可能与肠道菌群的改善及抗突变作用有关。细胞壁的某些成分（如肽聚糖）是乳酸杆菌抗突变作用的主要结构。

（四）益生菌调节受体延缓肿瘤进程

益生菌可通过刺激 TLR 诱导肠上皮细胞增殖，加固肠黏膜上皮，减少病原菌对肠黏膜的损害，维护肠屏障功能。嗜热链球菌和嗜酸乳杆菌能通过增强细胞骨架蛋白和紧密连接蛋白的磷酸化，阻止大肠埃希菌对肠上皮细胞的侵袭。双歧杆菌通过分泌各种酶，有助于蛋白质、脂肪和碳水化合物的分解，还可以产生 SCFA，促进维生素和铁、钙矿物质的吸收，进而有利于糖等物质代谢顺利进行。肠道厌氧菌能分解植物纤维产生丁酸，丁酸能够作为肠壁细胞的能量来源促进水分吸收，保证机体正常代谢。而抗生素的应用使厌氧菌群被破坏，肠道氧气含量增加，导致有害菌繁殖而致病。在祛除病因的基础上合理应用微生态制剂，如双歧杆菌、乳酸菌等可能明显改善病情，促进肠道微生态群修复。

但是，益生菌在治疗 HCC 的推广过程中也具有不少挑战：① 大多数益生菌无法永久地在肠道上定居。② 不同益生菌组合作用不同，效果难以相对统一评价。HCC 从发生到发展周期长，益生菌发挥作用阶段和方法仍然需要研究。

二、调控肠-肝轴的靶点预防 HCC：减少肠道菌群代谢产物，减少炎症反应轴联信号传递，维护肠黏膜屏障

预防慢性肝损伤的进展，治疗潜在的疾病，是预防肝癌发生的重要治疗方式。在本章第 2 节中提

到,细菌代谢产物可通过肠-肝轴抵达肝脏并发挥保肝或破坏肝脏的作用,肠-肝轴在慢性肝损伤的进展,尤其是肝癌的发生中起着重要的作用。目前,已有部分研究提示以肠-肝轴为靶点,可能是预防HCC 发生的重要策略。

(一) 抗生素抑制有害菌繁殖,减少肠道菌群代谢产物

诸多广谱抗生素具有通过抑制肠道菌群蛋白质合成而抑制肠道菌群繁殖的功能,如氧氟沙星、利福昔明等。终身服用抗生素,对肝癌的发生、发展具有预防作用。给予慢性肝损伤患者高安全性的单一抗生素是临床上可行的方法。

目前已有一些临床研究表明,氧氟沙星和利福昔明等抗生素能提高肝硬化患者的存活率。氧氟沙星是一种喹诺酮类药物,是目前原发性或继发性预防肝硬化患者自发性细菌性腹膜炎和感染的首选药物之一。对晚期肝硬化患者的临床试验表明,长期口服氧氟沙星是安全的,可显著减少粪便微生物中的革兰阴性菌,降低发生自发性细菌性腹膜炎和肝肾综合征的 1 年发生率,并提高 3 个月的生存率。使用氧氟沙星的一个主要副作用是抗生素耐药性的发展,这表明它可能适合于持续数周至数月的治疗,但不适合长期或终生应用于肝硬化患者。Dianne 等将具有肝衰竭前兆(Child‐Pugh 评分＞9 分)的低蛋白(白蛋白＜15 g/L)肝硬化病人随机分为 2 组。实验组常规用氧氟沙星,随访 1 年后发现,实验组的生存率高于对照组,自发性腹膜炎发病率低于对照组。

利福昔明是一种肠道不能吸收的抗生素,具有广谱抗菌活性,最初用于治疗旅行者腹泻的治疗,但近年越来越多地研究发现,利福昔明还能减少自发性细菌性腹膜炎的发生,改善门静脉高压,提示利福昔明对晚期肝病的肠-肝轴具有一定靶向作用。与氧氟沙星相似,利福昔明在几个小规模试验中均被证实能提高晚期肝硬化患者的存活率。与氧氟沙星不同的是,临床上尚未报告利福昔明耐药的相关进展,这表明它非常适合长期甚至终身治疗。Vlachogiannakos 等选取酒精所致失代偿肝硬化的患者,分为试验组和对照组,试验组给予利福昔明,随访 5 年后发现,相较于对照组,试验组具有较高的生存率,不易发生静脉曲张出血、肝性脑病、自发性细菌性腹膜炎、肝肾综合征。

有研究发现,使用氨苄西林,通过调节肠道微生物区系和无菌动物中的病原体,可减低体内 Th17的水平,以降低疾病的严重性。

应用广谱抗生素减少肠道细菌总数有两方面优势:消除具有高度易位能力的细菌,减少细菌代谢产物 LPS 的产生。TLR 激活数量减少,促炎信号减少,肝脏纤维化、血管生成与门静脉高压发生程度均减少。同理,口服抗生素,包括氨苄西林、新霉素、甲硝唑和万古霉素,均可有效地减少肝癌肿瘤的数量和大小。动物实验发现,在癌变后期使用抗生素,比早期给药更有效地减少小鼠的肝癌。

另外,抗生素又可使肠道菌群被破坏,肠道内优势菌被抑制,而原来被抑制的内源性或外源性致病菌甚至真菌大量繁殖,并促进耐药菌株的产生,引起健康问题。在停用抗生素后,肠内菌群变化仍会持续很长时间。

(二) 切断 LPS‐TLR‐4 连轴信号传递,减轻慢性炎症反应

TLR‐4 通路作为肠-肝轴在慢性肝损伤和肝癌发生过程中起着关键作用,阻断 TLR‐4 通路可能是另一种预防肝癌的途径。随着对 LPS 激活 TLR‐4 机制的详细了解,人们开发了多种 TLR‐4拮抗剂。

1. 与 LPS 结合的化合物　如多黏菌素 B(polymyxin B)。多黏菌素 B 作为一种快速杀菌药物,通过与细菌细胞膜的接触,其分子中聚阳离子环与革兰阴性菌细胞膜上的 LPS 游离带负电荷的磷酸基结合,形成较强的链-链结合,破坏细胞原有的完整性,导致其通透性增加,细胞内小分子成分尤其是嘌呤、嘧啶等重要物质外漏而致杀菌作用。

2. 拮抗 LPS - TLR - 4 的化合物　如 Reatorvid。该化合物可以抑制 TLR - 4 与适配器分子 TIRAP 和 TRAM 的相互作用,从而阻断 TLR - 4 信号传递。

3. 抑制 TLR - 4 活性的分子　如沙利度胺。沙利度胺及其衍生物是 TLR - 4 诱导 TNF - α 产生的有效抑制剂,这一特性使沙利度胺可用于治疗某些需要减轻炎症的疾病。

直至目前为止,慢性肝损伤或 HCC 患者的临床试验研究还没有以上药物的明确结果。虽然 TLR 拮抗剂是一个令人期待的治疗方式,但长期抑制 TLR - 4 可能会导致免疫抑制,并引起可以预见及难以预见的结果。因此,需要仔细评估 TLR - 4 拮抗剂的安全性,才能考虑长期预防肝癌和其他慢性肝损伤并发症的研究。

(三) 维护胃肠黏膜屏障,减少病原体入侵

在正常情况下,巨噬细胞在上皮下固有层(subepithelial lamina propria, SBLP)的上皮膜上聚集成一个连续的带,通过迅速阻碍和消灭入侵肠道菌群来阻止肠道菌群攻击宿主。SBLP 可产生 100 多个分泌产物,参与促炎和宿主防御活动。肠黏膜屏障功能障碍可能是由于发生了肠黏膜通透性变化以及肠内菌群失调的影响。严重时,肠壁通透性较高,肠内外的细菌和代谢物会向肠道外易位。SBLP 完整性的破坏会使肠内细菌突破这一屏障,从门静脉进入肝脏,在肝脏中产生炎症反应和改变免疫功能。基于 SBLP 的重要性,针对 SBLP 的治疗方法具有巨大潜力。

奥贝胆酸(obeticholic acid, OCA)是一种新型的 FXR 激动剂,在抑制肠道炎症、改善肠黏膜通透性和抑制细菌易位方面均具有重要作用。值得注意的是,在不同的实验性肝硬化模型中口服胆汁酸后,这些作用会减弱。胆汁酸是肠道屏障的重要调节因子。通过结扎胆总管或诱导肝硬化导致啮齿动物胆汁分泌减少,引起细菌易位,这不仅是由于肠道细菌过度生长所致,而且也是由于肠道通透性增加所致。FXR 是一种胆汁酸受体,它介导胆汁酸在肠上皮屏障内外的循环作用,控制着许多重要的代谢途径,它在维持胆汁酸平衡和预防胆汁酸毒性方面具有关键作用。FXR 在参与胆汁酸肠肝循环的组织中大量表达,在胆汁酸回收部位,即回肠上皮黏膜中表达量最高。FXR 激动剂具有抑制胆汁酸合成、抑制肝脏炎症、促进肝再生和抑制肿瘤等多种作用。FXR 激动剂还包括:熊去氧胆酸(ursodeoxycholic acid, UDCA)、脱氧胆酸、胆酸和石胆酸(lithocholic acid, LCA)。口服 FXR 激动剂可影响肝脏和肠道的 FXR,并通过成纤维生长因子- 19(fibroblast growth factor 19, FGF - 19),强烈下调 CYP7A1 的表达,CYP7A1 表达的下调直接导致 BA 产量的减少。许多 FXR 激活的肝脏效应是由肠道 FXR 受体介导的,导致 FGF - 19 的释放,而 FGF - 19 随后作用于肝脏中的靶点。有实验表明,FXR 缺陷小鼠肠道完整性受损,胆管结扎后进一步恶化,肝癌发病率高。Kim 等发现缺乏 FXR 表达的小鼠血清 BA 水平明显升高,在 12 月龄时,雄性和雌性 FXR 缺失小鼠均具有高退化性肝脏病变,包括肝细胞腺瘤、癌和肝胆管细胞癌。在 3 个月时,FXR 缺陷小鼠的促炎细胞因子 IL - 1β mRNA 表达增加,β-连环蛋白及其靶基因 c - myc 表达升高。这些研究揭示了 FXR 和 BA 在肝癌发生中的潜在作用。Degirolamo 等发现,FXR 缺陷小鼠的 BA 代谢紊乱,极易发生自发性肝癌,肠选择性 FXR 再激活可使 FGF - 15/Cyp7A1 肠-肝轴恢复,并最终对 HCC 有保护作用。肠选择性 FXR 恢复正常的 BA 肠肝循环,同时上调肠道 FXR 转录组和降低肝脏 BA 的合成。激活肠 FXR 通过恢复肝内稳态,降低 cyclin D 1 的表达,抑制细胞增殖,减轻肝脏炎症和纤维化,发挥肝保护作用。Verbeke 等将大鼠胆管结扎后 10 天,用 OCA(奥贝胆酸)灌胃,观察肠通透性、肠道菌群易位、紧密连接蛋白表达、免疫细胞募集,回肠、肠系膜淋巴结和脾脏细胞因子表达的变化。对照组大鼠在空肠和回肠中的 FXR 信号通路表达均降低,并通过增加封闭蛋白的表达而增加肠道通透性,这与自然杀伤细胞的局部和全身性招募有关,从而增加了 INF - γ 的表达和肠道菌群易位。实验组炎症反应减轻,

肠道菌群易位减少,NK 细胞和 INF-γ 表达显著降低。因 INF 有介导大肠埃希菌易位的功能,表达降低有助于减轻易位。同样有研究发现,OCA 能够促进紧密蛋白的表达,抑制 TLR 表达。OCA 还能改善硫代乙酰胺或胆管结扎大鼠的门静脉高压,这有助于缓解肝硬化的细菌易位。OCA 在 NASH 患者中有很高的安全性,主要的副作用是瘙痒和血脂改变。因此,OCA 似乎是一种有前途的肝癌预防药物,尤其是通过纠正肠-肝轴的多种异常来促进肝硬化患者慢性炎症和肝癌的发展。

在肝硬化中,肠道细菌在肠系膜淋巴结中形成一个有组织的免疫反应级联,涉及 Ths1 极化和单核细胞对 TNF 的激活。TNF 通过降低紧密连接蛋白的表达和激活肌球蛋白轻链激酶增加紧密连接通透性,激活的效应免疫细胞再循环到血液中,促进全身炎症。在动物实验中,研究发现抑制 TNF 能够明显降低大鼠的肠道菌群转移率。Genescà 等发现,肝硬化患者肠系膜淋巴结中的蛋白质和 mRNA TNF 水平明显高于对照组,腹水患者的 TNF 水平升高,肝硬化严重程度与 TNF 水平明显呈正相关。然而,由于 TNF 抑制剂的强免疫抑制作用和严重感染率的增加,慢性肝损伤患者长期抗 TNF 治疗可能会带来更大的伤害而不是益处,因此需要继续开发局部治疗的药物,在改善肠道屏障功能的同时,不对全身免疫反应产生过大负面影响。

三、LPS 预防肝细胞癌的前景:调节免疫功能

20 世纪的诸多发现均显示,LPS 本身对机体是无伤害作用的。Schnaitman 指出:"LPS 本身是无毒的。"Henderson 等观察到 LPS 是在宿主体内产生的激动作用,即炎症和免疫改变是损伤的主要原因,而在 LPS 耐受或 LPS 基因抑制表达的小鼠体内,肝脏损伤程度均减轻。例如,在 CD 14 缺乏的细胞系中(如中国仓鼠卵巢细胞),高剂量 LPS 对细胞的损伤微乎其微,但是转染 CD 14 基因后,表现出低 LPS 活性的细胞可以转化为高活性细胞。

所以,正确运用 LPS 是极具有潜力的治疗方式之一。Wilson 等发现脆弱杆菌是一种弱的细胞因子诱导剂,因为它是正常肠道菌群中的优势族群,已进化出抑制炎性细胞因子合成的机制,以增强它们在宿主肠道中的位置。脆弱类杆菌的 LPS 能抑制大肠埃希菌 LPS 诱导的多形核白细胞内皮黏附,但有报道称脆弱杆菌 LPS 在高浓度时对内皮细胞有直接毒性作用。脱酰化的奈瑟菌 LPS 对奈瑟利亚和沙门菌有一定的拮抗作,沙门菌与类杆菌相比,其 LPS 活性较类杆菌高,小鼠半数致死量(LD_{50})比类杆菌高 500 倍以上,刺激单核细胞产生 IL-1 的能力降强了 $100 \sim 1\,000$ 倍。

目前有研究认为肿瘤细胞上的异常蛋白是肿瘤抗原,可激发体内产生相对应的抗肿瘤的抗体,但自发免疫反应太弱,无法抑制肿瘤的生长,LPS 在协助激发抗体方面同样具有治疗潜力。Okuyama 等用螺旋藻 LPS 通过降低血清 IL-17 和 IL-23 水平,增加 INF-γ 水平,抑制 C3H/HEJ 小鼠的肿瘤生长,而对 TLR-4 突变型 C3H/HEJ 小鼠则无抑制作用。此外,体外实验表明,螺旋藻 LPS 以一种依赖于 TLR 的方式破坏了支持产生 IL-17 细胞的抗原提呈功能。螺旋藻 LPS 调节 IFN-γ-IL-17/IL-23 轴向 IFN-γ 生成的平衡,从而抑制肿瘤生长。此外,螺旋藻 LPS 能有效抑制乳腺肿瘤的自发发展。LPS 也可诱导 IL-12 的产生,进而调节 TLR 功能。值得注意的是,螺旋藻 LPS 在体外诱导的 IL-6 和 IL-23 水平要低得多。与流产沙门菌相比,螺旋藻脂多糖的毒性要小。LPS 诱导小鼠体内 DC 活化,LPS 促进 DC 交叉和直接呈现抗原,从而诱导 CTL 和 Th 活化。LPS 具有热稳定性,也有促进 Th1 和 TLC 活化的作用。

此外,激光照射 LPS-CuS 对 Th1 细胞转录因子 IFN-γ 和 T-bet mRNA 水平有上调作用,而 Th2 和 Th17 相关 mRNA 无改变,提示 LPS 与 LPS-CUS 分离可诱导 Th1 免疫应答。方坤等发现,LPS 和 H_2O_2 共孵育能够显著降低 HepG2 细胞增殖,促进 HepG2 细胞凋亡。此机制与 LPS 明显降

低肝癌 HepG2 细胞中人羧酸酯酶-1 和人羧酸酯酶-2 的表达和活性有关,提示肝肿瘤细胞在炎症状态下,羧酸酯酶对药物代谢的能力下降。为临床肝癌治疗提供了新的理论依据。

四、粪菌移植(fecal microbiota transplantation,FMT)防治肝细胞癌的前景:增加肠道菌群多样性

(一) FMT 的起源和应用

FMT 是指将大量的肠道微生物从经过预先筛选的健康供体输送到患者的肠道,协助肠道重建具有正常结构和功能的肠道菌群微生态的过程。

FMT 的第一次记录可追溯到 4 世纪,据记载,那时的人类开始尝试将粪便以"黄汤"的形式应用于治疗食物中毒或严重腹泻中,在这一时期,粪便被广泛地做成"黄金糖浆"。到了 16 世纪,中国人已经开发出各种粪便衍生产品,用于胃肠疾病以及全身症状如发热和疼痛的治疗,贝都因人将其骆驼的粪便作为治疗细菌性痢疾的一种药物。意大利解剖学家和外科医生 Acquapendente 进一步将这一概念扩展到"跨动物群",即胃肠内容从健康的动物转移到生病的动物,此后在兽医领域得到了广泛的应用。

在 18 世纪的欧洲,这些想法开始慢慢地引起医师的兴趣。德国的保利尼首次系统阐述了人类排泄物的治疗潜力。梅奇尼科夫对长寿的保加利亚农民粪便进行发酵提纯,并在自己的食物中加入这类发酵产品,他发现他的总体健康状况真的有所改善,尽管这是个案并主要依靠主观判断。他推测,这是由于结肠微生物的平衡发生了改变,有效抑制了加速衰老的毒素。这种"保加利亚乳杆菌"(即乳酸菌)的发现,推出了增加肠道有益微生物数量以改善人类健康的概念。德国的阿尔弗雷德·尼塞尔分离出了一株以他的名字命名的大肠埃希菌,对志贺菌生长和随后的胃肠炎有保护作用,其对人类健康的影响后来扩大到包括慢性炎症状态。科学家发现了肠道细菌传染性胃肠炎中恢复过来的患者粪便也具有药用价值。二战期间,当非洲战场的德国士兵死于当地感染的痢疾时,科学家收集并分析当地的新鲜骆驼粪便,随后分离出枯草芽孢杆菌(*Bacillussubtilis*),采取口服新鲜骆驼粪便的方式治疗痢疾。

当时一部分医师认为 FMT 是"天然的"或"有机的",因此,比抗生素等常规疗法"更安全",提出了辅助抗生素参与传染性疾病治疗的想法。抗生素的发现结束了传染病是最常见死因的一个时代,但是抗生素也具有副作用和耐药性。为了减轻对共生微生物的间接损害,斯坦利·法尔考在开始使用治疗性应用抗生素之前,对外科患者的粪便进行了取样。在将粪便转化成药丸后,他在手术后康复期间规定了一半的患者每天的摄入量,这项研究表明治疗组具有更好的效果。但是当时行政委员会对这一想法非常反感,官方的试验数据从未公布过。

科学家发现,FMT 在治疗非传染性疾病中也具有较大潜力。最早的记录是一名 45 岁男性患有难治性溃疡性结肠炎,在 FMT 后显示出全面和持久的临床恢复。艾斯曼等科学家在许多其他治疗未能有效恢复后,用来自健康供者的粪便灌肠来治疗 4 例危重病患者的伪膜性结肠炎,所有受试者均迅速完全康复。基于此研究和随后发现,目前普遍认为恢复健康的肠道微生物平衡可以改善患者的健康。

FMT 治疗效果是持久和安全的,在随访期间没有相关的严重副作用,即使在脆弱的患者群体中也是如此。随着其应用从传染性疾病转移到非传染性疾病,FMT 的应用范围正在逐步扩大。

(二) FMT 在抗肿瘤中的作用

1. FMT 协助化疗药物

(1) 促进细胞程序死亡-1/细胞程序死亡配体-1(programmed cell death - 1/programmed cell

death ligand 1，PD-1/PD-L1)的抗肿瘤作用。有研究发现，肠道微生物可提高基于 PD-1 的免疫治疗对上皮性肿瘤的疗效，这意味着 FMT 可以用来对抗癌症。PD-1 抗黑色素瘤动物实验中，双歧杆菌的高排泄量可直接致使 PD-1 阻断诱导的外周 T 细胞抗肿瘤反应增加，抗原特异性 CD8$^+$ TCL 和 DC 在肿瘤微环境中浸润增加。有无菌小鼠 FMT 移植证实，随着 Rumosenacae 和 Faecali 细菌的增加，肿瘤微环境中的 CD8$^+$ T 细胞浸润增加，CD4$^+$ 和 CD8$^+$ 效应 T 细胞的全身性频率增加。抗 PD-L1(programmed cell death 1 ligand 1，细胞程序死亡-配体 1)治疗的应答患者肠道内含有丰富的细菌种类，如长双歧杆菌、厌氧菌和屎肠球菌。增强全身免疫力和良好的肠道微生物群特征，可增强患者对 PD-1 免疫治疗良好的反应。转移性黑色素瘤患者抗 PD-L1 治疗的临床疗效与共同微生物组成之间存在显著的相关性。转移性黑色素瘤患者抗 PD-L1 结合特定小鼠的粪便材料治疗，对 PD-1 治疗患者中显示出更强的肿瘤控制作用。

(2) 促进细胞毒性淋巴细胞抗原 4(Cytotoxic Lymphocyte Antigen 4，CTLA-4)的抗肿瘤作用。肠道微生物菌群对 CTLA-4 免疫治疗的抗肿瘤作用有影响，生物信息学和功能研究表明，核梭杆菌能增强结直肠癌对化疗的抗药性。CTLA-4 阻断可改变肠道微生物区系的组成，使免疫原菌(如类杆菌)的增加。动物研究显示，对转移性黑色素瘤应答最佳的患者经 CTLA-4 治疗后，肠道内富含类杆菌等肠道微生物，尤其是易损类杆菌和类杆菌。将脆弱类杆菌移植到无菌和抗生素处理的小鼠体内，恢复了抗 CTLA-4 治疗后的免疫应答。

(3) 肠球菌和肠原虫能增强环磷酰胺诱导的治疗癌症的免疫调节作用。FMT 能减轻辐射所致小鼠的毒性，提高受照射小鼠的存活率。在此过程中，外周血白细胞计数、胃肠道功能和肠上皮完整性得到改善。

2. FMT 增加肠道细菌多样性　FMT 导致胃肠道微生物区系发生显著变化，增加了细菌多样性，使微生物群组成向类似供体微生物区系的模式转变。使用单一种类细菌的收益是有限的，一个单一的微生物群在预防和治疗人类疾病方面的能力很弱。对高脂饮食所致 NASH 损伤小鼠进行 FMT 治疗，可显著降低体重、体脂含量及血清转氨酶。FMT 能恢复肠道微生物的多样性，增加一些细菌的丰度，减少放线菌和地衣菌的数量，增加丁酸盐的产量。FMT 尚可改善肠紧密连接，减少内毒素血症，降低促炎细胞因子 mRNA 表达，增加抗炎细胞因子 mRNA 的表达。安德鲁斯和博洛迪首次报道，18 株益生菌混合使用可以缓解慢性便秘和肠易激综合征。将包括鼠李氏乳杆菌 GG、活大肠杆菌和热灭活的 VSL♯3 在皮下植入的 HCC 小鼠肝癌模型中，肿瘤生长减缓，促炎细胞因子减少，抗炎细胞因子和 Treg 水平增加。进一步分析看到，肿瘤生长减缓是由于肠道微生物群向"有益"细菌转移，特别是 Prevotella、脆弱类杆菌和嗜黏阿克曼杆菌变化明显。这些结果提示，进一步研究 FMT"重置"肠道微生物区系，对 HCC 可能产生更加有益的影响。

(三) FMT 推广所需解决的问题

FMT 也有一定的局限性，如方法多样、美学考虑和安全顾虑等。在有关 FMT 伦理的讨论中，直接关注的问题包括捐赠者的选择和筛选、有效性评估、知情同意等。临床医师对 FMT 的信心与患者接受 FMT 的意愿之间存在差异。其他相关考虑因素包括 FMT 在商业用途和滥用方面的潜力。因此，FMT 的实验室制备应满足制药公司生产口服药品所需的良好制造规程的要求，不合格的人、动物或生物样本必须排除在外。

在优化 FMT 粪便来源方面的改进，需进行如下几点。

1. 供体标本的选择　捐献者微生物群对 FMT 的临床治疗效果有重大影响，在用于 FMT 治疗的粪便选择方面，具有血缘关系的亲属通常是最优选择，不同人群之间可能会产生 FMT 耐受性，亲属来源能够很好地规避。以下捐赠者需排除：体重指数低或高，有传染病高风险，胃肠疾病，最近微生物改变治疗史(抗生素、免疫抑制药物、抗肿瘤药物应用)，存在特定的医疗问题，如自身免疫、特发性或神经紊乱、癌症，或慢性疼痛综合征等。

2．粪便的分离和保存　粪便捐赠量为30～200 g。为了去除可能造成凝血的粪便成分，一般将捐赠的粪便稀释在盐水中，混合并通过纱布、滤纸或金属过滤器进行多次人工过滤。随着技术的革新，将移植的粪便悬浮液进行新鲜收集或冷冻，然后解冻，以便以后再进行处理，这是一种更好的选择。捐赠者的粪便需持续的筛查排除传染性病原体。目前和古代FMT最明显的方法区别在于离心、冷冻保存和自动净化。如何保存FMT材料仍然存在一个方法上的挑战，冷冻微生物区系是用现代冷冻保存法制备的。为了获得更好的可追溯性，供体粪便样本应在深低温下保存至少两年。

3．对FMT安全性进行长期评价　虽然FMT相关的短期不良事件发生率较低且较轻，但需对FMT患者进行长期随访，追踪FMT是否会产生副作用。此外，必须制定适当和有效的FMT监管，以保障患者和捐献者，促进相关研究，避免滥用这一治疗。

众多的抗肿瘤化学药物也是免疫系统抑制剂，在某种程度上免疫抑制治疗没有清除肿瘤，反而有导致恶性肿瘤扩散和生长的潜在作用。现代免疫治疗的机制是更有效地利用机体的免疫功能，提高免疫能力，抑制和分解致癌物，抑制癌基因的活化，达到综合治疗肿瘤的效果，其中备受关注的领域之一便是微生态调节剂。应用微生态调节剂对肿瘤进行免疫治疗是近10多年来发展较快的一项新型抗癌疗法，也是对临床手术、化疗、放疗等常规治疗肿瘤手段的有效补充。本节总结了具有良好前景的四种治疗方案，它们包括益生菌、调控肠-肝轴的靶点、合理运用LPS和FMT，其中益生菌治疗和抗生素治疗已应用于临床并且具有一定数量的科学研究，但是大范围应用时尚存在一些技术瓶颈。其余方案的应用同样具有理论支持和一定数量的基础实验，但是仍具有不少问题有待解决(表26-2)。

表26-2　防治肝细胞癌中肠道菌群在优势和待解决问题的比较

		优　势	待解决问题
益生菌		1. 降低内毒素进入血液概率，对减轻肝脏损害以及炎症发生具有重要作用 2. 刺激肠道免疫细胞而诱导机体特异、非特异性免疫，提高肠道黏膜对致病菌的免疫应答，从而使肝组织脂质过氧化损伤减轻肝脏微循环障碍得到改善 3. 直接参与调节正常菌群的微生态平衡，阻止致病菌的与肠黏膜上皮的黏附	1. 大多数益生菌无法永久地在肠道定居 2. 不同益生菌不同的细菌组合尚未系统地评价和比较其在慢性肝损伤中的效果
调控肠-肝轴的靶点	抗生素	消除具有高度易位能力的细菌，减少细菌代谢产物LPS的产生	肠道菌群被破坏，肠道内优势菌被抑制
	TLR-4拮抗剂	肠-肝轴在慢性肝损伤和肝癌发生过程中的关键中介受体	仔细评估安全性，存在免疫抑制风险
	维护胃肠屏障 FXR激动剂	维持胆汁酸平衡，维持肠道完整性	增强免疫抑制作用和严重感染率的增加
	TNF抑制剂	降低紧密连接蛋白的表达和激活肌球蛋白轻链激酶增加紧密连接通透性	
LPS		1. 处理后毒性较低的LPS对有害菌具有拮抗作用 2. "疫苗"作用，激活体内自发免疫反应	期待更多理论及实验依据

续　表

	优　势	待解决问题
FMT	1. 协助化疗药物发挥抗肿瘤作用 2. 增加肠道细菌多样性,使微生物群组成向类似供体微生物区系的模式转变	1. 美学考量及安全考量 2. 伦理问题,包括捐赠者的选择和筛选、有效性评估、知情同意等 3. 临床医师对 FMT 的信心与患者接受 FMT 的意愿之间存在差异 4. 商业用途和滥用

TLR,Toll 样受体;LPS,脂多糖;FMT,粪菌移植

第 5 节　肠道菌群有望成为诊断早期肝癌的策略

与治疗 HCC 相比,早期诊断 HCC 更为重要。理想的癌症诊断策略需是早期、高效、安全、方便、廉价的。但遗憾的是,肝癌早期诊断率在发达国家仅有 30%,发展中国家则更低。目前,肝细胞癌的诊断主要依靠影像学技术和血清标志物。其中,具有肝脏组织特异性的甲胎蛋白(alpha-fetal protein,AFP)是应用最广泛的诊断早期 HCC 的血清标志物。但是,单独使用 AFP 这一种标志物往往会产生误导的结果。有研究发现,约 30% 的 HCC 患者血液 AFP 含量正常,但是一些未进展为 HCC 的肝硬化患者体内 AFP 含量反而持续升高。因此,需探索新型的 HCC 标志物共同用于早期诊断 HCC。

肠道菌群作为与人体共生的最重要的微生态系统,是肠道炎症的重要决定因素,也是慢性炎症性疾病发生、发展的关键因素。目前已有诸多高质量临床研究发现,肠道菌群的种类和数量比例对于诸多癌症,如结肠癌、直肠癌、胰腺癌的早期诊断均发挥重要作用。

目前,已有研究发现肠道菌群在 HCC 的早期诊断中扮演重要的角色。Ren 等从华东、华中和西北地区收集 419 份粪便进行 MiSeq 测序,对 75 例早期 HCC、40 例肝硬化和 75 名健康对照者的肠道微生物群进行了鉴定。结果显示,与肝硬化组相比,早期 HCC 组患者的粪便微生物多样性增加,其中,门放线菌增多更明显。包括 *Gemmiger* 在内的和 13 个种属的微生物菌群早期即可在 HCC 组患者体内富集。与对照组患者相比,早期 HCC 患者组产丁酸杆菌属减少,产脂多糖属增多。尽管相关研究不多,但提示肠道菌群标志物对早期 HCC 的诊断具有潜力。

第 6 节　结　　语

肝癌的流行病学是复杂的,高达 85% 的病例发生在慢性炎症和随后的肝硬化肝脏基础上。滥用肝毒性药物、饮酒、HBV 和 HCV 感染等都是肝癌发生的主要危险因素。在慢性损伤和炎症的驱动下,肝脏非实质细胞和免疫细胞共同塑造的肝脏内环境的功能紊乱成为 HCC 发生、发展的重要原因。

据估计,我们体内的微生物包括 100 万亿个细胞,其中大多数位于肠。门静脉和体循环牵连着肠道与肝脏,易位的肠道菌群本身和肠道菌群的代谢产物(如 LPS)是导致慢性炎症和损伤的重要因素,所以肠道菌群在 HCC 的进展过程中主要是通过影响肝脏内环境的功能发挥重要作用。

但是,肠道菌群的作用不只是损伤性的,合理运用易位的肠道菌群和代谢产物,反而具有诊断和治疗 HCC 的前景。针对肝癌与肠道菌群的密切关系,诸多诊断和治疗方案也应运而生,但是这些方

法有多少可行性,仍需更多的研究。

（韩伟佳　陈　煜　段钟平）

参 考 文 献

[1] Bray F, Ferlay J, Soerjomataram I, et al. Global cancer statistics 2018: GLOBOCAN estimate of incidence and mortality worldwide for 36 cancers in 185 countries[J]. CA Cancer J Clin, 2018, 68: 394 - 424.

[2] Sherman M. Epidemiology of hepatocellular carcinoma[J]. Oncology, 2010, 78 Suppl 1: 7 - 10.

[3] Guinane CM, Cotter PD. Role of the gut microbiota in health and chronic gastrointestinal disease: understanding a hidden metabolic organ[J]. Ther Adv Gastroenterol, 2013, 6: 295 - 308.

[4] Yu LX, Schwabe RF. The gut microbiome and liver cancer: mechanisms and clinical translation[J]. Nat Rev Gastroenterol Hepatol, 2017, 14: 527 - 539.

[5] Sun C, Sun H, Zhang C, et al. NK cell receptor imbalance and NK cell dysfunction in HBV infection and hepatocellular carcinoma [J]. Cell Mol Immunol, 2015, 12: 292 - 302.

[6] Sun K, Xu L, Jing Y, et al. Autophagy-deficient Kupffer cells promote tumorigenesis by enhancing mtROS-NF-kappaB-IL1alpha/beta-dependent inflammation and fibrosis during the preneoplastic stage of hepatocarcinogenesis[J]. Cancer Lett, 2017, 388: 198 - 207.

[7] Pinzani M, Macias-Barragan J. Update on the pathophysiology of liver fibrosis[J]. Expert Rev Gastroenterol Hepatol, 2010, 4: 459 - 472.

[8] Coulouarn C, Corlu A, Glaise D, et al. Hepatocyte-stellate cell cross-talk in the liver engenders a permissive inflammatory microenvironment that drives progression in hepatocellular carcinoma[J]. Cancer Res, 2012, 72: 2533 - 2542.

[9] Carloni V, Luong TV, Rombouts K. Hepatic stellate cells and extracellular matrix in hepatocellular carcinoma: more complicated than ever[J]. Liver Int, 2014, 34: 834 - 843.

[10] Song Y, Kim SH, Kim KM, et al. Activated hepatic stellate cells play pivotal roles in hepatocellular carcinoma cell chemoresistance and migration in multicellular tumor spheroids[J]. Sci Rep, 2016, 6: 36750.

[11] Moeini A, Cornella H, Villanueva A. Emerging signaling pathways in hepatocellular carcinoma[J]. Liver cancer, 2012, 1: 83 - 93.

[12] Paternostro C, David E, Novo E, et al. Hypoxia, angiogenesis and liver fibrogenesis in the progression of chronic liver diseases[J]. World J Gastroenterol, 2010, 16: 281 - 288.

[13] Yan Y, Zhou C, Li J, et al. Resveratrol inhibits hepatocellular carcinoma progression driven by hepatic stellate cells by targeting Gli-1[J]. Mol Cell Biochem, 2017, 434: 17 - 24.

[14] Wang W, Erbe AK, Hank JA, et al. NK Cell-mediated antibody-dependent cellular cytotoxicity in cancer immunotherapy[J]. Front Immunol, 2015, 6: 368.

[15] Long EO, Kim HS, Liu D, et al. Controlling natural killer cell responses: integration of signals for activation and inhibition[J]. Ann Rev Immunol, 2013, 31: 227 - 258.

[16] Palucka K, Banchereau J. Cancer immunotherapy via dendritic cells[J]. Nat Rev Cancer, 2012, 12: 265 - 277.

[17] Flecken T, Schmidt N, Hild S, et al. Immunodominance and functional alterations of tumor-associated antigen-specific CD8[+] T-cell responses in hepatocellular carcinoma[J]. Hepatology, 2014, 59: 1415 - 1426.

[18] Meng F, Zhen S, Song B. HBV-specific CD4[+] cytotoxic T cells in hepatocellular carcinoma are less cytolytic toward tumor cells and suppress CD8[+] T cell-mediated antitumor immunity[J]. APMIS, 2017, 125: 743 - 751.

[19] Larrubia JR, Lokhande MU, Garcia-Garzon S, et al. Persistent hepatitis C virus (HCV) infection impairs HCV-specific cytotoxic T cell reactivity through Mcl - 1/Bim imbalance due to CD127 down-regulation[J]. J Viral Hepat, 2013, 20: 85 - 94.

[20] Gottstein B, Wang J, Boubaker G, et al. Susceptibility versus resistance in alveolar echinococcosis (larval infection with Echinococcus multilocularis)[J]. Vet Parasitol, 2015, 213: 103 - 109.

[21] Saxena R, Kaur J. Th1/Th2 cytokines and their genotypes as predictors of hepatitis B virus related hepatocellular carcinoma[J]. World J Hepatol, 2015, 7: 1572 - 1580.

[22] Yan J, Liu XL, Xiao G, et al. Prevalence and clinical relevance of T-helper cells, Th17 and Th1, in hepatitis B virus-related hepatocellular carcinoma[J]. PloS one, 2014, 9: e96080.

[23] Mcallister F, Bailey JM, Alsina J, et al. Oncogenic Kras activates a hematopoietic-to-epithelial IL - 17 signaling axis in preinvasive pancreatic neoplasia[J]. Cancer cell, 2014, 25: 621 - 637.

[24] Guo C, Yuan L, Wang JG, et al. Lipopolysaccharide (LPS) induces the apoptosis and inhibits osteoblast differentiation through JNK pathway in MC3T3 - E1 cells[J]. Inflammation, 2014, 37: 621 - 631.

[25] Lai FB, Liu WT, Jing YY, et al. Lipopolysaccharide supports maintaining the stemness of CD133（＋） hepatoma cells through activation of the NF-kappaB/HIF-1alpha pathway[J]. Cancer Lett, 2016, 378: 131 - 141.

[26] Shinoda K, Kuboki S, Shimizu H, et al. Pin1 facilitates NF-kappaB activation and promotes tumour progression in human hepatocellular carcinoma[J]. Br J Cancer, 2015, 113: 1323 - 1331.

[27] Li XY, Yang X, Zhao QD, et al. Lipopolysaccharide promotes tumorigenicity of hepatic progenitor cells by promoting proliferation and blocking normal differentiation[J]. Cancer Lett, 2017, 386: 35 - 46.

[28]　Wang L, Zhu R, Huang Z, et al. Lipopolysaccharide-induced toll-like receptor 4 signaling in cancer cells promotes cell survival and proliferation in hepatocellular carcinoma[J]. Dig Dis Sci, 2013, 58: 2223 - 2236.

[29]　Dapito DH, Mencin A, Gwak GY, et al. Promotion of hepatocellular carcinoma by the intestinal microbiota and TLR4[J]. Cancer cell, 2012, 21: 504 - 516.

[30]　Grivennikov SI, Wang K, Mucida D, et al. Adenoma-linked barrier defects and microbial products drive IL - 23/IL - 17 - mediated tumour growth[J]. Nature, 2012, 491: 254 - 258.

[31]　Sethi V, Kurtom S, Tarique M, et al. Gut microbiota promotes tumor growth in mice by modulating immune response[J]. Gastroenterology, 2018, 155: 33 - 37. e6.

[32]　Hooper LV, Littman DR, Macpherson AJ. Interactions between the microbiota and the immune system[J]. Science, 2012, 336: 1268 - 1273.

[33]　Okuyama H, Tominaga A, Fukuoka S, et al. Spirulina lipopolysaccharides inhibit tumor growth in a Toll-like receptor 4 - dependent manner by altering the cytokine milieu from interleukin-17/interleukin-23 to interferon-gamma[J]. Oncol Rep, 2017, 37: 684 - 694.

[34]　Kawanishi Y, Tominaga A, Okuyama H, et al. Regulatory effects of Spirulina complex polysaccharides on growth of murine RSV-M glioma cells through Toll-like receptor 4[J]. Microbiol Immunol, 2013, 57: 63 - 73.

[35]　Guo B, Xie N, Wang Y. Cooperative effect of Bifidobacteria lipoteichoic acid combined with 5 - fluorouracil on hepatoma - 22 cells growth and apoptosis[J]. Bull Cancer, 2015, 102: 204 - 212.

[36]　Xie N, Wang Y, Wang Q, et al. Lipoteichoic acid of Bifidobacterium in combination with 5 - fluorouracil inhibit tumor growth and relieve the immunosuppression[J]. Bull Cancer, 2012, 99: E55 - 63.

[37]　Loo TM, Kamachi F, Watanabe Y, et al. Gut microbiota promotes obesity-associated liver cancer through PGE2 - mediated suppression of antitumor immunity[J]. Cancer Discov, 2017, 7: 522 - 538.

[38]　Tan J, Mckenzie C, Potamitis M, et al. The role of short-chain fatty acids in health and disease[J]. Adv Immunol. 2014, 121: 91 - 119.

[39]　Sahuri-Arisoylu M, Brody LP, Parkinson JR, et al. Reprogramming of hepatic fat accumulation and 'browning' of adipose tissue by the short-chain fatty acid acetate[J]. Int J obes, 2016, 40: 955 - 963.

[40]　Dawson PA, Karpen SJ. Intestinal transport and metabolism of bile acids[J]. J Lipid Res. 2015, 56: 1085 - 1099.

[41]　Li LC, Varghese Z, Moorhead JF, et al. Cross-talk between TLR4 - MyD88 - NF - kappaB and SCAP - SREBP2 pathways mediates macrophage foam cell formation[J]. Am J Physiol Heart Circ Physiol, 2013, 304: H874 - 884.

[42]　Yoshimoto S, Loo TM, Atarashi K, et al. Obesity-induced gut microbial metabolite promotes liver cancer through senescence secretome[J]. Nature, 2013, 499: 97 - 101.

[43]　Schramm C. Bile Acids, the Microbiome, Immunity, and Liver Tumors[J]. N Engl J Med, 2018, 379: 888 - 890.

[44]　Yang Y, Nirmagustina DE, Kumrungsee T, et al. Feeding of the water extract from Ganoderma lingzhi to rats modulates secondary bile acids, intestinal microflora, mucins, and propionate important to colon cancer[J]. Biosci, Biotechnol, Biochem, 2017, 81: 1796 - 1804.

[45]　Giannelli V, Di Gregorio V, Iebba V, et al. Microbiota and the gut-liver axis: bacterial translocation, inflammation and infection in cirrhosis[J]. World J Gastroenterol, 2014, 20: 16795 - 16810.

[46]　Brandi G, De Lorenzo S, Candela M, et al. Microbiota, NASH, HCC and the potential role of probiotics[J]. Carcinogenesis, 2017, 38: 231 - 240.

[47]　李可欣, 马浩然, 张男男, 等. 肠道菌群在肝癌中的作用研究进展[J]. 实用医学杂志, 2018, 34: 1575 - 1578.

[48]　Miura K, Ohnishi H. Role of gut microbiota and Toll-like receptors in nonalcoholic fatty liver disease[J]. World J Gastroenterol, 2014, 20: 7381 - 7391.

[49]　池肇春. 肠道微生物与自身免疫性肝病研究进展与评价[J]. 世界华人消化病杂志, 2019, 27: 50 - 62.

[50]　Cubero FJ. Shutting off inflammation: A novel switch on hepatic stellate cells[J]. Hepatology, 2016, 63: 1086 - 1089.

[51]　Uehara T, Pogribny IP, Rusyn I. The DEN and CCl4 - induced mouse model of fibrosis and inflammation-associated hepatocellular carcinoma[J]. Curr Protoc Pharmacol, 2014, 66: 14. 30. 1 - 10.

[52]　Marquardt JU, Andersen JB, Thorgeirsson SS. Functional and genetic deconstruction of the cellular origin in liver cancer[J]. Nat Rev Cancer, 2015, 15: 653 - 667.

[53]　Tummala KS, Brandt M, Teijeiro A, et al. Hepatocellular carcinomas originate predominantly from hepatocytes and benign lesions from hepatic progenitor cells[J]. Cell Rep, 2017, 19: 584 - 600.

[54]　Llovet JM, Zucman-Rossi J, Pikarsky E, et al. Hepatocellular carcinoma[J]. Nat Rev Dis Primers, 2016, 2: 16018.

[55]　Ji J, Eggert T, Budhu A, et al. Hepatic stellate cell and monocyte interaction contributes to poor prognosis in hepatocellular carcinoma[J]. Hepatology, 2015, 62: 481 - 495.

[56]　Qin N, Yang F, Li A, et al. Alterations of the human gut microbiome in liver cirrhosis[J]. Nature, 2014, 513: 59 - 64.

[57]　Lv LX, Fang DQ, Shi D, et al. Alterations and correlations of the gut microbiome, metabolism and immunity in patients with primary biliary cirrhosis[J]. Environ Microbiol, 2016, 18: 2272 - 2286.

[58]　Affo S, Yu LX, Schwabe RF. The role of cancer-associated fibroblasts and fibrosis in liver cancer[J]. Ann Rev Pathol, 2017, 12: 153 - 186.

[59]　Wang J, Wang Y, Zhang X, et al. Gut microbial dysbiosis is associated with altered hepatic functions and serum metabolites in chronic hepatitis b patients[J]. Front Microbiol, 2017, 8: 2222.

[60]　Liu JP, Zou WL, Chen SJ, et al. Effects of different diets on intestinal microbiota and nonalcoholic fatty liver disease development [J]. World J Gastroenterol, 2016, 22: 7353 - 7364.

[61] Wong VW, Tse CH, Lam TT, et al. Molecular characterization of the fecal microbiota in patients with nonalcoholic steatohepatitis — a longitudinal study[J]. PloS one, 2013, 8: e62885.

[62] Xiang X, You XM, Zhong JH, et al. Hepatocellular carcinoma in the absence of cirrhosis in patients with chronic hepatitis B virus infection[J]. J Hepatol, 2017, 67: 885 - 886.

[63] Chou HH, Chien WH, Wu LL, et al. Age-related immune clearance of hepatitis B virus infection requires the establishment of gut microbiota[J]. Proc Natl Acad Sci USA, 2015, 112: 2175 - 2180.

[64] Kang Y, Cai Y. Gut microbiota and hepatitis-B-virus-induced chronic liver disease: implications for faecal microbiota transplantation therapy[J]. J Hosp Infec, 2017, 96: 342 - 348.

[65] Borrelli A, Bonelli P, Tuccillo FM, et al. Role of gut microbiota and oxidative stress in the progression of non-alcoholic fatty liver disease to hepatocarcinoma: current and innovative therapeutic approaches[J]. Redox Biol, 2018, 15: 467 - 479.

[66] Aly AM, Adel A, El-Gendy AO, et al. Gut microbiome alterations in patients with stage 4 hepatitis C[J]. Gut Pathog, 2016, 8: 42.

[67] Joshi K, Kohli A, Manch R, et al. Alcoholic liver disease: high risk or low risk for developing hepatocellular carcinoma? [J]. Clin Liver Dis, 2016, 20: 563 - 580.

[68] Szabo G. Gut-liver axis in alcoholic liver disease[J]. Gastroenterology, 2015, 148: 30 - 36.

[69] Li J, Sung CY, Lee N, et al. Probiotics modulated gut microbiota suppresses hepatocellular carcinoma growth in mice[J]. Proc Natl Acad Sci USA, 2016, 113: E1306 - 1315.

[70] Winter SE, Baumler AJ. Dysbiosis in the inflamed intestine: chance favors the prepared microbe[J]. Gut microbes, 2014, 5: 71 - 73.

[71] Guo S, Gillingham T, Guo Y, et al. Secretions of bifidobacterium infantis and lactobacillus acidophilus protect intestinal epithelial barrier function[J]. J Pediatr Gastroenterol Nutr, 2017, 64: 404 - 412.

[72] Kelly CJ, Colgan SP. Breathless in the gut: implications of luminal o2 for microbial pathogenicity[J]. Cell Host Microbe, 2016, 19: 427 - 428.

[73] Gui QF, Lu HF, Zhang CX, et al. Well-balanced commensal microbiota contributes to anti-cancer response in a lung cancer mouse model[J]. Genet Mol Res, 2015, 14: 5642 - 5651.

[74] Elfert A, Abo Ali L, Soliman S, et al. Randomized-controlled trial of rifaximin versus norfloxacin for secondary prophylaxis of spontaneous bacterial peritonitis[J]. Eur J Gastroenterol Hepatol, 2016, 28: 1450 - 1454.

[75] Sharma BC, Sharma P, Lunia MK, et al. A randomized, double-blind, controlled trial comparing rifaximin plus lactulose with lactulose alone in treatment of overt hepatic encephalopathy[J]. Am J Gastroenterol, 2013, 108: 1458 - 1463.

[76] Chen P, Starkel P, Turner JR, et al. Dysbiosis-induced intestinal inflammation activates tumor necrosis factor receptor I and mediates alcoholic liver disease in mice[J]. Hepatology, 2015, 61: 883 - 894.

[77] Guo Y, Yang X, Qi Y, et al. Long-term use of ceftriaxone sodium induced changes in gut microbiota and immune system[J]. Sci Rep, 2017, 7: 43035.

[78] Lin QY, Tsai YL, Liu MC, et al. Serratia marcescens arn, a PhoP-regulated locus necessary for polymyxin B resistance[J]. Antimicrob Agents Chemother, 2014, 58: 5181 - 5190.

[79] Millrine D, Miyata H, Tei M, et al. Immunomodulatory drugs inhibit TLR4 - induced type - 1 interferon production independently of Cereblon via suppression of the TRIF/IRF3 pathway[J]. Intern Immunol, 2016, 28: 307 - 315.

[80] Kuhl AA, Erben U, Kredel L I, et al. Diversity of intestinal macrophages in inflammatory bowel diseases[J]. Front Immunol, 2015, 6: 613.

[81] Hedin CR, Mccarthy NE, Louis P, et al. Altered intestinal microbiota and blood T cell phenotype are shared by patients with Crohn's disease and their unaffected siblings[J]. Gut, 2014, 63: 1578 - 1586.

[82] Neuschwander-Tetri BA, Loomba R, Sanyal AJ, et al. Farnesoid X nuclear receptor ligand obeticholic acid for non-cirrhotic, non-alcoholic steatohepatitis (FLINT): a multicentre, randomised, placebo-controlled trial[J]. Lancet, 2015, 385: 956 - 965.

[83] Schaap FG, Trauner M, Jansen PL. Bile acid receptors as targets for drug development[J]. Nat Rev Gastroenterol Hepatol, 2014, 11: 55 - 67.

[84] Degirolamo C, Modica S, Vacca M, et al. Prevention of spontaneous hepatocarcinogenesis in farnesoid X receptor-null mice by intestinal-specific farnesoid X receptor reactivation[J]. Hepatology, 2015, 61: 161 - 170.

[85] Verbeke L, Farre R, Verbinnen B, et al. The FXR agonist obeticholic acid prevents gut barrier dysfunction and bacterial translocation in cholestatic rats[J]. Am J Pathol, 2015, 185: 409 - 419.

[86] Ubeda M, Lario M, Munoz L, et al. Obeticholic acid reduces bacterial translocation and inhibits intestinal inflammation in cirrhotic rats[J]. J Hepatol, 2016, 64: 1049 - 1057.

[87] Chen Q, Xu L, Liang C, et al. Photothermal therapy with immune-adjuvant nanoparticles together with checkpoint blockade for effective cancer immunotherapy[J]. Nat Commun, 2016, 7: 13193.

[88] Jang B, Xu L, Moorthy MS, et al. Lipopolysaccharide-coated CuS nanoparticles promoted anti-cancer and anti-metastatic effect by immuno-photothermal therapy[J]. Oncotarget, 2017, 8: 105584 - 105595.

[89] 方坤, 呼晓, 齐玉山. 脂多糖促进 H_2O_2 降低羧酸酯酶 1/2 活性抑制肝癌 HepG2 细胞存活[J]. 牡丹江医学院学报, 2017, 38: 4 - 8.

[90] Sbahi H, Di Palma J A. Faecal microbiota transplantation: applications and limitations in treating gastrointestinal disorders[J]. BMJ Open Gastroenterol, 2016, 3: e000087.

[91] Delaune V, Orci L A, Lacotte S, et al. Fecal microbiota transplantation: a promising strategy in preventing the progression of non-alcoholic steatohepatitis and improving the anti-cancer immune response[J]. Expert Opin Biol Ther, 2018, 18: 1061 - 1071.

[92] Staley C, Khoruts A, Sadowsky MJ. Contemporary applications of fecal microbiota transplantation to treat intestinal diseases in humans[J]. Arch Med Res, 2017, 48: 766 - 773.

［93］ D'odorico I, Di Bella S, Monticelli J, et al. Role of fecal microbiota transplantation in inflammatory bowel disease［J］. J Dig Dis, 2018, 19：322-334.

［94］ Sivan A, Corrales L, Hubert N, et al. Commensal Bifidobacterium promotes antitumor immunity and facilitates anti-PD-L1 efficacy［J］. Science, 2015, 350：1084-1089.

［95］ Routy B, Le Chatelier E, Derosa L, et al. Gut microbiome influences efficacy of PD-1-based immunotherapy against epithelial tumors［J］. Science, 2018, 359：91-97.

［96］ Gopalakrishnan V, Spencer CN, Nezi L, et al. Gut microbiome modulates response to anti-PD-1 immunotherapy in melanoma patients［J］. Science, 2018, 359：97-103.

［97］ Matson V, Fessler J, Bao R, et al. The commensal microbiome is associated with anti-PD-1 efficacy in metastatic melanoma patients［J］. Science, 2018, 359：104-108.

［98］ Madsen J S, Sorensen S J, Burmolle M. Bacterial social interactions and the emergence of community-intrinsic properties［J］. Current opinion in microbiology, 2018, 42：104-109.

［99］ Yu T, Guo F, Yu Y, et al. Fusobacterium nucleatum promotes chemoresistance to colorectal cancer by modulating autophagy［J］. Cell, 2017, 170：548-563 e516.

［100］ Vetizou M, Pitt JM, Daillere R, et al. Anticancer immunotherapy by CTLA-4 blockade relies on the gut microbiota［J］. Science, 2015, 350：1079-1084.

［101］ Daillere R, Vetizou M, Waldschmitt N, et al. Enterococcus hirae and barnesiella intestinihominis facilitate cyclophosphamide-induced therapeutic immunomodulatory effects［J］. Immunity, 2016, 45：931-943.

［102］ Cui M, Xiao H, Li Y, et al. Faecal microbiota transplantation protects against radiation-induced toxicity［J］. EMBO mol Med, 2017, 9：448-461.

［103］ Zhou D, Pan Q, Shen F, et al. Total fecal microbiota transplantation alleviates high-fat diet-induced steatohepatitis in mice via beneficial regulation of gut microbiota［J］. Sci Re, 2017, 7：1529.

［104］ Brodmann T, Endo A, Gueimonde M, et al. Safety of novel microbes for human consumption：practical examples of assessment in the european union［J］. Front Microbiol＝, 2017, 8：1725.

［105］ Miller LE, Zimmermann AK, Ouwehand AC. Contemporary meta-analysis of short-term probiotic consumption on gastrointestinal transit［J］. World J Gastroenterol, 2016, 22：5122-5131.

［106］ Cui B, Feng Q, Wang H, et al. Fecal microbiota transplantation through mid-gut for refractory Crohn's disease：safety, feasibility, and efficacy trial results［J］. J Gastroenterol Hepatol, 2015, 30：51-58.

［107］ Zapata HJ, Quagliarello VJ. The microbiota and microbiome in aging：potential implications in health and age-related diseases［J］. J Am Geriatr Soc, 2015, 63：776-781.

［108］ Moayyedi P, Surette MG, Kim PT, et al. Fecal microbiota transplantation induces remission in patients with active ulcerative colitis in a randomized controlled trial［J］. Gastroenterology, 2015, 149：102-109. e6.

［109］ Alang N, Kelly CR. Weight gain after fecal microbiota transplantation［J］. Open forum Infect Dis, 2015, 2：ofv004.

［110］ Hale VL, Tan CL, Niu K, et al. Effects of field conditions on fecal microbiota［J］. J Microbiological Methods, 2016, 130：180-188.

［111］ Tang G, Yin W, Liu W. Is frozen fecal microbiota transplantation as effective as fresh fecal microbiota transplantation in patients with recurrent or refractory Clostridium difficile infection：a meta-analysis？［J］. Diagn Microbiol Infect Dis, 2017, 88：322-329.

［112］ Hoffmann D, Palumbo F, Ravel J, et al. Improving regulation of microbiota transplants［J］. Science., 2017, 358：1390-1391.

［113］ Hoffmann DE, Palumbo FB, Ravel J, et al. A proposed definition of microbiota transplantation for regulatory purposes［J］. Gut Microbes, 2017, 8：208-213.

［114］ Cui B, Li P, Xu L, et al. Step-up fecal microbiota transplantation (FMT) strategy［J］. Gut Microbes, 2016, 7：323-328.

［115］ Ma Y, Liu J, Rhodes C, et al. Ethical issues in fecal microbiota transplantation in practice［J］. The American journal of bioethics：AJOB, 2017, 17：34-45.

［116］ Ao L, Zhang Z, Guan Q, et al. A qualitative signature for early diagnosis of hepatocellular carcinoma based on relative expression orderings［J］. Liver Int, 2018, 38：1812-1819.

［117］ Yu Z, Wang R, Chen F, et al. Five novel oncogenic signatures could be utilized as afp-related diagnostic biomarkers for hepatocellular carcinoma based on next-generation sequencing［J］. Dig Dis Sci, 2018, 63：945-957.

［118］ Yu J, Feng Q, Wong SH, et al. Metagenomic analysis of faecal microbiome as a tool towards targeted non-invasive biomarkers for colorectal cancer［J］. Gut, 2017, 66：70-78.

［119］ Ren Z, Jiang J, Xie H, et al. Gut microbial profile analysis by MiSeq sequencing of pancreatic carcinoma patients in China［J］. Oncotarget, 2017, 8：95176-95191.

第 27 章 肠道微生物与胆管癌和胆囊癌

第 1 节 微生物与肿瘤

近年来,肿瘤发病率不断攀升,对人类身体健康造成了严重危害。通过对肿瘤的流行病学研究得知,肿瘤的主要病因包括年龄、遗传及环境等因素,吸烟和不良饮食习惯以及慢性病毒感染也与肿瘤的发生有重要关系。鉴于这个原因,之前大部分对于肿瘤病因的研究都集中在上述几个因素上,却忽略了微生物对肿瘤致病的影响。直到 19 世纪末,研究人员发现微生物在某些疾病的发生、发展过程中起着相当重要的作用。研究表明,20% 的肿瘤与微生物和感染有关。在 20 世纪 90 年代,有研究人员发现幽门螺杆菌是胃癌的主要致病因素之一,此后,越来越多的证据表明特定微生物(包括口腔中的微生物)与各种类型的癌症之间存在联系,由此,肿瘤病因学的研究热点转入一个新的领域,即微生物与肿瘤发生、发展可能存在的关系。本章对微生物与胆道系统肿瘤的发生研究进展做一概述。

一、微生物促进癌症的形成和发展

肠道是人体微生物含量最多的部位,肠道内存在约 1.5 kg 的微生物,这些微生物参与人体的多种生命活动,例如食物的消化吸收、药物的代谢以及调节免疫反应,甚至通过脑肠轴等影响我们的激素水平及神经系统。进入血液中的小分子物质 1/3 是由肠道菌群产生的,肠道菌群对人体的生理、代谢和生物合成均可产生重要影响。肠道菌群与宿主之间存在代谢的相互作用轴,通过代谢分解肠道内的膳食组分,可形成一些生物活性小分子。这些小分子通过与宿主相关受体的相互作用,影响宿主细胞的反应与功能。除了参与宿主代谢外,肠道菌群还可通过直接物理接触、代谢产物以及肠道黏膜结构成分改变等多种机制与宿主免疫系统相互作用。肠道菌群通过释放内毒素,与宿主的病原识别受体 TLR 样受体结合,激活宿主的免疫系统,引起炎症反应。

此外,肠道微生态失调或饮食不良时,会代谢产生乙醛、亚硝酸盐等致癌物,以及分泌黏菌素、细胞膨胀致死毒素等,影响人体免疫反应从而促进肿瘤的发生、发展。目前已经发现多种癌症的发生与细菌、病毒的感染相关联,包括幽门螺杆菌和胃癌,肝炎病毒和肝癌,人乳头瘤病毒和宫颈癌,以及 EB 病毒和淋巴瘤等。

二、微生物致癌机制的研究最新进展

与其他致癌因素的研究相比,近年来对微生物致癌机制的研究方兴未艾,2018 年诺贝尔生理学或医学奖授予了美国免疫学家 James P. Allison 和日本免疫学家 Tasuku Honjo,以表彰两位在肿瘤免疫领域做出的贡献。一时间,"肿瘤免疫治疗"成了最热的词汇。免疫系统是控制肿瘤的主导力量,免疫监视功能低下可导致肿瘤发生、发展。近年来研究表明,肠道微生物同样参与了肿瘤的发生,影响免疫治疗的效果。2018 年 *Science* 上的一项重大发现就是将肿瘤免疫和肠道微生物两大热点进行了关联,揭示了肠道微生物通过胆汁酸调节肝脏 CXCL16 的表达,召集 NKT 细胞发挥肿瘤抑制作用。

到底怎么对肿瘤免疫和肠道微生物进行结合呢？

1. 杀死肠道微生物，肝癌被抑制　给 MYC 基因突变（肿瘤模型）的小鼠喂食抗生素混合物（ABX），发现肝脏肿瘤变小。此外作者又另外构建了皮下肿瘤模型、脾内肿瘤模型、尾静脉肿瘤模型这 3 种模型，实验结果均表明抗生素 ABX 能够选择性地抑制肿瘤生长。

2. 肝癌细胞被抑制增殖前，发现肝脏中 NKT 细胞数量增加　到底是什么因子在起作用，导致肿瘤被抑制。进一步研发发现，肝脏中的 B 细胞、CD4 阳性 T 细胞 NK 细胞、T 细胞、G-MDSC 细胞均没有显著增加，而 NKT 细胞的数量增加显著。

3. 证明抗生素 ABX 通过 NKT 发挥肝脏肿瘤抑制作用　研究证明 NKT 细胞可以抑制 CD1d（人类多种抗原提呈细胞表面表达的糖蛋白家族成员之一，参与提呈脂类抗原给 T 细胞）阳性表达的肿瘤细胞。实验也证明了如果敲掉 CD1d 或者 NKT 细胞上的 CXCR6，则无法抑制肿瘤细胞的增殖和转移情况。因此证实了抗生素 ABX 通过 NKT 发挥肝脏肿瘤抑制作用。

4. 分子机制：胆汁酸（bile acid）/CXCL16/CXCR6 调控了 NKT 细胞在肝脏中的富集　CXCR6 对 NKT 在肝脏聚集、生存具有重要作用，然而作者发现 ABX 并不改变 NKT 表面 CXCR6 的表达量。肝脏中 NKT 细胞数增多，那么变化应该出现在配体上。所以作者对 ABX 处理过的小鼠肝脏中的 CXCL16 含量进行了检测，发现 CXCL16 含量显著增加。使用 CXCL16 能使肝脏 NKT 增加，至此：ABX 促进 LCEC 表达 CXCL16，CXCL16 将 NKT 召集到肝脏发挥抑瘤作用。

5. 微生物-胆汁酸代谢与肿瘤　结果肝脏中的 NKT 细胞数量显著积累增加，暗示胆汁酸参与免疫细胞的调节。检测 ABX 对肝脏胆汁酸水平的影响发现，ABX 能提高初级胆汁酸，减低次级胆汁酸。初级胆汁酸促进 CXCL16 的表达，次级胆汁酸抑制，证实了胆汁酸/CXCL16/CXCR6 调控 NKT 细胞在肝脏中的富集的假说。

抗生素 ABX 是由 3 种抗生素组成：万古霉素、新霉素、复方亚胺硫霉素。万古霉素是革兰阳性细菌的抑制剂，革兰阳性菌能够在胆汁酸的加工过程中起到非常重要的作用。进一步通过 16S rDNA 扩增子测序发现万古霉素能够降低梭菌属，而这种梭菌参与次级胆汁酸的形成。所以最终就形成了这样的假说：*Clostridium* 被杀死→初级胆汁酸积累→促进了肝脏 CXCL16 表达→NKT 细胞被招募→肝癌细胞被杀死或者转移被抑制。所以肠道微生物在肝脏方面有促进肝癌细胞增殖和转移的作用（图 27-1，见彩图）。

6. 与临床结合，扩大研究意义　上面所有的研究都是在小鼠身上做的，所以为了进一步扩大研究意义，作者又对临床患者进行了分析，同样发现初级胆汁酸水平与 CXCL16 表达正相关，次级胆汁酸水平与 CXCL16 表达负相关，初级/次级胆汁酸比例与 CXCL16 表达正相关。解析了细菌影响肝脏免疫反应的完整机制，即肠道微生物利用胆汁酸作为信号分子调控 NKT 细胞反应，从而对肝脏肿瘤产生影响。

三、微生物影响癌症免疫治疗疗效

近年来，随着肿瘤免疫治疗的发展，免疫检查点抑制剂药物 PD-1 抗体在肿瘤治疗中显示出巨大的前景。肿瘤免疫治疗有着特异高效，并使机体免于伤害性治疗等优点。它被认为是目前唯一有可能彻底清除癌细胞的方法，是肿瘤综合治疗模式中最活跃、最有前景的一种治疗手段。其有望实现根治肿瘤的新突破，成为肿瘤治疗的主流方法。

肠道内存在超过 70% 的 T 细胞，是绝大多数记忆 T 细胞的居住地。上文已提到，肠道菌群可以通过直接物理接触、代谢产物以及肠道黏膜结构成分改变等多种机制与宿主免疫系统相互作用。越来越多的证据表明肠道微生物在肿瘤免疫治疗中发挥着至关重要的作用。

早在 2015 年 11 月，Science 杂志就发表过两篇肠道微生物与肿瘤免疫治疗的相关研究。法国的免疫学家 Laurence Zivogel 领导的研究小组发现，CTLA－4 抑制剂免疫治疗的抗肿瘤效果，与肠道中拟杆菌属（Bacteroides spp）尤其脆弱类杆菌（B. fragilis）和多形拟杆菌（B. thetaiotaomicron）的存在有关。芝加哥大学的 Thomas Gajewski 研究团队通过实验证明了肠道中双歧杆菌属（Bifidobacterium）的存在，能够增强 PD－L1 抑制剂的抗肿瘤效果。Gut 上发表的一项研究对 3 项先前的研究数据进行了总结，对比了肠道菌群对 PD－1 疗效的影响。结果表明不同研究的菌群 α/β 多样性、优势菌株、LEfSe 结果、KEGG 功能和菌群预测信号均不完全一致；通过菌群信号预测 PD－1 疗效，或许还需要结合 RNA 测序、代谢组学、癌症过程管理及肠道真菌/病毒的分析，并通过临床试验，深入理解菌群与肿瘤免疫治疗的疗效的关系。因此，今后还需更多的基础及临床研究，以深入剖析菌群与癌症免疫治疗疗效的关联。

四、展望

未来基于微生物组可以挖掘癌症的诊断和治疗新工具。一是在开创性研究的基础上（双歧杆菌、Akk 菌影响抗肿瘤疗效），可能会出现基于粪便微生物组成的新生物标志物，帮助临床医师明确肿瘤免疫治疗有效人群，达到精准治疗与个性化治疗的目的。二是通过研究肠道菌群与肿瘤免疫的关系，可以将微生物干预作为肿瘤治疗药物研发的新方向，例如开发益生元、益生菌或活细菌（和相关噬菌体）、天然产物（自体或同种异体粪便微生物移植）、生物活性小分子等用于增强肿瘤免疫反应。

第 2 节　肠道微生物与胆管癌

一、胆管癌的临床特征

胆管癌（cholangiocarcinoma）是一种由胆管上皮细胞分化而来的恶性肿瘤，占胃肠道肿瘤发生率的 3%。其峰值年龄为 70 岁，男性略多于女性。胆管癌的死亡率与发生率平行，大约 80% 的胆管癌由于转移或进展期只能行姑息治疗。胆管癌一般指原发于左、右肝管至胆总管下端的肝外胆管癌，不包括肝内的胆管细胞癌、胆囊癌和壶腹部癌。根据肿瘤生长的位置，胆管癌又分为上段胆管癌、中段胆管癌和下段胆管癌。三者在临床病理、手术治疗方法、发病机制和预后上均有一定的区别。

胆管癌可以根据其病理学特点分为：乳头状、结节状、硬化型、弥漫型胆管腺癌。乳头状腺癌主要向胆管腔内生长，不向胆管周围组织浸润，不侵犯血管和神经周围淋巴间隙，若能早期手术切除，效果良好；结节状胆管癌的生长缓慢，分化良好，早期手术切除效果亦较好，但两者在临床上均少见。硬化型胆管癌有向胆管外侵犯和侵犯神经周围淋巴间隙的倾向，故手术切除后容易局部复发，但此类型癌最常见。弥漫型胆管癌向胆管上、下方向广泛扩展，发展快，一般难有手术切除的机会。

胆管癌的发病原因目前尚不明确，已知的危险因素与慢性胆管炎症状态比如原发性硬化性胆管炎、原发性胆汁淤积性胆管炎、肝血吸虫感染或者肝胆管结石有关。发生在肝胆管结石基础上的肝胆管癌常有 10 年以上的胆道病史。通过对肝胆管结石切除标本的肝叶标本的观察，发现肝内胆管结石长期刺激和激发感染，造成胆管黏膜糜烂或溃疡，引起胆管上皮细胞的再生、增殖，少数导致化生，表现胆管上皮细胞分化功能开始紊乱。增生的上皮细胞可表现为 MC（meyenburg complex）型、乳头状或腺瘤样增生，这种不典型增生有可能为胆管癌的前期病变。在肝内胆管结石引起胆管癌的病例中，在癌旁也可见到此种不典型增生，有的与癌有移行现象。因此长期肝胆管结石有可能导致肝胆管癌的改变,甚至发生在肝内胆管结石已经清除之后,但此时毫无例外的存在慢性胆管炎和胆汁停滞。而胆汁酸的蓄积被认为是引起肝管癌的一个关键因素。而胆汁酸的代谢与肠道微生物密切相关,本章探讨肠道微生物在胆管癌发生发展中的作用。

二、肠道微生物与胆管癌的关系

人类的身体是数以万亿计微生物的宿主,这些微生物在许多生命过程中起着关键作用,包括新陈代谢、维持肠道内稳态和免疫系统的开发等,人肠道中的微生物主要是专性厌氧菌,肠道细菌总数约为 10^{14} 个,包含 15 000～36 000 个细菌属。人体肠道中的优势菌群主要有拟杆菌门和厚壁菌门,这两种细菌占总细菌量的 70% 以上,其他主要的细菌主要有变形菌门、梭菌门、放线菌门、疣微菌门及蓝藻细菌。中国居民肠道中主要菌群是考拉杆菌属。人出生后微生物就开始定植,在婴儿时期肠道微生态系统逐渐建立;在成年时期达到一个稳定状态;老年时期肠道菌群逐渐退化,致病菌增多。微生物的定植最早发生在胎儿时期,有越来越多的证据表明在胎盘、羊水和胎粪就有微生物的存在。随着年龄的增长,肠道菌群也在不断发生改变,当宿主的年龄在 2～5 岁时,肠道菌群会达到稳定且平衡的状态。每个个体的肠道菌群组成都具有高度动态性和特异性,且随着时间的推移会持续变化。尽管不同个体间肠道菌群组成差异明显且受营养、生活方式、日照变化、性别、生理功能和种族等诸多因素的影响,但在生命的不同时期它都具有特定的组合方式和功能特征。这些特征在一定程度上被认为是宿主一种强有力的生理反应,并对宿主的发育和体内平衡具有重要影响。鉴于肠道菌群在不同宿主的特异性和动态性与人生长周期的一致,现在已有学者认为肠道菌群具有预测一些代谢和疾病的能力,比如结直肠癌、餐后血糖升高、减重后体质量反弹的概率甚至是神经退行性疾病等。人们早就认识到,肠道微生物可以帮助宿主抵御病原体,完善健康的肠道结构和免疫系统,并帮助消化难以消化的膳食纤维。因此完整的肠道菌群是维持健康的重要因素,它们作为人体的共生生物,从人体消化道的食物残渣中获取营养,其代谢产物如短链脂肪酸、胆汁酸等作为信息物质对肠道内环境进行调控。当肠道内微生物群落生态失调时,其代谢紊乱将会引起肠道多种疾病的发生。在肠道中,各种形式的胆汁酸可充分发挥各自的生理功能,并再次决定了自身的命运。这是因为肠道微生物可以将肝脏合成的初级胆汁酸转化为次级胆汁酸,并激活 G 蛋白偶联胆汁酸受体-5(TGR-5),该受体位于细胞膜表面,与胆汁酸结合后升高细胞内的 cAMP,激活 MAPK 信号通路,该受体具有参与抑制巨噬细胞功能和胆汁酸调节能量稳态的作用,而共生菌的数量或种类变化对肠道的功能产生影响。肠神经系统(enteric nervous system,ENS)是调节肠道功能的自主神经系统的一部分,主要由肌间神经丛和黏膜下神经丛构成。而次级胆汁酸作为肠道重要的代谢产物,对于 ENS 有调控作用,胆汁酸变化引起的 ENS 功能异常与胆管癌的关系可能与以下几方面有关。

(一)胆汁淤积性肝病中胆汁酸的肝肠循环

胆汁酸是胆汁的主要有机溶质,其可作为洗涤剂,促进膳食脂质和脂溶性维生素的吸收,并维持体内胆固醇的稳态。胆汁酸是肝脏胆固醇代谢的终产物,胆固醇通过细胞色素 P450 进行的一系列反应,在周围肝细胞中合成初级胆汁酸,包括鹅脱氧胆酸(chenodeoxycholic acid,CDCA)和胆酸(cholic acid,CA)。胆固醇 7α-羟化酶(cholesterol 7 α hydroxylase)是胆汁酸合成的限速酶。在肝脏中,大多数初级胆汁酸与甘氨酸、牛磺酸结合,通过胆盐输出泵(bile salt export pump,BSEP)从肝细胞分泌至胆管中,在通过胆管排入肝管后,胆汁酸再由 Oddi 括约肌调节的交界处释放到十二指肠中。进入小肠后,初级胆汁酸分别转化为次级胆汁酸石胆酸和脱氧胆酸。在胆汁酸的代谢过程中,约有 95% 的胆汁酸在末段小肠被重吸收并通过门静脉系统进入肝细胞,重新结合并分泌到胆汁中,从而完成肝肠循环。肝肠循环与肝脏和肠道分布的一系列转运体密切相关,其中最主要的是表达在肝细胞基底膜的 Na^+/牛胆盐共转运体多肽(Na/taurocholate cotransporting polypeptide,NTCP)和表达在回肠壁腔侧膜上的顶膜钠依赖性胆盐转运体(apical sodium-dependent bile salt transporter,ASBT)。NTCP 负责将门静脉血中的胆盐摄取回肝细胞,而 ASBT 则负责小肠对胆盐的重吸收。胆汁酸的肝肠循环对营养物质的吸收以及随胆汁消化排泄的脂质、毒性代谢产物和外源性物质都有重要的生理作用。胆汁酸和(或)其代谢物在肝内的过量积聚被认为在介导胆汁淤积性疾病的肝损伤中起关键作用。

(二)肠道微生物通过胆汁酸途径调节肠道功能机制

胆汁酸的肝肠循环这种动态平衡变化对于其发挥信号分子的作用是十分重要的。初级胆汁酸经过肠道细菌代谢成为次级胆汁酸的过程是由多种肠道细菌的胆汁酸盐水解酶(bile salt hydrolase,BSH)催化进行,并且这有助于肠道细菌在人体内胆汁酸的抑菌作用下存活。同时,肠道细菌参与对胆汁酸的酯化和脱硫作用,这可以调节胆汁酸的排出,从而维持胆汁酸池的稳态。除此之外,胆汁酸的解偶联可以促进肠道细菌的定殖,BSH 的缺失将导致细菌的感染性降低。BSH 催化的结合胆汁酸的解离作用也可能会为类杆菌、长双歧杆菌等肠道微生物提供碳源或氮源。而肠道微生物的减少可以影响其对于抑制肠道胆汁盐转运蛋白 ABST 表达的转录因子 GATA4 的刺激,使得 ASBT 的表达在回肠和小肠的近端中明显增加,导致肠道对于胆汁酸的吸收能力增强。GATA 是锌指蛋白转录因子,具有结合酸共同序列的特性,锌指不仅可以结合于 DNA,还能与 RNA、DNA - RNA 杂交体和其他锌指蛋白结合,控制生物体中蛋白质的转录和翻译过程。胆汁酸和肠道微生物之间存在双向的调节作用;另外,肠道微生物通过胆汁酸及其相关受体可以影响肠道正常的生理功能。TGR(transmembrane G Protein-coupled receptor,跨膜 G 蛋白偶联受体)是一种已知的胆汁酸特异性受体,其广泛存在于肝脏、肠道和脂肪等机体的组织中,尤其在 ENS 中广泛表达。众所周知,胆汁酸作为消化脂肪所必要的物质,当进食高脂肪食物时,胆分泌出大量的初级胆汁酸进入消化道,这些初级胆汁酸被肠道中的微生物分解成次级胆汁酸,诱导肌间神经丛中 TGR5 和 iNOS 上调,继而对胃肠道运动产生影响。在 IBS 和溃疡性结肠炎(ulcerative colitis,UC)患者中表现为结肠转运时间缩短,敏感性增加,产生腹痛、腹泻的症状。最新研究显示 TGR - 5 参与新陈代谢的调节功能,使用 TGR - 5 激动剂诺米林(nomilin)或齐墩果酸(oleanolic acid)具有显著的抗炎活性,所以靶向 TGR - 5 的药物开发对未来治疗胆汁酸代谢性疾病提供了可能的方向。近年来胆汁酸的另一种主要的核受体法尼醇 X 受体(farnesoid X receptor,FXR)引起了科学家的高度关注,它是一种以 CDCA(鹅脱氧胆酸)为主要配体的转录调节因子,在肠道中 FXR 通过抑制胆汁酸合成过程中的关键酶——胆固醇 7α-羟化酶(CYP7A1)参与胆汁酸的负反馈调节。另外,肠道 FXR 的激活诱导肠道中的产醋菌属(Acetatifactor)和拟杆菌产生石胆酸(LCA),LCA 的升高激活 TGR - 5,然后刺激肠 L 细胞分泌胰高血糖素样肽-1(GLP - 1)以改善肝葡萄糖和脂质代谢。然而,也有研究表明,缺乏 FXR 基因的小鼠表现出明显的血浆胆固醇和 TG 升高,微生物相关的胆汁酸去共轭可以通过激活肠 FXR 信号传导和阻断肝 FXR - SHP 途径影响胆汁酸的肠肝循环,加速脂肪合成,诱导非酒精性脂肪肝病。同时更有实验证明了胆汁酸对糖异生中磷酸烯醇式丙酮酸羧化酶、葡萄糖-6-磷酸酶的基因表达的影响,而 FXR 的激活改善了糖尿病小鼠的高血糖和高血脂,所以 FXR 是一个新型的代谢综合征调控靶点。

(三)胆汁酸具有细胞毒性

疏水性胆汁酸会诱导肝细胞损伤,但这种毒性所涉及的机制尚不完全清楚。严重胆汁淤性肝病细胞死亡的主要机制是由于较高浓度的胆汁酸引起的细胞坏死。目前的研究发现,疏水性胆汁酸主要通过两种机制引发坏死：氧化应激诱导的脂质过氧化和肝细胞质膜的溶解。当胆汁酸在肝细胞中积累超过其生理浓度范围时，可观察到临床肝毒性。胆汁酸还可通过其对脂质成分的洗涤剂作用破坏细胞膜，并导致线粒体和细胞肿胀、质膜破坏及细胞裂解释放细胞内容物。

（四）胆汁酸介导炎性介质产生

炎症在胆汁淤积期间导致肝损伤。然而，胆汁淤积在肝脏中引发炎症反应的机制尚未完全清楚。胆汁酸可作为炎症刺激因子来刺激许多炎性介质的产生，包括细胞因子、趋化因子、黏附因子、花生四烯酸代谢中的酶和影响免疫细胞水平的其他蛋白质。胆汁酸可直接激活肝细胞中的信号传导网络，在胆汁淤积期间促进肝脏炎症，细胞内胆汁酸的积累导致线粒体损伤和内质网应激，并通过激活 Toll 样受体引发固有免疫应答，从而引起炎症反应。其中中性粒细胞的趋化作用在肝损伤中起着重要作用。且在胆汁淤积期间，胆汁酸浓度增加可激活肝细胞中的 *ERK*1/2（extracellular regulated protein kinases，1/2，细胞外调节蛋白激酶 1/2），其上调早期反应生长因子-1（*early reactive growth factor*，*Erg*-1），*Erg*-1 是促炎细胞因子的关键调节因子。

（五）肠道微生物群在胆汁淤积性肝病发病中的作用

原发性硬化性胆管炎通常能在炎症性肠病患者中观察到，最近有研究表明，不依赖于炎症性肠病存在的原发性硬化性胆管炎患者肠道微生物群基因测序结果，与健康对照组相比，存在细菌的多样性降低。提示肠道微生物群可能与原发性硬化性胆管炎发病有关。同时，未治疗的原发性胆汁性胆管炎患者与健康对照之间肠道微生物的组成和功能具有显著差异。原发性胆汁性胆管炎的肠道微生物组出现了物种丰富度的降低以及整体微生物多样性的显著变化。

（六）胆汁淤积性肝病中的免疫反应及其与肠道微生物群的关系

原发性胆汁性胆管炎和原发性硬化性胆管炎是免疫介导的胆道疾病，其表现出与人白细胞抗原（HLA）等位基因显著的遗传关联。在原发性胆汁性胆管炎中，抗线粒体抗体是其特异性生物标志物。尽管有明显的 HLA 关联提示原发性硬化性胆管炎是由自身抗原驱动的免疫性疾病，但与原发性硬化性胆管炎相关的自身抗体仍存在争议。迄今已报道了在患有原发性硬化性胆管炎的患者体内存在大量的自身抗体，但这些都不是原发性硬化性胆管炎特异性表达和定位的自身抗体。在原发性硬化性胆管炎患者体内检测到的自身抗体包括非典型的核周抗中性粒细胞胞质抗体（p-ANCA）。p-ANCA 可与自身抗原 β-微管蛋白同种型 5（TBB-5）及细菌同源物细丝温度敏感突变体 Z（Fts Z）结合，后者在共生微生物群中普遍表达。这些数据表明，在肠道产生的针对细菌蛋白的自身抗体可能是原发性胆汁性胆管炎和原发性硬化性胆管炎疾病进的原因。

（七）胆汁酸与肠道微生物群之间的相互作用

第一，胆汁酸可作为肠道微生物群的调节剂，除了起到帮助消化肠中膳食脂质的洗涤剂作用外，一些胆汁酸已显示出具有抗微生物活性的作用。胆汁酸的杀菌活性与它们的疏水性有关，增加了胆汁酸分子对细胞膜磷脂双层的亲和力，使它们发挥对细胞膜的膜损伤作用。然而，其他胆汁酸在人和啮齿动物中的杀菌活性，以及它们与胆汁酸分子疏水性的相关性，在很大程度上仍是未知的。胆淤积可导致小肠中的细菌增殖和黏膜损伤，从而导致细菌跨越上皮障产生移位和全身感染。第二，通过肠道微生物群调节胆汁酸谱，胆汁酸由肝脏中的胆固醇合成，并且在肠道中通过肠道微生物群的作用进一步代谢成次级胆汁酸。肠道微生物群的存在降低了牛磺酸结合的 β-鼠胆酸的合成，并使得成纤维细胞生长因子表达增加。肠道微生物群的存在增加了胆汁酸的疏水性。肠道微生物群不仅调节次级胆汁酸代谢，还抑制肝脏中的胆汁酸合成。肠道微生物群参与胆汁酸的代谢，同时也在肝肠循环中起作用。

三、结论

总结来说,肠道微生物群通过影响胆汁酸的代谢与肝肠循环,经肠道-胆汁酸-肝脏轴影响胆管癌的发生,从细胞毒性、炎性介质、免疫反应、胆汁淤积等多方面增加胆管癌的发病率,但发病机制仍不完全明确,有待今后进一步深入的研究。

第3节　肠道微生物与胆囊癌

胆囊癌是世界上最具侵袭性的胃肠道恶性肿瘤,具有广泛的地理差异。它是胆道恶性肿瘤的一种亚型,在所有胆道恶性肿瘤中预后最差,生存率较低。各种因素与胆囊癌发病机制相关,例如环境、微生物、代谢和分子等。

胆囊癌占全部癌肿的 0.76%～1.2%。胆结石的存在与胆囊癌的发生已谈论了多年,Nervi 等应用 Logistic 回归模型计算出胆结石患者的胆囊癌发生率约比无胆结石者高出 7 倍,结石可引起起胆囊黏膜慢性损伤或炎症,转而导致黏膜上皮发育异常,后者具有癌变倾向。欧美国家胆囊癌患者合并胆囊结石的比例较高,达 54.3%～100%。国内约为 60%。Khan 等报道,慢性胆囊炎与胆管恶性肿瘤明显相关,相对危险度为 19.5。Re-daelli 等研究发现,Mirizzi 综合征患者的胆囊癌发病率为 27.8%,显著高于一般胆结石患者的胆囊癌发病率(2%)。Lowenfels 等认为胆管肿瘤的发生与胆管的梗阻、感染,致使胆酸转化为活跃的物质有关,如去氧胆酸和石胆酸是与芳香碳氢化合物致癌因素有关的物质。由于存在胆结石或微生物感染(例如沙门菌或幽门螺杆菌)导致的胆囊慢性炎症引起组织微环境中炎性介质的持续产生,其可引起与癌发生相关的基因组变化。遗传改变是与侵袭性和预后相关的主要因素之一。

一、研究现状

目前认为细菌感染引起肿瘤主要是由于以下几种机制：① 抑制宿主机体免疫应答反应,导致肿瘤迅速发展。② 促进宿主产生致癌物质。③ 有些细菌被动成为致瘤病毒的宿主,病毒在细胞内增殖并与细菌共同作用,促进肿瘤的生成。④ 部分细菌可产生雌激素类质,从而促进肿瘤的发生、发展。

引发胆囊癌的机制可能为：① 细菌感染所致慢性炎症长期刺激。② 细菌感染本身产生的细菌毒素会损伤细胞并影响细胞 DNA 转录,从而诱发癌症。迄今为止,人类发现的大多数炎性疾病都与病原体入侵直接相关。最常用的炎症分类是：有菌性炎症和无菌性炎症。在众多的病原体中,以细菌最常见,故而狭义的炎症就专指细菌性炎症。正常胆道是无菌的。但是在某些疾病状态下,细菌可以通过血流和胆道两条途径突破正常的屏障进入胆道系统。

二、研究进展

有研究对有胆道感染患者的胆汁进行培养,结果发现胆汁中的细菌种类共计达 17 种之多,包括不同的厌氧菌和需氧菌。进一步研究也提示,胆囊癌的发生与细菌入侵及其诱发的炎症密切相关。细菌突破胆道防御系统进入胆囊后,可以在胆汁等诱导作用下发生变异,形成“L 型细菌”,作为“胆囊内潜在细菌”的主要存在形式。而“L 型细菌”可导致胆囊组织以淋巴细胞浸润为主的间质性炎症,成为慢性胆囊炎的致病因子,而其自身却可以随着细胞壁的缺失,减弱其抗原性以利于其逃避机体的免疫攻击,并对抗生素敏感性下降,从而在胆囊壁组织和胆汁内繁殖、存活。由于细胞壁缺陷 L 型细菌易黏集成堆并与脱落的黏膜上皮细胞共同构成胆结石的核心,从而引起慢性胆囊炎、胆石症。另外,其他研究则发现,有些细菌还可以作为抗原,刺激机体产生特异性抗体,以形成免疫复合物并沉积于胆囊基底膜,最终形成胆结石。故防治细菌感染对胆囊结石的预防和治疗亦具有重要意义。如前所述,胆囊炎患者胆汁中可分离出许多种细菌,其中许多与胆囊癌密切相关。

对于胆囊癌来说,慢性感染、炎症可能也是促进其癌变的一个重要因素。Lowenfel 等报道,在 58 例胆囊癌患者的胆汁中有 47 例(81%)培养出细菌,而仅 33.7%(71/211)的胆囊结石患者的胆汁中培养出细菌。石景森等对 29 例胆囊癌患者的胆囊胆汁及 9 例胆囊癌中心组织进行厌氧菌培养及自动检测分析,结果 29 例胆囊癌胆汁中厌氧菌检出率为 65.5%(19/29)。胆囊癌组织检出率为 55.6%(5/9),且均为兼性厌氧。孟泽武等对 L 型金黄色葡萄球菌与胆囊癌细胞的致病关系进行研究,结果发现 L 型金黄色葡萄球菌能够进入胆囊癌细胞中并促进其增殖,引起细胞基因改变,提示 L 型金黄色葡萄球菌可能与胆囊癌的发生、发展有一定相关性。经研究显示,细菌感染主要包含沙门菌属、螺杆菌属两大类,还包括大肠埃希菌及其他细菌。

(一) 伤寒沙门菌属是伤寒主要致病菌

伤寒急性发作后,伤寒沙门菌会潜伏在 2%～3% 的患者胆囊内(带菌状态)。Axelord 等首次观察到并发表认为伤寒沙门菌与胆囊癌的发病有关。据文献报道,胆囊结石是胆囊癌发病比较确定的因素之一。在胆囊结石患者中,伤寒沙门菌的检出率同样很高,不排除伤寒沙门菌感染是协同因素,因此可以推测伤寒沙门菌感染是胆囊癌发病的独立因素。沙门菌促进胆囊癌发生的原因还不明确,但值得注意的是,肝脏可以通过葡萄苷酸化将外源性致癌物质失活,沙门菌属含有活性 β-葡萄糖苷酸酶,可以破坏致葡萄苷酸化这个过程,导致致癌物质无法失活以致癌症的发生。

目前研究发现伤寒杆菌的致癌作用与其生成的 β-葡萄糖醛酸酶有关。这种酶可将胆汁中的结合胆红素水解成游离胆红素。后者再与胆汁中钙离子结合成为不溶于水的胆红素钙,沉淀后即成为胆色素钙结石。另外,这种酶还可以促使一些肝细胞代谢产生的毒素与胆汁酸解离并在胆道系统内蓄积,进而发挥与 DNA 结合并诱导基因突变的基因毒性作用。

(二) 螺杆菌

幽门螺杆菌现已被确定是引起胃癌的病因之一。日本和泰国的流行病学调查显示,幽门螺杆菌感染是胆道系统恶性肿瘤发生的危险因素之一。有研究提示,幽门螺杆菌阳性者的胆道系统癌症发病风险是非携带者的 6 倍,而国内也有研究发现胆囊癌患者胆囊黏膜和胆汁中存在幽门螺杆菌感染,且感染率高,除幽门螺杆菌外,胆汁螺杆菌(*helicobacter bilis*,HB)亦与胆囊癌发病存在正相关性,阳性者粗略的相对危险率为 2.6。胆汁螺杆菌可以促进胆囊结石、肝内胆管结石、原发性硬化性胆管炎等胆道系统良性疾病的发生,并使胆道慢性炎症持续存在。HB 促进炎症与结石的相互作用,使胆囊慢性炎症改变加剧,加之细菌释放的毒素和代谢产物作用,最终导致胆囊上皮转化直至癌变。其他的致癌机制包括:促进组织内具有 DNA 毒性的自由基的生成;促进 TNF-α、IL-6 等炎性因子的释放;通过改变细胞表面的膜蛋白促使细胞表型发生改变。

Pradhan 等研究认为,螺杆菌与胆道恶性肿瘤的发病密切相关。螺杆菌如何导致癌变的机制尚不明确。有研究推测,螺杆菌与胆道结石发生相关从而进一步引发组织癌变。螺杆菌可能分泌水解酶、产生诸如免疫球蛋白之类的核化蛋白催化结石产生,或直接作为异物病灶被结石所包裹。螺杆菌还可能产生可溶性抗体、抑制如 muc 等关键性的肝胆基因或通过基因调控改变结合性胆汁酸的肝内循环,进而促进结石的产生。结石已是胆囊癌较明确的危险因素,因此推测螺杆菌可能是胆囊癌发病的协同因素。

（三）大肠埃希菌

胆囊炎性疾病,尤其是急性胆囊炎的发病与胆汁淤滞和细菌感染密切相关,其中60%～70%的致病菌为经肠道由胆总管逆行进入胆囊的大肠埃希菌。大肠埃希菌可以生成许多种具有细胞毒性的毒素。这些毒素可以通过不同的作用方式引起DNA损伤,使宿主的遗传稳定性下降,进而可能参与肿瘤的发生。Lax和Thomas发现,大肠埃希菌可以产生一种名为Colibactin(大肠杆菌素)的基因毒素,引起DNA双链断裂,可能与其致癌性相关,但具体机制尚未明晰。此外,研究发现,大肠埃希菌也可以通过β-葡萄糖醛酸酶途径促进胆色素钙结石的形成来增加胆囊肿瘤发生的危险性。

（四）其他细菌

从消化道、存在结石或感染的胆囊中还可培养出梭状芽孢杆菌,后者促使胆酸脱氢转化为去氧胆酸和石胆酸,两者在结构上是致癌多芳香族化合物的同族物。相信随着生物技术的迅速发展和相关研究的不断深入,会为我们提供更多的线索。

三、总结

感染作为癌症的发病诱因,已越来越受到研究者的重视。伤寒沙门菌感染可能是胆囊癌的独立危险因素,而螺杆菌感染可能是胆囊癌发病的协同因素。早期检测出伤寒沙门菌感染、螺杆菌、大肠埃希菌等感染人群,对胆囊癌的高危人群采取有效防治措施对降低胆囊癌的发病率及死亡率具有重要指导意义。总之,在癌症的发生、发展及对癌症的治疗过程中,肠道微生物发挥着关键作用。

（李忠廉　郝成飞　宋仕军　韩树旺）

参 考 文 献

[1] Sigal M, Logan C Y, Kapalczynska M, et al. Stromal R-spondin orchestrates gastric epithelial stem cells and gland homeostasis[J]. Nature, 2017, 548: 451 - 455.

[2] Wong SH, Zhao L, Zhang X, et al. Gavage of fecal samples from patients with colorectal cancer promotes intestinal carcinogenesis in germ-free and conventional mice[J]. Gastroenterology, 2017, 153: 1621 - 1633. e6.

[3] Ma C, Han M, Heinrich B, et al. Gut microbiome-mediated bile acid metabolism regulates liver cancer via NKT cells[J]. Science, 2018, 360: eaan5931.

[4] 贾昊宇,杨长青.胆汁酸的肝肠循环及肠道微生态在胆汁淤积性肝病发病和治疗中的作用[J].临床肝胆病杂志,2019,35: 39 - 43.

[5] 陈军奎,刘伟,王欣,等.成年人不同阶段肠道菌群及其代谢差异的研究[J].胃肠病学和肝病学杂志,2019,3: 276 - 281.

[6] 张磊,吴永娜,陈拓,等.肠道微生物菌群与消化道肿瘤关系的研究进展[J].微生物学杂志,2018,3: 84 - 90.

[7] 杨泽俊,朱敏佳,王菲菲,等.胆汁酸代谢紊乱与消化道疾病的研究进展[J].世界华人消化杂志,2019,27: 50 - 56.

[8] 刘亮亮,黄强,刘臣海,等.IL-6及其受体在胆管癌患者组织中的表达及临床意义[J].安徽医科大学学报,2018,53: 484 - 486.

[9] Nervial F. Hepatoduodenal ligamerit invasion by gallbladder carcino-ma: histologic patterns and surgical recommendation[J]. Cancer, 2008, 41: 657 - 660.

[10] Khan ZR. Rognostic significance of the number of positive lymphynodes in gallbladder cancer[J]. Gastroenterol, 2005, 94: 149 - 152.

[11] Redaelli CA. Laparoseopie eholeeystectomy and gallbladder cancer[J]. Surgery, 2007, 121: 58 - 63.

[12] Lowenfels AB. Egional and para-aortic lymphadenectomy in radical surgery for advanced gallbladder earcinoma[J]. Hepatogastroenterolo-gy, 2008, 46: 1529 - 1532.

[13] 孟泽武,陈燕凌,佘菲菲,等.金黄色葡萄球菌L型对胆囊癌细胞的致病变研究[J].中国人兽共患病学报,2009,25: 810 - 814.

[14] Nath G, Gulati AK, Shukla VK. Role of bacteria in carcino genesis, with special reference to carcinoma of the gallbladder[J]. World J Gastroenterol, 2010, 16: 5395 - 5404.

[15] 黄俊,熊杰,汪宏,等.原发性胆囊癌胆囊黏膜和胆汁中螺杆菌相关基因的检测[J].中华肝胆外科杂志,2011,17: 576 - 579.

[16] Maurer KJ, Ihrig MM, Rogers AB, et al. Identification of cholelithogenic enterohepatic helicobacter species and their role in murine cholesterol gallstone formation[J]. Gagtroenterology, 2005, 128: 1023 - 1033.

[17] Pandey M, Shukla M. Helicobacter species are associated with possible increase in risk of hepatobiliary tract cancers[J]. Surg Oncol, 2009, 18: 51 - 56.

［18］ Saltykova IV, Petrov VA, Brindley PJ. Opisthorchiasis and the microbiome[J]. Adv Parasitol. 2018, 102: 1 - 23.

［19］ Ciaula AD, Portincasa P. Recent advances in understanding and managing cholesterol gallstones[J]. F1000Res, ecollection 2018. 7: 1000 Faculty Rev - 1529.

［20］ Flynn CR, Albaugh VL, Cai S, et al. Bile diversion to the distal small intestine has comparable metabolic benefits to bariatric surgery [J]. Nat Commun, 2015, 6: 7715.

第28章　肠道微生物与胰腺癌

第1节　概　述

在人类肠道中,有超过 100 万亿的共生细菌,形成肠道微生物群。大约 70% 的人体免疫系统位于肠道内,可防止病原菌感染。当肠道微生物群受到干扰,导致生态失调时,可导致肥胖、糖尿病、炎症性肠病、类风湿性关节炎、多发性硬化、自闭症谱系障碍和癌症等疾病发生。最近的代谢组学分析也表明微生物群和致癌作用之间的联系。此外,一些动物研究表明,益生菌似乎在某种程度上对预防致癌有效。

微生物的生态群落被称为微生物群,并发展为微生物学学科。微生物群的稳定状态、丰度和多样性对健康至关重要。微生物群是由微生物群及其生态系统、产物和宿主环境编码的综合基因组信息组成,引起了广泛关注。人体微生物群通过支持营养和激素平衡、调节炎症、解毒化合物以及提供具有代谢作用的细菌代谢产物来预防疾病。它在出生后的一生中不断发展,外源调节剂和宿主内在因素可能导致其广泛的微生物多样性。具体来说,外在调节剂包括饮食、抗生素、药物、环境压力源、运动/生活方式、胃手术。此外,微生物群落呈现高度个性化和个体间变异,这取决于宿主的具体特征,如年龄、性别、遗传学、激素和胆汁酸。在这些因素中,宿主基因型和饮食似乎是最重要的;此外,宿主和微生物基因型影响癌症的易感性。值得注意的是,已显示胰腺腺泡可以形成肠道微生物群和免疫的秘密介质。

微生物群存在于 20% 人类恶性肿瘤之中。最近关于微生物群对致癌作用的研究强调了其在胃肠道恶性肿瘤中的重要作用,如结直肠癌、肝癌和胰腺癌。有趣的是,宿主微生物可能增加、减少或对肿瘤易感性没有影响,并放大或减轻致癌作用。胰腺导管腺癌(adenocarcinoma of pancreatic duct,PDAC)是一种致命的破坏性恶性肿瘤,94% 的患者在 5 年内死于这种疾病。公认的与高 PDAC 风险相关的非遗传性疾病包括年龄(>55 岁)、慢性胰腺炎、糖尿病、吸烟、肥胖、酗酒、饮食因素和毒素暴露。根治性手术仍然是治疗 PDAC 的唯一机会,目前几乎没有治疗方法。早期检测将为提高患者的生存率和生活质量提供最佳机会,但迄今为止,在人群水平上还没有公认的筛查工具或生物标志物。

鉴于越来越多的证据表明微生物与 PDAC 易感性、启动、进展有关,并可能影响治疗效果,尽管相关机制仍在探讨中,但微生物群在胰腺癌发生中的作用需要密切关注。本章旨在回顾胰腺癌微生物区系和微生物群研究的最新进展和有趣的发现,以阐明潜在的机制,讨论潜在的相关临床应用和有前景的未来方向。

人体微生物群是一个复杂的细菌、病毒和真菌生态系统,分布在皮肤、口腔、肺、肠和阴道内。人体胃肠道被结肠内 $10^{13} \sim 10^{14}$ 微生物组成的复杂而丰富的微生物群落所定植。厚壁杆菌、变形杆菌、拟杆菌和不动杆菌是正常大便的主要菌属。

共生菌群是宿主免疫系统的主要调节因子。事实上,肺炎克雷伯菌的早期先天免疫是由共生肠道微生物群通过 NLR 配体系统调节的。3 个分段的丝状细菌(*segmented filamentous bacteria*,SFB)不仅诱导产生 IgA 和上皮内淋巴细胞(intraepithelial lymphocyte,IEL),还促进宿主防御反应和 Th17 细胞的积累。梭状芽孢杆菌能促进调节性 T 细胞(Treg)的分化和增殖。

　　除了这些功能外,微生物群还可以通过膳食纤维(如乙酸、丙酸和丁酸)合成维生素和短链脂肪酸。虽然乙酸和氨基酸在 Treg 细胞的分化和诱导中不起作用,但丁酸起着至关重要的作用。此外,短链脂肪酸与 G 蛋白偶联受体结合并调节肥胖。许多临床研究表明,破坏宿主-共生体相互作用(生态失调)可能导致对于各种疾病和条件,包括癌症、慢性肠道炎症、自身免疫和对细菌、病毒和寄生虫的自我保护机制的损害。

　　近几年的研究表明,口腔微生物与胰腺癌密切相关。人类口腔内有许多细菌聚居,其中在物种水平上约有 600 种常见的分类群。实际上,人类口腔微生物群数据库(Human Oral Microbiome Database,HOMD)包括以下 13 门中的 619 种分类群:放线菌、拟杆菌、衣原体、绿弯菌门、欧氏菌、厚壁杆菌、梭杆菌、变形杆菌、螺旋杆菌、螺旋体(Spirochetes,SR1)、互养菌门(Synergistetes)、软壁菌门(Tenericutes)和 TM7 门(候选)。用人口腔微生物鉴定芯片分析唾液微生物群与胰腺癌之间的关系,45%胰腺癌患者的唾液微生物群水平明显低于对照组。另外一项前瞻性队列研究分析了 361 例胰腺癌患者和 371 例配对对照者,发现牙龈卟啉单胞菌和聚集性放线菌属与胰腺癌的高风险相关(优势比:2.20,95%置信区间:1.16~4.18)。相比之下,口腔纤毛菌(Leptotrichia)属及其梭杆菌门与胰腺癌风险较低相关(优势比:0.87,95%置信区间:0.79~0.95)。有关肠道微生物与胰腺癌的详细机制目前尚不完全明了。

　　在美国,黑种人男性和女性胰腺癌发病率最高,分别为 17.0/10 万人和 15.0/10 万人。非西班牙裔白种人(non Hispanic Whites,NHW)和拉美裔女性的发病率分别为 12.8/10 万人和 10.0/10 万人,而 NHW 男性的发病率高于拉美裔男性:分别为 14.6/10 万人和 12.3/10 万人。除发病率最高外,黑种人在所有美国人群中的胰腺癌预后也最差,其分期更晚,出现的疾病更不可切除,手术治疗也更少。胰腺腺癌仍然是致命的癌症之一,5 年存活率为 8%。据估计,2017 年将有 53 670 例病例和 43 090 例死亡。这可能是大多数晚期胰腺腺癌生存率低的原因。

　　胰腺腺癌的危险因素包括遗传因素和非遗传因素。家庭中胰腺癌的聚集增加的患癌风险高达 32 倍。遗传综合征[如 STK11(肿瘤抑制基因)、BRCA1/2(乳腺癌易感基因)、PALB2(乳腺癌易感基因)、周期蛋白依赖激酶抑制剂 2A(cyclin dependent kinase inhibitor 2A,CDKN2A)和 DNA 修复基因的种系突变]显著增加胰腺癌的风险,尤其是一级亲属的胰腺癌家族史。在这些高危综合征中,没有关于不同种族/种族胰腺癌风险差异的数据。全基因组关联分析研究(Genome Wide Association Study,GWAS)已确定 16 个染色体位点与胰腺癌有显著相关性。这些研究仅包括少数黑种人,限制了对这类高危人群关联性的评估。

　　胰腺腺癌的非遗传危险因素包括吸烟、糖尿病、肥胖和慢性胰腺炎。一项病例对照研究发现,吸烟、糖尿病和家族史占黑种人胰腺癌风险的 46%,而白种人占 37%。在女性中,与白种人女性相比,大量饮酒和体重指数升高是黑种人女性过度饮酒的主要原因。相比之下,一项使用来自美国癌症协会前瞻性癌症预防研究数据的研究没有复制这些发现,并得出结论,已知的危险因素不能解释胰腺癌的种族差异。因此,非遗传危险因素对种族差异的影响尚不清楚,有必要进行更多的研究。鉴于临床表现出现在疾病病程的晚期,并且没有既定的筛查建议,因此解决胰腺癌差异是一个挑战。显然,需要在生物标志物开发和筛选模式方面开展额外工作,以解决整体癌症负担以及差异。

第 2 节　与胰腺导管腺癌相关的特定微生物群

　　与健康组相比,胰腺导管腺癌(Adenocarcinoma of pancreatic duct,PDAC)患者在几个身体部

位(包括口腔、胃肠道和胰腺组织)存在不同的微生物群变化。为了研究这些微生物群,科学家连续收集临床和流行病学数据,并检查口腔漱口液/拭子、唾液、血液、粪便、活检和组织样本中的各种微生物。主要检测方法有血浆抗体分析、16S rRNA 基因测序、瞬时定量聚合酶链反应系统(Real-time Quantitative PCR Detecting System,QPCR)、微阵列和酶联免疫吸附试验(ELISA)。许多研究发现口腔微生物群、牙周病和牙齿脱落在胰腺癌的发生中起着关键作用。流行病学研究表明,幽门螺杆菌(H. pylori)可能是 PDAC 的危险因素,临床观察支持乙型肝炎病毒(HBV)在胰腺肿瘤发生中具有潜在致癌作用,尽管分子证据很少。胰腺内微生物群也被进行了研究,图 28-1(见彩图)总结了与 PDAC 相关的特定微生物群。以上发现可能提供了 PDAC 可能有一些细菌起源的假设。

一、胃肠道微生物群、肝性病毒和杆菌与胰腺导管腺癌

肠道微生物群是由 100 万亿种微生物和人体最大的微生物群落组成的复杂而微妙的生态系统,保护人体免受感染,帮助消化,调节肠道激素分泌和免疫系统。肠道微生物群的紊乱可能导致病理学,特别是与代谢和自身免疫相关的疾病。最近,一些研究也揭示了微生物群与致癌作用的相关性。其中研究最好的是肠道微生物群与结直肠癌的关系。肠道细菌是分解胰腺分泌的水解酶所必需的;另外,胰液的抗菌活性可以保护胰腺免受逆行感染,有助于肠道菌群的独特性。然而,肠道微生物可以通过循环系统或胆管/胰管(转导传递)到达胰腺,这可能为胰腺癌潜在的病因作用奠定基础。在 PDAC 小鼠模型中,通过口服抗生素去除肠道微生物群抑制肿瘤生长和转移负荷,同时在肿瘤环境中激活抗肿瘤免疫,这表明这种组合值得后续研究。除了以幽门螺杆菌为代表的胃肠道微生物群外,许多研究表明 HBV 和杆菌与 PDAC 风险增加有重要关系。

(一) 幽门螺杆菌

研究人员才刚刚开始探索幽门螺杆菌是 PDAC 的一个起源,以及它在操纵宿主免疫反应中的作用。迄今为止,大多数研究,包括病例对照研究、前瞻性队列研究和荟萃分析,都证实幽门螺杆菌感染与 PDAC 风险增加有关。然而,一些研究发现两者之间没有关系,一些研究甚至得出了相反的结论。解决这些不一致和矛盾的联系的困难之一是如何排除混淆因素。

PDAC 患者和健康对照者比较血清中幽门螺杆菌 IgG 抗体水平,研究者发现幽门螺旋杆菌 IgG 水平在 PDAC 更高。表达细胞毒素相关基因 A(cytotoxin associated gene A,CAG-A)的幽门螺杆菌菌株与胃炎和溃疡相关,并促进胃癌的恶性转化。PDAC 中幽门螺杆菌抗体阳性的病例研究显示与 Cag-A 状态相关的复杂结果,我们认为在 PDAC 微生物群研究中,幽门螺杆菌和 Cag-A 占优势。一项研究提出,包括 ABO 血型在内的因素也可能参与这一复杂的过程,而最近的一项荟萃分析显示,Cag-a 阴性的幽门螺杆菌菌株的风险显著增加,其正相关因素包括 PDAC 中的非 O 血型和吸烟状态。

幽门螺杆菌通过直接损伤胃黏膜引起胃损伤,其 DNA 可在感染的胃窦和胃体组织中检测到。然而,在慢性胰腺炎和 PDAC 中,用聚合酶链反应检测不到幽门螺杆菌 DNA 在胰液或组织中的表达,这可能表明幽门螺杆菌不能直接诱发胰腺癌。可能的间接机制包括炎症和免疫逃逸。暴露于致癌亚硝胺也是一个潜在的机制。更具体地说,十二指肠溃疡患者的亚硝胺水平低于以低酸度为特征的胃溃疡,这可能解释 PDAC 风险与胃溃疡而不是与十二指肠溃疡呈正相关。

(二) HBV 和丙型肝炎病毒(HCV)

HBV 和 HCV 是导致肝炎和肝细胞癌(HCC)的肝营养不良病毒。然而,HBV/HCV 感染并不局限于肝脏;这些病毒可以在肝外组织中检测到,包括胰腺,可能在肝外恶性肿瘤的发生或发展中起到

作用,包括 PDAC。具体而言,研究者检测了胰腺腺泡细胞胞浆中的 HBsAg 和 HBcAg,且慢性 *HBV* 感染者伴有血清和尿液中的胰腺酶水平部分升高。*HBV* 感染患者的胰液中也观察到 HBsAg,并与慢性胰腺炎的发生有关,这表明 *HBV* 相关的胰腺炎可能是 PDAC 的前体。慢性 *HBV* 感染患者胰腺外分泌功能受损的临床观察支持这一假设。PDAC 风险与 *HBV* 感染,特别是长期持续感染、慢性/非活性 HBsAg 携带者和隐性感染之间的正相关性得到了荟萃分析得出的一致结论的支持。最显著的是,除了感染 PDAC 患者的肿瘤和非肿瘤胰腺组织外,*HBV* 还能复制。根据揭示 *HBV* 的研究,*HBV* 和 PDAC 之间的关联在病毒 DNA 负载较高的患者中被发现(*HBV* DNA>300 拷贝/mL)。*HBV* 感染患者的胰腺组织和胰腺转移到肝脏的 HBV DNA 整合已经得到证实。Wei 等发现 PDAC 患者 *HBV* 感染可提高同步肝转移的发生率,这种情况可作为一种独立的预后因素。然而,一些研究得出了关于 *HBV*、*HCV* 和 PDAC 之间关系相互矛盾的结论。

胰腺和肝脏在胚胎早期和胎儿生长方面具有相似的特征,在 PDAC 和 HCC 中有一些共同的调节途径。*HBV* 或 *HCV* 致癌的可能机制包括诱导炎症和改变组织黏滞弹性、感染细胞中的 DNA 整合延迟 *HBV*/*HCV* 包含细胞的宿主免疫系统的清除,通过 *HBV* X 蛋白(HBX)调节 PI3K/AKT 信号通路。另外一个关键发现是,暴露于 *HBV* 后,糖尿病患者 PDAC 风险显著增加,*HBV*/*HCV* 感染的发生率较高,这一联系得到了组织学水平的胰岛细胞中 HBsAg 和 HBcAg 的强表达支持。然而,胰腺癌细胞的 *HBV* 复制水平较低,因此有关 *HBV* 在 PDAC 中潜在作用的分子证据仍然有限。尽管如此,现有文献支持 PDAC 中 *HBV* 感染的潜在病因和致癌作用。如果这些发现得到证实,将为 PDAC 的病因和治疗带来新的见解,并提醒临床医师在 *HBV* 感染患者化疗期间预防 *HBV* 再活化。

(三) 其他

胆汁是一种富含油脂的无菌肝胆液,胆汁液中的微生物定植被定义为杆菌。在一项基于 PDAC 患者的研究中,前川等通过基因序列分析,研究了胆汁样品中细菌的存在,结果表明肠杆菌和肠球菌是主要的微生物。与正常人相比,PDAC 和慢性胰腺炎患者血清中抗粪肠球菌荚膜多糖(CPS)抗体水平升高,这可能表明粪肠球菌(*E. faecalis*)感染与胰腺炎相关 PDAC 的进展有关。大肠埃希菌(*E. coli*)是一种众所周知的肠道微生物,尽管在肠道中的数量比其他物种的数量要多出大约一千到一个。Serra 等发现胰头癌(Carcinoma of head pancreas, PHC)与杆菌呈强正相关,大肠埃希菌和假单胞菌是最常见的微生物,与 PHC 呈负相关。输血传播病毒(*TTV*)被认为是肝营养不良和急性肝炎的可能原因。然而,它也在胰腺中被发现。临床医师报告了一例胰腺癌和 *TTV* 感染病例,这表明需要进一步研究。

二、胰腺内微生物群

胰腺传统上被认为是一个无菌器官,长期以来人们一直认为大多数微生物不能在含有大量蛋白酶的高碱性胰液中存活。然而,与正常胰腺组织相比,使用 16S rRNA 荧光探针和 qPCR 发现 PDAC 患者胰腺内细菌增加了 1 000 倍。PDAC、胰腺良性肿瘤和健康队列中某些分类群的平均相对比例不同。此外,与肠道微生物区系相比,一些细菌在 PDAC 患者的胰腺中表现出差异性增加。需要使用更大的队列进行微生物群分析,以对良性和恶性胰腺疾病微生物群特征的显著区别做出明确的结论,这可能作为 PDAC 早期诊断、治疗效果或预后的预测标志物。

吉西他滨已用于晚期胰腺癌,对某些患者有帮助,但大多数患者表现出耐药性,导致治疗失败。Geller 等在具有吉西他滨耐药性的 PDAC 组织标本中检测到 γ 变形杆菌的存在,并推测这类细菌可能调节吉西他滨对肿瘤的敏感性。Pushalkar 等研究了肿瘤内微生物群在 PDAC 进展和免疫治疗反应调节中的作用。通过对年龄匹配的 KC(p48^Cre;LSL - Kras^G12D)和野生型小鼠的纵向分析,发现 KC 小鼠体内存在丰富的细菌种群,其中最丰富的物种是假长双歧杆菌。这些研究强调了肿瘤内微生物群对改变癌症自然史的意义。

一旦人类胰腺细胞感染了幽门螺杆菌,它就可以在胰腺内定植,并可能与腺癌的恶性潜能有关。临床前研究提出直接幽门螺杆菌在胰腺癌细胞中定植,这与控制 PDAC 生长和进展的分子途径的激活有关。然而,在胰腺和胃十二指肠组织中发现了不同的螺旋杆菌亚种。此外,PDAC 患者中的梭杆菌定植被确定为显著缩短生存期的独立预后因素,与口服梭杆菌与胰腺癌风险降低的现象相反。

第 3 节 肠道微生物引起胰腺癌的可能机制

虽然新出现的临床前数据强烈支持微生物群通过炎症、免疫、代谢、激素稳态等多种途径系统地影响肿瘤进展和治疗反应,但这种调节的分子基础仍在阐明中。在本节中,我们讨论代表性微生物群和 PDAC 之间的关系,如当前研究所揭示的,主要致力于探索:① 微生物,尤其是细菌,如何通过持续的癌症相关炎症影响癌变。② 促进免疫抑制或激活的双重作用,然后产生原发性效应或调节免疫治疗反应。③ 微生物与代谢调节的密切关系。④ 作为 PDAC 肿瘤微环境组成部分的微生物群(图 28 - 2,见彩图)。其他报道的机制包括细菌-病毒相互作用致癌。目前的研究还强调了微生物群组成与 PDAC 危险因素之间的显著协同效应。

一、持续性炎症或感染:一个中心辅助因素

炎症是组织对包括病原体在内的有害刺激物的保护性或防御性反应过程,涉及血管、免疫细胞和分子介质。尽管在微生物群相关胰腺癌的发生过程中有几个被提议的机制,但炎症是一个中心促进因素。以慢性胰腺炎为代表的炎症性疾病是 PDAC 发展的一个公认的危险因素,它显著提高了 PDAC 的发病率。众所周知,慢性炎症主要参与胰腺肿瘤的发生,但不确定局部炎症的具体原因。慢性感染是引起炎症和癌症的主要因素。尽管越来越多的科学研究表明胰腺癌病因的潜在感染成分,但迄今为止,还没有确定感染源是 PDAC 的致癌物。

微生物群,尤其是革兰阴性细菌,似乎与癌症相关的炎症状态有着错综复杂的联系。炎症与癌症之间的主要介质是正常组织炎症引起的氧化应激失衡,恶性肿瘤的微环境炎症维持着氧化应激失衡。具体来说,微生物激活炎症反应,增加促炎细胞的募集和细胞因子的分泌,增强氧化应激的暴露,改变能量动力学,损害 DNA,最终导致分子改变和肿瘤转化,促进肿瘤生长、侵袭和转移。此外,炎症可通过增加肿瘤组织的供氧和营养,诱导血管生成因子的产生,直接加速癌细胞的存活。除了促炎细胞因子的作用外,肿瘤基因突变、肿瘤抑制基因失活、杂合子丢失、染色体和微卫星不稳定等分子变化也参与炎症介导的致癌作用。

不是所有的慢性炎症,即使是全身性的炎症,也不一定促进致癌。实体瘤的形成与肿瘤内在炎症密切相关,肿瘤的形成是由原发性微环境维持的。微环境中的细胞通过产生自分泌、旁分泌和内分泌介质来控制肿瘤生长。在此,我们提出了一个机制框架,其中微生物对肿瘤进展和微环境产生间接影响,直接影响肿瘤的发生,以及与胰腺癌发生中其他已知危险因素的相互作用。炎症和癌症之间最重要的机制,无论是外在的还是内在的,都可能取决于肿瘤类型,或者两者都是必要的。后者可由两个因素举例说明,在 PDAC 中经常发现的胰腺炎和 K - ras 基因突变,这两个因素都是导致动物模型中胰腺上皮内瘤变(pancreatic intraepithelial neoplasia,PanIN)和浸润性癌的必要因素。也就是说,

胰腺炎与鸟苷三磷酸结合蛋白-丝氨酸/苏氨酸蛋白激酶(Guanosine triphosphate binding protein/Ser/Thrprotein kinase，Ras-Raf)激活途径的相互作用和联合作用可诱导 PDAC 致癌。

值得注意的是，炎症反应伴随着免疫反应，但免疫反应不一定是炎症反应。因此，由促炎细胞因子的释放和先天免疫系统的激活引起的全身性炎症可能是促进 PDAC 发展的加速器和最终因素。微生物群与肥胖之间的相互作用会导致低度全身炎症，并促进肿瘤的发展。有研究表明，高脂肪/高能量饮食可以通过 TLR‐4 的特异宿主反应促进肠道细菌性脂多糖的吸收，并导致全身炎症。以上研究表明，微生物可能通过人体内的系统效应影响远处的发病机制或致癌作用，这种影响比我们想象的更为广泛。

二、微生物群促进癌症免疫

一些癌症治疗依赖于通过肠道微生物群激活免疫系统。包括烷化剂、免疫检查点阻滞剂和过继 T 细胞转移在内的治疗方法的疗效取决于与肠道微生物群密切相关的免疫。Zitvogel 发现化疗药物环磷酰胺会破坏肠黏液层，使一些肠道细菌进入淋巴结和脾脏，然后激活特定的免疫细胞。此外，环磷酰胺在没有肠道微生物或抗生素的情况下生长时，在小鼠体内失去了抗癌作用。另一项研究显示了奥沙利铂和顺铂的类似发现，由于肿瘤浸润髓细胞的启动无效，以及随后的 ROS 依赖性凋亡和 TNF 依赖性坏死的缺乏，肠道微生物的缺乏损害了基于 CpG 和抗 IL‐10 的抗肿瘤反应的效果。

研究者正在研究肠道微生物群如何与免疫疗法相互作用，以及如何处理这些相互作用。在观察到只有 20%～40% 的患者对免疫治疗有反应后，Zitvogel 进一步努力探索肠道细菌是否会影响细胞毒 T‐淋巴细胞相关蛋白 4(cytotoxic T-lymphocyte-associated protein 4，CTLA‐4)和抗 PD‐1 的反应。研究发现，没有微生物的老鼠对这种药物没有反应，当给予脆弱类杆菌时，老鼠的反应会改善。Sivan 等报道，双歧杆菌增加了小鼠的癌症免疫治疗反应，这表明微生物，尤其是肠道细菌，可能通过刺激肠细胞生成某些信息分子来激活免疫反应，或向免疫细胞提供信号，帮助增强其抗肿瘤的能力。类似的最新研究将黑色素瘤患者的良好免疫治疗反应与特定的肠道微生物联系起来。

肿瘤肠道微生物群与免疫反应相关。新的研究发现了一个主要的相互作用网络，宿主肠道细菌与免疫细胞通过它相互作用，导致健康状况良好或不良。

最近的研究表明，这种微生物免疫网络将肠道细菌与全身健康联系起来，免疫内稳态的失败对各种疾病都有显著影响，可能导致癌症。

事实上，肿瘤的后果并不完全依赖于宿主基因型，免疫系统的效率也起着重要作用。免疫系统在癌症中的作用是由以前的研究所解释的，这些研究是通过在缺乏功能性 T 淋巴细胞和 B 淋巴细胞的免疫缺陷小鼠上应用肠道致病菌，如肝螺旋杆菌。这些实验研究揭示了通过微生物与固有免疫系统相互作用诱导的致癌或抑癌。

在整个免疫细胞中，中性粒细胞表现出一种特殊的影响，因为它们在癌症的发展和生长中起着关键作用。

临床调查统计显示，高血(中性粒细胞：淋巴细胞)比率与癌症预后不良之间存在相关性，包括较高的转移倾向。此外，许多研究表明，不良的肿瘤预后与肿瘤微环境中中性粒细胞的存在有关，动物模型揭示了中性粒细胞在癌症不同阶段的作用。这可能归因于中性粒细胞在促进肿瘤生长和转移中的关键作用。肿瘤增强的不同方式之一是通过释放细胞因子，如肿瘤炎症环境和肿瘤细胞的 IL1‐β、IL‐17 和 IL‐23 来实现。因此，粒细胞集落刺激因子(G‐CSF)发生上调。因此，中性粒细胞的产生和动员，从骨髓进入外周血液循环，是一个紧急的需要。在成熟/不成熟中性粒细胞的扩增过程中，T

细胞的增殖被所谓的髓源性抑制细胞（myeloid-derived suppressor cells，MDSC）抑制，因此，T细胞的抗肿瘤作用被取消。此外，当中性粒细胞浸润肿瘤时，这些肿瘤相关的中性粒细胞（TAN）通过释放生长因子、趋化因子和丝氨酸蛋白酶来形成肿瘤微环境，从而促进肿瘤的运动、迁移、侵袭和扩张。中性粒细胞在促进肿瘤细胞内输注、内皮细胞黏附和外渗中的作用进一步支持了这些转移事件。

三、微生物群阻止的癌症免疫

肠道微生物群的促肿瘤作用似乎与其通过肿瘤微环境（tumor micro-environment，TME）对免疫反应施加影响的能力有关，使其对癌症更具耐受性。免疫耐受机制是有效抗肿瘤免疫治疗的主要障碍。Pushalkar发现肠道和胰腺内的特定微生物有助于建立自发小鼠模型中的免疫抑制PDAC肿瘤微环境，增强癌症进展和免疫疗法抵抗力。模型中的细菌消融术显示抗肿瘤作用，并且可以通过从含PDAC的KPC小鼠转移粪便来逆转或消除，但当转移来自非PDAC对照组时没有发现差异。因此，这些实验数据为肠道微生物群的调节提供了强有力的临床前证据，肿瘤微生物群可以使免疫难治性癌症敏感，并将其转化为反应更灵敏的癌症。由于细菌消融术上调了PD-1的表达，在局部晚期PDAC患者切除术前使用抗生素和帕博利珠单抗联合基于检查点的免疫治疗的临床试验起，这些想法已经开始传播，并为微生物群科学的明确治疗应用创造了新的可能性。

从机制上讲，PDAC中的微生物在单核细胞中差异地激活选择性TLR，然后产生免疫耐受性。TLR是模式识别受体（pattern-recognition receptor，PRR）中公认的家族，是一类与病原体相关的分子模式受体，通过PDAC的先天性和适应性免疫抑制，在微生物感染的免疫应答中起到一定的作用，促进肿瘤发生。PRR存在于大多数免疫细胞中，可以结合一系列微生物相关分子模式（microbe-associated molecular pattern，MAMP，如LPS），以及死亡细胞和无菌炎症的副产物，称为DAMP（损伤相关分子模式）。结合后，TLR-DAMP复合物招募髓样分化因子88（myeloiddifferentiationfactor88，MyD88）或β干扰素TIR结构域衔接蛋白（TIR-domain-containing adaptor inducing interferon-β，TRIF）衔接分子作为信号转导子，激活信号通路，如NF-κB和MAPK。TLR的原癌作用可以通过抑制NF-κB或MAPK通路来逆转。Miller等发现TLR-4和TLR-7在PDAC微环境中表达上调，TLR-4/MyD88等TLR信号在胰腺肿瘤中起重要作用。此外，动物研究表明，TLR的激活可引起胰腺炎，并与K-ras协同作用，显著促进胰腺癌的发生。

使用抗生素进行肠道微生物群消融术确实会影响TME中的免疫表型，即免疫原性重编程或重塑，然后通过诱导抗肿瘤T细胞活化、增强免疫监测和提高对恶性肿瘤免疫治疗的敏感性来抑制肿瘤生长。在小鼠模型中，TME的免疫原性重编程显示（myeloid-derived suppressor cell，MDSC）减少，M1巨噬细胞极化增加，促进CD4$^+$T细胞的Th1分化和CD8$^+$T细胞的活化。所有的变化都有利于抗肿瘤的疗效。在肿瘤微环境中，促肿瘤T细胞和抗肿瘤T细胞之间存在平衡。Th1型细胞因子γ干扰素具有抗肿瘤作用，而Th2型细胞因子IL-4、IL-5、IL-10和Th17细胞具有促肿瘤作用。具体来说，在胰腺癌小鼠模型中，肠道微生物群消失后，产生γ干扰素的T细胞Th1显著增加，并相应减少产生IL-17和IL-10的T细胞。这一结果与之前的结论一致，TME中高Th1/Th2比率与PDAC患者生存率的提高有关。

其他研究阐明了微生物群变化对系统治疗产生可变反应的免疫机制。某些小RNA是先天性和适应性免疫反应的关键调节因子，这些免疫相关的小RNA由细胞分泌，然后转移到胰腺组织以改变基因表达。它们能调节宿主对病原体的反应，反之亦然，病原体也能调节小RNA的表达。

四、微生物代谢物的作用

显然，微生物是新陈代谢调节的关键调节器。大量研究证实了肠道微生物群产生的代谢物对肠道和系统内稳态的影响。微生物代谢物在多种生物学和病理过程中发挥着重要作用，包括翻译、基因调控、抗应激和细胞增殖、分化、凋亡、肿瘤发育和侵袭性，如结直肠和乳腺癌所示。作为各种疾病的危险因素，肥胖确实会导致严重的社会和心理后果，肥胖相关的肠道微生物群失调会对肥胖相关的癌症（包括 PDAC）产生影响。较低的细菌多样性和细菌基因表达的改变被认为是肥胖发病的主要因素。尽管关于肥胖、肠道微生物群和 PDAC 的研究很少，但在其他研究中已经阐明了机制，包括异常微生物代谢有助于产生致癌代谢物。饮食引起的肥胖（diet-induced obesity，DIO）通过增加脱氧胆酸（deoxycholic acid，DCA）的生成来改变肠道微生物群，脱氧胆酸是一种已知会导致 DNA 损伤的肠道细菌代谢产物。肠道微生物产生的代谢物通过作用于胰腺细胞或其他细胞的代谢物传感受体将生态失调与 PDAC 进展联系起来的可能性值得进一步实验和探索。

在侵袭性 PDAC 形成过程中，肿瘤性 K - ras 伴下游效应物活化不足。环境或外在因素，包括炎症、代谢、营养或额外的基因突变也是必需的。肠道微生物群的变化是与肥胖相关的 K - ras 的"上游"因素之一，可以增强或调节下游信号。其他癌症模型的证据已经证实，高脂肪饮食导致的失调加速了 K - ras 驱动的肠道肿瘤发生。

令人惊讶的是，肿瘤内的微生物群可以赋予 PDAC 患者吉西他滨耐药性。胞苷脱氨酶（cytidine deaminase，CDD）是一种维持细胞嘧啶池的酶，参与核酸代谢。值得注意的是，某些经常表达 CDD 的微生物能够将吉西他滨（$2'，2'$-二氟脱氧胞苷）转化为其非活性代谢产物 $2'，2'$-二氟脱氧尿苷。Geller 及其同事使用了小鼠模型和 PDAC 人体组织样本，表明肿瘤内 γ 变形杆菌类的存在是诱导对吉西他滨耐药的原因，并且这种作用被抗生素的使用所消除。当将表达 CDD 的大肠埃希菌注射到肿瘤小鼠体内时，研究人员发现吉西他滨的疗效显著受损。此外，PDAC 细胞在受到猪支原体污染的培养基中培养，对吉西他滨完全耐药。

五、肿瘤微环境的作用

如前所述，位于黏膜的肿瘤内的微生物可逐渐成为胃肠道恶性肿瘤中肿瘤微环境的组成部分，并影响恶性生物学。肿瘤微环境（tumor microenvironment，TME）由基质、中性粒细胞、巨噬细胞、肥大细胞、MDSC（骨髓源性抑制细胞）、树突状细胞、自然杀伤细胞以及适应性免疫细胞（T 和 B 淋巴细胞）组成。目前针对 PDAC 细胞的治疗失败的主要原因是基质对肿瘤进展的影响被忽略了。癌症生物学家关注肿瘤微环境中的癌细胞内在机制和非癌细胞，它们介导胰腺癌化疗耐药性。胰腺星状细胞（pancreatic stellate cells，PSC）可产生肿瘤基质，并在 PDAC 环境中发挥主导作用。同时，微生物是 PDAC 肿瘤微环境的组成部分。考虑到激活的 PSC 对 PDAC 微环境的发展和随后的肿瘤进展的影响，目前还没有公开的研究考虑胰腺或其他部位的细菌感染是否在 PSC 激活中发挥作用，因此，开展相关的研究将具有指导意义。

六、结论

目前为止，对于肠道微生物在胰腺癌发病机制中的作用，研究得出不同结果。Thomas 的研究结果显示在 K - ras^{G12D}/PTEN$^{-/+}$ 小鼠胰腺癌模型中，肠道微生物群加速胰腺癌的发生，非局部效应在微生物群介导的胰腺癌发生中很重要。肠道微生物群影响胰腺癌异种移植中人和小鼠的转录组学变化,发现在 K‑ras^{G12D}/PTENLOX$^{-/+}$ 小鼠 PDAC 模型中,胰腺上皮内肿瘤(pancreatic intraepithelial neoplasia,PANIN)向 PDAC 的自然进展加速;当存在微生物群时,癌症形成的发生率更高,特别是低分化癌症。另一报道确定肠道生物群是胰腺癌进展的一个重要媒介,因为与微生物群耗尽的小鼠相比,在微生物群完整的小鼠中观察到 PDAC 异种移植物致瘤性增加,这可能是继发于肿瘤内癌途径的调节或微生物群先天免疫抑制所致。在有限的患者数据集中,胰腺微生物群与癌变无关。然而,需要使用更大的队列进行微生物群分析,以对胰腺中细菌和致癌之间的关系做出明确的结论。

目前还不清楚人类胰腺内细菌的影响以及它们如何在这个器官中形成。由于胰腺通过胰管直接进入上消化道,因此可以合理地推测,正如 Pushalkar 等最近的研究,定植是由十二指肠或胆道树的细菌回流造成的。然而,口腔微生物群是 PDAC 发展中潜在作用的负责菌群的论点没有考虑到各种研究表明正常胰腺和恶性胰腺的粪便微生物群存在差异,以及这一点的潜在含义。

微生物群研究为更好地揭示潜在机制和识别生物标志物以预测随后的 PDAC 风险和预后提供了机会。以往的研究结果表明,PDAC 与可能调节肿瘤对治疗剂敏感性的微生物有关,这对通过适当的操作提高这一致命疾病的治疗效果是非常有益的。新型益生菌可与化疗、免疫联合应用,对 PDAC 患者有很大的应用前景。微生物群领域存在争议,因为微生物群受许多已知的与 PDAC 风险相关的因素影响,如糖尿病、吸烟、肥胖和饮食摄入,这些因素影响免疫系统、体液反应和炎症,并可能导致机会性感染。总的来说,这是一个关键的时间来明确微生物群是否作为其他刺激物的中介,这些刺激物有利于癌症的发生和发展,或者它本身是否引发了这种级联反应。

为了在未来应用该微生物组,我们可以监测 PDAC 进展过程中分类优势的变化,并开发针对癌症相关微生物组的方法以提高治疗效果。特别是肠道宏基因组学和免疫原性学的首次出现将帮助科学家在将微生物群应用于免疫治疗方面取得额外的突破。然而,与微生物群相关的谨慎和适当的临床试验必须在适当的时间内进行。改变微生物群的组成可能使个体更容易遭受其他健康问题。综上所述,描述 PDAC 独特的微生物景观势在必行,需要新的方法或严格的标准来积极改变该领域的现状。这些努力将产生令人兴奋的临床应用,如发展伴随诊断或预测治疗反应,或者更好的是,根据各自的微生物群为每个患者建立个性化的药物。

第 4 节　口腔生态失调与胰腺癌

人体自然地被大量不同共生微生物物种所定植,处于相对稳定的平衡状态。当这个微生物群落在身体的任何部位发生失调时,它与先天免疫系统相互作用,导致局部或系统的健康状况不佳。研究表明,细菌能够显著影响免疫系统的特定细胞,导致许多疾病的发生,包括肿瘤反应。在多种不同类型的疾病中,胰腺癌是主要的致命性疾病,最近被证明与某些口腔细菌种类的增加或减少有关。这些发现为更广泛的认知和更具体的调查研究开辟了道路,以更好地了解未来可能的治疗和预防。

口腔生态失调是口腔或全身健康状况不佳的常见问题。口腔病原体可以通过局部、口腔血液循环传播到远处的身体器官,或通过胃肠道进入全身循环。一旦口腔病原体到达一个器官,它们会改变免疫反应,刺激炎症介质的释放,从而导致疾病。最近的研究报告了口腔生态失调与胰腺和肝脏疾病风险增加之间的关系,并提供了疾病器官中存在口腔病原体的证据。微生物群落对人类健康的深刻影响,为精确研究和清楚理解包括癌症在内的许多疾病的机制提供了广阔的领域。口腔微生物群是健康状况的一个重要因素,该群体的生态不平衡与口腔和全身疾病有关。存在一定数量的口腔细菌,特别是人牙龈卟啉单胞菌(*P. gingivalis*)。越来越多的研究将口腔微生物群的组成作为多种疾病的一种简单诊断方法,包括胰腺和肝脏病理。此外,治疗工作还涉及为治疗上述疾病和其他不同疾病而招募微生物群。进一步的研究需要确认和澄清口腔微生物群在增强胰腺和肝脏疾病中的作用。想要改善治疗方式需要付出更多的努力,特别是在微生物群工程和口腔微生物群移植方面。

口腔微生物群是指由细菌、真菌、病毒和古细菌组成的高度多样和复杂的生态系统。这些生物体以相对稳定的平衡自然地在健康的口腔中定居,包括 700 多种不同的细菌、100 种真菌以及大量的病毒种群。这些微生物以生物膜的形式栖息在口腔硬组织和软组织的生态龛中。不同的微生物种类喜欢栖息在具有不同表面结构和功能的特定生态位。口腔细菌包括需氧、厌氧或兼性厌氧细菌,带有梭杆菌、面纱菌和链球菌属,以及大量的物种,尚未通过下一代测序技术培养和鉴定。

虽然口腔细菌在人类健康和疾病中的作用越来越具有特征性,但口腔病毒组和真菌生物群的作用在很大程度上仍然没有特征。最常见的口腔真菌是念珠菌,当口腔念珠菌病发生时会引起口腔念珠菌病。常见的口腔病毒包括疱疹病毒,如单纯疱疹病毒-1(*HSV-1*)、巨细胞病毒(*CMV*)和爱泼斯坦-巴尔病毒(*EBV*),并被认为与牙周炎有关。

人体在不同的区域内有不同的微生物群,这对维持体内平衡很重要。只要这些微生物在适当的位置和功能上保持平衡,它们就有利于身体健康。微生物群的好处包括消化过程中的支持、维生素 B 和 K 的合成、预防病原菌定植和更好的免疫治疗结果。许多证据表明口腔微生物在平衡健康状况中的作用,包括免疫反应、致癌、代谢活动和营养消化。

微生物平衡是由宿主的免疫系统保持的,它抑制这些生物体在局部组织内的入侵。在口腔内,微生物的平衡通过几种降低其浓度的机制来维持。这包括上皮内衬细胞和唾液分泌的持续脱落,例如免疫球蛋白 IgM、IgG 和 IgA。此外,唾液、组氨酸、乳铁蛋白和溶菌酶中所含的凝集素可防止微生物损伤。

此外,大多数口腔疱疹病毒是噬菌体,有助于维持细菌平衡。噬菌体中的大多数是尾病毒科的一部分:丝状病毒科(*siphoviridae*,公认为溶源性)、肌病毒科(*myoviridae*,有时为溶源性)和足病毒科(*podoviridae*,大多为溶源性)。然而,应当考虑到,属于口腔的病毒群落可以在很大程度上其改变与宿主的性别有关。相反,唾液也是蛋白质、糖蛋白和其他维持微生物生态的营养物质的重要来源。

细菌水平的增加或减少是健康/不健康微生物表现的生物标志物。众所周知,口腔病毒群落能在宿主体内引起严重的免疫反应。因此可以推测,它们在保持口腔免疫力和疾病上升方面具有关键作用。

(一) 口腔微生物与胰腺癌

生态失调指的是体内或体内的微生物适应不良或不平衡,导致健康状况不佳。由于口腔被认为是人体的主要入口,因此居住在该生态位内的微生物群极有可能扩展到各个身体区域。当口腔细菌发生生态失调时,它们会致病,并会损坏口腔黏膜,并将其用作到达血流的通道。口腔细菌是否迁移和移植至遥远的患病身体部位或相同的克隆起源在其他身体部位,仍不清楚。关于口腔细菌在体内的潜在传播,一些研究人员建议细菌通过吞咽或血液循环系统在口腔内持续迁移。此后,系统性地,这些病原体产生大量的炎性介质,并改变机体的免疫反应。免疫系统释放的炎症介质包括激活的补体产物 C3a、IL-6 和急性期反应物分泌磷脂酶 A2(secreted phospholipase A2,sPLA2),因此该过程可促进某些系统性疾病,包括心血管疾病、糖尿病、代谢综合征和远处部位的器官脓肿。

根据这些观点,最近的研究假设,通过细菌传播,口腔生态失调与胰腺癌(PC)风险之间存在相关性。

胰腺癌是一种主要的致命性恶性疾病,在全球癌症相关死亡率中占据第四位。该病的高死亡率归因于与早期诊断相关的困难以及由耐药肿瘤引起的有效治疗不足。另外,PC 有向局部淋巴结和远处器官扩散和转移的倾向。这些因素都将 5 年生存率限制在 5% 以下。

许多众所周知的导致 PC 的危险因素有酒精消费、慢性胰腺炎、基因突变、环境危害和吸烟。吸烟是胰腺腺癌的主要病因,约 25% 的病例归因于吸烟。PC 风险的增加也与 10 年以上的长期 2 型糖尿病有关。此外,最近糖尿病的发病可能是 PC 的一个初始指标。许多以前的研究报道 PC 风险增加与BMI 增加之间相关。其他研究表明,肝硬化患者似乎具有较高的 PC 风险。

(二) 口腔微生物与胰腺癌(PC)的病理生理学和生态失调

1. PC 的病理生理学　慢性胰腺炎是一种先于 PC 的炎症性疾病,其特征是胰腺分泌实质的进行性纤维化破坏。无论疾病的危险因素如何,致病过程通常包括炎症、胰管阻塞或坏死/凋亡。这些累积过程随后扭曲了胰腺小叶的形态,改变了胰岛的排列,使胰管变形。这些不可逆的结构改变损害内分泌和外分泌胰腺功能,最终导致肿瘤。一般来说,疾病流行在很大程度上反映了文化和地理。

2. PC 与口腔生态失调的关系　口腔环境平衡在口腔健康中起着至关重要的作用,当口腔生态失调时,可能会导致龋齿和牙周病等口腔疾病发生。

最近多项流行病学调查发现,与口腔健康状况不佳相关的 PC 风险也增加。由于口腔健康状况受到口腔微生物平衡和活动的严格影响,研究人员假设,PC 风险与口腔健康状况之间的这种联系可能源于口腔细菌状况。先前的研究已经证明存在血清抗体水平升高,如选择口腔病原体牙龈卟啉单胞菌,伴有 PC 的风险增高 2 倍。

为了解决这一问题,使用高通量基因组测序对口腔细菌样本进行直接评估。结果表明,特定的革兰阴性口腔细菌可使 PC 的风险增加 3 倍。研究还发现这些细菌存在于人体胰管中。类似地,最近的队列研究报道,对于多种口腔细菌,在具有更大循环抗体的个体,患 PC 的风险更大。在 Michaud 等于 2013 年进行的一项研究中,与健康志愿者相比,患有 PC 的 405 例患者的抗牙龈杆菌和放线共生放线杆菌(*Aggregatibacter actinomycetemcomitans*)ATTC 53978 抗体水平更高。

虽然 PC 和口腔细菌之间的直接关系尚未确定,但有与循环抗体相关的牙周疾病史的患者,针对特定的口腔致病细菌,被证明人牙龈卟啉单胞菌和放线共生放线杆菌伴随着 PC 的风险增加,可引发牙周疾病和随后的牙齿脱落。一些研究认为,这种情况伴随着 PC 的风险增加。

随着牙周病原菌牙龈假单胞菌和放线菌的携带,PC 风险增加。先前的研究发现,牙龈假单胞菌可以通过细胞因子和受体降解侵入宿主免疫系统并破坏信号通路。此外,研究人员最近证明,牙龈假单胞菌和放线菌都能够启动 TLR 信号通路,并且 TLR 激活是动物模型中 PC 的关键启动子。

Barton 等的一项研究证明 PC 患者主要受到细胞周期控制器 p53 的特定突变的影响,该突变与精氨酸的丢失有关。

一个可能的解释来自最近的一项研究,该研究表明细菌肽基精氨酸脱氨酶(peptidyl arginine deaminase,PAD)在 PC 患者中是如何导致这种突变的。牙龈卟啉单胞菌(*Porphyromonas gingivalis*)、中间普雷沃菌(*Prevotella intermedia*)、福赛斯坦纳菌(*Tannerella forsythia*)和齿密螺旋体(*Treponema denticola*)已被证实具有 PAD 酶;其活性可与 *p53Arg72* 前等位基因的修饰有关,*p53Arg72* 前等位基因被认为是 PC 病例的危险因素。

另外,大量的梭杆菌及其钩端杆菌属与低 PC 风险相关。然而,其他梭杆菌属(*alloprevotella*)可能伴有 PC 风险。作为一种机会性病原体,瘦肉杆菌(*Leptotrichia*)可引起许多传染病,包括牙周炎、骨髓炎、菌血症、肺炎、肺脓肿和心内膜炎。这些细菌引起免疫应答,导致这种细菌类型的血清抗体水平升高。一些人认为,预防 PC 与这些细菌引起的免疫反应有关。表 28-1 总结了各种口腔细菌的数量及其与 PC 风险的关系。

表 28-1　常见口腔细菌及其相关胰腺癌风险

细　菌	胰腺癌风险
人牙龈卟啉单胞菌	增加风险
放线共生放线杆菌	增加风险
福赛斯坦纳菌	不相关
中间普雷沃菌	不相关
瘦肉杆菌属	降低风险
梭杆菌属	增加风险

　　Swidsinski 等对钙化性胰腺炎患者进行了一项研究,采用荧光原位杂交。他们发现胰腺导管中存在由不同类型口腔细菌组成的致密多菌种细菌生物膜。这些细菌也在阿尔茨海默病患者的大脑、食管远端组织、动脉粥样硬化斑块和胎儿-胎盘中发现。口腔细菌是否迁移和殖民遥远的患病部位或相同的克隆起源通常在其他部位发现,仍不清楚。关于口腔细菌在体内的潜在传播,一些研究人员认为细菌通过吞咽或口腔内的血液循环系统持续迁移。需要进一步的研究来明确这种相关性,并阐明免疫系统在 PC 中的作用。

第 5 节　肥胖与胰腺癌

　　肥胖越来越被认为是胰腺癌的一个强有力但可改变的危险因素。流行病学和实验室研究表明,肥胖与胰腺癌发病率的增加以及可能更坏的癌症结局有关。尽管潜在的病理机制尚不清楚,但慢性炎症、胰岛素抵抗和肠道微生物群改变都与肥胖的致癌作用有关。减肥,尤其是减肥手术后持久且显著的减肥,已被证明可以降低患多种癌症的风险,并可能成为预防胰腺癌的良好干预措施。

　　肥胖的发病率被定义为体重指数为 30 及以上,在过去几十年中在许多国家急剧增加,是一个巨大的健康问题。在美国,最新数据表明,2011—2012 年,超过 2/3 的成年人超重或肥胖(体重指数≥25 kg/m²),6.4%的人极度肥胖(体重指数≥40 kg/m²;3 级肥胖)。肥胖与一些慢性疾病有关,如高血压、高脂血症、2 型糖尿病、心血管疾病、代谢综合征和癌症。2010 年,据估计全世界有 340 万人死于肥胖。

一、肥胖和胰腺癌

　　胰腺癌是继肺癌和结直肠癌之后的第三大癌症死亡原因。在美国,胰腺癌的年发病率为 48 960例,2015 年癌症死亡 40 560 例,占每年新诊断癌的 3%,占每年癌症死亡人数的 7%。发病率迅速增长,预计到 2030 年,胰腺癌将超过结直肠癌,成为继肺癌之后的第二大癌症死亡原因。完全手术切除可显著延长存活率,但大多数胰腺癌患者在晚期诊断为局部进展,疾病或远处转移,只有很小比例的患者是外科候选手术者。在一些大的三级中心,边缘阴性和淋巴结阴性切除,5 年生存率最多可达40%,但所有胰腺癌患者的总体预后都很差,5 年生存率为 7.2%。

　　大型流行病学研究表明肥胖与胰腺癌之间存在联系。一项基于人群的大型胰腺癌病例对照研究表明,肥胖与胰腺癌风险增加 50%～60%具有统计学显著意义。随着热量摄入的增加,风险也呈显著的正趋势,高热量摄入受试者比最低热量摄入受试者的风险高 70%。代谢综合征和癌症是一项大型研究,共有 577 315 名受试者参与,研究代谢综合征和癌症的组成、综合征与整体和特定部位癌症风险的关系。在 12 年的随访中,315 名女性和 547 名男性被诊断为胰腺癌。在女性中,肥胖会增加患胰腺癌的风险[校正后的相对风险(RR),1.54;95% 置信区间(CI),1.04～2.29]。然而,这一相关性在男性中未被发现。来自国家癌症研究所胰腺癌队列联合会的汇总数据也显示,体重指数的增加与胰腺癌风险呈正相关[校正后的体重指数最高与最低四分位数的比值比(OR)为 1.33;95% CI 为 1.12～1.58;$P<0.001$]。一项病例对照研究 841 例胰腺腺癌患者和 754 名健康人显示,20～49 岁超重或肥胖的患者胰腺癌的发病时间早 2～6 岁[正常体重患者的发病年龄中位数为 64 岁,超重患者的发病年龄为 61 岁($P=0.02$),肥胖患者的发病年龄中位数为 59 岁。SE 患者($P<0.001$)]。在瑞典的一项多中心队列研究中,肥胖与胰腺癌预后恶化有关。

动物研究提供了强有力的证据,证明肥胖与胰腺癌风险增加有关。用胰腺特异性 Cre 驱动因子选择性地过度表达激活 KrasG12D(Kras 蛋白的第 12 位氨基酸由 G 变为 D 的突变体)的胰腺癌小鼠模型,导致胰腺蛋白最早在两周内发生胰腺上皮内肿瘤(pancreatic intraepithelial neoplasia,PanIN‑1A)。在正常周粮喂养下,只有 10% 的胰腺导管在 3 个月大时发生了 PanIN‑1A 损伤。然而,当这些小鼠被喂以高脂肪高热量饮食并变得肥胖时,导管细胞中的很大一部分(45%)产生了 PanIN‑1A,这表明肥胖加速了胰腺癌的进展。

重要的是,肥胖也被认为是多种实体癌的主要危险因素。流行病学研究表明,肥胖与子宫内膜癌、绝经后乳腺癌、食管腺癌、结肠癌、肝细胞癌、肾细胞癌和前列腺癌的发病率增加有关。特别是,肥胖与胰腺癌的发病率增加有关,胰腺癌几乎是全世界最常见的癌症。

二、肥胖与胰腺癌联系的假定机制

有人提出了几种机制来解释肥胖增加的癌症风险,包括炎症、胰岛素抵抗、循环脂质、细胞因子和微生物群的变化。慢性炎症是许多癌症(如食管腺癌、胃癌、结直肠癌和肝细胞癌)已知的一个主要危险因素。慢性胰腺炎也是胰腺癌的一个主要危险因素。肥胖的标志是脂肪组织炎症,它可以引起胰腺癌。通过促炎细胞因子的分泌促进癌症的生长。脂肪组织包含(前)脂肪细胞、免疫细胞、成纤维细胞、内皮细胞和干/祖细胞,其中许多细胞可释放多种促炎细胞因子,例如 TNF‑α、TGF‑β、IL‑6 和瘦素。这些因素反过来会刺激癌细胞的增殖。最近,癌症相关脂肪细胞在乳腺癌的发病机制中得到了关注。Dirat 等研究表明,乳腺癌会诱导癌周脂肪细胞(称为癌症相关脂肪细胞)分泌促炎因子,从而诱发更具攻击性的乳腺癌细胞。脂肪组织的促炎细胞因子升高,提示肥胖诱导的脂肪组织炎症在胰腺癌发展中的重要作用。

人们对肠道微生物在肥胖中的作用非常感兴趣。据推测,肠道微生物有助于调节能量平衡、脂肪储存,并可能在肥胖中发挥作用。肥胖与肠道微生物群组成改变、微生物多样性降低和基因丰富度降低有关。

在遗传易感 KrasG12D 小鼠的小肠中,高脂肪饮食(HFD)促进肿瘤生长,而不是肥胖。但也发现试验小鼠也可在非 HFD 的喂养下发生肿瘤。此外,抗生素治疗完全阻止了 HFD 诱导的肿瘤进展。这些发现表明,微生物群的变化在致癌作用中起着关键作用,肿瘤的发生可能在遗传易感性个体间传播。

肥胖还常常与胰岛素抵抗和 2 型糖尿病有关,胰岛素和胰岛素样生长因子‑1(IGF‑1)水平升高。糖尿病与癌症风险增加有关,流行病学研究表明,空腹血糖每增加 10 mg/mL,胰腺癌的发病率就会增加 14%。胰岛素/IGF‑1 信号的增加也会导致癌症,如尤因肉瘤、乳腺癌、卵巢癌和肺癌。表达量与糖尿病的发病率有关。在许多癌症中,胰岛素受体(IR)和胰岛素样生长因子受体(IGF-1R)的sion 水平均升高。IR 和 IGF-1R 具有显著的序列同源性,可以作为结合 IGF-1 和 IGF-2 的异二聚体发挥作用。这些途径的过度激活可激活 Ras/ERK 途径并导致细胞分裂增加。IGF-1 通路还可以刺激 PI3K/AKT/mTOR 通路,刺激细胞增殖,抑制细胞凋亡。另外,IGF-1 的过度激活可进一步下调 PTEN(phosphatase and tensin homolog an chromosome ten,10 号染色体上的磷酸酶和张力蛋白同原物,具有磷酸酶活性的抑癌基因)等细胞周期肿瘤抑制因子。

抗糖尿病药物在降低胰腺癌发生风险和延长胰腺癌患者生存率方面具有巨大潜力。二甲双胍是一种广泛应用的口服糖尿病药物,降低了血清胰岛素和 IGF-1 水平,在分子水平上,通过抑制作用间接抑制 AMPK 途径。在氧化磷酸化过程中对线粒体电子传递链的复合物 I 进行检测。体外研究表明二甲双胍抑制胰腺癌细胞生长并下调 mTOR/Sp6 的表达水平。

三、体重减轻在胰腺癌预防中的作用

有研究表明,有意减肥可以降低女性癌症的发病率,尤其是绝经后乳腺癌和子宫内膜癌。然而,这些研究大多是观察性的。动物模型中的热量限制已被证明能减缓胰腺癌的生长和发展。在胰腺癌异种移植模型中,限制热量的 C57BL/6 小鼠比对照组小鼠体重轻、肿瘤小。在用 MiaPaCa-2 人胰腺肿瘤细胞系移植的裸鼠中观察到了与热量限制类似的对肿瘤生长的影响。在另一项使用条件性 KrasG12D 小鼠的研究中,间歇性热量限制和慢性热量限制都比随意组降低了 PANIN-3 损伤的百分比。

限制热量摄入可导致肥胖患者短期减肥。然而,这些患者中的绝大多数不能长期保持热量限制,通常会使体重减轻。许多专家主张用新的抗肥胖药物和减肥手术进行生物干预,以治疗肥胖。肥胖患者经常伴有高血压、高脂血症、2 型糖尿病和心血管疾病等并发症。减肥手术提供了长期和持久的减肥和共病解决方案。有几种不同的减肥手术技术,如 Roux-en-y 胃旁路术、袖套胃切除术和腹腔镜胃束带术。据报道,在长达 20 年的随访中,大量体重减轻(约为 Roux-en-y 胃旁路初始体重的 25%),60 例 Roux-en-y 胃旁路是现代减肥手术的黄金标准,可导致持续的长期体重减轻。荟萃分析显示,胃旁路手术的平均样本量加权超重百分比为 65.7%($n=3\,544$),对胃束带为 45.0%($n=4\,109$)。由于其长期并发症率高、体重下降率低,近年来胃束带的使用显著减少。最近,腹腔镜套管胃镜由于技术简单、并发症发生率低、减肥效果好,切除术已被广泛接受为美国最流行和最权威的减肥手术。

有趣的是,一些回顾性临床研究表明,减肥手术降低了多种癌症的发病率,包括乳腺癌、子宫内膜癌、结直肠癌、黑色素瘤和非霍奇金淋巴瘤。McCowley 等对 1990—2006 年在弗吉尼亚州一所大学医院接受减肥手术的妇女进行了检查,发现减肥手术组的乳腺癌、子宫内膜癌和宫颈癌的发病率明显低于对照组(总癌症发病率为 3.6% 对 5.8%)。分析了 1986 年至 2002 年加拿大 1035 名减肥手术(主要是胃旁路手术)患者,发现减肥手术降低了许多癌症的发病率,但仅降低到乳腺癌的显著水平。在 24 年的随访期间,分析了犹他州 6 956 名胃旁路患者。与对照组相比,手术组的癌症总发病率显著降低(HR,0.76;95% 可信区间,0.65~0.89)。与对照组相比,手术组的癌症死亡率低 46%(HR,0.54;95% CI,0.37~0.78)。瑞典肥胖受试者研究(SOS)还检查了减肥手术后癌症降低的风险,发现手术组($n=117$)的首次癌症数量低于对照组($n=169$;HR,0.67);95% 置信区间,0.53~0.85)。在女性患者中,手术组($n=79$)的首次癌症发生率低于对照组($n=130$;HR,0.58;95% CI,0.44~0.77),而男性患者没有手术效果(手术组 38 例,对照组 39 例;HR,0.97;95% CI,0.62~1.52)。

尽管这些研究一直显示减肥手术后癌症风险和死亡率降低,但减肥手术引起的体重减轻是否能

降低胰腺癌的风险尚不清楚。在弗吉尼亚州的研究中,减肥手术组的患者没有胰腺癌的发生,并且研究也没有提到对照组的胰腺癌发生率。在加拿大的研究中,1 035 名手术患者中有 1 名(0.1%)发现胰腺癌,5 746 名对照患者中有 19 名(0.33%)。犹他州研究的相对危险度为 0.29(95% CI,0.039～2.175),P 值为 0.1666.65,6 596 例外科患者中有 9 例胰腺癌,9 442 例对照组患者中有 8 例胰腺癌,没有发现差异。SOS 研究没有列出每种癌症类型,所以知道胰腺癌的发病率。需要更长随访时间的多中心研究来明确减肥手术后胰腺癌的发病率是否降低。

四、减肥手术降低癌症风险的机制

减肥手术可以降低癌症风险,有几种可能的机制。减肥手术可以减少炎性细胞因子的分泌。在肥胖糖尿病患者中,减重手术导致炎症标志物,包括 CRP、IL‑6 和抗酒石酸酸性磷酸酶‑5a(tartrate-resistant acid phosphatase,TRACP‑5a,是由骨吸收的破骨细胞和有活力的巨噬细胞所释放的)显著减少。减重手术也被证明能减少组织炎症。Schneck 等对 33 周龄饮食诱导的肥胖 C57bi/6J 小鼠进行了套筒式胃切除术。术后 3 周,附睾脂肪组织中活化 T 细胞比例明显降低,抗炎调节 T 细胞增多。

减肥手术能显著改善胰岛素抵抗。Taylor 及其同事发现,在接受极低热量饮食或胃旁路手术的 T2D 患者中,肝脏脂肪含量迅速下降,同时肝胰岛素敏感性和 7 天内空腹血糖水平达正常化。减肥手术也改善了肠道微生物群特征。据推测,肠道微生物有助于调节能量平衡和脂肪储存,并可能在肥胖中发挥作用。肥胖与肠道微生物群组成改变、微生物多样性降低和基因丰度降低有关。Roux-en-Y 胃旁路术和垂直带状胃成形术均能诱导肥胖。与肥胖对照组相比,不依赖体重指数、导致粪便和循环代谢物水平改变的肠道微生物群发生类似且持久的变化。这些肥胖手术患者的粪便移植也改变了无细菌衰老受体小鼠体内的微生物群沉积。

总之,研究一直证明减肥手术后癌症发病率和(或)死亡率显著降低。然而,由于样本量相对较小,随访时间较短,发表的回顾性研究未能发现胰腺癌风险的差异。炎症、细胞因子分泌增加、微生物群改变和胰岛素抵抗均与肥胖相关胰腺癌的发生有关。临床和实验数据清楚表明,减肥手术可导致组织炎症和脂肪分泌减少、微生物群改善和减少。虽然没有流行病学研究显示由于样本量小,减肥手术后胰腺癌发病率明显下降,但我们推测减肥手术可能导致胰腺癌发病率显著下降(图 28‑3)。大型多中心研究、较长的随访时间,可能有助于我们在未来 5～10 年内回答这一重要问题。精心设计的动物研究可能有助于我们探索减肥手术在胰腺癌干预中的作用和机制。

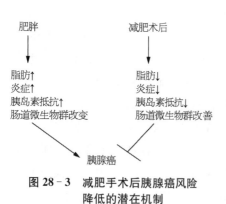

图 28‑3 减肥手术后胰腺癌风险降低的潜在机制

需要更多的研究来证明减肥和(或)减肥手术可以降低患胰腺癌的风险。动物减肥手术模型已经建立,他们可以用来测试减肥手术是否可以逆转 PanIN 进展。在动物胰腺癌模型中,热量限制和(或)减肥手术对于阐明通过减肥来预防胰腺癌的机制也非常有用。美国的一些大型卫生组织,如 Kaiser Permanente(健康计划医疗集团),每年都有大量肥胖患者接受减肥手术,其中很大一部分患者将接受同一卫生组织的随访。这些卫生组织的减肥数据库可能会有超过 10 000 名在不久的将来接受 10 年以上随访的肥胖患者。这些数据对于评估减肥手术是否能降低胰腺癌和其他癌症的风险是非常有价值的。最终,对大量肥胖患者的前瞻性多中心研究和长期随访将最终确定体重减轻与胰腺癌预防之间的关系。

五、结论

在过去几十年中,肥胖已成为一种地方病,并与癌症发病率、死亡率和健康成本的增加有关。特别是,肥胖会增加胰腺癌的风险,可能通过多种机制,如炎症、胰岛素抵抗和肠道微生物群的改变。作为一个可改变的危险因素,肥胖可以通过多学科的方法来管理。减肥手术已被证明可以长期持续减肥,并降低许多癌症的风险。进一步研究体重减轻对胰腺癌(致命的固体癌之一)风险降低的影响是非常重要的。

第6节 胰腺癌防治

从整体上看,胰腺癌的治疗由于早期症状不明显,难以在早期做出诊断,因此确诊的患者大多属晚期,导致治疗非常棘手,不管是手术治疗或是放、化疗都难以收效。胰腺癌属于癌症死亡的第三大原因。近几年来随着人们对肠道微生物与胰腺癌相关的认识、研究的进展,不少学者提出预防性治疗的新举措,以减少胰腺癌的发生,有望成为胰腺癌防治的新途径和新策略。

一、微生物群的工程和治理

以微生物组为基础的疗法,通过改变相关的微生物群落来改善人类健康,可以使用调节、加性或减性技术。调节疗法包括通过使用益生元或非生物制剂来改变内源性微生物群的活性或组成。添加剂疗法为微生物群提供工程微生物或天然微生物,分别给予或作为菌株组给予。减法疗法旨在通过去除某些微生物组成员来改变宿主相互作用。在不远的将来,减法和加法两种方法可以联合使用,以获得对微生物群更大的疗效。

(一)添加剂疗法

1. 益生菌治疗 益生菌可以定义为活的微生物,适当地给予宿主时,它们提供有益于健康的作用。这些细菌主要属于乳酸菌类,如乳酸杆菌属和双歧杆菌属。它们通常与发酵食品一起食用或作为膳食补充剂服用。在肠道微生物群中,益生菌在预防癌症的各个阶段都发挥着前瞻性作用。

有趣的是,胰腺不承载特定的微生物群;然而,它广泛地受到肠道生态失调的影响。细菌内毒素和抗原通过门静脉血,刺激胰腺巨噬细胞,释放炎性细胞因子,如坏死胰腺组织中的白细胞介素和肿瘤坏死因子。炎性细胞因子是引起慢性胰腺炎和继发胰腺癌的主要原因之一。因此,共生菌群(如益生菌)越来越多地被用于预防和治疗 PC。研究表明,益生菌对肠道菌群的作用有积极影响,益生菌通过免疫系统刺激和调节肠道菌群的组成和代谢活性在影响治疗效果。但这种影响反过来防止细菌过度生长,并抑制病原体的定植。其他研究提出了有力的证据,不仅支持益生菌(包括实验室)的预防作用,而且证实了其结合或代谢诱变致癌物的产生能力。

其他研究表明,一种益生菌能够缓解真菌的毒素和有毒重金属,这可能是胰腺癌的潜在因素。这些研究是由著名的乳益生菌丙酸杆菌进行的。因此,通过降低这些肿瘤成分的生物利用度,可能会降低 PC 的风险。

有证据表明,益生菌对非肝硬化患者先天性微生物群产生影响;然而,需要进一步研究以确定益生菌对肝硬化患者的影响。

一项随机对照试验证明,当志愿者口服鼠李糖乳杆菌 GG(LGG)3 次/天 8 周后,改为每天 2 次,肠杆菌科的水平明显降低,而相反,粪便中自体梭状芽孢杆菌(Clostridiales incertae sedis XIV)和毛螺菌科(Lachnospiraceae)的水平则增加。这些证据被认为是生态失调的损失;事实上,在服用 LGG 8 周后,内毒素和炎症标志物(如 TNF - α)的水平降低。这些发现导致了对益生菌作为内毒素治疗潜在候选的假设的考虑。

益生菌也会影响杂环芳香胺(heterocyclic aromaticamines,HCA),杂环芳香胺一旦暴露在高温下,就会转化为活性衍生物,从而诱发致瘤突变。这一过程主要与食用高温炖肉有关。相关研究得出结论,通过益生菌结合或分解 HCA 可能是从身体中消除这些致癌因素的一个主要机制。

2. 工程微生物疗法 来自工程微生物的治疗性生物分子的重组表达可有助于减轻炎症、抑制感染和治疗代谢紊乱。细菌可能会在疾病发生的地方产生,从而提高生物利用度,减少药物灭活。此外,上述细菌可能配备传感器,显示疾病生物标志物并触发按需药物释放。然而完全独立的、基于细胞的、旨在恢复人类宿主健康的"智能"疗法目前尚未在临床上得到开发,但基本技术是可获取的。尽管人类相关的微生物群种多种多样,但将来希望能创建基于微生物群的治疗方法的主要挑战是确定并能定制出细菌群落,用于治疗复杂的人类疾病。

工程细菌的一个目的是治疗细菌和病毒感染。健康人体内存在的正常菌群能够抵抗病原体的寄主定植,细胞工程可以增强这种抵抗力。

高氨血症是一种进一步的代谢供应,可以有效地建立微生物群工程。在肠道中,细菌尿素酶将肝脏产生的尿素转化为氨(NH_3)和二氧化碳(CO_2)。高氨血症发生在肝脏疾病患者体内,过量的氨系统聚集并引起神经毒性和脑病。在小鼠模型中,重组微生物群改变了尿素代谢。在内源性微生物群耗尽和特定微生物群落移植后,显示出低尿素酶活性,这表明尿素酶水平在几个月内保持稳定。在肝损伤模型中,重新定义的微生物群提高了生存率,减少了与高氨血症相关的认知缺陷。因此,改变现有的微生物群落可以预防代谢性疾病。此外,微生物经过基因工程降解氨气,并被证明可以降低全身氨气的水平,同时被喂养给老鼠,就像那些目前正在开发的治疗方法一样,用于临床试验。表 28 - 2 总结了正常植物细胞工程的其他用途。

表 28 - 2　基因工程正常细菌群及其可能的治疗应用

转基因细菌在体内的作用模型	作　　用	体内模型
益生菌大肠埃希菌	预防:抑制霍乱弧菌的毒力	老鼠
延森乳酸杆菌	防止嵌合体猴/人免疫缺陷病毒(SHIV)的传播	恒河猴
乳酸乳球菌	抑制促炎细胞因子分泌:通过分泌重组 IL - 10 自身免疫性糖尿病的治疗:通过进一步修改分泌 IL - 10 的乳酸乳杆菌来产生自身抗原原胰岛素或谷氨酸脱羧酶- 65	老鼠
乳酸乳球菌	口黏膜炎的治疗:通过分泌三叶因子- 1	仓鼠
益生菌大肠杆菌	减少肥胖:通过合成厌食性脂质前体	老鼠
毒气乳酸杆菌	作为胰高血糖素样肽(GLP - 1)运载工具:诱导肠上皮细胞转化为胰岛素产生细胞	老鼠

(二) 减法方法

减法疗法试图利用抗生素、化学药品、肽和噬菌体等方法去除微生物群中的有害成分。

1. 抗生素治疗 抗生素是消减疗法的一个重要例子,对人体微生物群有疗效。抗生素利福昔明对微生物群的影响已被深入研究。事实上,最近的一项研究表明,在肝硬化患者中,8 周(2 次/天)口服 550 mg 利福昔明可降低微生物群的迁移、沉降和代谢。研究表明,利福昔明有能力改变微生物群,从而减少炎症,因为利福昔明的使用可改善肝硬化患者的生活质量。

不幸的是,抗生素常常对杀死目标以外的大量微生物产生不利影响。这可能导致多种副作用,如增加对病原菌的敏感性,包括艰难梭菌。在不那么遥远的将来,微生物组的减法治疗应该在治疗活动中更加具体。

2. 噬菌体疗法 一种非常特殊的减法疗法是利用噬菌体,这是一种自然的病毒寄生虫,在噬菌体后代的生产过程中感染细菌,经常杀死细菌宿主。抗抗生素病原体的日益威胁在噬菌体治疗中重新引起人们的关注,特别是常常考虑到噬菌体,特别是攻击性的,仅一种或几种细胞类型的细菌,因此,可以作为更具针对性的抗菌剂来应用。

除了使用天然的噬菌体分离物,噬菌体还可以被调节以保持额外或替代功能,以扩大其用途。特异性噬菌体外壳上的免疫球蛋白样蛋白域,增加了与黏液的联系,这一机制可能被用于将噬菌体定位到身体的某些部位或延长在肠道中的停留时间。宿主范围可能被重新编程以改变细菌目标,基因可以被引入以改善生物膜的细菌杀灭结果。此外,噬菌体还被用于将 DNA 转运到逆转抗生素耐药性的细菌或实现靶细胞的非特异性或序列特异性抗菌活性。最近开发出来的工具,如 CRISPR - Cas 基因组编辑和构建方法,包括 Gibson 和酵母组装,将加快未来不那么遥远的工程尝试。噬菌体作为微生物群相关疾病的治疗药物,作为一个充满希望和令人鼓舞的探索领域,利用它们作为改变微生物群落的工具,可以在健康调查和微生物群中对上述种群进行系统的探索,以实现创新和有理性。

二、口腔微生物群移植

众所周知,牙周炎与微生物联盟的失调密切相关,这是由环境变化,如富含蛋白质/中性到弱碱性的酸碱度环境所致。

在牙周炎中,某些微生物群落成员可以破坏宿主免疫反应,这可能导致易感个体牙周组织的破坏。牙周炎的传统疗法旨在控制牙龈上和牙龈下生物膜的形成和代谢活动。口腔微生物群移植(oral microbiota transplantation, OMT)是少数口腔科研究人员提出的一种假设。

作者提出了一种 OMT 程序,包括:① 从健康的捐赠者(配偶或伴侣)处收集牙龈下和牙龈上的菌斑。② 进行深层清洁,并向牙周炎患者应用广谱抗菌剂。③ 立即中和抗菌剂,然后用微生物悬浮液冲洗,从牙周炎患者的健康供体中提取。

尽管缺乏科学和临床证据,口腔微生物群移植作为一种治疗牙周炎、龋齿和一些相关系统性疾病的新疗法仍有希望。这是因为肝硬化患者最近的流行病学调查发现,选择口腔病原体,即牙龈卟啉单胞菌,以及唾液中牙龈卟啉单胞菌与口腔健康状况不佳相关的 PC 风险增加;但是 OMT 并不能被限制,因为安全性可能还没有得到保证。移植的生物膜应具有较高的遗传稳定性,不应传播感染或诱发疾病。尽管这一技术仍然是理论上的,但与粪便微生物群移植(FMT)相关的潜在不利影响可以考虑在内;这些影响可能包括感染/病原体的传播或潜在微生物改变诱导慢性疾病。

OMT 可能是一种经济有效的方法,能够更好地接触到难以接触到的高风险人群。然而,基于目前的知识状况,还不能提供使用 OMT 的临床应用的建议。更好地了解移植的口腔生物膜的保存性,同时保持口腔微生物群与宿主免疫反应的自然平衡,这一点至关重要。

三、工程抗性淀粉(ERS)饮食治疗

现在人们普遍认为,限制饮食对健康有益,包括延长寿命和预防癌症。研究发现,禁食时热量限制与某些癌症(包括胰腺癌)对化疗更好的反应之间存在关联,这一点在体外和动物模型中都得到了证实。这种饮食干预也可能为人类癌症提供有益的影响。目前的研究评估了用抗性淀粉替代玉米淀粉的工程化饮食是可以有效地替代禁食,以对抗胰腺癌。

在癌症诱导的小鼠中,对照饮食刺激了酸性拟杆菌、黏液艾克曼菌(*Akkermansia muciniphila*)、瘤胃球菌(*Ruminococcus gnavus*)、包膜梭菌(*Clostridium cocleatum*)和大肠埃希菌(*Escherichia*)的生长,这可能是引起炎症的原因,因为研究表明酸性拟杆菌与小鼠肠道炎症性结肠炎有关。同样,Png等显示炎症性肠病患者的鼻咽炎数量增加了 4 倍。大肠埃希菌和气单胞菌与 LPS 驱动的炎性 IL 激活有关。目前的研究中,在癌症诱导后,两种情况下的变形杆菌数量都增加了[对照饮食从 6%增加到 17%,工程抗性淀粉(engineering of resistant starch,ERS)饮食从 3%增加到 17%],然而,在对照饮食中,埃希菌是主要的属,而 ERS 时则气单胞菌是主要的属。据报道,在小鼠身上由嗜水气单胞菌引起炎症发生。Ko 等观察到气单胞菌菌株时血清 IL-1β 和 IL-6 的水平显著升高。然而,与对照饮食相比,在 ERS 饮食中,大约一半的炎症相关细菌被检测出来。促炎微生物,如嗜酸杆菌、大肠埃希菌、瘤胃球菌和包膜梭菌,上述细菌随着 ERS 饮食而显著减少(这些细菌总数的相对丰度为 0.18 比 0.4)。此外,在研究中发现,大肠埃希菌(对照饮食)的过度生长伴随着降解黏蛋白细菌。在活性黏蛋白降解菌中,观察到有黏蛋白梭菌、包膜梭菌和酸化拟杆菌。这表明,小鼠粪便中大量的酸化杆菌可能与胰腺癌的炎症反应有关。总体而言,ERS 饮食调节了肠道微生物群的组成,特别是影响炎症相关细菌群。由于胰腺癌是一种由炎症强烈驱动的肿瘤,有人推测,ERS 饮食可能通过干扰维持炎症的微生物群落而影响胰腺肿瘤的生长。

在癌症诱导后,乳酸杆菌的丰度从 17%下降到 5%~7%,表明炎症驱动的变化。这些变化导致代谢物谱的改变。例如,在癌症诱导后,醋酸盐与乳酸的比率从 6.5~7 下降到大约 2,而在癌症诱导后的对照饮食中没有检测到乳酸。同时,醋酸与丙酸的比例从 1.8~2.3 变为 0.13~0.24,这可以解释生产丙酸的产酸拟杆菌(*Bacteroides acidifaciens*)和黏液艾克曼菌的过度生长。在一项实验中也观察到醋酸与丙酸比率(1.1)降低,在该实验中,大鼠食用富含菊粉的饮食,而在普通淀粉饮食中,该比率为 2.8。

值得注意的是,尽管丁酸盐低于检测水平,但与癌症诱导后食用对照饮食的小鼠相比,食用 ERS 饮食的小鼠体内可能含有丁酸盐的毛螺菌(*Lachnospiraceae*)显著增加(17%比 3%)。丁酸盐已被证明可以抑制增殖,促进包括胰腺细胞在内的不同癌症细胞系的分化和凋亡。此外,丁酸盐可抑制胰腺癌的侵袭。

研究中观察到的 ERS 饮食的有益效果是令人鼓舞的,但提出了这样一个问题:在将这种食物方案转化为人类时是否会获得类似的结果。迄今为止,抗药性淀粉作为人类的食物成分被认为是安全和潜在有益的。与 RS 摄入相关的主要健康益处是:① 降低血糖,从而改善糖尿病和胰岛素抵抗。② 降低热量摄入,从而减轻体重和肥胖。③ 对肠道炎症和癌症的保护作用,这主要归因于微生物群的生产丁酸盐。到目前为止,除了摄入过量引起的一些胃肠道症状外,没有发现 RS 的有害影响。然而,在将这种方法从动物群体转化为人类群体时,应考虑到一些限制因素。虽然许多食品中都天然含有一些抗性淀粉,但另一些则必须人工添加,这已经在多种食品中成功实现了。然而,添加抗性淀粉可能会改变食品的流变学和感官特性,尽管食品应保持可接受的感官特性。最后,必须考虑到在人类

癌症中使用抗淀粉饮食进行支持性治疗可能需要比动物研究中使用更长的时间,以便对长期食用这种饮食的后果进行仔细的评估。然而,迄今为止,一项评估猪长期摄入抗性淀粉影响的研究获得了积极反馈:观察到更好的黏膜完整性、结肠细胞凋亡减少、结肠和全身免疫反应性降低。

在目前的研究中,模拟培养条件的 ERS 通过两种已知对营养素敏感信号途径的失活,已经显示出可损害三种 PC 细胞系的增殖。此外,研究发现,ERS 饮食会影响肠道微生物群的组成和代谢,这与 PC 异种移植小鼠模型中肿瘤生长的延迟是一致的。虽然需要进一步的实验来阐明这种现象的机制,但是一个有趣的促炎细菌数量的减少表明,ERS 饮食的进一步体内作用可能是减少炎症。总的来说,研究结果表明,在胰腺癌的临床治疗中,用抗性淀粉替代玉米淀粉的饮食干预足以支持传统疗法。

（池肇春）

参 考 文 献

［1］ Nagano T, Otoshi T, Hazama D, et al. Novel cancer therapy targeting microbiome[J]. Onco Targets Ther, 2019, 12: 3619 - 3624.

［2］ Chen J, Domingue JC, Sears CL. Microbiota dysbiosis in select human cancers: evidence of association and causality[J]. Semin Immunol, 2017, 32: 25 - 34.

［3］ Khosravi A, Yáñez A, Price JG, et al. Gut microbiota promote hematopoiesis to control bacterial infection[J]. Cell Host Microbe, 2014, 15: 374 - 381.

［4］ Brennan CA, Garrett WS. Fusobacterium nucleatum-symbiont, opportunist and oncobacterium[J]. Nat Rev Microbiol, 2019, 17: 156 - 166.

［5］ Okumura Y, Yamagishi T, Nukui S, Nakao K. Discovery of AAT - 008, a novel, potent, and selective prostaglandin EP4 receptor antagonist[J]. Bioorg Med Chem Let, 2017, 27: 1186 - 1192.

［6］ Wei MY, Shi S, Liang C, et al. The microbiota and microbiome in pancreatic cancer: more influential than expected[J]. Mol Cancer. 2019, 18: 97.

［7］ Brennan CA, Garrett WS. Fusobacterium nucleatum-symbiont, opportunist and oncobacterium[J]. Nat Rev Microbiol. 2019, 17: 156 - 166.

［8］ Mohammed H, Varoni EM, Cochis A, et al. Oral Dysbiosis in Pancreatic Cancer and Liver Cirrhosis: a Review of the Literature[J]. Biomedicines. 2018, 6. pii: E115.

［9］ Peters BA, Wu J, Hayes RB, et al. The oral fungal mycobiome: Characteristics and relation to periodontitis in a pilot study[J]. BMC Microbiol. 2017, 17: 157.

［10］ Patini, Gallenzi P, Spagnuolo G, et al. Correlation between metabolic syndrome, periodontitis and reactive oxygen species production: a pilot study[J]. Open Dent J, 2017, 11: 621 - 627.

［11］ Ashktorab H, Kupfer SS, Brim H, Carethers JM. Racial disparity in gastrointestinal cancer risk[J]. Gastroenterology, 2017, 153: 910 - 923.

［12］ Syngal S, Brand RE, Church JM, et al, American College of Gastroenterology ACG clinical guideline: genetic testing and management of hereditary gastrointestinal cancer syndromes[J]. Am J Gastroenterol, 2015, 110: 223 - 262.

［13］ Amundadottir LT. Pancreatic Cancer Genetics[J]. Int J Biol Sci, 2016, 12: 314 - 325.

［14］ Zhang M, Wang Z, Obazee O, et al. Three new pancreatic cancer susceptibility signals identified on chromosomes 1q32. 1, 5p15. 33 and 8q24. 21[J]. Oncotarget, 2016, 7: 66328 - 66343.

［15］ Childs EJ, Mocci E, Campa D, et al. Common variation at 2p13. 3, 3q29, 7p13 and 17q25. 1 associated with susceptibility to pancreatic cancer[J]. Nat Genet, 2015, 47: 911 - 916.

［16］ Slocum C, Kramer C, Genco CA. Immune dysregulation mediated by the oral microbiome: Potential link to chronic inflammation and atherosclerosis[J]. Eur. J Case Rep Intern Med, 2016, 280: 114 - 128.

［17］ Patini R, Staderini E, Lajolo C, et al. Relationship between oral microbiota and periodontal disease: A systematic review[J]. Eur Rev Med Pharmacol Sci, 2018, 22: 5775 - 5788.

［18］ Fu Z, Cheng X, Kuang J, et al. CQ sensitizes human pancreatic cancer cells to gemcitabine through the lysosomal apoptotic pathway via reactive oxygen species[J]. Mol Oncol, 2018, 12: 529 - 544.

［19］ Derrien M, van Hylckama Vlieg JE. Fate, activity, and impact of ingested bacteria within the human gut microbiota[J]. Trends Microbiol, 2015, 23: 354 - 366.

［20］ Thomas RM, Gharaibeh RZ, Gauthier J, et al. Intestinal microbiota enhances pancreatic carcinogenesis in preclinical models[J]. Carcinogenesis, 2018, 39: 1068 - 1078.

［21］ Pushalkar S, Hundeyin M, Daley D, et al. The pancreatic cancer microbiome promotes oncogenesis by induction of innate and adaptive immune suppression[J]. Cancer Discov, 2018, 8: 403 - 416.

［22］ Panebianco C, Adamberg K, Adamberg S, et al. Engineered resistant-starch (ERS) diet shapes colon microbiota profile in parallel with the retardation of tumor growth in in vitro and in vivo pancreatic cancer models[J]. Nutrients, 2017, 9: 331.

[23] Sethi V, Kurtom S, Tarique M, et al. Gut microbiota promotes tumor growth in mice by modulating immune response[J]. Gastroenterology, 2018, 155: 33-37.

[24] Lakritz JR, Poutahidis T, Mirabal S et al. Gut bacteria require neutrophils to promote mammary tumorigenesis[J]. Oncotarget, 2015, 6,: 9387-9396.

[25] Xu M, Jung X, Hines OJ, et al. Obesity and pancreatic cancer: overview of epidemiology and potential prevention by weight loss[J]. Pancreas, 2018, 47: 158-162.

[26] Kredel LI, Siegmund B. Adipose-tissue and intestinal inflammation-visceral obesity and creeping fat[J]. Front Immunol, 2014, 5: 462.

[27] Schlesinger S, Aleksandrova K, Pischon T, et al. Abdominal obesity, weight gain during adulthood and risk of liver and biliary tract cancer in a European cohort. International journal of cancer[J]. Int J Cancer, 2013, 132: 645-657.

[28] Ansari D, Williamsson C, Tingstedt B, et al. Pancreaticoduodenectomy — the transition from a low-to a high-volume center[J]. Scand J Gastroenterol, 2014, 49: 481-484.

[29] Tong GX, Geng QQ, Chai J, et al. Association between pancreatitis and subsequent risk of pancreatic cancer: a systematic review of epidemiological studies[J]. Asian Pac J Cancer Prev, 2014, 15: 5029-5034.

[30] Forsmark CE. Incretins, diabetes, pancreatitis and pancreatic cancer: what the GI specialist needs to know[J]. Pancreatology, 2016, 16: 10-13.

[31] Choi Y, Kim TY, Oh DY, et al. The impact of diabetes mellitus and metformin treatment on survival of patients with advanced pancreatic cancer undergoing chemotherapy[J]. Cancer Res Treat, 2016, 48: 171-179.

[32] Ochner CN, Tsai AG, Kushner RF, et al. Treating obesity seriously: when recommendations for lifestyle change confront biological adaptations[J]. Lancet Diabetes Endocrinol, 2015, 3: 232-234.

[33] Cuello-Garcia CA, Brożek JL, Fiocchi A, et al. Probiotics for the prevention of allergy: a systematic review and meta-analysis of randomized controlled trials. J Allergy Clin[J]. Immunol, 2015, 136: 952-961.

[34] Zuccotti G, Meneghin F, Aceti A, et al. Italian Society of Neonatology. Probiotics for prevention of atopic diseases in infants: Systematic review and meta-analysis[J]. Allergy, 2015, 70: 1356-1371.

[35] Liu J, Lkhagva E, Chung HJ, et al. The pharmabiotic approach to treat hyperammonemia[J]. Nutrients, 2018, 10: 140.

[36] Bajaj JS, Barrett AC, Bortey E, et al. Prolonged remission from hepatic encephalopathy with rifaximin: Results of a placebo crossover analysis. Aliment. Pharmacol[J]. Therapeut, 2015, 41: 39-45.

[37] Ando H, Lemire S, Pires DP, Lu TK. Engineering modular viral scaffolds for targeted bacterial population editing[J]. Cell Syst, 2015, 1: 187-196.

[38] Nascimento MM. Oral microbiota transplant: A potential new therapy for oral diseases[J]. J Calif Dent Assoc, 2017, 45: 565-568.

[39] Lockyer S, Nugent AP. Health effects of resistant starch[J]. Nutr. Bull, 2017, 42: 10-41.

[40] Birt DF, Boylston T, Hendrich S, et al. Resistant starch: promise for improving human health[J]. Adv Nutr, 2013, 4: 587-601.

彩　图

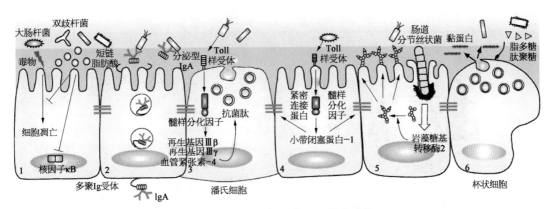

图 1-1　共生细菌调节 IEC 屏障功能

共生细菌(如双歧杆菌等)通过以下方式保护肠道黏膜屏障：① 与病原菌竞争黏附位点；抑制 NF-κB 通路，减少细胞凋亡。② 介导肠黏膜免疫应答，刺激 B 细胞和 T 细胞分化，分泌 IgG、IgM 与 sIgA 等。③ 促进潘氏细胞分泌抗菌分子到小肠管腔的绒毛，以助于维持胃肠道屏障。④ 诱导紧密连接蛋白、小带闭塞蛋白等分泌，降低细胞间的通透性，修复上皮细胞损伤，维持紧密连接。⑤ 促进肠黏膜上皮细胞分泌 Fut2，增强机体免疫防御。⑥ 杯状细胞分泌黏液，是阻碍共生菌入侵的物理屏障。

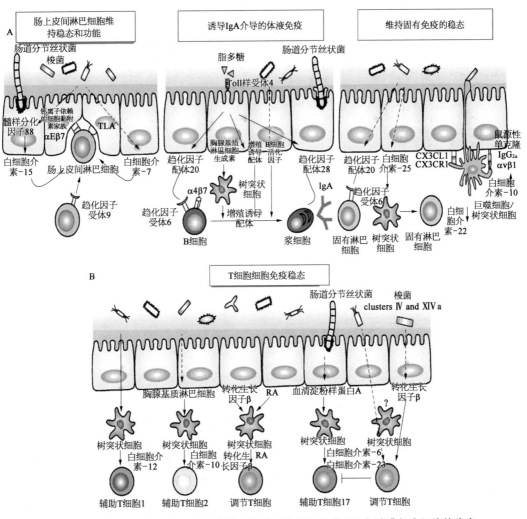

图 1-2　肠上皮细胞整合来自共生微生物群的信号以调节 LP 中黏膜免疫细胞的稳态

A. 肠道菌群及其代谢产物通过产生肠上皮间淋巴细胞、诱导 IgA 介导的 B 细胞体液免疫和维持先天免疫稳态的方式来维持免疫细胞稳态；B. 肠道菌群及其代谢产物通过调节 Th 细胞和 Treg 细胞间的动态平衡来维持 T 细胞免疫稳态

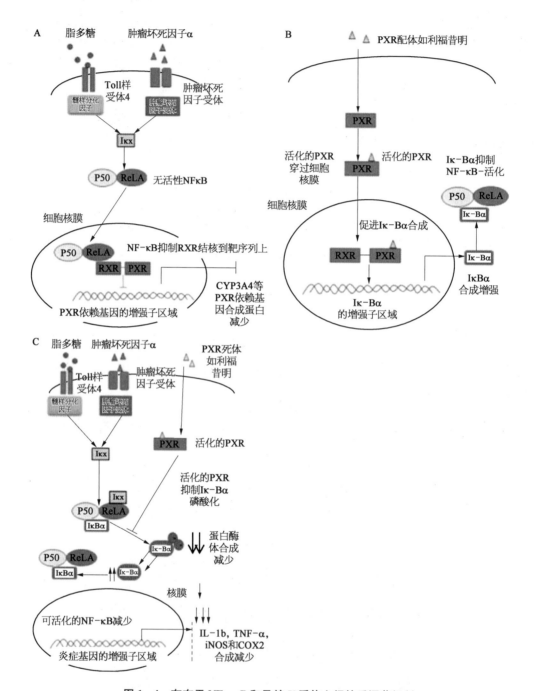

图 1 - 4　存在于 NF - κB 和孕烷 X 受体之间的反调节机制

NF - κB 和 PXR 的相互作用机制：A. 脂多糖和 TNF - α 激活的 NF - κB 阻断 PXR 依赖基因，如 CYP3A4；B. 利福昔明所激活的 PXR 进入细胞核，促进 PXR 合成的正反馈，PXR 合成基因抑制 NF - κB；C. 利福昔明所激活的 PXR 阻断了 Iκ - B 的磷酸化，进而增加了 Iκ - B，抑制 NF - κB，最终减轻炎症反应。

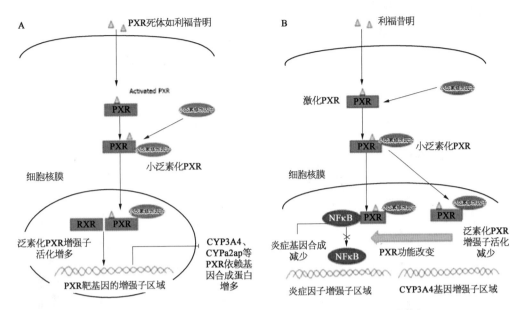

图 1-5　Sumoylation 后孕烷 X 受体活性和功能改变的机制的示意图

不同 SUMO1 修饰方式对 PXR 的活性的改变。A. SUMO-1(蓝色椭圆)所修饰 PXR 可增强 PXR 依赖基因的合成,如 CYP3A4;B. SUMO1(橙色椭圆)所修饰 PXR 可抑制 PXR 依赖基因的合成。进而减弱了 PXR 对 NF-κB 的抑制作用,炎症反应增强。

PXR:孕烷 X 受体;SUMO-1:小的类泛素修饰因子;CYP:细胞色素 P;Rifaximin:利福昔明。

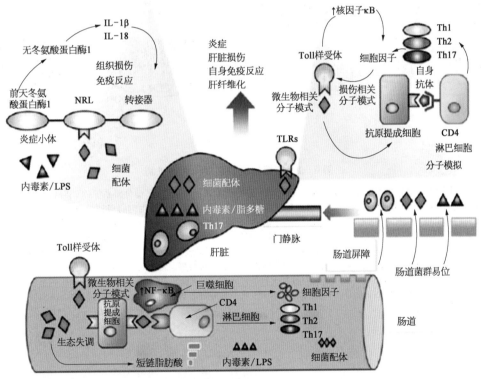

图 5-1　肠道微生物群与肝脏的相互作用

肠道微生物本身激活 APC 介导的抗原抗体反应,激活 T 细胞免疫。微生物本身分解所产生的细菌代谢产物(如 LPS)通过肠黏膜屏障和门静脉进入肝脏。细菌配体与 TLR 结合,激活抗原抗体反应,激活自身抗体和细胞免疫。细菌代谢产物通过炎症小体炎症反应。最终导致肝脏损伤和自身免疫性肝纤维化。

IL,白细胞介素;Caspase,含半胱氨酸的天冬氨酸蛋白酶;LPS,脂多糖;NRL,神经视网膜亮氨酸拉链;Th,辅助 T 细胞;TLR,Toll 样受体;ROS,活性氧簇;MAMP,微生物相关分子模式;DAMP,损伤相关分子模式;APC,抗原提成细胞;pro-caspase,前天冬氨酸蛋白酶;NRL,小鼠单克隆 IgG$_1$(kappa 轻链);NF-κB,核因子 κB

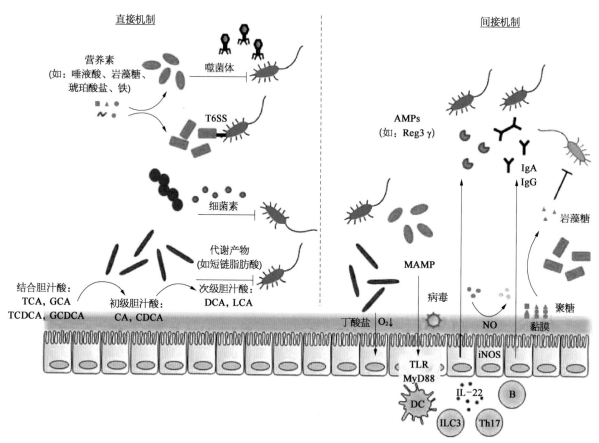

图 6-1 定植拮抗的直接和间接机制

直接机制(左)：共生细菌清除原本可用于病原体(红色,含鞭毛)的营养素。噬菌体、Ⅵ型分泌系统(T6SS)和细菌素可以靶向杀死病原体。细菌代谢产物,如短链脂肪酸(SCFA),可以抑制病原体的生长。共生细菌产生的酶将初级胆汁酸转化为次级胆汁酸,后者可以杀死一些病原体。间接机制(右)：共生细菌产生丁酸盐,可通过刺激宿主上皮细胞代谢来降低氧浓度。由细菌和病毒产生的微生物相关分子模式(MAMP)通过上皮细胞或树突状细胞(DC)TLR 和 MyD88 信号通路,直接刺激宿主先天免疫。共生菌还可以激活 ILC3 细胞和 Th17 细胞以产生 IL-22,而 IL-22 可以进一步促进上皮细胞的抗微生物肽(antimicrobial peptides, AMP)如 Reg3γ 的分泌。B 细胞产生 IgA 和 IgG 抗体,其可以靶向作用于肠腔的细菌。肠道共生菌还可以促进肠黏膜分泌黏液,这些黏液富含各种聚糖。这些聚糖可以在肠道细菌的酶解作用下释放出游离糖,例如岩藻糖,进而抑制病原体或病菌的毒力。宿主还可以通过诱导型一氧化氮合酶(iNOS)产生的活性氮物质氧化糖；并且黏液用各种聚糖装饰。这些可以被细菌酶切割、游离糖,例如岩藻糖,可以抑制病原体或病菌的毒力

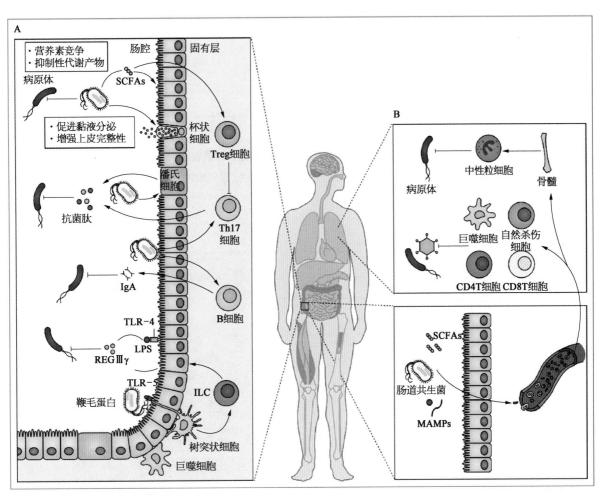

图6-2　A. 健康肠道微生物群的保护作用；B. 系统宿主对病原体的防御

A. 肠道微生物群在宿主防御肠道病原体方面的直接和间接作用。B. 肠道共生菌全身性易位、MAMPs 和 SCFAs 增强了全身性免疫反应

SCFAs,短链脂肪酸;MAMPs,微生物相关分子模式;TLR,Toll 样受体;LPS,脂多糖;IgA,免疫球蛋白 A;REGⅢγ,再生胰岛衍生蛋白 3γ

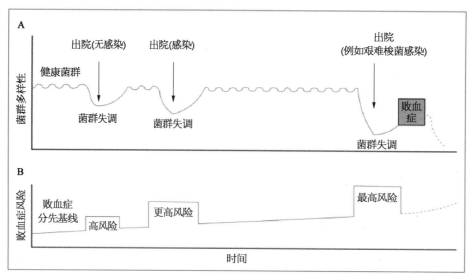

图 6-3　菌群失调作为败血症潜在危险因素的概念图

A. 菌群失调期与相对应的住院时间、恢复后出院时间；B. 每一菌群失调期风险递增

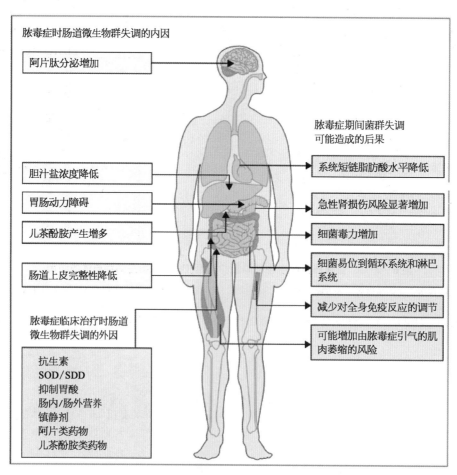

图 6-4　败血症时肠道微生物群破坏的原因和后果

概述在脓毒症期间影响肠道微生态失调的内因和外因，生态失调潜在的后果
SOD：超氧化物歧化酶；SDD：选择性消化道去污

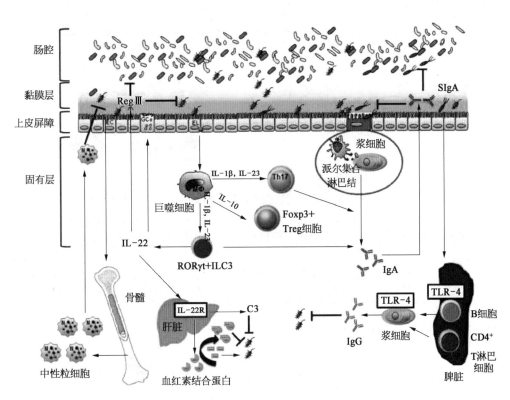

图 7-1 肠道微生物群对宿主免疫反应的影响

来自肠道共生细菌的组成分子通过 TLR 促进骨髓中的中性粒细胞的颗粒球生成和感染时中性粒细胞的动员。在肠道受到损害时,肠道共生细菌可以促进肠巨噬细胞内 pro-IL-1 的表达,而且某些特异性菌群通过激活 NLRP3 炎症信号通路,进一步将 pro-IL-1 裂解为成熟 IL-1,最终促进适当的炎症反应。在稳态条件下的肠道,来自肠巨噬细胞的 IL-1、IL-23 和 IL-6 可以促进黏膜上 Th17 细胞的免疫应答,并且来自肠巨噬细胞的 IL-10 以及微生物短链脂肪酸(SCFA)参与 Tregs 的发育过程。肠道微生物群的存在对 T 细胞依赖性和 T 细胞非依赖性 IgA 抗体的产生具有重要的诱导作用。其中大多数 IgA 抗体和肠道共生菌特异性结合,并被转运至肠腔中;在那里它们靶向作用于入侵病原体,以防止它们穿过上皮屏障。在肠道柠檬酸杆菌或艰难梭菌感染期间,IL-22(主要由 ILC3 细胞产生)可以在全身起作用以诱导肝细胞分别产生血红素结合蛋白和补体 C3,以抑制系统易位细菌的生长和清除这些病原体。在稳态条件下,某些革兰阴性肠道共生菌可以诱导 IgG 抗体的系统性产生。这些 IgG 抗体可识别细菌表面抗原,例如在一些革兰阴性病原体上表达的胞壁质脂蛋白(MLP),因此提高宿主应对这些病原体入侵的防御能力

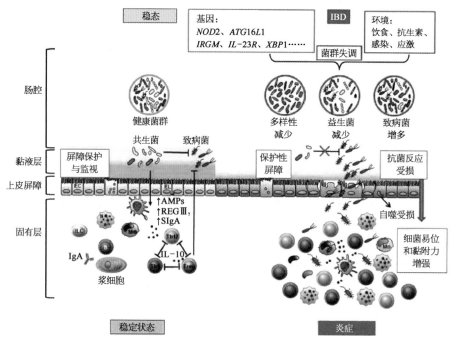

图 7 - 2　宿主免疫相互作用在炎症性肠病的发病机制中起关键作用

在体内平衡期间,肠道微生物群对宿主肠道免疫的形成和维护起着关键作用。有益的共生体通常通过诱导调节性免疫应答来控制致病性病原体的扩增,这一过程涉及调节性 T(Treg)细胞、白细胞介素 - 10(IL - 10)和再生胰岛衍生蛋白 3γ(REGⅢγ)。在 IBD 中,环境和遗传因素的共同作用可能改变宿主免疫与肠道菌群促炎症因子之间的稳态平衡。环境因素,如饮食和抗生素使用,可以破坏肠道微生物群落结构。此外,*NOD*2、*ATG*16*L*1 和 *IRGM* 基因突变可能在许多环节上干扰免疫稳态,包括抗原呈递细胞中的胞壁酰二肽感应减少,潘氏细胞中的抗微生物反应受损及上皮内自噬改变(由此可以造成屏障功能和/或杀伤细菌能力下降)。这些改变可导致整体微生物多样性的减少,有益的共生体的丧失和(或)致病菌的扩增,并最终导致细菌黏膜黏附能力增强以及细菌易位增加,进而诱使 T 辅助细胞1(Th1)以及 Th17 细胞扩增,最终引起慢性炎症形成。

IEC,肠上皮细胞;IEL,上皮内淋巴细胞;DC,树突状细胞;MΦ,巨噬细胞;N,中性粒细胞;Mo,炎性单核细胞;ILC,先天性淋巴细胞;IgA,免疫球蛋白 A;SIgA,分泌型免疫球蛋白 A;AMPs,抗微生物肽

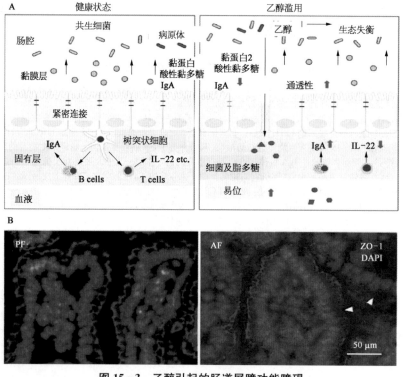

图 15 - 3　乙醇引起的肠道屏障功能障碍

A. 健康和酗酒情况下的肠道屏障示意图。B. 回肠胞质小带闭塞蛋白 ZO - 1 的免疫荧光。箭头表示离解的 ZO - 1。AMP,抗菌肽;LPS,脂多糖;PF,对偶食;AF,醇食;ZO - 1,小带闭塞蛋白 - 1;DAPI,4′6 - 二脒基 - 2 - 苯基吲哚(4′6 - diamidino - 2 - phenylindole)

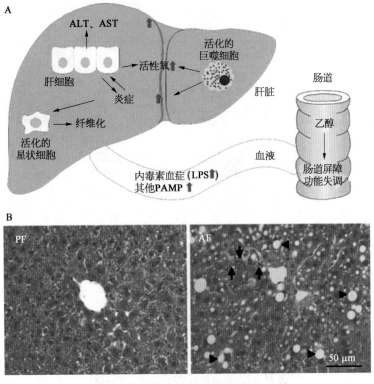

图 15-4　酒精性肝病发展中的肠-肝轴

A. 饮酒后肠-肝轴病变示意图。B. 肝脏苏木精-伊红染色。酒精导致肝脏脂质积聚(箭头)和炎症细胞浸润(箭头)

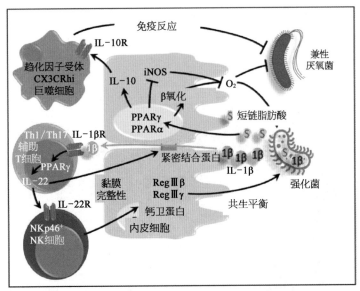

图 15-6　宿主过氧化物酶体增殖物激活受体(PPAR)与肠道微生物群相互作用的示意图

IL,白细胞介素;IL-1βR、IL-10R 和 IL-22R,分别为白细胞介素-1β、-10 和-22 的受体;iNOS,诱导型一氧化氮合酶;PPAR,过氧化物酶体增殖物激活受体(α 和 γ);S 和 SCFA,短链脂肪酸;TJPS,紧密连接蛋白。以箭头结尾的黑色线条表示激活,以条形结尾的线条表示抑制。绿色箭头表示白细胞介素 1β 的吸收

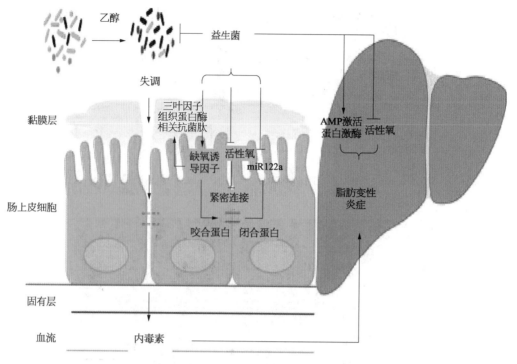

图 15-7 益生菌在 ALD 中的作用机制

乙醇消耗会导致肠道细菌过度生长和生态失衡,导致黏液层受损和功能不良的紧密连接。上皮屏障功能受损导致内毒素血症。内毒素升高可激活肝脏中的库普弗细胞,引起肝脏脂肪变性和炎症。益生菌及其相关产品通过多种机制防止乙醇对肠道和肝脏的影响:① 肠道微生物群的积极修饰。② 减少肠道和肝脏的活性氧生成。③ 增加黏液层成分、ITF 和抗菌肽、痉挛,紧密连接蛋白 claudin-1 的表达。通过增加 HIF 信号转导的传导途径表达。④ 抑制 MIR122a 表达导致闭塞蛋白上调。⑤ 激活肝 AMPK

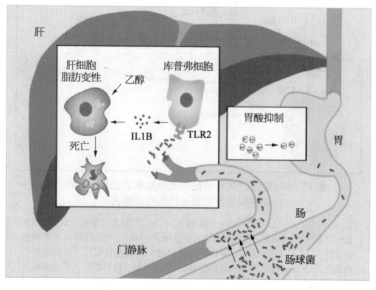

图 15-8 胃酸抑制和酒精性肝病

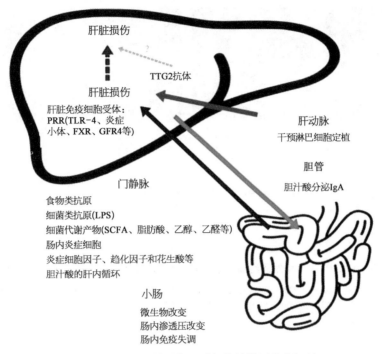

图 18‑1 肠-肝轴引起肝脏损伤的推测发病机制

FGFR,成纤维细胞生长因子受体-4;FXR,法尼酯 X 受体;LPS,脂多糖;PRR,模式识别受体

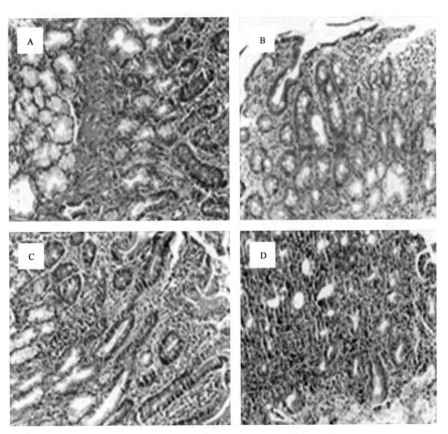

图 18‑2 十二指肠的病理学研究

AIH 患者和对照组十二指肠 H‑E 染色。A. 正常对照组显示正常十二指肠黏膜。B~D. AIH 患者十二指肠黏膜结构紊乱;B. AIH 正常肝功能组;C. AIH 异常肝功能组;D. AIH 肝硬化组

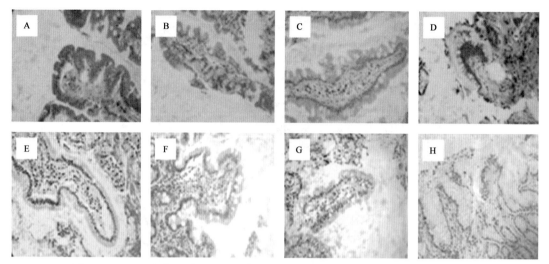

图 18 - 3　AIH 患者和对照组肠黏膜 ZO - 1 和闭塞蛋白表达的免疫组织化学分析

对 AIH 患者十二指肠活检标本中 ZO-1(A～D)和闭塞蛋白(E～H)的表达进行了检测。A、E. 健康对照组;B、F. AIH 正常肝功能组;C、G. AIH 异常肝功能组;D、H. AIH 肝硬化组。

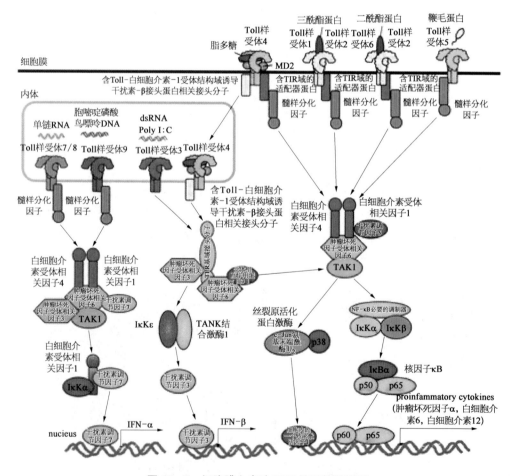

图 18 - 6　细胞膜上表达 TLR 信号转导因子

配体(如细菌的 LPS 以及微生物的 ssRNA,CpG DNA 等)与细胞膜上的 TLR 结合,激活的 TLR 可吸引包含同样结构域的 TIRAP 和 TRAM 等分子。在 MyD88 路径中,MyD88 被募集并激活下游分子 IRAK,随着 IRAK 的激活,可出现 TRAF 磷酸化,进而泛素化 MAPK、NF - κB 等炎症通路,导致 IFN 或炎性因子合成增多。在 TRIF 路径中,TRIF 被募集并激活,激活的 TRIF 通过 IKK 或 TBK 激活 IRF,进而导致 IFN 合成增多。

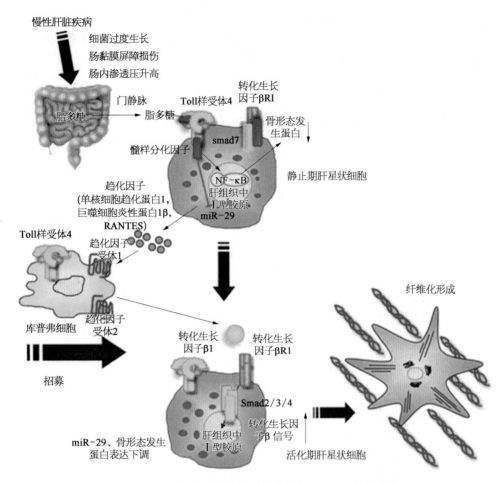

图18-7　肝纤维化期间肝星状细胞的 TLR-4 信号转导

慢性肝脏损伤导致肠道内 LPS 合成增多,LPS 激活 TLR 受体,通过 MyD88 路径激活 MCP-1 等化学因子,这些化学因子与库普弗细胞中的 CCR 结合,导致 TGF-β 分泌增多,TGF-β 与星状细胞受体结合促进其活化。

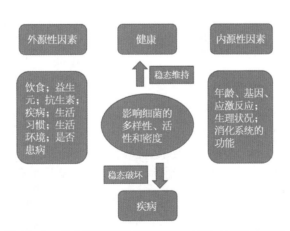

图18-8　几个因素影响肠道细菌的密度、多样性和活性

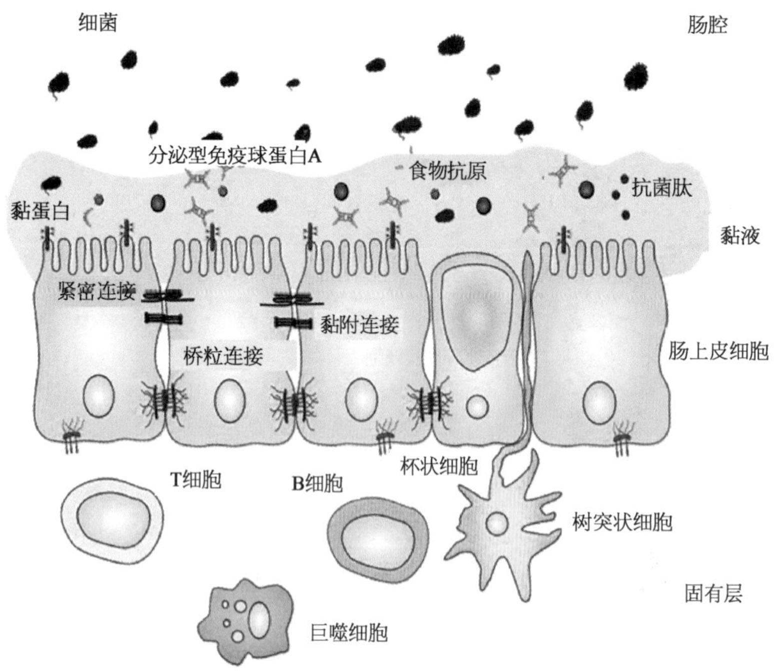

图 20-1 肠黏膜屏障主要成分示意图

肠屏障是一种半透性结构,允许吸收必需的营养素和免疫感应,同时限制致病分子和细菌。结构组分和分子组分共同作用以完成胃肠道这一复杂但重要的功能。黏液层在肠上皮上形成筛子状结构。抗菌肽(AMP)和分泌型 IgA 分子(SIgA)作为免疫传感和调节蛋白在黏液层分泌。肠上皮细胞(IECS)形成一个连续的单层,并通过连接复合物紧密相连。紧密连接(tight junction,TJ)位于细胞的顶端,调节小分子和离子的转运。黏附连接(adherens junction,AJ)和桥粒提供了严格的细胞黏附结合能力,有助于维持肠屏障的完整性。固有层包含来自适应性和先天免疫系统的免疫细胞(例如 T 细胞、B 细胞、巨噬细胞和树突状细胞),参与肠屏障的免疫防御机制。

AMP,抗菌肽;SIgA,分泌免疫球蛋白 A;IEC,肠上皮细胞;TJ,紧密连接;AJ,黏附连接

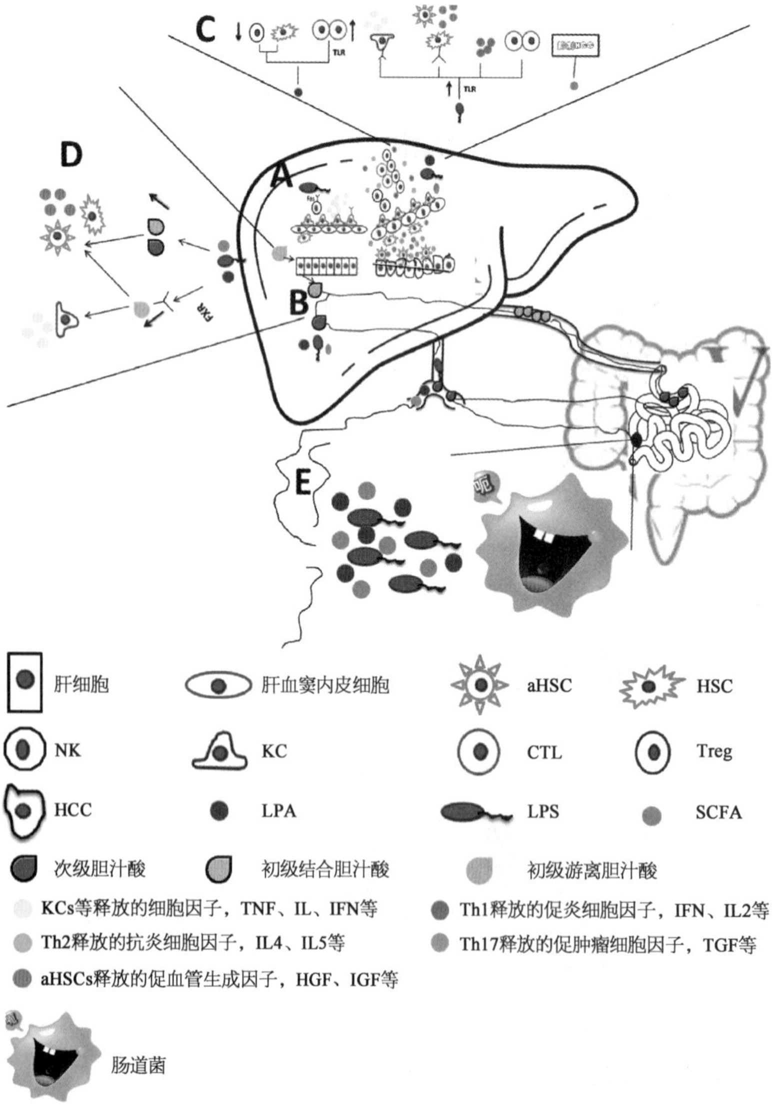

图 26-1 肠道菌群在调节 HCC 发生、发展中的作用

A. HCC 发生、发展的机制:肝细胞生长微环境的改变。KC、NK 细胞主要通过自身的直接打击和清除细胞因子两种方式抵御来自肠道损伤因素的攻击,但是损伤因素的打击过于强大时,HCC 便会发生形成。此时,HSC 会激活成为 aHSC,激活相关细胞因子促进新生血管的生成和细胞外基质的过度产生。特异性免疫启动,CTL 的免疫打击作用会被 Treg 抑制,Ths1 所释放的细胞因子对抗癌具有促进作用,但是 Ths1 所释放的细胞因子则具有促癌作用,Ths17 直接参与促进新生血管形成。B. BA 的肠肝循环。C. 肠道代谢产物对 HCC 发生、发展的影响。LPS 通过 TLR 促进 KC、HSC、CTL 和 Ths1 的功能发挥作用;LPA 通过抑制 Treg 功能和促进 HSC 衰老,促进 CTL 功能发挥抗肿瘤作用;SCFA 则抗炎抗氧化抑制肿瘤进程。D. BA 对 HCC 发生、发展的影响。初级游离胆汁酸可促进 KC、HSC 的功能,初级结核胆石酸和次级胆汁酸则可影响 HSC 的功能。E. 肠道菌群释放的产物主要为 LPS、LPA 和 SCFA,当病理因素导致肠道通透性改变时,细菌以及代谢产物将会顺门静脉进入肝脏。

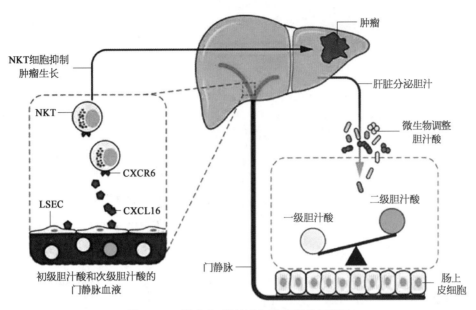

图 27 - 1　微生物、胆汁酸与肿瘤相关示意图

减少肠道菌群可影响胆汁酸代谢,初级胆汁酸在肝内的聚集增多,初级胆汁酸刺激 LSEC 细胞内的 CXCL16 表达增高,而 CXCL16 能够募集 NKT 细胞在肝内的聚集,最终抑制肿瘤的生长。NKT,自然杀伤 T 细胞;CXCR,趋化因子受体;CXCL,趋化因子配体;BA,胆汁酸;LSEC,肝窦内皮细胞

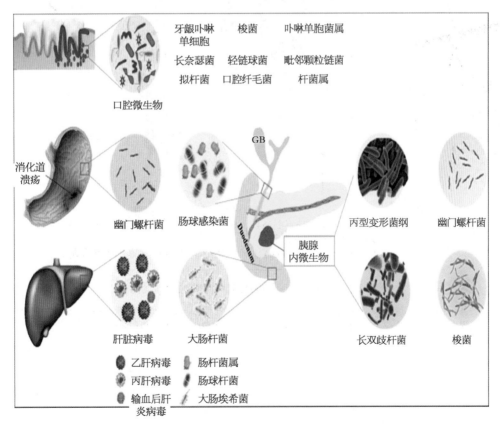

图 28 - 1　与微生物相关的特异性胰腺导管腺癌

在胰腺导管腺癌中,不同的微生物分布于胰腺的不同位置。分布于胰腺内的细菌主要为丙型变形菌纲、幽门螺杆菌、长双歧杆菌和梭菌

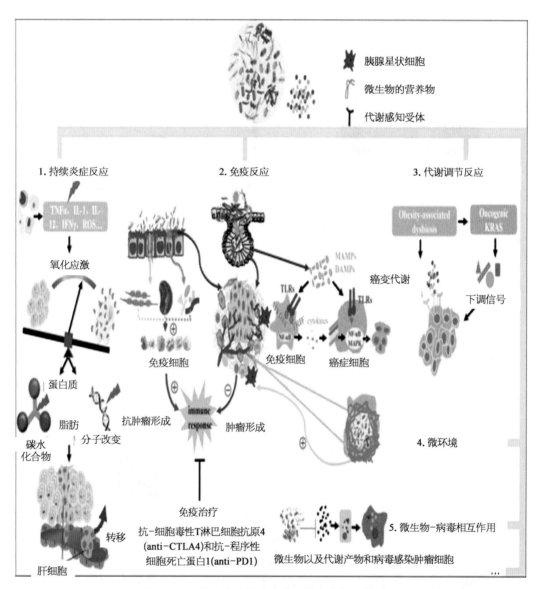

图 28-2　微生物群影响胰腺导管腺癌的可能机制

微生物菌群主要通过5种方式影响胰腺导管腺癌进程：1. 抑制炎症反应；2. 减轻炎症反应；3. 改变胰腺癌症细胞代谢进程，减慢扩增速度；4. 改变肿瘤生长微环境；5. 细菌及其代谢产物可直接损伤肿瘤细胞